LES "INSECTES" DANS LA TRADITION ORALE

"INSECTS" IN ORAL LITERATURE AND TRADITIONS

Collection "ETHNOSCIENCES"
Sous la direction de Serge BAHUCHET

Les ouvrages qui paraîtront dans cette collection auront pour objectif d'exploiter les relations multiples entre l'homme et la nature : savoirs et usages, notions et croyances, à travers la langue, les techniques et les activités.

Titres parus :

ES 1   BAHUCHET, S. – 1985, *Les pygmées Aka et la forêt centrafricaine.* 638 p.

ES 2   RANDA, V. – 1986, *L'ours polaire et les Inuit.* 323 p.

ES 3   AUBAILE SALLENAVE, F. – 1987, *Bois et bateaux du Viêtnam.* 184 p.

ES 4   SKODA, F. – 1988. *Médecine ancienne et métaphore.* 341 p.

ES 5   REVEL, N. – 1990. *Fleurs de paroles, histoire naturelle palawan. Tome I : Les dons de Nägsalad.* 390 p.

ES 6   REVEL, N. – 1991. *Fleurs de paroles, histoire naturelle palawan. Tome II : La maîtrise d'un savoir et l'art d'une relation.* 352 p.

ES 7   REVEL, N. – 1992. *Fleurs de paroles, histoire naturelle palawan. Tome III : Chants d'amour/chants d'oiseaux.* 208 p.

ES 8   BAHUCHET, S. – 1992, *Histoire d'une civilisation forestière. I. Dans la forêt d'Afrique centrale, les pygmées Aka et Baka.* 425 p.

ES 9   BAHUCHET, S. – 1993, *La rencontre des agriculteurs. Les pygmées parmi les peuples d'Afrique Centrale.* 173 p.

ES 10   CLÉMENT, D. – 1995, *La zoologie des Montagnais.* 569 p.

Couverture d'après Sahagún.
Codex de Florence.
f° 127 r° : *Nocheztli* "cochenille".

ETHNOSCIENCES
— 11 —

Élisabeth MOTTE-FLORAC & Jacqueline M.C. THOMAS

(éditeurs)

LES "INSECTES" DANS LA TRADITION ORALE

"INSECTS" IN ORAL LITERATURE AND TRADITIONS

SELAF n° 407

PEETERS

LEUVEN – PARIS – DUDLEY, MA

2003

Library of Congress Cataloging-in-Publication Data

Les "insectes" dans la tradition orale = "Insects" in oral literature and traditions /
Elisabeth Motte-Florac, Jacqueline M.C. Thomas, éditeurs.
    p. cm. -- (Ethnosciences ; 11) (SELAF ; 407)
French and English.
Includes bibliographical references and index.
ISBN 90-429-1307-X
    1. Ethnoentomology. 2. Insect--Folklore. I. Title: "Insects" in oral literature and
traditions. II. Motte-Florac, Elisabeth. III. Thomas, Jacqueline M.C. IV. Series.
V. Société d'études linguistiques et anthropologiques de France (Series) ; 407.

GN478.78157 2003
398.24'5257--dc21   2003048635

ISSN : 0299-1098
ISBN : 2-87723-721-4 (Peeters France)
ISBN : 90-429-1307-x (Peeters Leuven)
D. 2003 / 0602 / 61

© PEETERS, PARIS, 2003
© SELAF, éditeur scientifique, 2003
Dépôt légal :août 2003

Résumé

Les insectes et apparentés occupent une place considérable dans la vie de l'homme et les liens tissés entre ces deux partenaires depuis plusieurs millions d'années se sont traduits en une multitude de dires, de techniques, de représentations, d'attitudes culturelles, de comportements sociaux, de faits politiques, de pratiques rituelles, de conduites religieuses.

Cet ouvrage aborde la relation homme–"insectes" dans le monde, depuis les premiers hominidés jusqu'à l'époque actuelle. Les contributions sont regroupées en six parties qui permettent d'aborder une grande diversité de sociétés "traditionnelles" mais aussi "occidentales", de langues et de cultures, de taxons scientifiques, de zones géographiques, de milieux naturels, de temps et lieux de vie, de problématiques, etc. : 1. Lexiques, taxinomies; 2. "Insectes" utiles : art, agrément, agriculture, etc.; 3. "Insectes" comestibles; 4. Les "insectes" en thérapeutique; 5. Les "insectes" dans la vie sociale; 6. Contes et mythes.

À travers ces études sont proposées de nouvelles perspectives de réflexion sur de nombreux problèmes concrets, actuels et mondiaux touchant la gestion de l'environnement, le développement durable, la propriété intellectuelle ou encore l'évaluation des savoirs et les paradigmes scientifiques déterminant la conception de la "réalité".

Abstract

Insects and related animals play a considerable part in the life of mankind, and the links forged between these two partners over millions of years have been rendered by a multitude of sayings, techniques, representations, cultural attitudes, social behavior, political acts, ritual practices, religious conduct.

This work explores the relations between man and "insects" throughout the world, from the first hominids to the present day. The contributions are grouped into six parts covering a diversity of "traditional" societies as well as "western" ones, languages and cultures, scientific taxa, geographical zones, natural environments, life eras and areas, problematics, etc.: 1. Lexicons, taxonomies; 2. Useful "insects": art, pleasure, agriculture, etc.; 3. Edible "insects"; 4. "Insects" in therapeutics; 5. "Insects" in social life; 6. Tales and myths.

These studies lead to new perspectives for thought on a number of concrete problems, both contemporary and worldwide, concerning environmental management, lasting development, intellectual ownership as well as the evaluation of knowledge and the scientific paradigms which determine the conception of "reality".

Mots-clefs / Keywords

Ethnoentomologie, ethnobiologie, savoirs traditionnels, insectes

Cultural entomology, ethnobiology, indigenous knowledge, insects

Actes du colloque international
Les "insectes" dans la tradition orale

Proceedings of the international symposium
"Insects" in oral literature and traditions

Villejuif (France)
3-6 octobre 2000 / October, 3-6, 2000

Traductrice : Margaret DUNHAM

À la mémoire de
In memory of

Darrell Addison POSEY

LISTE DES AUTEURS
LIST OF CONTRIBUTORS

ALDASORO MAYA Elda Miriam, M32 Denny Hall. Box 353100, Department of Anthropology. University of Washington, Seattle, WA.98195-3100 – ardilla@u.washington.edu

ALHASSOUMI SOW Salamatou, FLSH, Université de Niamey, B.P. 418, Niamey, Niger – sow@ird.ne

BENHALIMA Souâd, Département de Zoologie et d'Écologie Animale, Institut Scientifique, Université Mohammed V, Charia Ibn Batouta, BP 703, Agdal, 10106 Rabat, Maroc – benhalima@israbat.ac.ma

BLANC Nathalie, LADYSS (Laboratoire Dynamiques Sociales et Recomposition des Espaces), CNRS, 191 rue Saint Jacques, 75005 Paris, France – nathali.blanc@wanadoo.fr

BOUQUIAUX Luc, LACITO (Langues et Civilisations à Tradition Orale), Centre André Georges Haudricourt, 7 rue Guy Môquet, Bâtiment D, 94801 Villejuif cedex, France – thomas.bouquiaux@wanadoo.fr

CÉSARD Nicolas, Laboratoire d'Ethnologie et de Sociologie Comparative, Maison de l'Archéologie et de l'Ethnologie, Université Paris X, 21 allée de l'Université, 92023 Nanterre cedex, France – ncesard@wanadoo.fr

CHERRY Ron H., Everglades Research and Education Center, 3200 E. Palm Beach Road, Belle Glade, Florida 33430 USA – pinesnpets@aol.com

COLOMBEL Véronique DE, LACITO (Langues et Civilisations à Tradition Orale), Centre André Georges Haudricourt, 7 rue Guy Môquet, Bâtiment D, 94801 Villejuif cedex, France – colombel@vjf.cnrs.fr

COSTA-NETO Eraldo M., Department of Biology at Feira de Santana State University, Km 03, BR 116, University Avenue, Feira de Santana, Bahia, Brazil. CEP 44031-460 - eraldont@uefs.br

COYAUD Maurice, LACITO (Langues et Civilisations à Tradition Orale), Centre André Georges Haudricourt, 7 rue Guy Môquet, Bâtiment D, 94801 Villejuif cedex, France

DAKKI Mohamed, Département de Zoologie et d'Écologie Animale, Institut Scientifique, Université Mohammed V, Charia Ibn Batouta, BP 703, Agdal, 10106 Rabat, Maroc – dakki@israbat.ac.ma

DETURCHE Jérémy, Laboratoire d'Ethnologie et de Sociologie Comparative, Maison de l'Archéologie et de l'Ethnologie, Université Paris X, 21 allée de l'Université, 92023 Nanterre cedex, France – jeremydeturche@hotmail.com

DOUNIAS Edmond, CEFE, UPR 9056 CNRS, 1919 route de Mende, 34293 Montpellier cedex 5, France – edounias@cgiar.org

DUNHAM Margaret, LACITO (Langues et Civilisations à Tradition Orale), Centre André Georges Haudricourt, 7 rue Guy Môquet, Bâtiment D, 94801 Villejuif cedex, France – madunham@club-internet.fr

ERIKSON Philippe, Laboratoire d'Ethnologie et de Sociologie Comparative, M.A.E., Université Paris X, 21 allée de l'Université, 92023 Nanterre cedex, France – philippe.erikson@u-paris10.fr

FAIRHEAD James, Department of Anthropology, University of Sussex, Falmer, Brighton, BN1 9RE, U.K. – j.r.fairhead@sussex.ac.uk

GUARISMA Gladys, LACITO (Langues et Civilisations à Tradition Orale), Centre André Georges Haudricourt, 7 rue Guy Môquet, Bâtiment D, 94801 Villejuif cedex, France – guarisma@vjf.cnrs.fr

GURA Aleksander V., Institut d'Études Slaves, Leninskij prospekt, 32A, 117334 Moscou, Russie – avgura@mail.ru

HIGLEY Leon G., Department of Entomology, University of Nebraska, Lincoln, NE 68583-0816, USA – lhigley1@unl.edu

HUIS Arnold VAN, Laboratory of Entomology, Wageningen University, P.O. Box 8031, 6700 EH, Wageningen, The Netherlands – Arnold.vanHuis@wur.nl

KABAKOVA Galina, U.F.R. d'Études Slaves, Université Paris IV-Sorbonne, 208 boulevard Malesherbes, 75017 Paris, France – galina.kabakova@libertysurf.fr

KARADIMAS Dimitri, EREA, (Équipe de Recherche en Ethnologie Amérindienne), 7 rue Guy Môquet, Bâtiment D, 94801, Villejuif cedex, France – dim-kara@vjf.cnrs.fr

KLEIN Barrett A., Department of Ecology, Evolution and Behavior, Patterson Building 6th floor, The University of Texas at Austin, Austin, Texas 78712, USA – eclosing@yahoo.com

LEACH Melissa, Environment Group, Institute of Development Studies at the University of Sussex, Brighton, BN1 9RE, United Kingdom – mleach@flints.u-net.com

LEBLIC Isabelle, LACITO (Langues et Civilisations à Tradition Orale), Centre André Georges Haudricourt, 7 rue Guy Môquet, Bâtiment D, 94801 Villejuif cedex, France – leblic@vjf.cnrs.fr

LOGNAY Georges, Laboratoire de Chimie, Faculté Universitaire des Sciences Agronomiques, 2 passage des Déportés, 5030 Gembloux, Belgique – lognay.g@fsagx.ac.be

MALAISSE François, Rue Chapelle Stevenaert 131 A, 1370 Jodoigne-Souveraine, Belgique – francois.malaisse@yucom.be

MESNIL Marianne, Centre de Recherche en Ethnologie Européenne, Institut de Sociologie, Université Libre de Bruxelles, 44, avenue Jeanne, 1050 Bruxelles, Belgique – mmesnil@ulb.ac.be

MIGNOT Jean-Michel, 27bis rue Pierre Brunier, 69300 Caluire et Cuire, France – jean-michel@jmmignot.org

MITSUHASHI Jun, Department of Bioscience, Tokyo University of Agriculture, 1-1-1 Sakuragaoka, Setagaya-ku, Tokyo 156-8502, Japan – junmths@nodai.ac.jp

MOTTE-FLORAC Elisabeth, LACITO (Langues et Civilisations à Tradition Orale), 7 rue Guy Môquet, Bâtiment D, 94801 Villejuif cedex, France – elisabeth.florac@wanadoo.fr

MOUNA Mohamed, Département de Zoologie et d'Écologie Animale, Institut Scientifique, Université Mohammed V, Charia Ibn Batouta, BP 703, Agdal, 10106 Rabat, Maroc –mouna@israbat.ac.ma

NISSIM Liana, Dipartimento di Scienze del Linguaggio e Letterature Straniere Comparate, Università degli Studi di Milano, Piazza S. Alessandro 1, 20123, Milano, Italia – Liana.Nissim@unimi.it

OUEDRAOGO Moussa, Département des Productions Forestières, Institut de l'Environnement et de Recherches Agricoles, Centre National de Recherche Scientifique et Technologique, 03 BP 7047, Ouagadougou, Burkina Faso – segnam@fasonet.bf

PEMBERTON Robert W., Invasive Plant Research Laboratory, US Department of Agriculture, Agricultural Research Service, 3205 College Avenue, Fort Lauderdale, Florida 33314 USA – Robert.Pemberton@ars.usda.gov

POSEY Darrell A. †

RAMOS-ELORDUY Julieta, Instituto de Biología, Universidad Nacional Autónoma de México, Apartado Postal 70-153, 4510 México (D.F.), México – relorduy@ibiologia.unam.mx

RANDA Vladimir, LACITO (Langues et Civilisations à Tradition Orale), Centre André Georges Haudricourt, 7 rue Guy Môquet, Bâtiment D, 94801 Villejuif cedex, France – randa@vjf.cnrs.fr

REVEL Nicole, LMS (Langues-Musiques-Sociétés), C.N.R.S, 7 rue Guy Môquet, Bâtiment D, 94801 Villejuif cedex, France – revel@vjf.cnrs.fr

RIVERS Victoria Z., Environmental Design / Design Program, One Shields Avenue, University of California, Davis, CA 95616, USA – vzrivers@ucdavis.edu

ROULON-DOKO Paulette, LLACAN (Langage, Langues et Cultures d'Afrique Noire), UMR 7594 du CNRS, 7 rue Guy Môquet, Bâtiment D, 94801 Villejuif cedex, France – roulon@vjf.cnrs.fr

TARRE Marci R., Department of Entomology, Forbes Building room 410, University of Arizona, Tucson, AZ 85721, USA – mtarre@ag.arizona.edu

THOMAS Jacqueline M.C., LACITO (Langues et Civilisations à Tradition Orale), Centre A.G. Haudricourt, 7 rue Guy Môquet, Bâtiment D, 94801 Villejuif cedex, France France – thomas.bouquiaux@wanadoo.fr

TIBALDI Ettore, Dipartimento di Biologia, Sezione di Ecologia, Università degli Studi di Milano, Via Celoria 26, 20133 Milano, Italia - ettore.tibaldi@unimi.it

TOMMASEO PONZETTA Mila, Dipartimento di Zoologia, Università di Bari, Via Orabona, 4, 70125 Bari, Italia – m.tommaseo@biologia.uniba.it

WARNIER Jean-Pierre, Laboratoire d'Anthropologie, Université René Descartes, Paris V, 12 rue Cujas, 75005, Paris, France – jp-warnier@wanadoo.fr

SOMMAIRE
CONTENTS

III
"Insectes" comestibles
Edible "insects"

IV
Les "insectes" en thérapeutique
"Insects" in therapeutics

V
Les "insectes" dans la vie sociale
"Insects" in social life

VI
Contes et mythes
Tales and myths

AVANT-PROPOS

Jean-Pierre WARNIER

Qui que tu sois, lecteur, butine ce livre. Tu y trouveras ton miel dans les trente-sept articles qu'il propose. Il y en a pour l'artiste et le pharmacologue, l'historien et le nutritionniste, l'ethnologue et le poète, le sociologue et le médecin.

L'insecte enchante le regard des uns. Il hante les phobies des autres. Il comble ou dégoûte le gastronome. Il soigne ou peut tuer. Il distrait les uns de l'ennui par ses chants, les couleurs de sa livrée et la violence de ses combats. Il accable les autres de morsures si cruelles que ces derniers ont tenu à perpétuer par écrit la mémoire de leurs tourments.

Ces chétives créatures sont susceptibles de compenser leur faiblesse individuelle par des fourmillements accablants ou exaltants. Leurs armées ont cependant déserté nos villes où ils se plaisaient autrefois. (Seuls les cafards et les termites livrent encore une guerre indécise et remportent parfois de retentissantes victoires.) L'humanité moderne est moins entomophobe qu'amnésique. Elle a oublié qu'une vie d'humain se mène ordinairement, sous toutes les latitudes, dans un corps à corps avec l'insecte, de sorte qu'à l'instar de Marcel Mauss qui distinguait l'humanité assise de l'humanité accroupie, on pourrait contraster l'humanité aseptisée de celle qui vit en symbiose avec nos fascinants compagnons : l'humanité industrielle et l'humanité à tradition orale.

Le présent volume condense et met en réseau un immense savoir venu des cinq continents et de toutes les disciplines scientifiques qui, de près ou de loin, s'intéressent à l'insecte, en privilégiant les sociétés que celui-ci n'a pas désertées et qui vivent avec lui : sociétés entomophages, entomophiles ou entomophobes, c'est selon, en tout cas, sociétés qui ne sont pas faites du même bois que nos sociétés urbaines contemporaines, injectées d'insecticide sauf dans leurs rêves artistiques ou cinématographiques.

Ce livre relève à maintes reprises les projections anthropomorphiques auxquelles les insectes offrent de multiples supports. Cédons à ce penchant et prêtons-nous à un renversement de perspective. Imaginons qu'au lieu d'une centaine d'humains rassemblés en colloque dans les locaux du CNRS à Villejuif afin de disserter sur *Les « insectes » dans la tradition orale*, nous ayons un congrès des intéressés venus du monde entier dans quelque clairière amazonienne afin de disserter de leur expérience des humains. (L'année suivante, il faudrait prévoir un rassemblement dans un milieu plus tempéré.) Mygales, larves, chenilles, criquets et charançons seraient sans nul doute intarissables sur leurs protagonistes bipèdes. L'une des manières possibles de lire ce livre est d'y saisir les différentes humanités du point de vue de l'insecte. On y apprend au moins ceci, que la symbiose entre les deux touche à tous les aspects de leurs existences respectives, que ce livre est essentiel sur ses deux versants et qu'il est unique en son genre. Au nom de la communauté scientifique, j'exprime ici ma gratitude aux collègues qui en ont assuré la direction en accomplissant un travail de fourmi.

INTRODUCTION

Élisabeth MOTTE-FLORAC

Comme les livres traitant d'entomologie se plaisent à le souligner, les insectes occupent dans le monde une place tout à fait à part. Ils surpassent de très loin tous les autres groupes d'organismes vivants en nombre d'espèces[1] et en nombre d'individus[2]; la diversité de leurs formes, structures, couleurs, est étonnante; leur présence sur terre est des plus anciennes[3]; leur courte durée de vie, leur fertilité, leur petite taille, leur aptitude à voler, leur exosquelette coriace et étanche, leur plasticité biologique, leur ont permis de coloniser la planète en s'adaptant aux écosystèmes les plus variés –dans l'air, sur et dans la terre comme sur et dans l'eau–, des zones les plus chaudes aux solitudes les plus glacées, des déserts les plus inhospitaliers aux forêts les plus humides et luxuriantes. On comprend dès lors que leur impact sur l'environnement soit considérable. J. P. Gulan & P. S. Cranston (2000) rappellent qu'ils jouent un rôle essentiel dans les chaînes et réseaux alimentaires des différents écosystèmes au niveau de la biomasse comme de la biodiversité, qu'ils contribuent au maintien de la structure et de la composition des associations végétales et des communautés animales, à la structure des sols et au recyclage de leurs différents composants, qu'ils favorisent la propagation des plantes, etc.

---

[1] Le nombre d'espèces décrites s'élève à un million, soit plus de la moitié des espèces d'êtres vivants et plus de 80% des espèces animales. Quant au nombre d'espèces non encore décrites, il est estimé de 3 à 30 millions suivant les auteurs, voire 80 millions (Gulan & Cranston 2000).

[2] On évalue à 10 000 000 000 000 000 000 le nombre d'insectes vivant au même moment, soit 200 millions par être humain (McGavin 2000).

[3] Le plus ancien fossile d'insecte découvert jusqu'à présent est un fossile de collembole qui date d'environ 400 millions d'années (Scourfield 1940).

Les insectes dans la tradition orale – Insects in oral literature and traditions
Élisabeth MOTTE-FLORAC & Jacqueline M. C. THOMAS, éds
2003, Paris-Louvain, Peeters-SELAF (Ethnosciences)

Par – et au-delà de – ces actions sur l'environnement, les insectes interviennent dans la vie de l'homme. De leur simple apparition dans notre champ visuel ou auditif à la cruelle intimité de leur morsure, ils s'immiscent dans notre quotidien et ce, depuis la nuit des temps. Quelques espèces ont même suivi l'homme dans son évolution et franchi avec lui tous les seuils vers de nouveaux modes de vie (élevage, sédentarisation, révolution agricole…). Elles se sont adaptées aux transformations correspondantes, à tel point que cette cohabitation leur est devenue nécessaire. C'est ainsi que poux, mouches, moustiques, etc., sont maintenant les "inévitables compagnons" de l'homme[4], poussant parfois ce dernier à déployer des trésors d'ingéniosité pour s'en protéger, les repousser, les exterminer. À son tableau de chasse figurent d'autres insectes (souvent des hôtes indésirables de son corps, de son environnement, de son bétail, de ses récoltes[5] sur pied et dans les greniers, de ses créations et productions diverses) dont certains provoquent sporadiquement des dommages très préjudiciables[6]; quelques espèces, responsables de grandes épidémies[7] ou d'hécatombes lors de batailles célèbres[8], ont même changé le cours de l'histoire. Le désir ou la nécessité de s'en défendre a donné lieu à des découvertes (essences insectifuges[9], plantes insecticides, lutte biologique, etc.) et à des innovations techniques étonnantes (du chasse-mouche aux pièges en tous genres), mais aussi à de nombreuses pratiques "magiques", religieuses (charmes, prières et conjurations, processions, etc.) et même juridiques (procès)[10]. Ces créatures dévastatrices ou simplement importunes ont aussi suscité et suscitent encore des débordements de l'imagination et de l'imaginaire, que chacun traduit selon ses critères et modèles personnels et culturels.

Toutefois, les insectes et apparentés ne sont pas uniquement d'inquiétants voisins et les relations établies et entretenues avec eux ne sont pas exclusivement défensives ou agressives. Très tôt l'homme a su tirer profit de leur présence pour se nourrir et nourrir ses animaux, se vêtir, s'éclairer, se soigner, se divertir, etc. En témoignent diverses preuves parvenues jusqu'à nous; parmi les plus anciennes, des os utilisés comme outils prouvant la consommation de termites par les australopithèques (Tommaseo-Ponzetta, dans cet ouvrage), des restes néolithiques révélant l'utilisation du kermès[11] comme colorant alimentaire (Cardon & Chatenet 1990), des peintures rupestres figurant la récolte du miel, etc. Les traces des premières écritures de différentes régions du monde (Mésopotamie,

---

[4] Selon l'expression de Doby (1996-1998).

[5] Environ trois-quarts des insectes sont des espèces consommatrices de matière végétale vivante, en décomposition ou morte, et certaines d'entre elles sont capables de prélever des quantités massives de récoltes. Ainsi, une nuée de criquets migrateurs peut consommer de 20 000 à 100 000 tonnes par jour (McGavin 2000).

[6] *Cf.* Turpin (1992).

[7] Comme celles de peste en Europe au XIVe siècle.

[8] *Cf.* (http://everest.ento.vt.edu/IHS/militaryEpidemics.html).

[9] Les Égyptiens mettaient des feuilles d'absinthe dans leur encre pour décourager les insectes papyrophages (Kerdeland 1980).

[10] *Cf.* Réaumur (1734-42), Berryat Saint-Prix (1829), Rolland (1881), Sébillot (1906), etc.

[11] *Kermococcus vermilio.*

Égypte, Chine, Inde, etc.) dévoilent l'utilisation d'insectes très variés (ou de leurs productions)[12] et les applications, parfois complexes, de leurs propriétés.

Nombre de ces savoirs anciens sont encore mis à profit un peu partout dans le monde. Ainsi, dans la plupart des sociétés dites "traditionnelles"[13], les "insectes" (voir *infra* la valeur des guillemets) sont utilisés à des fins très diverses. Au niveau alimentaire, contrairement à ce qui a longtemps été avancé, ils ne sont pas recherchés uniquement en période de disette; de nombreuses espèces sont consommées régulièrement. Certaines, très appréciées des populations autochtones, occupent une place non négligeable dans les économies locales ou régionales – voire nationales et internationales (Conconi 1993). Dans les autres domaines de la vie quotidienne (santé, hygiène, agriculture, élevage, esthétique, etc.), leur présence s'avère tout aussi constante et leur impact essentiel.

Dans les sociétés occidentales[14], des changements culturels, techniques et environnementaux profonds ont fait évoluer, au cours des derniers siècles, la façon dont les insectes sont perçus et pratiqués[15]. Une entomophobie s'y est développée, et publicité, littérature, cinéma[16], arts plastiques et graphiques, s'en font l'écho. Par ailleurs, la révolution industrielle y a été telle que l'utilisation des "insectes" n'est plus aussi immédiatement perceptible qu'elle peut l'être pour des populations vivant dans un rapport direct avec la nature. C'est pourquoi de nombreuses personnes sous-estiment leur intérêt; elles ignorent généralement qu'en dehors de certaines productions d'importance commerciale comme le miel, ils contribuent aussi à l'alimentation humaine et animale de façon déterminante – quoique indirecte – par leur rôle de pollinisateurs[17] et par leur intervention comme prédateurs ou parasites de ravageurs des cultures. De même, si leur utilisation industrielle est plus ou moins connue (ver à soie pour la production de textiles, cochenille et gales pour celle de colorants, laque (*Kerria lacca*) pour les vernis, cire d'abeille en cosmétologie, chitine dans différentes industries[18]...), leur participation à l'évolution des technologies est souvent ignorée; ce sont pourtant d'indispensables partenaires pour la recherche scientifique en

---

[12] Sécrétions, excrétions, constructions, etc.

[13] Rappelons (faut-il vraiment le faire?) que ce terme n'est en aucun cas à considérer comme synonyme d'immobilisme (des modes de vie et des savoirs de ces sociétés).

[14] Ce raccourci qui réduit les croyances, idées, concepts des populations européennes et des sociétés industrialisées, à un type idéal est imposé par le caractère très schématique de cette introduction.

[15] Au XIXe siècle, les millions de hannetons tués au cours des campagnes de hannetonnage en France, Suisse, Allemagne, étaient de potentiels pourvoyeurs d'engrais ou d'huile à brûler (Brehm 1884:204).

[16] Des documentaires et films (comme *Microcosmos, le peuple de l'herbe* (1996) de C. Nurisdany & M. Pérennou) contribuent aussi à changer le regard porté à ce monde singulier.

[17] Une étude réalisée aux États-Unis a montré que les abeilles sont nécessaires à la production annuelle de 20 milliards de dollars de céréales, fruits, légumes, graines (Encyclopedia Smithsonian 1995).

[18] Cette composante de la cuticule des insectes et ses dérivés sont utilisés en médecine (cicatrisation des plaies et brûlures, diminution du taux de cholestérol), en pharmacie (excipient anallergique), dans l'industrie des plastiques (plastique résistant et biodégradable), le traitement des eaux noires (élimination des polluants)...

génétique, cytologie, biologie moléculaire, embryologie, sociobiologie, écologie, robotique, etc.

Comme nous venons de le voir, les "insectes" occupent une place non négligeable dans la nature et dans la vie de l'homme; et pourtant, contrairement aux plantes ou aux vertébrés, l'étude de la relation que l'homme entretient avec eux n'a donné lieu qu'à un nombre limité de rencontres et de travaux. Les raisons de cette faible production – soit réelle, soit simplement apparente et due à une recension comme nous le verrons difficile – sont diverses et tiennent en grande partie à l'objet d'étude lui-même.

Les problèmes (entre autres de collecte et de conservation des spécimens) auxquels sont confrontés les non initiés sont tels que les "insectes" sont rarement l'objet unique de recherches en sciences humaines; ils y sont le plus souvent abordés de façon anecdotique. Les résultats, parcellaires, se trouvent alors noyés dans des publications dont le titre rend difficilement compte de leur présence.

À cette première difficulté s'ajoute l'obstacle culturel de l'ethnocentrisme des pays "du Nord" (qui organisent et financent la majorité des recherches, réunions et publications scientifiques dans le monde) conjugué à une perception négative des "insectes". Ces derniers y sont considérés comme impropres à la consommation ou dangereux et, en conséquence, ne sont pratiquement jamais évoqués dans le cadre d'une possible valorisation. Ils sont envisagés essentiellement comme des ravageurs ou des vecteurs de maladies, dont la gestion relève d'une lutte chimique qui n'aurait rien à apprendre des savoirs traditionnels et locaux, et devrait être menée indépendamment de l'avis des populations autochtones.

Au niveau scientifique, les difficultés tiennent, comme pour tous les autres éléments de la relation homme–nature, au nombre et à la diversité des domaines impliqués. La complexité du champ d'étude couvert, son amplitude, les interdépendances entre toutes les composantes de cette relation, rendent nécessaires les études croisées et l'intervention de compétences multiples, aucune des spécialités ne pouvant assumer seule une approche pertinente et efficace. Mais comme le soulignait E. Morin (1990:125):

> «Le vrai problème n'est pas de "faire du transdisciplinaire" mais "quel transdisciplinaire faut-il faire?".»

Après les premières et productives coopérations entre disciplines maîtresses (Sciences de l'Homme d'une part, Sciences Naturelles de l'autre), les participations se sont diversifiées et d'autres disciplines ont conjugué leurs objets, méthodes, expériences et orientations théoriques. Depuis que certaines découvertes comme les incontournables[19] théorème de Gödel et principe d'incertitude d'Heisenberg ont fait prendre conscience de l'intérêt d'une pluri-, inter-, transdisciplinarité[20], la gamme des disciplines impliquées s'est élargie. Dans le même temps,

---

[19] Qui ont infiltré, influencé et fait progresser aussi bien les mathématiques et les sciences de la matière que la linguistique, l'anthropologie ou la philosophie.
[20] En respectant la spécificité de chacune de ces approches distinctes. Sur la transdisciplinarité, cf. Random (1996), CIRET (1998), etc.

des sciences anciennes ont éclaté en une multitude de spécialisations, et de nouvelles disciplines sont nées sous l'effet des avancées technologiques, de la globalisation, des nouvelles performances en matière de technologie. Enfin, ont
aussi contribué à cette ouverture les hasards de la recherche, les nécessités im-
posées par des problématiques de plus en plus spécifiques ou couvrant des territoires très vastes, ou encore les modes, comme on peut l'observer aujourd'hui à
travers le paradigme cognitif qui étend sa domination. De cette multiplication
des collaborations résulte une dispersion des données dans des lieux et supports
divers relevant de domaines très éloignés.

C'est afin de rassembler tous les chercheurs intéressés par la relation homme–
"insectes", quelle que soit leur discipline scientifique, que le colloque international *Les "insectes" dans la Tradition Orale / "Insects" in oral literature and
tradition* a été envisagé. Pour favoriser une telle rencontre, le colloque se devait
d'être autonome et non rattaché (comme symposium, table ronde, workshop,
etc.) à une réunion plus importante d'entomologie[21], d'ethnobiologie ou de quelque autre discipline que ce soit. En permettant un tel rassemblement, ce colloque
avait plusieurs objectifs. En dehors d'un habituel partage d'expériences et d'informations, il avait pour but de susciter des collaborations, mais aussi et surtout
de permettre d'indispensables confrontations de points de vue et de saines remi-
ses en question d'approches et de méthodologies entre chercheurs d'horizons
théoriques et de démarches conceptuelles très dissemblables, formés à des courants de pensée profondément hétérogènes et détenteurs de compétences diverses. En effet, la nécessité d'une réflexion critique sur la validité des méthodes et
techniques, et la pertinence des théories et des objectifs, n'échappe à personne
quand il s'agit de dépasser les barrières disciplinaires et d'éviter les crises récur-
rentes engendrées par une intercompréhension difficile, une utilisation parfois
anarchique d'outils mal maîtrisés (notation phonétique, enquête ethnographique,
collecte entomologique, outil mathématique…), des divergences dans l'interprétation des résultats, etc.

Le colloque a été organisé dans le cadre de l'opération *L'homme et la nature :
mots et pratiques* du Laboratoire du LACITO (*Langues et Civilisations à Tradition Orale*, UMR 7107 du CNRS) qui, depuis sa création en 1976 (Jacqueline
M. C. Thomas et André-Georges Haudricourt en étaient des membres fondateurs) a accordé une place prépondérante à la pluridisciplinarité et aux ethnosciences.

Ce colloque s'est tenu du 3 au 6 octobre 2000 à l'Hôpital Paul Brousse et au
Centre André-Georges Haudricourt de Villejuif (France).

L'intitulé *Les "insectes" dans la Tradition Orale* a marqué les limites des
champs abordés.

---

[21] Selon C. Hogue (1987), le premier colloque de *Cultural entomology* a fait partie du XVIIth International Congress of Entomology à Hambourg en 1984.

Les *"INSECTES"* dans la Tradition Orale

L'emploi de guillemets pour le terme "insectes" souligne la valeur de cette catégorie qui n'est pas ici limitée aux repères stricts de l'entomologie[22]. Définie selon des critères propres à chaque groupe considéré, cette catégorie (quand elle existe) – ou son équivalent – est souvent difficile à définir et les espèces qu'elle englobe très diverses. Suivant la langue, la culture, le milieu naturel, mais aussi l'époque et les individus, s'y côtoient non seulement une grande variété d'invertébrés[23] mais aussi des batraciens, des ophidiens, des sauriens, de petits mammifères, etc.

En français, le mot "insecte" (qui vient du latin *insecta* "coupé"[24]) a, comme de très nombreux autres termes, une double vie selon le lieu et les conditions qui définissent le registre populaire ou savant de son emploi. Il ne peut en être autrement dans un pays où, comme ailleurs en Europe, savoirs savants et populaires sont inextricablement mêlés. L'évolution de nombreuses langues à partir du latin (parfois simplement les emprunts à cette langue) et l'utilisation de celui-ci dans le domaine savant jusqu'au XVIIIe siècle (voire plus tard pour certaines disciplines) en sont une des causes. Rares sont ceux qui ignorent ce hiatus, même si peu de personnes sont capables d'en définir avec précision les singularités. Mais s'il est possible, grâce aux écrits, de déterminer à une époque donnée la catégorie savante, l'emploi populaire est, comme pour toute tradition orale, difficile à cerner, fluctuant. Seule une étude des variations contextuelles et individuelles permet de circonscrire avec une certaine précision les champs sémantiques couverts par le terme; de même, pour en apprécier les connotations, on ne peut faire l'économie d'un examen de tous les autres mots ou expressions qui peuvent le remplacer ou le compléter[25]. Apparaissent alors, au-delà de la signification de surface que livrent les dictionnaires, les significations cachées et le contenu conceptuel (variable) que le mot véhicule. Un exemple – parmi tant d'autres – est donné par Elisée (cité par Albert-Llorca 1987) qui rapporte qu'un agriculteur disait, en parlant d'une souris, qu'il s'agissait d'un insecte. Un semblable rapprochement ne relevait pas d'une assimilation simple et constante de l'un à l'autre mais de différences gommées au moment de l'enquête par le fait que les deux, en rongeant les plantes, provoquaient des dégâts semblables dans les cultures.

---

[22] Bien que cette précision soit superfétatoire pour de nombreux chercheurs (qui voudront bien la pardonner), il n'a pas paru inutile de la souligner avec insistance dès les premiers appels à communication en 1999.

[23] On y trouve, en dehors des Insectes proprement dits, d'autres classes (Crustacés, Myriapodes, Arachnides) de l'embranchement des Arthropodes, ainsi que d'autres embranchements comme les Annélidés.

[24] En référence aux trois parties distinctes qui composent son corps.

[25] Le langage familier autorise un repérage plus immédiat lors du remplacement par "petites bêtes" ou "bestioles". Leur connotation, positive pour l'un et négative pour l'autre, sont perceptibles dans le qualificatif "petites" du premier et le "sales" dont le second est généralement assorti.

Les *"insectes"* dans la TRADITION ORALE

La tradition orale (une des spécificités du LACITO) qui continue à gouverner la grande majorité des populations actuelles, est indissociable des faits culturels et des contextes sociaux. Ce sont leurs relations réciproques que l'ethnolinguistique[26] se propose de saisir à travers l'analyse de la littérature orale, qu'il s'agisse de langues non écrites ou de textes de transmission orale dans des sociétés à écriture. Parmi les problèmes qu'elle aborde, cette discipline s'occupe des rapports entre les langues et la vision du monde, privilégiant de ce fait, dans une approche de l'interprétation symbolique de l'environnement et de la transmission de l'expérience humaine, une alliance avec les ethnosciences[27] qui traitent de la nature et sont regroupées sous le terme d'ethnobiologie (terme né en 1944 sous la plume de Castetter). Cette dernière comprenait essentiellement, au moment de sa naissance, l'ethnobotanique et l'ethnozoologie qui envisagent tous les liens établis entre l'homme et les végétaux ou animaux dans les diverses sociétés et traditions culturelles tout au long de l'histoire de l'humanité. Ce n'est que plus tardivement que l'ethnoentomologie s'est individualisée[28]. Ses objets d'étude se retrouvent en partie (et à des degrés divers suivant la valeur accordée aux dénominations qui vont suivre) intégrés à d'autres disciplines comme l'anthropozoologie, la zooanthropologie[29], la zooarchéologie, l'ethnozoologie, la zoohistoire, l'éthologie anecdotique..., ou encore, aux États-Unis, la *Cultural entomology* (Hogue 1980)[30], désignation qui n'est pas utilisée en français (la traduction française en "entomologie culturelle" étant susceptible d'engendrer des interprétations erronées de la limite des champs abordés[31]).

Au-delà de tout rattachement à l'une ou l'autre des disciplines nommées ci-dessus, le colloque proposait d'interroger tous les savoirs, pratiques, savoir-faire, représentations, se rapportant aux relations multiples, complexes et subtiles qui lient l'homme et les "insectes" : comment une population connaît ces animaux, les utilise, les perçoit, les imagine, les manipule symboliquement, les représente

---

[26] *Cf.* Thomas & Bernot (1972), Thomas (1985), Jourdan & Lefebvre (1998), etc.

[27] *Cf.* Barrau (1976), Pujol (1975 et 1976), Pujol & Carbone (1990), Arom *et al.* (1993), etc.

[28] *Cf.* Posey (1978).

[29] Selon Marchesini & Tonutti (2001 :18), la zooanthropologie
« s'écarte des précédents courants d'analyse (...) par l'attention spécifique qu'elle accorde à la composante relationnelle du partenariat avec l'animal. »

[30] Selon C. Hogue (1987:191), la *Cultural entomology* couvre un champ d'étude beaucoup plus vaste (littérature et études linguistiques, musique et autres domaines artistiques comme le cinéma, la danse, etc., arts graphiques et plastiques, histoire, philosophie, religions et folklore, jeux et divertissements) que celui de l'ethnoentomology :
« i.e. applications of insect life in so-called primitive (traditional, aboriginal, or nonindustrialized) societies may be regarded as a special branch of cultural entomology. »

Dexter Sear (IOVision, Kailua, Hawaii), par la création de son site *Bugbios* (http//www.insects.org) et du périodique correspondant (*Cultural Entomology Digest)* a grandement contribué à faire connaître cette discipline.

[31] La dénomination "zoologie culturelle" a récemment été utilisée à propos des travaux de D. Lestel (2001 :330), qui, à partir des avancées de l'éthologie contemporaine, considère que :
« les animaux ont des sociétés pour lesquelles une notion de culture peut s'appliquer ».

et les intègre à tous les domaines de sa vie (matérielle, économique, sociale, artistique, religieuse).

Les thèmes autour de la connaissance des "insectes" et des comportements qu'elle détermine, ont été rassemblés en six registres dont le découpage très pragmatique ne prétend ni à l'originalité, ni à l'exhaustivité, et est inévitablement matière à contestation. Il a comme seule ambition de permettre d'aborder une grande diversité de sociétés, de langues et de cultures, de taxons, de zones géographiques, de milieux naturels, de temps et lieux de vie, de problématiques... Par ailleurs, ces six parties ne doivent en aucun cas être envisagées comme étant délimitées par des frontières stables, invariables et parfaitement définies. Comme l'enseignent les Sciences de la Nature, aucune catégorie, de quelque ordre que ce soit, ne peut prétendre à une réalité quelconque en dehors d'un cadre défini avec rigueur et dans un but déterminé, ce qui n'est nullement le cas ici. Il ne s'agit donc que de repères que les auteurs nous invitent et obligent à franchir en permanence, leurs recherches ayant rarement été limitées à un seul thème et certaines contributions ayant été construites comme des monographies autour de la relation privilégiée établie par des hommes avec un "insecte" particulier. En conséquence, cette introduction ne peut rendre compte, en citant les auteurs, de l'ensemble de leur travail et de leur apport à chacun des thèmes.

Lexiques, taxinomies

Le lexique a été largement décrit et théorisé dans ses multiples approches (motivation sémantique, construction des mots, composition, dérivation, polysémie, etc.) et dans ses indispensables relations à la phonologie et à la syntaxe. En ce qui concerne le registre particulier du lexique naturaliste, de nombreux travaux[32] font état, depuis longtemps déjà, des problèmes posés par les techniques d'enquête et les capacités de compréhension du chercheur, mais aussi par la confrontation des systèmes de dénomination vernaculaire et scientifique. Cette confrontation révèle non seulement des concordances, des écarts, des références croisées et multiples, mais aussi les difficultés liées à la combinaison de niveaux de savoir différents ou encore les variations de signifiants ou de signifiés selon les contextes biologiques (dimorphisme sexuel, stades du cycle biologique, etc.), sociologiques (classe d'âge, profession, etc.), culturels.

Le vocabulaire "entomologique" s'avère d'une grande richesse et couvre un grand nombre d'espèces linnéennes comme on peut en juger dans le tableau présent en fin d'ouvrage[33].

Mais le lexique ne fait pas qu'isoler et définir. À l'interface entre système linguistique et système cognitif, il permet aussi d'accéder à un regard sur le monde, à une expérience du monde. Il transcrit —même si ce n'est que partiellement— les connaissances d'une société sur les fragments dissociés mais solidaires de ses

---

[32] Cf. Bulmer (1969), Fournier (1971), Gal (1973), Hunn (1975), Bouquiaux & Thomas (1976), etc.

[33] Y ont été réunis les noms complets des espèces mentionnées et la place de ces dernières dans la classification afin de ne pas alourdir les textes.

univers tangible et intangible et, dans le même temps, il est aussi la trame qui construit et révèle les liens entre ces fragments. Au-delà de ses évidences[34], le lexique naturaliste livre dans ses connotations, métaphores, analogies, étymologies..., les potentialités multiples de la "chose". Il dévoile aussi, en filigrane, son observateur-manipulateur-transformateur avec ses techniques, ses représentations culturelles, ses faits politiques, son économie, ses relations parentales, ses structures sociales, ses jugements esthétiques, ses déterminations psychologiques. Cette richesse de sens à laquelle une exploration minutieuse du lexique entomologique permet d'accéder, peut être appréciée dans l'exemple des Pygmées et Grands Noirs d'Afrique centrale (*cf.* texte de J. M. C. Thomas) et de populations du nord du Cameroun (*cf.* texte de V. de Colombel). Au-delà des échos multiples réveillés par les dénominations, certaines manifestations d'une dynamique de la langue permettent, par analyse comparative, d'aborder la profondeur historique de ces lexiques et révèlent –ou confirment– l'existence de parentés linguistiques, d'aires culturelles, de complexes socio-économiques.

Très rapidement, l'étude des lexiques naturalistes fait apparaître l'utilisation de termes génériques qui englobent des espèces aux caractéristiques communes (morphologiques, comportementales, écologiques, d'utilisation, etc.) comme on peut s'en apercevoir dans les différentes études entreprises soit sur un grand nombre d'"insectes" (*cf.* texte de E. M. Aldasoro Maya), soit sur certains d'entre eux regroupés sous le terme français de fourmis (*cf.* texte de P. Roulon-Doko) ou de criquets (*cf.* texte de M. Ouedraogo), ou encore sous la dénomination portugaise de *abeias*, qui regroupe au Brésil un ensemble d'espèces appartenant aux Vespidae et aux Apidae (*cf.* texte de E. Costa-Neto). Convergences et divergences culturelles dans la façon d'appréhender ces espèces (ou groupes d'espèces) se manifestent dans ces premières généralisations. De tels ensembles conduisent naturellement à une analyse des systèmes classificatoires.

Les systèmes d'identification, de nomenclature et de représentation, qui s'entrecroisent, se superposent ou, au contraire, se disjoignent, déterminent des regroupements dont il est important de rappeler qu'ils n'ont pas systématiquement une existence lexicale, ce qui rend leur mise en évidence et leur compréhension plus difficile encore. Ces regroupements, tout en restant soumis à l'appréciation du locuteur et bien qu'ils puissent fluctuer –pour une même personne– en fonction du contexte, rendent compte de la façon dont, au sein d'une culture, la nature est organisée. Ces systèmes taxinomiques vernaculaires[35] –comme ici chez les Masa Bugudum du Cameroun (*cf.* texte de J.-M. Mignot) et dans la culture Palawan aux Philippines (*cf.* texte de N. Revel)– invitent à une réinterrogation constante du contenu conceptuel, de la complexité, de la pertinence, de l'exis-

---

[34] Les altérations par glissement du signifiant ou du signifié ne sont pas rares et peuvent entraîner des interprétations erronées. Ainsi, la dénomination de "couturière" donnée par certains au carabe doré (*Carabus auratus*) –également appelé "jardinière" pour indiquer qu'il fréquente les jardins– est une déformation de "courtilière" (Brehm 1884 :104), nom (du vieux français "courtil" = "jardin") devenu opaque avec le temps.

[35] *Cf.* Friedberg (1974), Posey (1984), Revel (1990), Berlin (1992), Friedberg (1996), etc.

tence même de catégories dont les frontières apparaissent, selon les cas, continues ou discontinues, étanches ou poreuses, permanentes ou temporaires, stables ou instables.

"Insectes" utiles: art, agrément, agriculture, etc.

Les "insectes" interviennent dans la plupart des activités humaines. On les retrouve comme matériau, producteurs ou opérateurs (associés ou adversaires) dans l'ensemble des techniques qui jalonnent le quotidien, des plus simples aux plus sophistiquées, des plus rentables aux plus désintéressées. Les usages et leurs profits (matériels ou immatériels) diffèrent en fonction des groupes sociaux et des classes d'âge. Ainsi les jeux d'enfants avec ou autour des "insectes", allient amusement et apprentissage de la nature ou, selon la formulation des pays industrialisés, conjuguent pédagogique et ludique. Chez les adultes, les plaisirs simples comme celui de la contemplation émerveillée, sont peu fréquents. Le plus souvent, la dimension économique sous-tend le divertissement, à des degrés divers selon les individus et leurs conditions de vie (*cf.* textes de R. W. Pemberton et de M. Coyaud).

Le divertissement n'est pas la seule activité qui combine diverses dimensions. Ainsi, dans la fabrication de textiles et de parures diverses, les "insectes" interviennent non seulement comme matière première (ver à soie) et comme teintures (cochenille, gales, etc.), mais aussi comme ornement (*cf.* texte de V. Z. Rivers). Suivant les objectifs poursuivis, l'importance accordée aux aspects technologiques, à la dimension esthétique, au plaisir, au caractère lucratif, varie, mais la notion de profit est rarement absente, même dans la création artistique pure, quand l'expression d'un idéal esthétique devient déterminante dans la façon d'aborder l'"insecte", de se servir de lui ou d'en faire un artiste à part entière (*cf.* texte de B. A. Klein).

La beauté n'est pas le seul attrait des "insectes"; leurs multiples compétences et habiletés sont également mises à profit; il en est ainsi de leurs talents d'éboueurs, de fertilisateurs (par recyclage et incorporation au sol de l'humus), de régulateurs des populations de nombreux consommateurs primaires, de désherbants sélectifs, etc. (Lamy 1997). En Afrique de l'Ouest, la capacité des termites à extraire et digérer la matière organique du sol grâce à leur flore intestinale est exploitée pour les productions agricoles et la gestion de l'eau (*cf.* texte de J. Fairhead & M. Leach). En Amazonie, en dehors de l'alimentation et de la thérapeutique (qui, pour être trop importantes, seront traitées indépendamment), on utilise des "insectes" dans les pratiques agricoles, la pêche, la chasse, etc. (*cf.* texte de D. A. Posey).

"Insectes" comestibles

Dans les recherches sur la relation homme – "insectes", le registre des insectes comestibles est sans nul doute le plus productif, peut-être parce que l'expérience alimentaire est incontournable et qu'elle suscite chez les chercheurs les étonnements d'un quotidien partagé. Depuis la fin du XIXe siècle, les récits de voyageurs et les travaux scientifiques faisant état de pratiques entomophagiques dans le monde et l'histoire n'ont cessé de se multiplier[36]. Certains ouvrages sont devenus des textes de référence comme celui d'É. Bergier, *Peuples entomophages et insectes comestibles* paru en 1941 et, plus tard, celui de F. S. Bodenheimer, *Insects as human food* publié en 1951. La création en 1988 de *The Food Insects Newsletter*[37] par G. DeFoliart a donné à ce domaine une réelle impulsion et une portée internationale, qui se sont traduites par un enrichissement des données et une multiplication des initiatives de recherche, mais aussi par des manifestations nombreuses et des réalisations originales.

Dans cet ouvrage, la plupart des auteurs déclinent la comestibilité des insectes en des temps et lieux divers, et sous des approches multiples. Toutes ces données, plus qu'une simple recension des espèces considérées comme propres ou impropres à la consommation, nous invitent aux interrogations anthropologiques habituelles (en particulier dans le domaine de l'alimentation; *cf.* Garrigues-Cresswell & Martin 1998) sur le jeu des ressemblances et différences entre groupes humains. Pourquoi certaines populations sont-elles entomophages et d'autres non? Quelles espèces disponibles sur une aire de répartition commune à plusieurs populations sont recherchées, et par qui (sexe, âge, position sociale)? Quelles espèces ou quels stades (œufs, larves, nymphes, pupes, imagos) sont considérés comme comestibles? Comment et pourquoi le caractère inoffensif ou au contraire toxique de certaines espèces (que la toxicité soit permanente ou temporaire, fonction des plantes nourricières) est-il perçu, vécu et exprimé de façon contradictoire par des populations voisines? Et parmi les comestibles, où se situe le délicieux et le simplement comestible? la friandise, l'aliment d'appoint ou l'aliment de base? Quelles représentations conduisent aux tabous alimentaires? etc. À ces multiples questions répondent données chiffrées, études comparatives diachroniques et/ou synchroniques, synthèses, qui nous permettent d'aller plus avant dans la connaissance de la contribution des insectes à l'alimentation.

Plonger dans les racines de l'entomophagie en interrogeant la place de l'insecte dans l'alimentation des premiers hominidés (*cf.* texte de M. Tommaseo Ponzetta) apporte un éclairage nouveau aux expériences contemporaines. Les autres contributions nous font découvrir l'entomophagie à travers ses différentes étapes. La première d'entre elles, le repérage, fait appel à une remarquable finesse d'observation comme on peut l'apprécier dans la collecte des larves de charançons au Cameroun (*cf.* texte de E. Dounias). Pour être fructueuses, les récoltes requièrent une excellente connaissance de la biologie des espèces, de leur saisonnalité (ou celle de l'essaimage), de leur localisation spatiale et des végétaux qui les hébergent, de leur comportement (en fonction des contraintes écolo-

---

[36] *Cf.* Taylor (1975), Muyay (1981), Sutton (1988), Ramos-Elorduy & Pino (1989), etc. L'article *Insects as human food* publié par DeFoliart en 1992 présente une synthèse des données développées dans les publications parues jusqu'à cette date.

[37] (http://www.food-insects.com).

giques, des différentes castes pour les insectes sociaux, etc.). Quant aux techniques de capture, elles font appel à l'ingéniosité de l'homme pour tromper ses proies et sont adaptées aux collecteurs (âge, sexe), aux conditions de récolte (au cours d'autres activités ou non) et aux espèces recherchées. À propos de ces dernières, une vaste synthèse qualitative et quantitative sur les chenilles (*cf.* texte de F. Malaisse & G. Lognay) permet de prendre conscience de la variété offerte par l'entomofaune locale et des choix que les populations sont amenées à opérer.

Quelques espèces requièrent une préparation préalable qui permet d'éviter certaines nuisances. Ainsi, pour les grosses chenilles, un grillage des poils, un ébouillantage ou une vidange de l'intestin (*cf.* planche de P. Roulon-Doko) sont parfois nécessaires. Mais choix et préparation ne sont pas les seuls garants de la comestibilité d'un aliment. L'absence de contamination par des éléments "impurs" est également indispensable comme nous le donne à voir l'exemple du ver et de ses représentations chez les Peuls du Niger (*cf.* texte de S. Alhassoumi Sow).

Depuis plusieurs décennies, la publication de résultats d'expériences scientifiques réalisées sur diverses espèces attire l'attention sur la qualité nutritionnelle des "insectes" comestibles[38]. Les résultats d'analyses dont nous font part F. Malaisse & G. Lognay et M. E. Tarre pour les chenilles, J. Ramos-Elorduy pour les punaises, E. Dounias pour les larves de charançons, permettent d'apprécier leur valeur énergétique, la quantité et la qualité de leurs protéines, leur teneur en graisses, fibres, vitamines et minéraux. On comprend alors que ces aliments soient présentés par les populations locales comme "bons pour la santé". Toutefois, cette appréciation ne peut être réduite à ces seuls arguments biologiques. Les considérations psychologiques, culturelles et sociales participent de cette valeur d'alicament car, comme le rappellent Garrigues-Cresswell & Martin (1998), les comportements alimentaires relèvent de phénomènes qualifiés par M. Mauss de "faits sociaux totaux"; et chacune des contributions concernant les insectes comestibles nous permet d'en apprécier les multiples prolongements (économie, mode, "magie" et religion, etc.).

Les "insectes" en thérapeutique

Comme nous venons de le voir, alimentation et thérapeutique sont indissociables (*cf.* texte de J. Mitsuhashi). Depuis des millénaires, l'expérience a conduit les hommes – et avant eux les animaux – à découvrir les effets des aliments sur le corps. Si la toxicité de certaines espèces ingérées a été constatée et le savoir transmis de génération en génération, l'homme a aussi découvert que poison et médicament ne font qu'un et qu'en thérapeutique, tout est affaire de dose. Les dangers de l'envenimement, qu'il soit de caractère passif (par contact) ou actif (par inoculation par aiguillon ou stylets buccaux), ont été convertis par les savoirs traditionnels et populaires en propriétés médicinales. Mais la manipulation des venins par contact (cantharides, chenilles urticantes...) ou piqûre (abeilles,

---

[38] *Cf.* DeFoliart (1975), Meyer-Rochow (1978-9), Ramos-Elorduy (1982), Comby (1990), etc.

guêpes, fourmis…) suppose une maîtrise des facteurs influant sur leur qualité et leur puissance[39], que seule l'expérimentation au cours des siècles a permis d'acquérir.

Le danger que représente un "insecte" n'est cependant pas le seul critère qui attire l'attention et incite à en tester les effets biologiques. L'inspiration est aussi mise en œuvre par les processus analogiques (comme dans la théorie des signatures de Paracelse), inévitablement cités lorsqu'une valeur symbolique semble évidente, qu'il s'agisse de couleur (comme le kermès utilisé pour soigner les blessures et dont la couleur rouge est l'archétype du sang), de son, de comportement ou encore de dénomination (comme pour le perce-oreille utilisé contre la surdité); toutefois, on ne saurait oublier que les valeurs et représentations sont souvent complexes et les liens moins évidents qu'il n'y paraît. Enfin, le hasard et diverses autres pratiques[40] contribuent également à l'introduction de nouvelles drogues "entomologiques" dans les pharmacopées traditionnelles. Ces dernières sont composées en majorité de produits d'origine végétale, mais le nombre d'"insectes" médicinaux n'est pas pour autant négligeable comme le montre l'exemple des arthropodes utilisés dans les pharmacopées de l'Afrique subsaharienne (cf. texte de A. van Huis).

Les thérapeutiques traditionnelles, contrairement à la biomédecine, n'envisagent pas ces "insectes" uniquement comme des pourvoyeurs de substances biologiques. Leur utilisation fait également intervenir le riche potentiel thérapeutique que leur confère un état d'interdépendance. En effet, ils sont considérés non pas comme ayant une identité absolue (répondant aux constructions de la logique formelle) qui seule serait agissante mais également comme des détenteurs d'une part de l'existence – et donc du pouvoir – des autres êtres ou composantes (de tous les autres univers reconnus par la société). C'est pourquoi les pratiques et les rituels dans lesquels ils interviennent peuvent avoir des significations extrêmement complexes. Cette complexité est d'autant plus grande que, dans le domaine de la thérapeutique, les valeurs collectives ne sont pas seules en jeu. Chacun gère de façon individuelle – et donc unique – la perception qu'il a de sa propre existence, de sa place dans la communauté et de son éventuelle destination suprasensible.

Ces approches différentes de la santé (que l'on oppose généralement en termes de scientifique et "raisonnable" vs. empirique et irrationnelle), se retrouvent dans la thérapeutique préventive. La biologie a appris à établir des liens de cause à effet entre insectes et maladies[41]. Dans les sociétés traditionnelles, la conception étiologique des "insectes" fait intervenir non seulement ces conceptions et représentations du réel mais aussi celles de l'invisible, du virtuel. En Amazonie,

---

[39] Espèce, époque de l'année, localisation de l'impact, actions répétées ou multiples, état biologique et émotif du malade.

[40] Comme les rêves ou les rituels avec consommation de substances modificatrices de conscience.

[41] Déclenchement de réactions allergiques chez l'homme et le bétail ou, pour les parasites et insectes hématophages, certaines maladies graves (paludisme, onchocercose, trypanosomiase, etc.) dont ils sont les vecteurs. Cf. Horsfall (1962), Lane & Crosskey (1993), etc.

certaines espèces sont vécues comme des manifestations d'entités invisibles ou de parts invisibles de l'être[42] (*cf.* texte de N. Césard, J. Deturche & P. Erikson) et, en tant que telles, peuvent être tenues pour responsables de certains syndromes. Ces perceptions fondamentalement différentes des dangers potentiels se répercutent sur la façon dont sont fixées les bases d'une thérapeutique préventive au quotidien. Toutefois, quelle que soit la culture, toutes se traduisent par un évitement, une capture ou une destruction (parfois une torture) de l'espèce dangereuse.

L'image en miroir de cette prévention négative est l'utilisation d'"insectes" protecteurs qui sont conservés, représentés ou portés en amulette, comme on peut l'observer chez les Bafia du Cameroun (*cf.* texte de G. Guarisma). C'est également dans le cadre d'une gestion préventive et individuelle de la "santé" qu'interviennent les présages (*cf.* texte de É. Motte-Florac). Ce qui semble un déni de toute forme de rationalité dans la connaissance, la compréhension, l'utilisation de la nature, peut être envisagé comme une solution personnelle parfaitement adaptée. La lecture d'un signe (ici "entomologique") laisse à chaque individu, suivant ses aptitudes et inclinations (et en dépit du fardeau symbolique accumulé dans la culture par les générations antérieures), la liberté des liens qu'il souhaite établir avec les événements de sa destinée singulière. Chacun peut ainsi répondre à ses propres besoins en adhérant ou en rejetant un présage, en l'adaptant ou non aux connaissances en cours, en en choisissant l'énoncé et en déterminant les conditions (temporelle, spatiale, contextuelle) de son activation.

Les "insectes" dans la vie sociale

L'homme est un observateur actif de l'univers dans lequel il mène son existence. Par ses sens, il explore son environnement et, grâce à son cerveau, il est capable de se le représenter et d'en avoir une vision logique en conjuguant raison et connaissances. Mais ce sont les sensations, impressions et émotions qui accompagnent l'activité mentale qui sont décisifs dans l'interprétation que l'homme a de son environnement et qui donnent un sens à ce qui l'entoure. Or l'"insecte" (en tant qu'individu appartenant à une espèce) et les "insectes" (en tant que multitude ou société) font souvent naître chez l'homme des sentiments très forts, qu'ils soient d'admiration, de terreur ou de dégoût. Dans toutes les populations du monde, les "insectes" hantent l'imaginaire parce qu'ils étonnent, impressionnent, choquent, émeuvent, épouvantent, par les transformations souvent spectaculaires de leur aspect lors des métamorphoses, par leurs capacités hors du commun (camouflage, puissance de charge des fourmis, stridulations assourdissantes des grillons), par la beauté et l'originalité de leurs formes et de leurs couleurs, par leur multitude (nuées d'insectes migrateurs, essaims), par leur caractère éphémère, par l'existence de sociétés fortement organisées et structurées, par

---

[42] Ces représentations sont partagées par de nombreuses populations. Ainsi, en France, le double de la sorcière est un taon ou un papillon noir (qui sort de sa bouche quand elle dort pour exécuter les maléfices) alors que le papillon tête-de-mort est une âme du purgatoire et le ver luisant, l'âme d'un enfant mort sans baptême (Rolland 1881, Sébillot 1906).

l'édification de constructions très élaborées, par la douleur qu'ils engendrent et par leur pouvoir mortifère, par les nuisances qu'ils occasionnent et par leur pouvoir destructeur, etc. L'homme s'empare de la richesse de toutes ces potentialités pour nourrir ses représentations. Un exemple de ces visions chimériques et fantastiques apparaît dans les cartes publicitaires diffusées dans les pays occidentaux au cours des XIXe et XXe siècles (*cf.* texte de L. G. Higley).

Fondée sur cet imaginaire, le symbolisme "entomologique" marque de son empreinte tous les domaines de la vie comme J. Fairhead & M. Leach (dans cet ouvrage) l'ont montré à propos des termites, et peut n'avoir qu'une incidence secondaire ou influencer de façon déterminante les manières d'être et de penser. On le voit alors guider les comportements [par exemple ceux des habitants d'un quartier d'habitat social en France face aux blattes (*cf.* texte de N. Blanc)], induire les attitudes formelles [comme les réactions de terreur maladive des Inuit canadiens face aux "bestioles" (*cf.* texte de V. Randa)], façonner le rôle social [en Nouvelle-Calédonie où l'"insecte" peut être incarnation de l'esprit totémique d'un clan ou encore animal fondateur d'un groupe social (*cf.* texte de I. Leblic)].

L'analyse combinatoire des rapports qui lient certains traits culturels permet de décrypter les complexes d'idées, attitudes, comportements, pratiques rituelles autour de certaines représentations. C'est ainsi que l'insecte parasité se révèle modèle de reproduction chez les Miraña d'Amazonie colombienne (*cf.* texte de D. Karadimas). Se retrouvent projetés sur cet *alter ego* "entomologique", à la fois réel et imaginaire, tous les rapports que l'homme établit avec le conscient et l'inconscient, l'humain et le non humain.

L'"insecte" qui traverse parfois rapidement le champ du visible pour disparaître aussitôt, conduit l'homme à la frontière de l'invisible, entre humain et divin, histoire et mythe. Il n'est pas étonnant alors, de le retrouver en bonne place dans la mythologie et la cosmologie, comme l'abeille en Roumanie (*cf.* texte de M. Mesnil), mais aussi dans les textes qui fondent la dimension sacrée de la vie, qu'ils soient de tradition orale ou écrite. Comme les autres signes de la nature, les "insectes" permettent à chaque culture et à chaque individu d'organiser sa vision de la vie et d'élaborer du religieux, influençant alors, parfois, les comportements (*cf.* texte de S. Benhalima, M. Dakki & M. Mouna).

Contes et mythes

Les "insectes", nous l'avons vu, hantent l'imaginaire et, parce que ce dernier est le riche substrat qui féconde la littérature orale parlée ou chantée, on les retrouve mis en scène dans des devinettes, des proverbes et dictons, de la poésie, etc. Mais ce sont, sans conteste, les contes et les mythes qui sont les plus productifs pour traduire les rapports de l'homme à l'entomofaune présente dans son environnement. Des mythes du monde entier font intervenir des "insectes". Fourmi, abeille, araignée, mante religieuse, etc., sont les acteurs principaux ou secondaires de ces récits fondateurs de l'histoire des hommes. Ancêtres de l'humanité et/ou du monde animal, héros civilisateurs, démiurges…, ils participent à ces origines indistinctes, lorsque le cosmos, les êtres et les dieux cherchent à établir leur place respective (*cf.* texte de R. H. Cherry). Cette "parole sérieuse" dont on ne saurait douter, transmet dans une longue narration d'événements extraordinaires, les croyances fondamentales, le savoir religieux, les explications historiques et sociologiques de tout ce qui a trait à l'organisation de la société qui lui a donné naissance. Ce sont ces symboles, valeurs et messages sous-jacents que la linguistique et l'anthropologie s'emploient à décrypter, par exemple dans les mythes de l'araignée en Afrique occidentale et centrale (*cf.* texte de L. Bouquiaux).

Les contes quant à eux, mettent en scène des créatures-insectes qui sont choisies en fonction de particularités environnementales saillantes (comme les termitières au Burkina Faso; *cf.* texte de L. Nissim, M. Ouedraogo & E. Tibaldi) ou évoluent dans un cadre qui en est inspiré. De vocation généralement didactique, cette littérature mouvante transmet, d'une génération à l'autre, informations et connaissances sur l'environnement et les techniques, mais discours fabuleux, le conte permet aussi aux acteurs, dans un partage plus ou moins équilibré entre réel et irréel, d'échapper aux lois de la nature et d'accomplir des prodiges. L'imagination créatrice se met à l'œuvre et investit les "insectes" qui, de simples créatures, deviennent, selon le système de représentation propre à la société étudiée, des hommes métamorphosés, des "insectes" anthropomorphisés, des doubles de sorcières, des incarnations de divinités, d'esprits et entités diverses. Il en est ainsi de l'abeille, image de la Vierge Marie dans le monde slave (*cf.* texte de A. V. Gura).

D'autres fictions expliquent la création des différentes espèces, soulignent leurs caractéristiques et les relations qu'elles entretiennent avec les autres insectes, animaux, végétaux mais aussi avec l'homme. Dans les contes étiologiques des pays slaves et d'une façon plus générale d'Europe, la création est souvent dualiste, opposant Dieu et le diable dans un combat qui traduit la place des "insectes" dans l'ordre du monde (*cf.* texte de G. Kabakova).

Perspectives

L'accumulation de données de terrain ne saurait être une fin en soi. Étape première, elle est nécessaire à toute réflexion historique, questionnement anthropologique, interrogation épistémologique ou philosophique. Elle permet de faire des comparaisons, d'établir des parentés, d'enrichir l'éventail des outils, directions et hypothèses de recherche. Elle autorise les rapprochements et permet de mesurer, sur des lieux et thèmes divers, les répercussions des problématiques suscitées par les contraintes locales et l'évolution environnementale ainsi que les nouvelles donnes économiques et politiques. Aussi, loin d'être un simple recueil de curiosités où le lecteur en veine d'exotisme pourrait trouver matière à s'étonner, cet ouvrage rassemble des écrits qui, de façon directe ou indirecte, volontaire ou involontaire, explicite ou implicite, révèlent des enjeux sous-jacents souvent considérables.

Ces contributions questionnent en premier lieu le simple devenir des espèces qui font sens dans une société donnée et, partant, la pérennité des modes de vie traditionnels et locaux[43] qui leur sont liés. Dans la majorité des cas[44], ces sociétés sont capables de tirer le meilleur parti des écosystèmes dans lesquels elles évoluent sans provoquer de perturbations graves et irréversibles. Ce n'est pas le cas des pays industrialisés dont les technologies avancées et la conception de l'environnement et de sa gestion causent des dommages irrémédiables. Partout dans le monde et depuis plusieurs décennies – plus encore depuis la Convention sur la Biodiversité de Rio en 1992 –, les altérations de l'environnement planétaire par pollution de l'atmosphère, des sols, de l'eau, par déboisement, etc., mobilisent l'attention; des actions de conservation sont menées pour tenter de limiter l'érosion des biotopes naturels, qui déstabilisent et perturbent les habitats et induisent une réduction du nombre d'espèces utiles et de leur biomasse. Cependant les propositions d'action de préservation, conservation et gestion durable sont tout aussi multiples que les façons de percevoir et évaluer la biodiversité ou de prévoir son utilisation, et les politiques menées se révèlent parfois incompatibles entre elles. Pour ne citer que l'un des nombreux problèmes posés par la gestion durable de l'environnement, on peut prendre l'exemple de l'épandage massif de produits phytosanitaires. Malgré la mise au point d'insecticides plus spécifiques, de puissants pesticides chimiques continuent à être déversés partout dans le monde[45]. Comme l'ont souligné de nombreux chercheurs, de tels procédés sont incompatibles avec une pratique effective et durable d'une entomophagie nécessaire à certaines populations.

Ce problème convie à une réflexion plus large et amène à prendre en compte l'entomophobie qui anime les pays industrialisés ou pour le moins les représentants de certains de leurs secteurs économiques. Non seulement les actions sont menées sans souci des populations locales et de leurs modes de vie, mais les savoirs traditionnels sont rarement perçus comme des alternatives à certains problèmes mondiaux actuels (dans ce cas précis, la malnutrition et la famine). Malaisse (1997) écrit à ce propos que la perception des criquets comme ennemis de l'homme et de ses cultures (qui a comme conséquence les actions d'éradication habituellement menées lors de leur arrivée massive) est à réviser en tenant compte de leur valeur alimentaire.

Par ailleurs, pour faire face à la régression de certaines espèces (qu'elle soit due à la disparition de leur écosystème ou à une utilisation trop intense), la définition d'un statut conservatoire n'est pas la seule réponse à envisager comme

---

[43] Par ailleurs, pour aussi dynamiques et évolutifs que soient les savoirs et les modes de vie de ces sociétés, ils se trouvent affaiblis et menacés par la rapidité des transformations socio-économiques et environnementales, la globalisation financière, l'essor des communications, etc.

[44] Malaisse (1997:102) fait part d'un cas inverse pour la récolte du miel en Afrique:
     « La récolte du miel se pratique sans souci de la survie des essaims et des larves, moins encore de celle des arbres qui les abritent. »

[45] En dehors de la question éternellement posée d'une sélection (involontaire) d'espèces résistantes qui engendre une course permanente entre pesticide et ravageur, cette lutte chimique constitue un problème de santé publique à l'échelle mondiale.

tendent à le prouver certaines techniques traditionnelles de pseudo-domestication[46]. Les micro-élevages peuvent constituer une alternative intéressante (DeFoliart 1995)[47], d'autant que diverses expériences ont montré que le coefficient de transformation des insectes pour la production de protéines animales est particulièrement remarquable (Sheppard 1992, Lindroth 1993). Aussi, parmi les démarches prioritaires des politiques de développement durable, il serait souhaitable que soient intégrées la domestication et l'élevage de certaines espèces comme G. DeFoliart (1995) le souligne à propos de la technologie relative à l'apiculture.

Les savoirs "entomologiques" traditionnels et populaires n'ont pas comme seul domaine d'application l'entomophagie. Les domaines dans lesquels on pourrait les mettre à contribution sont aussi variés que la pollution et l'épuration (traitement des ordures et des eaux usées), la production agricole durable, la réhabilitation des sols après dégradation (Fairhead & Leach, dans cet ouvrage), la reforestation, le contrôle des pestes et des ravageurs (Dounias, dans cet ouvrage), etc. Pourtant, bien que de nombreuses voix se soient élevées partout dans le monde pour attirer l'attention sur de tels intérêts, ils sont rarement exploités, y compris dans la gestion de problèmes locaux pour lesquels ils sont pourtant parfaitement adaptés.

Pour que de telles perspectives soient intégrées aux programmes en cours ou à venir, les savoirs traditionnels et locaux doivent franchir la barrière de l'évaluation. Se pose alors le problème des relations à double sens qui peuvent et doivent être établies entre sciences de la raison et savoirs de l'empirisme. Depuis plus de deux mille ans, la pensée occidentale assoit son autorité en se fondant sur l'incompatibilité entre *logos* et *muthos* ; la croyance des détenteurs du "discours légitime" en la toute-puissance de la "raison" et de la science est à la base des mécanismes fondamentaux, impliquant le rejet de tout ce qui échappe à leur compréhension. E. Dounias (dans cet ouvrage) montre que seule une réelle compréhension de la parole symbolique permet d'apprécier la signification écologique d'un événement, d'en comprendre les possibles incidences et d'en mesurer la portée. Alors seulement, il est possible d'établir un lien entre parole et connaissance, permettant d'y trouver des solutions concrètes à des problèmes aussi importants que ceux de la gestion économique des cultures et des récoltes. Dans ce même souci de décodage, J. Fairhead & M. Leach (dans cet ouvrage) montrent qu'il est nécessaire de déchiffrer correctement les supports symboliques pour comprendre le discours et en apprécier la pertinence.

---

[46] Malaisse (1997 : 217) écrit à ce propos :
   « La production de chenilles, notamment celles inféodées aux Césalpiniacées, est donc un objectif à prôner dans le cadre des programmes agro-forestiers ainsi qu'en vue d'une gestion durable de la région. »

[47] Des pratiques d'élevage d'insectes ont été proposées aux pays industrialisés pour l'alimentation humaine et animale (Food Insect Newsletter 1996).

Des problèmes équivalents se posent lors de l'évaluation (lourde de conséquences[48]) des pratiques thérapeutiques. Les seuls critères retenus comme vali-
des sont ceux qui sont dits "scientifiques", c'est-à-dire qui relèvent du quantitatif
et du reproductible. L'activité pharmacologique des produits médicinaux est vé-
rifiée[49] selon des techniques et des protocoles normalisés. Mais, outre les difficultés posées par le choix des produits à tester (totum, extrait, fraction chimique,
substances), on peut se demander si les techniques *in vivo* et *in vitro* (sur des or-
ganes, cellules, fractions subcellulaires) permettent réellement de mettre en évidence et de quantifier l'efficacité thérapeutique. Peut-on soumettre tous les remèdes et toutes les pratiques thérapeutiques aux seuls essais cliniques contrôlés
et selon les approches biostatistiques classiques[50], qui sont aujourd'hui la règle
en biomédecine (et qui ne sont pas forcément totalement corrects)? Chaque essai clinique ne peut répondre qu'à une seule question, précise et clairement
énoncée, ce qui marque les limites implicites de cette méthodologie. Les tentatives d'évaluation de l'homéopathie (Commission of the European Communities
1996)[51] permettent de mieux comprendre les problèmes posés par l'évaluation de
l'efficacité de pratiques thérapeutiques traditionnelles. Cependant, les obstacles
techniques ne sont pas seuls en cause. Les fondements mêmes de la science sont
à questionner car l'identification entomologique des remèdes vernaculaires,
l'évaluation de leur impact sur un organisme vivant, la recherche de leur mode
d'action, de l'influence de la dose ou du mode de préparation du remède s'inscrivent toutes dans une conception positiviste du savoir et de la biologie. Or les
traitements sont fondés aussi sur des facteurs sociaux, culturels, psychologiques
extrêmement hétérogènes, et les conceptions locales de la santé, de la "maladie"
et du retour à l'état d'équilibre ou de santé, etc., nécessitent une approche totalement différente qui n'emprunte ni la structure ni le vocabulaire de la nosologie
biomédicale.

Si les tests d'évaluation prouvent l'intérêt d'une espèce selon les normes occidentales, l'économie prend le relais. En ce qui concerne les produits médicinaux
(mais il en va de même pour tous les autres produits), la protection, la sauvegarde et la conservation de la diversité (de la nature comme des cultures et des
savoirs) ont comme corollaire leur utilisation. Les populations locales sont alors
soumises à de fortes pressions économiques, sociales et politiques, et l'intensification des échanges commerciaux donne lieu à de nouvelles formes d'exploitation ainsi qu'à des risques qui vont de l'emprise de firmes industrielles et commerciales puissantes à la privatisation des ressources génétiques (que les brevets
sur le vivant rendent possibles dans certains pays) ou encore à la mise en place
d'un appareil juridique essentiellement profitable aux sociétés industrielles. Si
tout le monde se plaît à reconnaître la nécessité d'une répartition équitable des

---

[48] *Cf.* Motte-Florac (2001).
[49] À l'exception de quelques espèces et des venins.
[50] Dont certains scientifiques ne retiennent qu'un certain nombre comme offrant un niveau satisfaisant
de qualité et capables de répondre aux standards actuellement exigés.
[51] Consulter également le site (http://www.entretiens-internationaux.mc/wwfdeux.htm).

ressources, l'interrogation sur le caractère patrimonial des savoirs traditionnels reçoit des réponses très variables. Des dispositions législatives prises tant au niveau des régions qu'au niveau national ou international, sont des obligations et des urgences sur lesquelles insistent constamment les grands organismes internationaux[52] mais aussi les multiples instances locales, en particulier, en ce qui concerne les droits de propriété intellectuelle (Posey, dans cet ouvrage).

Pour la sauvegarde de la diversité du vivant, mais aussi la préservation de la relation fragile qui lie les sociétés humaines à leur milieu naturel, les recherches ne peuvent être réalisées et les stratégies de gestion mises en place et menées qu'en concertation avec les populations directement intéressées. Dans cette gestion large des composantes environnementales et socio-culturelles, une base transdisciplinaire, complémentaire, coopérative, adaptative, relationnelle, de partenariat, est, comme le fait remarquer C. Henon (2000), nécessaire à l'établissement et au fonctionnement des liens entre la communauté scientifique (locale, globale, transdisciplinaire…), les opérateurs, les conseillers, les organismes de réglementation, les contrôleurs et la communauté (large, locale, globale). Trouver le moyen de faire fonctionner les relations entre tous les acteurs est une nécessité et un défi quand on sait à quel point leurs objectifs, programmes et façons de concevoir, de formuler, d'entreprendre et de réaliser les projets sont différents. À un moment où la communication se fait à l'échelle mondiale et où l'économie et les législations s'envisagent au niveau planétaire, il est nécessaire de favoriser et de faciliter l'établissement d'un dialogue "Nord-Sud" en donnant accès à des informations sérieuses, des lexiques précis et fiables. À cette fin, la synergie des compétences de chercheurs relevant de toutes les sciences (Sciences de l'Homme et S. Sociales, S. de la Vie, S. de la Terre, etc.) est nécessaire, gage à la fois d'un respect des concepts originaux que les langues et les cultures véhiculent et des exigences de rigueur scientifique requis par les partenaires et décideurs des pays industrialisés.

Notons pour conclure que les actions, quelles qu'elles soient, s'avéreront d'autant plus profitables que des chercheurs sensibilisés à tous ces problèmes seront partie prenante des programmes mis en place dans le cadre de l'agriculture et de l'agronomie, de la chimie, de la médecine, etc., ce qui est le cas de plusieurs des auteurs de cet ouvrage.

RÉFÉRENCES BIBLIOGRAPHIQUES

ALBERT-LLORCA M. – 1987, D'où sortent les petites bêtes? *Cahiers de Littérature Orale* 22:147-161.

---

[52] *Cf.* UICN (Union Internationale pour la Conservation de la Nature), WWF (World Wildlife Fund), PNUE (Programme des Nations Unies pour l'Environnement), FAO (Food and Agriculture Organization), UNESCO (United Nations Educational, Scientific and Cultural Organization), etc.

AROM S., M. AUGÉ S. BAHUCHET, J. BARRAU, J. BENOIST, A. BURGUIÈRE, K. CHEMLA, J. GOODY, P. GRENAND, F. HÉRITIER-AUGÉ, E. LE ROY LADURIE, G. MÉTAILIÉ, C. MORETTI, S. MULHERN, T. NATHAN, S. PAHAUT, N. REVEL & R. SCHEPS – 1993, *La science sauvage - Des savoirs populaires aux ethnosciences.* Paris, Éditions du Seuil, 214 p.

BARRAU J. – 1976, L'ethnobiologie. *Outils d'enquête et d'analyse anthropologiques* (R. Cresswell & M. Godelier, éds). Paris, François Maspero, pp. 73-290.

– 1990, L'homme et le végétal. *Encyclopédie de La Pléiade : Histoire des mœurs. Vol. 1.* Paris, Gallimard, pp. 1279-1306.

BERGIER É. – 1941, *Peuples entomophages et insectes comestibles. Étude sur les mœurs de l'homme et de l'insecte.* Avignon, Rullière Frères, 229 p.

BERLIN B. – 1992, *Ethnobiological classification: principles of categorization of plants and animals in traditional societies.* Princeton, Princeton University Press, 335 p.

BERRYAT SAINT-PRIX – 1829, *Rapport et recherches sur les procès et jugements relatifs aux Animaux.* Paris, Mémoires de la Société des Antiquaires de France, tome 8.

BODENHEIMER F. S. – 1951, *Insects as human food.* The Hague, W. Junk, 352 p.

BOUQUIAUX L. & J. M. C. THOMAS – 1976[2], *Enquête et description des langues à tradition orale, vol. 3. Approche thématique.* Paris, SELAF, 950 p.

BREHM A. E. – 1883-4, *Merveilles de la nature. Les insectes, les myriapodes, les arachnides et les crustacés.* Paris, J.-B. Baillière et fils, 802 + 720 p.

BULMER R. – 1969, *Field methods in ethnozoology with special reference to the New Guinea Highlands.* University of Papua New guinea, Ms.

CARDON D. & G. DU CHATENET – 1990, *Guide des teintures naturelles.* Genève, Delachaux & Niestlé, 399 p.

CASTETTER E. F. – 1944, The domain of ethnobiology, *American Naturalist* 78:158-170.

CIRET – 1998, *Centre International de Recherches et Études Transdisciplinaires.*
http://perso.club-internet.fr/nicol/ciret/

COMBY B. – 1990, *Délicieux insectes: les protéines du futur.* Genève, Jouvence, 156 p.

CONCONI E. – 1993, *Estudio de mercadeo del gusano blanco de maguey.* México, ITAM, Tesis Profesional, 73 p.

DEFOLIART G. – 1975, Insects as a source of protein, *Bull. Entomol. Soc. Amer.* 21(3):161-3.

– 1992, Insects as human food, *Crop Protection* 11:395-399.

– 1995, Edible insects as minilivestock, *Biodiversity and Conservation* 4:306-321.

DOBY J. M. – 1996-1998, *Des compagnons de toujours...,* 4 vol. L'Hermitage, Doby, 184 + 205 + 236 + 261 p.

ENCYCLOPEDIA SMITHSONIAN – 1995, *Benefits of Insects to Humans.*
http://www.si.edu/resource/faq/nmnh/buginfo/benefits.htm

FOOD INSECT NEWSLETTER – 1996, Raising mealworms, *The Food Insects Newsletter* 9(1):1-4.

FOURNIER M. – 1971, Réflexions théoriques et méthodologiques à propos de l'ethnoscience, *Revue Française de Sociologie* 12:459-482.

FRIEDBERG C. – 1974, Les processus classificatoires appliqués aux objets naturels et leur mise en évidence. Quelques principes méthodologiques, *JATBA* 15(7-8):297-324.

– 1986, "Classifications populaires des plantes et modes de connaissance", in *L'ordre et la diversité du vivant : quel statut scientifique pour les classifications biologiques ?,* Pascal Tassy (éd.), Fondation Diderot, Fayard, Paris, pp. 21-49.

GAL S. – 1973, Inter-informant variability in an ethnozoological taxonomy, *Anthropological Linguistics* 15(4):203-219.

GARRIGUES-CRESSWELL M. & M.-A. MARTIN – 1998, L'alimentation: entre mondialisation et expression identitaire. *Techniques et Culture* 31-32:1-16.

GULAN J. P. & P. S. CRANSTON – 2000, *The insects, an outline of entomology*. Oxford, Blackwell Science, 470 p.

HENON C. – 2000, *Le paradigme Gombessa: l'écologie cognitive pour l'environnement*. Université Aix-Marseille III, thèse Sciences de l'Information, 264 + 657 p.

HOGUE C. L. – 1980, Commentaries in Cultural Entomology. 1. Definition of Cultural Entomology, *Entomol. News.* 91:33-36.

– 1987, Cultural entomology, *Ann. Rev. Entomol.* 32:181-199.

HOLT V. M. – 1885, *Why Not Eat Insects?* London, E. W. Classey, 99 p.

HORSFALL W. R. – 1962, *Medical entomology. Arthropods and Human Disease.* New-York, Ronald Press, 467 p.

HUNN E. S. – 1975, A measure of the degree of correspondence of folk to scientific biological classification, *American Ethnologist* 2:309-327.

JOURDAN C. & C. LEFEBVRE (éds) – 1999, L'ethnolinguistique aujourd'hui. État des lieux. *Anthropologie et sociétés*, 23(3):3-7.

KERDELAND J. DE – 1980, *L'antique histoire de quelques inventions modernes*. Paris, Éditions France-Empire, 315 p.

LAMY M. – 1997, *Les insectes et les hommes*. Paris, Albin Michel Sciences, 414 p.

LALONDE A. & S. AKHTAR – 1994, Traditional knowledge research for sustainable development, *Nature and Resources* 30(2):22-28.

LANE R. P. & R. W. Crosskey (eds) – 1993, *Medical Insects and Arachnids*. London, Chapman & Hall, 723 p.

LESTEL D. – 2001, *Les origines animales de la culture*. Paris, Flammarion, 368 p.

LINDROTH R. L. – 1993, Food Conversion Efficiencies of Insect Herbivores, *The Food Insects Newsletter* 6(1):1-4.

MALAISSE F. – 1997, *Se nourrir en forêt claire africaine*. Gembloux (Belgique), Presses Agronomiques de Gembloux, OTA, 384 p.

MARCHESINI R. & S. TONUTTI – 2001, *Animaux et magie. Symboles, traditions et interprétations*. Paris, Editions de Vecchi, 154 p.

MCGAVIN G. – 2000, *Insectes, araignées et autres arthropodes terrestres.* Paris, Larousse, Bordas (L'œil Nature), 255 p.

MEYER-ROCHOW V. B. – 1978-79, The diverse uses of insects in traditional societies, *Ethnomedicine* 5:287-300.

MORIN E. – 1990, *Science avec conscience*. Paris, Fayard (Sciences 64), 315 p.

MOTTE-FLORAC – 2001, Quelques problèmes posés par l'ethnopharmacologie et la recherche pharmaceutique sur les substances naturelles, *Journal des Anthropologues* 88-89:53-78.

MUYAY T. – 1981, *Les insectes comme aliment de l'homme*. Bandundu (Zaïre), CEEBA (série II, vol. 69), 177 p.

POSEY D. A. – 1978, Ethnoentomological survey of Amerind groups in lowland Latin America. *Fl. Entomol.* 61:225-228.

– 1984, Hierarchy and utility in a folk taxonomic system: pattern in classification of arthropods by the Kayapo Indians of Brazil, *Journal of Ethnobiology* 4(2):123-139.

PUJOL R. (éd.) – 1975, L'Homme et l'animal : premier colloque d'ethnozoologie. Paris, Institut International d'Ethnosciences, 644 p.

– 1976, *Premier colloque d'ethnosciences.* Paris, MNHN, Institut International d'Ethnosciences, 160 p.

PUJOL R. & G. CARBONE – 1990, L'homme et l'animal. *Encyclopédie de La Pléiade : Histoire des mœurs. Vol. 1.* Paris, Gallimard, pp. 1307-1388.

RAMOS-ELORDUY J. – 1982, *Los insectos como fuente de proteinas en el futuro*. México, Limusa, 142 p.

RAMOS-ELORDUY J. & J. M. PINO MORENO – 1989, *Los insectos comestibles en el México antiguo*. México, A.G.T., 108 p.

RANDOM M. – 1996, *La pensée transdisciplinaire et le réel*. Paris, Éditions Dervy, 348 p.

RÉAUMUR DE – 1734-1742, *Mémoires pour servir à l'histoire des insectes (tome 2)*. Paris, Imprimerie Royale, 228 p.

REVEL N. – 1990, *Fleurs de Paroles. Histoire Naturelle Palawan. Tome I. Les Dons de Nägsalad*. Paris, Peeters/ SELAF (Ethnosciences), 385 p.

ROLLAND E. – 1881, *Faune populaire de la France : noms vulgaires, dictons, proverbes, légendes, contes et superstitions. Tome 3, Les reptiles, les poissons, les mollusques, les crustacés et les insectes*. Paris, Maisonneuve et Larose, 365 p.

SCOURFIELD D. J. – 1940, The oldest known fossil insect (*Rhyniella Praecursor* Hirst & Maulik) – Further details from additional specimens, *Proc. Linn. Soc.* 152:113-131.

SÉBILLOT P. – 1906, *Le folk-lore de France, 3. La faune et la flore*. Paris Mézières, 541 p.

SHEPPARD D. C. – 1992, Large-scale Feed Production from Animal Manures with a Non-Pest native Fly, *The Food Insects Newsletter* 5(2):2,6.

SUTTON M. Q. – 1988, Insects as food: aboriginal entomophagy in the Great Basin, *Ballena Press. Anthropol. Papers* 33, 115 p.

TAYLOR R. – 1975, *Butterflies in my stomach*. Santa Barbara, Woodbridge Press Publ., 224 p.

THOMAS J. M. C. (éd.) – 1985, *Linguistique, ethnologie, ethnolinguistique : la pratique de l'anthropologie aujourd'hui*. Paris, SELAF, 252 p.

THOMAS J. M. C. & L. BERNOT (éds) – 1972, *Langues et Techniques. Nature et Société. (Hommage à A.-G. Haudricourt), 2 vol*. Paris, Klincksieck, 400 + 414 p.

THOMAS J. M. C. & L. BOUQUIAUX – 1976, *Enquête et description des langues à tradition orale, 3 vol*. Paris, SELAF, 750 P.

TURPIN F. T. – 1992, *The insect appreciation Digest*. Lanham (Maryland), The Entomological Foundation, 144 p.

I

Lexiques, taxinomies

Lexicons, taxonomies

NOMS D'INSECTES EN AFRIQUE CENTRALE
(chez Pygmées et Grands Noirs)

Marqueurs linguistiques, socio-économiques, culturels et historiques

Jacqueline M. C. THOMAS

RÉSUMÉ

Noms d'insectes en Afrique Centrale chez Pygmées et Grands Noirs

L'étude porte sur la dénomination des "insectes" dans le complexe socio-économique et culturel qui regroupe les Pygmées de Centrafrique et du Cameroun et leurs commensaux Grands Noirs. Ces différents groupes ethniques se répartissent en populations de langues oubanguiennes et de langues bantoues, tant en ce qui concerne les Pygmées que les Grands Noirs. Sept langues sont concernées : quatre oubanguiennes et trois bantoues. Le vocabulaire étudié comprend les noms d'insectes et des termes se rapportant à leur biologie et à leur écologie, les glissements de sens n'étant pas exceptionnels d'une langue à l'autre. La terminologie utilisée par les deux ethnies pygmées est au centre de la comparaison. On constate alors une intéressante communauté entre elles, malgré leur appartenance à des groupes linguistiques différents et une transcendance de ce vocabulaire s'étendant aux autres ethnies. Les résultats obtenus confirment l'hypothèse précédemment émise de l'existence ancienne du complexe socio-économique et culturel constitué par ces populations.

ABSTRACT

Insect names in Central Africa among Pygmies and Tall Blacks

This study deals with the denomination of "insects" in the socio-economic and cultural complex grouping together Pygmies of Central Africa and of Cameroon, and their partners the Tall Blacks. These different ethnic groups are divided into populations speaking Ubangian and Bantu languages, Pygmies as well as Tall Blacks. The vocabulary studied includes the names of insects and terms referring to their biology and their ecology; it should be noted that shifts in meaning are not exceptional between two languages. Terminology used by both of the Pygmy ethnic groups is the main point of comparison. This shows interesting connections between them, despite the fact that they belong to different linguistic groups, and also shows that the vocabulary transcends and spreads to other ethnic groups. The results obtained allow the confirmation of assumptions concerning the antiquity of the socio-economic and cultural complex made up by these populations.

Les insectes dans la tradition orale – Insects in oral literature and traditions
Élisabeth MOTTE-FLORAC & Jacqueline M. C. THOMAS, éds
2003, Paris-Louvain, Peeters-SELAF (Ethnosciences)

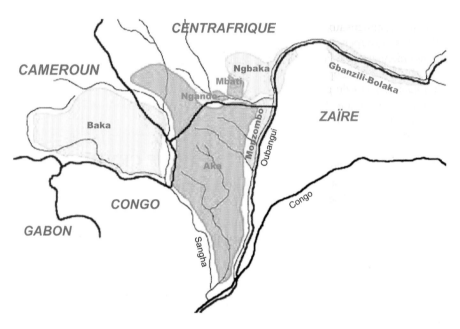

CARTE 1. *Oubanguienophones (en vert) : Gbanzili-'Bolaka, Ngbaka-ma'bo, Monzombo, Baka
          (Pygmées) / Bantouphones (en jaune) : Aka (Pygmées), Ngando, Mbati*

L'étude porte sur la dénomination des "insectes" dans le complexe socio-éco-nomique et culturel qui regroupe les Pygmées de Centrafrique et du Cameroun et leurs commensaux Grands Noirs, au Nord de la forêt équatoriale. Ces différents groupes ethniques se répartissent en populations de langues oubanguiennes et de langues bantoues, tant en ce qui concerne les Pygmées que les Grands Noirs. Sept langues sont concernées : quatre oubanguiennes et trois bantoues. Il s'agit du gbanzili-'bolaka, du ngbaka-ma'bo, du monzombo (Grands Noirs) et du baka (Pygmées), pour les langues oubanguiennes ; du aka (Pygmées), du mbati et du ngando (Grands Noirs), pour les langues bantoues[1].

Le vocabulaire étudié comprend les noms d'insectes eux-mêmes et des termes se rapportant à leur biologie et à leur écologie, les glissements de sens n'étant pas exceptionnels d'une langue à l'autre. La terminologie utilisée par les deux ethnies pygmées est au centre de la comparaison.

Les données utilisées n'ayant pas fait l'objet d'enquêtes spécifiques dans les sept langues, mais résultant du lexique disponible sur chacune d'entre elles, ceci rend la documentation un peu déséquilibrée, cependant l'étude quantitative proportionnelle permet de remédier en grande partie à ce défaut.

Toutefois, une étude de langue ne pouvant se faire, selon nous, que dans une perspective ethnolinguistique, le domaine de l'ethnoentomologie en fait néces-sairement partie. La littérature orale ne fournit qu'une assez faible documen-tation sur les insectes, ceux qui y figurent sont surtout de consommation habituelle (ou des insectes considérés comme répugnants : la nourriture qui ne se mange pas!) ou présentent des caractéristiques formelles ou comporte-mentales frappantes. Pourtant, dès lors que l'enquête ne se limite pas strictement à la syntaxe et à un lexique de base, on recueille au cours de l'étude des différentes activités menées par les locuteurs, en premier lieu les noms des insectes alimentaires (consommés ou producteurs d'aliments), puis les noms de ceux qui font l'objet d'une recherche spécifique, des nuisibles (parasites, gênants ou agressifs), de ceux qui interviennent dans les rituels, les croyances, les usages magiques, etc., au fur et à mesure de l'approfondissement de l'étude ethnolinguistique.

Le plus difficile est d'obtenir la collaboration de naturalistes pour les identifications, soit sur le vif, soit sur les collections rapportées du terrain.

---

[1] Les documents utilisés proviennent de ma documentation personnelle en ce qui concerne le gbanzili, le ngbaka et le ngando. Le vocabulaire baka provient du *Dictionnaire baka-français* de Robert Brisson, en cours de publication. Le monzombo et le mbati ont été recueillis par Luc Bouquiaux, dont le *Dictionnaire monzombo* est en cours d'édition. L'*Encyclopédie des Pygmées aka* est à l'origine des données aka et donc due à ses différents auteurs.

ÉTUDE QUANTITATIVE

Pour 603 entités nommées, 1 287 termes ont été recueillis[2].

	Langue	Nombre de termes	Pourcentage de la terminologie entomologique		
Langues oubanguiennes (O)	baka	264	20,5%		
	ngbaka	245	19,0%	37,5%	58%
	gbanzili	136	10,6%		
	monzombo	102	7,9%		
Langues bantoues (B)	aka	293	22,8%		
	mbati	161	12,5%	19,2%	42%
	ngando	86	6,7%		

Si l'apport de chacune des sept langues était le même, la contribution de chacune serait de 184 termes. Il est possible de calculer l'importance de la participation de chacune de ces langues, en confrontant le nombre de termes recueillis avec cet apport moyen théorique de 184 termes. Les résultats sont les suivants : aka 159%, baka 143%, ngbaka 133%, ngando 53%, monzombo 44%, gbanzili 25% et mbati 12%. L'aka, le baka et le ngbaka sont donc les mieux documentés[3].

Sur l'ensemble du vocabulaire[4] on a :
– vocabulaire commun aux seuls Pygmées (Ba + AKA) : P2 = 15% ;
– vocabulaire commun aux Pygmées, aux langues oubanguiennes et aux langues bantoues : P2 + (O + B) = 33% ;
     Pb + (O + B) = 36% ;
     Po + (O + B) = 16%.
48% de la terminologie entomologique est commune soit à toutes les langues, soit aux seuls Pygmées.

Les Pb partagent avec O + B 17%, avec B seuls 54%, avec O seuls 29%. Ce qui fait Pb = B à 71% et Pb = O à 46%.

Les Po partagent avec O + B 15%, avec O seuls 77%, avec B seuls 8%. Ceci donne Po = O à 92% et Po = B à 23%.

On peut donc constater d'une part une intéressante communauté entre les deux langues parlées par les Pygmées aka (B) et baka (O), malgré leur appartenance à des groupes linguistiques différents et, d'autre part, une transcendance

---

[2] La différence entre le nombre des entités et celui des termes s'explique par l'existence des variantes dialectales, des doublets et des synonymes. Sur les 1287 termes répertoriés, 178 sont communs à au moins deux langues (sans compter, les variantes dialectales et les doublets).

[3] La documentation n'est pas homogène, certains auteurs ayant fait des enquêtes spécifiques sur les insectes et d'autres non.

[4] Les groupes linguistiques seront dorénavant représentés par les abréviations suivantes : O = Oubanguien, B = Bantou ; Po = Pygmées de langue oubanguienne (Baka), Pb = Pygmées de langue bantoue (Aka), P2 = les deux groupes pygmées (les deux langues parlées par les Pygmées, bantoue + oubanguienne) ; GBZ = gbanzili, NGB = ngbaka, MZO = monzombo, Ba = baka // AKA = aka, MB = mbati, NG = ngando.

de ce vocabulaire s'étendant aux autres ethnies, relevant elles aussi de ces mêmes groupes.

Si nous avons centré l'étude sur les deux langues pygmées c'est, comme on peut le voir d'après les chiffres, qu'elles sont véritablement axiales pour ce type de vocabulaire.

ÉTUDE QUALITATIVE

Dans cette rubrique, ce sont les différentes catégories d'insectes désignés qui ont été retenues. Ces catégories ont été choisies de façon relativement arbitraire[5], mais représentent des ensembles significatifs sur le plan économique, social et symbolique, ainsi que dans la vie quotidienne.

Le tableau ci-dessous montre que le vocabulaire partagé par les deux groupes pygmées, indépendamment de leurs langues respectives, porte essentiellement sur les abeilles, mais leur vocation d'apicollecteurs n'est plus à établir. L'importance de la terminologie commune concernant les fourmis est nettement plus remarquable.

GROUPE	CATÉGORIES D'INSECTES REPRÉSENTÉES						
P2	Abeille 56	Fourmi 24	Coléo. 8				%
P2 = O+B	Chenille 33	Piqueur 17	Araignée 9	Abeille 7,5 Termite Coléo. Fourmi			%
P2 = O	Chenille 35,7	Piqueur 21,5	Abeille 14	Termite 7 Coléo. Fourmi Araignée			%
P2 = B	Chenille 20	Fourmi 13,3 Termite Araignée Ver	Piqueur 6,7 Abeille Coléo. Sauterelle				%
PO = O+B	Fourmi 23	Chenille 15,5 Abeille	Piqueur 11,5 Coléo.	Termite 8			%
PO = O	Fourmi 25	Abeille 20	Chenille 15	Termite 10 Coléo.	Piqueur 5 Mouche		%
PO = B	—	—	—			—[6]	%
PB = O+B	Chenille 29	Piqueur 15,5	Coléo. 10,5	Termite 10	Abeille 9 Parasite	Fourmi 7	%
PB = O	Piqueur 35	Chenille 18 Coléo.	Termite 12	Fourmi 6			%
PB = B	Chenille 28	Abeille 12,5 Termite Piqueur	Coléo. 9,5 Fourmi	Parasite 6			%
O = B	Piqueur 50	Chenille 17					%
O = O	Piqueur 43	Araignée 28,5	Chenille 14				%
B = B	—	—	—	—	—	—	%

[5] Certaines sont représentées par un terme générique, comme les abeilles et les mellipones, les fourmis, les chenilles comestibles, les termites, etc., d'autres non.

[6] Les catégories ne sont pas représentatives.

Les deux Pygmées ensembles partagent avec les autres langues une importante proportion de termes désignant les chenilles, ce qui correspond bien au système d'échange existant entre les populations et s'affine même pour distinguer entre Grands Noirs oubanguiens et bantous. En effet les premiers sont certes concernés par l'échange, mais participent aussi, avec leurs associés pygmées, à la récolte des chenilles, tandis que les seconds sont majoritairement acquéreurs de chenilles auprès d'eux. Les insectes piqueurs sont presque partout fortement représentés, leur nuisance étant unanimement mal tolérée, mais tous sont des insectes forestiers avec lesquels les Pygmées ont toujours été en contact, ce qui n'est pas le cas pour les Oubanguiens venus de savane qui ont dû rencontrer en même temps Pygmées et piqueurs. La communauté de vocabulaire concernant les abeilles vient de ce que les Pygmées récoltent et les Grands Noirs consomment. C'est dans le cadre de l'échange économique que se situe l'échange linguistique.

L'importance de la terminologie commune concernant les fourmis se rapporte essentiellement à leurs caractères d'insectes urticants et mordeurs qui rendent la fréquentation de la forêt souvent fort désagréable.

Termites et coléoptères – particulièrement les larves de ces derniers – ont une part non négligeable dans l'apport protéinique de l'alimentation et les termites font aussi l'objet de l'échange, Pygmées fournisseurs des Grands Noirs.

Abeilles, araignées, termites et vers sont fortement représentés dans la symbolique et dans les mythes. Les parasites et les mouches sont des commensaux habituels de l'homme sous toutes les latitudes ou presque. Rien d'étonnant à ce qu'on en partage les désagréments et la dénomination.

ÉTUDE FORMELLE

Répartition quantitative des formes

Dans cette partie, il ne s'agit plus du vocabulaire commun, mais de l'ensemble des termes utilisés et, pour chacune des langues, la proportion des formes représentées, du terme simple au terme composé, en passant par les redoublements et les flexions. La flexion peut être tonale, vocalique ou consonantique. Elle intervient dans le redoublement total ou partiel et entre variantes ou doublets.

		GBZ	NGB	MZO	BAKA	AKA	NG	MB
Terme simple		35,8	33,5	39,2	44.-	74,5	74,4	37,3
Redoublement	complet	6,6	3,3	5,9	9,5	5,8	4,6	5.-
	partiel	8,8	11,4	5,9	10,3	3,4	4,6	12,4
	Total	15,3	14,7	11,8	19,8	9,2	9,3	17,4
Flexion	fl. Tonale	5,1	8,2	10,8	8,4	4,8	8,2	4,3
	fl. Vocalique	0,7	0,4	0.-	0.-	0,3	1,2	0,6
	fl. Consonantique	1,5	0.-	2,9	2,7	2,7	5,8	1,9
	Total	7,3	8,6	13,7	11.-	7,8	15,1	6,8
Terme composé		40,9	54,7	43.-	29,3	4,4	2,3	39.-

Le classement des proportions par ordre d'importance fait ressortir une similitude de comportement formel entre certaines langues, avec ou sans rapport avec
l'appartenance à un groupe linguistique donné.

Terme simple	74,5	74,4	44	39,2	37,3	35,8	33,5
	PB-AKA	B-NG	PO-BAKA	O-MZO	B-MB	O-GBZ	O-NGB
Terme redoublé	19,8	17,4	15,3	14,7	11,8	9,3	9,2
	PO-BAKA	B-MB	O-GBZ	O-NGB	O-MZO	B-NG	PB-AKA
Terme composé	54,7	43	40,9	39	29,3	4,4	2,3
	O-NGB	O-MZO	O-GBZ	B-MB	PO-BAKA	PB-AKA	B-NG
Flexion	15,1	13,7	11	8,6	7,8	7,3	6,8
	B-NG	O-MZO	PO-BAKA	O-NGB	PB-AKA	O-GBZ	B-MB

Seul l'usage de la flexion n'est pas significatif. En revanche, l'usage de termes
simples, redoublés ou composés caractérise les langues bantoues par rapport
aux oubanguiennes : une majorité de termes simples et une minorité de termes
redoublés ou composés, pour les langues bantoues, l'inverse pour les langues
oubanguiennes, sauf le mbati, langue bantoue, qui se range complètement avec
ces dernières, pour la formation de son vocabulaire entomologique.

Forme des composés

La plupart des composés sont de type syntagmatique nominal, Déterminé -
Déterminant, avec ou sans Déterminatif, avec un ou plusieurs déterminants :

> ngō-súñ̄ "hydrocoryse, grosse punaise aquatique sp." /◊ mère + de | poisson ◊/ (MB)
> sè-mbòká "criquet puant, *Zonocerus variegatus*" /◊ odeur de | nandinie ◊/ (GBZ)
> ngbí-tē̥-mbí̥ō̥ "fourmi magnan, Dorylinae sp." /◊ grandeur de | dent de | fourmi ◊/ (NGB)
> sùà-kā-ngò̥ngò̥nó̥ "hémiptère, *Dysdercus* sp." /◊ panthère | de | iule ◊/ (NGB)
> ɓàkà-ā-sèkò "termite arboricole sp." /◊ termite | de | chimpanzé ◊/ (BAKA)
> pósè-nàā-pē "coléoptère, *Platygenia barbata*, larve" /◊ larve | pour | palmier *Elaeis* (Palmae) ◊/ (MZO)

D'autres sont de type énoncématique, plus ou moins complet, faisant souvent
appel aux déverbatifs :

> tó̥ò̥-ngósō̥ "mante religieuse *(n. gén.)*" /◊ crachée | salive ◊/ (NGB)
> míá-díẃá "Scarabaeidae spp., bousier, stercoraire spp." /◊ roule | excréments ◊/ (MZO)
> nzò-mò̥-gā-kēlē-ɓō-só-mò "bostrichide sp. (*Xyloperthodes* sp.)" /◊ tête de | toi | *(A)*-a grandi / autre côté
> |[pour † corps de | toi]| ◊/ "Ta tête dépasse de beaucoup ton corps" (NGB)

Le composé peut lui-même comprendre un composé :

> kópō̥-yóò̥.ngēlē.yò "lépidoptère (Noctuidae sp.)" /◊ chenille de | *Boerhaavia diffusa* (L.) Hook. f.,
> Nyctaginaceae ◊/ où yóò̥.ngēlē.yò, la plante nourricière de la chenille, est composé en /◊ limé | bois rouge
> | limant ◊/ (NGB)

Ce phénomène de composition, expressive ou descriptive, est particulièrement accentué dans les langues oubanguiennes par la pratique de l'étymologie
populaire' qui est une constante. Ainsi, des termes empruntés aux langues
bantoues voisines avec leur préfixe nominal le plus courant, sont immédiatement interprétés comme : mò. "bouche, bord, début de", lì. "pied, aplomb de",
dì. "corne, excroissance, proéminence de", bò. "espèce, race, groupe, gens de",
etc. De même, dès qu'un terme polysyllabique se prête à une interprétation
quelconque, il en fait aussitôt l'objet, quitte à lui trouver une justification plus
ou moins valable.

"Insecte-microbe de la conjonctivite et de l'otite" .pàsì, .pàsè, .pòsì (AKA), fàsì (MB), .mbòsì (NG), pôtì (BAKA), pā.sī (MZO), interprété dans cette dernière langue comme /◊ œuf de | poisson ◊/ (plusieurs maladies sont imputées aux poissons, bien que ceux-ci soient la base de l'alimentation carnée chez les Monzombo)

Usage de la métathèse

Parfois entre deux variantes d'une même langue et plus souvent entre langues différentes, on peut constater ce phénomène qui peut aussi se combiner avec d'autres, comme une flexion tonale, vocalique ou consonantique, une contraction syllabique, voire une composition.

"chenille *Anaphe* spp." síndò ~ ndòsì (GBZ), ndòsì (NGB / AKA, MB, NG)
"fourmi arboricole sp." kékē.lèndè (BAKA), kélè.kèndè (AKA)
"longicorne spp." kòtó.kòtó, kòló.kótó (AKA), kòlō.kòtō (BAKA), kátá.kòtò, kòló (GBZ)
"fourmi arboricole spp." kóló.kòndò (AKA), kókó.lóndó (NG), kó.kōndō (MZO), kōkōndō (MB)
"libellule, agrion *(n. gén.)*" sè.nzé.dì (AKA), ndḗndè.lí (MB), tí.ndèndē (BAKA), nzénzé.nū, nzénzé.lū, nzéēnzé.nū, nzénzé.nū (NGB), bé.nzèlé (GBZ)
"criquet spp." tòngòlò (MB), tòlò.ngòndó, interprété comme /◊ frappant | tambour de bois ◊/ (NGB)

Bien qu'elle ne leur soit pas uniquement réservée, la métathèse concerne surtout les langues oubanguiennes qui font un usage important du redoublement (ce qui inclut aussi le mbati).

ÉTUDE DU CONTENU

Les noms composés sont évidemment en rapport sémantique avec l'entité dénommée, même si la logique de la dénomination n'apparaît pas d'emblée au premier examen. La connaissance du contexte social et culturel et celle du milieu naturel est toujours nécessaire (outre les explications fournies par les locuteurs) pour en saisir la pertinence. Le cas le plus extrême est celui de la synonymie, qui ne relève pas de la composition, mais demande la même ouverture vers d'autres disciplines.

Synonymes

Il existe en effet un lien étroit entre certains insectes et leur lieu privilégié d'habitat. Ici, c'est surtout le cas pour les chenilles, mais cela concerne aussi divers autres insectes, notamment des fourmis, inféodés à certains végétaux. L'insecte porte alors, dans plusieurs langues, parfois dans toutes les langues étudiées, le nom de la plante colonisée, porteuse ou nourricière. Ainsi :

"*Pseudantheraea discrepans*" (chenille), kàngà (en NGB, MZO, BAKA, MB, NG)
vit sur les arbres kàngà (MZO, *Entandrophragma* sp., Meliaceae ; BAKA, *Amphimas pterocarpioides* Harms, Leguminosae-Caesalpinioideae) ; kàngà (NGB, *Entandrophragma* sp., Meliaceae ; AKA, *Terminalia superba* Engl. & Diels, Combretaceae), ngāngā (MB, *Triplochyton scleroxylon* K. Schum., Sterculiaceae)

"*Imbrasia (Nudaurelia) oyemensis*" (chenille), bìó (NGB), bīō ~ bòyó (MZO), bòyō (BAKA), .mbòyó (AKA, NG), mbòyō (MB)
est hébergée par des *Entandrophragma* spp., Meliaceae, bìó (NGB), bòyō ~ mbòyó (MZO), bòyō (BAKA), .pòyó ~ .bòyó (AKA), .bòyó ~ .gbòyó (NG)

"*Anaphe* spp." (chenille), gbàdò (MZO, BAKA), gbàdò̠ (NGB)
vivent sur *Triplochyton scleroxylon* K. Schum., Sterculiaceae, gbàdò (GBZ, BAKA, AKA), gbàdò̠ (NGB)

“*Anaphe* sp.” (chenille), tàkú (GBZ, NGB, AKA), tàó (MZO), tàkū (BAKA, MB), .tàkpú (NG)
est nourrie par *Bridelia* spp., Euphorbiaceae, tàkú (GBZ, NGB, AKA), tàó (MZO), tàkū (BAKA, MB), .tàkpú (NG)

“*Camponotus* sp.” (fourmi), pàmbò (GBZ, NGB), pǎmbò (MZO), páàmbò (BAKA)
est hébergée par *Barteria fistulosa* Mast., Passifloraceae, pàmbò (GBZ, NGB), pǎmbò (MZO), páàmbò (BAKA)

Il peut aussi s'agir d'un point commun retenu entre l'insecte envisagé et une autre entité, autre animal par ex., au point de donner le nom de l'animal supérieur à l'animal inférieur, l'insecte.

“chenille comestible sp.” .kódì (AKA), .kódì (NG)
parce qu'elle est couverte de poils blancs, évoquant le camail du colobe Magistrat, .kódì (AKA, NG)

Contenu des composés

Comme nous l'avons vu à propos de la forme, la plupart des composés comprennent un déterminé et un déterminant (la présence ou non d'un déterminatif n'est pas vraiment pertinente ici du point de vue du contenu). Le premier terme nominal du composé est le déterminé, le second le déterminant[7].

Premier terme de la composition

Des deux termes du composé, le premier tout en étant syntaxiquement le déterminé est sémantiquement dépendant du second (majoritairement un Nominal Dépendant pour les langues oubanguiennes). Différentes catégories qui présentent une caractéristique sémantique commune se sont dégagées :
• Rapport de parenté ou d'alliance : mâle, femelle, mère, petit de | X
(désignent essentiellement un rapport réel ou postulé entre des espèces)
“sauterelle spp.” mɔ́kɔ̄-ɓɔ́lɔ́ /◊ mâle de | Hymenoptera sp. ◊/ (NGB)
“sauterelle sp.” mókɔ̀sè-njùɓè /◊ mâle de | sauterelle ◊/ (BAKA)
“Sphecinae, *Isodontia pelopoeiformis*” mòlɔ̀-mó.sò.gɓōyò /◊ mâle + de | *Imbrasia oyemensis* ◊/ (MB)
“criquet sp.” wósè-njùɓè /◊ femelle de | sauterelle ◊/ (BAKA)
“fourmi sp. ailée” wōlō-tìbá /◊ femelle de | fourmi-cadavre ◊/ (GBZ)
“grande punaise aquatique sp.” ngō-súíî /◊ mère | (de +) | poisson ◊/ (MB)
“phasme sp. ou spp.” .ngúè-mánzê /◊ mère | (de +) | petit phasme ◊/ (AKA)
“reine de *Bellicositermes* spp.” kánà-bà̰ (NGB), ngō-ndóngê (MB) /◊ mère de | termite ◊/
“Sphingidae, *Lobobunaea phaedusa*” kánà.kúlú.kà̰ /◊ mère de | Attacidé, *Imbrasia ~ Pseudobunaea* ◊/ (NGB)
“cicindèle spp., Cicindelidae spp.” wānǟ-ndḗndèlî /◊ enfant-petit + de | libellule ◊/ (MB)
• Partie d'un ensemble : bouche, tête, derrière, dent, trou (ouverture), feuille de | X
(il s'agit de caractères spéciaux à une espèce ou d'un terme se rapportant à l'insecte)
“abeille sp., Xylopini sp.” mò.mbèlé.mbèlē /◊ bouche de | sucré ◊/ (NGB)
“scolopendre sp.” nzò.mbùà /◊ tête de | fourmi ◊/ (MZO)
“courtilière d'eau, Hydropsychidae sp.” nzò.kpóɲō /◊ tête de | serpent ◊/ (NGB)
“dard” dɔ̀.tḛ̄-nzí /◊ arrière de | dent de | abeille ◊/ «dent arrière de l'abeille» (MZO), tḛ̄.nzóî /◊ dent de | abeille ◊/ (NGB)
“cellule du rayon” kā-nzíî /◊ trou de | abeille ◊/ (MZO)
• Produit : excrément, résidu, graisse, glu, œuf, fil de | X
(ce sont généralement des produits provenant de l'insecte envisagé ou supposés tels)
“cire” kpó.nzóî /◊ glu, colle de | abeilles ◊/ (NGB), síá-nzíî /◊ restes, résidus de | abeilles ◊/ (MZO)
“concrétions de cire noire au fond des nids d'*Apis*” díwā-nzíî /◊ excréments de | abeille ◊/ (MZO)
“miel *(n. gén.)*” mɔ́-ɓíɓá, mɔ́.nzóî, mɔ́-nzíî /◊ graisse de | abeille ◊/ (GBZ, NGB, MZO)

---

7 Rappelons que ce qui détermine le caractère de composé, par rapport à un syntagme déterminatif, formellement identique, c'est l'impossibilité de séparation des termes de la composition, sans annulation du signifié : ainsi nzò.kpóɲō̄ / tête de | serpent / “courtilière, Hydropsychidae *sp.*” désigne une espèce particulière, et non la tête d'un serpent (qui se dit cependant de la même façon). Toutefois, si l'on peut parler de nzò-gá-kpóɲō̄ “la tête d'un gros serpent”, il n'y a plus de rapport avec la courtilière. On pourra dire nzò-nzò.kpóɲō̄ “la tête de la courtilière” et gá-nzò.kpóɲō̄ “une grosse courtilière”.

"toile d'araignée" kú-dènè /◊ fil, corde de | araignée ◊/ (NGB)

"filament mycélien poussant sur les cadavres de fourmis-cadavres" sū.mò.kókóò /◊ poil de bouche = barbe de | fourmi-cadavre ◊/ (NGB), mó-kōkō /◊ maître ? de | fourmi-cadavre ◊/ (BAKA)

• Lieu: tertre, case, filet de | X
(désigne l'habitat de l'animal)

"termitière" tà-bà̰ /◊ tertre de | termite ◊/ (NGB), tē-ɓàndī /◊ case de | termite ◊/ (BAKA), ndá̰-ndóngè /◊ case de | termite ◊/

"toile d'araignée" yò.tòlè /◊ filet de | araignée ◊/ (MZO)

• Taille: petit, petitesse, minusculité de | X
(il y a comparaison avec une autre entité, insecte ou non)

"luciole" lè-ngélèmù /◊ petitesse de | étoile ◊/ (BAKA)

"mini-termite *(n. gén.)*" lè.mbèlè.bà̰ /◊ petitesse de | minusculité de | termite ◊/ (NGB)

• Comportement ou apparence: animal, panthère, tortue, serpent, ver de | X
(on attribue à l'insecte désigné un comportement (panthère = prédateur) ou une ressemblance, éventuellement une destination)

"araignée spp. d'extérieur" sō-(n)ā-pòpè /◊ animal | de | toile d'araignée ◊/ (BAKA)

"araignée, *Menemerus* sp." sùà.ngùngù /◊ panthère de | mouches ◊/ (NGB)

"punaises spp., *Dysdercus* sp., *Physopelta festiva*" sùà-kā-ngò̰ngò̰nó, sùà-ngò̰ngò̰nó /◊ panthère | de | iule ◊/) (NGB)

"punaise sp., Scutelle sp., *Hotea* sp. et Coccinelle sp., *Cheilomenes sulphurea*" kùndá-tándá.líndá /◊ tortue de | Tiliaceae spp., Malvaceae ◊/ (NGB)

"ver de filaire" kpónō̰-là /◊ serpent de | œil ◊/ (NGB), póló-nā-là-bō /◊ ver | pour | œil | personne ◊/ (BAKA)

"ver de vase" mbùà-yɔ́ɓɔ̀ /◊ ver de | hameçon ◊/ (GBZ)

"bupreste sp., larve de Coléoptère sp." mbáà-wúà /◊ ver de | bois à brûler ◊/ (NGB)

Second terme de la composition

C'est le terme dépendant du composé, syntaxiquement et sémantiquement. Il attribue à l'insecte cité une qualité particulière, l'ensemble désignant une autre espèce ou variété.

• X de | telle localisation (spatio-temporelle): terre, eau, forêt, savane, caillou, nuit…
(les insectes désignés dans cette catégorie se caractérisent par rapport à l'espèce "de base" par un habitat ou une fréquentation d'un lieu ou d'un milieu différent de celui auquel il fait référence).

"larve de Cicindelidae sp. ou spp." lù-tó /◊ charançon de | terre ◊/ (NGB)

"cicindèle spp., Cicindelidae spp." kpéɛ́ɛ́.tó /◊ courant + à | terre ◊/ (NGB)

"hyménoptère sp." gàgà-mbɔ̄ndɔ̄ /◊ hyménoptère + de | terre ◊/ (MB)

"gale sp." sàsà-nà-ngō /◊ gale | de | eau ◊/ (BAKA)

"phasme spp. aquatique" gàgà.mbòlō-mū-mēèkō /◊ mante religieuse | de | eau ◊/ (MB)

"araignée spp., Ctenidae, *Ctenus* sp., Theridiidae, *Achaearanea* sp., Lycosidae, *Trochosa* sp." tòtòlì-mū-ndīmā /◊ araignée | celle de | forêt profonde ◊/ (MB)

"blatte de grande forêt, Blatellidae:Ectobiinae sp." kòkò.pálāngā-ngòndà /◊ blatte de | forêt profonde ◊/ (NGB)

"chenille *Imbrasia* sp." bìó-bēlē /◊ *Imbrasia* de | forêt domestique ◊/ (NGB)

"chenille *Imbrasia* sp." bìó-ndí /◊ *Imbrasia* de | savane ◊/ (NGB)

"grosse punaise sp." mò.sò-gbōyō-mū-mó.sōɓē /◊ punaise | celle de | savane ◊/ (MB)

"sauterelle rousse sp." ngílí-kɔ́sɔ́ /◊ sauterelle de | cailloux ◊/ (GBZ)

"bupreste sp.", "larve de Coléoptère sp." mbáà-wúà /◊ ver de | bois à brûler ◊/ (NGB)

"moustique *(n. gén.)*" ngùngù-bìtì, ngűngù.bìtì /◊ mouche de | nuit ◊/ (NGB, MZO)

• X de | tel végétal sp.: généralement porteur

"copéognathe, pou du *Triumfetta*" ngbéɛ̄-póngá /◊ pou de | *Triumfetta* sp., Tiliaceae◊/ (NGB)

"coléoptère sp." ɓàngàlā-lóngī-gbákōdóō /◊ imago de | larve de Cerambycideae + de | *Hippocratea velutina* Afzel. ex Spreng., Celastraceae ◊/ (MB)

"gros bupreste sp." ɓàngàlā-kōfāyókā /◊ coléoptère adulte de | *Rauwolfia vomitoria* Afzel., Apocynaceae ◊/ (MB)

"larve du scarabée du palmier (*Platygenia barbata*)" pósè-nàā-pē /◊ larve de scarabée | pour | palmier à huile ◊/ (MZO)

"fourmi, Formicidae:Myrmicinae sp." mbùà.ʔ̰ngào /◊ fourmi de | *Costus afer* Ker-Gawl., Zingiberaceae ◊/ (MZO)

"chenille sp." kɔ́pɔ́-á-ngbàndà /◊ chenille comestible de | *Erythrophloeum suaveolens* (Guillem. & Perrott.) Brenan, Leguminosae-Caesalpinioideae ◊/ (BAKA)

"chenille sp." kɔ́pɔ̄-tóndó /◊ chenille comestible de | *Aframomum* sp., Zingiberaceae ◊/ (NGB)

"chenille de Noctuidae sp." sùsú.sòmbò /◊ Noctuidé de | *Irvingia grandifolia* Engl., Irvingiaceae ◊/ (NGB)

"Imbrasia sp." mbòyō-ndílì /◊ *Imbrasia* de | *Paspalum scrobiculatum* L., Poaceae ◊/ (MB)

• X de | telle couleur : noir, jaune, rouge
(ici la couleur est nommément indiquée, mais dans de plus nombreux cas l'indication de couleur se fait par
désignation d'une autre entité, généralement animale, dont la couleur est utilisée comme référence)
"iule noir" kőngòō.wà.bììbī /◊ Iule | celui de | la noirceur ◊/ (MZO)
"iule jaune" kőngòō.mőlìlì /◊ Iule | le jaune ◊/ (MZO)
"chenille Imbrasia sp." púsú-wà.nzḗnè /◊ Imbrasia | celle de | la rougeur ◊/ (MZO)
• X de | tel animal sp. : d'un autre ordre, souvent mammifère
(il y a référence à la couleur, potamochère = roux, singe à queue = beige ; ou bien l'insecte vit en symbiose
avec l'animal (chauve-souris) ; ou encore l'insecte lui ressemble (le céphalophe gris a des pattes grêles) ;
l'insecte est mortel pour l'espèce envisagée (guêpe et chenille pour les singes à queue) ; ou même l'insecte vit
dans le même milieu que l'animal cité, forêt marécageuse comme l'hylochère)
"Bunaea alcinoe, Lobobunaea sp." kópō-pàmè /◊ chenille de | potamochère ◊/ (NGB)
"fourmi sp. arboricole" fɔ̄mbɔ̌-ngóyā /◊ fourmi de | potamochère ◊/ (MB)
"fourmi sp. arboricole" fɔ̄mbɔ̌-kémáā /◊ fourmi de | singe à queue ◊/ (MB)
"coléoptère sp." mbámbā.sèlè-nà-ngbéê /◊ Dictyoptera:Blattodea sp. | pour | chauve-souris (sp.) ◊/ (BAKA)
"sauterelle et Mante spp. de forêt" gàgā-mbōlōkō /◊ Hyménoptère + de | céphalophe gris ◊/ (MB)
"guêpe sp." gbɔ́ɔ̀ngè-à-kémà /◊ guêpe | de | singe à queue ◊/ (BAKA)
"chenille urticante sp." ɓàmbì-kémà /◊ chenille urticante sp. | de | singe à queue ◊/ (BAKA)
"mouche sp." mbùɓū-béyà /◊ mouche de | hylochère ◊/ (MB)
• X de | tel type humain : à statut social particulier
(c'est un caractère dépréciatif : le sort de l'orphelin n'est pas enviable, il est toujours le plus mal servi ; les
jumeaux sont redoutés pour leur caractère démoniaque pendant toute leur petite enfance)
"Imbrasia dione" kópō-sólō, kópó-á-súló /◊ chenille (| de |) orphelin ◊/ (NGB, BAKA)
"iule jaune" ngòngòlō-ɓásáā /◊ iule de | jumeaux ◊/ (MB)

Calques ou descriptifs coïncidents

Certains composés se présentent comme des calques d'une langue à l'autre ou
comme des descriptifs reprenant les mêmes caractéristiques, sans qu'il soit possible de dire s'il s'agit de l'un ou de l'autre.

Ces compositions concernent deux thèmes principaux ayant trait à l'insecte
désigné et un thème rapportant à l'insecte une croyance :

Caractéristiques formelles

• Odeur
(l'odeur qui frappe est nécessairement mauvaise ; la bonne odeur ou l'absence d'odeur sont "normales")
"criquet puant sp." sè-mbōká /◊ odeur de | nandinie ◊/ (GBZ)
"criquet puant sp." nzóò.mbángà /◊ fumé | tabac ◊/ (NGB)
• Forme
(certains des termes sont suffisamment évocateurs, même pour celui qui n'est pas au fait des caractères particuliers signalés, comme "Tête en maillet" et "Ta tête dépasse de beaucoup ton corps", mais il faut savoir que
le Céphalophe bleu (ou gris) est évoqué tantôt pour sa couleur, tantôt pour la finesse de ses pattes, comme
c'est ici le cas, et que l'évocation de l'éléphant est due à sa trompe et non à sa taille…)
"coléoptère, Bostrychidae sp." kpōkǎ-mótò /◊ maillet à palmier + de | tête ◊/ "Tête en maillet" (MB)
"criquet sp., Pyrgomorphidae sp." gògō-mbōlōkō /◊ couteau de | céphalophe bleu ◊/ (MB)
"dytique sp." mbōsó-mèkō /◊ calebasse (+ de) | eau ◊/ (MB)
"coléoptère, Bostrichidae sp." nzò.mò.gā.kḗlē.ɓō.sɔ́.mò /◊ tête | ta / (A)-a grandi / autre côté |[pour † corps |
ton]| ◊/ "Ta tête dépasse de beaucoup ton corps" (NGB)
"rhinocéros, Oryctes nasicornis" ɓàngàlā-nzɔ́kù /◊ Coléo. + de | éléphant ◊/ (MB)
"charançon du palmier-raphia sp." yà-nā-ɲɔ̀lì /◊ éléphant | pour | larve de charançon ◊/ (BAKA)

Caractéristiques comportementales

• Attitude
(l'insecte adopte une attitude différente de celle que présente en général ceux de la même catégorie)
"chenille à queue de Sphingidae spp." dù.gítà.mò.té.tó (NGB), dù.mú.mò.lé.tó (MZO) /◊ enfonçant |
derrière de | toi | corps de | terre ◊/ "Tu enfonces ton derrière dans la terre"
"chenille à queue spp., Xanthopan sp., Coelonia sp." ɓálà.ló.wùà /◊ poussé | tronc de | bois à brûler ◊/
"Bûche poussée" (NGB), mò.bìsà-ɓà.ndò-gātā-nā /◊ celui qui pousse | les gens | feu | dedans ◊/ (MB)

• Activité
(l'activité attribuée à l'insecte est réelle, comme pour le Bousier, les chenilles urticantes, les Cicindèles, ou
résulte d'une interprétation : la Mante religieuse selon les uns ou les autres, crache, joue de la harpe, ou se met
à la lutte ; les fourmis qu'on trouve dans les noix de palme talées sont là pour les piler…)
    "bousier" "Bousier, Stercoraire, *Copris* spp." ɓàlà(kà).dípã /◊ poussant | crotte ◊/ (NGB), míá.dĩ́wá /◊ roule |
       crotte ◊/ (MZO), mò.ɓĩngátã̄nã̄-tìbĩ̄ /◊ le pousseur de | crotte ◊/ (MB)
    "chenille urticante, Lymantriidae sp." zùū /◊ brûlante ◊/, zùū-kɛ́mà /◊ brûlante de | singe à queue ◊/ (MZO)
    "cicindèle spp., Cicindelidae spp." kpɛ́ɛ̀ɛ́.tó /◊ courant + à | terre ◊/ (NGB)
    "mante religieuse *(n. gén.)*" tɔ́ɔ̀.ngɔ́sɔ̄ /◊ crache / salive ◊/ (NGB), gbɔ́.ngɔ̀mbĩ̄ /◊ frappe / harpe ◊/ (BAKA),
       .bùlá.tùmbù /◊ frappe / combat ◊/ (AKA)
    "fourmi, Formicidae:Myrmicinae sp." tòlò.nzò.mbíà /◊ pilant | noix de palme ◊/ (NGB)

Crédences

• Présage
(d'autres insectes sont considérés comme de mauvais présages ; ici non seulement on les leur attribue, mais on
en fait leur nom)
    "mille-pattes sp." gbɔ́ɔ̀.dálá /◊ frappe / malédiction ◊/ (BAKA)
    "carabide sp., *Teflus megerlei*" dɔ̀.yò.kólí /◊ venant | vêtant | deuil ◊/ (NGB), mò.tōmá-lóō /◊ messager + de |
       mort ◊/ (MB)

RÉFLEXIONS FINALES

Dans la comparaison classique, l'étude des noms d'insectes, sauf quelques incontournables, n'est généralement pas prévue. Or, dans cette petite revue ne
concernant que quelques langues, nous avons pu trouver, grâce à eux, différents
indices intéressants.

Un vocabulaire forestier de base des Aka-Baka

Les *Baakaa de S. Bahuchet, groupe pygmée antérieur à la séparation entre
Aka et Baka de langues respectivement bantoue et oubanguienne (Bahuchet
1992), se retrouvent aussi dans le vocabulaire entomologique. Si l'on considère
les pourcentages de termes communs, les 15% qui leur sont propres sont
évidemment peu élevés, mais lorsqu'on prend en compte ceux qu'ils partagent
entre eux et avec les Grands Noirs, Oubanguiens et Bantous, on obtient 48% de
la terminologie entomologique commune. Leur communauté linguistique de
base est évidente et le rapport entretenu de longue date avec les Grands Noirs se
dégage ici très nettement. Il y apparaît aussi que le contact entre Pygmées
oubanguiens et GN-oubanguiens a été plus long ou plus étroit (92%)[8] qu'entre
Pygmées bantous et GN-bantous (71%). Cependant, pour ces GN-bantous,
même si l'on considère un contact plus ancien avec les Pygmées (en général) et
une moindre diffusion Pygmées > GN-bantous, car ces derniers sont forestiers
depuis plus longtemps (± 3000 ans) (Bouquiaux-Thomas 1980) que les GN-
oubanguiens (± 1000 ans) et disposeraient d'un vocabulaire forestier propre
(dont ils auraient pu faire bénéficier les Pygmées entrés en contact avec eux), il

---

[8] Personnellement j'opterais plutôt pour un contact plus étroit, dans un scénario où un groupe
oubanguien primitif *Monzika (= Monzombo, Gbanzili, Ngbaka), représentant non des ethnies, mais
des classes sociales, aurait vécu en symbiose avec le groupe des *Baakaa, guidé par ces derniers dans
leur périple d'est en ouest le long de la boucle nord du fleuve Congo.

n'en demeure pas moins que ce sont eux aussi, à l'origine, des gens de savane entrés en forêt, avec son milieu spécifique qui ne leur était pas familier, et qu'ils y ont rencontré des Pygmées vivant là plusieurs millénaires avant eux (± 10 à 20 000 ans) (Cavalli-Sforza 1986).

Un complexe socio-économique ancien

Il n'est certainement plus à démontrer la réalité d'un complexe socio-économique ancien entre Pygmées et Grands Noirs[9]. L'étude de la terminologie entomologique ne fait que le confirmer. Pour certains aspects concernant les échanges, elle pourrait affiner la vision d'ensemble. Ainsi, Pygmées oubanguiens seuls et GN-bantous ne présentent aucun vocabulaire commun significatif, alors que Pygmées bantous et GN-oubanguiens ont en commun insectes piqueurs, chenilles et coléoptères, termites et fourmis. Insectes piqueurs et fourmis indiquent une fréquentation commune du milieu forestier et de ses désagréments, ce qui est très manifeste dans le vocabulaire commun des *Baakaa; on peut admettre que, dans ce domaine, ces derniers ne doivent rien aux GN-bantous, mais qu'en revanche les GN oubanguiens et bantous sont redevables aux *Baakaa. On peut voir ici un partage de milieu, mais pas nécessairement une communauté de vie.

Les échanges économiques apparaissent bien à travers la terminologie concernant les chenilles. Celles-ci constituent en effet un gros apport protéinique, pendant au moins trois mois de l'année, pour tous les Grands Noirs. Les Pygmées les consomment aussi, mais ne les conservent pas. Leur surplus de collecte est échangé avec leurs alliés Grands Noirs. Chez ces derniers, l'importance respective des vocabulaires correspond à une différence à la fois de mode de vie et de type d'échange: GN-oubanguiens et *Baakaa pratiquent ensemble la collecte, ce qui n'empêche pas ces Grands Noirs d'être aussi acquéreurs, les importantes festivités rituelles qui auront lieu dès l'arrivée de la saison sèche exigeant de grandes consommations de vivres, dont les chenilles feront partie, à titre moindre que le gibier, mais comme un nécessaire complément. Les GN-bantous collectent leurs chenilles de leur côté, mais sont demandeurs auprès de leurs alliés pygmées; ils utilisent une terminologie commune moindre que celle existant entre GN-oubanguiens et *Baakaa, car elle se limite aux espèces les plus "commercialisables".

Le vocabulaire qui concerne les abeilles, majoritaire chez les *Baakaa, est lui aussi de proportions différentes entre les deux groupes Grands Noirs. Il est plus important entre *Baakaa, Baka et GN-oubanguiens qu'entre *Baakaa, Aka et GN-bantous. À cela, il semble qu'on puisse proposer plusieurs raisons. Rappelons d'abord que les Pygmées africains sont partout et de tous temps connus comme grands apicollecteurs, les *Baakaa parmi eux. Les Grands Noirs tant

---

[9] L'idée des premiers explorateurs de la fin du XIXe siècle décrivant les Pygmées sauvages prenant un premier contact furtif avec les Grands Noirs a maintenant fait long feu.

oubanguiens que bantous, ici envisagés, ne le sont pas, même si très occasionnellement ils récoltent une ruche à terre ou à portée d'homme, qu'ils détruisent complètement pour en prendre le miel[10]. Pour obtenir celui-ci, ils font appel à leurs alliés pygmées. Le fait que le vocabulaire commun concernant les abeilles soit plus important entre *Baakaa, Baka et GN-oubanguiens qu'entre *Baakaa, Aka et GN-bantous ne me paraît pas indiquer que les GN-bantous sont moins friands de miel que les GN-oubanguiens (!), mais que les rapports entre les premiers ont été plus étroits qu'entre les seconds et peut-être plus longs. De plus, pour eux, les termes communs concernent surtout les Trigones et leur miel. Du côté des GN-bantous l'intérêt se porte sur le miel d'*Apis* sans spécificité et cette terminologie *Apis* et son miel, partagée en partie (*Apis*) avec les GN-oubanguiens, relève d'une terminologie Proto-Bantou. On verrait donc ici une ancienne denrée d'échange avec les GN-bantous, ne nécessitant aucune intimité entre les deux communautés.

Une co-existence durable entre Pygmées et Gbanzili

Le groupe oubanguien ayant vécu en étroite relation avec les *Baakaa était, d'après ce que divers indices coïncidents nous ont permis de déduire, composé de deux principales "classes sociales": les *seigneurs*, détenteurs des arts du feu, la forge et la poterie, initiateurs au statut d'adulte confirmé, qui sont aujourd'hui les Monzombo; le *peuple*, chasseurs-pêcheurs-collecteurs et proto-agriculteurs, ce sont aujourd'hui les Ngbaka. Dans ce scénario quelle est la place des Gbanzili?

Les premiers constituent une communauté très réduite qui, pour se maintenir doit avoir recours à des alliances extérieures, en l'occurrence avec des femmes du peuple, des femmes ngbaka. Cependant les produits de ces unions ne peuvent en aucun cas accéder au statut de forgeron ou de potière, seul un fils de parents seigneurs est lui-même seigneur, donc initié à la forge et initiateur; seule une fille de parents seigneurs est elle-même seigneur, donc initiée à la poterie et initiatrice. Ainsi, les enfants des unions mixtes constituent-ils une sous-classe de nobliaux. Nombre d'entre eux dédaignent leur parentèle plébéienne, mais sont eux-mêmes mal tolérés par leurs frères nobles.

D'après la tradition orale gbanzili et divers arguments d'ordre linguistique et ethnolinguistiques, une période de vives tensions internes, impossible à dater mais se situant géographiquement – au cours des déplacements du groupe oubanguien – au Nord de la boucle du Congo, amène ces nobliaux à se séparer de la communauté pour rejoindre, plus haut vers le Nord, la rive sud de l'Oubangui, où ils se taillent une place sur le fleuve par leur grande combativité. C'est à cette période qu'ils se séparent dans le même temps des alliés pygmées. Or, avant cette séparation ils ont acquis de ceux-ci des traits culturels et linguis-

---

[10] Ce qui n'est pas le cas des Pygmées qui collectent le miel en vidant la ruche, mais en s'efforçant de ne pas détruire les abeilles, de sorte que celles-ci la reconstruisent, pour une prochaine saison.

NOMS D'INSECTES EN AFRIQUE CENTRALE CHEZ PYGMÉES ET GRANDS NOIRS
INSECT NAMES IN CENTRAL AFRICA AMONG PYGMIES AND TALL BLACKS

43

tiques importants. C'est ainsi que seuls parmi les populations qui les entourent, ils possèdent une tradition musicale faisant usage de la poutre frappée et de polyphonies contrapuntiques (Dehoux & Thomas 2001).

Dans leur vocabulaire entomologique (dans la mesure de nos connaissances, l'enquête en ce domaine ayant été assez rudimentaire), ils disposent aussi de termes, certes peu nombreux, mais qu'ils ne partagent qu'avec les *Baakaa, comme le Longicorne kátá.kòtò, (AKA) .kótó.kótó ~ .kòló.kótó, (BAKA) kòlō.kòtò; la Fourmi-cadavre kpēkpē, (AKA) kpêkpê, (BAKA) mó.kpēèkpēè ou avec les seuls Baka, comme le miel visqueux d'Apis, pòkì, (BAKA) pòkì, la Sangsue gbīǫ, (BAKA) ngbíyɔ̄ ~ ngbīɔ̄. Ceci est sans compter avec les termes qu'ils ont en commun avec les autres oubanguiens, Baka compris ou encore GN-oubanguiens et P2, ni les termes valables pour l'ensemble des langues ou transcendant les familles linguistiques.

Les Mbati: ex-Oubanguiens mauvais néo-bantouphones

Dès le début de ses enquêtes sur la langue mbati, L. Bouquiaux était frappé par le caractère très spécial de cette langue réputée bantoue. Se rattachant par son vocabulaire de base au groupe des langues C 10 (Guthrie 1953, 1967-70) et présentant une dérivation verbale très typique du bantou, le mbati en avait cependant complètement abandonné le système de classification nominale et d'accord qui en sont tout de même une des principales caractéristiques. D'autre part, son étude ethnobotanique l'amenait à constater l'existence d'un vocabulaire des plantes très différent de celui des langues bantoues voisines et nettement plus proche du vocabulaire des langues oubanguiennes du groupe ngbaka-gbanzili. L'examen du vocabulaire entomologique recueilli va tout à fait dans le même sens et, notamment, l'usage de la composition, quasiment absente des langues bantoues, mais très prisée des langues oubanguiennes, range sur ce plan le mbati parmi elles.

L'emploi d'une dérivation verbale de type bantou ne constitue pas vraiment un critère décisif, car les langues oubanguiennes envisagées ici en font aussi largement usage, ce qui peut simplement indiquer le contact entre GN-bantous et GN-oubanguiens, par ou sans l'intermédiaire de leurs alliés pygmées, ou encore être un trait situé à un niveau plus élevé de la classification linguistique, dans la famille Niger-Congo.

En revanche, le recours à une composition débridée, comme la pratiquent les GN-oubanguiens de ce groupe, allant jusqu'à fabriquer des composés à partir de mots simples empruntés, étymologie populaire que pratiquent pareillement les Mbati, nous semble militer en faveur d'une hypothèse d'emprunt massif par ceux-ci, oubanguiens d'origine, d'une langue bantoue C 10, mal assimilée. En effet, des GN-bantou qui, pour une raison ou une autre, auraient perdu leur système de classes nominales, alors qu'ils voisinent avec d'autres bantouphones qui les utilisent parfaitement, est déjà un phénomène étonnant. Plus encore le serait l'adoption d'un phénomène syntaxique aberrant pour une langue bantoue.

RÉFÉRENCES BIBLIOGRAPHIQUES

BAHUCHET S. (éd.) – 1979, *Pygmées de Centrafrique, Ethnologie, Histoire et Linguistique*, Paris, SELAF (Bibliothèque de la SELAF 73-74), 179 p.

– 1985, *Les Pygmées aka et la forêt centrafricaine. Ethnologie écologique.* Paris, SELAF (Ethnosciences 1), 638 p.

– 1992, *Dans la forêt d'Afrique centrale. Les Pygmées aka et baka. Histoire d'une civilisation forestière I.* Paris, Peeters-SELAF (Ethnosciences 8), 425 p.

– 1993, *La rencontre des agriculteurs. Les Pygmées parmi les peuples d'Afrique centrale. Histoire d'une civilisation forestière II.* Paris, Peeters-SELAF (Ethnosciences 9), 206 p.

BOUQUIAUX L. & J. M. C. THOMAS (éds) – 1976[2], *Enquête et description des langues à tradition orale.* Paris, SELAF (NS 1), 3 vol., 950 p.

– 1980, Le peuplement oubanguien. Hypothèse de reconstruction des mouvements migratoires dans la région oubanguienne d'après des données linguistiques, ethnolinguistiques et de tradition orale, *L'expansion bantoue, Actes du Colloque International du CNRS, Viviers (France) 4-16 avril 1977.* Paris, SELAF (Numéro Spécial 9), pp. 807-824.

BRISSON R. & D. BOURSIER – [1979], *Petit dictionnaire baka-français.* Douala et Paris, Peeters-SELAF (Divers 1), 505 p.

CAVALLI-SFORZA L. L. (éd.) – 1986, *African Pygmies,* Orlando (N.Y.), Academic Press, 461 p.

CAVALLI-SFORZA L. L. *et al.* – 1969, Studies on African Pygmies I: a pilot investigation of Babinga Pygmies in the Central African Republic, *The American Journal of Human Genetics* 21:252-274.

DEHOUX V. & J. M. C. THOMAS – 2001, *Centrafrique. Rituels gbanzili et mbugu de l'Oubangui.* Paris, Musée de l'Homme (Le chant du monde, CNR 274 1121). CD et livret.

GUTHRIE M. – 1953, *The Bantu Languages of Western Equatorial Africa.* Londres, New-York, Toronto, Oxford University Press for the International African Institute, 94 p.

– 1967-1970, *Comparative Bantu. An Introduction to the Comparative Linguistics and Prehistory of the Bantu Languages.* Farnborough, Gregg International Publishers, 4 vol.

THOMAS J. M. C. & S. BAHUCHET – 1986, Linguistique et histoire des Pygmées de l'ouest du Bassin congolais (Actes du Colloque "Chasseurs-cueilleurs d'Afrique", St Augustin, 2-6 janvier 1985), *SUGIA* 7(2):73-103.

– 1988, La littérature orale pour l'histoire de l'Afrique Centrale forestière. *La littérature orale en Afrique comme source pour la découverte des cultures traditionnelles* (Table Ronde franco-allemande, St Augustin, 18-20 février 1985, W.J.G. MÖHLIG, H. JUNGRAITHMAYR, J.F. THIEL, éds.). Berlin, Dietrich Reimer (*Anthropos* 36), pp. 301-327.

THOMAS J. M. C. & S. BAHUCHET (éds de S. AROM, S. BAHUCHET, F. CLOAREC-HEISS, L. DEMESSE, A. EPELBOIN, S. FÜRNISS, H. GUILLAUME, É. MOTTE-FLORAC, C. SÉNÉCHAL, J.M.C. THOMAS) – 1981ss., *Encyclopédie des Pygmées aka. Techniques, langage et société des chasseurs-cueilleurs de la forêt centrafricaine.* Paris, SELAF (TO 50) (8 volumes parus, 7 volumes à paraître).

TUCKER A. N. & M. A. BRYAN – 1966, *Linguistic Analyses, The Non-Bantu Languages of North-Eastern Africa.* Londres, New-York, Le Cap, Published for the International African Institute by the Oxford University Press, 627 p.

LES INSECTES CHEZ DIX POPULATIONS
DE LANGUE TCHADIQUE (CAMEROUN)

Véronique DE COLOMBEL

RÉSUMÉ

Les insectes chez dix populations de langue tchadique (Cameroun)

L'étude de la dénomination des insectes dans dix langues tchadiques nous permet de découvrir des racines qui apparaissent pour des noms génériques spécifiques aux insectes. Elle fait apparaître un nombre relativement plus grand de ces termes génériques que ne permet d'en dégager l'étude d'une seule langue. Dans le nord de la montagne, où les échanges à ce sujet sont sans doute moindres, ces termes génériques se limitent à une langue. Dans le sud, ils ont des correspondances phonétiques d'une langue à l'autre et ont donc une racine commune à plusieurs langues. Ces racines permettent de remonter dans le temps et d'observer des aires de répartition utiles à l'histoire culturelle de la région ainsi qu'à la parenté linguistique. Partant d'enquêtes anthropologiques, on remarque que l'usage alimentaire encourage l'échange et l'extension de ces racines, comme nous l'avons remarqué pour les plantes. Les usages médicinaux, souvent réservés à des spécialistes, provoquent, par contraste, relativement peu d'échanges et aucune racine commune.

ABSTRACT

Insect lore among ten Chadic groups of the Mandara mountains of Cameroon

A number of generic names specific to insects emerge from a study of insect nomenclature in ten Chadic languages rather more than can be found in any one language. In the north, where there is apparently little trade involving insects, generic names designating insects are limited to single languages. In the south, many roots show phonetic correspondences between languages. The study of such shared roots is useful for the history of cultural contacts in the region and for the study of genetic relatedness between languages. On the basis of anthropological studies, it is found that, as in the case of plants, the use of insects as food leads to trade and to the spread of linguistic roots. Medicinal uses, on the other hand, are the province of specialists; they give rise to little trade and no common etyma are found.

Dans les Monts du Mandara au Cameroun, région de savane, les insectes investissent moins l'imaginaire collectif que les gros animaux tels que, par exemple, l'éléphant et la panthère, qui peuvent être des totems pour certains lignages, ou les bêtes à cornes, qui sont habitées par des esprits maléfiques, sources de

CARTE 1. *Langues tchadiques du nord des monts du Mandara*
(carte Laurent Venot)

maladies. De plus, les insectes et leurs larves, moins abondants en savane sèche qu'en voisinage forestier, ne donnent pas lieu à des ramassages collectifs et rituels en vue d'être consommés.

Notre but étant la comparaison, nous n'entrerons pas dans la représentation détaillée qu'un seul groupe ethnique a du monde des insectes. Nous nous attacherons, avant tout, à la démarche de connaissance des insectes [1], commune à dix groupes tchadiques [2] du nord du Cameroun, à travers les dénominations et les usages que les locuteurs en donnent. Neuf des populations concernées habitent les montagnes du Mandara, la dixième une plaine plus au nord (Carte 1). Cette dernière offre des points de comparaison appréciables [3].

Dans la démarche de connaissance, nous nous appliquerons à distinguer ce qui relève de l'observation du monde concret de ce qui a trait au monde imaginaire et à indiquer quels points de l'observation ont pu susciter certaines constructions imaginaires. Ce type d'étude étendu à dix groupes ethniques apporte de nouvelles dimensions; en effet, la concordance des divers témoignages confirme l'objectivité d'une observation ou indique l'existence d'une aire culturelle et ouvre des perspectives nouvelles sur l'histoire de la région.

CE QUE NOUS APPRENNENT LES NOMS DES INSECTES

L'étude de la dénomination des insectes dans dix langues (Colombel 1997b) nous permet de découvrir des racines qui apparaissent pour des noms génériques spécifiques aux insectes. Elle fait apparaître un plus grand nombre de termes génériques que ne permet d'en dégager l'étude d'une seule langue. Elle permet aussi de dégager plus clairement la valeur du déterminant qui est accolé à ce terme générique pour préciser la spécification attribuée à un insecte particulier. Pour les plantes, l'usage comme médicament est fort utilisé dans cette région pour nommer, mais ne concorde pas toujours d'un groupe à l'autre. Pour les insectes, c'est la localisation de l'insecte qui prime −et semble fort concordante entre les langues−, qu'il s'agisse de lieux de l'espace, de milieu végétal ou de parasitisme sur une espèce animale ou une partie du corps humain. La dénomination paraît donc relever d'une observation perspicace. La valeur du déterminant porte beaucoup plus rarement sur le sexe, l'âge, la couleur et la forme de l'insecte. La ressemblance, exceptionnellement utilisée, l'est de façon éparse et demande souvent une référence au savoir et à la représentation.

---

[1] Près de deux cents échantillons ont été identifiés.

[2] Voici la liste des sigles utilisés pour les langues ou groupes ethniques, suivis du nom de la langue concernée: GW, gwendélé, OU, ouldémé, KW, kotoko de waza (parlé dans la plaine au nord des monts), MD, mada, MF, mafa. MK, mouktélé, MR, mora, MY, mouyang, PD, podoko, ZL, zoulgo. Les noms des langues ont ici une écriture administrative pratiquée localement. Les informations sur la langue mofu paraîtront en note.

[3] Pour la comparaison, nous utiliserons aussi l'article de Seignobos *et al.* (1996) sur les Mofu qui habitent le sud des monts du Mandara.

Dénominations à l'aide de périphrases

Ce type de dénomination est relativement rare dans la région étudiée. Il n'est sans doute qu'une suppléance, passagère ou habituelle, à l'usage de nom. Certains linguistes l'associeraient à un nom composé.

MF sɔ̀kwì ə̀nsìɗîkwè à gíɗ mbìlè
/ chose / mettre dessus / *fonct.* / orteil / plaie /

"cocon du papillon *Epiphora bauhiniae*"

> Son cocon sert de pansement pour les plaies aux orteils. Cet usage est donné par neuf groupes sur dix.

MR ágjɔ̀rɛ̀ ánjé átɔ́ vɔ̀wáhá
/ insecte sp. / il reste / sur / mur de maison /

"coléoptère (Paussidae sp.)"

> Il est redoutable parce qu'il pique les testicules.

Noms composés

Sexe et âge

MD ámàgwàɗ zàláŋà, ámàgwàɗ wàláŋá
/ insecte sp. / homme / , / insecte sp. / femme /

"criquet (*Kraussaria angulifera*)"

OU *mɔ̄zìgdìlìm*[4] gwɔ̀ɓàr, *mɔ̄zìgdìlìm* wàl
/ insecte sp. / homme / , / insecte sp. / femme /

"bupreste (*Sternocera interrupta* subsp. *immaculata*)"

OU *jɔ́hə̀mbɔ́* ī mbà̧ɮ̀àràkákà
/ état jeune / de / insecte sp. /

"criquet (*Acanthacris ruficornis atrina*)"

Les identifications scientifiques données précisent avec exactitude les mêmes spécifications pour les échantillons ci-dessus nommés : les femelles sont plus grosses que les mâles et les jeunes sont inachevés par rapport aux adultes.

OU ā̧ɮálākɔ̀rà gwɔ̀ɓàr, ā̧ɮálākɔ̀rà wàl
/ insecte sp. / homme / , / insecte sp. / femme /

1) "mante religieuse (*Sphodromantis centralis*)"

2) "empuse (*Blapharodes parumspinosus*)"

Ici la dite femelle est d'une autre espèce. Il ne s'agit pas d'une erreur d'enquête mais de la primauté de la représentation qui s'appuie sur le rapport de taille-sexe. La femelle est grosse et ronde, le mâle est petit et pointu. Les locuteurs se réfèrent également à la présence d'œufs.

Couleur

MR *álàgwálàgwá* dàŋwè
/ hétéroptère / noir /

"punaise (*Anoplocnemis curvipes*)"

MD màzàh wɔ̀zíkà
/ insecte sp. / rouge /

"sphex (*Sphex hemorrhoidalis pulchripennis*)"

Forme

MY *áyàw* ázàɓɔ́là
/ sauterelle[5] / longue tête /

"criquet (*Acrida turrita*)"

---

[4] Les termes en italique correspondent aux termes génériques étudiés plus loin.

[5] Dans le mot-à-mot, nous employons ce terme générique utilisé, en français local, aussi bien pour les criquets que pour les sauterelles.

MF də́rə́m tì gèɗ   "coléoptère (Paussidae sp.)"
/ corne / sur / tête /

Même insecte qu'en MR ágjɔ̀rè ánjé átɔ́ vɔ̀wáhá

Ressemblance

GW *géŋé* mbèlèlèk   "bupreste (*Sternocera castairea* subsp. *irre-*
/ bupreste / éléphant / (7/10)[6]   *gularis*)"

Il s'agit du plus gros bupreste de la région.

PD sēk ɬā   "criquet (*Cataloipus* sp.)"
/ pied / bœuf / (6/10)

Ce nom est donné généralement à diverses jeunes sauterelles.

PD mə̄wə̄dā nə̄sá   "ténébrionide (*Macropoda variolaris*)"
/ vieille / femme / (8/10)

Cet insecte noir, à l'aspect grumeleux, évoque les rides d'une vieille femme et sa façon lente de se déplacer.

Sa localisation dans les épis de mil et sa façon de les couper [7] ont un rapport avec la vieille femme civilisatrice qui a appris aux hommes à cultiver et à manger le mil.

OU wə̀də̀m yám   "punaise aquatique géante (*Belostoma*
/ vagin / eau /   *cordopanum*)"

Ce dernier est un insecte aquatique dont le mâle porte les œufs sur son dos, dans l'eau.

Lieux de résidence

Le lieu où l'animal est récolté est très souvent spécifié dans sa dénomination. On y trouve une relativement grande concordance d'une langue à l'autre. D'où il semblerait que les populations aient observé une prédilection des insectes pour une espèce végétale.

- Sur les végétaux

  - dans les produits alimentaires et de culture :

MR *wə̀sìgé* dĩ́ré   "chenille sp."
/ chenille / haricot / (5/10)

PD *hwə̄rə̄fā* bə̄lə̀và   "punaise (*Agonoscelis haroldi*)"
/ insecte sp. / jujubier / (5/10)

OU *àwàyàk* árdə̀ŋ   "criquet (*Acridoderes strenuus*)"
/ sauterelle / courge / (3/10)

MR *àbébé* híyá   "cétoine (*Pachnoda cordata*)"
/ insecte sp. / mil / (9/10)

KW *mbə̀lə̀m* ì bə̀lì   "criquet (*Acanthacris ruficornis atrina*)"
/ sauterelle / de / gombo /

---

[6] Le chiffre donne le nombre de langues employant la comparaison avec l'éléphant. En général, il indique le nombre de langues, sur dix étudiées, utilisant le procédé d'appellation évoqué.

[7] Ces mêmes espèces sont appelées "grand-mère" chez les Mofu (Seignobos *et al.* 1996:149).

♦ dans les céréales sauvages :

MD *áyàw* ɬíɗɘwè   "criquet (*Soudanacris pallida*)"
/ sauterelle / *Imperata cylindrica* (L.) P. Beauv.,
Poaceae / (7/10)

OU *ámbàɗǎyàw* mèmèŋ   "punaise (*Basicryptus* sp.)"
/ hétéroptère sp. / *Pennisetum pedicellatum* Trin.,
Poaceae / (4/10)

   ♦ dans les arbres :

GW *góŋé* sà wɔ́sàwɔ́sà   "bupreste (*Steraspis* sp.)"
/ bupreste / sur / *Terminalia brownii* Fres.,
Combretaceae / (7/10)

PD *hīyāwā* sékwèmè   "criquet (*Acridoderes strenuus*)"
/ sauterelle / *Piliostigma thonningii* (Schum.) Milne-
Redh., Leguminosae-Caesalpinioideae / (8/10)

MK *háyàw* pàwá   "criquet puant (*Zonocerus variegatus*)"
/ sauterelle / *Calotropis procera* (Aiton) W.T. Aiton,
Asclepiadaceae / (7/10)

MR *ávɘ̀rŋwá* ɮɘ́mdà   "élatéride (*Tetralobus mabellicornis*)"
/ coléoptère sp. / *Ficus platyphylla* Del., Moraceae /

▪ Sur les animaux :

MF màŋgɘ̀ɗɘm kɘ́dá   "tique (*Hyalomma aegyptium*)"
/ insecte sp. / chien / (7/10)
   "Tique du chien"

MK jìbèr gwàcàk   (non identifié)
/ insecte sp. / poules / (8/10)
   Parasite qui tue les poules.

ZL *jɘ̀wè* pérés   (non identifié)
/ mouche et taon / cheval / (10/10)

GW *méméréŋ* tɘ̀mbák   "guêpe (*Belanogaster* sp.)"
/ insecte sp. / mouton / (7/10)

▪ En des lieux de la nature et de l'espace :

OU zízì yàr yám   "coléoptère (Coleoptera sp.)"
/ se précipiter / tête / eau / (6/10)
   Il nage précipitamment sur l'eau.
                                                          Les enfants en avalent pour nager aussi bien
                                                          qu'eux. Cette pratique ludique met en jeu le rai-
                                                          sonnement analogique.

MD àɣwɘ̀ɣɘ́ŋ gà ɮɘ̀làv   "punaise (*Diploxys* sp.)"
/ insecte sp. / dans / caverne /

MY *áyàw* àkwɘ́r   "criquet (*Acorypha unicarinata*)"
/ sauterelle / pierre / (8/10)

MR ápálàpálá ázáhá   "blatte (Blattidae sp.)"
/ papillon / maison /

MY ávɘl gì gílè   "lycide (*Lycus trabeatus*)"
/ insecte sp. / de / brousse /

Les noms de ces deux derniers insectes vont nous permettre d'éclaircir le passage de l'observation à l'imaginaire. Les dénominations dans les dix langues
n'utilisent pas de racines communes pour un nom générique et sont toutes moti-
vées. Apparaît, de façon concordante, l'opposition de localisation dans la mai-

son et dans la brousse. Apparaissent aussi, comme ci-dessous, les éléments d'eau, de jarre à eau et d'acte de boire.

OU à-hə̀p-àl dàgwày   "blatte (Blattidae sp.)"
/ il-se gave-le long / jarre à eau /
  Ces insectes ont l'habitude de se gaver d'eau en se déplaçant à la surface d'une jarre.

L'insecte de la maison est utilisé dans un rituel fait pour intégrer affectivement une nouvelle femme dans la famille de son mari. Dans le langage symbolique rituel *boire de l'eau* veut dire *comprendre* et *sympathiser*. Mieux vaut épouser une femme gentille qui sympathise avec la famille qu'une jolie femme qui papillonne à l'extérieur de la maison.

OU à-hə̀p-àl dàgwày ī wə̄lām ī lí   "lycide (*Lycus trabeatus*)"
/ il-se gave-le long / jarre à eau / de / espace / de / brousse /
  L'insecte de brousse a l'aspect d'un joli papillon jaune.

La prise en considération de l'opposition de localisation, maison / brousse, relevée dans les dix groupes et celle de l'aspect de ces insectes, le premier étant mat et le second chatoyant, explique la représentation et le rituel ouldémé. Entre également en jeu une symbolique de l'eau et de l'acte de boire (Colombel 1997a).

- Là où l'insecte agit :

MR nɔ́kwə̀łékwə̀łá náfá   "bostrichide (*Sinoxylon* sp.)"
/ insecte sp. / bois / (8/10)

MK màtàvɔ́r záy   "coléoptère (*Gnitis alexis*)"
/ insecte sp. / excréments / (6/10)

MD zìvèr gà ław   "dermeste (Dermestidae sp.)"
/ ver / de / viande / (6/10)

MY àmtár gèłèlék   "termite ailé (Isoptera sp.)"
/ insecte sp. / margouillat / (6/10)

Les prédateurs de ce termite sont les margouillats, les scorpions et les serpents. C'est pourquoi, quand ces termites s'envolent, on pense à prendre garde aux jeunes enfants.

Usage

- Médicament

MD də̀vàl érè   "acarien (*Trombidium tinctorius*)"
/ médicament / yeux /

MF màjə̀f dēgwə̄rē   "punaise (*Agonoscelis haroldi*)"
/ médicament / tête /

- Pansement

OU yɔ̄y tə̄ŋgwə̄r   "cocon du papillon *Epiphora bauhiniae*"
/ maison / plaie du gros orteil / (6/10)

Les noms simples, les racines et les noms génériques

L'étymologie de certains noms

Certains noms simples, qui n'ont pas de racine commune à d'autres langues, ont une étymologie qui n'est pas reconnue par tous. Ce sont des composés figés.

OU mā-kwáŋ-(ŋ)jàláŋ
/ bouche-d'un bond-rejoindre /
    Sa bouche rejoint la surface de la bière.

"fourmi (*Camponotus* sp.)"

Cet insecte est réputé activer la fermentation de la bière de mil.

OU màjàlà-ɓ<ə>ŋ<ə>
/ rhume-tracer un chemin /
    Rituel du rhume.

"araignée sauteuse (Salticidae sp.)"

Cet insecte est utilisé dans un rituel destiné à envoyer le rhume chez les groupes ethniques voisins pour s'en débarrasser. Il est déposé sur un chemin orienté dans le bon sens.

OU à-ɣwə́kw-ə̀l
/ il-gratter-le long /

"termite ailé (Isoptera sp.)"

Paradoxalement, le nom de ce termite a une racine repérable dans les autres langues; cette étymologie possible correspond donc à une re-motivation ponctuelle dans cette seule langue.

Noms génériques dans une seule langue

Ce sont des noms simples qui servent à la dénomination de plusieurs insectes ayant des points communs. Ils forment le premier terme d'un nom local composé où le second, un déterminant, spécifie l'insecte nommé. Nous avons examiné, ci-dessus, de nombreux exemples de ces déterminants motivés. Les noms génériques, dont nous allons parler ici, sont utilisés par une seule langue et n'ont pas de racine commune aux autres langues. Ils sont plus fréquents dans les langues du nord de la région considérée (KW, MR). Certains insectes sont davantage concernés par cette généralisation, sans doute à cause de leur similitude physique. Ces noms génériques sont:

– MR návèrŋwá, GW gə́ŋè,
  OU māzìgdìlìm, MF ɬ<ə>páf

pour les quatre buprestes connus dans la région: *Steraspis* sp., *Steraspis speciosa*, *Sternocera castairea* subsp. *irregularis*, *Sternocera interrupta* subsp. *immaculata*

– KW màsə̀nì, MR ámə̀ŋjéré

pour les grillons connus dans la région: *Brachytrupes membranaceus*, *Gryllus bimaculatus*, *Teleogryllus* sp.

– KW àbə́wbá

pour la plupart des coléoptères connus, y compris les buprestes

– MR álàgwálàgwá

pour la plupart des hétéroptères connus localement

– KW mbə́lə́m

pour les orthoptères, à l'exception des grillons

– KW tə̀ldì, MR wə̀sìgè

pour les larves, vers et chenilles

Parmi les noms génériques d'une langue, il en est certains qui ont été empruntés à la langue mora (MR) par la langue gwendélé (GW). Ils sont repérables grâce à l'affixe -ka. La langue mora est parlée au nord du groupe gwendélé. À l'inverse, pour les noms de plantes, les emprunts gwendélé se sont opérés à partir de langues plus au sud. Ces faits peuvent être des repères spatio-temporels pour l'hypothétique migration gwendélé datant d'environ deux siècles.

Noms génériques dans plusieurs langues

Ces noms génériques ont des correspondances phonétiques d'une langue à l'autre et ils ont donc une racine commune à plusieurs langues. Ces noms sont, en fait, repérables grâce à l'étude de ces racines. Par ailleurs, les racines permettent de remonter dans le temps et d'observer des aires de répartition utiles à l'histoire culturelle de la région. Le domaine des insectes n'est, a priori, pas étranger à cette histoire. Certaines racines se limitent au centre des Monts du Mandara, d'autres s'étendent davantage au sud. L'extension de ce travail pourrait être très instructive tant sur le plan culturel que sur le plan linguistique.

▪ Certaines correspondances phonétiques plus ou moins importantes s'opèrent sur de longues racines ou radicaux et s'appliquent à des aires relativement limitées, spécialement au centre des Monts du Mandara. On peut en déduire que plus les correspondances sont éloignées, plus les échanges sont récents.

◆ Les quatre buprestes cités ci-dessus ont un long radical [m-nd-k-r-m][8], commun à quatre langues du centre de la montagne (MK, MD, MY, ZL).
◆ Les trois punaises (*Aspongopus viduatus*, *Basicryptus* sp., *Nezara viridula*) ont une longue racine [mb-ɗ-ɣ-w], commune à six langues du centre de la montagne (PD, GW, OU, MD, MY, ZL).
◆ Cinq coléoptères – quatre cétoines (*Diplognatha gagates*, *Pachnoda* sp., *Pachnoda cordata*, *Rhabdotis sobrina*) et un hanneton (Melolonthidae sp.) – ont une racine [ng-r-ɮ-i-ŋ], avec d'abondantes correspondances phonétiques et des formes très restreintes, communes à huit langues du sud de la montagne (PD, MK, GW, OU, MD, MY, ZL, MF).
◆ Quatre orthoptères – deux espèces de la famille des Phaneropteridae (*Arantia* sp., *Horastophaga* sp.), une espèce de la famille des Conocephalidae (*Homorocoryphus nitidulus* subsp. *vicinus*) et une espèce de la famille des Pseudophillidae (*Mustius* sp.) – ont une racine [m-kw-r-kw-t-k][9], commune à toutes les langues étudiées, à l'exception du kotoko (KW) au nord.

▪ Des racines courtes présentent des correspondances phonétiques plus simples qui s'appliquent à toutes les langues considérées, avec parfois l'exception du kotoko (KW), extérieur à la montagne. Ces racines concernent les insectes les plus connus. Ce sont :

---

[8] Le terme mofu *matatom gurom* (Seignobos *et al.* 1996:151) peut avoir la même racine.
[9] Le terme mofu *mokwotkwoteng*, pour une sauterelle verte (Seignobos *et al.* 1996:150), peut avoir la même racine.

• Des racines communes aux dix langues
[z-w][10] pour les différentes mouches (six individus nommés) auxquelles s'adjoignent parfois les taons;
[m-n][11] pour les guêpes (*Synagris calida, Synagris* sp.).
• Des racines communes aux dix langues à l'exception du kotoko (KW)
[y-w][12] pour:
– une vingtaine d'orthoptères à l'exception des grillons et des représentants des familles suivantes (Phaneropteridae, Conocephalidae, Pseudophillidae) cités ci-dessus,
– onze criquets de la famille des Acrididae (*Acrida turrita, Acorypha unicarinata, Gastrimargus africanus, Acanthacris ruficornis atrina, Acridoderes strenuus, Anacridium wernerellum, Kraussaria angulifera, Ornithacris turbida, Cataloipus* sp., *Cataloipus fuscocoeruleipes, Soudanacris pallida*),
– trois criquets de la famille des Catantopidae (*Catantops axellaris axellaris, Catantops stylifer, Homoxyrrhepes punctipennis*),
– trois criquets de la famille des Pyrgomorphidae (*Chrotogonus senegalensis* subsp. *brevipennis, Pyrgomorpha vignaudii, Zonocerus variegatus*);
[j-r][13], pour les criquets dévastateurs, vers le sud de la montagne (GW, OU, MD, MY, ZL, MF); les langues du nord (MR, PD, MK) utilisent la racine précédente, commune à toutes les sauterelles.

▪ Pour les grillons, ci-dessus nommés, on trouve deux courtes racines juxtaposées [w-ɗ-a][14] et [ŋg-r-e], la première prédominante au sud, la seconde au nord, la dénomination podoko (PD) ŋgwə̀rzà, étant un amalgame des deux.

▪ Les noms des poux, des puces et de certains parasites des animaux présentent deux racines souvent mêlées [c-e-c] et [t-a-t], les dénominations dans les différentes langues utilisant l'une ou l'autre ou les deux amalgamées, la première prédominant au nord et l'amalgame des deux au sud.

▪ Un nom pour les chenilles comestibles, mə̄ngāwāl, est exactement le même pour six langues du sud des Monts du Mandara, c'est-à-dire qu'il n'a pas subi de transformation phonétique[15].
À la suite de mes divers travaux, j'ai constaté qu'une comparaison chiffrée des rapports entre langues – par le biais de l'étude des racines – montre que certains termes utilisés pour la dénomination des insectes, et également des plantes, sont tout aussi aptes à évaluer les parentés linguistiques que des termes dits de base ou d'emploi très courant. Ceci témoigne de l'importance du domaine écologique

---

[10] Le terme mofu *juway* (Seignobos *et al.* 1996:156) peut avoir la même racine.
[11] Le terme mofu *wuam* (Seignobos *et al.* 1996:152) peut avoir la même racine.
[12] Le terme mofu *hoyok* (Seignobos *et al.* 1996:150) peut avoir la même racine.
[13] Le terme mofu *zaray* (Seignobos *et al.* 1996:150) peut avoir la même racine.
[14] Le terme mofu *wodey* (Seignobos *et al.* 1996:150) peut avoir la même racine.
[15] Ce même nom est employé en langue mofu, parlée plus au sud encore.

dans la culture de certaines sociétés. Pour les insectes, on peut se référer à l'étude d'une cinquantaine de termes ayant des points communs d'une langue à l'autre. Par ailleurs, il est intéressant de constater la généralité dans les dix langues de la démarche allant du terme générique au particulier, avec un mécanisme comparable à celui du passage du genre à l'espèce. Il est nécessaire de rappeler aussi l'importance donnée à la localisation de l'insecte dans sa dénomination.

CE QUE NOUS APPREND LA TRADITION ORALE

Par "tradition orale", j'entends les savoirs transmis par le discours des locuteurs ou par les récits traditionnels. Ces savoirs ont été comparés dans les dix groupes ethniques. Nous n'en livrons que les points communs, c'est-à-dire un schéma dépouillé des détails. Ils nous renseignent, au-delà du nom, sur les usages et les représentations des entités nommées. Il n'est pas anodin qu'une grande part des racines communes aux dix langues et l'expression de la localisation se rapportent à l'appellation des insectes à usage alimentaire, qu'on recherche collectivement. Il en est autrement des entités à usage des spécialistes, des devins et des guérisseurs. Les dénominations sont un reflet du contexte social et culturel. Elles en marquent aussi l'histoire par leur répartition géographique et leur forme linguistique.

Usage alimentaire

L'usage alimentaire évoqué par quasiment la totalité des groupes concerne :

- Onze coléoptères
    - quatre buprestes déjà cités pour la racine de leur nom [m-nd-k-r-m],
    - cinq coléoptères déjà cités pour la racine de leur nom [ng-r-ɮ-i-ŋ],
    - un dytique, qui se mange cuit à l'eau, même chez les Masa[16],
    - un chrysomélide.

- Vingt-sept orthoptères
    - vingt, déjà cités pour la racine de leur nom [y-w] et [j-r],
    - quatre, déjà cités pour la racine de leur nom [m-kw-r-kw-t-k],
    - trois grillons, déjà cités pour leur nom générique dans une langue et pour les racines suivantes dans les dix langues [w-ɗ-a] et [ŋg-r-e].

    Certaines restrictions alimentaires posent problème. Le criquet puant *Zonocerus variegatus*, localisé sur *Calotropis procera* (Ait.) Ait. f. (Asclepiadaceae), est dit un poison par huit groupes sur dix[17] ; les deux autres groupes le consomment (Malaisse 1997:235). Est-il rendu inoffensif par la cuisson ou reçoit-il sa toxicité de la plante dont il se nourrit ? Les dires ne semblent pas faire allusion à des interdits pour raison de travaux saisonniers comme c'est le cas pour le criquet *Gastrimargus africanus. Zonocerus*

---

[16] Mignot, communication personnelle.

[17] Les Mofu l'appellent "criquet-poison" et ne le consomment pas (Seignobos *et al.* 1996:152).

variegatus est aussi utilisé pour nettoyer les intestins (MR) et comme médicament contre la lèpre (PD).

Par ailleurs, un jeu d'enfants avec la mante religieuse, très répandu, même chez les Masa, montre l'intérêt alimentaire porté aux orthoptères. Il s'agit de faire évaluer la grosseur de la nourriture d'une personne par les pattes antérieures de l'insecte qui s'écartent plus ou moins sous l'effet du choc d'un index. On peut en déduire la gourmandise, la richesse ou la pauvreté de la personne en question[18].

- Six hétéroptères dont on suce la salive, le venin ou l'urine (appréciés pour leur parfum ou leur action stimulante) ou qu'on consomme dans la nourriture :
    - trois punaises sont sucées pour leur goût pimenté ou amer et leur action stimulante : *Anoplocnemis curvipes, Aspongopus viduatus, Nezara viridula,*
    - deux punaises sont utilisées comme ingrédient d'une sauce aux arachides ou aux haricots : *Diploxys* sp. (grillé avec les haricots) et *Basicryptus* sp.,
    - la punaise aquatique géante *Belostoma cordopanum*, déjà rencontrée pour son nom de "vagin d'eau" est consommée grillée par les enfants.

- Le miel des abeilles et les œufs de la guêpe *Euchromia lethe*.

La récolte du miel peut être la source d'un partage d'amitié[19], d'après les contes.

- Enfin des termites ailés, des scorpions, des vers et des chenilles.

Les larves de mouches sont parfois laissées dans les sauces car "c'est de la viande", mais on ne les offre pas à un hôte. Cette sorte d'hospitalité fait partie de la morale des récits traditionnels.

Les animaux consomment aussi des insectes. On donne des termites aux poulets qui ramassent également des vers, des chenilles, etc. À ce propos, le termite ailé, àmtár gèłèlék, est un avertisseur de la venue des scorpions et des serpents qui sont ses prédateurs, car, pour ne pas se laisser manger, il s'envole à leur arrivée.

Action nuisible ou bénéfique

La connaissance des insectes sur ce plan est la plus générale et celle qui est la plus fréquente dans les récits légendaires. Les dénominations employées ont souvent une racine commune.

Action nuisible

- Abîmer les récoltes
    - toutes les récoltes : il s'agit de criquets (chants et récits y font allusion),
    - les haricots : il s'agit de chenilles non identifiées, d'un méloé (Meloidae sp.) et de la punaise coréide *Anoplocnemis curvipes,*

---

[18] Ce jeu est pratiqué également chez les Mofu (Seignobos *et al.* 1996:153).
[19] Une récolte collective de miel vous conduit à un partage d'une nourriture sucrée ; c'est comme si elle vous poussait à un échange de paroles douces et amicales.

♦ le mil : il s'agit de deux coléoptères (un carabide – Carabidae sp. – et le ténébrionide *Macropoda variolaris*),

♦ les semences : une fourmi "voleuse"[20] est réputée les ramasser ; elle est souvent présente dans les récits de tradition orale.

▪ Piquer les gens

♦ vingt-six insectes piqueurs (scorpions, mouches, moustiques, guêpes, abeilles, larves diverses, poux, puces, punaises, araignées et fourmis) ont un venin parfois utilisé comme contrepoison.

> Rappelons l'existence du petit coléoptère (Paussideae sp.) qui pique les testicules aux dires de tous les groupes, mais dont les dénominations employées n'ont rien de commun d'une langue à l'autre. Il sert, dit-on, de contrepoison pour les œdèmes qu'il provoque.

Ces insectes, dans les récits traditionnels, sont souvent utilisés pour se venger : par une vieille femme qui se défend contre l'abus de pouvoir d'un chef, par un orphelin maltraité, parce qu'un serment n'a pas été respecté... Les poux du pubis d'une vieille femme la protègent contre les enfants du chef qui lui cassent son mil. Une vieille sans enfants prend chez elle serpents, scorpions et fourmis qui, grâce à leur venin, la défendent contre les abus d'un chef. Elle utilise aussi ses pouvoirs magiques[21].

▪ Piquer et tuer les animaux

Certains parasites ont la réputation de piquer et tuer les chevreaux et les poulets[22]. La tique du chien est connue de tous. Certaines mouches et certains taons ont la même réputation, pour les chevaux et les chiens.

▪ Manger les vêtements

C'est l'activité du grillon *Teleogryllus* sp.

Action bénéfique

▪ Activer la fermentation de la bière : la fourmi *Camponotus* sp.[23].

▪ Manger les termites et, de ce fait, protéger la maison (rituel[24]) : la fourmi *Dorylus* sp.

▪ Servir comme poison de flèche : un méloé (Meloidae sp.), celui qui attaque les haricots (voir ci-dessus).

Usage "médicinal"

L'usage alimentaire des insectes, au-delà des interdits, est plus facile à traiter que celui de l'usage médicinal parce que ce dernier, s'il relève pour une part de

---

[20] Comme il en est une chez les Mofu (Seignobos *et al.* 1996 : 134, 138) !

[21] Les textes de tradition orale ouldémé font l'objet d'un ouvrage en préparation.

[22] Nous n'avons pas pu les faire identifier.

[23] Cette fourmi n'a pas la même réputation chez les Mofu (Seignobos *et al.* 1996, page 160). Sa présence correspond pourtant à celle de meilleures bières.

[24] Il est une coutume semblable, avec un doryle, chez les Mofu : Seignobos *et al.* 1996 en fait un large récit page 128.

l'observation, met aussi en jeu les représentations culturelles et leurs effets psychosomatiques.

Les noms des insectes, fréquemment motivés, n'ont plus de racines communes entre les groupes, même si les usages sont presque identiques. La concordance des dires et des pratiques permet d'envisager une interprétation des effets respectifs du biologique et du psychologique dans la thérapeutique. L'aval de spécialistes aurait son importance à ce sujet. Nous rappelons le cas du criquet puant *Zonocerus variegatus,* considéré comme un poison par la majorité des groupes, mais utilisé comme médicament par deux d'entre eux (mora et podoko).

Pratiques des guérisseurs

Pour examiner quelle part occupe l'utilisation de principes actifs et quelle part est faite au monde des représentations, nous choisissons les exemples de six insectes, parmi près de trente insectes utilisés pour des soins. Notre choix est guidé par le fait que ces six insectes ont des usages concordants, combattre les infections, dans la majorité des groupes, pour autant que cette concordance permette d'accéder à une objectivité. Leurs utilisations relèvent généralement de la pratique des guérisseurs qui font une distinction entre le remède à ingérer et le remède dont il faut enduire le corps ou l'une de ses parties.

▪ L'insecte est utilisé seul

Pour les deux exemples ci-dessous, les pratiques concordantes pourraient être fondées sur l'existence d'une ou de plusieurs substances actives dont l'effet aurait été observé par la majorité des groupes. Résumons-les :

    ♦ l'acarien *Trombidium tinctorius*[25]

        – Tu te laves les yeux infectés avec le jus.

        – Tu l'avales contre les infections des yeux et de la gorge.

        – Tu en avales un minimum de sept pour faire partir le ver de Guinée.

    ♦ la guêpe *Synagris* sp.

        – Tu mets l'argile de son nid dans l'eau et tu verses cette eau dans l'oreille, pour une otite.

        – Tu bois cette eau argileuse pour un rhume, un abcès, une otite.

        – Tu mets cette argile sur un abcès.

▪ L'insecte est utilisé en combinaison avec d'autres substances.

Dans ce cas, il est plus difficile d'établir des convergences car l'insecte est utilisé en association avec des plantes ou divers produits :

    ♦ l'araignée agélénide (Agelenidae sp.)

        – Tu l'écrases avec des plantes (*Acacia albida* Del. et *A. sieberiana* DC., Leguminosae-Mimosoideae ; *Ceratotheca sesamoides* Endl., Pedaliaceae.), et tu mélanges le

---

[25] Cet insecte a la couleur d'un velours rouge. Seignobos *et al.* (1996) évoquent ouvertement la théorie des signatures. Le rouge de la conjonctivite est une référence qui a trait au domaine de la représentation.

tout avec de la bière ou une décoction de tamarin, que tu bois pour une bronchite et la tuberculose.

• la libellule (Libellulidae sp.)

  – Elle est utilisée en décoction avec des feuilles d'*Acacia albida* Del. (Leguminosae-Mimosoideae) pour les infections d'oreilles, le rhume et la tuberculose.

▪ L'insecte est utilisé seul ou en combinaison.

Pour ces deux derniers, les représentations entrent en jeu dans la majorité des groupes :

  • le perce-oreille (Forficulidae sp.)

  – Tu mets ses cendres dans de l'huile de caïlcédrat (*Khaya senegalensis* A. Juss., Meliaceae), pour mettre dans les oreilles.
  (Seuls cinq groupes utilisent cette pratique. Ce dermaptère a, de façon très généralement répandue, un rapport avec les oreilles.)

  • le réduve *Clopophora guitati*

  – Tu écrases cet insecte avec les cendres du bois qu'il a coupé.

  – Tu mets le tout dans de l'huile de caïlcédrat.

  – Tu frottes cette huile sur les plaies que l'enfant a autour des oreilles.
  (Il faut expliquer que la mère de l'enfant a du se servir, pour cuire sa nourriture, du bois que cet insecte a coupé. Cet acte explique l'origine des plaies de l'enfant. La majorité des groupes invoque cette croyance)

Pratiques familiales

Les dires des guérisseurs, relevés dans la région considérée, ont eu tendance à s'attacher aux vertus des plantes et des insectes plus que ne l'ont fait les récits sur les pratiques familiales. Ces derniers se référaient davantage au domaine de la représentation. Voici les exemples de quatre insectes utilisés comme stimulants par la majorité des groupes. Deux d'entre eux font l'objet d'un rituel, un autre d'une pratique répétée et le dernier d'une activité ludique. Les trois insectes qui sont consommés, peuvent poser le problème d'éventuelles substances actives. Le dernier relève *a priori* de la seule représentation. Ce sont :

  • une larve de cicindèle (Cicindelideae sp.)

  – Utilisée dans un rituel de préparation de chasse, mélangée à la nourriture du chien, elle doit stimuler ce dernier à pourchasser la proie[26].
  (Le mouvement de la larve évoque celui des reins du chien qui court, comme voudrait l'exprimer l'étymologie du nom de cette larve dans une des langues, (OU) màt(à)-wàl(à), / sacrifice / fesses qui bougent /)

  • la reine d'une termitière

  – Elle est mise dans l'eau de boisson des animaux pour qu'ils grossissent, à son image[27].

  – Elle est aussi donnée aux enfants qui ne se développent pas.

  • un petit insecte qui vole à la surface de l'eau[28]

  – Il est avalé par les enfants qui veulent nager comme lui.

---

[26] Cet usage est à rapprocher de celui d'un sphégien chez les Mofu (Seignobos *et al.* 1996:164).

[27] Cette pratique est aussi présente chez les Mofu (Seignobos *et al.* 1996:134 et 164).

[28] Il figure dans ma collection mais n'a pu être identifié.

• une blatte (Blattidae sp.)

– Elle est utilisée dans un rituel exécuté pour intégrer "affectivement" une femme dans la famille de son mari. L'insecte, par son aspect, sa localisation et son nom – (OU) à-hɔp-àl dàgwày / il-se gave-le long / jarre à eau /–, fait appel au monde de la représentation.

Prévision, divination et acte "magique"

Dans la plupart des cas, ces nouveaux types d'utilisation superposent, pour un seul insecte, un usage divinatoire à un usage "médicinal", "rituel" ou "magique".

▪ Les trois premiers exemples, qui relèvent en partie de l'observation et de la prévision, ont l'accord de la majorité des groupes. Quelques insectes sont utilisés comme marqueurs saisonniers.

• le taon (*cf.* Tabanidae sp.)

– Il annonce le défrichage des champs par son apparition saisonnière.
(Chez les Masa (Mignot), c'est une cigale qui joue ce rôle avec son cri. Chez les Mofu (Seignobos *et al.* 1996:154) un grillon *signale qu'il faut préparer les champs* et les cigales confirment la fin de la sécheresse.)

– Il aide le devin pour la divination.

– Par ailleurs, on le met le soir dans son sifflet (MF) ou son tambour (MK) pour jouer correctement le lendemain.
(Ces détails sembleraient dire qu'il s'agit plutôt d'une cigale.)

• la luciole (Psychidae sp.)

– Cette luciole s'associe à l'âme des sorcières qui est de feu. La nuit, elle leur indique le chemin à prendre pour aller manger l'âme des gens. Ainsi, grâce à elle, on connaît les pérégrinations nocturnes de ces dernières.

– Elle peut aussi servir de "remède" contre elles (comme contrepoison).

• le sphex (*Sphex hemorrhoidalis pulchripennis*)

– Cette guêpe est prédatrice de certaines chenilles. Si elle en dépose une morte devant toi, dans les champs, quelqu'un de ton entourage va mourir.

▪ Les trois exemples suivants, pour lesquels une observation première n'est pas toujours identifiable, sont d'usages moins facilement avoués et relèvent encore davantage de la divination et des pratiques "magiques".

• l'araignée hétéropodide (Heteropodidae sp.)

– Cette araignée est très utilisée pour la divination.

– Elle sert aussi dans des rituels contre la diarrhée, le rhume et la mort d'enfants.

• l'araignée sauteuse (Salticidae sp.)

– Cette autre araignée est utilisée dans un rituel annuel pour chasser le rhume vers les groupes voisins.
(Elle se met sur le chemin qui se dirige vers les "étrangers". Elle montre le chemin: (OU) majàlà-bɔ̀ŋɔ̀ / rhume / tracer un chemin /).

– Elle sert aussi à guérir les plaies d'oreilles.

• l'araignée agélénide (Agelenidae sp.)

– Cette dernière araignée a déjà été rencontrée comme traitement de la tuberculose et des abcès en combinaison avec d'autres médicaments.

–Elle entre dans une pratique "magique" pour obtenir l'abondance des récoltes pendant cinq générations. Il faut la trouver avec ses œufs dans la bouche et la mettre ainsi dans le grenier. Cette pratique relève, en partie, d'une observation, celle d'une activité étrange de l'araignée qui prend ses œufs dans sa bouche.

CONCLUSION

Dans de nombreuses parties du monde les enfants jouent avec des Coléoptères attachés à une ficelle, qu'ils font voler comme un avion; ainsi en est-il dans la campagne française, dans les monts du Mandara, chez les Mofu[29] et les Masa. Les forficules (perce-oreilles) font très fréquemment référence aux oreilles. Le jeu de la mante religieuse est commun à tous les groupes que nous avons cités. Les montagnards, chez qui nous avons enquêté, ont aussi un insecte qui pète et fait rire. Ce n'est pas un méloé rouge comme chez les Mofu[30], mais un hétéroptère (*Odontopus sexpunctatus*).

Les noms locaux de ces insectes n'ont pas de racines communes étendues géographiquement. C'est, en premier lieu, l'usage alimentaire qui encourage l'échange et l'extension de ces racines, comme nous l'avons remarqué pour les plantes. Les usages médicinaux, par contraste, provoquent relativement peu d'échanges. Globalement, les racines communes des noms d'insectes sont plus fréquentes vers le sud des Monts du Mandara[31], le nord (KW, MR) se contentant souvent de termes génériques limités à une seule langue. Nous n'avons pas remarqué cette tendance pour les noms des plantes. La civilisation des insectes aurait-elle plus de réalité vers le sud, dont le climat se rapproche des climats tropicaux, du fait de l'abondance des insectes et de ce que l'insecte aurait pu être une denrée d'échange comme les fruits et les feuilles? L'extension de cette étude des racines permettrait peut-être de répondre. *A priori*, l'insecte n'intervenant pas dans la production d'outils, comme c'est le cas pour la plante, cette étude devrait avoir plus de difficultés à cerner des aires culturelles et des échanges.

REMERCIEMENTS

Les identifications des insectes ont été réalisées au Muséum National d'Histoire Naturelle de Paris. Je tiens à remercier notamment Messieurs Boulard, Donskoff, Girard, Menier, Perrin, Pluot, Pujol et Villiers.
Je remercie Jean-Michel Mignot de m'avoir permis d'accéder à une partie de sa documentation sur les Masa.

---

[29] Seignobos *et al.* (1996:153).
[30] Seignobos *et al.* (1996:154).
[31] L'exemple mofu le confirme.

RÉFÉRENCES BIBLIOGRAPHIQUES

COLOMBEL V. DE – 1997a, L'eau dans les monts du Mandara. *L'homme et l'eau dans le bassin du lac Tchad* (H. Jungraithmayr, D. Barreteau & U. Seibert, éds). Paris, ORSTOM, (Colloques et Séminaires), pp. 315-336.

– 1997b, *La langue ouldémé, Nord-Cameroun, précis de grammaire, texte, lexique.* Paris, Les Documents de Linguistique africaine 4, 340 p.

MALAISSE F. – 1997, *Se nourrir en forêt claire africaine. Approche écologique et nutritionnelle.* Gembloux, Les presses agronomiques de Gembloux, CTA, 384 p.

SEIGNOBOS C., J-P. DEGUINE & H-P. ABERLENC – 1996, Les Mofu et leurs insectes, *JATBA, Revue d'ethnobiologie* (Paris), pp. 125-188.

ÉTUDE ETHNOENTOMOLOGIQUE
CHEZ LES HÑÄHÑU DE "EL DEXTHI"
(vallée du Mezquital, État de Hidalgo, Mexique)

Elda Miriam ALDASORO MAYA

RÉSUMÉ

Étude ethnoentomologique chez les Hñähñu de "El Dexthi"
(vallée du Mezquital, État de Hidalgo, Mexique)

Les Hñähñu vivant dans la vallée de Mezquital (Hidalgo, Mexico), et en particulier les habitants du village d'El Dexthi, ont acquis un véritable savoir traditionnel sur leur environnement. Dans cet article, l'accent est mis sur leur relation avec les insectes qu'ils considèrent comme un élément très important de l'écosystème. À partir d'une observation participative et d'enquêtes semi-structurées, ont été relevées les dénominations des "insectes", la taxinomie traditionnelle, les usages et croyances les concernant.
La catégorie des *zu'ue* est constituée uniquement par des invertébrés et comprend diverses sous-catégories (61) qui correspondent à 14 Ordres, 50 familles et 58 genres de la classification linnéenne. Parmi ces catégories, 15 sont utilisées dans un but alimentaire, 9 dans un but médicinal et 3 dans un but ludique. La taxinomie traditionnelle des Hñähñu n'a pas un point de vue utilitaire. Elle répond à des intérêts d'ordre intellectuel et/ou émotionnel de la population et montre la remarquable connaissance des Hñähñu sur les "insectes".

ABSTRACT

Ethnoentomological study in the Hñähñu village "El Dexthi"
situated in the Mezquital Valley (Hidalgo, Mexico)

The Ethnic group of the Hñähñus in the valley of Mezquital (Hidalgo, Mexico), in particular the inhabitants of the El Dexthi community, has acquired an important Traditional Environmental Knowledge. In this article I particularly approach their relation with insects, as they recognize them as an important element in the ecosystem. "Insect" denominations, their traditional taxonomy, uses and beliefs were collected through participative observation and semi-structured inquiries.
The *zu'ue* category contains only invertebrates and comprises other traditional sub-categories (61) that correspond to 14 Orders, 50 families and 58 genera in the Linnaean classification. Of these categories, 15 are used as food, 9 are used as medicine, and three are used for play. Hñähñu's taxonomy does not have only a utilitarian viewpoint. It responds to the population's interests and shows the remarkable knowledge that the Hñähñu have of "insects".

Les insectes dans la tradition orale – Insects in oral literature and traditions
Élisabeth MOTTE-FLORAC & Jacqueline M. C. THOMAS, éds
2003, Paris-Louvain, Peeters-SELAF (Ethnosciences)

La biodiversité est particulièrement riche au Mexique et les populations indigènes qui y vivent la connaissent et en tirent le meilleur parti. L'une de ces populations, les Hñähñu de la vallée du Mezquital, a réussi à survivre dans des conditions défavorables grâce à une exploitation traditionnelle logique et fonctionnelle de son environnement (Arroyo 1995). Les Hñähñu se consacrent à la culture pluviale du maïs et du haricot, à l'élevage de chèvres et à l'obtention de fibres d'*Agave lechugilla* Torr. (Agavaceae) pour la fabrication de différents objets de nettoyage. Leur langue, le hñähñu, également connue sous le nom d'otomi (famille otomangue [1]), est parlée dans plusieurs états du Mexique central : États de Hidalgo, México, Puebla, Querétaro, Tlaxcala et Veracruz.

Les Hñähñu ont développé au cours des siècles une connaissance remarquable de leur environnement. La présente étude s'est fixé comme objectif de relever leur savoir traditionnel et, plus particulièrement, celui qui concerne les insectes [2] : dénominations, classification, utilisations, croyances... La recherche a été réalisée à El Dexthi, village du Municipio d'Ixmiquilpan dans la vallée du Mezquital, État de Hidalgo, au centre du Mexique. Le climat y est semi-sec [3] ; la végétation est un maquis (*matorral xerófito*).

Une enquête participante (Martin 1995) a été la principale méthodologie utilisée lors d'un travail de terrain qui a duré six mois au total (entre septembre 1997 et avril 1999). Des collectes d'insectes dirigées ont été organisées mensuellement et faites soit à la main, soit avec des filets à papillons ou des filets aériens, en compagnie de personnes de la communauté. Les insectes collectés ont été déterminés (Morón & Terrón 1988, Quiroz 1996) et une collection entomologique a été constituée pour servir de base à des enquêtes semi-structurées.

DÉNOMINATION ET CLASSIFICATION DES INSECTES

Dénomination des insectes

Pour transcrire les noms d'insectes et pour pouvoir comprendre la classification traditionnelle, nous avons bénéficié de l'appui de la *Academia de la lengua hñähñu* [4]. La transcription a été faite grâce à l'aide de linguistes, membres de cette "Académie de la langue hñähñu" et une recherche a également été réalisée

---

[1] Cette famille comprend six autres langues : pame du nord (État de San Luis Potosi), pame du sud (à la limite des États de San Luis Potosi et Querétaro), chichimeco-jonaz (État de Guanajuato), mazahua (États de Mexico et Michoacán), matlalzinca et tlahuica (État de México).

[2] Les insectes constituent le groupe d'organismes dominant sur terre. Leur surprenante capacité d'adaptation leur a permis d'être les organismes les plus performants de la planète (Borror *et al.* 1989; Llorente *et al.* 1996).

[3] Les précipitations annuelles sont de 450 mm et les températures moyennes oscillent entre 12,8°C et 21°C.

[4] Cette "Académie de la langue hñähñu" est localisée à Remedios, Ixmiquilpan (Hidalgo). L'équipe professorale est constituée de linguistes dont la langue maternelle est le hñähñu. Cette institution est rattachée au Ministère de l'Éducation Publique.

dans des dictionnaires (Bernal 1996, Patrimonio Indígena del Valle del Mezquital 1956). Le travail de terrain portant sur les dénominations vernaculaires a permis de relever 63 dénominations vernaculaires (Tableau 1) qui correspondent, selon la classification linnéenne, à 58 genres répartis en 50 familles et 14 ordres (Aldasoro 2000). L'ordre le mieux représenté est celui des Hymenoptera avec 18 dénominations, suivi par celui des Coleoptera (douze dénominations) et des Lepidoptera (dix dénominations). Dans le premier ordre, la présence de la famille des Formicidae (fourmis) est particulièrement notable avec huit dénominations vernaculaires correspondant à six genres, ce qui en fait la famille ayant, actuellement, le plus grand nombre d'espèces recensées.

Nom hñähñu	Nom espagnol	Insecte	Nom scientifique
a	pulga	puce	Ctenocephalides canis
bot'o xät'ä	cochinilla	cochenille	Dactylopius sp.
b'oxju	hormiga negra	fourmi	Pheidole sp.
dopyä	hecha pedos	ténébrionide	Eleodes sp.
etsi	arriera	fourmi-parasol	Atta cephalotes
e'tspoho	roda cacas	bousier	Canthon (Canthon) humectus
			Canthon (Canthon) hidalguensis
gäni	abejorro	bourdon	Xylocopa sp.
b'o gäni	jicote		
gäni domnxu	mayate de la calabaza	scarabée	Euphoria basalis
gege	bruja	asilide	Efferia sp.
			Promachus sp.
gi	grillo	grillon	Gryllidae spp.
gints'yo	chicharra	cigale	Proarna sp.
giu'e	mosca	mouche	Diptera spp. (5 espèces)
hangu	tixmada pequeno	scarabée	Anomala sp.
			Diplotaxis sp.
			Phyllophaga sp.
			Cotinis sp.1
it'fixi		fourmi	Camponotus sp.2
jo giu'e		tachinaire	Tachinidae spp.
kanga giu'e	mosca verde	mouche verte	Calliphoridae spp.
k'asti gäni	abejorro amarillo	bourdon	Pyrobombus sp.
			Bombus sp.
hoga sefi	abeja	abeille	Apis mellifera
kölmena	miel	miel	
k'oto	chapulin	criquet	Melanoplus sp.
			Schistocerca sp.
			Trimerotropis pallidipennis
			Taeniopoda sp.
kuet'a		papillon	Papilio sp.
makj	padrecito	lycide	Lycus carmelitus
			Lycostomus loripes
			Calopteron sp.
mithai		ichneumon	Agathophiona sp.
		pompile	Hemipepsis sp.
		guêpe	Ammophila sp.
mixi	gatito	papillon	Arctiidae sp.
moone		larve de charançon	Scyphophorus acupunctatus
njändo		papillon	Automeris sp.
nxumfu		mutille	Dasymutilla magnifica
n'zoló	gusano del elote	larve de papillon	Helicoverpa zea
pansefi		guêpe	Eumenidae sp.
pätä		mouche	Drosophila sp.

ra fani ra zithu	el caballo del diablo	phasme	Phasmatidae spp.
		mante religieuse	Mantidae spp.
ra xäju sarampion	hormiga del sarampión	mutille	Dasymutilla occidentalis
seda xäju	hormiga de seda	fourmi	Camponotus sp.3
sefi		philante	Philanthus sp.
sethu	avispa	guêpe	Polistes major
			Polistes mexicanus
t'afi xäju	vinitos	fourmi	Myrmecocystus mexicanus
t'ashi	chivito	sauterelle	Tettigoniidae sp.
	goat		
tengodo		syrphe	Syrphidae sp.
thengxäju	hormiga roja	fourmi	Pogonomyrmex sp.
thenk'ue	chinicuilli	larve de papillon	Cossus redtenbachi
	gusano rojo de maguey		
thenk'ue tha'mni	gusano del junquillo	larve de papillon	Castnia chelone
thet'ue	gusano blanco de maguey	larve de papillon	Aegiale hesperiaris
tixfani	borracho	réduve	Reduviidae sp.
tixmada		scarabée adulte	Strategus aloeus
t'o, bot'o	pioj	pou	Pediculus humanus capitis
t'o hai	yuyucito	fourmilion	Myrmeleontidae sp.
	piojo de tierra		
tok xoni		carabe	Calosoma peregrinator
			Calosoma sp.
tsate giu'e		mouche	Calliphoridae sp.
tsih'me	cucaracha	blatte	Periplaneta americana
			Blatella germanica
tsiza	gusano de los palos	longicorne	Placosternus erythropus
tumu	mariposa	papillon	Danaidae sp.
			Pyralidae sp.
			Papilionidae sp.
uest' a		larve de papillon	Lanifera cyclades
xäju	hormiga	fourmi	Formicidae spp. (8 espèces)
xäju ra sarampion		mutille	Dasymutilla occidentalis
xä'ue	tintarra, gusano de mesquite	punaise puante	Pachilis gigas
xägri	mayate	scarabée	Cotinis mutabilis var. obliqua
ximo zu'e	catarina, bochito	coccinelle	Coccinellidae sp.
xithä	dormilon	ténébrionide	Stenomorpha sp.
			Asida rugosissima
xo'zu	tijerilla	perce-oreille	Doru lineare
yuhi	escamol	fourmi	Liometopum apiculatum
y'utmixi		fourmi	Camponotus sp.1
zimu	bruja	asilide	Efferia sp.
			Promachus sp.
zidada	padrecito	lycide	Lycus carmelitus
			Lycostomus loripes
			Calopteron sp.
zoospi	palomilla	papillon	Noctuidae spp.
			Saturniidae spp.
	avioncito	libellule	Libellulidae spp.
	helicoptero		Coenagrionidae spp.
	chinche	punaise	Triatoma sp.
63 dénominations			

TABLEAU 1. *Dénomination des insectes en hñähñu*

On peut noter que, parmi les noms d'insectes utilisés en espagnol, certains sont d'origine nahua (Ramos-Elorduy & Pino 1989):

chapulin	"criquet *(Melanoplus* sp., *Schistocerca* sp., *Trimerotropis pallidipennis, Taeniopoda* sp.)"
chinicuilli	"larves du papillon *Cossus redtenbachi*"
jicote	"guêpe (*Xylocopa* spp.)"
escamol	"fourmi (*Liometopum apiculatum*)"

De tels emprunts ne se retrouvent pas en hñähñu. D'autres noms d'insectes sont mixtes, espagnol-hñähñu:

seda xäju
espagnol: *seda* "soie"; hñähñu: *xäju* "fourmi"
                  "fourmi (*Camponotus* sp.)"

xäju ra sarampion
hñähñu: *xäju* "fourmi"; espagnol: *sarampión* "rougeole"
                  "mutille (*Dasymutilla occidentalis*)"

D'autres encore sont directement empruntés à l'espagnol comme *kölmena* (espagnol: *colmena* "ruche") pour désigner le miel[5] d'abeille (*Apis mellifera*).

Une comparaison a été faite entre quelques noms d'insectes relevés il y a plusieurs siècles et les caractéristiques (caractéristiques physiques – couleurs, taille, forme –, habitat, comportement, utilisation)[6] que les Hñähñu actuels considèrent comme essentielles pour la détermination de ces espèces. Les quelques exemples étudiés montrent que ce sont les mêmes caractéristiques qui sont considérées comme importantes. D'autres fois, bien que les critères physiques (en particulier la forme) jouent un rôle important pour leur reconnaissance, ce sont d'autres particularités – comme le comportement et l'habitat – qui sont prédominantes et qui interviennent dans les noms. Les exemples suivants sont caractéristiques:

tsihme
tsi "manger". *me* "tortilla"
"mange *tortilla*[7]"
                  "blatte (*Periplaneta americana, Blatella germanica*)"

e'tspoho
et's "pousser". *poho* "caca"
"pousse caca"
                  "bousier (*Canthon humectus, C. hidalguensis*)"

tengodo
teni "rouge" *go* "lien". *do* "pierre"
"lien rouge de la pierre"
                  "syrphe (Syrphidae sp.)"

mithai
mit "creuser". *hai* "terre"
"qui creuse la terre"
                  "insecte volant (*Agathophiona* sp., *Hemipepsis* sp., *Ammophila* sp.)"

Classification traditionnelle des insectes

Tous les insectes appartiennent à la catégorie supérieure *zu'ue* qui regroupe les invertébrés. La classification traditionnelle ne semble pas faire apparaître des niveaux hiérarchiques nombreux et bien définis. Cependant, quatre "groupes

---

[5] Le miel porte toujours le même nom, quelle que soit la plante à partir de laquelle il a été essentiellement produit.

[6] Ces caractéristiques ont été déterminées à partir d'interviews non orientées; les informations ont été récoltées au gré de la conversation.

[7] Galette de maïs.

taxinomiques" émergent, le premier appartenant à l'ordre des Diptera et les trois autres à celui des Hymenoptera (Aldasoro 2000):

– *giu'e* "mouches" avec cinq espèces vernaculaires: *giu'e, tsate giu'e, jo giu'e, kanga giu'e, pä'tä*;

– *xäju* "fourmis" avec huit espèces vernaculaires: *thengxäju, yuhi, etsi, t'afi xäju, y'utmixi, it'fixi, seda xäju;*

– *sefi* "abeilles" avec trois espèces vernaculaires: *sefi, hoga sefi, pansefi*;

– *gäni* "bourdons" avec trois espèces vernaculaires: *b'o gäni, k'asti gäni, gä ni domnxu.*

Il semble donc que ces quatre groupes d'insectes, les mieux connus, bénéficient d'une nomenclature hiérarchique et que, pour les insectes moins bien connus, soient utilisés des genres monotypiques (Hunn & French 1984).

UTILISATION TRADITIONNELLE DES INSECTES

Les insectes comestibles

Les Hñähñu consomment quinze espèces vernaculaires d'insectes (Tableau 2). Il convient de signaler que parmi les espèces comestibles on a relevé des espèces non encore mentionnées au Mexique, comme la larve du papillon *Castnia chelone* et le scarabée adulte *Strategus aloeus*. D'autres espèces comme la fourmi *Atta cephalotes,* ont été décrites au Mexique (Ramos-Elorduy 1991) mais pas dans l'État de Hidalgo.

Nom hñähñu	Stade de consommation ou produit consommé	Insecte	Nom scientifique
gints'yo	adultes	grillon	*Proarna* sp.
xä'ue	nymphes, adultes	punaise puante	*Pachilis gigas*
moone	larves	charançon	*Scyphophorus acupunctatus*
tixmada	adultes	scarabée	*Strategus aloeus*
thenk'ue tha'mni	larves	papillon	*Castnia chelone*
thenk'ue	larves	papillon	*Cossus redtenbachi*
thet'ue	larves	papillon	*Aegiale hesperiaris*
n'zoló	larves	papillon	*Helicoverpa zea*
uest'a	larves	papillon	*Lanifera cyclades*
kölmena	miel	abeille	*Apis mellifera*
pansefi	miel et rayons	guêpe	*Eumenidae* sp.
e'tsi	adultes et reproducteurs	fourmi	*Atta cephalotes*
yuhi	œufs, larves, pupes	fourmi	*Liometopum apiculatum*
t'afi xäju	miel	fourmi à miel	*Myrmecocystus mexicanus*
sefi	miel et rayons	philante	*Philanthus* sp.

Tableau 2. *Insectes consommés par les Hñähñu*

Les insectes médicinaux

Divers insectes sont utilisés à des fins médicinales (Tableau 3).

- Le criquet *k'oto* est utilisé quand les jeunes enfants veulent accélérer l'apparition de leurs dents définitives. Ils introduisent l'animal vivant dans leur bouche et le posent sur la gencive quelques instants.
- Dans les cas de taches claires de la peau, la cochenille *b'oto xät'ä* (*Dactylopius* sp.) est collectée avec soin et écrasée sur les zones dépigmentées pour permettre leur repigmentation.
- Pour soigner un rhume, le bousier *e'tspoho* est bouilli et l'eau de cuisson est bue; d'autres fois, c'est le ténébrionide *dopyä* qui est utilisé. Selon les Hñähñu, c'est la forte odeur de l'eau de cuisson qui confère au remède son efficacité.
- Le coléoptère *xithä* est utilisé contre l'insomnie des jeunes enfants. On le glisse sous les bébés qui ont des difficultés à dormir.
- Le miel de la fourmi à miel *t'afi xäju* est considéré comme un produit efficace pour soigner différents problèmes de santé comme les maux de tête, les maux de ventre ou encore la fatigue.
- La piqûre de la fourmi *theng xäju* est utilisée pour traiter les rhumatismes, tout comme celle de la guêpe *sethu* et celle de la fourmi *t'afi xäju*; cette dernière est également considérée comme efficace dans les cas de "douleurs". Les fourmis sont conservées dans un bocal rempli d'alcool pendant au moins une semaine, et cet alcool est ensuite passé sur la zone douloureuse.
- Les Hñähñu pensent que si un enfant souffre de rougeole, on doit déposer un mutille *ra xäju sarampion* mort à proximité de son lit ou l'accrocher à son cou. Ainsi une infection plus importante sera évitée. Les taches (papules) resteront rouges au lieu de virer au blanc (à cause de la présence de pus).

Syndromes soignés	Nom hñähñu	Insecte	Nom scientifique
retard dans l'apparition des dents définitives	*k'oto*	grillon	*Melanoplus* sp., *Schistocerca* sp., *Trimerotropis pallidipennis*, *Taeniopoda* sp.
coqueluche	*e'tspoho*	scarabée	*Canthon humectus* *Canthon hidalguensis*
congestion des voies respiratoires	*dopyä*	ténébrionide	*Eleodes* sp.
taches sur la peau	*bot'o xät'ä*	cochenille	*Dactylopius* sp.
rougeole	*ra xäju sarampion*	mutille	*Dasymutilla occidentalis*
insomnie	*xithä*	coléoptère	*Stenomorpha* sp. *Asida rugosissima*
douleurs diverses	*t'afi xäju*	fourmi	*Mymercocystus mexicanus*
rhumatismes	*thengxäju*	fourmi	*Pogonomyrmex* sp.
rhumatismes	*sethu*	guêpe	*Polistes major* *Polistes mexicanus*

TABLEAU 3. *Insectes médicinaux utilisés par les Hñähñu*

À l'opposé, le grillon *gi* (Gryllidae sp.) est utilisé pour empoisonner. De couleur noire, il est considéré comme maléfique. Une fois sec et réduit en poudre, il est mélangé à la nourriture de la victime.

Autres utilisations des insectes

Les insectes sont également mis à profit dans des registres très divers comme l'agriculture (la terre des fourmilières de la fourmi-parasol *etsi* (*Atta cephalotes*) sert d'engrais) et les jeux. Quelques espèces sont utilisées comme insectes d'agrément par les enfants. Ces activités ludiques sont importantes pour ces derniers, dans la mesure où elles constituent le début de leur apprentissage au monde des insectes et à l'environnement.

– Ainsi, les enfants aiment ramasser le fourmilion *t'o hai* (Myrmeleontidae sp.) et le mettre dans leur main avec du sable. Ils prennent plaisir à regarder l'insecte s'enfouir progressivement.

– Le scarabée *xägri* (*Cotinis mutabilis* var. *obliqua*) est accroché à une ficelle et les enfants l'incitent à s'envoler.

– La coccinelle *ximo zu'e ximo zu'e* (Coccinellidae sp.) est simplement ramassée et observée; les enfants ne se lassent pas de la regarder.

– Le vol particulier du syrphe *tengodo* (Syrphidae sp.) a pour but la protection de son territoire; il s'attaque à quiconque tente de le pénétrer. Les enfants s'amusent donc à jeter des pierres que l'insecte confond avec d'autres animaux. L'insecte suit donc la pierre avant de revenir sur son territoire, donnant ainsi aux enfants l'impression qu'il aime jouer.

INSECTES, CROYANCES ET COMPORTEMENTS

Quelques espèces d'insectes font l'objet de croyances. Ainsi, les Hñähñu disent à propos du réduve *tixfani* (Reduviidae sp.) que :

« Si se te acerca te emborrachas.» (S'il s'approche de toi, tu deviens saoul.)

ou encore, à propos des hyménoptères, que :

« Si te pican te haces de carácter más fuerte.» (S'ils te piquent, ton caractère devient plus fort.)

Les rayons du nid de la guêpe *pansefi* (Eumenidae sp.) sont utilisés pour porter chance. Quand des gens s'apprêtent a émigrer illégalement aux États-Unis, ils brûlent une ruche dans une pièce. Le futur émigré s'imprègne de la fumée qui envahit alors la pièce et est censée favoriser son passage. Il peut aussi emporter un morceau de ruche dans ses bagages.

Pour insulter quelqu'un, on fait référence aux phasmes et aux mantes religieuses, qui sont appelés *ra fani ra zithu*. La traduction littérale de cette dénomination est "le cheval de l'enfer"; les gens l'utilisent en remplaçant le mot "enfer" par le nom de l'individu visé.

Les espèces concernées par ces croyances nous laissent entrevoir combien la relation homme-insecte est complexe et montrent la valeur symbolique accordée à certaines d'entre elles.

CONCLUSION

Les Hñähñu connaissent bien un grand nombre d'espèces d'insectes, leur cycle de vie (*gyntsio, xä'ue*), leur comportement (*mithai*), leur habitat (*t'ashi*), la façon dont ils peuvent en tirer profit, etc. Ce savoir se reflète dans une nomenclature traditionnelle qui traduit non seulement les intérêts utilitaires mais également les rapports que l'homme entretient avec eux, comme le nom de "compagnie" (*tengodo*) donné au syrphe (Syrphidae sp.).

On constate malheureusement que ces connaissances traditionnelles – et les pratiques qui s'y rapportent comme l'entomophagie et l'entomothérapie – sont en voie de disparition en raison des changements politiques, économiques, sociaux et culturels, auxquels la communauté est confrontée[8]. Il serait souhaitable non seulement que ces savoirs ne disparaissent pas mais, plus encore, qu'ils soient mis à profit pour contribuer à l'amélioration de la gestion des ressources naturelles.

Ce travail se veut une contribution à la conservation du patrimoine culturel des Hñähñu et, au-delà, souhaite encourager une prise de conscience de la richesse que constituent les ressources naturelles locales.

REMERCIEMENTS

A los pobladores de la comunidad El Dexthi, Estado de Hidalgo (México), por compartir conmigo su valioso conocimiento.

Al Programa de Apoyo a las Culturas Municipales y Comunitarias del Estado de Hidalgo (PACMYC) y al Fondo Estatal para la Cultura y las Artes del estado de Hidalgo (FOECAH) por el apoyo financiero.

Al Dr. Rafael Lira Saade y a la Biol. Ana Lilia Muñoz por la asesoría brindada, y a la Dra Julieta Ramos Elorduy por su invaluable participación.

À Élisabeth Motte-Florac et Richard Florac pour la révision de mon texte et sa traduction en français.

RÉFÉRENCES BIBLIOGRAPHIQUES

ALDASORO MAYA E. M. – 2000, *Etnoentomología de la comunidad Hñähñu el Dexthi San Juanico, Estado de Hidalgo*. Tesis de Licenciatura en Biología. UNAM *Campus* Iztacala. Tlalnepantla, Estado de México, 125 p.

ARROYO M. A. – 1995, *Los grupos indígenas en el Estado de Hidalgo*. México, Consejo Estatal para la Cultura y las Artes de Hidalgo, Cuadernos Hidalguenses No.3, 70 p.

BERNAL P. F. – 1996, D*iccionario Espanol- Hñähñu, Hñähñu-Espanol*. México, s.l., 75 p.

BORROR D. J., C. H. TRIFPLEHORN & N. JOHNSON – 1989[6], *An Introduction to the study of Insects*. Saunders (USA), Saunders College Publishing, 875 p.

HUNN E. & D. FRENCH – 1984, Alternatives to Taxonomic Hierarchy: The Sahaptin case, *Journal of Ethnobiology* 4(1):73-92.

---

[5] Les difficultés économiques poussent une grande partie de la population locale à émigrer vers les États-Unis (Lopez *et al.* 1997).

LLORENTE B. J., A. GARCÍA & E. GONZÁLEZ – 1996, *Biodiversidad, taxonomía y la biogeografía de Artrópodos de México: Hacia una síntesis de su conocimiento.* México, Instituto de Biología de la Universidad Nacional Autónoma de México, 676 p.

LÓPEZ G. F., D. MUÑOZ, A. SOLER & M. HERNÁNDEZ – 1997, *Programa de Manejo Integral de Recursos, Restauración y Conservación de Suelos en el Dexthi, Alto Mezquital, Hgo. (Centro Piloto).* Laboratorio de Edafología. Unidad Biotecnología y Prototipos. Universidad Nacional Autónoma de México *Campus* Iztacala, Tlalnepantla (Edo. de México), 80 p.

MARTIN G. J. – 1995, *Ethnobotany. People and plants Conservation, Manual 1.* London, World Wild Fundation International/UNESCO/Royal Gardens/Chapman & Hall, 280 p.

MORÓN M. A. & R. TERRÓN – 1988, *Entomología Práctica.* México, Instituto de Ecología, 502 p.

PATRIMONIO INDIGENA DEL VALLE DEL MEZQUITAL – 1956, *Diccionario Castellano-Otomi; Otomi-Castellano.* México, Ixmiquilpan, 86 p.

QUIROZ R. L. N. & G. J. E. VALENZUELA – 1996, Contribución al conocimiento de la mirmecofauna del Estado de Hidalgo, México. (Hymenóptera: Formicidae), *Investigaciones recientes sobre Flora y Fauna del Estado de Hidalgo* (Villavicencio & Marmolejo, eds), México, Universidad Autónoma de Hidalgo, 150 p.

RAMOS-ELORDUY J. – 1991[3], *Los insectos como fuente de proteínas en el futuro.* México, Limusa, 148 p.

RAMOS-ELORDUY J. & J. M. PINO MORENO – 1989, *Los insectos comestibles en el México antiguo. Estudio Etnoentomológico.* México, AGT. Editor, 148 p.

LES FOURMIS DANS LA CONCEPTION
DES GBAYA DE CENTRAFRIQUE

Paulette ROULON-DOKO

RÉSUMÉ

Les fourmis dans la conception des Gbaya de Centrafrique

Au sein des insectes que les Gbaya désignent par le terme kókóɗó-mɔ̀ (invertébrés), les fourmis forment un groupe qui n'a pas de désignation générique. Je présente dans un premier temps la nomenclature des fourmis en soulignant les spécificités de sa structuration par rapport à celles des autres familles d'invertébrés identifiées par les locuteurs. Puis, j'indique les usages que les Gbaya font des fourmis et enfin je m'intéresse à leur valeur symbolique et à leur rôle dans l'imaginaire des contes.

ABSTRACT

Ants as conceived by the Gbaya of Central Africa

Among the insects that Gbaya call kókóɗó-mɔ̀ (invertebrates), ants form a group which has no generic denomination. I will begin by presenting the nomenclature of ants, underlining its structural specificity which contrasts with that of the other families of invertebrates identified by native speakers. Then, I will describe how the Gbaya use ants and lastly I will discuss their symbolic value and role in tales.

Les Gbaya 'bodoe sont une population de chasseurs cueilleurs cultivateurs qui vivent dans une savane arbustive au nord-ouest de la République Centrafricaine. Au sein des formes de vie qu'ils distinguent, ils situent les insectes juste après la terre et les plantes qui ne sont que des choses, et avant les animaux qui respirent, les caractérisant comme "ce qui bouge" né mɔ̀ nè fɔ́ tè fòó (être / chose / qui / *Inac*+bouger / corps / *énonciatif*). Ils divisent ainsi le monde animal pour lequel il n'y a aucun terme générique, en deux ensembles bien distincts, les "invertébrés"[1]

---

[1] Sous ce terme sont regroupés des arthropodes mais aussi des mollusques : la limace et l'escargot. J'ai retenu ce terme "d'invertébré" en français car les Gbaya précisent qu'ils n'ont ni os ni chair, seulement de la graisse.

Les insectes dans la tradition orale – Insects in oral literature and traditions
Élisabeth MOTTE-FLORAC & Jacqueline M. C. THOMAS, éds
2003, Paris-Louvain, Peeters-SELAF (Ethnosciences)

kókóɗó-mɔ̀ et les "vertébrés" sàɗì, d'une importance comparable puisqu'ils
identifient pour chacun d'entre eux respectivement 244 et 288 espèces différentes ayant chacune un nom.

Comme pour les vertébrés, il existe pour les invertébrés des désignations originales pour désigner un individu particulier dans un groupe donné. Ainsi, pour
les termites, il existe des termes permettant de désigner un "soldat" zémè, un
"petit soldat" nàà-dáɗɔ́, une "ouvrière" nàá-tṳ̀-wílí, un "reproducteur" wí-dòè,
une "reine" wǎn dòè, etc.; pour les grillons on distingue les "très gros"
gbàdíngò, les "femelles" nàá-yɔ̀ɔ̀-bà, les "mâles" kòtòrò et les "petits mâles" yàá-ngò-ɗɛ̌rɛ̀. Les "sauterelles immatures" sont appelées nàá-ɓɔ̀yɔ̀-dòè et
"celles encore toutes molles" gà̤ì-zɔ̀lɔ́à; les plus "gros individus" des abeilles
comme des mélipones reçoivent un nom propre, respectivement gbàvṳ̀vṳ̀ et
ndìrì, etc. Toutes ces dénominations n'ont pas été retenues dans la nomenclature
des différentes espèces.

Les Gbaya organisent ces invertébrés en treize familles dont cinq d'entre elles
seulement ont une désignation générique (Tableau 1). On a ainsi:

F1		Iules et mille-pattes	7	F8	ngóló	"Punaises"	11
F2		Scorpions et perce-oreille	6	F9		Fourmis	14
F3	dòè	"Termites"	17	F10		Araignées	3
F4	dɔ̀k	"Chenilles-larves"	82	F11		Mouches et guêpes	25
F5	kálé	"Coléoptères"	27	F12		Parasites de l'homme	10
F6	dɔ́yà	"Sauterelles et criquets"	30	F13		Isolés[2]	4
F7		Grillons, cigales et cicadelles	8			Soit au total 244 espèces	

TABLEAU 1. *Les "Invertébrés"* kókóɗó-mɔ̀

Ces termes génériques permettent de désigner n'importe quelle espèce de la
famille et peuvent de plus être utilisés comme élément de composition pour la
désignation de certaines espèces, mais de façon assez limitée.

De tels composés, ainsi que ceux qui utilisent des termes à valeur sous-
générique, tel l'élément nàà-sísɛ̀ɛ̀ "longicorne" qui apparaît dans deux noms de
coléoptères par exemple, apportent une information classificatoire. Je les spécifie comme des *composés à indice classificatoire*. Par contre, les composés qui
utilisent des termes n'ayant pas de valeur générique comme, par exemple,
zɔ̀ɓì-dà̤ì (à sucer / plaie) littéralement "la suceuse de plaie" qui désigne une fourmi,
ou ceux qui comportent l'élément gbà "grand"[3], ou les termes nàà "mère" et yàà
"grand-mère" rendus dans le mot à mot par "celle / celui qui…"[4], comme support de base à la composition, n'apportent aucune information classificatoire.
D'une manière générale, j'ai constaté qu'au sein d'un ensemble donné, plus le
nombre des composés augmente, plus la part des composés à indice classifica

---

[2] Ce sont les papillons, les libellules, les escargots et les sangsues.

[3] Ce terme ne se trouve plus de façon isolée, mais figure dans des composés.

[4] Dans cet emploi, il s'agit d'éléments neutres, totalement démotivés par rapport à leur sens premier
– absence de valeur sexuée –, comme j'ai pu le démontrer (Roulon-Doko 1997:349-351).

Nature des termes (T)		Nbre T[1]	T simples	T composés	T composés à partir des éléments suivants :						% de	dont
Famille	"invertébrés" kókódó-mɔ̀				+ TG	+ SG	+ nàà	+ yáà	+ gbà	divers	TC	TG / SG
F1	Iules et mille-pattes	7	1	6	0	4	1	0	1	1	86	> ¼
F2	Scorpions et perce-oreille	8	2	6	0	3	1	0	0	2	75	½
F3	"Termites" dòè	17	10	7	5	0	0	0	0	2	42	≤ ¾
F4	"Chenilles et larves" dɔ̀k	81	13	68	37	3	20	1	2	4	84	≤ ½
F5	"Coléoptères" kálé	27	6	21	9	2	8	0	0	2	78	½
F6	"Sauterelles et criquets" dɔ́yà	30	3	27	4	0	18 [2]	4	1	4	90	15%
F7	Grillons, cigales et cicadelles	8	4	4	0	0	3	0	0	1	55	
F8	"Punaises" ngóló	11	0	11	8	0	2	0	0	1	100	≤ ¾
F9	Fourmis	14	10	4	0	0	0	1	2	1	27	
F10	Araignées	3	0	3	0	0	2	0	0	1	100	
F11	Mouches et guêpes	25	12	13	0	6 [3]	0	0	1	6	52	≤ ½
F12	Parasites de l'homme	11	7	4	1	1	0	0	0	1	36	½
F13	Isolés [4]	4	4	0	0	0	0	0	0	0	0	

Légende : Nbr = nombre ; T = termes ; TC = terme composé ; TG = terme générique ; SG = terme sous-générique.

TABLEAU 2. *L'organisation de la composition dans la nomenclature des invertébrés*

[1] Le nombre de termes retenus peut être différent du nombre d'espèces définies, ainsi une chenille et une larve portent le même nom, et le perce-oreille a, lui, trois appellations pour le désigner.
[2] Dont trois utilisent une forme figée du Terme Générique dɔ̀è, de même qu'un des composés formé sur yáà, et déjà décompté à ce titre dans les Termes Sous-Génériques.
[3] Il s'agit des termes "mouche" zɨ́ et "guêpe" dénê.
[4] Ce sont les papillons, les libellules, les escargots et les sangsues.

toire est importante, ce qui va de pair avec une vision des locuteurs plus immédiatement classificatoire.

Le tableau 2 recense ces différents éléments et fait ressortir le rôle des termes génériques, pour les cinq familles qui en possèdent, et celui des termes sous-génériques pour celles qui en ont. Pour les autres, la nomenclature n'apporte aucune piste et seul le discours des locuteurs permet de saisir les regroupements qu'ils effectuent. De ce point de vue, la famille des punaises avec 100% de termes composés dont les trois-quarts utilisent le terme générique "punaise" ngóló, est caractéristique d'une vision immédiatement classificatoire des locuteurs qui d'ailleurs pose un problème au moment de l'établissement de cette nomenclature. En effet, tout locuteur identifiant la punaise type, peut attribuer à n'importe quelle punaise un nom, en faisant suivre le terme générique du nom de la plante sur laquelle il vient de la ramasser, accroissant considérablement cette nomenclature. Il convient alors d'isoler ladite punaise et de la présenter à un autre locuteur pour constater que celui-ci est incapable de l'identifier au-delà du terme générique. De ce fait je n'ai retenu comme noms d'espèces que les huit noms composés [ngóló + plante] pour lesquels l'identification hors situation de récolte reste invariable.

À l'inverse, les familles qui n'ont ni terme générique, ni terme sous-générique –à savoir les familles F7, F9, F10 et F13– manifestent une perception des locuteurs plus individualisée, identifiant l'individu sans avoir recours à un individu type[5]. C'est le cas des fourmis que je vais traiter maintenant.

LES NOMS DES FOURMIS

Quatorze espèces différentes de la famille des Formicidae sont distinguées et nommées. Je les présente selon l'ordre phonologique, attribuant à chacune un numéro d'ordre. Certains exemplaires récoltés sur le terrain ont pu être déterminés et j'en donne alors la ou les déterminations[6]. Il y a quatre termes composés et un seul des termes simples est motivé. J'explicite pour ces cinq termes ce qui fonde leur motivation.

1. bérà	"fourmi sp. (*Pachycondyla* sp.)" (HPA)
	"fourmi puante (*Pachycondyla tarsata*)" (HPA)
	fourmi noire de 10 à 17 mm de long
2. mìì	"petite fourmi noire sp."
3. mùtừì	"fourmi rouge sp."

---

[5] De façon globale, les invertébrés ont, pour la plupart, largement plus de la moitié de leurs termes composés (70% en moyenne), alors que la tendance est inverse pour les vertébrés (46% en moyenne).
[6] HPA signale une détermination effectuée par M. H.-P. Aberlenc du CIRAD de Montpellier et JCW une détermination effectuée par Mme J. Casevitz-Weulersse du Muséum National d'Histoire Naturelle de Paris.

4. tóì
/ [< V toi] porter sur la tête /
  la "porte-fardeau"

"fourmi sp."

elle engrange des grains de sésame qu'elle sort plusieurs fois de la fourmilière pour les exposer au soleil afin de les conserver bien secs

5. dìɲá

"fourmi rouge du manguier"

6. zɔ́ɓì-dàì̀
/ à sucer / plaie /
  la "suceuse de plaie"

"fourmi sp. (*Polyrhachis* sp.)" (HPA)

cette fourmi vient volontiers s'installer là où on a une plaie, au pied par exemple

7. ɲàɲúù

"fourmi sp."

8. yàá-gèsá
/ grand-mère+*D* / [> gìsó] éternuement /
  "celle qui fait éternuer"

"fourmi sp."

la morsure de cette fourmi fait éternuer et provoque un mal de tête très violent

9. háyà
háyà tɛ́ ʔètè-ʔètè /~ / *Inac*+venir / d'un même pas /
  "elles vont d'un même pas"

"fourmi légionnaire sp."

elles se déplacent en colonne

10. hòyó

"fourmi à sucre (*Camponotus maculatus*)" (JCW)
fourmi noire de 11 à 15 mm de long
elle raffole du sucre

11. gbìà

"fourmi magnan (Dorylinae sp.)"
sa voracité est extrême

12. gbàmìí-sɔ̀
/ grand-fourmi *sp.*+*D* / immortel /
  la "fourmi des immortels"

"fourmi sp."

les locuteurs ne peuvent plus expliquer cette qualification

13. gbàgùɲá
/ grand-puanteur /
  littéralement la "puante", qu'on appelle en français local "fourmi-cadavre"

"fourmi puante (*Pachycondyla tarsata* = *Paltothyreus tarsatus*)" (JCW)
grande fourmi noire de 17 à 25 mm de long.

14. ngòɓò

"fourmi à sucre (*Camponotus* sp.)" (JCW)
petite fourmi noire de 7 à 10 mm de long
elle donne son nom au parasite qui cause aux femmes enceintes une maladie les faisant avorter, car ce dernier lui ressemblerait beaucoup [7].

GROUPEMENTS ET CLASSIFICATIONS

Aucun terme générique ne permet de désigner cet ensemble comme tel. La perception des locuteurs est directe, appréhendant chaque espèce dans son individualité ou sa spécificité souvent reprise sur le plan symbolique.

Le terme mìì qui désigne une espèce particulière (2) n'a pas de valeur générique bien qu'on le retrouve dans la formation du composé gbàmìí-sɔ̀ (12) la "fourmi des immortels". Par contre, le terme gbàmìì (grand-fourmi *sp.*) qui permet de regrouper cinq de ces fourmis, à savoir la fourmi mìì, la "porte-fardeau" tóì, la "suceuse de plaie" zɔ́ɓì-dàì̀, "celle qui fait éternuer" yàá-gèsá et la "fourmi des immortels" gbàmìí-sɔ̀, a, lui, un emploi sous-générique qui ne peut jamais s'appliquer aux neuf autres fourmis et que je traduis par commodité par

---

[7] C'est le nom du parasite qui est motivé, le nom de la fourmi étant, lui, la référence de base.

"fourmi"[8]. Je n'ai pas retenu la valeur sous-générique de ce terme dans le tableau 1 car il ne joue pas ce rôle au niveau de la nomenclature.

Les Gbaya connaissent l'existence des fourmilières pour lesquelles ils n'ont pas un terme spécifique comme c'est le cas pour les "termitières" appelées génériquement zìtɔ̰. Cependant ils distinguent plusieurs types de constructions qu'ils caractérisent ainsi :

‣ Les constructions souterraines qui sont creusées le plus souvent dans le sol qu'ils appellent "leur trou" kɔ̰́à̰ (trou+D+cela). Seule *Camponotus maculatus* hòyó creuse son nid indifféremment dans le sol ou dans un tronc d'arbre.

‣ Les constructions aériennes qui sont façonnées le long du tronc d'un arbre qu'ils appellent "leurs déjections" sɔ́ɔ́à̰ (déjection+D+cela).

‣ La construction que façonne la "fourmi rouge du manguier" dìɲá sur les feuilles du manguier et qu'ils qualifient de "maison" tùà.

Toutes les fourmis "piquent" ɲɔŋ (manger). Elles pincent désagréablement comme l'indique l'emploi de l'adverbe-adjectif ngòt "qui pince" :

bérà ɲɔ̀ŋám ngòt	« La grosse fourmi noire m'a pincé fort »
/ fourmi *sp.* / *Acc*[9]+manger+D+moi / qui pince /	
háyà ɲɔ̀ŋám ngót-ngò-ngót[10]	« Les fourmis légionnaires me pincent partout »
/ fourmi *sp.* / *Acc*+manger+D+moi / qui pince /	

Seule la piqûre de quatre d'entre elles est vraiment redoutée, car elles ont du "venin" màadà̰ (à couler / principe nocif) qui rend leur piqûre comparable à celle des guêpes comme l'indique bien l'emploi de l'adverbe-adjectif dàṵ̀ "très douloureux" qui est également utilisé pour les piqûres de guêpe :

gbàmìí-sɔ̰̀ ɲɔ̀ŋám dàṵ̀	« La fourmi des immortels m'a piqué, [c'est]
/ fourmi *sp.*/ *Acc*+manger+D+moi /très douloureux/	très douloureux »

Il s'agit de *Pachycondyla* sp. bérà, de "celle qui fait éternuer" yàá-gèsá dont le nom même souligne la forte réaction que sa piqûre provoque, de la "fourmi des immortels" gbàmìí-sɔ̰̀ et de la "fourmi-cadavre" gbàgṵ̀ɲá.

Le tableau 3 récapitule les divers points de vue des locuteurs qui, à l'exception du regroupement sous le terme sous-générique de "fourmis", ne donnent pas lieu à des regroupements lexicalement dénommés même s'ils sont bien conceptuellement pensés.

---

[8] L'utilisation du terme fourmi, sans guillemets, renvoie au groupe dans sa totalité tandis que celui de "fourmi" correspond au seul groupe des gbàmìì.

[9] Dans le mot à mot : *Acc* = accompli, *Inac* = inaccompli, *I* = infinitif, *D* = déterminatif tonal.

[10] D'une façon générale, les adverbes-adjectifs permettent de telles variations qui modulent le sens du terme selon le nombre des participants ou la force du geste (Roulon 1983 et sous-presse).

Espèces de fourmis	Sous-groupe des gbàmìì "fourmis"	Types de constructions				Piqûre venin
		kɔ́à "leur trou" sol	tronc	sɔ́ɔ́à "leur déjection"	tùà "maison"	
1. bérà		x				+
2. mìì	x			sur tronc d'arbre		–
3. mùtṵ̀ì		x				–
4. tóì	x	x				–
5. dìɲá					x	–
6. zɔ́ɓì-dàì	x	x				–
7. ɲàɲúù				sur tronc d'arbre		–
8. yàá-gèsá	x			sur tronc d'arbre		+
9. háyà		x				–
10. hòyó		x	x			–
11. gbìà		x				–
12. gbàmìí-sɔ̀		x				+
13. gbàgùɲá		x				+
14. ngòɓò		x				–

TABLEAU 3. *Points de vue des locuteurs*

LA CONSOMMATION DE FOURMIS

Au sein des invertébrés identifiés, 40% ne sont pas considérés comme co-mestibles. Il s'agit principalement des 55 espèces des familles F1, F2, F10, F11, F12 et F13, de 66% des fourmis (F9) et des punaises (F8), et de moins de 20% des autres familles. Les 60% d'espèces comestibles regroupent surtout des termites (F3), des chenilles et des larves (F4), des coléoptères (F5), des sauterelles et des criquets (F6), des grillons (F7), qui représentent un apport important et régulier de nourriture tout au long de l'année. Quant aux punaises (F8) et aux fourmis (F9), c'est surtout en tant que condiment qu'elles jouent un rôle dans l'alimentation.

Un condiment

C'est le cas des fourmis ɲàɲúù (7) que, tout au long de l'année, les femmes peuvent utiliser comme condiment pour un plat de feuilles de manioc ou un plat de gluant.

Ayant repéré sur un tronc d'arbre, à une hauteur accessible, une "fourmilière de ces fourmis" sɔ́ɔ́ ɲàɲúù (déjection + *D* / fourmi sp.) la femme pratique de la façon suivante :

ʔà tók sɔ́ɔ́à há̰ wà gbó zân,   « Elle perce la fourmilière afin de les faire
// elle / Inac+percer / déjection+D+cela / pour que /   sortir,
elles / Inac+sortir / dehors //

ʔèé ʔą̀ mbíí wà ʔá kɔ́ tòè.
// puis+D / elle / Inac+balayer / elles / I.acc+jeter /
intérieur+D / assiette //

puis elle les balaie dans un récipient»

Elle utilise pour ce faire un balai de feuilles confectionné sur place qu'elle jettera ensuite. Le lendemain d'une telle opération, la fourmilière a été parfaitement reconstituée et il ne reste pas de trace de l'activité humaine. Une même fourmilière reste active pendant près de cinq à six ans.

La poignée de fourmis récoltée est rapportée au village puis écrasée sur la meule dormante produisant l'équivalent d'une cuillerée à soupe d'une pâte qui sera ajoutée au cœur des feuilles de manioc, juste après qu'elles ont été retournées, ou à l'eau salée et pimentée dans laquelle sera battu le gluant.

Une nourriture d'enfants

Ce sont les œufs de deux fourmis, bérà (1) et mùtṳ̀ṳ̀ (3), qui sont recherchés par les enfants pour être consommés. Cette récolte a lieu pendant le mois de mai, en saison des pluies.

Les œufs des fourmis bérà

Ces fourmis ont l'habitude de sortir leurs œufs à l'extérieur de la fourmilière pour les exposer au soleil. Les enfants profitent de cette exposition des œufs pour s'en emparer. Ils les mangent crus :

wà ɲɔ́ŋ hą́ má ʔá kò núwà,
// ils / Inac+manger / pour que / Inac+éclater /
I.acc+jeter / intérieur+D / bouche+D+eux //

« Ils les mangent en les faisant éclater dans leur bouche,

ʔèé wà fṳ́ṳ́ fò-ɓòlóà ʔá nù.
// puis+D / ils / Inac+cracher / enveloppe
vidée+D+cela / I.acc+jeter / à terre //

puis ils recrachent l'enveloppe qui les entourait »

Les œufs des fourmis mùtṳ̀ṳ̀

Lorsque les enfants ont repéré une fourmilière de ces fourmis, ils la creusent jusqu'à atteindre la cavité centrale où sont rassemblés les œufs :

wà dṳ́ ʔá kɔ́ tòè
// ils / Inac+puiser / I.acc+jeter / intérieur+D / assiette //

« Ils les puisent puis les mettent dans un récipient »

qu'ils rapportent au village où ils les feront cuire dans de l'eau avant de les manger.

UTILISATION MÉDICINALE DES FOURMIS DU MANGUIER

Lorsqu'on est atteint de la maladie zéé-ngòè qui désigne un mal de gorge empêchant d'avaler sa salive à cause des multiples petites vésicules qui couvrent le fond de la gorge, on prépare le remède suivant :

On pile la moelle d'un *Costus albus* A. Chev. ex J. Koechl., Zingiberaceae puis on ra-cle des racines d'*Hymenocardia acida* Tul., Euphorbiaceae; le tout est pressé pour en extraire le jus dans lequel on écrase quelques fourmis du manguier, dìɲá (5), puis on ajoute piment et sel. On trempe alors son index dans le mélange qu'on enfonce ensuite dans la gorge du malade pour la badigeonner et en faire crever les vésicules dont le pus va couler. Le reste du jus est ensuite donné à boire au malade.

DIRES ET SYMBOLISME DES FOURMIS

Les fourmis légionnaires háyà (9) forment des colonnes sur lesquelles on tombe fréquemment en brousse. Attention à celui qui ne les a pas vues et pose le pied sur elles; avant de s'en apercevoir il sera envahi et mordu partout.

Deux "devinettes" sìŋ y font référence:

kùyùm kúr mè.
// avec un bruit assourdi / rive / là //

« Plouf sur la rive là »

mè né háyà.
// chose / *Essentiel* / fourmi légionnaire //

« C'est la fourmi légionnaire »

Car, quand tu marches et que tu rencontres une colonne de fourmis légionnai-res, tu t'écartes et ne passes pas au-dessus.

sór bêm tíkídí ʔà̰ bàá bḭ̀ò̰ há mé-mbèr,
// tout petit / enfant / un peu / il / *Acc*+prendre+*D* / tambour / pour / *Finaliste inac*+frapper //

« Un tout petit enfant a pris un tambour pour en jouer,

ʔó béí fét nèè yɔ́áà.
// les / gens / tous / *Acc*+venir+*D* / danser //

tous les gens sont venus danser »

mè né háyà.
// chose / *Essentiel* / fourmi légionnaire //

« C'est la fourmi légionnaire »

Jouer du tambour renvoie ici aux piqûres nombreuses qu'infligent ces fourmis à celui qui a imprudemment marché sur la colonne.

La "fourmi magnan" gbìà est si réputée pour sa voracité extrême que son nom est donné comme surnom à quelqu'un dont l'appétit semble sans fin. Bien qu'il soit plutôt donné pendant l'enfance, certains le gardent toute leur vie.

Le symbolisme attribué à trois autres fourmis est clairement manifesté par leur emploi au sein d'un proverbe[11] qui fonde pour chacune sa valeur.

La fourmi mìì (2) est très appliquée à tout ce qu'elle fait. Lorsqu'elles s'atta-quent au cadavre d'un gros insecte, elles le nettoient avec une application exem-plaire, n'en laissant que le squelette. Le proverbe illustre cette disposition en en faisant le symbole de la ténacité et de la persévérance:

tŏm fìò ngbàr-ngàdí yɔ́ mìì ná.
// annonce+*D* / mort / de / *Ornithacris* sp. / *Inac*+perdre / fourmi *sp.* / pas //

« La nouvelle de la mort de la grande saute-relle n'est pas perdue pour les fourmis mìì »

La fourmi "porte-fardeau" tóì (4) et la "fourmi-cadavre" gbàgùɲá (13) ont frappé les locuteurs par leur comportement différent en ce qui concerne leur

---

[11] Les proverbes, littéralement "la parole pilée" (Roulon & Doko 1983).

butin. La première le sauvegarde et l'entretient longtemps aux yeux de tous, tandis que la seconde le conserve pour elle seule loin de tout regard, comme l'exprime le proverbe :

ʔéí hą́ mɔ̀ hą́ tóì,
// on / *Inac*+donner / chose / à / fourmi sp. //

« Lorsque l'on donne quelque chose à la fourmi porte-fardeau,

kà dé ká kàyà ʔá zân sí-d̥ɔ̀ŋ,
// alors / *Inac*+faire / / alors / *Acc*+rassembler+*D* / *I.acc*+jeter / dehors / de nouveau //

elle fait en sorte de le ressortir au grand jour,

ndèì hą́ mɔ̀ hą́ gbàgùɲá bá
// que+on+*D* / *Inac*+donner / chose / à / fourmi-cadavre / *Inac*+prendre //

tandis que lorsqu'on donne quelque chose à la fourmi-cadavre

sí nὲ kɔ̀ ʔèá ndé ?
// *I.acc*+retourner / avec / trou / seulement / est-ce-que //

ne se contente-t-elle pas de le faire disparaître dans son trou ? »

La fourmi porte-fardeau sur qui on peut compter et la fourmi-cadavre avare et égoïste, symbolisent deux attitudes opposées. Ce proverbe est un constat qui déplore l'égoïsme et fait appel à l'entraide.

C'est en tant que symbole de vengeance que la fourmi bérà intervient dans la dénomination du "bourdonnement d'oreille" qui se dit bérà-ʔá-tà-sèné (*fourmi sp.* / *Inac*+mettre / pierre / dedans) littéralement "la *Pachycondyla* y met un caillou". Les Gbaya considèrent ce mal comme le résultat de la vengeance[12] d'une de ces fourmis contre celui qui a intentionnellement dérangé sa colonie et dans l'oreille duquel elle a mis un petit caillou à son insu. Ce type de causalité tout à fait symbolique renvoie toujours à des maladies sans gravité dont l'événement présumé fait partie du quotidien de chacun[13].

La fourmi-cadavre est la protagoniste avec la fourmi bérà *Pachycondyla* sp. du jeu ták ták sàà yé "Toc toc on joue" qui équivaut à notre jeu désigné familièrement en français comme "la petite bête qui monte, qui monte...". Ici c'est la progression de ces deux fourmis que représentent les doigts qui marchent sur le bras, depuis le creux de la main jusqu'à l'épaule, d'où ils sautent pour aller sous l'aisselle de l'enfant, qui est alors fortement chatouillée. On tapote plusieurs fois la paume de la main de l'enfant, en disant le premier vers de la comptine (A), puis on répète le refrain (B) pendant tout le temps où les doigts progressent sur le bras de l'enfant, et enfin, quand on parvient sous le bras, on le chatouille en terminant la comptine par une répétition rapide du dernier vers (C) :

A   ták ták sàà yé !
      // toc / toc / jeu / oui //

« Toc toc on joue ! »

---

[12] Cette idée de vengeance est également invoquée par les Gbaya pour désigner "l'orgelet" ɲɔ̀ŋ-mɔ̀-dó-nὲ-tòyó (nourriture / *Inac*+refuser / *instrumental* / chien) littéralement "la nourriture refusée au chien" qui, comme le dit un conte, est la façon dont le chien se venge du maître – homme ou femme – qui le condamne à rester le ventre creux le renvoyant toujours à l'autre pour obtenir la boule qui lui est due.

[13] *Cf.* Roulon 1985 : 95-97.

B   bérà ʔą̀ nɛ̂ìí   « La fourmi bérà, elle avance,
        // fourmi sp. / elle / *Inac*+aller / *énonciatif* //

        gbàgùɲá ʔą̀ nɛ̂ìí...   la fourmi-cadavre, elle avance...
        // fourmi-cadavre / elle / *Inac*+ aller / *énonciatif* //

C   díkílí kílí...   guili-guili (x fois) »
        // *Inac* + [> díkídí] chatouiller [14] //

Les invertébrés n'occupent qu'une petite place[15] dans les contes. Ceux où ils figurent sont le plus souvent à visée étiologique. En ce qui concerne les fourmis, seule la fourmi-cadavre y est présente.

Il s'agit d'un conte parlant de l'envol des termites gbàzɛ̀ *Bellicositermes* sp. comme d'une fête ayant lieu au moment des pluies saisonnières 6ùtù et pendant laquelle les termites ailés s'envolent pour former des couples[16] qui cherchent ensuite un nouvel endroit pour en faire leur maison. Cette quête est hasardeuse avec de nombreuses péripéties. Ainsi, il arrive qu'en entrant dans un trou :

ká hàsừ̀ừ̀ pɛ̌r gbàgùɲá ʔàá wà   « … ils soient agressés par l'odeur des
// alors / avec effluves brûlantes / odeur+*D* / fourmi-   fourmis-cadavres »
cadavre / *Acc*+se répandre+*D* / eux //

ce qui les contraint à faire demi-tour puis à fuir. Ces fourmis qui, elles aussi, ont senti une odeur étrangère se mettent à leur poursuite et le conte se termine par un chant qui exprime le dialogue entre poursuivantes et poursuivis (S = solo, R = répons) :

S   6ɔ̀é-dòè wó yór mè zéŋám wó !   « Termite sans aile, arrête et attends-
     // termites sans ailes / oui / *Inj*+arrêter / toi //   moi ! »
     Inj+tu / *Inj*+attendre+moi //

R   nàà mé né mbé wí ndé   « Bonne femme serais-tu une nouvelle
     // mère / tu / *Essentiel* / nouveau / individu /   venue,
     est-ce-que //

     hèè dáá mé né mbé wí ndé   Bonhomme serais-tu un nouveau venu,
     // dit-que / père / tu / *Essentiel* / nouveau /
     individu / est-ce-que //

     sám tɛ̀é-yòr ʔàm zéŋmé ndé,   Que je m'arrête pour t'attendre ? »
     // mais+je / *Virtuel acc*+arrêter / *Inj*+je /
     Inj+attendre+toi / est-ce-que //

Ce conte étiologique exprime la menace que les fourmis – symbolisées ici par la fourmi-cadavre – peuvent représenter pour les termites, en particulier au moment du vol nuptial.

Dans la vie quotidienne, il y a un cas où la menace que représentent les fourmis pour les termites est bien connu car il est l'occasion, pour les femmes, d'une récolte impromptue. C'est lorsque des termites *Bellicositermes* sp., sont chassés de leur termitière par l'attaque en règle de fourmis-magnans (Dorylinae sp.) gbìà. Si des femmes sont témoins de la fuite précipitée de ces termites, elles ne

---

[14] Cette modification correspond au parler "bébé".
[15] Ils sont présents dans 5,44% des contes (Roulon-Doko 1999).
[16] Une fois en couple ils perdent leurs ailes, dans le conte, leurs habits de fête.

	Espèces de fourmis	caractéristiques retenues / manifestées par	son nom	motive un terme	Dires culturels				Utilisations	
					devinettes	proverbes	contes	ludique	alimentaire	remède
1.	bérà	vengeance contre la malveillance	X	maladie				ták ták	œufs [E]	
13	gbàgùŋá·	la "puante" ÉGOÏSME ENNEMIE DES TERMITES	X					sàà yé !		
4	tói	la "porte-fardeau" ENTRAIDE	X							
2	miĩ	TÉNACITÉ								
3.	mùtṵ̀ĩ								œufs [E]	
5.	dìŋá	maison dans feuilles du manguier								mal de gorge
6.	zɔ́bɔ́i-dàĩ̀	la "suceuse de plaie"	X							
7.	ɲáɲùĩ								condiment	
8.	yáá-gèsá	"celle qui fait éternuer"	X		x 2					
9.	háyà	marche en colonne								
10.	hòyó	raffole du sucre								
11.	gbìà	voracité		surnom						
12.	gbàmíi-sɔ̀	la "fourmi des immortels"	X	SG						
14.	ngòbò	ressemblance avec agent de la maladie		maladie						

Légende : [E] = enfants seulement; SG = terme sous-générique.

TABLEAU 4. *Les fourmis dans la conception des Gbaya*

manquent jamais d'entamer une véritable course de vitesse avec les fourmis en creusant à la houe-bêche la termitière afin de récupérer, pour leur propre consommation, le plus grand nombre possible de termites[17].

Mais le conte, comme toujours, ne s'embarrasse pas de crédibilité, et il est intéressant de remarquer que, si dans la vie quotidienne les Gbaya ont le plus souvent l'occasion d'observer l'attaque des termites par les fourmis-magnans, c'est la fourmi-cadavre qui y est retenue comme représentante symbolique de l'inimitié entre fourmis et termites. Je pense que son odeur qui lui donne d'ailleurs son nom de "puante" et dénonce sa présence dans le conte est l'élément déterminant pour la choisir plutôt que d'autres pour lesquelles il aurait été difficile de trouver un moyen de faire remarquer à temps leur présence aux termites.

CONCLUSION

Les fourmis constituent une famille d'invertébrés parfaitement bien identifiée dont les Gbaya appréhendent directement chaque individu. Pour chacune, ils ont retenu un trait frappant qui se manifeste :
— par des dénominations, soit par le nom même de la fourmi (cinq cas), soit en motivant une autre référence (quatre cas : deux maladies, un surnom et un terme sous-générique) ;
— par les dires culturels, à savoir deux devinettes, deux proverbes et un conte ;
— par une utilisation ludique (un cas), alimentaire (trois cas) et médicinale (un cas).

Le tableau 4 récapitule toutes ces données et fait ressortir que la plus fortement investie est la fourmi-cadavre.

RÉFÉRENCES BIBLIOGRAPHIQUES

ROULON P. – 1983, Spécificité de l'adverbe en Gbaya 'bodoe, *Current Approaches to African Linguistics*, Vol. 2, chap. 25, (J. Kaye, H. Koopman, D. Sportiche & A. Dugas, éds). Dordrecht-Holland/Cinnnaminson (U.S.A), Floris publications, pp. 379-389.

– 1985, Étiologie et dénomination étiologique des maladies gbaya 'bodoe (Centrafrique), « Causes, origine et agents de la maladie chez les Peuples sans écriture ». *L'Ethnographie* LXXXI (96-97) : 81-102.

ROULON P. & R. DOKO – 1983, La parole pilée : accès au symbolisme chez les Gbaya 'bodoe de Centrafrique. *Cahiers de Littérature Orale* 13. Paris, P.O.F., pp. 33-49.

ROULON-DOKO P. – 1997, Structuration lexicale et organisation cognitive : l'exemple des zoonymes en gbaya (République Centrafricaine). *Les Zoonymes* (J.-Ph. Dalbera, C. Kircher, S. Mellet & R. Nicolaï, éds). Nice, Publications de la Faculté des Lettres, Arts et Sciences Humaines de Nice (Nouvelle série 38), pp. 342-367.

– 1998, *Chasse, cueillette et cultures chez les Gbaya de Centrafrique*. Paris, L'Harmattan, 540 p., 189 figures, 39 photos et 10 cartes.

– 1999, Les animaux dans les contes gbaya (République Centrafricaine). *L'homme et l'animal dans le bassin du Tchad* (C. Baroin & J. Boutrais, éds). Paris, Éditions IRD, pp. 183-192.

---

[17] Il s'agit ici d'une technique très marginale de récolte de ces termites (Roulon-Doko 1998 : 260).

– 2001, Le statut des idéophones en gbaya, *Idéophones* (E. Voeltz & C. Kilian-Hatz, éds). Amsterdam-Philadelphie, John Benjamins, Typological Studies in Language n°44, pp. 275-301.

RÔLE ET PLACE DES CRIQUETS
DANS LA TRADITION ORALE MOSSI

Moussa OUEDRAOGO

RÉSUMÉ

Rôle et place des criquets dans la tradition orale mossi

Les acridiens ont été à l'origine des famines de 1929 et de 1932 dans la région du Yatenga au Burkina Faso. Les anciens racontent aujourd'hui le drame de ces deux invasions contre lesquelles l'homme n'avait d'autres armes que la protection des ancêtres, les fétiches. Les pertes ont été estimées à 90%. Il s'agit de dégâts causés par le criquet migrateur (*Locusta migratoria*) et le criquet pèlerin (*Schistocerca gregaria*), tous deux connus dans le milieu rural sous les noms de silmiiga et de kalwaré. Sur vingt et une espèces considérées comme ravageurs au Sahel, douze sont bien connues sur le plateau mossi, chacune ayant un nom précis. L'étude a été menée dans deux régions mossi : à Ouahigouya au nord et à Tanlili au centre du pays. Elle montre quelques similitudes dans la dénomination mais aussi des différences surtout dans la perception du criquet. Chez ces populations les criquets revêtent plusieurs significations symboliques : le désastre, le pouvoir, l'amour, la témérité et la patience.
Les résultats obtenus permettent d'utiliser ce savoir paysan dans la lutte contre le fléau acridien, notamment dans le programme de signalisation.

ABSTRACT

Role and place of locusts in Mossi oral tradition

In 1929 and 1932, locusts were at the origin of the famines in the Yatenga's region in Burkina Faso. Today the elders relate the drama of these two invasions against which man had no other weapons than the protection of their ancestors, the fetishes. The losses were assessed at 90%. The damage was caused by *Locusta migratoria* and *Schistocerca gregaria*, both well known by the country people as silmiiga and kalwaré. Among the 21 species considered as ravagers in the Sahel, 12 are well known in the Mossi tableland, each of them having a definite name. The study was carried out in two Mossi sites : Ouahigouya in the North and Tanlili in the Center. It shows some similarities in the denominations but also differences, especially in the perception of the locust. For these populations, locusts have several symbolic meanings : disaster, power, love, temerity and patience.
The obtained results allow us to use this country's knowledge in the fight against the locust pest, particularly in the signaling program.

Les insectes dans la tradition orale – Insects in oral literature and traditions
Élisabeth MOTTE-FLORAC & Jacqueline M. C. THOMAS, éds
2003, Paris-Louvain, Peeters-SELAF (Ethnosciences)

Le plateau mossi[1] couvre 77 000 km^2 dans la région centrale du Burkina Faso (274 000 km^2). Aujourd'hui les Mossi ou Moose (ethnie majoritaire) représentent 48% de la population du pays. D'après l'histoire et les traditions orales, ils seraient venus de Gambaga (Nord Ghana) vers le XIe siècle (Ki-Zerbo 1972).

Une étude sur les criquets ravageurs a été menée sur le plateau mossi, dans deux zones : au centre, dans la province d'Oubritenga (villages de Tanlili et de Kossodo) et au nord, dans la province du Yatenga (villages de Gonyéré et de Sissamba).

L'agriculture et l'élevage occupent 95% de la population. Malheureusement les caprices pluviométriques et les invasions acridiennes compromettent fortement les récoltes. Ainsi les années 1929 et 1932 ont été durement ressenties par les populations du Yatenga. Marchal (1980) en citant un rapport de l'administration coloniale en 1929 écrivait que :

> « la récolte que tout permettait de prévoir extrêmement abondante, avant la venue des invasions acridiennes, a été littéralement anéantie ; les pertes sont évaluées à 80%. »

Le même auteur, toujours dans sa chronique (*ibid.*), rapporte qu'en 1932 :

> « les invasions acridiennes se sont abattues sur toute la région Est et Nord-Est du Yatenga. Devant la menace grave de destruction totale des plantations de mil, les populations ont dû faire prématurément leur récolte. »

Les anciens racontent aujourd'hui le drame causé par ces acridiens ; la première grande famine (1912-1913) a été baptisée « la centenaire », allusion au roi qui régnait à l'époque (le Naba Kobga) et qui aurait voulu vivre cent ans. À cette époque, les populations locales avaient très peu de moyens pour lutter contre ces ravageurs. La plupart des personnes étant animistes, elles pensaient que les ancêtres pouvaient les débarrasser des criquets. Elles faisaient des offrandes dans les grottes ainsi que sur les montagnes, pour demander la clémence des Dieux. Elles pensaient que leurs prières auraient comme effet de faire arriver des oiseaux qui s'attaqueraient aux chenilles des jeunes pousses de mil et de niébé[2].

Dans cette région, les dégâts sont causés par deux espèces d'acridiens : il s'agit du criquet migrateur (*Locusta migratoria*) et du criquet pèlerin (*Schistocerca gregaria*) connus sous les noms de silmiiga et kalwaré en mooré. Mais *L. migratoria* et *S. gregaria* ne sont pas les seuls ravageurs de la région.

Les criquets sont les ennemis des agriculteurs sahéliens. Le criquet pèlerin est mentionné dans l'Ancien Testament et dans le Coran. Les dommages peuvent être peu importants comme ils peuvent être sévères en cas d'invasions. Les criquets mangent les feuilles, les fleurs, les fruits, les semences, l'écorce et les pousses ; ils dévorent tout sur leur passage.

Les criquets étant bien connus et ayant une forte valeur symbolique dans la société moose, nous avons voulu prendre en compte le savoir paysan dans la lutte préventive contre le fléau acridien.

---

[1] NDE : L'orthographe phonologique (Canu 1976) de mosi est mó:sē. La langue est le mó:rē (orthographié de façons diverses suivant les auteurs) ; c'est celle du pays mó:gō.
[2] niébé : *Vigna unguiculata* (L.) Walp. (Leguminosae-Papilionoideae).

La recherche a été menée à partir de causeries-débats en utilisant soit des planches en couleurs des principaux criquets ravageurs du Sahel, soit les criquets en collection. Ces causeries-débats ont été filmées pour une exploitation ultérieure en laboratoire. Nous avons été confrontés à des difficultés d'ordre linguistique et ethnographique : comment traduire sans les déformer les constructions littéraires, les évocations poétiques, la valeur philosophique, les informations sur l'environnement, etc. ?

DÉNOMINATION DES CRIQUETS

D'après nos études, de tous les insectes, seuls les criquets et les termites sont bien connus dans le milieu paysan, sans doute parce que ce sont ceux qui causent le plus de dégâts dans une économie basée essentiellement sur l'agriculture et l'élevage.

Les noms vernaculaires attribués en mooré aux criquets sont en rapport soit avec leur morphologie, soit avec leur comportement comme il est possible de le noter dans la liste suivante[3].

	Y. = YATENGA T. = TANLILI - OUBRITENGA
Acanthacris ruficornis femelle 75 à 90 mm, mâle 55 à 67 mm coloration d'un brun variable, souvent d'un beige très clair	Y. ɲaŋ.sʊ:rɛ à cause de ses épines tibiales
	T. suwarogo pour ses grands yeux, sa grande taille et son allure imposante. On dit également de ce criquet qu'« il est inébranlable ».
Acorypha glaucopsis femelle 25 à 30 mm, mâle 17 à 23 mm coloration brune, souvent claire	Y. sukutimdi
	T. napaga.kutigilinga C'est le criquet dédié à la reine Napaga. Pour damer les terrasses des maisons, on utilise une pièce taillée dans le bois, appelée kutigilinga ; la forme de *A. glaucopsis* rappelle cet instrument.
Acrida bicolor	Y. souwolowoko
	T. roumbga
Anacridium melanorhodon femelle 75 à 95 mm ; mâle 65 à 80 mm coloration brun gris	Y. kalwaka

---

[3] La liste des criquets étudiés suit l'ordre alphabétique des noms scientifiques.

T. gonga.sʊ:rẹ

/ épine | criquet / "criquet des épines"

Il fréquente les arbres épineux comme le myro-bolan d'Égypte (*Balanites aegyptiaca* Del., Balani-taceae) bien que ses dégâts soient observés sur les manguiers (*Mangifera indica* L., Anacardiaceae) en fleurs

T. ká.soá:mba

/ pas | lièvre /

On peut s'en contenter à défaut de lièvre; le lièvre est recherché lors des battues villageoises organi-sées annuellement.

Cataloipus cymbiferus

femelle 53 à 72 mm, mâle 35 à 50 mm
coloration d'un brun variable

Y. sorogo

T. sosorogo

Il tire son nom de son comportement: ce criquet se laisse tomber et disparaît dans les herbes.

Diabolocatantops axillaris

Y. pakilingemdé

C'est un criquet qui est inféodé au seiko, genre de clôture faite de gerbes d'*Andropogon gayanus* Kunth. (Poaceae).

T. pakilingemdé

Gastrimargus africanus

femelle 48 à 58 mm, mâle 33 à 42 mm
coloration verte ou brune

Y. wiliwi.sʊ:rẹ

C'est le criquet de *Guiera senegalensis* Lam. (Combretaceae).

T. wiliwi.sʊ:rẹ

Hieroglyphus daganensis

femelle 47 à 65 mm, mâle 28 à 45 mm
coloration jaune ou verte avec des zones roses

Y. lilimbo

Il passe son temps à tourner autour de l'herbe cha-que fois qu'on veut le capturer.

T. lilimbo

Homoxyrrhepes punctipennnis

femelle 58 à 70 mm, mâle 40 à 52 mm
coloration à dominante brune virant parfois au vert olivâtre

Y. naba.nugurogo

/ roi | pouce / "pouce du roi"

T. naba.nugurogo

Kraussaria angulifera

femelle 52 à 63 mm, mâle 55 à 67 mm
coloration d'un brun variable parfois mêlé de rouge orange

Y. kurba

Dans la région du Yatenga, *K. angulifera* est consi-déré comme un "criquet forgeron" à cause de sa couleur qui rappelle la forge.

T. mogdrezemde

Le nom dans le milieu traditionnel mentionne sa couleur et son état de physogastre.

C'est le plus apprécié des criquets comestibles, en particulier la femelle qui est pleine d'œufs au mo-ment des captures.

Kraussella amabile

femelle 27 à 33 mm; mâle 21 à 26 mm
coloration très caractéristique à dominante jaune ou verte.

Y. kitrikiniga

C'est le plus petit et le plus joli; on dit qu'il ne rem-plit pas la paume de la main mais que son chant emplit la campagne.

T. kitrikiniga

Dans la région de Tanlili, pour le capturer, les enfants chantent en évoquant le nom compaoré "ne
me manque pas de respect".

Locusta migratoria
"criquet migrateur"
femelle 54 à 72 mm, mâle 42 à 55 mm
coloration verte ou brune

Y. silmiiga

T. mogtom

C'est le kalwaré qui laisse la désolation sur son
passage.

Oedaleus senegalensis
femelle 30 à 48 mm, mâle 23 à 35 mm
coloration verte ou brune

Y. ki.sʊːrɛ

/ criquet du mil /

T. tingi.sʊːrɛ

/ criquet du sol /
Son nom traduit son caractère de petit migrateur.

Ornithacris turbida
femelle 70 à 92 mm, mâle 60 à 72 mm
coloration d'un brun variable avec une ligne
jaune beige partant de l'apex

Y. karensamba

"le maître"
< kasamba "orphelin de père"
En effet c'est un criquet qui n'est consommé que
par ceux qui sont orphelins de père. Tant que le
père est vivant on n'est pas autorisé à le consommer.

T. pangavudri

Schistocerca gregaria
"criquet pèlerin"
femelle 70 à 90 mm, mâle 60 à 75 mm
coloration jaune sable

Y. kalwaré

< waré "sécheresse"
kalwaré veut dire que, après le passage de ce criquet, c'est la "sécheresse" non pas en terme de plu-
viométrie mais de dépouillement.
Il s'agit du fameux silmiiga (peul).

T. kalwaré

Truxalis grandis
femelle 70 à 95 mm, mâle 38 à 60 mm
tête fortement conique

Y. suwolowoko

pour sa forme longue

T. yaabarombo et rumgba

à cause de ses yeux saillants.

Zonocerus variegatus
"criquet puant"
femelle 35 à 52 mm, mâle 30 à 45 mm
coloration jaune et noire

Y. kʊtabeogo

Le nom signifie que si on le consomme, on ne verra
pas le lendemain.

T. susɔɲa

"criquet sorcier"
Dans les deux cas, le nom renvoie au fait que *Z. variegatus* est un criquet qu'il ne faut pas consommer
à cause de son "poison".

VALEURS SYMBOLIQUES DES CRIQUETS

Dans la société moose, de tradition orale, l'individu ne reçoit pas un savoir
abstrait mais un enseignement qui doit servir et l'oreille y joue un rôle important.

On dit que « c'est l'oreille qui connaît les ancêtres et pas les yeux » contrairement aux nouveaux modes de communication où l'œil tend à supplanter l'oreille.

Les proverbes liés aux criquets que nous avons relevés lors de notre recherche montrent les nombreuses valeurs symboliques qui leurs sont attribuées.

Criquets et pouvoir

La société moose est très hiérarchisée. C'est un peuple conquérant qui a fondé de grands royaumes à la puissante organisation sociale, politique et militaire (Kaboré 1993). Le pouvoir est extrêmement important pour les Moose et ne se refuse jamais car :

> « Si tu refuses de gouverner les termitières, quelqu'un d'autre acceptera et te les fera porter ».

– Chaque roi choisit un nom pour son règne. Les yeux à facettes du criquet ont inspiré le Naba Koom (1963-1975) du Yatenga pour son nom de guerre : pour caractériser sa témérité il s'identifie aux yeux du criquet qui ne clignent pas malgré les grandes herbes qu'il rencontre. Naba Koom assimile les herbes aux flèches de l'ennemi face auxquelles il demeure imperturbable.

– La force du criquet réside dans ses pattes postérieures qu'il utilise pour le saut et l'envol mais il lui faut de l'espace pour déployer sa patte en "Z". Placé dans la poche d'un habit, il n'a aucune liberté pour les déployer et réaliser un saut. Aussi on dit que :

> « Le criquet qui est dans la poche n'a pas de force »

ce qui signifie qu'il faut avoir les moyens de sa politique.

– De même on dit que :

> « Le criquet qui est accroché à l'herbe, tombe lorsque son hôte tombe »

ce qui veut dire que celui qui dépend de quelqu'un qui perd le pouvoir, tombe également.

– On dit aussi que le criquet lui-même se donne beaucoup d'importance :

> « Avant de s'envoler le criquet dit à l'herbe qui le porte de se tenir correctement parce qu'il va prendre son envol. »

Criquets et éducation

Chez les populations qui pratiquent l'élevage, ce sont les enfants qui sont chargés de garder le bétail (bovins, ovins et caprins). Généralement, tous se rencontrent dans les prairies et ils font la chasse aux criquets pour le repas du midi. Ils en gardent quelques-uns et attachent leurs pattes antérieures par une ficelle après avoir pris soin d'enlever leurs pattes postérieures. Ils les conduisent alors comme des bœufs, imaginant déjà être propriétaires de ces bœufs. C'est un rêve que tout enfant fait quand il garde les animaux de ses parents.

Lorsque quelqu'un veut se vanter, on le rappelle à l'ordre en lui disant ceci :

« Le criquet aussi croit qu'il contient de la viande »[4] ou bien « Le criquet sait que *Hibiscus sabdariffa* L. (Malvaceae) est acide ».

L'avenir appartient à ceux qui se lèvent tôt :

« Si ton dîner est composé de criquets pakilingemde (*Diabolocatantops axillaris*), il vaut mieux les chercher avant la tombée de la nuit. »

Criquets et intelligence

Les criquets, surtout le criquet pèlerin (kalwaré), évoquent surtout la désolation. Mais dans le milieu paysan, on considère que ce qui caractérise le plus le criquet est son manque d'intelligence, notamment le criquet migrateur (silmiiga). En effet, pour combattre les invasions, le feu est souvent utilisé et le constat est que le criquet migrateur "fonce sur ce feu pour l'éteindre". Même l'oiseau *Quelea quelea* (L.) (Passeriforma:Ploceidae) reconnaît que le criquet n'est pas suffisamment vigilant car il se laisse piéger par les branchages (on présente des branchages pour simuler des arbres et capturer les migrateurs[5]), tandis que le *Quelea* sait faire la différence entre un arbre sur pied et le branchage tenu par quelqu'un.

Criquets et amour

Dans le milieu moaga, les parents jouent un rôle important dans les mariages. Autrefois, le mariage forcé, où la fille était donnée en guise de récompense ou de gratitude, était une pratique qui améliorait les rapports entre communautés villageoises. Elle est de moins en moins observée mais les parents gardent toujours une certaine autorité et peuvent influencer le mariage ou s'y opposer quand il y a des problèmes de castes (forgeron/noble). En amour, dans le cas d'un homme qui courtise une fille dont les parents sont réticents, on compare la fille à un criquet tandis que les parents sont représentés par un autre insecte, notamment le bupreste, *Sternocera interrupta*, de couleur noire ; on dit alors que :

« C'est le criquet qui demande à être grillé » et que « Le bupreste est tout grillé »

En d'autres termes, il est nécessaire de s'entendre avec la fille et les parents seront obligés de suivre, de se soumettre à sa volonté.

CONCLUSION

Aujourd'hui encore le Sahel reste à la merci d'invasions acridiennes qui engendrent famine et exode rural. Elles ont causé en 1974 des pertes de l'ordre de 368 000 tonnes de céréales ; en 1988, 10 millions d'hectares ont été traités au

---

[4] Les criquets sont consommés pour leur valeur protéique (Malaisse 1997).
[5] Les cultures peuvent occasionnellement attirer les oiseaux qui y causent des déprédations plus ou moins importantes (Treca *et al.* 1997).

Sahel et pour la seule année 1990, 13 millions de litres d'insecticides concentrés ont été déversés, ce qui n'est pas sans conséquence sur l'environnement.

Les résultats acquis par les chercheurs acridologues montrent que l'on peut prévenir le fléau par la formation des paysans et leur information permanente. Dans cette lutte, il est indispensable d'associer les populations locales dont les connaissances peuvent être d'une grande utilité comme c'est déjà le cas dans d'autres domaines comme la médecine traditionnelle ou encore l'alimentation de la volaille par des termites (*cf.* Nissim, Ouedraogo & Tibaldi, dans ce volume).

Même si le niveau de connaissances des paysans ne va pas jusqu'à savoir le nombre de générations d'une espèce, ni le changement de phases des espèces migratrices, il est suffisant pour identifier une bande de criquets à l'état larvaire (nommés yurdi) et porter l'information à un centre de décision. Enfin la consommation des criquets non traités est une méthode de lutte biologique à l'échelle locale qu'il faut encourager.

RÉFÉRENCES BIBLIOGRAPHIQUES

CANU G. – 1976, *La langue mò:rē. Dialecte de Ouagadougou (Haute-Volta). Description synchronique.* Paris, SELAF (TO 16), 421 p.

KI-ZERBO J. – 1972, *XIe siècle – Histoire de l'Afrique Noire, d'hier à demain.* Paris, Hatier, 731 p.

MALAISSE F. – 1997, *Se nourrir en forêt claire africaine. Approche écologique et nutritionnelle.* Gembloux, Les presses agronomiques de Gembloux – Wageningen, CTA, 384 p.

MARCHAL J. Y. – 1980, *Chronique d'un cercle de l'AOF - Ouahigouya (Haute-Volta), 1908 – 1941.* Paris, Travaux et documents de l'ORSTOM 125.

NISSIM L., M. OUEDRAOGO & E. TIBALDI – dans ce volume, *Les termites dans la vie quotidienne d'un village au Burkina Faso.*

TRECA B., A.B. NDIAYE, S. MANIKOWSKI – 1997, *Oiseaux déprédateurs des cultures au Sahel.* Institut du Sahel, 41 p.

CONSIDERATIONS ON THE MAN/INSECT
RELATIONSHIP IN THE STATE OF BAHIA, BRAZIL

Eraldo Medeiros COSTA-NETO

ABSTRACT

Considerations on the man-insect relationship in the state of Bahia, Brazil

Insects and their products have been playing a myriad of roles in both industrialized and traditional, indigenous, and local societies. Indeed, insects have always fascinated humans in different ways. Under the perspective of the Comprehensive Ethnoecology, ethnoentomology can be defined as the transdisciplinary study of the knowledge, beliefs, feelings, and behaviors that intermediate the relationships between human beings and the hundreds of thousands of living insect species. The man/entomofauna interaction at any time and place may be the subject for ethnoentomological studies. A significant body of ethnoentomological literature shows that traditional, indigenous, and local societies have an accurate knowledge on the insects which they live with. In this paper, I will briefly discuss about the systematic studies on ethnoentomology in the state of Bahia, northeast Brazil.

RÉSUMÉ

Considérations sur les interactions homme/insecte dans l'État de Bahia, Brésil

Les insectes et leurs produits jouent une multitude de rôles aussi bien dans les sociétés industrialisées que dans les sociétés traditionnelles, indigènes et locales. En effet, les insectes ont toujours séduit l'homme de manières différentes. Selon la perspective de l'Ethnoécologie, l'ethnoentomologie peut se définir comme l'étude transdisci-plinaire des connaissances, croyances, sentiments et comportements sur lesquels se fondent les rapports entre les êtres humains et les centaines de milliers d'espèces d'insectes vivants. Toute interaction homme/entomofaune, à toute époque et en tout endroit, peut être l'objet d'études ethnoentomologiques. Une part significative de la litté-rature ethnoentomologique montre que les sociétés traditionnelles, indigènes et locales ont une connaissance profonde des insectes avec lesquels elles cohabitent. Dans ce travail, je présenterai brièvement les études systé-matiques d'ethnoentomologie réalisées dans l'État de Bahia au nord-est du Brésil.

Scientists now know of more than a million species of insects in existence. But according to Erwin (1997), there are a total of up to thirty million more yet undiscovered. This huge diversity of insects has been perceived, classified, known, and used in different ways by different human societies, both present and past (Southwood 1977, Posey 1986, Ratcliffe 1988, Starr & Wille 1988, Sutton 1988, Lenko & Papavero 1996). Indeed, insects have always fascinated human beings in different ways. They have been playing important roles in literature, music, arts, medicine, diet, religion, folklore, economics, and cosmology of almost all human culture.

How this is studied is the domain of ethnoentomology, which can be understood as the branch of ethnobiology that investigates the entomological science of a given ethnic group, based on the parameters of the Western science. Under the perspective of the *comprehensive ethnoecology*, ethnoentomology can be defined as the transdisciplinary study of the knowledge, beliefs, feelings, and behaviors that intermediate the relationships between men and entomofauna (Marques 1995).

The man/entomofauna interaction at any time and place may be the subject for ethnoentomological studies. The study field of ethnoentomology can be broad or narrow depending upon the concept that is adopted to define the word "insect". From the point of view of western categorization, the word is well defined and in this context only the "real" insects and correlated arthropods are studied by the entomologist. However, when we adopt the folk definition, in which the term "insect" is used to designate animals considered filth, carriers of illnesses, useless or even dangerous, ethnoentomologist not only studies the insects of the Linnaean category but those animals popularly perceived as "insects" (Costa-Neto 2000a).

Ethnoentomological knowledge is generally transmitted from generation to generation through oral tradition, which is an important vehicle for the diffusion of biological information (Posey 1987). This author claims that traditional peoples' knowledge on oils, dyes, insecticides, medicines, food, repellents, and natural essences comprise a relatively unexplored bank of new insights that western scientists, if deprived of their proud and ethnocentrism, could learn with indigenous scientists (Posey 1986). Considering that this traditional entomological knowledge is the result of generations of stored experiences, experimentation, and change of information (Ellen 1997), we are supposed to expect that this knowledge strengthen the scientific one in areas such as research and environmental impact assessment, resource management, and sustainable development.

In this paper, I will briefly discuss about the systematic studies on ethnoentomology in the state of Bahia, Northeast Brazil. These studies have started in 1995 due to the implantation of the discipline ethnobiology in the Feira de Santana State University. They have been carried out both in urban and rural communities throughout the state, and have ranged from folk taxonomy of bees and wasps to the use of insect images as advertising objects attached to products and services, entomophobia, folk theories on the diminishment of a wasp species, and the use of insects as food, toy, and medicine.

SYSTEMATIC STUDIES ON ETHNOENTOMOLOGY
IN THE STATE OF BAHIA, NORTHEAST BRAZIL

The cultural construction of the category insect

The way people perceive, identify, categorize, and classify the natural world intervenes in the way they think, act, and feel in relation to the animals. Considering the group of insects, the great majority of the human beings perceive and put together as "insects" both the real insects and non-insect animals because of a transfer of qualities associated with the cultural construction of insect. This lexem is used as a classificatory ethnocategory in which organisms not systematically related are included in the scientific class Insecta, such as rats, bats, lizards, snakes, toads, vultures, mollusks, earthworms, scorpions, and spiders, among others (Brown 1979, Posey 1983, Laurent 1995). In Greene's conception (1995), "insects" can be seen as a representational category since they become metaphorical realizations of other beings or their qualities. For example, the Mofu people of northern Cameroon usually project upon live insects in their environment, specially the ants and termites, their own social and political behaviors (Seignobos *et al.* 1996). There is an ant known as *jaglavak* (*Dorylus* sp.) that is considered to be the Prince of the insects. Silva (1998) has found that of 264 animals that are usually used in popular expressions, insects showed up with 10.22%.

Studies on the Brazilian ethnoentomology have shown that in folk zoological classification systems the lexem "insect" is identified and described not based only on morphologic and biological characters, but specially on the psychoemotional criteria, which are very important in the moment of naming the organisms. In other words, it is necessary to observe that human societies comprise their folk taxonomies not only taking into consideration their knowledge on biological characteristics (cognitive dimension), but also their feelings (affective dimension), their beliefs (ideological dimension), and their behaviors (ethological dimension). According to Marques (1995), these dimensions also intermediate the interactions between human beings and other elements of the ecosystems.

In general, human beings demonstrate attitudes and feelings of disdain, fear, and aversion towards the invertebrates and "insect"-like animals. According to folk perception, "insects are everything that are useless" (Dias 1999). That's why "insects" are commonly killed. As Ramos-Elorduy (1998) says, the promotion of negative stereotypes towards insects (Linnaean category) is sometimes due to the prejudiced attitudes that associate the insects with aboriginal people. More positive attitudes towards invertebrates can be found when these animals possess esthetic, utilitarian, ecological or recreational values (Kellert 1993). Different reasons for the consistent human aversion towards insects and other invertebrates are available in the literature (Kellert 1993). Until now, however, the reasons for which animals other than insects are also called such as the latter have not been recorded in a systematic way. Categorization of animals from different scientific taxa in only one linguistically labeled word seems to constitute a pattern of ethnozoological classification. This pattern has been discussed by Costa-Neto (1999b) through the *entomoprojective ambivalence hypothesis*. According to this, human beings tend to project feelings of harmfulness, dangerousness, irritability, repugnance, and disdain toward non-insect animals (including people), by associating them to the culturally defined ethnocategory "insect". The idea of ambivalence comes from Sociology and relates to the attitudes that oscillate among diverse, and sometimes, antagonistic values. That is, while in some cultures "insects" are viewed as benign creatures (especially by non-Westerners), others take them as malign beings. Projection results from the psychological processes by which a person attributes to another being the reasons of his/her own conflict and/or behavior. This hypothesis can be testable through the record of metaphors that depict the emotive-situational character of the perception of animals classified as "insects" (including the real ones).

Folk taxonomy of bees and wasps

The ethnotaxonomy and significance of bees and wasps to the Pankararé Indians living in a semi-arid zone of the Northeast of the State of Bahia have been surveyed by using ethnoscientific methods and through open interviews with fourteen natives (Costa-Neto 1998). The Pankararé[1] are an undifferentiated linguistic unit restricted to the northeastern portion of the State of Bahia. Most of them (900 individuals) live at Brejo do Burgo village that is situated at the edges of the Raso da Catarina Ecological Station[2].

A total of 23 folk species of insects were recorded within the folk category "*abeia*" (Hymenoptera). Following Berlin's principles of categorization (Berlin 1992), the term *abeia* or "bee" represents the classification level associated to the life form rank. The life form taxon is, in turn, divided up into two intermediate categories. If a "bee" shows an aggressive defensive behavior it is labeled as a "fierce bee" (*abeia braba*) species. This category includes the honeybee *Apis mellifera*, seven species of social vespids of the Epiponini tribe (carton nest species), and one species of meliponin locally named as *arapuá* (*Trigona spinipes*). If not aggressive, they are referred to as "mild bee" (*abeia mansa*) species and these are all meliponines (stingless bee). This distinction implies in the manner by which the Indians deal with wasps and bees, by what they burn green wood near a nest or a hive to keep away the adults of the fierce species or even killing them, and then they harvest honey, wax, and larvae.

---

[1] The Pankararé do not use their original language anymore, which belongs to the Tupi-Guarani group. Some of the Hymenoptera's names are pankararé words (as *cangota, caraquile, tarantantã, arapuá, cupira, manduri, uruçu*) but have lost their indigenous meaning.
[2] This is the driest region of Bahia State with a mean annual temperature of about 27°C and rainfall about 400 mm per year.

These insects are classified in other three intermediate rank taxa depending upon the presence or absence and the loss or retention of the sting (Table 1).

- The Pankararé put all Epiponini wasps in the "line" or folk family of those "bees" which sting is not lost at all. They state that some kinds of fierce "bees" can use their stings more than twenty times. This folk family is usually designated as "*exu's* line", where *exu* is a polysemic taxon that occupies both this intermediate and the generic rank taxon.
- Honeybee (*Apis mellifera scutellata*) comprises itself the "*oropa's* line" because its sting is lost by defensive behavior. Drones and workers are not distinguished but a "master bee" (*abeia mestra*) – probably the queen – is.
- Finally, the third folk family is formed by fifteen folk species of stingless "bee" and it is referred to as "*arapua's* line".

As can be seen, the first two lines are subdivisions of fierce "bees" and the latter is equivalent to mild ones, though is identified as aggressive its sting is missing.

Folk interme-diate categories	Vernacular names	Scientific species	Abeia	
			Fierce	Mild
Exu's line -	*Cangota*	*Polybia occidentalis*	X	
	Caraquile	*Polybia paulista*	X	
	Exu-de-cachorro "Dog's *Exu*"	*Protopolybia exigua exigua*	X	
	Exu-preto "Dark *Exu*"	*Polybia ignobilis*	X	
	Exu-verdadeiro "The real *Exu*"	*Brachygastra lecheguana*	X	
	Exuí "Small *Exu*"	*Polybia* sp.	X	
	Tarantantã	*Polybia sericea*	X	
Oropa's line	*Oropa* "Italian Bee, Honeybee"	*Apis mellifera scutellata*	X	
Arapuá's line	*Abeia-branca-do-fundinho-branco* "White-rear white bee"	*Frieseomelitta silvestri*		X
	Abeia-branca-do-fundinho-vermeio "Red-rear white bee"	*Frieseomelitta silvestri*		X
	Arapuá-macho "Male *Arapuá*"	*Trigona spinipes*	X	
	Arapuá-fêmea "Female *Arapuá*"	*Trigona spinipes*	X	
	Cupira-boca-de-barro "Mouth-of-clay *Cupira*" (< *cupim* "Termite")	*Partamona cupira*		X
	Cupira-boca-de-berruga "Mouth-of-wart *Cupira*" (< *cupim* "Termite")	*Partamona cupira*		X
	Mandassaia	*Melipona quadrifasciata* ?		X
	Manduri	*Melipona rufiventris* ?		X
	Mané-de-abreu	*Frieseomelitta varia* ?		X
	Mosquito-preto "Black Mosquito"	*Plebeia mosquito*		X
	Mosquito-remela "Bleary-eyed Mosquito"	*Friesella schrottkyi*		X
	Mosquito-verdadeiro "True Mosquito"	*Tetragona angustula*		X
	Papa-terra "Earth-eating Bee"	*Cephalotrigona capitata* ?		X
	Trombeta "Trumpet"	*Plebeia* sp.		X
	Uruçu	*Melipona scutellaris*		X

TABLE 1. *Taxonomic classification of wasps and bees according to the Pankararé Indians from the Brejo do Burgo village*

Consultants recognize that all "bees" have a master living inside the nest and it is distinguished from the others by its larger size.

Material and cultural significance of "bee" resources along with the stinging behavior of some types may explain the fine recognition of categories within these folk families. Besides, the Indigenous classification of social hymenopterans in lines shows an impressive one-to-one correspondence to the scientific families when compared to Western taxonomy. All these taxa are identified according to a set of morphological and behavioral criteria such as "bee" shape and size, color pattern, nesting behavior, hive structure, arrangement of honey in combs, honey production, fierceness, etc. In contrast, the social vespids with open nests fit the lineage of those insects considered as "true" wasps (*Polistes* and *Apoica* genera), and they are named as *marimbondos*. Since these wasps do not produce honey the Indians do not harvest them for food, but instead they use their nests as medicine to treat dizziness, asthma and stroke. As the Pankararé say, *marimbondos-chapéu* "Hat-shaped nest Wasp", a nocturnal social wasp (*Apoica pallens*) and *marimbondos-caboclo* "Red Wasp", a paper wasp (*Polistes canadensis canadensis*) are not bees because they do not produce honey.

Hymenopteran specimens other than apids and Polistinae vespids, such as potter wasps, carpenter bees, and ground-nesting, solitary bees and wasps were all classified as beetles in general, and some specimens lack folk names. The ethnotaxonomy of these insects has not been completely recorded and it will not be discussed here, however.

The use of insects as food, medicine, and toy

Unfortunately, very few insect species are eaten as food. The most common edible insects in Bahia are the females of leaf-cutting ants (*Atta* spp.), coconut larvae (Bruquid and Curculionid beetles), and bee (*Apis mellifera scutellata*) and wasp larvae (*Brachygastra lecheguana*). However, eating insects is not for everyone due to the prejudice view that associates this practice to poverty and indigenous peoples.

The Pankararé Indians use bees and wasps as food suppliers. Not only their honey is eaten, but also their larvae and pupae. They roast *Apis mellifera* and *Polybia sericea* larvae in their combs, then extract them with small sticks to be eaten alone or mixed with manioc flour. Honey-producing wasps, on the contrary, produce a very few, low quality edible honey but their larvae are very nutritive. When harvesting their honey they can eat larvae and pupae locally or take them home for their children and wives. Although used as a food source the fierce "bees" are not kept by the Pankararé as other communities do. It is interesting to note that these resources are readily available to men because they harvest wild hives.

At least 42 insects have been already reported as folk medicines in fifteen localities within the State of Bahia. These resources are distributed in nine orders and 23 families. Medicinal insects are used live, cooked, ground, in infusions, in plasters, and as ointments. These medicinal insects provide honey, nests, eggs, cocoons, sting, wax, and parts of their bodies that are used in the elaboration of folk remedies that are recommended to treat a great variety of locally diagnosed ailments. Most of the folk remedies are administered in the form of teas (Costa-Neto 1999a). Such teas are made using the powder produced by grinding the toasted or scraped part of the body of the insects or the whole toasted animal. For example, the toasted leg of a spider wasp (Pompilid) is turned into a tea, which is drunk to treat asthma. Herbalists from the main market of the city Feira de Santana recommend the use of tea made from the toasted exoskeleton of a grasshopper (*Tropidacris cf. grandis*) to cure skin diseases and stroke. In addition, the powder of a whole toasted or sun-dried grasshopper is turned into a tea for the treatment of asthma and hepatitis.

This folk knowledge is very important since traditional medicine is still one of the most important means for discovery of unknown natural drug resources. For example, promising anticancer drugs have been isolated from the wings of *Catopsilia crocale* and from the legs of *Allomyrina dichotomus* (Kunin & Lawton 1996). The presence of entomotherapy in the State of Bahia corroborates the zootherapeutic universality hypothesis, which states that all human cultures that have a developed medical system will utilize animals as medicines (Marques 1994).

Most children, especially from the rural zones, play with insects. At least eight groups of insects are usually used by children for fun, such as bees, butterflies, katydids, ants, crickets, grasshoppers, and wasps. For example, they threat a thin stick through the abdomen of a leaf-cutting ant and play with it. Butterflies are also used at schools in artistic works (Lima 2000).

Entomophobia

In Bahia, the perception of insects as carriers of illnesses as well as creatures that causes some kind of evil or phobia is relatively high. The negative aspects that are associated to them can be understood according to some criteria, such as pathogenicity, toxicity, uselessness, dangerousness, damage, filthiness, and dirtiness (Lima 2000). For example, cockroaches are pathogenic because "they eat our food and bring diseases", termites are bad because they destroy everything, ants are filthy because they walk over corpses, butterflies are considered dangerous due to their scales, which can cause blindness, and flies are dirty because they land on wounds and carcasses.

Although some insects can really disturb us in different ways we should not exaggerate our reactions. It is necessary to take proper environmental education programs in order to view insects and by extent other invertebrates as key contributors for the maintenance of biodiversity on Earth.

The use of insect images as advertising objects
attached to products and services

Insects are used as advertising subjects, which are attached to products and services (Costa-Neto 2000b). In Bahia colorful butterflies were associated to ink and painting, beetles were associated to shoes, and bees were linked to honeybee's products.

In an early study (Costa-Neto 200b), a set of 45 advertisement pieces coming from five different countries (Brazil, France, United States, Portugal, and Germany) and showing the image of insects has been analyzed. Thirty-three morphospecies of five orders have been recorded. The order Lepidoptera, followed by the order Hymenoptera, has predominated. The predominance of butterflies over the other insects can be explained by their symbolical and cultural importance. However, the low number of insect images used in advertisements can be understood by the human aversion toward the invertebrates.

Folk theories on the diminishment of a wasp species

Informants have raised some folk theories that might explain why the number of *Brachygastra lecheguana*, a honey-producing wasp species, has been diminishing in the semi-arid zone (Dias 1999). According to them, these theories range from lack of rain to nest's age, state of the honey, and predation carried out both by man, birds, and other insects. According to informants, when a nest gets older there comes a time that wasps abandon it. Or after they breed twice or three times they also abandon it. Informants also said that wasps fly away when there is enough honey stored and it gets hardened. Considering predation by other organisms, it was observed that honeybee (*Apis mellifera*) robs its honey, and a black bird known as *papa-eixu* (wasp-eater) seats near the nest entrance and catches those wasps passing by.

SELECTED THEMES FOR RESEARCH ON ETHNOENTOMOLOGY IN BRAZIL

Considering what have been shown, some selected themes for research on ethnoentomology in Bahia State and elsewhere in Brazil are as follows:
- Testability of the entomoprojective ambivalence hypothesis;
- Surveys on the ethnoentomological classification systems;
- Description of insect life-history according to folk knowledge;
- Insects in human thoughts and behavior; insects in mythology;
- Insects as teaching tools;
- Insects in advertising;
- Studies on the use of insects as food (entomophagy), as medicine (entomotherapy), as pets, as toys, and so on.

ACKNOWLEDGEMENTS

The participation of all informants and students from the Feira de Santana State University is gratefully acknowledged. The author would like to thank José Geraldo W. Marques for his comments on the manuscript.

REFERENCES

BERLIN B. – 1992, *Ethnobiological classification: principles of categorization of plants and animals in traditional societies*. New Jersey, Princeton University Press, 335 p.

BROWN C. H. – 1979, Folk zoological life-forms: their universality and growth. *American Anthropologist* 81(4):791-812.

COSTA-NETO E. M. – 1998, Folk taxonomy and cultural significance of "abeia" (Insecta, Hymenoptera) to the Pankararé, Northeastern Bahia State, Brazil. *Journal of Ethnobiology* 18 (1):1-13.

– 1999a, *"Barata é um santo remédio": introdução à zooterapia popular no estado da Bahia*. Feira de Santana, UEFS, 103 p.

– 1999b, A etnocategoria "inseto" e a hipótese da ambivalência entomoprojetiva. *Acta Biológica Leopoldensia* 21(1):7-14.

– 2000a, *Introdução à etnoentomologia: considerações metodológicas e estudo de casos*. Feira de Santana, UEFS, 131 p.

– 2000b, O uso de estímulos-sinais entomomorfos na publicidade. *Bioikos* 14(1):49-53.

DIAS C. V. – 1999, Uma primeira abordagem etnoentomológica de hymenópteros (vespas e abelhas) no povoado de Mombaça, Serrinha, Bahia. Paper presented at the *1st Encontro baiano de Etnobiologia e Etnoecologia*. Feira de Santana, Bahia, Brazil, pp. 37-38.

ELLEN R. – 1997, Indigenous knowledge of the rainforest: perception, extraction and conservation. URL.
http://www.lucy/ukc.ac.uk/Rainforest/malon.html

ERWIN T. L. – 1997, A copa da floresta tropical: o coração da diversidade biológica. *Biodiversidade* (E.O. Wilson, ed.). Rio de Janeiro, Nova Fronteira. pp. 158-165.

GREENE E. S. – 1995, Ethnocategories, social intercourse, fear and redemption: Comment on Laurent. *Society and Animals* 3(1).
http://www.psyeta.org/sa/sa3.1/greene.html

KELLERT S. R. – 1993, Values and perceptions of invertebrates. *Conservation Biology* 7(4):845-853.

KUNIN W. E. & J.H. LAWTON – 1996, Does biodiversity matter? Evaluating the case for conserving species. *Biodiversity: a biology of numbers and difference* (K.J. Gaston, ed.). Oxford, Blackwell Science, pp. 283-308.

LAURENT, E. – 1995, Definition and cultural representation of the category mushi in Japanese culture. *Society and Animals* 3(1).
http://www.psyeta.org/sa/sa3.1/laurent.html

LENKO K. & N. PAPAVERO – 1996[2], *Insetos no folclore*. São Paulo, Conselho Estadual de Artes e Ciências Humanas, 468 p.

LIMA K. L. G. – 2000, *Etnoentomologia no Recôncavo baiano: um estudo de caso no povoado de Capueiruçu*. (Monografia de Especialização em Entomologia). Feira de Santana, UEFS, 68 p.

MARQUES J. G. W. – 1994, A fauna medicinal dos índios Kuna de San Blás (Panamá) e a hipótese da universalidade zooterápica. Paper presented at the *46th Reunião Anual da SBPC*. Vitória, Espírito Santo, Brazil, 324 p.

– 1995, *Pescando pescadores: etnoecologia abrangente no baixo São Francisco alagoano*. São Paulo, NUPAUB-USP, 304 p.

POSEY D. A. – 1983, Ethnomethodology as an emic guide to cultural systems: the case of the insects and the Kayapó Indians of Amazonia. *Revista Brasileira de Zoologia* 1(3):135-144.

– 1986, Etnobiologia: teoria e prática. *Suma Etnológica Brasileira. Etnobiologia* (D. Ribeiro, ed.). Petrópolis, Vozes/Finep, pp. 15-25.

– 1987, Temas e inquirições em etnoentomologia: algumas sugestões quanto à geração de hipóteses. *Boletim Museu Paraense Emilio Göeldi* 3(2):99-134.

RAMOS-ELORDUY J. – 1998, *Creepy crawly cuisine: the gourmet guide to edible insects.* Vermont, Park Street Press, 150 p.

RATCLIFFE B. C. – 1988, The significance of scarab beetles in the ethnoentomology of non-industrial, indigenous peoples. *First International Congress of Ethnobiology.* Proceedings, v. 1. Belém, UFPA, pp. 159-185.

SEIGNOBOS C., J.-P. DEGUINE & H.-P. ABERLENC – 1996, Les Mofu et leurs insectes. *Journal d'Agriculture Traditionnelle et de Botanique Appliquée* 33(2):125-187.

SILVA G. A. – 1998, Comportamento humano e metáfora animal: os bichos na linguagem cotidiana. Paper presented at the *2nd Simpósio Brasileiro de Etnobiologia e Etnoecologia.* São Carlos, São Paulo, Brazil, ms.

SOUTHWOOD T. R. E. – 1977, Entomology and mankind. *American Scientist* 65:30-39.

STARR C. K. & M. E. B. WILLE – 1988, Social wasps among the Bribri of Costa Rica. *First International Congress of Ethnobiology.* Proceedings, v. 1. Belém, UFPA, pp. 187-194.

SUTTON M. Q. – 1988, Insect resources and plio-pleistocene hominid evolution. *First International Congress of Ethnobiology.* Proceedings, v. 1. Belém, UFPA, pp. 195-207.

LA CLASSIFICATION DES ARTHROPODES SELON
LES MASA BUGUDUM (NORD-CAMEROUN):
PREMIER APERÇU

Jean-Michel MIGNOT

RÉSUMÉ

La classification des Arthropodes selon les Masa Bugudum (Nord-Cameroun): premier aperçu

Les Masa Bugudum du Nord-Cameroun ne sont pas particulièrement attentifs aux insectes; néanmoins, ils sont un élément important de leur existence matérielle et symbolique. Il s'agit ici d'évoquer schématiquement comment ils les classent.

ABSTRACT

Arthropod classification according to the Masa Bugudum (Northern Cameroon): first survey

The Masa Bugudum of Northern Cameroon are not particularly attentive to insects; however, they are an important part of their material existence and symbolism.
In this presentation, I will briefly describe how this tribe classifies insects, and their knowledge about them.

« Insecte est un emprunt savant (1553) au latin *insecta*, pluriel neutre substantivé de *insectus*, participe passé de *insecare* "couper, disséquer" […]; le latin *insecta* représente un calque du grec *entoma* (zôa), littéralement "bêtes coupées" ainsi nommées à cause des formes étranglées de leur corps. […] *Insecte*, reprenant d'abord la valeur de l'étymon grec, s'est employé pour désigner un petit animal invertébré dont le corps est divisé par étranglements ou par anneaux; au XVIIIe s., on appelait insectes les animaux, qui pensait-on, vivent encore après qu'on les a coupés (le serpent par exemple) et ceux dont le corps était, ou bien divisé en anneaux (vers, arthropodes) ou bien apparemment inorganisé (huître, mollusques en général). La notion moderne se construit progressivement avec l'évolution de la zoologie (XVIIIe - déb. XIXe). Insecte désigne aujourd'hui un petit animal invertébré à six pattes, souvent ailé et subissant des métamorphoses. L'usage courant du mot inclut les arthropodes, les arachnides et les myriapodes, alors qu'en zoologie, la classe des insectes exclut ces arthropodes. À la fin du XVIIe s., insecte est employé (av. 1696) par figure du premier sens, pour désigner un être vil; cet emploi analogue à celui de ver (de terre) est devenu archaïque. […] » (Rey 1992,1:1031 col 1).

Les insectes dans la tradition orale – Insects in oral literature and traditions
Élisabeth MOTTE-FLORAC & Jacqueline M. C. THOMAS, éds
2003, Paris-Louvain, Peeters-SELAF (Ethnosciences)

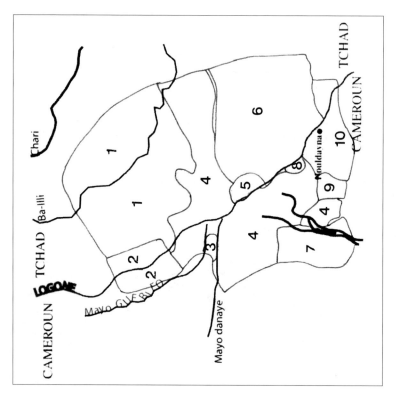

CARTE 3: *Localisation des clans masa
et du village de Nouldayna*

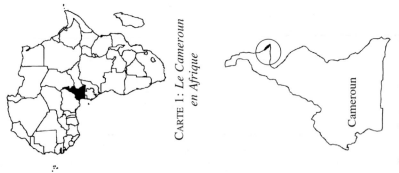

CARTE 1: *Le Cameroun
en Afrique*

CARTE 2: *Localisation de la zone
d'enquête au Cameroun*

Le terme "insecte" est récemment apparu dans le vocabulaire français commun. Il est le témoin de ce phénomène particulier à l'occident qu'est la création d'un lexique très spécialisé, autonome vis-à-vis du vocabulaire populaire, construit contre ce dernier et qui progressivement s'y est imposé. Très peu de civilisations extra-occidentales ont créé une pareille dynamique. C. Brown (1984) a compilé et analysé des données concernant les taxinomies zoologiques de 144 langues réparties sur le globe. Un peu plus des deux tiers n'ont aucun terme qu'il soit possible de traduire (même approximativement) par le terme insecte. Les Masa du Nord Cameroun sont dans ce cas de figure. Ils ont dispersé les arthropodes dans leur système classificatoire. Par conséquent, il est impossible d'exposer synthétiquement la taxinomie des insectes ainsi que les usages et savoirs qui leur sont attachés.

Les données présentées dans ce texte ont été collectées pendant une période de cinq ans[1] passée auprès de la population de Nouldayna[2], un village du clan Masa Bugudum. Le terme Masa désigne simultanément une langue appartenant à la famille tchadique[3] et le groupe ethnique localisé sur les rives camerounaises et tchadiennes du Logone à environ 200 kilomètres au sud du Lac Tchad (Cartes 1, 2, 3).

Il existe, au moins, dix clans masa (du nord vers le sud) : les Gumay (1), les Bahiga (2), les Marao (3), les Walia (4), les Bongor (5), les Hara (6), les Wina (7), les Masa (8), les Guisey (9) et les Bugudum (10) (Carte 3). Ces clans sont patrilinéaires, patrilocaux, exogames et se distinguent les uns des autres par des variations dialectales, des interdits alimentaires, une entité surnaturelle tutélaire, un territoire clanique et un récit d'installation sur cette aire. La langue intercompréhensible du nord au sud, des institutions partagées constituent, entre autres, le sentiment d'une unité ethnique forte ; ce qui n'empêche pas des conflits violents et prolongés entre les différentes unités sociologiques de rang égal qui composent cette ethnie. Autrefois, les Masa formaient une société acéphale ; aujourd'hui, cette configuration politique a été profondément perturbée par la colonisation allemande et française puis par l'État camerounais, mais elle a laissé des traces profondes dans les comportements et les réactions politiques individuelles et collectives des Masa.

---

[1] 1991 à 1996.

[2] Si on admet que la silhouette du Cameroun évoque celle d'un oiseau regardant vers l'est, Nouldayna (10° Nord, 15,5° Est) se trouve juste au-dessus de la pointe du bec (Carte 2).

[3] Cette famille regroupe cinquante-six langues dont deux éteintes. Le masa constitue sa branche sud qui est elle-même divisée en deux sous-branches : la sud et la nord qui inclut le zumaya et le musey et les deux "sous-sous-branches" masa : le masana ouest et le masana centre (Dieu 1983).

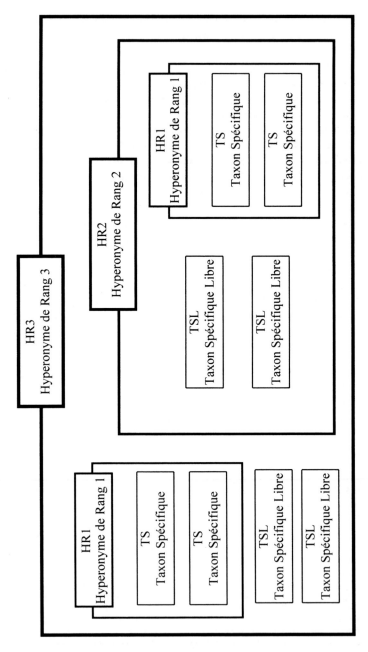

FIGURE 1. *Architecture de l'organisation ethnoscientifique des Masa Bugudum*

ÉLÉMENTS DE LA CLASSIFICATION MASA BUGUDUM
DES ARTHROPODES

Il me semble que les Masa Bugudum ressentent les relations entre les termes zoologiques ou botaniques comme étant de nature hyponomique[4] ou hypernomique[5] et qu'à aucun moment ils estiment qu'elles dessinent des catégories, des classifications ou des taxinomies hiérarchiques ou non.

Pour tenter de rendre compte de cette conception (Figure 1) dans cet article, je m'inspirerai de la terminologie proposée par B. Berlin (1992)[6]. Les Taxons Spécifiques (TS) sont les hyponymes des Hyperonymes de Rang 1 (HR1)[7] qui sont, eux-mêmes, les hyponymes des Hyperonymes de Rang 2 (HR2)[8] qui sont, de même, les hyponymes des Hyperonymes de Rang 3 (HR3)[9]. Le rang d'un terme est déterminé par celui de l'hyperonyme de rang le plus élevé qu'il englobe ; plus simplement dit, un Hyperonyme de Rang 1 (HR1) englobe exclusivement des Taxons Spécifiques (TS) et un Hyperonyme de Rang 3 (HR3) englobe au moins un Hyperonyme de Rang 2 (HR2). Enfin, un terme d'un rang quelconque n'est pas obligatoirement englobé par un terme de rang immédiatement supérieur, mais il peut éventuellement être englobé par un hyperonyme de rang très supérieur[10] ; Les Taxons Spécifiques (TS) qui ne sont pas englobés par un Hyperonyme de Rang 1 (HR1) sont appelés des Taxons Spécifiques Libres (TSL), ce qui ne les empêche pas d'être englobés par des hyperonymes de rang supérieur[11].

Pour repérer le rang d'hyperonyme ou d'hyponyme d'un terme, la seule technique est de demander à un Bugudum si les objets que l'on suppose inclus dans ce terme constituent ou non un /jafna/[12].

Le terme /jafna/ appartient au vocabulaire des institutions bugudum. Il sert à désigner abstraitement des unités sociales regroupant des individus nécessairement consanguins.

---

[4] « Sémantique – Autre nom donné à la relation d'inclusion vue comme orientée du plus spécifique au plus général. Ainsi, il y a une relation d'hyponymie entre les mots *amour* et *sentiment* ; on dira qu'*amour* est un des hyponymes de *sentiment*. La relation orientée en sens inverse est l'hyperonymie » (Rogero 1974 : 166).

[5] Antonyme d'hyponyme.

[6] La catégorie la plus englobante est nommée "Unique beginner", la suivante "Life-form", suivi de "Generic" puis de "Specific", le dernier rang est "Varietal" (*cf.* Berlin 1992 : 3-51).

[7] Les catégories "Generic" de B. Berlin (1992).

[8] Les catégories "Life-form" de B. Berlin (1992).

[9] Les catégorie "Unique beginner" de B. Berlin (1992). Notons que les Masa Bugudum n'ont qu'un seul HR3 (/guna/) qui englobe l'ensemble des végétaux et champignons. Le champ sémantique de ce terme est complexe puisqu'il désigne également un hyperonyme de rang 2 (/guna/ les ligneux) et les remèdes bienfaisants et malfaisants qui ne sont pas seulement des produits végétaux.

[10] Autrement dit, l'hyperonyme immédiat d'un Taxon Spécifique Libre (TSL) peut-être un Hyperonyme de Rang 3 (HR3) lorsque celui-ci englobe au moins un Hyperonyme de Rang 2 (HR2).

[11] HR2 ou HR3.

[12] Les mots masa se composent d'un radical – ici /jaf/ – auquel s'ajoutent des suffixes qui indiquent leur genre, leur nombre et leur fonction grammaticale. La plupart des ethnographes retranscrivent les termes vernaculaires masa sous leur forme "masculin, singulier, sujet" – soit /jafna/.

(*) «*Djaf* est le seul mot qui sert à désigner les groupes fondés sur une parenté commune. Ce terme sert à désigner les différents aspects selon lesquels la consanguinité est appréhendée dans la société et distingue selon les cas des groupes d'extension variable.» (Garine 1964:44)

(*) «Le mot *djafna* qui signifie semence, origine, désigne la patrilinéarité à quelques segments qu'on se réfère, de l'ancêtre le plus éloigné à l'aïeul le plus proche. Il n'existe aucun autre terme pour désigner les différents niveaux généalogiques (...) *djafna* distinction indispensable pour les hommes, est une référence à laquelle les Massa ont tout autant recours pour leur bétail. (...) *djaf borododa* signifie l'espèce bovine bororo comme le *djaf nasara*, la race blanche» (Dumas-Champion 1983:38).

(*) «/jaf/: n. /jàfnà/ (1) la semence; (2) la descendance; (3) la race» (Caïtucoli 1983:91)

(*) «/jaf/, /jafi/ (Gumay), /jafna/ (Hara): (1) race, famille, descendance: /jaf rikasa biyey tis (ou tis tis)/ la famille de Rikasa s'est beaucoup reproduite; /guyn hay jafna vuma' kayni calaŋawan una uniya/ dans notre famille, quand le serpent te mord, il faut baiser; /ło lop klan jafam ti cemcem ɗi/ depuis, le clan de ło ne mange plus de hérisson; /nam mus kayn dafama łokŋa kay jafna valamu/ après cela, il continua à faire cuire ses éléphants par des gens de sa famille. (2) genre, sorte, espèce. /va nam keyno nisi muɗum jafam valamu, muɗum goy ki ɗifin nala/ cette chose-là ils en ont changé le genre, ils l'ont transformée en tabou; /ku' jafam kaf/ de toutes sortes. (3) graines de semence. /naŋ na vuɗoŋ kayn yow jaf łe ha'na/ tu rentres chez toi, tu prends les grains de choses blanches (ainsi dira le devin); /naŋa vo'o, garaŋa jafna vi mununna, yaŋki doliyo bur kepe, fat ma'ti kayn nan ma neys yowoŋ g reyna/ rentre chez toi, cherche les graines qu'on offre à Mununna, prépare de la bière, laisse passer une nuit, le deuxième jour, je viendrai te faire la divination.» (Mellis 1991).

Un glissement sémantique, que les Bugudum perçoivent comme étant de type métaphorique (et quelque peu abusif), permet également au terme /jafna/ de désigner, toujours abstraitement, des hyperonymes ethnoscientifiques.

En dehors des situations d'enquêtes ethnoscientifiques, les Masa Bugudum ne discutent jamais des classifications botaniques et zoologiques. C'est un sujet qui ne les intéresse absolument pas et son exégèse leur semble complètement inutile[13].

L'ORGANISATION DES ARTHROPODES SELON LES MASA BUGUDUM

L'organisation des arthropodes ne présente aucune spécificité vis-à-vis des autres êtres vivants (êtres surnaturels, êtres humains, végétaux et animaux). Au contraire, ils fournissent une bonne idée générale de l'architecture des organisations ethnoscientifiques masa bugudum.

/ŋefrekna/ "bestioles" (HR2)

La composition du /ŋefrekna/ "bestioles" n'est pas l'objet d'un consensus. Plus précisément, les informateurs âgés de quarante à soixante ans (les aînés) (Figure 2A) sont en désaccord avec ceux qui sont âgés de vingt à trente ans (les

---

[13] Mon intérêt obstiné pour ce thème agaçait et ennuyait mes informateurs qui, pour tous les autres sujets, se sont montrés d'une pédagogie et d'une patience remarquables.

jeunes) (Figure 2B). Ces derniers ont une conception plus extensive de ce /jafna/ que leurs aînés. Actuellement, je fais volontiers l'hypothèse qu'ils ont réalisé un calque partiel de notre catégorie "insecte". Ils ont incorporé dans l'hyperonyme de rang 3 /ŋefrekna/ des espèces qui :

    – sont indépendantes de tout hyperonyme préexistant,

    – présentent des similitudes morphologiques avec les espèces que les aînés acceptent d'englober dans l'HR3 /ŋefrekna/[14] ou sont morphologiquement très différentes de l'ensemble des autres arthropodes[15].

Notons qu'aucun de mes informateurs de cette tranche d'âge n'est capable de m'expliciter le ou les traits communs qui permettent de réunir l'ensemble de ces arthropodes sous le terme /ŋefrekna/. Ce calque partiel est peut-être une conséquence de la scolarisation primaire et exceptionnellement secondaire d'une partie de cette tranche d'âge et des bribes de vulgarisation agricole dispensées par la SEMRY[16] et la SODECOTON[17].

Leurs aînés expliquent que presque toutes les bestioles auxquelles ils affectent l'hyperonyme /ŋefrekna/ se ressemblent. En effet, ce sont en majorité des coléoptères ou des arthropodes qui ont des élytres durs et entièrement ou partiellement noirâtres.

Enfin, il faut dire que la plupart des insectes, auxquels ne sont pas affectés de taxons spécifiques et qui ne peuvent pas être rapprochés au moins morphologiquement des insectes évoqués dans la suite de ce texte, sont déterminés à l'aide de l'hyperonyme de rang 2 /ŋefrekna/.

/vinivinida/ "insectes vésicants" (HR1 inclus dans le HR2 /ŋefrekna/)

Dans ce /jafna/ (Figures 2A/2B) sont inclus les "méloés (*Synhoria senegalensis, Anoplocnemis curvipes*)" /vinivinida/, des "cétoines (Cetoniidae spp.)" /vinivinida vi nulda/, /vinivinida vi yana/ et la "punaise (*Basicryptus* sp.)" /cawɓiŋa/. La caractéristique commune de ces insectes est, d'après les Bugudum, d'être munis de fortes capacités répulsives. Le méloé (*Synhoria junceus*) et les cétoines sont réputés urticants[18] et les punaises émettre une odeur nauséabonde. Si on ne connaît pas les propriétés vulnérantes ou répulsives de ces animaux, aucun trait morphologique ne permet d'inférer l'inclusion d'un arthropode dans cet hyperonyme.

---

[14] Par exemple, la mouche domestique, l'abeille…, se rapprochent morphologiquement du xylocope (/fotna/) qui, lui, est englobé par toutes les catégories d'âge dans l'hyperonyme /ŋefrekna/.

[15] C'est le cas du scorpion (/hududa/) qui ne ressemble à aucun autre animal ; par contre, les différentes espèces de fourmis, qui ne sont pas englobées dans un hyperonyme commun, se ressemblent beaucoup trop entre elles et sont trop différentes des autres arthropodes pour être englobées dans /(jaf) ŋefrekna/.

[16] **S**ociété d'**E**xpansion et de **M**odernisation de la **R**iziculture de **Y**agoua.

[17] **SO**ciété de **DÉ**veloppement du **COTON** du Cameroun.

[18] Les cétoines sont inoffensives ; *Synhoria senegalensis,* quand il est menacé, dégage un liquide vésicant.

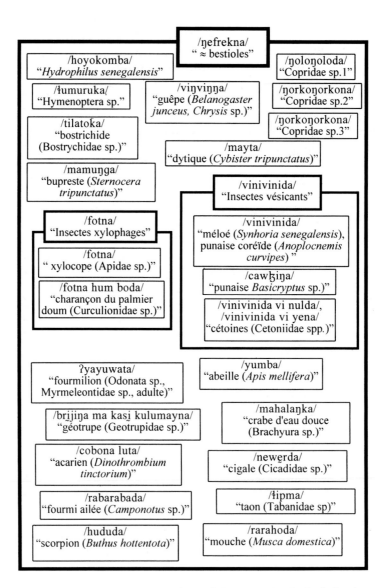

FIGURE 2A. *Représentation graphique de l'organisation des* /ŋefrekna/
par les Masa Bugudum âgés de vingt à trente ans et plus

FIGURE 2B. *Représentation graphique de l'organisation des* /ŋefrekna/
par les Masa Bugudum âgés de quarante à soixante ans

Très exceptionnellement, les Bugudum déterminent les cétoines de façon plus précise : /vinivinida vi nulda/[19] ou /vinivinida vi yana/[20]. Il ne s'agit pas de taxons de rang variétal. Le locuteur précise simplement sur quel arbre ces insectes (inutiles) ont été capturés et les Bugudum n'estiment pas que ces insectes sont inféodés à l'un ou l'autre de ces arbres.

Les Bugudum reconnaissent que les divers insectes inclus dans ce /jaf/ sont très différents les uns des autres ; néanmoins, ils n'ont pas de taxon spécifique particulier soit parce qu'il n'a jamais existé, soit qu'il ait été oublié.

/(jaf) fotna/ "insectes xylophages" (HR1 inclus dans le HR2 /ŋefrekna/)

Les caractéristiques communes des insectes qui appartiennent à ce /jaf/ sont d'être des ravageurs du bois et de ne pas être des termites (Figures 2A/2B). Les Bugudum détestent ces animaux qui inexorablement détruisent leurs constructions.

La plupart du temps, les Bugudum n'emploient que le terme spécifique /fotna/ pour désigner le "xylocope (Apidae sp.)" ou le "charançon du palmier doum[21] (Curculionidae sp.)" /fotna hum boda/[22]. Les deux insectes sont suffi-samment différents morphologiquement et éthologiquement pour qu'il n'existe pas d'ambiguïté d'identification.

Le "charançon du palmier doum (Curculionidae sp.)" /fotna hum boda/ présente tous les traits[23] qui justifient qu'on lui attribue l'hyperonyme de rang 2 /ŋefrekna/ (cf. supra). Ce n'est pas le cas pour le "xylocope (Apidae sp.)" /fotna/, un gros hyménoptère. Je suppose que cette situation répond à un souci de cohérence logique : il est difficile d'attribuer l'hyperonyme /ŋefrekna/ à l'un – le charançon – et de le refuser à l'autre – le xylocope. Je ne sais pas pourquoi les Masa Bugudum privilégient le charançon du palmier doum (/fotna hum boda/ "Curculionidae sp."). Enfin, il faut dire que je n'ai jamais entendu un Masa Bugudum (même très jeune) employer, dans une situation quotidienne, l'hyperonyme /ŋefrekna/ pour désigner un xylocope ; par contre, dans une situation difficile (pénombre…), les Masa Bugudum n'hésitent pas à utiliser l'hyperonyme /ŋefrekna/ pour désigner le charançon du palmier doum.

/(jaf) toboda/ "termites" (HR1)

Les termites sont familiers aux Bugudum (Figure 3). D'abord parce que, tôt ou tard, ils détruisent toutes les constructions et ensuite parce que, pendant la saison des pluies, les Bugudum consomment, avec beaucoup de plaisir, les individus sexués et ailés.

---

[19] //insecte vésicant/de/*Acacia sieberiana* DC. ou *A. seyal* Del. -Leguminosae-Mimosoideae)//.

[20] //insecte vésicant/de/arbre non identifié//.

[21] *Hyphœne thebaica* (Linn.) Mart. (Palmae).

[22] //insecte xylophage/de/palmier doum//.

[23] Coléoptères ou arthropodes ayant des élytres durs et noirâtres ; se reporter aux paragraphes concernant l'hyperonyme /ŋefrekna/.

Le terme /toboda/ désigne à la fois l'ensemble des termites (hyperonyme de rang 1) et les *Bellicositermes* spp. (taxon spécifique).

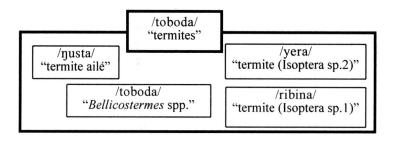

FIGURE 3. *Représentation graphique du jaf* /toboda/

/bada/ "grillons, sauterelles, criquets, mantes religieuses" (HR2)

Les Bugudum connaissent admirablement bien ces insectes (Figure 4). Mes récoltes rendent compte des espèces les plus fréquentes. Il en existe bien d'autres que les Bugudum connaissent tout aussi bien.

/tufukuŋdina/ "criquets sacrificiels" (HR1 inclus dans le HR2 /bada/)

Ces petits criquets, très communs et présents toute l'année, sont les seuls utilisables comme offrandes sacrificielles[24]. Quelques "spécialistes" distinguent /tufuŋkudina ɬawi/ (//ʔ/rouge//) et / tufuŋkudina wurana/ (//ʔ/noir//); cette distinction est jugée superflue par la majorité des Bugudum y compris de ces "spécialistes" eux-mêmes. Les Bugudum sont intransigeants à propos du statut d'hyperonyme de rang 1 et de taxon spécifique affecté à /tufuŋkudina/.

/bada/ "criquets" affectés d'un Taxon Spécifique Libre

Un taxon spécifique libre est affecté à la plupart des criquets. Toutefois, les Bugudum considèrent que ces espèces de criquets sont très différentes les unes des autres.

/kipirkipira/ "papillons adultes" (HR1)

Les Bugudum ne s'intéressent pas aux papillons (Figure 5). Un "papillon nocturne (Sphingidae sp.)" /gigoleyna/ est le seul spécimen pour lequel j'ai pu obtenir un terme vernaculaire spécifique.

---

[24] Au cours des séances de divination, les entités surnaturelles exigent un ou plusieurs sacrifices. Ceux-ci sont constitués par un ou plusieurs gallinacées, un ovin ou un caprin, plus rarement un bovin, des œufs mais aussi des os de boucherie ou des criquets qui doivent exclusivement appartenir à cette espèce.

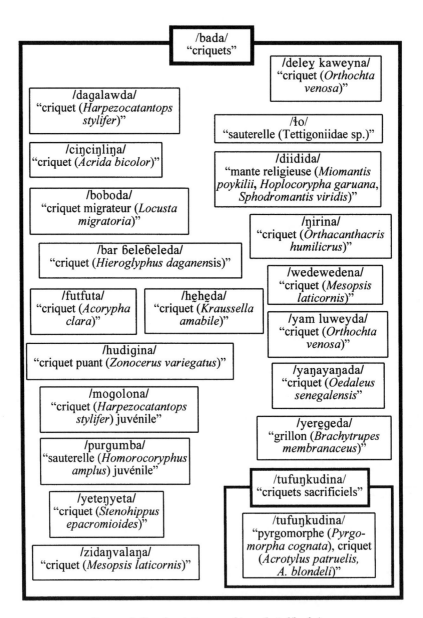

FIGURE 4. *Représentation graphique du jaf* /bada/

LA CLASSIFICATION DES ARTHROPODES SELON LES MASA BUGUDUM (CAMEROUN)
ARTHROPODS CLASSIFICATION ACCORDING TO THE MASA BUGUDUM (CAMEROON)

117

FIGURE 5. *Représentation graphique du jaf* /kipirkipira/

/yufulla/ "chenilles de lépidoptères, larves scarabéiformes, iules, scolopendres, vers de terre" (HR1)

Les chenilles (/breceda hum kotcoda/ "chenille sp." et /purcuta/ "*cf. Helicoverpa armigera*") sont comestibles et appréciées des enfants. Les vieilles femmes mangent discrètement /cokocokota/ "larve scarabéiforme" qui se développe dans le sol des anciens corrals.

Les Bugudum savent que les chenilles et les larves subissent une série de métamorphoses avant d'acquérir leur forme adulte qui, elle, appartient à un /jaf/ différent.

Cet hyperonyme regroupe tous les arthropodes plus longs que larges et dont la partie ventrale semble en contact permanent avec le sol (Figure 6). Un Masa Bugudum utilise le terme /yufulla/ quand il ignore le taxon spécifique affecté à un arthropode qu'il présume inclus dans cet hyperonyme.

En dehors des animaux cités précédemment, les autres chenilles de lépidoptères et autres larves n'ont pas de taxon vernaculaire spécifique; c'est le terme générique /yufulla/ qui est employé. Cependant, il faut faire une exception pour la "larve d'un charançon parasite du palmier doum"[21] qui garde le taxon de l'imago /fotna hum boda/ mais, néanmoins, est inclus dans le /(jaf) yufulla/.

/bayuwana/ "araignées" (HR1)

Les araignées sont encore des animaux auxquels les Bugudum ne s'intéressent guère. Quelques rares personnes distinguent deux catégories d'araignées: les "araignées qui font des filets[25]" /bayuwana ma gu bayta/[26] et les "araignées qui font un cocon sur les murs" /bayuwana ma vi letumna/[27]. Une femme ajoute une troisième catégorie, "les araignées qui creusent un terrier" /bayuwana ma frok zulla/[28]. La plupart des Bugudum reconnaissent qu'il y a

---

[25] Les Masa comparent les toiles des araignées à des filets de pêche.
[26] //araignée/qui/noue/filet//
[27] //araignée/qui/?/cocon//
[28] //araignée/qui/creuse/trou//, il faut noter que les Masa n'ont qu'un mot pour les trous et la sépulture.

plusieurs espèces d'araignées mais qu'elles n'ont pas de termes vernaculaires spécifiques et donc /bayuwana/ est le seul terme couramment employé.

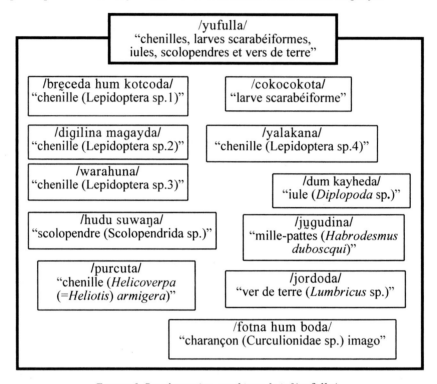

FIGURE 6. *Représentation graphique du jaf* /yufulla/

Les "fourmis" (Taxons Spécifiques Libres)

Les fourmis sont familières aux Bugudum.

La "fourmi (*Messor* sp.)" /telelda/ est la plus connue (Figure 7). Ses fourmilières sont constituées par d'importantes surfaces de sable fin dénudé où s'affairent continuellement une multitude de fourmis noires.

Les autres espèces sont moins facilement identifiées. Un même terme /rabarabada/ est utilisé pour désigner les fourmis ailées, quelle que soit l'espèce. Certains Bugudum sont capables de déterminer à quelle espèce de fourmis appartiennent ces individus sexués. Les Bugudum admettent volontiers que les différentes espèces de fourmis présentent quelques similarités morphologiques et écologiques. Néanmoins, ils refusent avec énergie que les fourmis soient incluses dans un /jaf/. De même, ils nient et rejettent fermement tout lien métaphorique de parenté ou de hiérarchie entre les différentes espèces de fourmis.

/ŋolorona/ "fourmi (*Camponotus* sp., Mutilidae sp.)"	/rabarabada/ "fourmi ailée (*Camponotus* sp.)"
/telelda/ "fourmi (*Messor* sp.)"	/orbayna ɫawna/ "fourmi (*Pheidole* sp.)"

FIGURE 7. *Représentation graphique des "fourmis" (Taxons Spécifiques Libres)*

Une autre organisation

Comme la plupart des populations, les Masa disposent de plusieurs organisations ethnoscientifiques. Celle que j'ai précédemment exposée est la plus couramment utilisée. J'ai pu mettre au jour une autre organisation rarement mise en œuvre. Elle illustre une organisation écologique du monde. Les Masa Bugudum estiment que les végétaux et les animaux appartiennent à des êtres surnaturels. La plupart des insectes terrestres (parasites compris) sont la propriété de Bagawna "génie tutélaire de la brousse et des lieux sauvages" à l'exception de ceux que l'on peut regrouper sous l'hyperonyme de rang 1 /yufulla/ "chenilles de lépidoptères, larves scarabéiformes, iules, scolopendres, vers de terre" qui sont la propriété de Nagata "génie féminin tutélaire de la terre" et qui ont la particularité d'être des "bestioles" qui donnent l'impression de ramper ou qui sont fouisseuses. Même si une grande part de leur vie est souterraine, les termites (/toboda/ hyperonyme de rang 1 et taxon spécifique) relèvent de Bagawna. Les coléoptères /mayta/ "*Cybister tripunctatus*" et /hoyokomba/ "*Hydrophilus senegalensis*", tous deux inclus dans l'hyperonyme de rang 2 /ŋefrekna/ "bestioles", dépendent de /munuta/ "génie féminin des eaux" car ce sont des coléoptères aquatiques. Le "scorpion (*Buthus hottentota*)" /hududa/ appartient à la fois à Bagawna "un animal de la brousse" et à Matna[29] "génie tutélaire de la mort" qui s'en sert pour se venger des humains qu'il a pris en grippe.

PARCE QU'IL FAUT BIEN TERMINER...

Il est difficile de conclure un tel article. Les arthropodes ne constituent pas un secteur autonome de l'ethnoscience masa bugudum et, par conséquent, une analyse nécessite la prise en compte d'autres familles d'animaux. Les Masa Bugudum nomment des arthropodes :

---

[29] Les serpents venimeux appartiennent aussi à cet être surnaturel.

- qui ont des interactions (passées ou présentes) positives ou négatives avec eux;
- qui peuvent malencontreusement être confondus avec les précédents;
- qui ont un aspect remarquable.

En ce qui concerne les autres, ils sont:
- soit purement et simplement ignorés;
- soit nommés à l'aide d'un hyperonyme d'un rang quelconque ou sont assimilés dans un même taxon spécifique libre.

REMERCIEMENTS

Les spécimens ont été identifiés par M. Donskoff (MNHN), J. Weulersse (MNHN), D. Pluot-Sigwalt (MNHN), J.Thal (Ecole de faune de Garoua).

RÉFÉRENCES BIBLIOGRAPHIQUES

ABERLENC H. P. & J. P. DEGUINE – 1999, Les insectes des monts Mandara: le regard des Mofu-Diamaré et le regard de l'entomologiste, *L'homme et l'animal dans le bassin du lac Tchad* (Baroin C. & J. Boutrais, éds). Paris, IRD, pp. 109-132.

BARRETEAU D. – 1999, Les Mofu-Gudur et leurs criquets, *L'homme et l'animal dans le bassin du lac Tchad* (Baroin C. & J. Boutrais, éds). Paris, IRD, pp. 133-169.

BERLIN B. – 1992, *Ethnobiological classification: principles of categorization of plants and animals in traditionnal societies.* Princeton, Princeton University Press, 335 p.

BROWN C. – 1984, *Language and living things. Uniformities in folk classification and naming.* New Brunshwick (New Jersey), Rutgers University Press, 306 p.

CAÏTUCOLI C. – 1983, *Lexique Masa, Cameroun.* Paris, ACCT et CERDOTOLA, 201 p.

DIEU M. (dir.) – 1983, *Atlas linguistique du Cameroun (ALCAM): inventaire préliminaire, ALAC.* Paris, ACTT, 475 p.

DUMAS-CHAMPION F. – 1983, *Les Masa du Tchad. Bétail et société.* Cambridge & Paris, CUP & MSH, 276 p.

GARINE I. de – 1964, *Les Massa du Cameroun. Vie Économique et sociale.* Paris, PUF, 250 p.

LAUNOIS M. – 1978, *Manuel pratique d'identification des principaux acridiens du sahel.* Paris, Ministère de la Coopération & Groupement d'Étude et de Recherches pour le Développement de l'Agronomie Tropicale, 303 p.

LAUNOIS M. H. & M. LAUNOIS – 1987, *Catalogue iconographique des principaux acridiens du sahel.* Paris, Ministère de la coopération, C.I.R.A.D. & P.R.I.F.A.S., 256 p.

LAVABRE E. M. – 1992, *Ravageurs des cultures tropicales.* Paris & Wageningen, ACCT, Maisonneuve et Larose & Centre Technique de Coopération agricole et rurale, 178 p.

LESNE P. – 1908, Coléoptères, *L'Afrique Centrale Française. Récit de la mission Chari - Lac Tchad* (A. Chevalier, éd.). Paris, Augustin Challamel, pp. 703-705.

LÉVÊQUE C. – 1980, Mollusques, *Flore et faune aquatiques de l'Afrique sahélo-soudanienne* (2 tomes) (J.R. Durand & C. Lévêque, éds). Paris, ORSTOM, pp. 283-305.

MELIS T. – 1993, *Dénomination des criquets dans les langues du groupe Masa (Masa - Wina - Ham - Musey - Marba),* ms.

– 1994, *Dictionnaire Masa Gumay et Hara - français,* ms.

La classification des arthropodes selon les Masa Bugudum (Cameroun)
Arthropods classification according to the Masa Bugudum (Cameroon)

121

Mignot J.-M. – 1996, Exemples de techniques d'acquisition de produits alimentaires mises en œuvre par les enfants masa Bugudum, *Bien manger et bien vivre. Anthropologie alimentaire et développement en Afrique intertropicale : du biologique au social* (A. Froment, I. de Garine, Ch. Binam Bikoi & J.F. Loung, éds). Paris, L'Harmattan & ORSTOM, pp. 425-432.

– 2001, *Prélude à une étude ethnoscientifique des enfants Masa Bugudum : éléments sur l'acquisition des savoirs ethnobotaniques et ethnozoologiques* (4 vol.) (Thèse de doctorat de troisième cycle). Université de Paris 10, 730 p. + 337 p.+ 584 p. + 574 p.

Monard A. – 1951, *Résultats de la mission zoologique suisse au Cameroun.* Dakar, I.F.A.N., 244 p.

Monod T. – 1980, Décapodes, *Flore et faune aquatiques de l'Afrique sahélo-soudanienne* (2 tomes) (J.R. Durand & C. Lévèque, éds). Paris, ORSTOM, pp. 369-389.

Rey A. (dir.) – 1992, *Dictionnaire historique de la langue française : Vol A-L.* Paris, Dictionnaire Le Robert, 1156 p.

Rogero J. – 1974, Hyponymie, *Dictionnaire de la Linguistique* (Mounin G., éd.). Paris, PUF, 166 p.

Roth M. – 1980[2], *Initiation à la morphologie, la systématique, et la biologie des insectes.* Paris, O.R.S.T.O.M., 214 p.

Seignobos C., J.-P. Deguine & H.-P. Aberlenc – 1996, Les Mofu et leurs insectes, *Journal d'Agriculture Traditionnelle et de Botanique Appliquée (J.A.T.B.A.)* XXXVIII:125-187.

PRÉSENCE ET SIGNIFICATION DES INSECTES
DANS LA CULTURE PALAWAN (PHILIPPINES)

Nicole REVEL

RÉSUMÉ

Présence et signification des insectes dans la culture palawan (Philippines)

Après une présentation de la géomorphologie et des principaux écosystèmes du Sud de l'île de Palawan, nous aborderons le monde des insectes et de ses représentations chez les Palawan.
La catégorie des *räramu* – et la classification qui lui est liée – sera alors abordée ainsi que quelques mythes étiologiques. L'opposition sémantique qui unit les *räramu* avec les autres catégories du vivant permettra de dégager la place des "insectes" dans une représentation plus globale des "bêtes et bestioles". De plus l'interaction des montagnards avec les *räramu* en milieu forestier de diverses altitudes et en milieu maritime et côtier, permettra de mieux saisir la place de ces derniers dans la biocénose.
Malgré leur omniprésence et le savoir empirique sur toutes leurs manières, la valeur métaphorique des *räramu* dans la poésie (épopées, chansons d'amour) et la musique (échelles "oiseau" et "*kulilal*"), dans les contes et les devinettes, est moins puissante que celle des oiseaux et cela est bien compréhensible car ils sont vécus – à l'exception des abeilles et des insectes stridulants – moins comme des compagnons que comme des agresseurs de l'homme.

ABSTRACT

Insects in Palawan culture (Philippines): presence and meaning

First we shall present the geomorphology and various ecosystems of Southern Palawan island, then we shall focus upon the insect world and the Palawan view of it.
We will then focus on the *räramu* category and the classification linked to it, as well as some etiological myths. The semantic opposition linking *räramu* to the other main categories of living things and beings will help us to clarify the place of "insects" within the broader category of "bugs and creepy-crawlies". Moreover the interaction between the highlanders and *räramu* in the upland forests and in the marine coastal areas contributes to a better understanding of *räramu*'s position within the biocenosis.
Despite their omnipresence and the people's empirical knowledge of their behavior, metaphors linked to *räramu* in poetry (epic songs, love songs), music ("bird" and "*kulilal*" scales), tales and riddles, is less powerful than metaphors linked to birds. This is easy to understand for *räramu* are perceived – except bees and singing insects – less as man's companion than as man's aggressor.

Les insectes dans la tradition orale – Insects in oral literature and traditions
Élisabeth MOTTE-FLORAC & Jacqueline M. C. THOMAS, éds
2003, Paris-Louvain, Peeters-SELAF (Ethnosciences)

Palawan est un archipel de 1768 îles situées sur l'extrémité Nord-Est du Plateau de la Sonde qui, de nos jours, apparaît comme une passerelle unissant le Nord de Bornéo à Mindoro .

Entre les latitudes +8 et +12 et les longitudes 117° et 119°, la grande terre représente 1 200 000 hectares. Elle est caractérisée par une cordillère centrale qui la traverse longitudinalement avec une rupture, donc un axe de pénétration, et s'étend sur 440 km de longueur, 42 km de largeur et 15 km en sa partie la plus étroite. La cordillère couvre 45% et culmine à 2 100 m avec le Mont Mantalingayan, le piémont représente 35%, la plaine littorale et les vallées intérieures 20% de la surface.

Les sols sont plutôt peu fertiles, les rivières sont courtes et tendent à se dessécher en fin de saison de la chaleur. Le régime de mousson caractérise le climat avec deux saisons, l'une humide (de juillet à décembre), l'autre sèche (de février à juin), Palawan est située hors de la ceinture des typhons.

Selon le Département des Ressources Naturelles (DNR), la forêt occuperait encore plus de 700 000 ha dont 21 000 ha sont une forêt moussue d'altitude, plus de 300 000 ha seraient une forêt ancienne, le reste serait une forêt résiduelle avec de vastes étendues de cogonales[1] sur les premiers contreforts; il resterait 50% de terres forestières avec un couvert arboré et de grands arbres (de la famille des Dipterocarpaceae) et 28 000 ha de mangrove.

La faune et la flore relèvent du "berceau cultural" si riche en espèces du monde malais. Écologiquement Palawan et Bornéo sont apparentées.

En décembre 1882, D. C. Worcester (1909:120), naturaliste américain, a témoigné de la vue primordiale qui s'offrait à lui depuis le Mont Pulgar au Sud-ouest de Puerto Princesa:

> «To the North and South lay absolute unbroken forest, as far as the eye could see... a vast expanse of splendid forest which seemed to stand as it was in the beginning, with never a trace of the marring hand of man.»

Jusqu'aux années 1960, Palawan était de triste renommée: un bagne, une léproserie; la malaria et la piraterie en faisaient une terre bannie pour les gens de Manille et, Mindanao était alors un puissant pôle d'attraction. Tout bascula après la Deuxième Guerre mondiale, les expéditions et les enquêtes ethnobotaniques de Harold C. Conklin en 1947, les travaux ethnographiques auprès des Tagbanwa de Robert B. Fox, suivis des découvertes archéologiques et préhistoriques majeures effectuées avec l'équipe de la section d'Anthropologie et d'Archéologie du Musée National de Manille: les célèbres *Tabon Caves*. Le public considéra désormais Palawan avec une fierté identitaire et nationale. Sous la pression démographique des îles Visayas les migrations et les fronts pionniers, amorcés sous le Commonwealth, se multiplièrent et furent encouragés par les gouvernement successifs.

Désignée à ce jour comme "the last frontier", Palawan devrait être l'objet d'une attention particulière par la communauté nationale et par la communauté

---

[1] Également appelée "herbe à paillote" (*Imperata cylindrica* (L.) P. Beauv., Poaceae).

internationale. Il serait impératif, en effet, de veiller à la protection des différents écosystèmes naturels et culturels qui l'identifient et à son développement
harmonieux à l'égard des populations diverses qui l'habitent, les unes depuis
bien longtemps, les autres depuis peu, ainsi que celles qui, chaque année, arrivent des îles Visayas et du sud de Luzon, mais encore de celles qui vont arriver
des archipels de Sulu, Tawi-Tawi et de Sabah dans la situation de tensions
actuelles.

LES DIVERS GROUPES SOCIOCULTURELS

Les trois populations autochtones sont des chasseurs-cueilleurs et/ou es-
sarteurs, théistes et animistes, aux structures sociales différentes :
– les Tagbanuwa au centre et dans l'archipel Cuyo au Nord ;
– les Batak (groupes Negritos en voie d'extinction, environ 200 personnes) au centre Nord,
près des Cleopatra Peacks ;
– les Palawan (appelés "Palawanos" par les colons chrétiens) au Sud, après la ligne trans-
versale Abo-Abo/ Quezon.
Ces trois groupes ont été peu à peu christianisés depuis la deuxième guerre
mondiale, surtout par diverses missions protestantes américaines et philippines.
Les Palawan des îles méridionales et du littoral sont aussi islamisés depuis que
les migrants de l'archipel de Sulu ont établi des communautés par les alliances
de mariage, l'enseignement de la lecture du Coran aux enfants dans les *madra-
sa,* les écoles coraniques, et les prédications.
Les populations islamisées autour de l'île de Balabac et le village de Batarasa
au sud sont les suivantes :
– les Molbog ;
– les Jama Mapun (Sama de Cagayan de Tawi-Tawi), les Sama Banaran, les Balangigi, les
Sama venant de Unggus Matata, South Ubian et Tabawan ;
– les Taosug ou Suluk de Jolo ;
– les Ilanen originaires de la côte Nord-ouest de Mindanao et Nord de Sabah qui venaient
faire des raids et parfois ont pris souche en s'intermariant avec des femmes palawan ou
d'autres femmes sama.
Les Palawan islamisés ou Palawanun forment une population particulière qui
vit en milieu côtier (oriental et occidental) et sur les îles méridionales de la Mer
de Chine.
Les populations chrétiennes catholiques évangélisées par les Augustins, originaires de l'archipel Cuyo au Nord et de Taytay sont progressivement descen-
dues depuis la fin du XIXe siècle vers la capitale de la Province dans la partie
centrale ; plus tard, avant la deuxième guerre mondiale, le village pionnier de
Brooke's Point sur la Mer de Sulu a été fondé ; une politique favorable aux migrants a créé avec Nara, Abo-abo et Quezon de petites bourgades désormais en
expansion. Les populations originaires de Cuyo se désignent comme les
"Palaweños" et parlent cuyunon.
Cette colonisation serait incomplète sans la part de l'esprit d'entreprise et le
sens du commerce de quelques familles chinoises des Philippines qui ont éga-

lement choisi de migrer vers Palawan au début du siècle et de s'implanter dans ces fronts pionniers.

Depuis les années 1960, incités par le Gouvernement, d'autres immigrants – paysans sans terre et pêcheurs pauvres– tentent de survivre ou de s'établir sur les terres côtières et les premiers contreforts de la chaîne de montagnes qui traverse longitudinalement l'île. En 1981, la population de la province était de 380 000 habitants et le taux d'accroissement de 4,64% par an. La densité était de 27 hab. / km^2. En 1996, la densité de population était de 48 hab. / km^2, selon le dernier rapport du Palawan Council for Sustainable Development. Comparé aux 230 hab. / km^2 au niveau national, c'est encore bas, néanmoins cette densité augmente et dans la conjoncture actuelle risque de s'accroître.

La communauté culturelle nationale, *Katutubong Palawan,* auprès de laquelle j'ai vécu et travaillé depuis trente-trois ans, vit dans la partie méridionale de l'île. Le savoir et la perception de la nature sont fondés sur un patrimoine de connaissances ancestral, une cosmogonie et une religion animiste, un droit coutumier, *Adat,* une organisation sociale de type cognatique et la division sexuelle du travail, des tâches quotidiennes et des savoir-faire, *käpandayan*[2]. Ainsi "l'Enseignement des Ancêtres", transmis de génération en génération, rend-il compte d'une pensée empirique et sensible qui est aussi spéculative. Elle conditionne les perceptions et les comportements de ces hommes à l'égard de toutes les composantes du biotope.

Jadis les Palawan vivaient dans la plaine côtière et le piémont; il y avait aussi des Palawan dans les Hautes-Terres : *Taw ät napan* et *Taw ät dayaq.*

L'essart, *uma,* n'est pas une surface très vaste mais est un écosystème complexe qui associe la culture des céréales (riz, coix, millet, sorgho, maïs) et celle des tubercules (taros, ignames, patates douces et manioc) ainsi que d'autres plantes alimentaires, dans un même champ cultivé après le brûlis. Cette pratique culturale exige assez d'espace pour respecter les temps de jachère nécessaires à la forêt de repousse *täring gabaqan* (de dix à douze ans), ce qui entraîne la régénérescence des arbres *dipanga* (*Pometia pinnata* Forster, Sapindaceae), *arisurang* (non identifié), *burungäw* (non identifié), *katäl-iräng* (*Syzygium cumini* (L.) Steels, Myrtaceae), *sälang* (*Canarium aspersum* Bentham, Burseraceae), *sambulawan* (*Koordesiodendron pinnatum* Merrill, Anacardiaceae), *natuq* (*Payena* sp., Sapotaceae), par exemple.

OÙ SE SITUENT LES INSECTES DANS LA TAXONOMIE?

La biocénose n'est autre que la relation qui unit les hommes, les plantes et les animaux dans un milieu particulier, le biotope, je veux parler d'une "vie ensemble" (< *bios* et *koinos*) et d'un équilibre entre les composantes du milieu.

---

[2] La phonologie du palawan comprend les consonnes: p, t, s, k, ʔ [transcrit q]; b, d, r, g; w, l, j [transcrit y], h; m, n, ŋ [transcrit ng], et les voyelles: i, u, a [transcrit *a*], ɑ [transcrit *ä*].

Pour comprendre la relation des Palawan avec les insectes, je vous propose de partir de l'opposition qui régit la classification des ressources naturelles comestibles en fonction des modes d'acquisition.

Trois termes, représentant trois catégories, se dégagent et s'opposent: *päri / räramu / sätwa.*

La première catégorie *päri*, désigne les "prises" végétales, animales, terrestres et aquatiques; elle est régie par une attitude active, voire ludique des hommes : ce sont les activités de cueillette, de ramassage, de chasse et de pêche qui complètent les travaux agricoles dans l'essart où l'on cultive "l'aliment de base", *käkanän*. Dans la nature sauvage, *talun*, l'homme "prend" pour compléter son repas et trouver "l'assortiment au riz", *isdaqan*, ainsi que de petites collations bien nécessaires pour les enfants et les adultes, lors de la période de soudure notamment.

Les deuxième et troisième catégories désignent des objets naturels non comestibles et parfois dangereux pour l'homme. Alors, dans ce deuxième cas, *räramu* ou *ramu-ramu*, désigne tous les petits animaux qui vivent dans la nature sauvage, la nature cultivée, et la nature protégée de l'entour des maisons, *lägwas*. Leur chair n'est pas comestible à l'exception de quelques insectes, larves et vers; ils représentent la catégories des "bestioles et sales bêtes". Face à eux, l'homme est plutôt passif, ne les "prend" pas dans la nature mais est piqué, mordu, brûlé, rongé, blessé par eux. L'homme "véritable" que nous sommes est tout à la fois indifférent et agressé. Il devient une victime partielle et temporaire.

Dans le troisième cas, avec la catégorie des *sätwa* "les féroces", l'homme devient une victime absolue; il est à son tour pris et mangé. Ainsi se ferme le cercle de vie et de mort qui unit les hommes et les choses car, si les hommes ont un double, *käruduwa*, les choses ont chacune un maître, *ämpuq jä*.

La catégorie des *räramu* inclut :
– les *räramu ät dagat* "les bêtes marines";
– les *räramu ät danum* "les bêtes d'eau douce";
– les *räramu ät talun* "les bêtes de brousse"; cette catégorie elle-même se subdivise en :
  • *baqak* "les grenouilles et tous les batraciens" (dix espèces dont un crapaud),
  • *räramu* qui englobe les insectes et parasites, tous les rongeurs et pestes des champs, les vermines, les vers, les petits reptiles sauriens et les serpents non venimeux. J'en ai inventorié 140.

Räramu désigne donc les bêtes et bestioles, ce qui peut aller du plus petit (le pou, la puce, *kutu,* qui s'accompagne d'une relation tendre et amicale*),* jusqu'aux grenouilles et crapauds et inclut les rats (Revel 1990).

La taxonomie peut être régie par divers modes de regroupement : soit selon la morphologie, soit selon la fonction, soit par le type d'habitat, soit par les sons émis, soit enfin selon le type d'agression.

Classement par type de sons émis :
- seize insectes stridulants, *tägäbäräs* "parleurs"
- quatre insectes "vrombissants", *mägäribärang*
- quinze insectes "roucoulants", *mägangwu*
- sept insectes "bourdonnants", *magäramgam*.

Au fur à mesure que les Palawan opèrent les regroupements, on constate un glissement de plus en plus marqué vers la fonction agressive. On aboutit alors à un classement par mode d'agression qui oppose la catégorie des "mordants", *pängagat* à celle des "suceurs de sang", *pängsäpsäp ät duguq*.

HUMAINS - OISEAUX - INSECTES - PLANTES - MAÎTRES

L'approche naturaliste valorise le mimétisme, la pollinisation, la symbiose.

L'approche ethnographique révèle les savoirs concernant les insectes, ainsi que les liens qui unissent ces derniers aux animaux, aux végétaux et aux hommes visibles et invisibles; elle s'intéresse aux savoir-faire des "hommes de l'amont et de l'aval" mais par un autre angle, lié à l'accumulation d'observations sensibles, à l'œil nu, révélant une tentative d'appropriation, physique et abstraite, des objets naturels pour assurer la survie.

Je fonderai ma présentation sur l'opposition ontologique entre le champ, *uma*, et la nature sauvage, *talun*, et deux de leurs maîtres bienveillants, d'une part le Maître du Riz, *Ämpuq ät Paräy*, et d'autre part le Maître des Fleurs, *Ämpuq ät Burak*. Ces deux maîtres sont également respectés et célébrés par les hommes de la forêt, les hommes des Hauts; chaque cycle annuel et agricole leur offre un rite respectif de "Commémoration" : *Tamwäy* et *Simbug*.

Le premier célèbre la culture du riz et des plantes bouturées. Les Palawan offrent la bière de riz, *tinapäy*, délicieux breuvage parfumé, à ce Maître protecteur, puis s'enivrent dans cette action de grâce qui clôt un cycle agraire et inaugure le suivant. Les hommes demandent une belle récolte pour l'avenir et, lors de l'invocation au Maître du Riz, le prient d'écarter les pestes des champs qui sont pléthore (quatre insectes nuisibles au riz, trois au taro, six aux plantes bouturées, trois rongeurs de grains, trois vers rongeurs de feuilles, un pou de riz) qui donnent tant de soucis…

Lors des semis, les montagnards érigent également au milieu de l'essart, en l'honneur du Maître du Riz, un petit autel, *pinärunang*. Ils accomplissent des rites mineurs, mais nécessaires, associant des plantes froides qui peuvent susciter un bienfait par magie sympathique et des formules magiques, *tägtag*, pour favoriser l'ensoleillement et l'accumulation de nuages lourds de pluies, engendrant l'alternance d'humide et de sec, afin que le riz talle, pour refroidir la terre, enfin pour écarter les pestes car les *räramu* sont des brouteurs, des défoliateurs, des dévoreurs de bourgeons, de tiges et de racines. Ils sont capables de prélever une grande quantité de la récolte sur pied ou bien dans les greniers.

Les Palawan connaissent les manières des insectes herbivores, carnivores et nécrophages ou coprophages et ils les transposent en musique sur la guimbarde mais aussi avec le luth et l'échelle "Oiseau", *läpläp bägit,* une échelle pentatonique anhémitonique, réservée à l'imitation des chants de la nature, mais aussi aux manières de tous les êtres vivants : les oiseaux, les insectes, les animaux, les plantes et les hommes visibles et invisibles.

Les abeilles

En rendant grâce au Maître des Fleurs, la communauté des parents célèbre aussi les abeilles *nigwän (Apis (Sigmatapis) indica)* et *läbtän (Vespa luctuosa et V. tropica deusta)* lors du rite *Simbug*; celui-ci s'accompagne de l'étalage des couvertures-pagnes en coton, de la musique des gongs jouant le rythme *kulumbigi* exclusivement pendant la préparation, l'offrande et la consommation qui suivra de l'hydromel, ce breuvage doux par excellence.

Le 26 juin 1983, Singur avait fait le foyer amovible en bois de *luwäd (Durio zibethinus* Murr., Bombacaceae), jaune et lisse comme la cire *taruq*; il était placé au centre du plancher dans la grande maison de réunion, une métaphore de la ruche des abeilles dans le tronc d'un arbre. Écoutons un extrait de l'invocation faite par le chamane Panu, assisté de Singur, en fin de matinée alors qu'il venait d'achever la cuisson du miel mêlé à l'eau dans la grande poêle chinoise et que la levure et l'hydromel étaient déjà dans la jarre en train de fermenter. Alors le foyer fut suspendu à l'extérieur de la maison, sans toucher terre, tel un essaim. Autant de magies sympathiques à l'intention des abeilles et des fleurs :

> « Les abeilles ne viennent plus se poser en essaim, car nous ne prenons pas soin des fleurs.
> Ici , sur la terre de Palawan, ce sont les abeilles butineuses qui prennent soin des fleurs.
> Au bon temps jadis, nos Ancêtres se souvenaient, et les abeilles venaient se poser en essaim…
> Dame au corps coupé en morceaux [la référence est au mythe de l'origine du Paddy], tu as pu nous faire vivre, vous appartenez à la même espèce, car il n'y a pas de fruits si nous ne prenons pas soin de vous deux.
> Je désire dorénavant un paddy et des fleurs florissants où les abeilles viendront se poser, je désire qu'au lieu de décroître, le riz talle et les fleurs se multiplient...
> Jadis ici dans la vallée de la Mäkagwaq, mes enfants formaient deux, trois hameaux. Maintenant ils vont suspendre le foyer, *kapuran,* que la ruche a miel soit à cette image.
> Même si les abeilles ne sont pas nombreuses, que le miel soit abondant!
> Que la tête de la ruche soit à l'image de ce foyer si nous recueillons le miel. »

On sera sensible également aux comparaisons présentes dans les épopées qui chantent le Voyage chamanique et comparent cette âme courageuse qui s'élève et fuse hors du corps de l'orant "tel un essaim d'abeilles"...

Enfin dans les quatrains composés de deux distiques et chantés avec l'accompagnement du luth, *kusyapiq,* et de la cithare tubulaire, *pagang,* sur une échelle pentatonique hémitonique cette fois, les *kärang ät kulilal,* les chants alternés entre hommes et femmes proches des *pantun* malais qui sont des cours d'amour, le bourdon noir est une métaphore de l'homme épris :

« Abelhard noir,
Suce lentement le nectar des fleurs. »

Par ailleurs, la classification des charmes pour la cueillette, la chasse et la pêche, qui comprend huit catégories, inclut les charmes pour voir "les abeilles",
pängti päningaraq, pour voir la ruche, pour voir la direction du vol de l'essaim,
pour que l'essaim vole bas, pour que les abeilles soient nombreuses. Mais il y a
également des charmes pour la "collecte du miel et des champignons", *pängti ät
pänanapu.*

Nous avons inventorié dix-sept arbres à diverses altitudes, butinés par les
abeilles de janvier à novembre. Le mois de juin est le plus propice puisqu'il
correspond à la saison de grande floraison. Les fleurs des arbres *mälagä* (*Wen-
dlandia densiflora* (Bl.) DC., Rubiaceae), *dipanga* (*Pometia pinnata* Forster,
Sapindaceae), *baru* (non identifié) et *ginuqu* (*Kompassia excelsa* Taub., Leguminosae-Caesalpinioideae) sont les plus prisées. Mais la conception palawan
attribue le miel aux fleurs, le nectar des fleurs est "miel" et c'est ce miel-là,
dägäs, que les abeilles sucent et déposent avec leur trompe dans les alvéoles,
aniraq.

Il y a deux techniques de récolte selon les types de ruches:
- *mänapu*: pour aller attraper la ruche des abeilles *läbtän* à la cime des
  arbres;
- *mängwat*: pour attraper la ruche des abeilles *nigwan* dans le tronc d'un arbre ou la cavité d'un rocher. Dans ce cas, il faut collecter une à une les
  plaques de gâteau, car elles sont superposées à l'intérieur du tronc tandis
  que les abeilles sont en essaim tout autour, *mängawaq.*

Pour le premier type de collecte, il est nécessaire d'avoir un "enfumoir", *usuk
tabäk*, fait avec l'écorce de l'arbre *suyapu* (non identifié), et d'envoyer à l'intérieur du tronc d'arbre de la fumée à base d'amadou, *lublub*, ou d'insuffler de la
fumée de tabac, *sigup.*

Avec un panier, *byaw*, en écorce de *aga* (non identifié) et une anse de rotin,
ämagas (*Calamus ornatus* Blume, Palmae), on peut descendre la ruche, *kapäl*,
pour les abeilles *läbtän*, ou *suqut* pour les abeilles *nigwan*. On fait alors une invocation, *sägina*, à la Dame des Fleurs; les larves, *aniraq*, sont mangées.

La nomenclature des étapes de la transformation de la larve en abeille comprend cinq termes: *byug*, larve comme un ver; *uluqan*, larve qui n'a que la tête
et le corps; *mantak* a déjà des ailes; *muligsaq inaq*, adulte comme la mère. La
cire du gâteau de miel est recueillie; c'était jadis un produit forestier d'échange
avec les populations maritimes et marchandes.

Les mythes d'origine des insectes, *tuturan*, comme ceux des oiseaux, sont de
brèves histoires de punitions par une transformation consécutives à un excès
dans une conduite humaine (ex. mythe de *kutkulit*, Cicadidae sp., et de *mängga-
ras*, autre Cicadidae sp.). L'excès répétitif ici devient stridulation. Je n'ai pas recueilli auprès des Palawan le mythe des abeilles et du miel alors qu'en pays
Iraya, à Mindoro, il fut énoncé très tôt et *Maburway*, le Maître du miel, est une
divinité importante pour les Iraya. Le miel ne peut être collecté par une femme

et, lors de cures, il est consommé sur place en quantité considérable. J'ai été le témoin d'une de ces cures en forêt lors de mon premier terrain en 1970 et j'ai vu le contenu de trois ruches absorbé par sept hommes *in situ* (Revel-Macdonald 1971).

Les contes palawan, *sudsugid*, sont des histoires exemplaires ; elles enseignent aux hommes la morale, par la médiation des animaux et de leurs manières doublées de conduites dans la société humaine et sous couvert d'humour. Dans le recueil que j'ai pu effectuer, je remarque l'absence des insectes et des poissons, mais la présence des oiseaux bien sûr, des animaux à pattes et à fourrure : *Amuq*, Singe, cet homme raté ; *Masäk*, Civette (*Viverra tangalunga*, Viverridae), intelligente et habile ; *Pilanduk*, Chevrotain le décepteur ; mais aussi un animal à piquants comme Porc-épic, *Landak* (*Thecurus parmilius*, Hystricidae) ; un autre à écailles comme Pangolin, *Tänggiling* (*Paramanis culionensis*, Maridae) ; *Langguy*, Varan (*Varanus philippinensis*, Varanidae) ; ou encore *Unduk-unduk*, Hippocampe ; les escargots, *Patung*, qui relèvent d'ailleurs de la catégorie des "prises", y figurent aussi.

Les insectes mangés

Par opposition aux insectes dévoreurs, il y a les insectes mangés par les hommes mais aussi par certaines fleurs carnivores et surtout les oiseaux insectivores.

Outre les larves d'abeilles, il y a les larves de bourdons et de charançons des palmiers, *linggäwung* (*Rhynchophorus ferrugineus* et *Sitophilus orizae*), dont sont friands les enfants, quatre crabes terrestres et quatre autres insectes saisonniers, notamment les termites ailés, *anäy*. Ces insectes collectés sont consommés, sautés à la poêle sèche, grillés, bouillis, ou encore mangés crus.

Dans les mangroves colonisées uniquement par les espèces de *Rhizophora* (Rhizophoraceae) appelées *bakawan*, un ver qui vit dans la partie en décomposition des racines aériennes de cet arbre, un invertébré, est également comestible : *tambiluk* ; il est très prisé à Punang. Dans la mangrove à végétation mixte située entre marécages et forêt sèche, où les arbres sont du genre *Bruguiera* (Rhizophoraceae), avec des *Pandanus* (Pandanaceae) côtiers sauvages, des plantes épiphytes et des orchidées, je ne connais pas d'insectes comestibles.

Dans la grande forêt, les *Nepenthes* (Nepenthaceae), les fleurs urnes, capturent les mouches et autre diptères et les dissolvent dans leur liquide glissant. Mais les insectes sont surtout mangés par les oiseaux insectivores et les frugivores et insectivores, tel *bäkbäräk*, un oiseau qui annonce le point du jour (*Phragmaticola aedon*, Sylviidae ; *Criniger bres*, Pycnonotidae), ou *tärtägar*, l'halcyon à collier blanc (*Halcyon chloris*, Halcyonidae) qui se nourrit de sauterelles et de poissons, tandis que *salak*, le rollier à long bec (*Eurystomus orientalis*, Coraciidae), se gorge d'homoptères *lilya* (Cicadidae sp.) et *yäyagaq* (Cicadidae sp.). Quant au mégapode, *puligi* (*Megapodius freycineti*, Gallidae), il se nourrit de vers de terre, *lungati*, de fourmis, *säräm*, et de termites, *anäy* (Ma-

crotermes gilvus); *kutkunit*, le gobe-mouche jaune et noir (*Stachyris chrysaea*, Timaliidae), *widwid*, le gobe-mouche azuré (*Hypothymis azurea* et *H. helena*, Muscicapidae) et *kulingsyang* (*Muscicapa banyumas*, Muscicapidae) gobent les moucherons, tandis que la pitta à ventre rouge, *rumaruku*, avale insectes et escargots, *patung*.

Les insectes jaseurs, *tägabäräs*: almanach et pendules

Comme pour les oiseaux, il y a deux procédés de lexicalisation à l'œuvre dans le vocabulaire des insectes, outre les monolexèmes non motivés:
  – la création idéophonique pour onze insectes stridulants sur seize, mais il y a aussi sept insectes "bourdonnants", *mägärämgam*, quatre "vrombissants", *mägäribarang*, quinze "roucoulants", *mägangwu* (Revel 1992, 1999).
  – la composition pour les insectes non chanteurs –notamment les phasmes, *rasranggas* "brindille" désigne le "bâton du diable"–, et d'autres monolexèmes non motivés, non fondés sur l'analogie.

Les idéophones ne sont autres qu'une expérience sensorielle dans un monde particulier, une perception visuelle ou auditive, effectuée puis reproduite, transposée dans la langue et dans la musique de la culture considérée.

Cet "accouplement" des Palawan avec la nature, avec ce que j'ai appelé "la petite musique de choses" et de tous les êtres vivants de la forêt, passe par le filtre d'un système phonologique simple[3] et morphologique complexe, dans cette langue[4] particulièrement apte à des jeux de composition, car l'union du son et du sens, je l'ai déjà montré, n'est pas absolue mais manifeste une valeur potentielle de réalité ou de vraisemblance.

Les trois insectes "almanach" qui accompagnent la floraison de certains arbres, la migration d'autres oiseaux et bien sûr les constellations pertinentes dans les cycles annuels sont les suivants:
  – les termites ailés, *dalipnuq*, qui sortent en deux jours au début de la mousson en juin, mais aussi au début et à la fin de chacune des six "pluies" qui font la saison de la pluie, *barat*;
  – les libellules, *käririndi* (Neuroptera spp. et Ephemeroptera spp.), insectes migrateurs, qui arrivent en août avec *Inaq*, la constellation de la Poule, au temps de la moisson des variétés précoces de riz;
  – les poux de Tärung, *kutu ät Tärung,* autres insectes migrateurs qui arrivent avec les premières pluies de la constellation de *Tärung* en mai.

---

[3] Quatre voyelles et seize consonnes, pas d'accent pertinent.
[4] Langue agglutinante de la branche occidentale de la Famille Austronésienne (groupe Meso-Philippines) (*cf.* Revel-Macdonald 1979, Revel 1988).

Räramu / Sätwa : "Sales bêtes" / "Féroces"

Pour terminer, je voudrais revenir sur le sens de *räramu* par opposition à *sätwa*. Je me référerai au mythe, car *sätwa*[5] désigne bien, dans un premier temps, tous les animaux par opposition à *taw* qui désigne les "hommes", les diverses humanités visibles comme vous et moi et invisibles comme les *Säqitan*.

Dans un deuxième temps, *sätwa* s'oppose à *ayam* comme "les animaux du *talun*, de la nature sauvage" aux "animaux familiers".

En effet, si la mythologie nous apprend que les animaux ont des origines diverses, il est un mythe qui nous enseigne qu'au début de la création tous les animaux étaient proches et familiers des hommes. C'est parce que les hommes ont désobéi à Läli, le Maître des Sangliers et de tout le gibier, en abattant son arbre favori, le sagoutier, *bätbat*, ruisselant de nourriture lactée délicieuse, prête à être consommée, que le décepteur mythique furieux, et par représailles, a provoqué la fuite des animaux vers la nature sauvage et les a rendus farouches. Seul le poulet et le discret pangolin sont restés, mais deviennent des nourritures plutôt que des compagnons. Désormais, les hommes doivent exercer toute leur habileté dans les techniques de chasse, de pêche et de prédation pour capturer les animaux afin de se nourrir et le lien avec le ciel –ce palmier géant et nourricier– est coupé (Macdonald 1988, Revel 1990).

Un motif mythologique parallèle se retrouve pour l'origine des durs travaux des champs et de tous les labeurs, selon le schéma : un interdit, une transgression de cet interdit, par deux jeunes écervelées cette fois, et l'origine de la vie dure, des accouchements douloureux…

Les papillons, *babang*, malgré leur très grande diversité et leur aérienne beauté sont classés à part et un seul lexème les identifie tous, tant au niveau générique que spécifique. Par ailleurs, il n'ont pas d'usage mais le mythe de Läli va nous éclairer, car il oppose les papillons au caméléon, cet animal terrestre cracheur de feu. Pourquoi ?

La préparation du sagou attire les papillons et l'âme de Läli, le caméléon, son double humain, va tenter de les disperser : les papillons s'opposent au caméléon comme le frère cadet s'oppose au frère aîné. Selon le mythe, c'est *Bangbagang* "Petit Papillon", tel est son nom, qui est le véritable instigateur de la colère de Läli, et sa désobéissance bouleverse la règle absolue du respect envers l'aîné qui avait décidé de l'interdire.

Il y a sur cette terre des bêtes qui piquent, brûlent ou mordent : le scolopendre, *älupyan*, la mygale, *kätimamäng,* le scorpion, *bängkänawa*, et le moustique, *tälnäk*, par exemple, et qui appartiennent à la catégorie des *räramu*. Bien que redoutées, ces bêtes-là ne représentent pas une véritable et imminente menace de mort. Les montagnards ont des antidotes.

Par contre, il est des animaux porteurs de mort, *sätwa pämatäy*, qui se décomposent en deux sous-catégories :

---

[5] < Skt. *as-* "être, exister", part. prés. *sat+tva*; substantif neutre, *sattva-* "fait d'être, existence", "être animé, "existant", créature, animal", "esprit, démon, mauvais génie".

– "les animaux-mangeurs-d'hommes", comme le crocodile et le python, et
– "les animaux-agressifs-envers-l'homme" qui incluent des serpents venimeux et des animaux inconnus mais imaginés tels le lion ou *gadya*, l'éléphant. Les Palawan se les figurent énormes, terrifiants, dangereux pour
  leur vie.

Les *räramu* peuvent également parfois désigner des créatures réelles ou fa-
buleuses, par exemple *Maruy*, la géante chauve-souris vampire.

On est alors dans la catégorie des "démons-animaux"; il y en aurait 32 et j'ai
dressé le portrait de 17 d'entre eux (Revel 1992); *sätwa* passe alors de la
connotation des "animaux farouches" à celle des "féroces". Ce glissement sémantique de sauvage à féroce opère le passage du registre classificatoire des
animaux réels, capables de muer comme les serpents (dix-huit serpents venimeux et six crocodiles), aux créatures démones dotées d'un pouvoir de vie éter-
nelle, ainsi que l'explique un autre groupe de mythes liés au concours de diction
et le don d'excréments (*cf.* Macdonald 1981, 1988) qui explique et justifie la séparation des hommes et des démons: originellement les uns et les autres étaient
voisins et partageaient la même nourriture. Les démons lancèrent un défi: arti-
culer sans faute une formule magique. Les hommes échouèrent dans cette
épreuve de diction et perdirent la possibilité de vivre infiniment en changeant
de peau tandis que les démons réussirent l'épreuve, et sont désormais capables
de muer et de se rendre invisibles.

Alors les *räramu* et les *sätwa* s'opposent de manière radicale aux *taw banar*,
les "hommes vrais", vous et moi, qui sont incapables de muer et n'ont plus le
don d'immortalité contrairement aux "hommes invisibles" qui, dans leur quête
de nourriture (riz et gibier), les heurtent dans une rencontre de hasard ou les
agressent dans la nature sauvage. En effet, les invisibles y ont des territoires et
des repères, mais aussi des temps; à l'affût, ils attendent, car ils exigent une relation paritaire, une équité.

J'ai tenté de montrer par une analyse sémantique que la catégorie des *räramu*
inclut certes les "insectes", non au sens scientifique, mais plus proche du sens
populaire en français, tout en le dépassant.

Dans cet accès au sens, le jeu oppositionnel des lexèmes est certes fonda-
mental; mais la compréhension de la représentation culturelle implique le nécessaire recours au vécu, à l'observation des divers milieux naturels et à la maîtrise de la complexité de la mythologie, de la cosmogonie et des valeurs métaphoriques dont les objets naturels se chargent en fonction de ces référents
culturels.

REMERCIEMENTS

Le Laboratoire d'Ethnobotanique et d'Ethnozoologie du Muséum National d'Histoire
Naturelle, devenu le Laboratoire d'Ethnobiologie, a reçu et conservé mon herbier depuis 1981.
Je remercie les professeurs J. Vidal et R. Schmidt qui ont identifié une part de cet herbier,
notamment les plantes alimentaires.

Je tiens à remercier R. Pujol qui, en 1983, a eu l'obligeance d'identifier ma collection de 200 insectes et de la faire monter. Je remercie également Françoise Crozier qui, au Laboratoire de Phanérogamie, a dessiné les mammifères, les reptiles et les insectes.

RÉFÉRENCES BIBLIOGRAPHIQUES

MACDONALD C. – 1981, La séparation des hommes et des démons. *Cahiers de Littérature Orale* 6 : 100-137.

– 1988, *L'éloignement du ciel. Invention et Mémoire des mythes à Palawan (Philippines)*. Paris, Maison des Sciences de l'Homme.

REVEL-MACDONALD N. – 1971, *La collecte du miel. Langues et Techniques. Nature et Société, 1.* Paris, Klincksieck, pp. 405-409.

– 1979, *Le palawan. Phonologie, catégories, morphologie.* Paris, SELAF, 280 p.

– 1988, *Le riz en Asie du Sud-Est. Atlas du vocabulaire de la plante.* Paris, EHESS (Les langues des Philippines), 310 p.

– 1990-1992, *Fleurs de Paroles. Histoire Naturelle Palawan.* Paris, Peeters, SELAF 314, *Tome I. Les Dons de Nägsalad,* 1990, 385 p.
*Tome II. La Maîtrise d'un Savoir et l'Art d'une Relation,*1991, SELAF 317, 372 p.
Tome III. Chants d'Amour / Chants d'Oiseaux, 1992, SELAF 323, 208 p.

– 1999, Morphogenèse des langues : les idéophones. Cognition incarnée, cognition située, *Congrès international de Linguistique de Paris* (Atelier organisé par Marie Jocelyne Fernandez-Vest), juillet 1997, Cédérom (Bernard Caron, éd.), pp. 18-28.

REVEL-MACDONALD N. & J. MACEDA – 1991, *Musique des Hautes-Terres palawan. Palawan Highlands Music.* CD, Collection CNRS / Musée de l'Homme, livret 51 p.

WORCESTER D. C. – 1909, *The Philippines, Past and Present.* New York, The Macmillan Company, 529 p.

II

"Insectes" utiles :
art, agrément, agriculture, etc.

Useful "insects" :
art, pleasure, agriculture, etc.

PERSISTENCE AND CHANGE
IN TRADITIONAL USES OF INSECTS
IN CONTEMPORARY EAST ASIAN CULTURES

Robert W. PEMBERTON

ABSTRACT

**Persistence and Change in traditional uses of insects
in contemporary East Asian cultures**

Traditionally, insects have been the subjects of rich and diverse customs in East Asian cultures. Modernization and political change have to varying degrees affected these customs. Insects are still used as food in Bali, China, Japan and South Korea, but are eaten mostly as nostalgia and novelty foods. China's ancient customs of keeping singing and fighting "crickets" as pets were almost eliminated by the Cultural Revolution, but have undergone a remarkable rebirth during the late 1980s and 1990s. Singing crickets remain popular in Japan as both as living pets and electronic mimics. China and South Korea continue to use insects and other arthropods as drugs; ant and honey bee medicines, used to treat large numbers of people in specialized clinics, are new developments in China. The persistence of traditional customs relating to the use of insects, all be they changed at times, indicates that Asia's perspective on insects continues to be more positive than in the West, despite the region's modernization and political change.

RÉSUMÉ

**Persistance et changements dans les utilisations traditionnelles
des insectes dans les cultures contemporaines de l'Est Asiatique**

Dans les cultures de l'Est Asiatique, traditionnellement, les insectes sont l'objet de coutumes diverses et riches. Ces coutumes ont été affectées par les changements politiques et par les effets de la modernisation. Les insectes sont encore consommés à Bali, en Chine, au Japon et en Corée du Sud, mais surtout par les nostalgiques ou comme nourriture "de fantaisie". L'ancienne coutume chinoise d'avoir chez soi des grillons "pour les combats" ou des grillons "chanteurs" a presque été éliminée par la révolution culturelle chinoise mais au cours des années 80 et 90, l'élevage des grillons a connu un nouvel essor. La Chine et la Corée du Sud continuent à utiliser les insectes et autres arthropodes comme médicaments; les médicaments à base de fourmis et d'abeilles sont utilisés par un grand nombre de personnes dans des cliniques spécialisées et constituent une source nouvelle d'exploitation en Chine. La permanence de ces traditions concernant les insectes – bien qu'elles aient parfois changé – sont la preuve de ce que, malgré la modernisation et les changements politiques, l'image des insectes reste pour les Asiatiques beaucoup plus positive que pour les Occidentaux.

Les insectes dans la tradition orale – Insects in oral literature and traditions
Élisabeth MOTTE-FLORAC & Jacqueline M. C. THOMAS, éds
2003, Paris-Louvain, Peeters-SELAF (Ethnosciences)

Traditional Eastern Asian cultures had an unusually rich array of customs related to insects and other terrestrial arthropods. Insects have been used as food
(Bodenheimer 1951), medicine (Read 1935), and as subjects of art and design,
and functioned symbolically in religion, poetry, and popular culture (Liu 1939,
Froncek 1969, Stern 1976). Insects were also enjoyed as pets, and in games and
gambling (Hearn 1898, Laufer 1927). China's keen interest in insects may have
fostered an early understanding of insect life cycles and insect ecology. This
knowledge may have led to the development of silk culture and the first use of
biological control using ant predators to control pest of crop plants (Konishi &
Ito 1973).

The degree of economic development, and political and social change in Eastern Asia during the 20th Century has been enormous. How much of the rich traditional culture relating to insects has been lost, retained, or modified by these
changes? In this paper I will use case histories of specific insect-related customs
in different cultures (primarily China, Japan and South Korea) to help answer
this question, and also attempt to detect the broad trends in East Asian ethnoentomology. These case histories are drawn from my published work, unpublished
research, and observations.

INSECTS AS FOOD

Rice field grasshopper revival in South Korea

Rice field grasshoppers (*Oxya* spp.) have been a traditional food in much of
Asia (Bodenheimer 1951). In Korea, these grasshoppers known as *metdugi* have
been eaten traditionally as a side dish in meals, as a lunch box ingredient, and as
a drinking snack. Intensive insecticide application during the 1960's and 1970's
greatly reduced grasshopper populations and the use of grasshoppers as food in
South Korea (Pemberton 1994a). Insecticide use in rice fields was virtually
mandated by the government of Park Chung Hee, which through the New
Community Movement, attempted to aggressively modernize the countryside. In
1980, the government changed and the new administration was less focused on
the countryside. Farmers in some highland areas, which had fewer pests of rice,
reduced or stopped their insecticide applications and the grasshopper populations began to recover. By 1990, the custom of eating rice field grasshoppers
experienced a revival. First, people collected the grasshoppers for their own
family's use. Then these farmers, and especially farm women, began to make
large collections of the grasshoppers, which after steaming and drying, were
sold to their local rice cooperatives. This activity provided meaningful monetary
supplements to the collector's family income. The rice cooperative marketed the
grasshoppers to city supermarkets and did mail order sales of the grasshoppers
as health food. Although traditional food uses resumed, the popularity of the
grasshoppers is mostly with older people who ate them before their decline due

to intensive insecticide application. The *metdugi* revival is related in part to a greater interest in indigenous Korean foods that is part a backlash to globalization (Pemberton 2002).

Insects: Old foods in new Japan

Insect foods have been common and widespread during much of Japan's history (Mitsuhashi 1984). The practice was particularly well developed in Nagano Prefecture in the Japanese Alps where numerous fresh water insects were consumed. Modern Japan has adopted and incorporated many foreign foods and foreign style restaurant types into its food ways. The country has numerous fast food chain restaurants such as McDonalds, Burger King, and Pizza Hut that are mixed in with the traditional *yakitori* (grilled chicken on skewers), *sushi* (raw fish) and grilled eel restaurants. Another traditional, but less common type of restaurant are the *kyodo ryori,* which specialize in country style rustic foods, including insects. I first encountered such a restaurant during a 1985 trip to Japan, in the Shinjuku entertainment and business center in Tokyo (Pemberton & Yamasaki 1995). This restaurant (the Shinshu Sakagura) served boiled wasp larvae, *zaza-mushi* (mixed larvae and nymphs of aquatic insects), fried grasshoppers, and fried cicadas. During another visit in 1992, I discovered the "Jamasa" chain with eleven restaurants in Tokyo, which like the "Shinshu Sakagura", specializes in the food from the Japanese Alps. The restaurant in this group that I visited (the "Kisoji" in Ikebukuro) was located with the help of an illuminated sign on the sidewalk advertising insect foods. The insect foods served in the "Kisoji" were similar to the "Shinshu-Sakagura" and all were collected from the wild, except for the silk moth pupae, a byproduct of the silk industry. The aquatic insects were collected from mountain streams. The "Kisoji" manager told me that most of the customers order insect dishes. Larger Japanese food markets sell canned insects such as honeybee larvae ("bee babies"), wasp larvae ("child hornets"), and rice field grasshoppers (Photo 1). The reasons for the appeal of insect foods to the Japanese are varied. Some people enjoy the taste of particular insects. Other people, including the late Emperor Hirohito, consume wasp and bee larvae because they are believed to promote good health and long life. For others, novelty, and perhaps nostalgia for an older Japan may be the primary motivation.

Silk moth pupae in South Korea

When silk moth cocoons are boiled and unwound to obtain the silk threads, the cooked pupae of the moth (*Bombyx mori*) are released. These pupae are eaten by people in many parts of eastern Asia. In South Korea, producers were often rural families, who had sericulture as one of their many farm activities. The pupae (*bundaegi*) were often dried and retained for the family's use or are sold. The dried pupae are still common in traditional outdoor markets, where

PHOTO 1. *Some Japanese canned insect foods include silk moth pupae* (Bombyx mori) *(top), honeybee larvae* (Apis mellifera) *(left); and rice field grasshoppers* (Oxya *spp.) (right)* (Photo R. Pemberton)

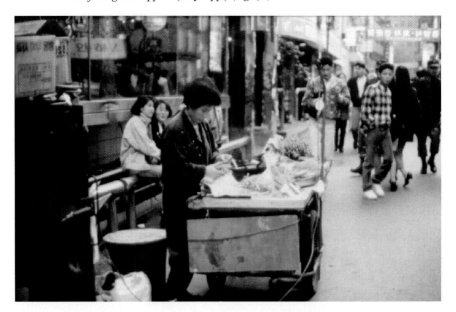

PHOTO 2. *Woman with a push cart selling snacks, including silk moth pupae* (Bombyx mori)*, to strollers in an entertainment district in Seoul, South Korea* (Photo R. Pemberton)

PERSISTENCE AND CHANGE IN TRADITIONAL USES OF INSECTS (EAST ASIA)
UTILISATIONS TRADITIONNELLES DES INSECTES (EST ASIATIQUE)

143

PHOTO 3. *Pan of simmering silk moth pupae* (Bombyx mori) *sold from push carts to pedestrians in Seoul, South Korea* (Photo R. Pemberton)

PHOTO 4. *A traditional medicine doctor in Seoul, South Korea's traditional medicine market. The dried centipedes* (Scolopendra *sp.) she is holding are a traditional treatment for arthritis, and are still widely used for these ailment* (Photo R. Pemberton)

they are offered by bulk weight. Canned pupae can be easily found in modern grocery stores and supermarkets, and even make their way to the United States where they are sold in Korean grocery stores. Boiled pupae are a common snack food that is sold, usually from wheeled carts, to strollers in Seoul's parks, shopping, and entertainment districts (Photos 2 and 3). The distinctive and appealing smell of the cooked pupae attracts buyers often before the carts are seen. Some sellers offer a game to the customers. The quantity of pupae the customers receive for their money is determined by throwing a dart at a spinning wooden disk divided into sections indicating differing amounts of pupae. While people of all ages enjoy this insect food, young women especially like the pupae. Young women in high heel shoes are often seen nibbling from paper cones full of silk moth pupae while window-shopping. Recently my wife tried to purchase a can of silk moth pupae at a Korean grocery store in Florida. The owner said that unfortunately he had no more silk moth pupae because his Korean wife had eaten two cans of pupae per day depleting the entire stock. Another imported, ethnic insect food, the Thai giant water bug, *Lethocerus indicus*, generates similar enthusiasm among Southeast Asians living in United States (Pemberton 1988).

Novel insect food restaurant in Guangzhou, China

Many insects have been common food in many parts of China (Bodenheimer 1951) and some can still be seen. Among the insect foods that I have encountered in China are pupae of the large field-raised oak silk moth (*cf. Antheraea pernyi*), which I found in markets and ate at a banquet in Shandong Province in 1992. I have eaten fried whole scorpions served on a bed of iceberg lettuce in an upscale restaurant in Beijing. A Hong Kong China News Service wire story reported that a Xian, Shaanxi Province chef had created more than 100 dishes from scorpions derived from traditional medicinal recipes, and he was attempting to patent his creations (Anonymous 1993b). Although these were medicinally based recipes, the dishes have "excellent taste and gave diners a feeling of beauty and wonder". The richest experience I had with Chinese entomophagy was at the Dong Shan (East Mountain) Restaurant in Guangzhou (Canton) in southern China. My Chinese colleagues and I were led to the Dong Shan by a local newspaper's review of the restaurant titled "Cantonese are becoming more interested in insect food; the tastes seem delicious to gourmets" (Anonymous 1993a). The Dong Shan Restaurant specializes in insect foods and its 1993 menu listed 12 dishes featuring insects, some with poetic names such as "five color fried dragon skin and scorpion fermented with 100 flowers". Dragon skins are probably the pupal skins of predatory water beetles in the family Dytiscidae. My colleagues and I ate silk moth pupae, adult water beetles (*Dytiscus* spp.), adult bamboo weevils (*Cyrtotrachelus longimanus*), cicada nymphs (Cicadidae spp.), all of which were fried with salt. Silk moth pupae stir-fried with mixed vegetables and peanuts, and Chinese wine made of ants and herbs were also consumed.

This wine is called Palace Ant Wine and its label claims various cures including "asexuality of female". We were disappointed in the tastes of the dishes and some of my companions stated that could do much better. Water beetles and silk moth pupae are common foods in southern China but the bamboo weevils appeared to be novel. The owner of the restaurant said that he featured these many and novel insect dishes to attract new customers. He said that the approach worked, attracting dating couples and others out to stimulate their tastes. Samples of each insect dish were taken to the laboratory I was visiting for photography, but while I was setting up the camera in an adjacent room, a lady employee of the laboratory ate most of the samples! These examples indicate the continued Chinese interest in insect foods and also the country's reputation of having people with among the most adventuresome palates in the world.

INSECTS IN MEDICINE

Insects as drugs in traditional medicine in South Korea

Traditional Korean medicine is similar to traditional Chinese medicine but has evolved its own system. The use of insects and other arthropods as drug material (Read 1935, Kim 1984) is one of the marked differences between East Asian traditional medicine and modern Western medicine. Today South Koreans freely integrate traditional and modern medicine. Interviews were conducted with 20 traditional medicine doctors at clinics in Seoul's Kyeong Dong Shijang – one of the world's largest traditional medicine markets – to learn about current usage patterns of these arthropods as drugs (Pemberton 1999). Seventeen insect-arthropod products are currently prescribed. The most frequently prescribed and medically important arthropod drugs are centipedes (*Scolopendra* spp.) (Photo 4) – used primarily to treat arthritis –, and larvae of the silk moth larvae that have been killed by the fungus, *Beauveria bassiana* (Balsamo) Vuillemin (Deuteromycota), used mostly to treat stroke. Most of the arthropod drugs were traditionally collected in Korea but now they are mostly imported, mainly from China. Many of these arthropods have venom or other defensive chemicals that are biologically active. The use of arthropod drugs in South Korea appears to be either unchanged or increasing depending on the specific drug.

Ant and bee medicines in China

The traditional Chinese pharmacopoeia includes a large number of insects and related arthropods (Read 1941). Insect and related arthropod medicines remain common in Chinese drug stores both in China (Ding *et al.* 1997) and in Chinese communities in the United States and probably elsewhere. The traditional caterpillar fungus (*Cordyceps sinensis* (Berkeley) Saccardo, Clavicipitaceae) which infects the ghost moth (*Hepialus oblifurcus*) is used by China's world record runners to aid their training (Steinkraus & Whitefield 1994). I consumed the fungus, which has its long fruiting body attached to outside the host caterpillar, in a soup at a Chinese medicinal food restaurant in San Francisco in early 1980s.

In addition to the continued use of traditional insect drugs, new insect medicinal materials and techniques have developed in the modern China. In 1993, I visited Gingling Restorative Hospital in Nanjing, which specializes in medicines developed from ants (primarily *Polyrhachis vicina*). These ant medicines are used to treat arthritis, sexual dysfunction, and many other problems in including hepatitis. The hepatitis drug, which is sold in gelatin capsules like modern pharmaceuticals, is claimed by the hospital to be particularly effective. An ant-based herbal liquid tonic is the other main product produced by the hospital. The development of these products is due primarily to a man Wu Tse Chun (Wu *et al.* 1991) who collected and refined folk medicines involving ants. This hospital has 19 branches in China. Two large banners hanging down the outside of the hospital's four-story building, read "Popularize ant therapy both in China and abroad" and "Small ants bring happiness to humankind".

In China the use of honeybees in medicine is widespread and some clinics and hospitals in China specialize in honeybee medicine. In 1993, I visited the Wu Hoe District Hospital of Chengdu City in Sichuan Province that is entirely devoted to honey bee medicine. The hospital employed seven doctors and three nurses and maintained hives of the Italian honeybee (*Apis mellifera*) for use in treatments. Among the products or treatments offered by the hospital were royal jelly, honey, bee glue, bee wax treatment, and honeybee sting therapy. Bee sting therapy, used primarily to treat arthritis, is the main therapy. Some patients with acute rheumatoid arthritis receive up to 30 stings during a single visit. More than 150,000 patients had been treated by the hospital since 1988. Fei Jing Du, the director of the hospital, claims that bee sting therapy was practiced in ancient China but was lost. It appears that bee sting therapy was added to Chinese medicine during the 20th century, perhaps adopted from Russia. The widespread traditional use of hymenopteran insects (ants, bees, wasps) and their products in China (Read 1941) probably predisposed the country to accept bee sting therapy.

INSECTS IN RELIGION – *SUZUMUSHI* TEMPLE

Jade cicadas have been found in tombs in the Shang and Western Chou Dynasties (ca. 1600-771 BC) in ancient China (Liu 1939). They are believed to be resurrection symbols because the immature stage (the nymphs) emerge from the soil, climb trees or other vegetation and then metamorphose into the adult stage in a relatively apparent manner. In Japan there is a 300 year-old Buddhist temple in Arashiyama outside of Kyoto called *Suzumushi* "Bell Insect" Temple, which I visited in 1985. *Suzumushi*, a black tree cricket with long white antennae (*Homeogryllus japonicus*), is popular in Japan because of its song, which is a beautiful pulsing trill (Photo 5). At "Suzumushi Temple", the crickets are reared in a larger terrarium that sits in a meditation hall floored with *tatami* mats. Visitors to the temple sit in the mediation room and listen and or meditate to singing *su-zumushi*. I asked some visitors why they visit the temple, and they said that the beautiful song of the *suzumushi* makes them feel tranquil. I asked the monk in charge of the temple what "suzumushi's association" was with Buddhism. He told me that the voice of *suzumushi*, like many beautiful sounds in nature, is the voice of Buddha.

INSECTS AS SUBJECTS OF ART AND CRAFT

Insects have long been the subjects of art and decorative motifs in Asia. The paintings of Ch'ien Hsuan, a Yuan Dynasty (1260-1368) Chinese artist, are famous for their meticulous renderings of insects (Froncek 1969), as are the "Flowers and Insects" scroll paintings of Shou Ping (1633-1690) and others. Beautiful and accurate portrayal of insects are seen in paintings of Shibata Zeshin (1807-1891) and other Japanese painters, as well as by craftsmen working in lacquer and carving *netsuke* (Stern 1976). The depiction of insects in 20th Century Chinese painting continued the tradition. Wang Shie Xue Tao (1903-1982) created motion studies of many kinds of insects that are both admired as art and used in contemporary instruction of Chinese brush painting. The famous Chi Bai Shi (White Stone) created modern paintings of somewhat abstract and oddly colored plants inhabited by quite realistic and attractive insects. The flower genre of contemporary South Korean painting often depicts bees and other insects. Insects, particularly "crickets," dragonflies, and butterflies, remain the subjects of folk art, seasonal motifs, and modern advertising in China, South Korea, and Japan. For instance red dragonflies, important autumn symbols in Korea, appear on calendars and department store banners. Some elegant Japanese ceramics are decorated with finely painted dragonflies and fireflies. The long-horned grasshopper, *guo guo* (*Gampsocleis gratiosa*), commonly kept as a pet in China, is considered lucky, especially when combined with a cabbage. In the past, jade of ivory carved into an elongate Chinese cabbage with a *guo guo* perched on top was a common subject. Today these sculptures are still common but they are usually of carved and colored cow bone. Japan's large scarab beetle, the *kabutomushi* or helmet insect (*Trypoxylus dichotomus*), was a model for some samurai battle headgear because of the elaborate horns and strength male beetles. Today the beetle is still liked. It is the symbol of a major freight company, is mimicked by wind-up toys, and it is reared and sold as a pet. In 1980, near Kyoto, I saw *kabutomushi* being sold out of a roadside truck much like fruit.

PHOTO 5. *The singing "Bell Insect"* Suzumushi (Homeogryllus japonicus) *is one of the favored singing crickets in Japan. It is bred commercially, sold in pet shops, and also replicated by high quality mimics implanted with electronic chips* (Photo R. Pemberton)

PHOTO 6. *Singing cricket sellers and buyers in the Shanghai China bird market. Fourteen species of singing insects and one fighting cricket were offered on just one day during October 1993* (Photo R. Pemberton)

PHOTO 7. *School children listening to singing insects at the annual singing insect show at Tamazoo near Tokyo in October 1997. About forty species of singing crickets and grasshoppers are featured in this show which has been held since the mid 1950s* (Photo R. Pemberton)

PHOTO 8. *Cricket fighting in Bali, involves the cricket* (Gryllus bimaculata) *which is wild-collected, trained and fed secret diets before being fought. The human handlers of these crickets are usually professional gamblers* (Photo R. Pemberton)

FIREFLY NOTES IN JAPAN AND SOUTH KOREA

Fireflies, adult beetles in the family Lampyridae, have long been popular in Northeast Asia. In China just before and probably during the Tang Dynasty (618-906 AD), large numbers of fireflies were released at imperial garden parties, a custom that was adopted by the Japanese court (Liu 1939). People catching fireflies and placing them in cages is the subject of many Japanese woodblock prints of the Edo Era (1600-1868), including the famous Chiko print made in the late 1700s. During that period, caged fireflies were sold by the same peddlers who sold singing insects. The fondness of fireflies continues. Both South Korea and Japan have conservation programs to protect and encourage firefly populations. The larvae of Asian fireflies are aquatic which has made them vulnerable to water pollution and pesticide runoff. In the Lake Biwa region of Japan, conservation efforts include the monitoring of firefly populations by students and housewives, who report their observations to researchers via personal computer. A Tokyo restaurant has revived releasing fireflies, as an aesthetic entertainment. From 1950s to at least 1997 (when I visited the restaurant), the "Chinzanso" has conducted a firefly festival. The festival lasts for one month (May 25-June 4), during which two species of wild fireflies (*genji hotaru* and *heike hotaru*), collected on the Island of Shikoku, are released in the restaurant's garden. After eating a meal that includes some sweet cakes, molded into a firefly shapes and placed in blue mesh cages that mimic firefly cages, visitors stroll through the twinkling landscape created by the fireflies. The restaurant sells fireflies in wire mesh cages. Battery power flashing fireflies in plastic cages are sold at some train station kiosks.

INSECTS IN GAMES AND GAMBLING – ASIAN CRICKET CULTURE

Traditional cricket culture

"Crickets" here include the true crickets (family Gryllidae) and the longhorned grasshoppers (family Tettigoniidae) in the insect order Orthoptera. Members of both of the families produce songs that are easily heard by human listeners. The crickets are divided, ethnologically, into fighting and singing crickets. Fighting crickets consist of the species (*Velarificotrous micado* and *V. aspera*) (Jin 1994), which have ground burrows and highly territorial males that fight. In the staged fights, crickets of similar weights are placed in a ceramic fighting bowl. A fight usually consist of the crickets raising their large mandibles and then locking them together in a wresting match which ends when the weaker cricket breaks loose and runs, and the victor sings. Fighting crickets are associated with gambling and are most prominent in China, where the sport is at least 2,000 years old (Laufer 1927, Jin 1994). Singing crickets consist of about a dozen species of true crickets and long horned grasshoppers (also known as katydids) that are kept as pets because of their interesting and/or beautiful songs. During the Tang Dynasty of China (ca. 600-900 AD) royal ladies caught singing crickets and kept them in golden cages, a practice that was imitated by the common people (Laufer 1927). A special literature on keeping cricket was created in Song Dynasty (960-1279 AD) and cage making was developed into a palace art during the Ching Dynasty (1644-1911 AD) (Laufer 1927, Soloman 1984). Singing crickets were very popular in Japan during the Edo Period (1600-1868) (Hearn 1898). These singing crickets, including some of the same species that were popular in China, were captured and kept as pets. In addition, singing insects were sold by a specialized guild of street peddlers, wearing distinctive black and white checkerboard patterned kimonos. These sellers set up their stalls at temples, parks and markets, and offered singing crickets and elaborate bamboo cages. The custom of keeping singing crickets was probably introduced to Japan from China, as was sericulture, bonsai and many other "refined" nature related customs. This is suggested, in part, because these customs were, initially and most fully, pursuits of the court and aristocratic class.

China modern

At the time of the Chinese Revolution in 1949, cricket culture was thriving. There were specialized shops selling crickets, cricket cages (including unique ceramic and molded gourd types), and related paraphernalia. After the Revolution these shops were closed and keeping crickets was discouraged because it was considered to be a bourgeois pastime of the idle rich. The practice continued underground until the 1960's when the Cultural Revolution virtually eliminated it. In the Cultural Revolution's extreme purge of traditional culture, crickets, cages (including precious heirloom cages), and specialized books were destroyed, and "cricket masters" (particularly knowledgeable practitioners of cricket culture) were persecuted. In 1987, I found evidence of a revival of cricket culture in China (Pemberton 1990). The large long horned grasshopper, the *guo guo* was being collected in Hebei Province, woven into sorghum cane cages, and then marked by traveling peddlers in much of China. The *guo guo* is popular because of its loud ringing call and because it becomes tame enough to hand feed. It is said that keeping a calling *guo guo* in the house will not allow babies to sleep too long which is considered unhealthy (Quin Junde, pers. comm.). In 1989, I visited a private home in Beijing where some gentlemen brought their fighting crickets for matches. They were nervous to have an outsider see their activity and claimed that no gambling was ever involved. Cricket literature was also making a comeback; at least four books on fighting were published in 1989. By 1991, fighting crickets clubs had developed, and a Beijing beer maker sponsored a fighting cricket tournament. The tournament used closed-circuit television with cameras mounted above the fighting bowls, to enable a larger audience to see the fights. The bird market in Shanghai became a center for cricket culture, involving both fighting and singing crickets. In June of

1991, I saw about five crickets sold by just a few sellers, but by autumn 1993, more than fifty sellers offered thirteen species of singing crickets (Photo 6), as well as fighting crickets. This difference probably relates to the seasons in which the visits were made, as well as the real increase of sellers and crickets. Many of these crickets have beautiful calls and poetic names, such as "flower bell", "yellow bell", "pagoda bell", and "painted mirror". The local police periodically raided the market in an attempt to discourage cricket fighting involving gambling. Professional gamblers had become involved in cricket fighting and some violence was occurring (An-Ly Yao, pers. comm.). Cage making had also undergone a revival. The diverse handmade cages included molded gourds cages, as well as ones made of bamboo, metal, clay, and especially cleverly crafted ones made of plastic.

Japan modern

Much of Japan's singing insect culture has been lost or modified (Pemberton 1994b). The only cricket that is commonly marketed in modern Japan is *suzumushi*, the "bell cricket" (*Homeogryllus japonicus*), the species featured at Bell Insect Temple. This cricket is mass reared for the pet trade and it is frequently sold in the pet shops that are on the top floors of Japan's large department stores. In addition to the *suzumushi*, specialized bell cricket food is sold, as well as plastic terrariums to house them. These crickets are given as gifts by green grocers to their customers and by friends to one another. Recordings of *suzumushi* can be heard in public places such as train stations and high quality tapes and CDs of singing *suzumushi* and other singing crickets can be purchased at record shops. Electronic sound chips, that reproduce the sound of *suzumushi* and other species and a few other singing "crickets", are placed in cages with models of the "cricket" species that produces the song. These products range from inexpensive brightly colored plastic cages with fair quality chips to expensive high quality chips in elegant bamboo reproductions of traditional cages. The insect zoo at Tamazoo in the Tokyo suburbs also helps keep Japanese cricket culture alive. In addition to year-round exhibits of crickets, it has staged a singing cricket show every autumn since the mid 1950s. This show lasts three weeks and displays about 40 species of singing crickets in cages. School children were the main visitors when I attended the show in 1997 (Photo 7). Although the children were interested in the living crickets, many appeared to be more interested in operating the personal computers to produce cricket images and sounds.

Bali modern

Although I have not investigated the history of cricket fighting in Bali, and being uncertain whether it has been previously documented, I assume that it is an old and unique tradition. The cricket species that is fought (*Gryllus bimaculata*), as well as the cages, fighting containers, and specific customs are all different than those used in China's fighting cricket culture. In the 1930s painting was introduced to the island, and an early painting depicted a boy hunting for crickets under stones at night (Geertz 1995). The boy was probably searching for fighting crickets because this is where they could be found. I discovered Balinese cricket fighting by chance during a 1993 visit to Bali. Balinese fighting cricket culture is complex. It involves the collection and training of *G. bimaculata*, the preparation of secret diets to enhance their fighting ability, and the construction of sophisticated cages. Crickets and cages can also be purchased. Although some people fight crickets as a hobby, it is most developed among professional cricket fighters who gamble on the matches. I observed matches involving about 25 professional cricket fighters who gathered each afternoon in a private house (Photo 8). Each man brought his stable of fighting crickets, housed in standardized cages resting in a cage box, all of which were painted with his "racing colors". Prior to a match, the paired crickets were passed around and carefully evaluated before bets were placed and the fight took place. Great excitement involving loud cheering of favored crickets occurred during the fight, and considerable money passed to the winners after the match. Although cricket fighting is technically illegal because of the gambling, Balinese cricket culture remains active and vibrant. I also found that the old Balinese culinary sport of catching and eating dragonflies has continued in the modern era (Pemberton 1995). Bali seems particularly adept at retaining many aspects of their culture despite the enormity of tourism to the island.

CONCLUSION

Many of the traditional uses and customs relating to insects continue, all be they changed at times. Political, economic, and social change has impacted these customs but the underlying cultural interest in insects persists. This cultural interest in insects in Asia is wider than occurs in the West and in many other regions. Sophisticated Asian cultural perspectives enable people to finely differentiate pest insects from those that are useful as medicine and food, and others that make music, can be pets, fun and potentially profitable instruments of gaming, and aesthetic subjects of arts and crafts.

ACKNOWLEDGEMENTS

I wish to thank the many people who facilitated my encounters with East Asian culture relating to insects especially KIM Jong Sook, LEE Jang Hoon, LI Li Ying, ONO Mikio, She Su LIANG, WANG Ren, YAMASAKI Tsukane, YAN Jing Jun, ZHANG Xiao-Xi. I also thank the many people who provided information and participated in interviews. Helpful reviews of the manuscript were provided by Nan Yao SU and Arnold van Huis.

REFERENCES

ANONYMOUS – 1993a, Cantonese are becoming more interested in insect food; the tastes seems delicious to gourmets. *Guangzhou Daily* 4-3. (in Chinese).

– 1993b, Chef seeking patent dishes from scorpions. *Korean Times* 9-11. (based on a Hong Kong China News Service wire story).

BODENHEIMER F. – 1951, *Insects as human food.* The Hague, Netherlands, Junk, 498 p.

DING Z., Y. ZHAO & X. GAO – 1997, Medicinal insects in China. *Ecology of Food and Nutrition* 36:209-220.

FRONCEK T. (ed.) – 1969, *The Horizon book the arts of China.* New York, American Heritage Pub. Co.

GEERTZ H. – 1995, Balinese imaginings. *Natural History* (New York) 104:62-67.

HEARN L. – 1898, *Exotics and retrospectives.* Boston (Massachusetts, USA), Little, Brown and Co. 299 p.

JIN X-B. – 1994, Chinese cricket culture: an introduction to cultural entomology in China. *Cultural Entomology Digest* 3:9-15.

KONISHI M. & U. ITO – 1973, Early entomology in East Asia, *History of Entomology* (California, USA), Annual Reviews Inc., pp. 1-20.

KIM J.G. – 1984, *Illustrated drugs encyclopedia.* Seoul (South Korea), Nam San Dang. 503 p. (in Korean).

LAUFER B. – 1927, Insect-musicians and cricket champions of China. *Field Museum of Natural History (Chicago, USA) Anthropology Leaflet* 22.

LIU G. – 1939, Some extracts from the history of entomology in China. *Psyche* 46:23-28.

MITSTUHASHI J. – 1984, *Edible insects of the world.* Tokyo, Kokinshoin. (in Japanese).

PEMBERTON R. W. – 1988, The use of the Thai giant water bug, *Lethocerus indicus* (Hemiptera:Belostomatidae), as human food in California. *Pan-Pacific Entomologist* 64:81-82.

– 1990, The selling of Gampsoleis gratiosa Brunner (Orthoptera: Tettigoniidae) as singing pets in China. *Pan-Pacific Entomologist* 66:93-95.

– 1994a, The revival of rice-field grasshoppers as human food in South Korea. *Pan-Pacific Entomologist* 70:323-327.

– 1994b, Singing Orthoptera in Japanese cultural. *Cultural Entomology Digest* 3:16-17.

– 1995, Catching and eating dragonflies in Bali and elsewhere in Asia. *American Entomologist* 41:97-99.

– 1999, Insects and other arthropods used as drugs in Korean traditional medicine. *Journal of Ethnopharmacology* 65:207-216.

– 2002, Wild-gathered foods as countercurrents to dietary globalization in South Korea, *Asian food: the global and the local* (K. Cwiertka & B. Walraven, eds.). London and Honolulu, Corazon Press and the University of Hawaii Press, pp.76-94.

PEMBERTON R. W. & T. YAMASAKI – 1995, Insects: old food in new Japan. *American Entomologist* 41:227-229.

READ B. E. – 1935, Chinese material medica, insect drugs. *Peking Natural History Bulletin* 94: 8-85.

SOLOMON B. J. – 1984, The cricket story. *Arts of Asia* 4:76-87.

STEINKRAUS D. C. & J. B. WHITEFIELD – 1994, Chinese caterpillar fungus and world record runners. *American Entomologist* 40:235-239.

STERN H. P. – 1976, *Birds, beasts, blossoms, and bugs: the nature of Japan.* New York, Harry N. Abrams Inc., 195 p.

WU T. C., S. C. JI & H. N. NANG – 1991, *Ants and rheumatism.* Nanjing (China), Jiangsu Science and Technology Co.

INSECTES D'AGRÉMENT EN EXTRÊME-ORIENT
(Chine, Vietnam et Japon)

Maurice COYAUD

RÉSUMÉ

Insectes d'agrément en Extrême-Orient (Chine, Vietnam et Japon)

On évoque ici l'usage ludique d'insectes au Vietnam (combats de grillons), en Chine (insectes chanteurs) et surtout au Japon : insectes chanteurs (criquets et compagnie) et danseurs-volants (libellules).

ABSTRACT

Pleasure insects in Far East (China, Vietnam, and Japan)

In traditional Vietnam, crickets were caught and trained for fighting. In China as well, but mainly in order to enjoy their song. In Japan, until now, crickets are fettered for company and the pleasure of hearing their song and dragonflies for their flying dance.

Lors de mon premier séjour d'un an au Japon (1972), j'eus la surprise, me promenant en été au bord du lac Shinobazu, dans le quartier d'Ueno (à Tokyo), d'entendre et de voir une multitude d'insectes crier dans des petites cages. On les vendait pour un prix relativement élevé, selon les espèces. Bien sûr, j'en achetai quelques-uns. J'emportai une cage de *suzu-mushi* "bestiole-clochette" (cinq cents yen), de *kirigirisu* (sorte de gros grillon aux accents très sonores, mille yen), et une cage de *kuwa-gata-mushi* (lucane, qui ne chante pas, mais amuse par la forme de ses immenses cornes). Je les gardai tout l'été, les nourrissant de peaux d'aubergines, de melons et de concombres, ainsi que de cœurs d'oignons et de salades.

Élever des insectes de compagnie pour leur lumière (des vers luisants), leur beauté (les lucanes) et leur chant (toutes sortes de criquets) est une coutume ancienne en Chine, au Vietnam et au Japon. On les élève aussi pour leur capacité à

Les insectes dans la tradition orale – Insects in oral literature and traditions
Élisabeth MOTTE-FLORAC & Jacqueline M. C. THOMAS, éds
2003, Paris-Louvain, Peeters-SELAF (Ethnosciences)

combattre. Je n'ai pas entendu parler de propriétés acrobatiques (comme dans nos cirques de puces).

Il faut cependant, pour mémoire, signaler que les insectes qui causent du désagrément sont présents dans la tradition orale. Par exemple, en Chine, la sauterelle (dans ses démêlés avec le singe) (Coyaud 2000a,4:40), l'araignée et le taon (Coyaud 2000a,83:228) (qui tourmente le lion), les fourmis (Coyaud 2000a, 37,71,94), les cigales (Coyaud 2000a,3) et les mouches (Coyaud 2000a,91); au Japon, les bestioles gonzo[1] (Coyaud 1993,95:102-3), les poux et puces[2] (Coyaud 1993,61:74), les mouches (Coyaud 1999,13:53).

Au Japon encore, les insectes nuisibles sont aimablement reconduits à la frontière lors de fêtes estivales nommées *mushi-okuri*. Par exemple, dans le Saitama-ken, district de Chichibu, à Minano-machi, Kamihinozawa, Kadotaira, le 17 août, on prie collectivement afin de ne pas subir trop de pluies (car le moment de la moisson approche), ni trop de vent ni trop d'insectes. Les enfants vont couper en forêt des bambous longs d'un mètre, y insèrent un ruban de papier à l'extrémité. Ils fabriquent ainsi un *okuri-take* "bambou servant à raccompagner" les insectes nuisibles. *Okuri* "raccompagner" signifie poliment évincer, chasser les *mushi*, de même que les *aku-rei* "mauvais esprits", et *aku-ma* "démons délétères", bestioles qui empoisonnent l'existence durant l'été. Les enfants, en procession, parcourent les chemins vicinaux et ruelles du village, brandissant les *okuri-take*, au son des *yoko-bue* "flûtes traversières" et *taiko* "tambours". La procession terminée, on fait un tas de ces *okuri-take* que l'on place à la sortie du village[3].

INSECTES D'AGRÉMENT EN CHINE

L'usage d'insectes de compagnie est fort ancien en Chine. On peut consulter à ce sujet l'ouvrage de Tun Li-ch'en (1936:63, 81-83 et 116), dont je m'inspire pour ce paragraphe. À Pékin, à partir du cinquième mois, on entend dans les rues crier des vendeurs de criquets *kuakuaer*[4] qui ne coûtent pas plus qu'une ou deux piécettes. À l'automne, ces bestioles voient leur prix augmenter de plus de mille fois. Vers le milieu du septième mois (août environ), arrivent sur le marché les *chüchüer*, appelés aussi *hsishuai* qui atteignent des sommes astronomiques : plusieurs taëls. On en trouve d'abondantes variétés : avec la tête tachetée de blanc, de jaune, des vert-carapace de crabes, des ailes en forme de *p'ipa* (sorte de luth), en forme de feuille de prunier, des favoris en forme de feuilles de bambous. Il sont ainsi surévalués pour leurs capacités à combattre. Mais vers le

---

[1] Conte de Fukuoka : des sortes de cloportes engendrent des lingots d'or.
[2] Le pou est aplati, suite à un gnon de la puce, elle-même arquée en raison de la rossée administrée par le pou lors d'une lutte à "mains nues" *karate*.
[3] *Cf.* Coyaud 2000b:68 et Haga 1970:9, pour la fête *mushi-okuri* au Aichi-ken.
[4] Je suivrai ici la transcription Wade-Giles, adoptée par Bodde.

dixième mois, leur prix descend jusqu'à "une centaine de centimes" : ils ne savent plus que chanter, et sont devenus incapables de combattre.

De pair avec les *chüchüer*, viennent les *you-hulu* "calebasses huileuses" *Gryllus mitratus*, qui atteignent "plusieurs milliers de centimes" pièce, au dixième mois, quand ils chantent le mieux. On garde les *chüchüer* dans des pots faits de mélanges de glaise rouge et blanche. Une paire de tels pots peut coûter quelques dizaines de taèls. De même pour les gourdes destinées à conserver les *kuakuaer* d'hiver et les *you-hulu*. Les meilleures sont violet brillant, épaisses et solides, qui ruinent les nobles amateurs de grillons. Selon le *Jih-hsia,* le village de Hu Chia Ts'un, (à cinq *li* de Yung Ting Men), produit les criquets de combat les plus costauds. Ils naissent en automne. Leur cri correspond à la note *shang*[5].

"De nos jours (vers 1920)", comme l'écrivait Tun, le peuple de la Capitale est capable de produire et élever de tels champions, et faire en sorte qu'ils chantent jusque tard dans l'hiver. La méthode consiste à remplir une assiette de terre. Les insectes donneront naissance aux petits dans la terre. Au début de l'hiver, cette assiette est placée sur un lit chauffé en briques *k'ang*[6] bien tiède. Chaque jour, on vaporise de l'eau sur l'assiette, recouverte alors de coton. Après cinq ou six jours, les œufs commencent à se tortiller. Encore six ou sept jours, ils deviennent des larves. On leur donne des épluchures de légumes, on les arrose et on les recouvre. Leurs pattes et ailes noircissent progressivement. Au bout d'un mois, ils chantent, et même plus délicatement qu'en automne. Ils meurent à l'arrivée du printemps. Ces criquets sont nommés *hsi-shuai*. On les classe en trois catégories : les gros et larges, avec une couleur huileuse (on les nomme *you hu-lu*); ceux qui ont une grosse tête (appelés "battoirs à linge"); ceux qui ont les mâchoires acérées (nommés "vieilles mandibules à riz").

Les criquets nommés *chin chong-er* "petites clochettes d'or" (*Homeogryllus japonicus*), sont apportés à Pékin pour y être vendus vers la fin du septième mois. Leur chant est "extrêmement clair, musical, mais pas triste, comme s'ils étaient bien nés pour habiter les spacieuses résidences des nobles qui les achètent à prix d'or". Nous les retrouverons au Japon sous le nom de *suzu-mushi*.

INSECTES D'AGRÉMENT AU JAPON

Les chanteurs

La meilleure introduction aux insectes chanteurs est le chapitre intitulé "Insects-Musicians" que Lafcadio Hearn [7] leur consacre dans *Exotics and Retrospectives* (1898:39-80). Il expose leur antiquité, d'après des sources littéraires

---

[5] La seconde note dans la gamme pentatonique chinoise.
[6] Le *k'ang* (lit chauffé au charbon) est caractéristique de la Chine du nord.
[7] Cet Américain d'origine grecque a débuté dans le journalisme (devenu plus tard professeur à l'Université de Tokyo), au bout de quatre mois de séjour au Japon, s'est marié à une noble Japonaise, fille d'un Samurai, et a acquis un nom japonais : Koizumi Yagumo. J'ai visité sa maison (devenue musée) à Matsue, près d'Izumo.

antiques. Il nous livre une liste de leurs prix (de l'année 1897), et il leur consacre une description, que je résume ici. Le mot *mushi* "bestiole" correspond au chinois *chong*, qui peut s'appliquer à toutes sortes de bêtes rampantes, y compris les vipères (*ma-mushi*) et les dragons.

Matsu-mushi *"insecte des pins"*

"(*Dionymus marmoratus*)"[8]. La traduction "insecte des pins" correspond aux caractères chinois employés. Mais *matsu* veut dire aussi "attendre", d'où une profusion de petits poèmes où "la bestiole de l'attente" est célébrée. Certains de ces poèmes remontent au dixième siècle. Le cri de cette bestiole est rendu en japonais par *chin-chirorin, chin-chirorin*, un son argentin, ressemblant à une sonnerie électrique entendue de loin. Le *Matsu-mushi* hante les pinèdes et bosquets de cryptomérias (*Cryptomeria japonica* (L. f.) D. Don, Taxodiaceae). C'est une bête minuscule, avec un dos brun sombre et un ventre jaunâtre. Voici un poème (tanka)[9] extrait du Kokinshû (anthologie compilée en 905 par Tsurayuki) mettant en scène notre bestiole :

> *Aki no no ni*
> *Michi mo madoinu*
> *Matsumushi no*
> *Koe suru kata ni*
> *Yadoya karamashi*

«Dans les landes automnales, je m'égare. Peut-être pourrais-je demander un gîte là où le *matsumushi* donne de la voix.»

Suzu-mushi *"bestiole-clochette"*

"Grillon (*Homeogryllus japonicus*)". C'est vraiment une clochette microscopique. Le *suzumushi* est très, très petit (on le compare à une graine de pastèque), mais il fait tant de bruit, que, joint à ses congénères, il forme des chœurs aussi bruyants que le bruit d'un torrent. Il a le dos noir, et un ventre jaunâtre ou blanchâtre.

Hataori-mushi *"le tisserand"*

"Sauterelle d'un vert brillant". On explique son nom de deux façons : ses mouvements ressemblent aux gestes d'une tisserande ; sa musique fait penser au bruit d'un métier à tisser : *jiiiii chonchon jiiii chonchon*. On raconte ceci, à propos de l'origine du *hataori* et du *kirigirisu* :

Jadis, vivaient deux sœurs zélées, qui permettaient à leur vieux père aveugle de subsister, grâce à leur travail manuel. L'aînée tissait, la cadette cousait. À la mort de leur père, les filles moururent elles aussi, de chagrin. Un beau jour, des créatures musiciennes inconnues jusqu'alors, furent vues sur la tombe des sœurs. Sur la tombe de l'aînée, la créature faisait : *jiiiii chonchon jiiii chonchon* et c'était *hataorimushi*. Sur la tombe de la cadette, la créature faisait *Tsuzure sase Tsuzure sase* ("habits déchirés, raccommode!"), c'était le premier *kirigirisu*. Désormais, chaque automne, elles crient aux épouses et aux

---

[8] *Cf.* Nakano 1967,2.
[9] Tanka : poème de 31 pieds, avec le rythme 5-7-5-7-7.

filles de travailler au métier et de réparer les vêtements de la maisonnée. On comprit que c'étaient les réincarnations des deux filles de l'aveugle.

Kirigirisu *"criquet"*

"Criquet du Japon (*Locusta japonica*)". C'est une assez grosse bête, d'au moins trois centimètres de longueur, plus trois autres centimètres pour les antennes.

Ces insectes vigoureux (de l'espèce *Tachi-kirigirisu*) chantent la nuit et produisent des notes claires. Les *Abura-kirigirisu* chantent de jour, et sont plus délicats. On connaît encore les *Kusa-kiri* "kirigirisu des herbes (*Homorocoryphus nitidulus*)", et les *Yabu-kiri* "kirigirisu des bosquets (*Tettigonia orientalis*)".

Kusa-hibari *"alouette des herbes"*

Il est appelé aussi *asa-suzu* "clochette du matin" ou *ko-suzu-mushi* "petit suzumushi", ou encore *yabu-suzu* "clochette du bosquet de bambous" ou *aki-kaze* "vent d'automne". Il chante de jour. Il est encore plus petit que le *suzumushi*.

Kin-hibari *"alouettes d'or"*

Ces insectes vivaient en grand nombre aux abords du Shinobazu-ike, à Ueno, à l'époque de L. Hearn.

Koorogi *"criquet de nuit"*

Ce "grillon (Gryllidae spp.)" est nommé d'après son chant : *kirikirikiri kooro-koorokooro ghiiiii*. La variété nommée *ebi-koorogi* "*koorogi* crevette" ne chante pas, mais les autres chantent très fort : *uma-koorogi* "*koorogi* cheval", *oni-koorogi* "*koorogi* démon", *Emma-koorogi* "*koorogi* dieu des enfers bouddhiques[10]" (*Gryllus yemma*), *Kuma-koorogi* (*Gryllus minor*).

Les meilleurs chanteurs ont des ondulations sur les ailes, brun foncé. Le Manyôshû[11] mentionne déjà le *koorogi* :

> *Niwa-kusa ni*
> *Murasame furite*
> *Koorogi no*
> *Naku oto kikeba*
> *Aki tsukinikeri*

«Les averses ont mouillé le gazon du jardin. Entendant le cri des *koorogi*, je comprends que l'automne est venu.»

Kutsuwa-mushi *"bestiole-mors"*

Cette "sauterelle (*Mecopoda nipponensis*)" est nommée aussi *gatchagatcha* d'après son cri. C'est le plus merveilleux des criquets de nuit. Il doit son nom à son bruit, qui ressemble au tintement du mors d'un cheval (*kutsuwa*). On croirait

---

[10] Emma est le sanskrit Yama, et le chinois Yanlo.
[11] Manyôshû : première anthologie de 4500 poèmes, éditée vers 750.

un vrombissement, avec des claquements comme de castagnettes, entremêlés de sons comme produits par un gong. Ceux-ci sont les derniers à apparaître, puis, ce sont les castagnettes qui cessent, et enfin le vrombissement. L'orchestre entier peut fonctionner durant des heures, sans pause. Dame Izumi Shikibu (début du Onzième siècle) a composé ce tanka sur le *kutsuwamushi* :

Waga seko wa
Koma ni makasete
Kinikeri to
Kiku ni kikasuru
Kutsuwamushi kana.

«Écoutez, ces bruits de mors, c'est sûrement mon mari qui revient en hâte, aussi vite que son cheval peut le porter. Non! erreur! c'était seulement le *kutsuwamushi*!»

Les danseuses

Les danseuses, ce sont les libellules, *tombô,* dont L. Hearn (1905:75-118) dans son chapitre "Dragonflies" ne donne pas moins de trente deux noms. Ces bestioles diaprées qui circulent, virevoltent, ou font du sur place au-dessus des ruisseaux et plans d'eau en été, sont évidemment des insectes d'agrément, et les enfants et adultes s'amusent à les capturer ou simplement à les contempler dans leurs évolutions et copulations aériennes.

Voici donc quelques-uns de ces noms les plus suggestifs. *Tombô* signifie exactement les "volantes".

Mugi-wara-tombô	"libellule paille" Ses formes rappellent une tige de seigle.
Ko-mugi-tombô	"libellule blé" Des taches rondes sur ses ailes font penser à des grains de blé.
Haguro-tombô	"libellule aux ailes noires"
Oni-yamma	"libellule démone" Son corps noir est rayé de bandes jaunes.
Kara-kasa tombô	"libellule parapluie replié" L'ensemble fait penser à un parapluie chinois *(Kara)* fait de "baleines" de bambou reliées par du papier huilé.
Yurei- tombô	"libellule fantôme" Libellule noire faisant penser à une "ombre" infernale.
Shôryô- tombô	"libellule des âmes décédées"
Ta-no-kami tombô	"libellule dieu des rizières" Libellule aux couleurs rouge et jaune.
Tô-sumi tombô	"libellule mèche de lampe" Ressemble à la mèche d'une chandelle.
Beni tombô	"libellule rose"
Mekura tombô	"libellule aveugle" Cette libellule n'est pas aveugle du tout, mais en donne l'impression, tant elle se précipite vite dans tous les sens.

| *Aka-tombô* | "libellule rouge" |
| | La plus populaire, a donné son titre à une célèbre chanson enfantine. |

Tombô entre dans la composition de plusieurs noms de plantes [12] (flore de F. Makino 1956 recensant plus de 5 000 espèces) appartenant à la famille des Orchidaceae :

– *mizu tombô* "orchidée (*Habenaria sagittifera* Rchb. f.)"
– *mukago tombô* "orchidée (*Peristylus flagellifer* Ohwi)"
– *oobano tombo sô* "orchidée (*Platanthera minor* Rchb. f.)"
– *oomizu tombô* "orchidée (*Habenaria linearifolia* Maxim.)"
– *takane tombô* "orchidée (*Platanthera chorisiana* Rchb. f.)"
– *tombo sô* "orchidée (*Perularia ussuriensis* Schltr.)"

COMBATS DE GRILLONS AU VIETNAM

Les luttes entre grillons sont très recherchées des campagnards. Au cinquième mois, à l'époque des moissons, ces insectes viennent vivre en grand nombre dans les rizières, à l'ombre des épis d'or. Les paysans recherchent, parmi eux, les *dê mèn*, grillons des champs ayant le teint sombre, la taille grosse et trapue, le chant vibrant et martial. Ce sont les grillons de combat, épatants par leur force et leur résistance. Les femelles, susceptibles de connaître des défaillances, sont écartées. On ne garde que les mâles.

Les paysans font la chasse aux grillons de grand matin ou à la tombée de la nuit. Armés de torches à la lueur vacillante, ils marchent sur les talus des rizières, l'oreille tendue et l'attention en éveil. Ils s'arrêtent là où ils entendent des chants sonores et virils. Ils versent de l'eau dans les terriers. Les grillons s'empressent de sortir, et sont capturés [13].

Ces combats de grillons se retrouvent ailleurs en Asie, par exemple en Chine il n'y a pas si longtemps (Lao She 1996 : 84) :

> « Tongfang s'était réfugiée dans sa chambre, satisfaite d'elle-même comme le grillon qui se terre dans son pot après en avoir vaincu un autre dans un combat. »

RÉFÉRENCES BIBLIOGRAPHIQUES

COYAUD M. – 1977, *Études sur le lexique japonais de l'histoire naturelle et de la biologie.* Paris, P.U.F., 160 p.

– 1993, *Poésies et contes du Japon.* Paris, P.A.F., 184 p.

– 1999, *Aux Origines du monde : contes et légendes du Japon.* Paris, France Flies (Aux origines du monde), 216 p.

– 2000a, *Aux Origines du monde : contes des peuples de la Chine.* Paris, France Flies (Aux origines du monde), 288 p.

– 2000b, *De fête en fête (folklore du Japon).* Paris, P.A.F., 160 p.

HAGA K. – 1970, *Japanese folk festivals.* Tokyo, Mura.

---

[12] D'autres noms de végétaux japonais comportent des noms de bestioles (*cf.* Coyaud 1977:41-43).
[13] D. [initiale de l'auteur], *Indochine,* 202 (hebdomadaire), Hanoï, 1940-45.

HEARN L. – 1898, *Exotics and Retrospectives.* Boston, Little, Brown and Co, 300 p.

– 1905, *Japanese miscellany.* Londres, 288 p.

LAO S. – 1996, *Quatre générations sous un même toit.* Paris, Mercure de France.

MAKINO F. – 1956, *Shin Nihon shokubutsu zukan.* Tokyo, Hokuryukan, 1200 p.

NAKANO M. – 1967, *Hyôjun gensoku zukan, vol. 2. Konchû.* Tokyo, Hôikusha, 180 p.

TUN L.-C. – 1936, *Yen-ching Sui-shih-chi.* (traduit en anglais par Derk Bodde, *Annual customs and festivals in Peking*, Peiping), Henri Vetch, 160 p.

EMERALDS ON WING : JEWEL BEETLES
IN TEXTILES AND ADORNMENT

Victoria Z. RIVERS

ABSTRACT

Emeralds on Wing : Jewel Beetles in Textiles and Adornment

Glittering, unusual natural elements continue to fascinate humans throughout time and place. Entire shiny beetle bodies and their elytra, the hard outer wing covers have been utilized in dress and adornment in ancient Egypt, the Amazon Basin, Europe, throughout South and Southeast Asia, and Papua New Guinea, to name a few geographical locations. Some colorful beetles are members of the Scarabaeidae (Scarabaeinae, Rutelinae, Sagrinae) and Buprestidae families, with Buprestids most commonly seen in dress and adornment. Gleaming iridescent beetles have been tucked into bindings, slipped under basketry wefts, threaded onto strings, stitched into embroidered designs, incorporated with expensive materials, and amassed to create tinkling sounds. Like found treasures, glinting beetle parts frequently augment textiles and dress. But frequently shining beetles function beyond embellishment to convey messages and meanings.
This paper explores some uses and cultural contexts of iridescent beetles in textiles and dress by differentiating between urban, workshop manufactured items and those of rural traditions, often embodying psychic, protective associations.

RÉSUMÉ

Émeraudes ailées : les scarabées précieux dans les textiles et les parures

Les éléments scintillants et inhabituels continuent à fasciner l'homme, à travers le temps et l'espace. Le corps entier des scarabées brillants et leurs élytres, leurs ailes extérieures dures, ont été utilisés dans les vêtements et les parures dans l'Égypte ancienne, le Bassin Amazonien, en Europe, en Asie du Sud et du Sud-Est et en Papouasie Nouvelle-Guinée, pour ne donner que quelques exemples. Des scarabées chatoyants de la famille des Scarabaeidae (Scarabaeinae, Rutelinae, Sagrinae) et des Buprestidae sont, avec les buprestes, les insectes qui apparaissent le plus fréquemment sur les vêtements et dans les ornements. Des scarabées irisés et brillants ont été insérés dans des reliures, intégrés à des vanneries, enfilés sur des cordelettes, cousus dans des broderies, incorporés à des matériaux précieux et amassés pour produire des teintes. Comme des trésors découverts, des parties de scarabée brillant agrémentent fréquemment les textiles et les vêtements. Souvent, les fonctions de ces scarabées étincelants vont au-delà d'un simple désir d'embellissement; ils sont vecteurs de messages et porteurs de sens.
Cette communication explore certaines des utilisations de ces scarabées iridescents dans les textiles et les vêtements, dans différents contextes culturels, en faisant ressortir les différences qui existent entre les productions manufacturées des zones urbaines et celles qui sont réalisées dans un contexte culturel, et qui traduisent souvent des associations psychiques, protectrices.

Les insectes dans la tradition orale – Insects in oral literature and traditions
Élisabeth MOTTE-FLORAC & Jacqueline M. C. THOMAS, éds
2003, Paris-Louvain, Peeters-SELAF (Ethnosciences)

Insects and humans are inextricably connected, and have developed collaborative relationships throughout millennia. We are fascinated with insects' abilities to fly, their extremely diverse appearances, their strengths, abilities to adapt
and survive and unique physical structures. Some insects exhibit the most interesting camouflage, and their diverse physical and visual properties – forms, patterns and coloration–, have inspired people through various art forms for
countless millennia. People experience a full range of emotions when encoun-
tering insects, ranging from fear and repulsion to fascination with their beauty
and behavior. So perhaps it is not surprising that insects have inspired diverse art
forms around the world and throughout material culture.

INSECT STRUCTURES AND PRODUCTS

People are often inspired by the structures that insects build, while others manipulate or adapt insect products and structures. For example, Trichoptera or
aquatic larvae caddisflies spin silk from modified salivary glands and use the
sticky fibers as cement to incorporate streambed sand, tiny pebbles and twigs to
create their portable houses. Some designers have discovered that when
Trichoptera are given materials like precious and semi-precious stones, pearls,
gold nuggets, and glass beads, they selectively incorporate these substances into
their three quarters inch-long tubes. After the caddisflies metamorphose into
flies, the vacated cases are epoxied and converted into jewelry like earrings,
pendants and brooches[1].

Another example of human-insect collaboration is seen in Guizhou Province,
the mountainous southwestern part of China, where the ethnic variety of the
people is matched by the variety of festive dress styles and textile traditions. In
the Zhouxi area of southeastern Guizhou, a unique technique for producing naturally felted silk called *gahng-ah-mao*, has been handed down by many generations of Miao women. *Bombyx mori* larvae are customarily placed in individual
cubicles to fabricate their peanut-shaped cocoons. But in making *gahng-ah-mao*,
up to a thousand larvae are placed in shallow open containers, and the larvae
spin multi-layered, communal cocoons instead. When dampened, the resulting
multiple layers of silk are peeled apart, dyed and cut into shapes which are used
to embellish festival garments (Rossi 1988).

INSECT BEHAVIORS AND CULTURAL MEANING

Through observation of insects' behaviors and life cycles (especially metamorphosis), various cultures have developed powerful religious and mythical

---

[1] For information on caddisfly structures and jewelry *cf.* http://wildscape.com/jewelry/thumbs.htm;
"Notebook", *The Scientist* 11, (22), November 10, 1997; and
http://phylogeny.arizona.edu/tree/eukarotes/animals/arthropoda/hexapoda/trichoptera/trichoptera.html

associations which are widely reflected in their literature, arts, and dress. One of the oldest examples of insect inspiration in the visual arts comes from ancient Egyptian jewelry. Adornments were worn in daily life, but also served amuletic and protective functions in the tomb. Rings, anklets, collars, and necklaces were placed in burials to help the deceased in his or her journey to the afterlife and to protect from hostile forces, poisonous animals, and natural calamities. Other ornaments made the wearer more sexually attractive, and were used to exhibit status and wealth. Jewelry was also an important gift from the Pharaoh bestowed to those in favor. "The Award of Gold" showed how precious such items were, and one rank given by the Pharaoh was called "The Order of the Golden Fly". The fly as a military symbol probably originated in Asia or Central Asia, dates back to 3020 BC (Aldred 1971:19,201[2]), and perhaps evolved through observation of fly behavior. Flies swarm, their movements are swift and they are hard to catch. They are also relentless in their pursuits, so these are militaristically admirable qualities. Interestingly, images of the fly, and even earlier, of the beetle, were symbolically connected with the ancient warrior goddess and huntress Neith. Neith also protected the royal house, and she was at one time associated with the rising sun and therefore, with rebirth as the opener of cosmic pathways for the deceased's soul to navigate through the underworld (Griffis-Greenberg 1999). Sometimes Neith is represented by the fly, and other times by the *Agrypnus notodonta* or "click beetle" (Aldred 1971:176). Additionally, a brilliant-colored beetle named *Ateuchus aegyptiorum* (Cuvier 1827-35:523), and luminous insects of the family Elateridae were connected with Neith in her role as the "opener of the way" (Keimer 1931:151), as they would light the darkness. The fact that these beetles, with their hard outer wing covers or elytra, were perceived as perpetually dressed in armor further reinforces the militaristic association with Neith. Fly and click beetle imagery in Egyptian funerary jewelry appears much earlier than the scarab, which first appears around 2160 BC (Aldred 1971:160). Scarabs probably evolved as important funerary jewelry due to observation of the life cycle of the Elephant Scarab, which emerges from underground as a fully developed insect. Ancient Egyptians equated this seemingly miraculous appearance with the entombment of the body and subsequent rebirth.

In China, cicadas are associated with resurrection. Adult cicadas also emerge from their early lives spent underground. Carved jade cicadas were placed in the mouth of deceased individuals to help them achieve immortality.

INSECTS INCORPORATED IN TEXTILES AND ADORNMENTS

This paper builds on the rich history of how insects assist us in achieving beauty, expressing status, and even augmenting our soul force. Iridescent beetles have been incorporated in textiles and dress used by urban and rural people

---

[2] Pp. 186-187 refers to Queen Ah-hotpe's necklace with three golden flies.

alike, ranging from expensive luxury goods for the elite to one-of-a-kind objects embodying psychic, protective powers enhanced through the presence of the gleaming, flashing qualities of the insects' bodies and wing covers.

Entire shiny beetle bodies and their elytra, the hard outer wing covers have been utilized in dress and adornment in the Amazon Basin, Europe, throughout South and Southeast Asia, and Papua New Guinea, to name a few geographical locations. Some colorful beetles are members of the Scarabaeidae (Scarabaeinae, Rutelinae, Sagrinae), and Buprestidae families, with Buprestids most commonly seen in dress and adornment. Gleaming iridescent beetles have been tucked into bindings, as in the hilt of an Iban sword from Sarawak; slipped under basketry wefts, as in a Pwo Karen storage basket; threaded onto strings; stitched into embroidered designs; incorporated with expensive materials, as in Mughal courtly dress; and amassed to create tinkling sounds when worn in headdresses, jewelry, and "singing shawls". Like found treasures, glinting beetle parts frequently augment textiles and dress (Rivers 1999, 1993)[3]. But frequently shining beetles function beyond embellishment to convey messages and meanings.

Since at least the early eighteenth century, beetle elytra have been seen in rural, courtly, and imported textiles arts. The greatest range of examples stem from rural traditions in closer proximity to beetle habitats. Appropriately nicknamed "jewel beetles" or "metallic wood-boring beetles", members of the family Buprestidae, are often brilliant and iridescent (Photo 1). This huge family contains over four hundred genera and over fifteen thousand species (Booth *et al.* 1990:48). Buprestids are plant feeders, and the larvae burrow and feed on host trees or shrubs, pupate, and emerge as adult beetles. When the beetles die, people harvest the chitin remains, which are light-weight, strong, and brilliantly colored. Due to the phenomenon called interference, light waves reinforce or cancel each other out as they pass through the cellular structures of the chitin (Chapman 1972:107-111)[4]. Unlike some other brilliantly colored animals, the interference coloration of beetles is permanent, non-fading, and in fact, their vibrancy lasts long after the animals' lives have expired. Species like *Sternocera aquisignata* vary from dull bronze to bright emerald to blue and violet as the light shifts. This seemingly magical, intense color may explain why countless people have utilized beetle embellishment for ceremonial and ritual functions (Rivers 1999:135). And because the insects' chitin is hard and the color is permanent, brilliant beetles have been highly desired as adornment by many.

---

[3] *Cf.* Rivers 1999, for images and brief overview of beetle elytra in textiles and dress. For more detail on beetle elytra in India, Amazona, and Northern Thailand, *cf.* Rivers 1993.
[4] Particularly for information on surface structures and interference effects.

BEETLES IN COURTLY AND WORKSHOP-PRODUCED TEXTILES

We cannot be certain when beetles first appeared in textiles and dress, but in the workshop-generated courtly settings of late seventeenth through eighteenth century Mughal India, profuse pieces of violet-blue and bronze-green iridescent beetle elytra were frequently set like jewels into richly gleaming, high status elements of dress, such as sashes or *patka*, turban cloths, and men's tight-bodiced, full skirted garments called *jama*. These garments were intended for ostentatious display with their heavy gold and gilded vermeil metal embellishment. Such dress and accessories were frequently worn and presented by members of the Mughal courts as rewards and lavish gifts (Chopra 1954:212-213). These garments were embellished with Buprestid beetle chitin not only for the novel effect of intensely brilliant colors, but to imitate the gleam of emeralds.

In another courtly workshop setting contemporary with Mughal India, Saint-Aubin, embroiderer to the King of France in 1771, described novelty embroidered dress using animal fur, sections of wings of Spanish flies "mouches cantharides", which are iridescent green, and of other colored beetles (Saint Aubin 1983:56). Periodically, French designers utilized insects in dress. Around 1865, there was a fashion for extravagant ball gowns embellished with exotic natural elements. Some tulle dresses consisted of up to thirty seven yards of material practically covered with butterflies and beetles.

Workshop-designed, beetle-elytra embroidered dress fabrics, table linens, mats, and other soft products appeared in England by the late eighteenth to early nineteenth century (Crill 1999:10-11) [5]. These glittering iridescent goods, designed and marketed by the East India Company in India utilized the skills of professional workmen in the Punjab, Madras, and Calcutta. Beetle wings were combined with silk and metal threads, and stitched on fine cotton and silk muslins, Kashmiri woolen shawls and machine-made net fabrics. By the mid-nineteenth century, there was a great market in Europe for souvenir objects like fans and woven grass mats containing exotic materials from afar, such as iridescent feathers, hummingbirds, and flashing beetle wings.

BEETLES IN RURAL TEXTILES AND ADORNMENT

No doubt, rural traditions using beetle bodies and elytra in personal adornment are far more ancient than courtly, workshop-generated examples. Frequently, embellishments that at one time served protective and symbolic functions became disassociated from their ancient meanings and shifted to tradition or custom. There are many examples of ceremonial beetle-adorned textiles made in rural communities and among diverse ethnic groups, but usually little documentation exists about their meanings. For many rural people of India, the

---

[5] For information on commercial embroideries of India.

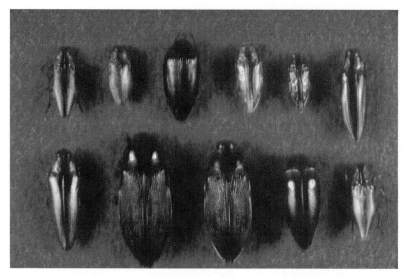

PHOTO 1. *Various "Jewel Beetles" used in textiles and personal adornment. Second row center is* Euchroma gigantea, *the largest Buprestid in the New World.* (collection V.Z. Rivers, photo Barbara R. Molloy)

PHOTO 2. *In courtly tradition, a* toran *or doorway hanging is embellished with expensive, novel materials such as now tarnished silver ribbon work and beetle elytra cut into sequin-like pieces. Rajasthan, India* (private-collection, photo Dr. Sumahendra)

EMERALDS ON WING: JEWEL BEETLES IN TEXTILES AND ADORNMENT
ÉMERAUDES AILÉES: LES SCARABÉES DANS LES TEXTILES ET LES PARURES

169

PHOTO 3. *Punctured beetle thorax strung onto yarn pom pom ties for belts and hair ornaments, Jat peoples of northern Rajasthan, India* (collection V.Z. Rivers, photo Barbara R. Molloy)

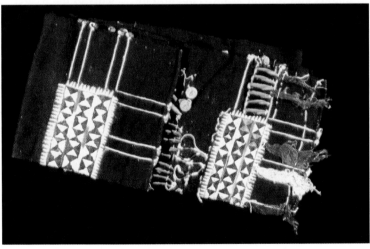

PHOTO 4. *Headcloth of a Tai Dhaum woman, embellished with beetle elytra, rupees, and glass beads, northwestern Laos* (collection V.Z. Rivers, photo Barbara R. Molloy)

incorporation of gleaming insect parts into dress and textiles is often quite singular and special. We frequently see a few Buprestid pieces positioned in "pride of place". These natural jewels are combined with costly bazaar-purchased items such as mill-woven cloth, silk thread and mirror rounds. For example, some Banjara brides made ceremonial wedding belts, which incorporate a few precious beetle pieces and glass beads for their bridegrooms to wear at their weddings. We sometimes see the same precious presentation of one or two beetle elytra, as in a Sodha Rajput ritual square called *rumal*, which is a special offering cloth. In the South Indian states of Andhra Pradesh and Tamil Nadu, emerald green beetle elytra were used in the festive dress of hill tribe peoples. The bride grooms were expected to wear breastplates of iridescent beetle elytra, while the women worked their upper body garments with cut beetle pieces. Throughout northern Rajasthan, there are numerous examples of beetle ornamentation. Ceremonial doorway hangings called *torans* (Photo 2), camel hangings, belts and hair ties, dolls, playthings, and fans were worked with beetle thorax and elytra; *indhoni*, or padded rings young women use on top of their heads when carrying water pots sometimes consisted of cascading nets of shimmering beetle thorax (Photo 3). Many of these *indhoni* complimented young women's trousseau.

Like the *indhoni*, varied forms of headdresses throughout rural Southeast Asia utilize beetle elytra. The kinetic musical and visual-shimmering effects of interference coloration are captured through either tethered or anchored beetle elytra, which dazzle with the wearers movements. Headdresses are often required to complete one's festive or ritual attire, and frequently they acknowledge not only personal dignity and cultural identity, but also the sanctity of the wearer's head. In northeast India and northwestern Myanmar, several types of Mizo women's head gear incorporate beetle elytra. One type consists of a vegetable fiber forehead band, ringed with Asian porcupine quills and weighted parrot feathers. Two horizontal bars of cascading Jobs tears seeds (*Coix lacryma-jobi* L., Poaceae) and beetle elytra stick out to the wearer's left and right. Among the Tai Dhaum people bordering northeastern Thailand and Laos, older examples of the women's characteristic rectangular headcloths are frequently worked with embroidery and precious objects like coins, beads, and beetle elytra (Photo 4).

These beetle-ornamented objects are associated with ceremonies, festive occasions and weddings when people made and wore special attire, ornamented their homes with auspicious hangings, and decorated their animals. The iridescent beetle parts make the textiles more extraordinary by enhancing their ritual value. And their shining surfaces may serve apotropaic functions, like more well-known mirrors and sequin counterparts.

Other rural peoples who utilized beetle elytra in their traditional and ritual dress include the Tibeto-Burmese language speaking Naga groups of Nagaland, Assam and Manipur states in northeastern India. Several of the Naga groups, the Angami, the Rengma, the Zemi, the Sema, and others from Manipur have used

Sternocera aquisignata and *Chrysochroa bivittata, C. attenuata*, and *C. ocellata* elytra in their highly restricted dress and adornment (Hodson 1921, Barbier 1985, Jacobs 1990, Rivers 1999:158-159).

Along with other natural elements like bright yellow orchid straw and gleaming cowry shells, these light-reflective materials provide social cues about the wearer's status in Naga society. Ornaments were used to convey bravery and prowess in head-hunting, wealth, rank, and social accomplishments. Women were accorded rights to wear ornaments, based upon husbands' or fathers' accomplishments and their earned rights to wear the ornaments. Ornamented body wrappers, cloaks and breast cloths were worn on feast days –some were resplendent with rows of iridescent beetle wing fringe indicating the prestige and high rank of the wearers' families. Since bright, iridescent beetles display intensely vibrant color that doesn't fade when the insect dies, there may be powerful symbolic meaning associated with their use. The Naga formerly kept human and monkey skulls for the life force, or *aren* contained within. Perhaps the brilliant green color of beetles, bright yellow orchid straw and white shells also encapsulate a kind of *aren* with their shining colors and surfaces (Rivers 1999:158).

Groups of Karen people living in the hills of northern Thailand and northeast Myanmar use iridescent *Sternocera aquisignata* beetles called *malaeng tong*, meaning golden insect, to embellish various objects. Sometimes, large, bright green beetles are tied to strings to amuse babies, and green beetle wings are sometimes inserted into bamboo baskets and peaked bamboo field hats. An egg-shaped basket called *ku*, is used for storing goods or for hauling things from the fields and often reveals beetle wings inserted into the baskets' wefts (Photo 5). Certain sub-groups of the Pwo Karen are renown for their special shawls which utilize beetle elytra in ritual contexts (Rivers 1993:6-17). At funerals, which were considered festive times for the Pwo Karen, young unmarried women wore shift dresses with long red fringes and long "singing shawls" with tinkling beads, buttons, coins, and beetle elytra (Photo 6). Pwo Karen people gathered from distant villages to send the departed to the afterworld, and marriageable youths had the rare opportunity to meet each other in their finest dress. Funerals lasted several days, and tradition required that the guests danced and sang around the corpse. The jingling and tinkling clothing served to ward off evil spirits, and the beaded patterns in the shawl ends contain grid, triangle and star motifs with funerary associations to assist the departed souls' safe journey to the afterworld (Marshall 1922:427).

In parts of Highland Papua New Guinea, beetle bodies and wings are used by various groups to reflect an intricate interconnectedness of beauty, wealth, and spirit through personal adornment. Highlanders believe that special ornaments, worn at rituals, dance performances, courtships, and even at some everyday events contain magic to help the wearers seem more powerful, attractive and successful. Occasions are differentiated from one another through either bright

PHOTO 6. *Detail of a Pwo Karen young woman's festive dress with long fringes, necklaces and "singing shawl" embellished with beetle elytra, primarily of* Sternocera aquisignata *(collection V.Z. Rivers, photo Barbara R. Molloy)*

PHOTO 5. *A ku, or storage basket with beetle elytra inserted into wefts, made by Pwo Karen peoples, northern Thailand (collection V.Z. Rivers, photo Barbara R. Molloy)*

or dark dress, and the dress often contrasts bright and dark effects. The concept of brightness and lustrousness underlies these dress codes, because materials like yellow orchid straw, red flowers, oiled skin, feather plumes, shells, and iridescent beetles were believed to possess inherent qualities that expressed and attracted wealth and augmented sex appeal (Strathern & Strathern 1971:170-172). Brilliant green beetles of genus Cetoniinae, called *mormi*, and dark, shiny sago palm beetles are important to Papua New Guinea Highlanders' dress, because of their brightness; *mormi* can be used to embellish headbands upon which towering headdresses or shorter, less formal ones are attached. These headbands are made of yellow orchid straw or golden cane, and a lattice grid-work is used to hold the whole beetles in place.

The headbands are tied on at the back with strings and worn by both sexes. Sticks of "skewered" Cetoniinae are sometimes also inserted into head ornaments. The Komblo men use beetles to edge the *pang* or wig of hair and vegetable fibers (Kirk 1993)[6].

Many people of the Amazon Basin believed they were naked without their ornaments, and among these, the Shuar, and closely related Achuar, Aguruna and Huambiza believed their ornaments enhanced and protected their soul power or *arutam* (Karsten 1923:427, 1935:92, Stirling 1938:102). The Shuar were traditional head-taking cultures who are well-known for the beauty and variety of their personal adornment. Ornaments contained substances with mystical associations, like *tayu* or oil bird bones, fresh water shells, toucan feathers, shiny seed pods and gleaming beetle elytra. These objects served psychic, as well as decorative functions through defining the wearer's personality and expressing concepts of wealth, well-being, personal and soul power. Furthermore, ones' dress and ornaments strengthened the wearer's life or soul force and protected against harmful influences. Beetle elytra appear in a variety of ornaments for both sexes, including ear pendants of many types, arm bands, neck and chest pieces, and head gear. Two types of beetle elytra were used. Two to three inch-long, dull greenish violet flat wing covers of *Euchroma gigantea*, the largest Buprestid in the New World were called *wauwau*. Beetle elytra of *Chrysophora chrysoclora*, were called *tuik*. Their densely punctured, frosty iridescent-green gold colored elytra turn under slightly.

CONCLUSION

To conclude, commercially workshop-produced fabrics and garments with iridescent beetles conveyed elevated status and sophistication with their exotic emerald-like surfaces. Rurally-produced dress and ornaments utilized the beetles for their inherent beauty and supernatural associations through intensely and permanently glowing iridescence. The millennia-long collaboration between in-

---

6 For *mormi, cf.* pp. 74 and 100.

sects and humans continue today, whenever beautiful emerald green beetle elytra and other insects are utilized in dress and adornment. In fact, the relationship between insects and humans is much deeper than mere decoration, as it offers beauty for the spirit and protection for both body and soul.

REFERENCES

ALDRED C. – 1971, *Jewels of the Pharaohs: Egyptian Jewelry of the Dynastic Period.* New York, Praeger Publishers, 256 p.

BARBIER J-P. – 1985, *Art of Nagaland* (The Barbier-Muller Collection). Geneva and Los Angeles, Los Angeles County Museum of Art, 87 p.

BOOTH R. G., M. L. COX & R. B. MADGE – 1990, *Coleoptera.* Oxon (UK), International Institute of Entomology, C.A.B. International, 384 p.

CHAPMAN R. F. – 1972[2], *The Insects: Structure and Function.* London, English Universities Press, 819 p.

CHOPRA P. N. – 1954, Dress, Textiles and Ornaments during the Mughal Period. *Proceedings of Indian History Congress*, 15th session, (Calcutta), pp. 210-228.

CRILL R. – 1999, *Indian Embroidery.* London, V&A Publications, 144 p.

CUVIER G. L. C. F. – 1827-35, *Animal Kingdom* 16. London, G.B. Whittaker, 328 p.

GRIFFIS-GREENBERG K. – 1999, "The Guiding Feminine: Goddesses of Ancient Egypt" at www.geocities.com/Athens/Acropolis/8669/neith.html

HODSON T. C. – 1921, *Naga Tribes of Manipur.* London, Macmillan and Co, 212 p.

JACOBS J. – 1990, *The Nagas.* London and New York, Thames and Hudson, 359 p.

KARSTEN R. – 1923, *Blood Revenge: War and Victory Feasts Among the Jibaro Indians of Eastern Ecuador.* Washington, D.C., Smithsonian Institution Bureau of Ethnology (Bulletin 79), 94 p.

– 1935, *The Headhunters of the Western Amazonas; the life and culture of the Jibaro Indians of eastern Ecuador and Peru.* Helsinki, Helsingfors, Societas Scientiarum Sennica, 589 p.

KEIMER L. – 1931, Pendeloques en forme d'insectes faisant partie de colliers égyptiens. *Annales du Service des Antiquités de l'Égypte* 31(151):146-186.

KIRK M. – 1993, *Man as Art.* San Francisco, Chronicle Books, 143 p.

MARSHALL Rev. H. I. – 1922, The Karen People of Burma. (Columbus, Ohio, The Ohio State University) *The Ohio State University Bulletin*, 26(13):193-209.

RIVERS V. – 1993, Jewel Beetles. (New Delhi) *The India Magazine* 13(2):6-17.

– 1999, *The Shining Cloth: Dress and Adornment that Glitter.* London and New York, Thames and Hudson. 192 p.

ROSSI G. – 1988, Chinese Silk Felt. *Shuttle, Spindle and Dye Pot* 18:29-33.

SAINT AUBIN C. G. DE – 1983, *Art of the Embroiderer* (translation by Nikki Scheuer and additional notes by Edward Maeder). Los Angeles, Los Angeles County Museum of Art, 189 p.

STIRLING M. W. – 1938, *Historical and Ethnographical Material on the Jivaro Indians.* Washington, D.C., Smithsonian Bureau of Ethnology (Bulletin 117), pp. 100-103.

STRATHERN A. & M. STRATHERN – 1971, *Self Decoration in Mount Hagen.* London, Gerald Duckworth and Co, 208 p.

Par for the palette:
INSECTS AND ARACHNIDS AS ART MEDIA

Barrett Anthony KLEIN

ABSTRACT

Par for the palette:
Insects and Arachnids as Art Media

The ubiquitous insects have been a cultural inspiration internationally, frequently used as symbols and metaphors for human existence and experience. Their boundless forms and behaviors make them logical candidates for artistic expression, providing artists with novel media to translate the mood, message and effect of a work.

I survey how artists have used actual insects and arachnids in their work, both indirectly (through insects' and arachnids' bodily secretions and uniquely manufactured products, such as beeswax and caddisfly cases) and directly (using live or dead individuals). From Dubuffet's collage of lepidopteran wings and Yanagi's representative ant nations redistributing flags of sand, to the traditional use of cochineal bug exoskeletons and buprestid beetle elytra for adornment, insects and arachnids, with their accessible, varied forms and cultural significance, have served as art media throughout human history.

RÉSUMÉ

À part entière sur la palette de l'artiste:
les insectes et les araignées comme matériau artistique

Omniprésents, les insectes sont depuis toujours une source d'inspiration universelle; leurs formes s'utilisent comme des symboles et métaphores de l'existence humaine. Leurs formes et leurs innombrables activités sont un exemple important de l'expression artistique, en donnant aux artistes des moyens nouveaux pour rendre l'humeur, message et effet d'une œuvre.

J'examine ici comment les artistes ont employé les insectes et les araignées dans leurs travaux: indirectement (à travers leurs sécrétions corporelles et leurs produits manufacturés tels que la cire d'abeille et les étuis de trichoptères) et directement (se servant de spécimens vivants ou morts). Du collage de Dubuffet d'ailes de lépidoptères aux colonies de fourmis de Yanagi, qui redistribuent des drapeaux nationaux en sable, jusqu'à l'usage traditionnel des exosquelettes de la cochenille et des élytres de buprestes comme ornement, les insectes et les araignées, avec leurs formes accessibles et incomparables, et leur importance culturelle, ont servi de matériau artistique tout au long de l'histoire de l'humanité.

Les insectes dans la tradition orale – Insects in oral literature and traditions
Élisabeth MOTTE-FLORAC & Jacqueline M. C. THOMAS, éds
2002, Paris-Louvain, Peeters-SELAF (Ethnosciences)

ART MEDIA AND THE UBIQUITOUS ARTHROPOD

Tools of the artist are boundless, sought after and applied for their utilitarian value, or for their philosophical connection to a planned work. They span the realm of the tangible to that of the fantastic, from the powdered remains of Egyptian mummies (Hebblewhite 1986) to the commingled blood of mortally wounded dragon and elephant, as described by Pliny (Bach 1964). An art medium is the physical material of which a work of art is made (Diamond 1992) and can take inorganic or organic form. Inorganic media are of mineral or synthetic origin. Organic media include anything containing carbon atoms, and often connote derivation from plant or animal origin. The most prevalent, ubiquitous form of animal life incorporated in artwork is found within the Phylum Arthropoda. Jointed-legged and bearing an exoskeleton, the arthropods include insects, centipedes and millipedes, crustaceans, and arachnids.

Insects and arachnids comprise the most numerous and varied of the arthropod groups and account for most of the described species of life on the planet. Their sheer number relates directly to their impact on *Homo sapiens* and, as a result, to their use throughout the world. They have been a cultural inspiration internationally, frequently used as symbols and metaphors for human existence and experience. Their boundless forms and behaviors make them logical candidates for artistic expression, providing artists with novel media to translate the mood, message and effect of a work. From the traditional use of buprestid beetle elytra and crushed cochineal bugs for adornment to Dubuffet's collage of lepidopteran wings or Yanagi's representative ant nations redistributing flags of colored sand, insects have served as art media throughout human history.

This cursory survey of arthropods as art media looks at insect and arachnid examples exclusively. These two classes of arthropods can be distinguished by the number of major body regions (three in insects: two in arachnids), number of legs (six in insects: eight in arachnids), and the presence of antennae and, commonly, of wings (insects). The categories that follow form a stepwise progression from mere involvement of insects in the production of art, to art media derived from insect and arachnid products, body parts, entire dead specimens, and live participants.

HINT OF AN INSECT

Beginning with nothing more than the suggestion of insect involvement, some works of art are either facilitated by, or remnants of, an insect's presence. This indirect display of insects can involve either the purposeful manipulation of insects, or opportunism on the part of the human artist. Examples of opportunism include the collection of an ant-displaced mineral, the chalk recording of an ant's wandering, and a silverfish-ravaged book.

Some Australian Aboriginals traditionally collect the limonite oxide deposited by ants at the entrance of ants' nests. The mineral functions as a yellow pigment in the Aboriginals' paintings (Cherry 1991). This exploitation of the ant is incidental compared with the work of Yukinori Yanagi, who followed a single ant's wanderings with red chalk in his pieces *Ant Following Plan, Ant Following Hino-maro* (both 1989) and *Wandering Position* (1994) (Farver 1995). *Wandering Position* resulted in a space of red criss-crossing lines with a heavily marked periphery. The ant, in her persistence to escape, visually realized Yanagi's commentary on political boundaries.

Others have looked at the natural consequences of insect bibliophiles as works of art. A show at Book Arts Gallery in New York City featured "an exhibition of books before 1600 with artwork by insects and rodents, mangled by bookbinders and dealers, etc." *The Effects of Time*, as it was called, included books esthetically ingested by bibliophagous insects, which probably included the primitively wingless silverfish (Thysanura). One of these victims of "worming" was Girolamo Cardano's *De Rerum Varietate* (Hansen and Minsky 1987).

Although these examples do not qualify as arthropodal media, they set the stage for an explicit incorporation of insects and arachnids in art to follow.

INSECT AND ARACHNID PRODUCTS

One step beyond the suggestion of insect involvement is the use of insects' and arachnids' bodily secretions and uniquely manufactured products as art media. This level of arthropod incorporation in artwork offers the richest history and broadest biodiversity of the categories listed. Silk, wax, and honey are products of highly evolved glands that have served as binders, canvas, and final piece for countless works of art.

Sericulture, the rearing of silkworms for the production of silk filament, finds its roots in the paired cephalic glands of larval *Bombyx mori*, the highly domesticated and most famous of the silkworm moths. The mythic discovery of silk's practicability lies in China's Empress Si-Ling-Chi, under the direction of Hoang-Ti 4700 years ago (Corticelli Silk Mills 1911, Cherry 1993), but was probably made by Neolithic farmers living in north-central China along the Huang Ho (Vollmer *et al.* 1983). The methods of moth exploitation remained a secret for 2000 years.

Silk is a prized commodity due in part to its sheen, produced by layers of proteins making up a triangular, prismatic fiber. Each filament runs 800-1300 yards (730-1190 m) and is lightweight, yet stronger than a comparative filament of steel (Hyde 1984). Proof of silk's unique attributes as an art medium have been meticulously quantified and qualified. The Raw Silk Classification Committee listed raw silk's properties as: color, luster, hand, nerve, nature, strength, elasticity, elongation, cohesion, evenness, cleanness, and size (Seem 1929).

Silk can be divided into many fabric types: velvet, crepe, taffeta, satin, chiffon, Shantung/tussah/pongee, and Japan silk (Pellew 1913, Los Angeles County Museum 1944, Erickson 1961), each with its own texture, weight and color. Traditionally, cocoons are soaked in hot water to loosen sericin (gum that binds fibroin protein expelled from the salivary glands of *Bombyx mori*), enabling thread to be unraveled and plied together. The raw silk is then reeled, graded, temporarily color-coded, twisted, washed and wound into skeins.

The secrets of sericulture were smuggled and spread across the world, facilitating the creative application of this medium globally. Contemporary fiber artists continue to incorporate silk in glorious ways, and have regained recognition in Japan with works by artists such as Michie Yamaguchi, Atsuko Yamamoto and Akihito Izukura (Tsuji 1994).

Another contemporary Japanese artist, Kazuo Kadonaga, has harnessed the efforts of silkworm moths in a more basic fashion, not to produce a textile, but by demonstrating traditional methods of sericulture. *Silk No.1, 2 Series* (1986) consists of 110,000 silkworm moth cocoons attached to wooden crates (Kadonaga 2001; Photo 1). The collective work required a two day rotation of each crate to induce even distribution of pupating larvae. Each piece was heated to kill the inhabitants, a traditional sericulture method applied to prevent the destruction of the wound thread by its eclosing spinner.

« I am not creating beauty but discovering the natural beauty of material, »

Kadonaga has said of his silken works (Hubbell 1987).

Chinese avant-garde artist Xu Bing has also made silkworm moth cocoons the central focus of his art, both in an untitled work (Photo 2) and in *Plant and Silkworms* (1998), as described in this paper's *Working with the Living* section. Kadonaga and Bing's use of unmodified cocoons in art shares a long tradition with cultures throughout the world. Over 500 species of wild silkworm moths (Saturniidae) have been described and these are the primary traditional source of moth cocoons used to make ceremonial rattles and other artifacts. Historically, Native Americans in California used cocoons of *Hyalophora euryalus* to make hand rattles, while today Native Americans of northwestern Mexico and the southwestern U.S. use cocoons primarily of *Rothschildia cincta* and southern African tribes use *Gonometa* sp. and *Argema mimosae* to make ankle rattles (Peigler 1994).

Moths have monopolized the silk market for millennia, but silk is produced by a diverse array of insect and arachnid groups, including caddisfly larvae and spiders. Caddisfly larvae (Trichoptera) construct specialized cases from plant or mineral sources, often in species-specific forms. They spin silk from their mouthparts, connecting suitable materials and lining the inner surface of their cases.

PHOTO 1. *Silk No.1, 2 Series*

Kazuo Kadonaga's "Silk No.1, 2 Series" (1986) is the collective work of 110,000 Bombyx mori *silkworm moth larvae spinning cocoons within 91 crates of cedar and pine.* (detail of artist's studio, photograph by Kazuo Shozu)

PHOTO 2. *Xu Bing's Untitled work*

Xu Bing has also exhibited the products of the silkworm moth in displays that literally metamorphose. This untitled work (1998) was an installation of television monitor (out of view) playing a recorded image of the installation's second element: videocassette recorder (VCR) full of pupating Bombyx mori. *The adults have since eclosed and the work has reached its final stage, with only the silk cocoons of the immatures remaining in the VCR.* (photograph compliments of Jack Tilton Gallery, New York City, USA)

PHOTOS 3A,B. *Hubert Duprat : caddisfly larvae*

*Hubert Duprat manipulates caddisfly larvae, causing them to exit their productive cases
and to selectively replace them with mosaics of gold, pearls, turquoise and precious stones,
all bound together with their own silk* (2-3 cm, 1980-2003; photographs by Frédéric Delpech & Jean-
Luc Fournier).

Hubert Duprat has employed caddisfly larvae to construct sculptures since 1983.[1] Duprat collects larvae of the families Limnephilidae, Leptoceridae, Sericostomatidae and Odontoceridae and carefully raises them in aquaria. He then forces the larvae from their protective cases and supplies them with precious minerals. Offering gold spangles, pearls, or sapphires to rebuild their retreats, Duprat oversees the construction of jeweled surrogates. Following a history of relevant research projects, Duprat has learned that he can selectively damage, or remove portions of a case and supply materials to be replaced, at the discretion of his trichopteran apprentices (Duprat & Besson 1998; photos 3A,B). Although Duprat holds a patent for his caddisfly silk-woven sculptures, stream ecologists Ben and Kathy Stout converted their Wheeling, West Virginia, USA garage into a caddisfly rearing chamber, commercially producing jewelry for WildScape, Inc. with *Pycnopsyche* sp.[2].

Spiders, although the most famous silk spinners of all, have a limited, albeit amazing history of being exploited for artistic ends. Elias Prunner, once a resident of Puster Valley in the Tyrolean Alps, founded a practice of painting on the webs of agelenid spiders (c. 1730). Called "cobweb art," this use of spider webs as canvas was mastered by several artists, the most prolific Prunner pupil being Johann Burgmann, with a revival of the art by A. Trager. Single sheets of web collected from the garden spider *Agelena labyrinthica*, or the house spider *Tegenaria domestica*, were secured and cleansed of prey, occasionally primed with milk (and made oily with nuts, in the case of Burgmann's work) and eventually displayed between two plates of glass. Over 100 cobweb artworks are known to survive, 67 of which are signed by Burgmann. Many were painted in watercolors by feather, some were done in India ink, and six were engraved.

The challenge of overcoming the fragility of the medium resulted in the use of moth silk. Teams of *Yponomeuta evonymella* ermine moths exude silk from their salivary glands (agelenid spiders use abdominal glands and spinnerets) to produce a grayish-white transparent web. Wrapped around fruit tree branches in the spring, these communal moths' webs are stronger, cleaner, and can be unfolded and stretched. The silk threads of both the ermine moths and the agelenid spiders are much finer than those spun by *Bombyx mori*, resulting in a transparency desired by the cobweb artists (Cassirer 1956, Bristowe 1974).

Spider silk is also found in Jan Fabre's *Cocoon*[3] sculpture series (Fabre 1997), and served an entirely different purpose in Nina Katchadourian's *Mended Spiderwebs and Other Natural Misunderstandings*. Equipped with a *Do-It-Yourself Spiderweb Repair Kit* (Katchadourian 1999), Katchadourian has repaired many orb webs using red thread, scissors, forceps, and adhesive (when natural web adhesive would not suffice). She found that her red reparations

---

[1] (http://mitpress2.mit.edu/e-journals/Leonardo/isast/articles/duprat/duprat.html).
[2] (http://www.wildscape.com/jewelry/).
[3] (http://www.bartschi.ch/stk_Jf.html).

would invariably be rejected by the incumbent spider by the morning following installation. In Katchadourian's case, the hanging web served as ephemeral frame for, and extension of, her art.

Other bodily secretions rank as highly as silk in the lives of humans, most notably those exuded by a single species of insect: the honey bee, *Apis mellifera*. Honey is the nectar collected, prepared and stored by honey bees and is classified by the principal source from which bees gather the nectar. Glandular secretions in a nectar-collecting bee's honey-stomach begin her conversion of nectar to honey (More 1976), which can be measured in terms of its hygroscopicity (ability to remove moisture from the air), viscosity, density, specific gravity, refractive index, color and optical rotation (Grout 1970). Artists, in testing these properties, have found honey to serve as a viable binder in their works.

The paleolithic cave painters of Lascaux ground their natural pigments with water and used honey, gum, or starch to bind them (Hebblewhite 1986). Just as any paint requires a liquid to bind the particles of pigment, this early form of watercolor functioned due to the adhesive properties of honey.

Recent art history offers a less utilitarian and more sentimental application of honey in the works of Joseph Beuys. Using honey as a metaphor for warmth and energy (Tisdall 1998), Beuys created a distribution network of pipes traversing the Museum Fridericianum's rooms, through which two motors pumped honey. *Honey Pump* was exhibited in Kassel, Germany in 1977, pumping honey for 100 days (Beuys 1997).

Honey bees also produce wax. In times of comb-building need, eight abdominal wax glands of certain workers will secrete flakes or scales of wax which project ventrally from the last four abdominal segments and are manipulated from hindleg to mandibles, masticated, and incorporated into the honeycomb (Grout 1970). Wax has been used as a vehicle for pigments, as paint filler by Van Gogh and many of his contemporaries, as adhesive in stained glass, a binder for miniature mosaics, and as prototype and final sculpture.

The primary historical use of beeswax as art medium has been as vehicle to carry pigments in two-dimensional art. Both cold and hot wax painting techniques were mastered centuries ago by cultures with advanced apiculture. Melted-wax paintings, or encaustics, were produced by Egyptians, Greeks, and Romans (Diamond 1992). This technique of melting wax permanently fuses the painting, so encaustics are found on mummies, Greek marble, and as Pompeii wall murals (Newman 1966).

The lost wax process, or *cire perdue*, involves the molding and subsequent melting of a three-dimensional wax model, replacing it with a molten metal cast. Artists first applied the lost wax process in the third millennium B.C.E. in the Middle East and its use spread to Egypt, Greece, and Italy (Noble 1975).

Wax itself has been used as the final medium of sculptural works. The Egyptians and Greeks modeled deities, and Romans adopted the use of colored wax busts and masks. The Mayans cured the sick by burning wax replicas of the afflicted anatomy (Newman 1966), and Australian Aboriginals fashioned ritual objects and human figures for sorcery and love magic (Cherry 1991). Sculptors in all of these cultures chose wax, in part, for its plasticity. Wax also offers a humanlike translucency, used to great effect by Giovanni Bologna, Giulio Gaetano Zumbo, and Madame Tussaud in their human waxworks.

When working with honey bee bodily exudates it helps to understand the natural history of the honey bee. Garnett Puett is the stepson of a third-generation apiculturist who has managed to cleverly fuse the world of apiculture with his love of creating art. In art school he abandoned his final bronze sculptures, preferring the *process* of sculpting over the final product. *Apiscaryatid* and *Four Couples Erased* (1985) are two of Puett's armature-supported beeswax sculptures of human figures over which honey bees have been induced to form honeycomb. Puett has learned some of the bees' criteria for accepting or rejecting his preliminary pieces, and creates works with the aim of forcing viewers into seeing the essence of his apisculpture, at the risk of frightening them (Hubbell 1987)[4]. The critic Timothy Cohrs (1985) responded to a piece in progress, on display and coated with a colony of 80,000 honey bees:

« There were so many bees, so many *thousands* of bees, that they stacked up two and three and four deep, dripping from the mass like magma turned into a lifeform. The figure, once it could be identified as such, seemed frozen with shock, stung into a paralysis that at any moment could break and send it and the box and the glass sheet smashing to the ground. The sight of something so primeval, so vital, and so terrifying thrust into the cocoon of the gallery scene was more than surprising – it actually stunned the crowd of art-weary art-watchers at the ArtMart opening into a uniform silence. »

Other insects produce wax that has undoubtedly been used as an art medium, such as the Chinese wax scale *Ericerus pela* and the Indian wax scale *Ceroplastes ceriferus*. The Indian lac insect, *Laccifer lacca,* also produces a white wax, but is famous for exuding the amber-like resin used in varnishes and shellac (Sen & Ranganathan 1939).

ELEMENTS OF ARTHROPODS IN ART

The use of insects' and arachnids' bodily products is still one step removed from the use of the organisms themselves. Incorporating anatomical parts of insects and arachnids in art offers a world of opportunity to the artist. Wings and legs adorn some art pieces explicitly, while others discretely reflect the colors of crushed insect bodies.

Animal-derived red dyes primarily have come from the pulverized bodies of three species of scale insects. Scale insects are true bugs that, as maturing and adult females, are typically wingless, legless, sessile plant feeders that secrete a

---

[4] For an exhibit of wax, including Puett's work: (http://www.spiral.org/oldsite/wax.html).

waxy or scalelike covering (Borror *et al.* 1989). Historically extensively domesticated, kermes, lac, and cochineal bugs were ground and added to hot water to
produce a bright red solution called carmine. A wide spectrum of colors can be
achieved by the addition of a mordant, or chemical agent used to impregnate
cloth. Mordants for these dyes are the salts of tin, aluminum, iron, or copper
(Pellew 1913).

Kermes, a European source of red dye produced from the bodies of *Kermococcus vermilis*, dates at least to 1400 B.C.E. It was originally thought to be the
product of either a berry or worm, as the etymology suggests (Donkin 1977).
Kermes, lumped with the Armenian dye insect *Porphyrophora hamelii*, was the
most important of the animal dyes of the Old World. These dyes were replaced
by cochineal, a much more efficient dye (twelve parts kermes: one part cochineal), brought to Europe by the late 1600s (Gerber 1978). *K. vermilis* breeds on
the kermes oak *Quercus coccifera* L. (Fagaceae).

Another monophagous European dye insect, *Margarodes polonicus,* has the
unusual behavior of feeding on the roots of its host plant *Scleranthus perennis* L.
(Illecebraceae). *M. polonicus* was used commercially to make Polish cochineal,
or St. John's Blood, from at least the beginning of the Christian era until the
early 19th century (Donkin 1977).

Lac-dye is the product of *Laccifer lacca*, a polyphagous species mentioned
earlier in the context of insect exudates. The laccaic acid of the red dye is stored
internally, so falls within the body parts realm of this survey. *L. lacca* is an
Asian source of red dye and was used in India for calico-printing and for the
dying of silk, wool and leather (Sen & Ranganathan 1939). Lac dye can produce
scarlet, orange, and crimson shades on wool which are faster and more solid, but
not as brilliant as cochineal (Pellew 1913).

Cochineal is the red dye of the Western Hemisphere. It is made from *Dactylopius coccus*, one of five cochineal insects which feed on *Opuntia* (Opuntia-
ceae) and *Nopalea* (Nopaleaceae) cacti (Borror *et al.* 1989). The bodies of the
bugs are dried and crushed in hot water to release the carmine. As silk was with
the Chinese, cochineal was a closely guarded secret, upon penalty of death, of
the Spanish conquerors. The French and English finally learned the secrets of
the process in the late 18th century after a French naturalist smuggled some
prickly pear pads with cochineal bugs to Haiti in 1777[5]. Cochineal has been
used extensively in fabric art, notably in the brilliantly dyed textiles of Mexico.
The Navajo traded for Spanish cochineal-dyed flannel blankets, unraveled them,
and wove their own scarlet fabrics.

From the unrecognizably pulverized bodies of scale bugs, the next gradual
step toward the entire insect body can be seen through the ocular of a microscope. Called "living pointillism" by Charles Hogue, the scales making up the

---

[5] Arthur Gibson's economic botany course manual, University of California, Los Angeles ;
(http://www.botgard.ucla.edu/html/botanytextbooks/economicbotany/Cochineal).

color of a butterfly's wing are analogous to the mosaic of dots in a work of pointillism, divisionism, or chromo-luminarism. The individual elements become fused by the human mind. Hogue called scales "molecules of color" and compared their ability to please the human eye to that of the masterpieces of Georges Seurat. Butterfly scales are modified setae, or hairs, which reflect either the non-metallic colors of chemically based pigments, or the iridescence of structurally periodic surfaces (Hogue 1968).

Rearranging these natural masterpieces was the craft of Victorian scientist Henry Dalton (b. 1829). Dalton and a group of Victorians painted with a palette of butterfly scales and diatoms (Photo 4). The technique of mounting mosaics of individual butterfly scales began with a proposed design and the collection of an ample array of butterflies. Scales were removed with a delicate needle, placed and sorted on black cardboard, and arranged individually on a circular glass slide. No adhesives were used. Pressure with a pig bristle or ivory toothpick was enough to secure each scale to the slide. Before sealing the lepidopteran mosaic with a coverslip, dust particles had to be removed (Fields & Kontrovitz 1980). This practice of decorating under the microscope died with the Victorian Age, making way for mosaics on a scale magnitudes more manageable.

Entire butterfly wings have been used by many artists in as many ways. Jean Dubuffet created collages by adhering butterfly wings to a substrate in *Personage of Butterfly Wings* (1953) and *Jardin des Isles* (1955). The Art Guys (Jack Massing and Michael Galbreth) produced *Floating,* a collage of butterfly wings in the form of an astronaut (Massing & Galbreth 1995). Robert Edwards has incorporated the wings of butterflies in his paintings, remnants of those raised in his Michigan, USA garden.

A contemporary of Edwards', Mayme Kratz, embeds organic material in her urethane works. These include butterfly wings in her resin piece *Search* (1998), cicada wings in *A Dream Flown* (1999), and a dragonfly wing in *Exile* (Kratz 1999). The Hapsburg Emperor Rudolf II (1552-1612) also used insect wings, adhering the wings of dragonflies onto bodies of the insects he painted (Moonan 1998).

Wings most universally used as art media are those of beetles, and particularly of the metallic wood-boring beetles and scarabs. The forewings, or elytra, are sclerotized, protective shields that range in size, form, opacity, durability, surface texture and color, depending on which of the 350,000 described beetle species is selected. People around the world have incorporated the elytra of beetles in traditional artwork, from Mexico, Central America, and the Amazon to the highlands of New Guinea, Northern Thailand, and India (Rivers 1993). Beetles have been harvested commercially for their elytra, once with a purported average of 1137 kg procured per rainy season in Myanmar (Rivers 1993). Elytra are chosen to adorn textiles and ornaments and were one of the signatures of Basohli School miniature paintings (1690-1730) in India (Rivers 1994). Even Lady Macbeth, in an Irving theatrical production of Macbeth, was portrayed in a green silk dress embellished with red and green beetle elytra, as depicted in *Ellen Terry as Lady Macbeth* by John Singer Sargent (Ormond 1998).

Cicadas have sacrificed more than their wings for artists Cao Yijian and Kim Abeles. Yijian disassembled and reassembled cicadas to construct three-dimensional figures, while Abeles' *Great Periodic Migration* metaphorically created rush hour traffic with cicada nymphal exoskeletons (Hubbell 1987).

All previous examples of anatomical elements as art media have belonged to Class Insecta, but a swarm of arachnid limbs will close this section. Tom Friedman attached the legs of harvestman to a white sheet of paper in *Spider* (sic) *legs on paper* (1999; Photo 5). As Friedman says[6],

> « I like the thought of breaking something down further and further to find its ingredients. The ingredients are building blocks. Finding that place is like an intersection of possibilities. »

THE ENTIRE SPECIMEN

The beauty of the arthropod has been recognized in all manner of ways, but the unadulterated, entire specimen finds its traceable origin as art object in the Wunderkammer, or wonder rooms, of early 16th century Europe. These cabinets of curiosities were collections spanning the oddities of nature placed alongside antiquities and artwork. Displays representing insects as art have sporadically continued since. *Etre Nature* recently investigated "the reciprocity between a work of art and nature" at the Cartier Foundation for Contemporary Art in Paris (Moonan 1998). In it, Jacques Kerchache (2000) exhibited his collections of insect specimens.

A somewhat more contrived display of intact insect specimens in art begins with Buchsbaum and Boscarino, two pioneer cockroach artists. Positioning their subjects in somewhat unlikely scenarios, the artists use the American cockroach *Periplaneta americana* as their base medium. Boscarino, a jewelry maker who once hoped to be an entomologist, combines his talent and lost dream to compose works of tension, like the *Last Supper* – his most popular – using outfitted roaches. This hearkens back to the 1920s rage of dressing flea corpses as brides and grooms.

The Art Guys glued flies (Diptera) on paper, appropriately titling their work *Fly Paper.* Similarly, *Aunt Bea* is spelled with ants and *Apis mellifera* specimens (Massing & Galbreth 1995). More pasting was done in Alberto Faietti's *Formichiere II* (1974) and *The third letter of an ant community to karl marx* (1990). *Formichiere II* contains two poems consisting of text and ants.

---

[6] Feature Inc. (NYC art gallery) archive : Tom Friedman interview.

PHOTO 4. *One of Henry Dalton's mosaics*

Henry Dalton (a.k.a. Harold, Harry & H. Dalton) was a master Victorian microscopist who arranged microscope slide mosaics composed of individual diatoms and butterfly (Order Lepidoptera) wing scales. The photograph was taken by Phillip A. Harrington, a microscopist himself, who has more recently created slide-mounted insect abstracts. (image first published in Smithsonian, Fields & Kontrovitz 1980)

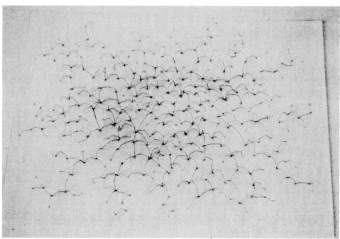

PHOTO 5. *"Spider legs on paper"*

Tom Friedman likes to "start with the ordinary" and depart from and build onto this "foundation of the familiar". Portions of arachnids (in this case the legs of harvestmen; Order Opiliones), form Friedman's foundation in "Spider (sic) legs" on paper. (23 x 30 cm, 1999; photograph compliments of Feature Inc, New York City, USA)

The third letter (Photo 6) is a transparent layered sequence of ant-composed text and formulae that ends with a formicid-formed "NO" as an answer to Marxism.

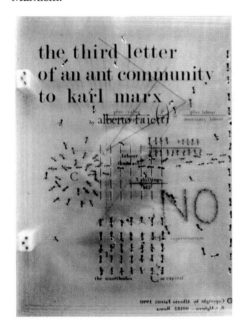

PHOTO 6. *"The third letter of an ant community to karl marx"*

Ants glued to a book of transparent plastic plates are interspersed with text in Alberto Faietti's "The third letter of an ant community to karl marx". (29 x 22 x 7 cm, 1990; photograph by Arno Klein, collection of the Museum of Modern Art Library, New York City, USA)

Butterfly specimens have been arranged on monochromatically painted canvases, as in Damien Hirst's *I Feel Love* (1991), *I Love Love* (1991), *Do You Know What I Like About You?* (1994), and calipered in suspended arrangements (Michael Dann). Other artists embed their insects in resin. Charlie Hines uses acrylic resin to embalm his jewelry subjects, both insect and arachnid. Mayme Kratz, aside from including elements of insects in her embedments, has produced works with entire specimens, as in *The Union* (1998), a work with dragonflies (Odonata), and *Bee Box* (1992), a large bee embedded in a brass box (Kratz 1999).

Quinter's _Thought_ *Trap* was an exhibit by Tasha Ostrander displaying rusting metal boxes with spinning butterfly specimens (e.g., *Morpho* sp.), a series of enlarged butterfly specimen images seen through glassine covers, and an overwhelming collection of labels at two desks, lit by bare hanging bulbs (Photo 7A,B). Although Eric Quinter is a well-known lepidopterist, he is made to be a fictive character in this thought trap, the trap being (Brandauer 1997):

   « his way of producing knowledge, which then obviates the possibilities for direct experience. »

PHOTO 7 A,B. *"Quinter's Thought Trap"*

Tasha Ostrander included spinning butterflies in "Quinter's Thought Trap", a 1997 "laboratory" exhibition at the Museum of Fine Arts, Museum of New Mexico (photographs by Margot Geist). *Using the name and visually interpreting the collection of Eric Quinter, Ostrander fabricated a mythological curation of insect specimens*

The following pieces of art displaying dead insects are photographic in nature. I will limit these examples because the process of photography leaves the viewer once removed from the insect subject as medium.

Gregory Crewdson composes surreal suburbia in eerie dioramas of paper maché houses and spread insects. Each scene takes approximately one month to complete in his Brooklyn studio before he is prepared to photograph (Sheets 1994). Barbara Norfleet takes a lighter approach in *The Illusion of Orderly Progress,* her book of parodic insect and arachnid arrangements. Jayne Hinds Bidaut also photographs a varied assortment of insect and arachnid specimens, but does so individually as positive images on sheet iron blackened with tar (Bidaut 1999). "Entomology felt like a world of precious gems" to Bidaut, and her ferrotypes/tintypes treat each specimen as just that.

Cinematographers, like the Brothers Quay and Wladislaw Starewicz, have animated dead insects in their films. Starewicz, an entomologist/filmmaker wired carcasses in *Beautiful Lucanida or the Bloody Fight of the Horned and Whiskered, The Fight of the Stag Beetles,* and *The Dragonfly and the Ant* as early as 1910, introducing Russia to stop-motion animation. The innovative Stan Brakhage forewent the camera and pasted moth wings and flowers directly to a clear strip of 16 mm film before running the 16 minute *Moth Light* (1963) through the printing machine.

An appropriate close to a section of insect specimens as art medium lies with Jan Fabre, great-grandson of the great ethologist/entomologist Jean Henri Fabre. An insect collector and expert himself, Fabre's body of work is rife with insects and arachnids. As art media, the insects and arachnids are displayed unmodified on a two-dimensional substrate, in monumental composites, or as radically rearranged pieces. A pair of unmodified leaf insects (Phylliidae) face off on a canvas of blue ink (1989), as *Fantasy Insect Sculptures* (1976-1979) feature embellished arthropod bauplans. Beetles don a cephalic bottlecap, elytra capsules, a rostral quill, or prothoracic stamp handle (scarabs, with the exception of the quill-bearing brentid). Tarantulas (Therophosidae) sport a dorsal shotgun shell, abdominally chained drain plug, or feathered wings.

Fabre's most glorious insect-incorporated works are draped in a fabric of shimmering green, brown and black beetles. Gowns of wire mesh are graced with the siennas and umbers of lucanids and scarabs, or shrouded exclusively with metallic green buprestids, or flecked with chafers (Cetoniinae spp.). Hollow bee keepers' robes sit brooding or stand forebodingly, clad with the above array of scarabs, lucanids, buprestids, and cerambycids. Further assemblages form urinal, cross, microscope, rabbit, and jester (Fabre 1995). Fabre's coleopteran carcasses shine with an iridescent reanimation.

WORKING WITH THE LIVING

Employing live organisms in art poses new challenges and instills new levels of spontaneity and suspense. For this reason, I will briefly cite examples of "recorded" art, in the form of sound and photographic works, before moving on to the genuinely vivacious pieces.

The songs of insects have long been appreciated, especially in Asia, but have only mildly been explored in the mixing of recorded music. Masaoka played processed and mixed vibrations of bees' wings while projecting video footage of bees in her *Bee Show* (1999). *The Insect Musicians* (1986) is an album performed and produced by Graeme Revell. It is a symphony of tsetse fly, death's-head hawkmoth, bog bush cricket, screech beetle, queen bee laying eggs, and 35 other insect sounds collected from around the world. Revell (1986) saw the potential for insects as an auditory art medium:

> « Perhaps the most fecund territory for future explorations in art and music lies in the miniature; in detailed experiments with nuances of rhythm and timber, detail and colour. And perhaps the ultimate horizon of technology is Nature itself. »

Photographers and cinematographers have documented the natural and unnatural histories of arthropods far more than have the composers of music. Catherine Chalmers has compiled her series of staged predations in *Food Chain* (1994-1995) and Richard Avedon took a portrait of beekeeper Ronald Fischer covered with Fischer's live subjects.

Many films thematically depend on the inclusion of insects or arachnids, either subtly, as in Teshigahara's *Woman of the Dunes* (1964), or explicitly, as in Claude Nurisdany and Marie Perennou's *Microcosmos* (1996), or David Blair's *WAX or the discovery of television among the bees* (1991). The Colombian artist Maria Fernanda Cardoso produced *Cardoso Flea Circus* (1997), a video homage to the practice of training fleas (Siphonaptera) to perform.

Xu Bing crossed over, at least halfway, to the direct display of live insects with his untitled work (1998) coupling *Bombyx mori* silkworm larvae in an open video cassette recorder with a monitor playing a recording of the same. In the same year Bing exhibited the appropriately titled *Plant and Silkworms*. The larvae were allowed to pupate, lending an element of change and progress to each piece.

PHOTO 8. *Antics ant jukebox*

"Antics" (2000) was a collaborative exhibit that featured photographs, performance art, and cultures of five Sonoran desert ant species. (photograph by Chip Hedgcock)

Antics[7] (2000; Photo 8), a collaborative effort by photographer Chip Hedgcock, metal worker Philip Joachim, graphic designer Michael Mayer, organizer and ant breeder Steve Prchal, and performance artist Janet K. Bardwell, celebrated the lives of several Sonoran desert ant species (*Pheidole rhea,*

---

[7] for images: (http://sasionline.org/Antics/exhibits.html).

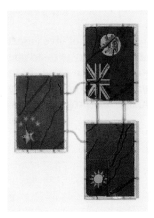

PHOTO 9B. *"Three China"*
1997. Ants, colored sand, plastic box, plastic tube, plastic pipe.
Each panel 13.5 x 20 inches. Glass jar 5.5 x 2.5 inches (not shown).

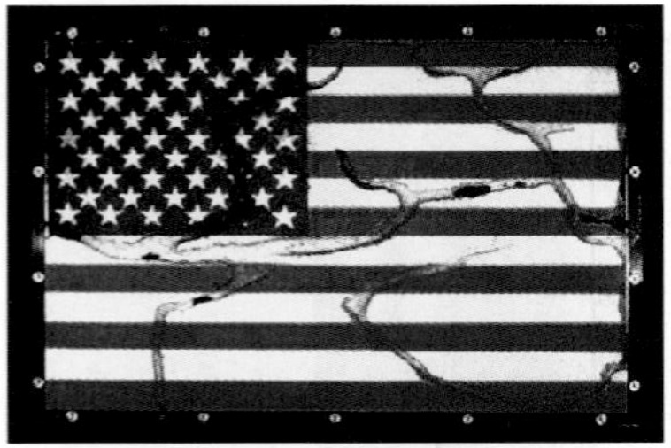

PHOTO 9D. *"Pacific #6"*
1997. Ants, colored sand, plastic box, plastic tube, plastic pipe.
13.58 x 67.52 inches.

PHOTO 9A. *"The World Flag Ant Farm"*
1990. Ants, colored sand, plastic box, plastic tube, plastic pipe.

PHOTO 9C. *"Red, White and Blue"*
1996. Ants, colored sand, plastic box 15.75 x 23.62 inches.

PHOTOS 9A,B,C,D. *Yukinori Yanagi's works*
Yukinori Yanagi creates arenas of plastic boxes, tubes and pipes within which colonies of ants disperse colored sands.
All images are compliments of Haines Gallery, San Francisco, USA; (http://www.hainesgallery.com/YY.work.html)

Crematogaster sp., *Camponotus festinatus, Aphaenogaster cockerelli,* and *A. boulderensis)* by displaying their behaviors in graphically engaging open exhibits. Live specimens require care, and Bardwell would ignore all gallery visitors for the sake of tending her ants[8].

Mark Thompson is another artist who performs with hymenopterans, but his choice subject is the honey bee *Apis mellifera.* Thompson creates what he calls "models of interaction." His interactions involve donning gasmask and sharing an enclosure with a swarm of bees in *A House Divided,* and forming a hairdo of live bees (Tracey Warr, pers. comm.). Wearing living insects has a traditional component and is practiced today by Mexicans on the Yucatan Peninsula with zopherid (formerly tenebrionid) beetles (Carl Olson, pers. comm.). The beetles are adorned with jewels, affixed to apparel and meant to be worn alive.

Sometimes living art necessitates sacrifice. The macabre works of Damien Hirst took a live insectal turn recently with *A Thousand Years,* a glass vitrine containing the decomposing head of a cow and its accompanying fly larvae. The maggots eventually matured, to face an additional element of the display: an Insect-O-Cutor. Mortality is also a theme of Huang Yong Ping's *Globe Bar* (2000), an antiquated globe-turned-arena for scenes of animal combat. Tarantulas and scorpions (Scorpiones) are some of the key combatants pitted against one another in this miniature colosseum.

To close this chapter of live insects and arachnids as art media on a note of global decay and destruction would do a disservice to the arthropods themselves. I turn to Yukinori Yanagi, once again, for his works with ants. Plastic tubes connect framed, transparent ant farms filled with different colors of sand (Photos 9A,B,C,D). Ants, in digging their tunnels for colony expansion and brood rearing, disperse the colored sands throughout *Dollar Pyramid* (1999), *In God We Trust* (1999) (Photo 10) and a series of flag pieces. *EC Flag Ant Farm* and *The 38th Parallel* (1991) portray the flags of North and South Korea connected. *The World Flag Ant Farm 1991 —Asia—* expands the scope to all of Asia, and *The World Flag Ant Farm* (1990) to all 170 flags of the United Nations (Farver 1995). When thousands of ants are added to *The World Flag Ant Farm,* as with each of the other pieces, a transformation occurs, and the vivid, recognizable boundaries of each flag "dissolve and evolve into one universal flag." "An ant doesn't comprehend a national flag," as Nishie Masayuki phrased it (Yanagi & Hillside Gallery 1991), making this insect group a perfect vehicle, or medium, for Yanagi's continuing commentary on borders.

---

[8] Known as jANeT, she would take written questions and mail her typed answers.

THE ARTIST IN TIME AND SPACE

From a hint, to an expulsion, to an anatomical element, to entire dead specimen, to living organism, this categorical, stepwise survey of insects and arachnids as art media is primarily limited to our visual domain. Each of our other
sensory modalities could serve to decipher esthetic information, and much potential lies in the artist's exploration of the olfactory, tactile and auditory realms.
Only gustation comes remotely close to being an explored art, with culinary appreciation by partially entomophagous cultures. Within the visual domain, artists
have opportunistically discovered the wondrous array of insects, arachnids, and
the properties of their products through time and across the world.

PHOTO 10. *"In God We Trust" (Yukinori Yanagi)*
is one of several US monetary manipulations.
1999. Ants, colored sand, plastic box, plastic tube, plastic pipe. 17 x 40.5 x 1 inch.

ACKNOWLEDGEMENTS

I owe my deepest gratitude to Arnold Klein for his French translations and for his obses-
sive archiving, a critical force behind all of my efforts. Also to Arno Klein for his technological expertise and photography, to Robin Roche, Jen Cooke, Tracey Warr, Joyce Cloughly and
Bill Logan for their research, and to Yee-Fan Sun for image reproduction. Janis Ekdahl gen-
erously allowed my twin to research the MoMA's insect holdings. The artists, be they cogni-
zant of their contributions (Mayme Kratz, Steve Prchal, Chip Hedgcock, Hubert Duprat, Robert Edwards, Kazuo Kadonaga, and Yukinori Yanagi) or not privy to these proceedings, made
this research both possible and exciting. Merci beaucoup to Elisabeth Motte-Florac for her
organization of the Insects in Oral Literature and Traditions Conference, and special thanks to
Diana Wheeler, Carl Olson, and the University of Arizona's Department of Entomology.

REFERENCES

BACH C. M. – 1964, Materials and Techniques in Art. *The Denver Art Museum Quarterly.*

BEUYS J. – 1997, *Honey is flowing in all directions.* Heidelberg, Edition Staeck, unpaged.

BIDAUT J. H. – 1999, *Tintypes.* New York, Graphis, Inc, 233 p.

BORROR D. J., C. A. TRIPLEHORN & N. F. JOHNSON – 1989, *An Introduction to the Study of Insects*. Philadelphia, Saunders College Publ, 875 p.

BRANDAUER A. C. – 1997, *Quinter's Thought Trap*. Museum of Fine Arts, Museum of New Mexico Exhibition Catalog.

BRISTOWE W. S. – 1974, Art on a Cobweb. *Animals* 16(2):62.

CASSIRER I. – 1956, Paintings on Cobwebs. *Natural History* 65(4):202-220.

CHERRY R. H. – 1991, Uses of Insects by Australian Aborigines. *American Entomologist* 37(1):8-13.

– 1993, Sericulture. *Cultural Entomology Digest* 1. I/O Vision.

COHRS T. – 1985, Garnett Puett's Apisculpture: Uniting the Bee to the Task of Art. *Arts Magazine* 60:122-123.

CORTICELLI SILK MILLS – 1911, *Silk: Its Origin, Culture, and Manufacture*. Florence, MA, The Corticelli Silk Co, 48 p.

DIAMOND D. G. (ed.) – 1992, *The Bullfinch Pocket Dictionary of Art Terms*. Boston, Little, Brown and Co, unpaged.

DONKIN R. A. – 1977, Spanish Red: an Ethnogeographical Study of Cochineal and the *Opuntia* Cactus. *Transactions of the American Philosophical Society* 67, Part 5.

DUPRAT H. & C. BESSON – 1998, The Wonderful Caddis Worm: Sculptural Work in Collaboration with Trichoptera. *Leonardo* 31(3):173-177.

ERICKSON J. – 1961, *Block Printing on Textiles*. New York, Watson-Guptill Publ., 168 p.

FABRE J. – 1995, *Jan Fabre: The Lime Twig Man*. Stuttgart, Germany, Galerie der Stadt Stuttgart, 224 p.

– 1997, *Passage*. Antwerpen, Belgium, Antilope Printing, Lier, 95 p.

FARVER J. – 1995, *Yukinori Yanagi: Project Article 9*. New York, Queens Museum of Art.

FIELDS K. & M. KONTROVITZ – 1980, An Invisible Art Blazes into Life Under Microscope. *Smithsonian* 11(7):108-113.

GERBER F. H. – 1978, *Cochineal and the Insect Dyes*. Osmond Beach, FA, The author, 70 p.

GROUT R. A. (ed.) – 1970, *The Hive and the Honey Bee*. Hannibal, MO, Standard Printing Co, 556 p.

HANSEN L. H. & R. MINSKY – 1987, *The Effects of Time*. New York, Center for Book Arts.

HEBBLEWHITE I. – 1986, *Artists' Materials*. London, Phaidon Press, Ltd., 288 p.

HOGUE C. L. – 1968, Butterfly Wings: Living Pointillism. *Los Angeles Museum of Natural History Quarterly* 6(4):4-11.

HUBBELL S. – 1987, Onward and Upward with the Arts. *The New Yorker* 63 (Nov.-Dec.):79-89.

HYDE N. – 1984, The Queen of Textiles. *National Geographic* 165:3-49.

KADONAGA K. – 2001, *Kazuo Kadonaga*. Los Angeles, CA, Japanese American Cultural and Community Center. 48 p.

KATCHADOURIAN N. – 1999, *Mended Spiderwebs and Other Natural Misunderstandings*. New York, Debs & Co.

KERCHACHE J. – 2000, *Nature Démiurge: Insectes*. Paris, Actes Sud, unpaged.

KRATZ M. – 1999, *Waking in the Dark*. Tucson, AZ, Joseph Gross Gallery.

LOS ANGELES COUNTY MUSEUM – 1944, *2000 Years of Silk Weaving*. New York, E.Weyhe, 63 p.

MASSING J. & M. GALBRETH – 1995, *The Art Guys: Think Twice*. New York, Harry N. Abrams, Inc., Publ., 96 p.

MOONAN W. – 1998, Seeing Beauty in the Bug on the Wall. *The New York Times* 21 Aug.1998. New York, H.J. Raymond & Co.

MORE D. – 1976, *The Bee Book.* New York, Universe Books, 143 p.

NEWMAN T. R. – 1966, *Wax as Art Form.* London, Thomas Yoseloff, Publ., 318 p.

NOBLE J. V. – 1975, The Wax of the Lost Wax Process. *American Journal of Archaeology* 79:368-369.

ORMOND R. – 1998, *John Singer Sargent – The Early Portraits.* New Haven, CT, Yale Univ. Press, 278 p.

PEIGLER R. S. – 1994, Non-Sericultural uses of Moth Cocoons in Diverse Cultures. *Proceedings of the Denver Museum of Natural History* Series 3(5).

PELLEW C. E. – 1913, *Dyes and Dyeing.* New York, Mcbride, Nast & Co, 264 p.

REVELL G. – 1986, *The Insect Musicians* (LP recording). London, England, Musique Brut.

RIVERS V. Z. – 1993, Beetle Wings: Jewels of Nature. *Fiberarts* 19(5):52-56.

– 1994, Beetles in Textiles. *Cultural Entomology Digest* 2. I/O Vision.

SEEM W. P. – 1929, *Raw Silk and Throwing.* New York, McGraw-Hill Book Co, 198 p.

SEN H. K. & S. RANGANATHAN – 1939, *Uses of Lac.* Calcutta, India, Sri Gouranga Press, 78 p.

SHEETS H. M. – 1994, Gregory Crewdson: The Burbs and the Bees. *ARTnews* 93:97-98.

TISDALL C. – 1998, *Joseph Beuys We Go This Way.* London, Thames & Hudson, Ltd, 324 p.

TSUJI K. (ed.) – 1994, *Fiber Art Japan.* Tokyo, Shinshindo Publishing Co., Ltd, 231 p.

VOLLMER J. E., E. J. KEALL & E. NAGAI-BERTHRONG – 1983, *Silk Roads-China Ships.* Toronto, Canada, McLaren Morris and Todd Ltd, 240 p.

YANAGI Y. & HILLSIDE GALLERY – 1991, *Yukinori Yanagi: the World Flag Ant Farm.* Tokyo, Japan, Hillside Gallery.

TERMITES, SOCIETY AND ECOLOGY :
PERSPECTIVES FROM WEST AFRICA

James FAIRHEAD and Melissa LEACH

ABSTRACT

Termites, Society and Ecology: Perspectives from West Africa

This paper addresses the role of termites in the ecological and social thought and practice in West Africa. It draws on fieldwork in the Republic of Guinea, and on a broader literature review to show the importance of termites not only as a social metaphor, but as integral to regional traditions concerning human ecology, and fertility, and the control over water. Indeed, it is argued that termites are central to regional esoteric knowledge and the political institutions that manage it.

This is an expanded version of the paper presented at the African Studies Association Biennial Conference, Lancaster 1994, and of a subsequent version published in Posey (ed.) 2000.

RÉSUMÉ

Termites, société et écologie: perspectives d'Afrique de l'Ouest

Cet article rend compte du rôle des termites dans la pensée et les pratiques écologiques et sociales en Afrique occidentale. Il est basé à la fois sur nos travaux de terrain en République de Guinée et sur une vaste recherche bibliographique. Il montre l'importance des termites non seulement comme métaphore sociale, mais aussi en tant que fondement des traditions locales concernant l'écologie humaine, la fertilité, le contrôle de l'eau. En effet, on montrera que les termites sont au centre des connaissances ésotériques locales et des institutions politiques qui contrôlent la région.

Cet article est une version développée du travail présenté à la *African Studies Association Biennial Conference* (Lancaster, 1994) et publié dans Posey (éd.) 2000.

« If an old teacher comes upon a termite mound[1] during a walk in the bush, this gives him an opportunity for dispensing various kinds of knowledge according to the kind of listeners he has at hand. Either he will speak of the creature itself, the laws governing its life and the class of being it belongs to, or he will give children a lesson in morality by showing them how community life depends on solidarity and forgetfulness of self, or again he may go on to higher things if he feels that his audience can attain to them. Thus any incident in life, any trivial happening, can always be developed in many ways, can lead to telling a myth, a tale, a legend. Every phenomenon one encounters can

---

[1] The original says "ant-hill", the older name in English for "termite mound".

Les insectes dans la tradition orale – Insects in oral literature and traditions
Élisabeth MOTTE-FLORAC & Jacqueline M. C. THOMAS, éds
2003, Paris-Louvain, Peeters-SELAF (Ethnosciences)

be traced back to the forces from which it issued and suggest the mysteries of the unity of life, which is entirely animated by Se, the primordial sacred Force, itself an aspect of God the creator.» (Ba 1981:179, *Speaking of Bambara wisdom, West Africa*)

This paper addresses the place of termites and their soil machinations in the ecological and social thought and practice of peoples living in a large region of West Africa. It takes up an opportunity to reflect on certain similarities in ecological representations and techniques which seem to exist over much of West Africa, or at least within our fieldwork locations and the wider literature. It shows how farmers work with their understanding of termites in choosing or generating moist and fertile farm sites. Termites are important not only in farming, but also in general considerations of humidity and fertility which are equally important in human ecology and medicine, and which are often addressed in what we have come to consider as myth and ritual. Through termites one can see links between practical and ecological knowledge, and what social anthropologists have often portrayed as the more esoteric and specialist realms of local thought.

While the issue in question is highly focused, and while the evidence we draw on is dispersed somewhat randomly, both in geographical and disciplinary locations, the approach appeals to a vision of "tradition" akin to that recently expounded by J. Vansina (1990). This is not "tradition" in the sense of lack of change, or an attempt to represent "the historical consciousness" of a particular people. Rather it is an intellectual tradition of broad continuities in agro-ecological thought: a set of regional themes which manifest themselves through infinite local variance, and constituted through knowledge based more on everyday action and the surprises it brings, than on standard education.

Such an analytical tradition is much complicated where ecology meets tradition, not least because of the huge ecological differences within the region in question. Where ecological processes are different, the land responds differently to its use and, to use the language current in film criticism, the location is thus itself an actor in the generation of meaning. Furthermore ecological knowledge within this region cannot be treated as common knowledge since, for example, aspects of education are linked to initiation institutions and to the power relations they structure. Ecological tradition cannot thus be separated from political tradition, making the project of this paper even larger and unwieldy. Furthermore, it is somewhat problematic to look for – and thus to find – commonalities between phenomena dispersed in the footnotes of old texts, a major source for this analysis. Each incident has a uniqueness which it is perhaps more interesting to examine. A further inadequacy of the analysis will simply be our own limited knowledge of the broader region and of termite ecology. This alone must relegate many of our remarks perhaps to the status of hypothesis – and appeals for future research.

It would seem that against such obstacles, it would be fruitless to point towards a social-ecological tradition in this region, at least concerning termites. Nevertheless, as both M. Griaule (1961) and W.L. d'Azevedo (1962) among others, have shown, commonalities of social and political histories underlie immense ethno-linguistic complexity. Examining conceptual or political traditions at a broader regional level assists in the interpretation of particularities. It also avoids treating West African civilisation parochially, as much colonial anthropology risked doing, and as much study highlighting agency and "actor creativity" still does. Our aim here in an experimental first look at the literature is thus to outline some of the ecological and social frames for understanding termites in the region, and to see where there might be broad conceptual similarities. A second aim is to call in to question much of the vocabulary that social anthropologists bring to bear on comprehending social and ecological thought.

Our interest in termites was stimulated by several incidents during our social anthropological fieldwork among Kuranko (Mande) and Kissia (Mel/West Atlantic) farmers (1992-4). The first was during a visit to Bamba, a village where between 1906 and 1908 the French colonising army installed a military post in a savanna, now long overgrown by forest. Elders there recounted how the villagers had called in specialists to evict the French – whose success in colonial war was attributed to their letter-based communication system and their fortresses. This they did by introducing termites which destroyed the fortress buildings, and ate the papers. We thought little of this anecdote until later finding mention made in the national archives of the extreme difficulty which termites caused the French in Bamba. Subsequently the French took care to site new camps in places "naturally" free of termites, failing to see, perhaps, how social this natural phenomena could be. This incident indicated that Kissia claim to, and perhaps do, influence termite activity, and that this is a specialist activity.

In a second incident, in the Kissi village of Toly, we were noting field boundaris. Our close friend Dawvo mentioned that:

> «when we the Kissia find a termite mound near a field boundary, we place the boundary over it to leave half in one field, and half in the other to prevent jealousy.»

It transpired that Kissi farmers prefer the fields with more termite mounds, desiring at least four in the field which they clear from fallow annually.

> «There are trees that we don't cut, like *kondo* (*Erythrophleum guineense*[2]) as the leaves make the rice yield very well. If you find *puusa* termite mounds as well, the rice does well. Everywhere that there is one, you should cultivate – masses of rice!»

Without exception, farmers suggested that termite mounds are associated with more humid soil conditions. They say that they pipe water to the soil surface:

> «*Puusa* mounds have canals (*yoyowan*) and water comes from them[3]. *Yoyowan* (canals) are likened to bone marrow.»

> «When you have termite mounds, the area down from it tends to be relatively well watered. If you don't have a forest fallow, it is best to choose a savanna site where there are several termite mounds, as there is sure to be sufficient water.»

---

[2] *E. guineense* G. Don (Leguminosae-Caesalpinioideae).

[3] *Pusa co yoyowan, mendan mo co fula.*

In our other fieldwork site, Kuranko-speaking farmers identified the mounds of *togbo* and *tuei* varieties of termites as important for bringing soil to the surface (*ka du la yele*). In the dry season, soil around them remains damp (*suma-suma*). Such mounds are "good in fields" (*a ka nyi senindo*), and are singled out as sites for intensive gardening of peppers, tobacco, squash and other crops. These mounds are contrasted with *bire* (*Cubitermes*) mounds which themselves have dry soils, but which nevertheless indicate the presence of mature fallows.

TERMITE ECOLOGY AND FARMING

At the time, we did not realise that farmers throughout much of Africa deliberately seek out land with many and large termite mounds, whether for reasons of fertility or soil water.

This is the case, for example, in Tanzanian chitemene farming where farmers choose sites with termite mounds (Miekle & Miekle 1982). In parts of Malawi, mounds are owned and traded by farmers as they are valued for gardening (L. Shaxon, pers. comm.). In the West African region, A.F. Iroko (1982:58 citing Quénum 1980:65) notes how on the Sakete and Pobe plateaux of Benin, an abundance of termite mounds is taken to indicate good soils for cereal farming, and in Atacora (also Benin) an abundance of large mounds is a prerequisite for high fertility-demanding yam cultivation. Many farmers prefer soils where termite mounds are found to have high clay contents, although such preferences certainly depend upon specific conditions (*cf.* Spore 1995:4). Mounds which one can feel have more clay also indicate better soils, having greater clay content. A.F. Iroko (1982:54 citing Mercier 1968) goes on to note how this does not just concern agricultural aspects of fertility, but also ritual ones. The agro-pastoralist Fulbe of Benin choose their encampments in areas of many termite mounds,

> « signalling the presence of the goddess of fertility, of fecundity and of abundance, a major preoccupation of these farming and herding people. »

We were equally unaware of the dispersed but nonetheless considerable research showing the potential fertility and soil water benefits which termites can bring (*e.g.* Lal 1987, Lobry & Conacher 1990). In particular, several studies of termite activity on soils in West Africa show its importance in soil enrichment. As P. Hauser (1978) notes in Burkina Faso, for example, termites carry clay material rich in minerals from deep below the ground (10-15 m; up to 70 m), and enrich the soil surface with it, which considerably compensates for erosion. Termites tend to homogenise soil horizons, preventing the formation of sharp boundaries in the soil which can form natural boundaries to plant rooting, and favouring water infiltration. Notably, their activity dismantles iron pan enabling tree roots to penetrate more deeply. Termite galleries (tunnels) improve water penetration, and plant roots can follow them. The tunnels can similarly improve air circulation during the wet seasons. Certain mounds have concretions of lime (calcium carbonates) where none appears present in upper soils. The only negative aspect of termite activity, as Hauser notes, is in losing 20% of the land to inhabited mounds. Others in this region draw similar conclusions (*e.g.* Lepage *et al.* 1989).

Concerning lime, and perhaps other mineral concentrations, it has been noted in certain parts of Africa that farmers break up the mounds and distribute their soil over their fields, noting the fertility boost which results (Iroko 1982:64 in Benin) and also mix the enriched soil with cattle feed. Agronomists suggest that this fertility boost derives from the lime concretions which reduce soil acidity or from the enrichment of termite soils in other minerals and nitrates. The latter are concentrated in the mound either when termites collect and store plant matter and/or because nitrogen-fixing bacteria are sometimes active (*cf.* Laperre 1971).

Early in our research, as well, we did not know the extent to which African land-improving practices encourage and manipulate termite activity. In Zai farming in Burkina Faso, for example, fallow soil pits are filled with organic matter less to fertilise the area, as one might suspect, but expressly to attract termites to improve soil physical properties, especially water infiltration. This makes a millet crop possible and subsequently enables denser vegetation to colonise (Mando *et al.* 1993). The farmers consider that termite tunnels allow rainwater to accumulate in the holes and percolate into the soil. Farmers in western Sudan pile wood branches on poor land. The action of the termites burrowing through the soil around this wood, possibly aided by an increase in fertility from its breakdown was reported to improve the land in about four months (Tothill 1948). In several cases, farmers will put organic matter around incipient mounds to encourage their development, recognising incipient mounds and their improved fertility, and identifying these in areas where tobacco, for example, might be planted (Helena Black, pers. comm.).

In conversations with Susu farmers in Sierra Leone, we ourselves learned how they upgrade their fallows from savanna to forest vegetation partly by intensively grazing the land to reduce burnable material, but partly also by working the land to incorporate organic matter into the soil and –certain farmers said– to stimulate termite activity[4]. Farmers in much of Africa thus seem to be working with termites in their soil management. As we have seen, such termite management is often indirect (through manipulating the ecological conditions in which termites thrive), but it can also be direct, as when Kuranko farmers speak of certain trees and fruits which "seed" termite mounds[5], or when evicting the French, although this latter case was not for farming and involved specialist powers.

---

[4] We are grateful to Kate Longly for making these conversations possible during her fieldwork in Kukuna, Sierra Leone, 1993.
[5] These are *Dichrostachys glomerata* Chiov. and *Acacia silvicola* Gilbert & Boutique (Leguminosae-Mimosoideae) and *Tinkumansore* (unidentified) whose red fruit is said to seed mounds.

Both A.C. Mondjannagni (1975) and A.F. Iroko (1982:55) note how termite mounds are seeded in West Africa, stressing how this is a specialist and generally secret endeavour:

> «... it is this land chief who established the first relations with the land divinity and who installed on this land the divinities of his people. This pact takes the form, among the Aïzo for example, of burying a piece of termite mound containing or not the termite queen mother. At the place chosen, one pours some millet or maize flour, mixed with palm oil. If, at the end of a few months, the termite mound reconstitutes itself, it signifies that the pact has been favourably registered by the land divinity, in such a case it is the definitive settlement under the authority of the chief of the people who proceeded with the rites of the pact, and who is by this fact the veritable chief of the land, that is to say, the land tenure priest, intermediary not only with the land divinity, but also between all the other divinities and the member of the new community. It is he who is charged with distributing to members of the community, periodically, the new land to clear following precise directions, as a function of the space already occupied by chiefs of surrounding land.» (Mondjannagni 1975:163 my translation)

Why people might want to seed termite mounds should become apparent later in this paper.

TERMITES AND VEGETATION: SETTLEMENT AND SOCIETY

Our research on vegetation in West Africa was focusing on how farmers manage vegetation in a part of the forest-savanna transition zone. In this ecological zone, when water, soil and fire conditions are more favourable, dense humid forest can establish, but where they are not, there are starkly contrasting grassy savannas, stabilised by regular fires during the particularly marked dry season. In these savannas, trees tend to be grouped on and immediately around inhabited or abandoned termite mounds, whether because of the higher fertility, improved water access, or reduced fire intensity as grasses fare worse on these mounds. Tree clumps come to form islands of dense vegetation – almost forest – surrounded by savanna.

Certain ecologists have argued that in forest-savanna transition areas, this effect of termite mounds in altering soil conditions in favour of forest vegetation can assist in the extension of forest cover into the savanna lands.

> «Where favourable conditions permit, these islands of woodland increase in size until they merge with each other and produce a closed canopy.» (Harris 1971:73-4)

This association of termite mounds with woody clumps, especially mounds partially or totally abandoned by termites, is noted in most ecological zones in this regions, from much further north, in the Sudanian zone of Burkina Faso (Hauser 1978), to the forest margin zone (Begue 1937, Abbadie *et al.* 1992, but not in the Sahelian zone, where the inverse is the case, Guinko 1984). In a similar ecological zone in South America, farmers are known to initiate new forest island sites in savannas by transplanting termites to new locations, creating the conditions for their establishment and eventual mound-building (Anderson & Posey 1987)[6].

Farmers are familiar with this association of trees with termite mounds, and identify particular tree species normally associated with mounds (Guinko 1984). These are often fruiting species which certain mammals (*e.g.* palm rats) bring to abandoned mounds, where they make their digs. These animals, as well as those which tend to live around termite mounds also fertilise them. And just as trees tend to grow around termite mounds for all of these reasons, so termite mounds tend to form around certain trees where termites find food.

The way termite settlements influence vegetation patterns offers Kissia and Kuranko ways to consider their own influence on vegetation. Their villages almost invariably lie in open clearings in the middle of dense, semi-deciduous forest patches, which lie as "islands" of forest in the surrounding savanna. These peri-village forests provide protection against fire, convenient sources of forest products, shelter for tree crops, concealment for initiation activities, and, in the past, fortification. The forest islands are formed largely through everyday activities. Targeted grazing and thatch collection reduce flammable grasses on the village edge. Gardening on village fringes "ripens" and "matures" the soils, animal and people's manure fertilises the soil, and trees establish fast either when transplanted or when their seeds are distributed by domestic and wild animals (Fairhead & Leach 1996). In short, in a way analogous to termite "settlements", people's settled social life in savannas tends to promote forest.

Farmers also associate forest islands with abandoned village and farm hamlet sites (in Kuranko *tombondu*; in Kissie, *ce pomdo*). The forest vegetation they carry exists today as the legacy of the everyday lives of past inhabitants. The spatial patterning of people's settlement-forest islands is remarkably similar to the patterning of termite settlement-islands; similarities on which villagers reflect when interpreting their own landscapes.

In their effects both on soils and on forest island formation, termites thus seem to provide Kissia and Kuranko with "hints and clues" about living and working with ecology (Richards 1992). Analogies between people's and termites' manipulation of ecology gain further plausibility in local thought from the analogies in their social organisation. Kissia and Kuranko recognise in termite organisation a social world parallel to their own: one of male and female

---

[6] In this, farmers use special practices which require the co-transplanting of particular ant species alongside particular termite species. Islands of woody vegetation (*apêtê*) in savanna are formed through the active transfer of litter, termite nests and ant nests to selected sites. This substrate then serves as a planting medium for desired species, and also facilitates the natural succession, which is further enhanced through active protection of *apêtê* when the savannas are burnt. Compost mounds are prepared from existing islands where decomposing material is beaten with sticks. Macerated mulch is carried to a selected site (often a small depression) and piled on the ground. Organic matter is added from crushed *Nasutitermes* sp. (termite) and *Azteca* spp. (ant) nests. Live termites and ants are included in this mixture. According to the informants, when introduced simultaneously the termites and ants fight among themselves and consequently do not attack newly established plantings. Ants of the genus *Azteca* are also recognised for their capacity to repel leaf cutter ants (*Atta* spp.). Seeds, seedlings and cuttings are planted. Mounds are formed at the end of the dry season (Anderson & Posey 1987).

chiefs, and of different categories of worker, all living within a village (*ce*, so). Kissia describe termite society as led by two *kolatio* (leaders) which lie on an east-west axis; a male on the east, and a female on the west. They inhabit the heart of the mound *telekotin* (in Kissie). They and the majority of termites are protected by *kangua*, the soldiers.

The social metaphor of termites was noted by early Portuguese visitors to West Africa.

Let us conclude by discussing the *baga-baga*. This is a kind of ant. Its king is one of the same kind, but bigger, that is, longer and thicker. The society of this animal is a well organised natural republic. The royal palace is a mound of earth like a pyramid, almost a small hill, filled with cells inside. The female subjects serve their leader by surrounding him in the centre of the tower. Among them is to be found the heir and successor to the monarchy, an ant which has a similar body than the king, but which has the capacity to grow larger, in order to attain like him to the sceptre of royal dignity. This superior ant is served with all respect and all the signs of natural love. It never leaves the ant-hill; the others bring it the delicacies of mother nature. These ants make war on another kind of ant, a smaller sort (Alvares 1615 II, 1:15).

The metaphorical significance of termites to society and authority is alluded to by A.F. Iroko (1982:67) in Benin, where royalty eat products incorporating as an ingredient royal termites:

> «A sovereign who subjected to such treatment is supposed to be always and loyally obeyed by his subjects, in the manner in which royal termites is unquestionably the object of tender care on the part of the latter and numerous sovereigns have derived the power of their speech and domination from this practice.»

That termites work in large, highly co-ordinated groups, and in a disciplined manner, embodies values strongly upheld within people's initiation societies and labour group organisation. Termites seemingly "know what to do" and respect authority, just as initiated people should, and reveal –as the opening quotation notes– how community life depends on solidarity and forgetfulness of self. In Bambara, one notes the word ton (termite mound) is synonymous with "rule" and "work group". In Kissia initiation societies, one notes that the sign of future society leadership carried by the senior-most new initiate in the coming out ceremony is the chameleon; an animal which as we shall see, has a role in termite control.

Iroko (1982) shows how the course of people's migration history, and decisions of where to settle, not just where to farm, can be strongly inflected by interpretations of signs found in termite mounds, made by those initiated into knowledge of how to interpret such signs. He goes on to show how choice of location to settle is, throughout Benin, dependent at least at an ideological level, upon the presence of termite mounds[7]. For example:

---

[7] He notes (1982:54) this for:
> «most localities of Borgou and Atacora, *Aïzo* localities such as Adjan (Allada), *nago* localities such as Sakete, and the land of *Ganmis* (Ifangny).»

Termites, Society and Ecology: Perspectives from West Africa
Termites, Société et Écologie: Perspectives d'Afrique de l'Ouest

205

« The impressive number of termite mounds scattered across the landscape of the majority of the zone inhabited today by the Tchangana of Borgou seems to have been, in this region, one of the reasons for settlement of the land. Under the reign of Adandozan (1797-1818) of Abomey, an old migrant called Dandji, followed by 31 children, left Ato-Agokpou in Togo and settled definitively on a site where the abundance of termite mounds was for him a foreteller of prosperity. Klouekanmey was thus founded. He subsequently discovered shards of pottery, old wood pipes, stone tools and concluded that others before him had lived there, attracted by the termite mounds[8]. » (Iroko 1982:54)

Termites also give people hints and clues about the timing of their agricultural activities, a key element to considerations of fertility processes in the region. The flights of termite alates (winged reproductives) of the different species which occur with absolute regularity each year provide one of several natural clocks with which people synchronise their farming activity.

People do not always welcome termites. Certain species destroy buildings and others (in Kissi, those inhabiting the *telin* type of mound) prevent rice growth and farmers attempt to evict them, despite the edible fungi they furnish. Everyday life activities in the village can sometimes serve to deter termites from infesting habitations, and the incessant pounding of rice in Kuranko and Kissi villages, for example, is said to scare them away. In Mid-Western State, Nigeria, people invite drummers to beat drums in their houses in order to evict termites (Malaka 1972). Kissia and Kuranko have told us of a range of ways in which to evict termites from their mounds. They channel surface water flows into them, or dig out the queen; *telin* mounds in fields can be destroyed by inserting into them the scales of a pangolin – an animal which eats termites – or a chameleon. One can ask a young, presumably uninitiated girl to urinate on it[9]. Once unwanted termites are evicted, their mounds are often colonised by beneficial species.

It may also be the case that some control is exerted over termites in fields to improve rice production. Kissia elders responsible for sowing rice mix it with a substance, *wangaa*, which enhances fertility. A main ingredient of this is crushed chameleon bones, which, one might surmise according to Kissi logic, limits termite damage to crops, just as chameleons evict termites from their mounds. A second ingredient could plausibly be a product which attracts termites (*cf.* later – *e.g. mangana* seed?), thus creating a substance which simultaneously harnesses termite's local beneficial effects to a growing seed (esp. in moisture relations), while preventing their negative ones (*e.g.* in limiting termite grazing). As such knowledge lies on the verge of secrecy and sorcery, it is hard to gain further precision.

These aspects of termite ecology and society and their manipulation provide a context for considering some further significances of termites within regional traditions. In this we should state at the outset that we are going to gloss over the fact that in certain cases, knowledge of such traditions is linked to social and

---

[8] This conclusion may be the wrong way round. It would be plausible that there were so many termite mounds because others had lived and worked there.
[9] Some understanding of the logic involved in this can be derived from comparing with Cros 1990.

political institutions, not least to the many initiation associations (secret societies) in the region and access to the education they offer. Proper consideration
of this knowledge would involve examining the political use of termite symbolism and secrecy, rather than the symbolism per se (*e.g.* Bledsoe 1984, Bellman 1984). Equally, a longer and more deeply researched analysis would examine alternatives and challenges to explanatory possibilities offered here, perhaps in the expression of different initiation associations, social groups, or institutions of state education, Islam, etc. Such an analysis would be linked to
modern political and economic struggles and competition for authority. Neither
of these issues falls within the scope of this short paper which seeks only to
highlight the potential importance of termites within certain symbolic and political orders, and to show how their role in these is consistent with some aspects of everyday experience in both agro-ecology and human ecology.

ECOLOGY, SOCIETY AND WATER RELATIONS

In the myth and symbolic orders of the region, considerations of humidity are
central to the ways people consider the origins and hence the nature of many
things. Myths of creation frequently allude early on to a state of dry barrenness
which is given life through receiving humid breath and water. And as might be
expected from the way farmers interact with termites in everyday farming, termites and their influence on humidity are central to such narratives.

Perhaps the most elaborately documented West African mythology is that of
the Dogon. A Dogon view of life is that (Calame-Griaule 1965:247):

« The more a being is alive, the more it needs water, the faster it dies of thirst. »

In their eyes, according to this author at least, certain animals and plants seem
to manage easily without water, particularly the pale fox which astonishes the
Dogon for its ability to live in the dry season and for its hydrophobic tenden-
cies. It shares this status with the tree *Acacia albida* Del. (Leguminosae-
Mimosoideae) which perversely flourishes during the dry season when it comes
into leaf, but drops its leaves in the wet season. It is partly for this reason that
the pale fox is the enemy of *Nommo*, the Dogon saviour. Dogon contrast these
hydrophobic enemies with beings which conserve humidity during the dry season, notably the bulb of the tree *Urginea altissima* Baker (Liliaceae) a sign of
perennity used in settlement, and more central to our story here, the termite. As
Dogon note, the places where they live are always humid. These are "friends of
water" (Calame-Griaule 1965:247).

This association is rather well portrayed in a Dogon funeral libation (Dieterlen 1987:88):

« People of the termite mound of Enguele, people who have trampled clay, people of
the water of termites drawn by god (*Amma*), that day is had, goodnight. »

In Dogon origin stories, when God, imaged as male, created the universe he did it with two assistants, sometimes called his "wives": the termite and the ant. In this sense, the termite is prior to creation, extant within the "egg of creation" and, as M. Griaule notes, "the only witness to the creative thought of God" (Griaule & Dieterlen 1991:205). Termites assisted God, for example, when he was having problems with the pale fox, who had stolen the seeds of his creation and taken them to earth. God sent termites and ants to watch over the fox. The ant was ordered to retake the stolen grains, while the termite was ordered to divert all the humidity of the initial earth (a primordial placenta at the time) away from the hose where the seeds had been sown to prevent them from germinating, and to eat any grain which did germinate (Griaule & Dieterlen 1991:208)[10]. While in this case the termite dries the soil, the importance alluded to is termites' ability to channel humidity within it. In this same part of the myth, the termite (*tu*) actually gains a second name, "the water drawer of God". It was the termite which drew to the surface the water which enabled the pale fox to drink (Griaule & Dieterlen 1991:205). As we have seen, ecologists accord with this old wisdom, finding that termites "bring water to the surface".

This importance of termites to water flow finds numerous echoes within West African mythology. Where termite mounds are found at water sources or beside swamps or rivers, they are often shrines to the perennity of the water flow, and the sites for offering prayers and sacrifices to ensure it. The mythical association of humidity and water flow with termite mounds seems to be fairly general (*cf.* also Zahan 1960 25-26, Dennet 1906:114).

Shrines to water-related termite mounds become more comprehensible when one considers a second element in this hydro-ecological tradition, *ninkinanka*; a water motivating force often incarnated as a rainbow in the sky and as a python on land. In Kuranko villages, when a rainbow is visible between the viewer and an approaching cloud it is usual for the cloud to alter its course, a phenomenon which villagers pointed out to us time and again, and which seemed (to us) to hold. Within regional mythology, the rainbow, *ninkinanka*, is taken to exert control over rain and the weather. Rituals to it have been noted across the region. For example its passage in the country is honoured annually at the beginning of the rainy season in Kiniagui for the moisture it brings and hence the ability to farm. In Dogon, the rainbow is the manifestation of "Big *Nommo*" one of the first twins of creation, the maker of rain and guardian of crops (Griaule & Dieterlen 1991:156). In Bambara (Pâques 1953:70), the python is the

> « perpetual movement which is established between the (...) humid element, which is the body or humid land, and the dry sky. »

In both our study villages, *ninkinanka* is said to emerge from particular termite mounds: in Kuranko, of the *togbo* sort; in Kissi of the *telen* sort. Should one hit the earth of these mounds, the ground echoes, suggesting a cavernous

---

[10] Note how this is the opposite of termites normal role (to bring humidity, and not to eat seeds), a role seemingly enhanced by the Wangaa product noted earlier.

space beneath. The soil around them is hard, and one knows not to cultivate. One Kissi informant suggested that within these termite mounds, *ninkinankalen* rainbows derive from the open mouth of an animal, *koka bebendou*[11]. Others suggest that it emerges from the python, *piowvo*, represented as its breath or spittle (Millimouno 1991:25-26). In Kuranko, within the earth, *ninkinanka* takes the form of a snake, which lives on these mounds, and the rainbow seems to be a metamorphosis of it.

Wherever we have worked, farmers explain how the rainbow emerges from one termite mound, often in damp conditions or beside a pool, and arcs over to another; one from which these damp places receive their water. As the python, *ninkinanka* moves underground. Some Kuranko explain how the underground movement of the python and the airborne arc of the rainbow enjoin in a circle, and find in this a way to image the path of underground water flow. The underground half of the circle describes the paths of water flow which render water sources and particular field sites humid, often more humid that similar places elsewhere. *Ninkinanka* thus replenishes the rain clouds and upland water origins which enable these underground flows to keep going. It explains the existence of sources which seem never to dry up. Indeed certain of these sources are associated with ancestors who are said to have built the particularly fruitful relationship with the *ninkinanka* on which a community can thrive.

Elsewhere, the rainbow-snake is sometimes said to circulate between larger hills. In the Kissi village of Lengo-Bengo, for example, the rainbow-snake circulates between a drier male part of the mountain (*lengo piandu*) and a more humid female one (*lengo laandou*), the latter being a vast hillock which thus remains moist and good for cultivation. Its movement assists the inhabitants who make offerings to it and its movement is accompanied by rattles, and instrument played by women (Anonymous S.D.:57-59). In Bambara regions of Mali, V. Pâques (1953) describes several examples where the rainbow-snake moves between hills, showing again their movement between male and female hills, where the latter are humid. Indeed the latter is sometimes not a hill but a pool[12].

The python's underground pathway between the points described by the rainbow is sometimes said to be along channels dug by termites. This association of

---

[11] This animal, with a long tail, we cannot identify. Perhaps it is mythical, perhaps it is the Great Pangolin, which lives in such holes (and which in local opinion feeds on termites, ants and palm fruits). Perhaps this is the same animal noted by M. Alvares in 1615 (II,1:15)

« I would like to discuss the camosel. This is a large land lizard which makes its home in holes, especially holes in the towers of the bagabaga (that is, in ant-hills). The largest camosel is about one côvado long. These animals are very fond of hens and birds, and to catch them they hide in the most convenient places. They will eat anything, even human flesh. To the natives, this animal is the symbol of messages from the Enemy of all truth, just as the devil took the shape of a snake to deceive our first parents. »

[12] The role of the rainbow-python assembly in relation to water transfer is generic to West African mythology. For a long elaboration of this, *cf.* Rouch 1953, in a study of this phenomena which, incidentally, overlooks the role of termites despite his own sketches that show termite mounds as the alters at the heart of the Songhay rain cult that he is describing. *Cf.* also A.B. Ellis (1965).

termites as assistants to such snake spirits was noted by the earliest European visitors to West Africa (Cadamosto, fifteenth century, in Crone 1937:44):

> «It is said that these great [snakes] are found in swarms in some parts of the country, where there are also enormous quantities of white ants [termites], which by instinct make houses for these snakes with earth which they carry in their mouths. Of these houses they make a hundred or a hundred and fifty in one spot, like fine towns.»

The idea of termites as "servitors of spirit snakes" persists in modern myths. In a Koniagui tale, for example, the snake-spirit asserts to his woman captive in a mound that "the termites are mine: feed them with your fat, and then I will eat them" (Houis 1958)[13].

In the Kuranko village where we lived, areas inhabited by pythons in amongst many termite mounds were indeed termed *nyina* "villages". The close relationship between pythons and termites is elaborated throughout West Africa (*e.g.* Hambly 1931:11, Burton 1966:298 for Benin, Calame-Griaule 1965 for Dogon).

TERMITES AND TWINS, FECUNDITY AND POWER

The association of termites with human fecundity has been noted throughout much of Africa. In Uganda, for example, pregnant women would eat the soil from the inner wall of termite mounds in the belief that they would inherit termite fecundity; and presumably obtaining minerals from it (Wright 1951). In Kissi regions, pregnant women eat the white soil of termite mounds (*telen*), which is sold in local markets for this reason. The association between termites and fecundity does, however, go further, especially in the association between termites and twins.

Throughout most of West Africa and beyond, twins are something apart from normal children. In myths of origin, beings created by God were generally created as twins, a favoured status. Once human twins are born, shrines are constructed in their honour, enabling people to capitalise on their favoured status and to deal with the concurrent and fickle difficulties which they bring. Twins can bring benefits for crop fertility, hunting, commerce and from the more direct knowledge of nature which they gain from their ability to see spirits (*nyina*). While details vary, twins shrines also tend to be employed in rituals concerning rain and fecundity. Sacrifices to them can be made at the beginning or the end of the season (Pâques 1953:76, Molet 1971, Vandenhoute 1976, Rivière 1980, Gittins 1987). In the region, there are strong associations between twinning and termites.

Once again, it is instructive to begin with the well documented Dogon lore, which states clearly that termites are associated both generally with fertility, and particularly with the birth of twins. This is partly because termites share with

---

[13] Termites are, of course, not only god's assistants in creating humidity, but also in disposing of corpses and blood spilt on land.

fish the reputation for being able to proliferate maximally (Calame-Griaule 1965:153-4). Moreover, termite-twin links also dominate the way Dogon classify termites and ants, and their linkage with certain trees. Apart from naming plants and trees, Dogon classify them into 24 categories, each of which draws particular correspondence between particular plants and particular animals (Dieterlen 1952, Griaule 1961). In this, ants and termites are classified together, and in correspondence with a particular group of trees known as *téguzu*. These are principally figs[14], but more importantly, they have a special quality of being *kunyo*, that is, they give fruits without previously having had visible flowers. This concept is applied, in Dogon thought, also to a woman having successive children without menstruating in between – a menstruation being likened to a flower. Dogon consider such children to be twins, and the fruit produced by these trees thus to represent twins. Within the classification – the order of Dogon things–, twins are thus linked overtly within natural classification directly with termites and their evident maximum fecundity. Merely sitting in the shade of these trees can give ordinary people the extra vision with which twins are accredited: the ability to see djinn spirits (Dieterlen 1952). In Kuranko, this special sight is called four eyed vision, which, throughout the anglophone region is often translated simply as "eyes".

Throughout much of the Bambara area, at least, these particular trees symbolise fecundity. In Bougouni, for example, at the beginning of each cultivation season, all the women of all the village families sacrifice to *Ficus glumosa*. Women visit each others' villages during these large celebrations (Pâques 1953:85). J. M. Dalziel (1937) notes more generally that, throughout much of West Africa, the abundant clustered fruits of *Ficus capensis* suggests the notion of fertility, and they are used in various ways as a charm to promote conception and the yield of crops. For the Dogon, *Ficus capensis* has a special place, and is termed the "grain store" as it fruits everywhere: on twigs, branches and the trunk. In the complex integration of Dogon symbolism, the tree is central to the "science" of remedies, healing and sorcery, and the mask society, and to both the python and the grain store. One of its names in Bambara, *toronenye* "tattoo-fig", indicates the use of this tree in society initiation involving tattooing. Notably, these trees are not only linked to termite mounds in classification, but also commonly grow on mounds.

The relationship between termites and twins is sometimes explicitly forged at the death of a twin. Dévérin-Kouanda (1992:291) notes how Moose populations bury twins in *bimbiligha* (Cathedral) termite mounds associated with certain djin spirits, returning them, they say, "from where they came" (*cf.* Iroko 1982:69). Among Nuer, twins born with "large heads" are referred to as "Termite mound twins" (Evans Pritchard 1936:231). Among Kissia, the asso-

---

[14] These tree are *Ficus capensis* Thunb., *F. lecardii* Warb., *F. glumosa* Del., *F. platyphylla* Del., *F. umbellata* Vahl (Moraceae), *gegudu*, and *ga*. Within Dogon, apart from the properties examined in the text, these tress cannot be used as fuel (Calame-Griaule 1965).

TERMITES, SOCIETY AND ECOLOGY: PERSPECTIVES FROM WEST AFRICA
TERMITES, SOCIÉTÉ ET ÉCOLOGIE: PERSPECTIVES D'AFRIQUE DE L'OUEST

211

ciation of termite mounds with twins is indicated in the manner in which the mounds presage events. The fungus *hol yio* (literally mushroom of winged termites) which grows on (is cultivated in) particular termite mounds is almost always found in twinned pairs. When it does occur in odd numbers, bad news beckons (Tinkiano 1991:47).

Given the association of termites with water flow, soil fertility, human fertility and twinning, it is perhaps not surprising that termites –or at least their mounds– are important in the shrines and initiation societies which address productive and reproductive concerns. At a basic level, termite mounds often serve as twin shrines. As documented, these usually consist of mushroom shaped *Cubitermes* termite mounds and have been noted by R. Schnell (1947) in Toma country, and by A.J. Gittins (1987) in neighbouring Mende (Sierra Leone), related south-west Mande groups. Termite mounds are also used as shrines to hunters' societies, where libations are made, in the Mande world at least, to the mythical father of all hunters, Manden Bori, who assists hunters in their dealings, mediating with the larger forces alluded to here in the bush. Equally, as we have noted earlier, mounds are shrines for particular fields, where correctly performed libations are important for ensuring continued productivity[15].

Termite mounds are also important elements in the highly secret initiation and mask societies, and notably the *komo* societies of the Mande world –about which, of course, very little is known by non initiates such as ourselves. These power associations have been described in part in several works (*e.g.* Dieterlen & Cissé 1972, McNaughton 1979). As a men's society, *komo* is of enormous political influence in the region, and seems to rely on termite –or termite influenced– altars. We ourselves were told in Kuranko that those in charge of *komo* spirit/mask/society (*komo ti*, *komo* owner) maintain a termite mound within their authority, usually within their hut. Evidently, management of the power in termites can also be associated with –or bring– other sorts of power, in social and political realms. The association between *komo* and termites can be traced further. When P.R. McNaughton, for example, studied the Wasulu chapter of the *komo* society network, he found that it called itself *torofer*, meaning "the flower of the *Ficus* tree". He asserts (1979:10) that:

> «the name constitutes a way of praising the branch because the *toro* tree flower can never be seen; only its fruits are visible.»

This may well be, but a rather more profound significance of this name might be suspected from the importance attributed above to *Ficus* trees concerning twins and termites[16].

---

[15] Elsewhere, and in ways not well understood, these same *Cubitermes* mounds are also used in healing rites. Ehing peoples in Senegal have, for example, been noted to treat "rope" disease of domestic animals using these termite hills (Schloss 1988).

[16] *Ficus glumosa* is used in Kuranko to make brick red dye used for protective cloths worn during circumcision; times when *komo* masks are also paraded to protect initiates.

Perhaps tenuous, such associations between *komo* and termites do seem to go further. G. Dieterlen (1955:43) writes:

> «The seed of creation (*fonio*) is the double of the plant *mangana*, a tree which grows "by preference" on termite mounds, and is symbolically at the origin of the world[17]. The grain of *mangana* is collected by *komo* officients, and is conserved in the alters, and one of them is put in the calabash of fonio destined for sowing. The root of this tree is reduced to a powder, and put in the interior of all altars (*boli*) of Bambara[18].»

G. Dieterlen (1955:43) goes on draw likenesses with Dogon in the apparent importance of termites, saying that "the clavicle of god" is ranked as a termite mound, and is represented by conical altars of raw clay called altars of God (*amma ommolo*) of a form comparable with a termite mound.

In Dogon dictionaries, certain termite mounds (*amma*) are synonymous with God and altars to god (Calame-Griaule 1965).

Understanding the termite hill as its own world, Mande hunters also consider "the termite hill to be charged with occult power with dangerous effluvia" (Ba 1979:105, *cf.* Gleason 1987). An intriguing link with power termites and humidity is noted by Iroko, in Benin, where in the Iganmi land chiefs posses the oldest divinities of the Nago kingdom, one being *alalè* termite mound divinity whose living queen is the only superior force solicited to combat the problem of mosquitoes; *alalè* is still inhabited by termites (Iroko 1994:123-4). Among Dan people, there exists a being, *nakOkula*, which exercises a magic authority over the animals of the forest, and would be recognised by them as uncontested "master" of the bush. Whilst this being has a spirit incarnation (small, clear skinned with a long red beard), its name is "termite which commands the forest" (Schwartz 1975:38). Within Kissi villages, and in larger Kissi and Kuranko territories, political leaders claim powers gained through forging alliances with *ninkinanka* (*e.g.* Jackson 1977). Such power is, itself, frequently regulated through the intermediary of termite mounds. Some idea of the power wielded through termite altars in this region can be gained from descriptions made by early Portuguese visitors to West Africa, who in this case at least, used it to their advantage:

> «In addition to the wooden idols these pagans have other earth "Chinas" shaped like pyramids made not for them, but for a certain type of white ant [termite] which does not appear outside. With these, ... new Christians make war, breaking them, and destroying the huts which they are in, but with great awe of the pagans, because so great is their fear of them. When one buys a slave, the first thing one does is to take them to one of these "Chinas" with an offering of wine and other things, and plead and plead that if they run away, it should ensure that snakes and lizards or panthers kill and eat them. At which these poor slaves believe that they have to submit, because however badly their master treats them, they do not dare to escape.» (Barreira 1607-1609 in Guerreiro 1942 in Carreira 1971)

---

[17] We have not been able to properly identify this tree species. It is possibly *Capparis corymbosa* Lam., Capparidaceae (re. Hauser 1978); possibly *Hippocratea africana* (Willd.) Loes. ex Engl., Hippocrateaceae (*cf.* "the plant Mangara" in Anderson & Sow 1992).

[18] Zahan (1960) shows how ants seem to substitute for termites in certain aspects of water symbolism in Bambara, at least as relates to *korè* initiation society.

There are hints of the wider importance of termites in political relations in the names of some villages, for example, "Sigipolozu" the chief town of the once prosperous and powerful Waima Toma people, living in Forest Guinea. In the nineteenth century, they controlled the interior around the great trade path from Musadu to Monrovia; *sigi* refers to the *tala*, termite mound, and *polo* to the earth. The name means "the village from which other villages obtain the termite earth". This name images the town as the most powerful village, and refers to the origin of a sort of termite mound that was installed around villages, and whose soil was used in the construction of fortress walls to prevent enemy penetration (Toupou 1989). This recalls the system of ritual "seeding" of termite mounds noted earlier, documented in Benin. Clearly control over the earth of the region – literally and symbolically – could have powerful effects within regional politics[19].

It seems that the association between power associations and termites might at times extend beyond death. In Bambara, it seems that when buried, the bodies of the dead "belong to termites" (Dieterlen 1951:73); eating their oil, their body and leaving their bones. And as V. Pâques describes, in certain regions, plants of *Ficus glumosa* are planted over graves, plants associated with termites. In many cases, bodies are buried in opened termite mounds, sometimes in large earthenware jars. With a successful entombment, the termite mound rapidly closes over and around the jar (Iroko 1982:68-69). Among Agni, it is noted by J.P. Eschlimann (1985) that the natural development of a termite mound over a grave is highly auspicious, suggesting that the corpse is of a good person. Among Agni, as in most other examples in this paper, the termite has a peculiarly close relationship with God, linked with its capacity to draw water[20]. Those seeking prosperity use such graves as altars.

It is possible to argue, albeit on rather sketchy evidence, that termites are central to the sourcing of power and authority in regional tradition. This does not relate to all forms of power, but to arenas of power premised on dealing with and influencing earthly and bodily things; the forces of nature, as distinct from issues of human spirit. Such powers enable specialists who have access to this lore the capacity to exert control over bodily health, and processes of human and soil fertility. Some further examples might drive this conclusion home. One defining feature of termites is that they are prior to creation, or at least an early witness to the creative thought of God (as described in Dogon mythology,

---

[19] The importance of the termite queen in Loma ritual appears to have been observed by Gaisseau, who describes how Voiné, a Loma specialist, dug from a termite mound a "huge egg of red earth" which he split, and from which he extracted the termite queen:

« Now that I have got the queen, Voiné says, I can go and make my sacrifice to Angbai. » (Gaisseau 1954:38)

He cuts open the queen's stomach, and sprinkles it on the mask incarnating Angbai, and then enters the mask and becomes "Angbai".

[20] Ancestral wisdom suggests that:

« Termites do not have water, but despite this, they wet the land to build their house. It is god who gives them the necessary water. » (Eschlimann 1985:168)

Griaule & Dieterlen 1991:205). Such a position is repeated in myths as far way
as the Bwiti-Fang region Gabon, and perhaps beyond. For Gabon, R. Bureau
(1972) writes, God first divided the sky and the earth, the land from water, the
four cardinal points from each other, and made the umbilical cord linking sky
and earth. He then created termites – the first animal. He did this expressly to
increase the earth. Other animals, and eventually man, followed. He charged
termites with eating all that is on earth except spirit, turning it into earth. For
Bwiti, then,

> « termites are the elder of all creatures, they furnish the essence of nature, before an-
> gels, before all. The termite is the first mason of masons. One says also that god gave a
> small part of his brain to make the earth, and he confided this to the termites who would
> knead it. »
> « It was the dirt which was in the hands of God, and which fell when God rubbed his
> hands which gave termites. Things of God are not wasted. »
> « Termites are the essence of all nature, before angels, before all, all, all. God said to
> them : Here is the earth, you must increase it, you must transform wood into earth, and
> people too... You will eat all the things of the earth except the spirit, which is forbidden
> to eat. »

Whilst capable of curing and creating fertility, the power granted by god to
termites is also occult. Indeed termites are associated with the origin of death. In
Dogon mythology, it was termites which gave the evil "pale fox" of the Dogon
its drink. Such myths concerning termites role in the origin death are repeated
among Bwiti, Gabon (Bureau1972), the Bamileke of Cameroon (Maillard
1985), to cite but a few.

The power attributed through termites to regulate life forces creeps into many
aspects of more "secular" tradition. When bitten by a snake, for example, or
when childbirth labour begins, one can gain time in seeking assistance and
treatment by placing part of an inhabited termite nest on one's head. For as long
as termites remain in it, one will not succumb (Traoure 1947). Termites protect
but do not cure. Such protection as is afforded by the presence and movement of
termites finds echoes in the protection afforded by drinking and passing water.
In Kissi thought, it is futile to shoot at a person or an animal that is drinking or
passing water. Hunters do not try this, for they know that they will miss and
waste their cartridges. While we were puzzled by this at the time, it was entirely
obvious to our companion. God, it seems, is present in the moving of water.
How could the animal be killed?

CONCLUSION

In this essay we have placed termites centrally in examining aspects of farming and ecological knowledge. In the region, termite mounds are considered to
bring benefits to crops, improving soil fertility and water relations, and in the
long term influencing vegetation succession and patterns, and fallow dynamics.

Termites, Society and Ecology: Perspectives from West Africa
Termites, Société et Écologie: Perspectives d'Afrique de l'Ouest

215

The ways in which termites are thought to play this role are linked to broader understandings of influences on water flows and fertility, elaborated in the cosmogony of the region in which termites feature. Given that people derive power from linking in to, and altering these broader influences on water flows, and fertility, and given that termites and their mounds provide a potential way in to exerting influence over the basic forces of fecundity, termite mounds seem to provide a focal point for the diverse political institutions in the region's authority structures. Thus we find the power or position of termites in ritual procedures which ensure humidity and fertility, in enabling the exertion of "tenurial" authority over particular fields and swamps, in the procedures of regional and village power associations that deal with fecundity and humidity at a wider level, and in dealings with twins – which do much the same. It is in this quality of providing a "focal" point that termites can be considered in terms of a regional tradition. Wherever one is in the region, among whatever particular variants of institution and institutional combination, termites appear to link naturalistic powers across different institutional domains.

Ecologists and agronomists are beginning to appreciate the importance of termites in soil formation, and are seeing possibilities of using termites in soil "rehabilitation". This moves away from considering termites as a "pest" merely to be eradicated. In this shift, they are moving closer to the ways that many African farmers have been considering and manipulating termites in their struggle to produce. Agronomists and ecologists interested in this aspect of indigenous science could usefully, we suggest, converse with local knowledge of termites in the narrower ecological sense (*e.g.* in understanding the effects of particular tree species on termite activity). And they, like the region's farmers, would gain a more profound understanding through attention to the broader political traditions within which specific ecological knowledge is located.

We hope that this review of "traditions" relating to termites exemplifies how social scientists might profit from closer consideration of people' experience and representation of ecological phenomena. Anthropologists themselves have been tempted to treat termite mounds as banal, seeing little in their use as shrines other than the fact that they are there – as strange features punctuating the landscape just as do certain hills, rocks, trees and streams. There are also many theories, now fashionable, which permit social analysts to overlook the content of specialist knowledge, as if it were more the fiction of colonial ethnographers than the lore of west African society, and irrelevant anyway, to everyday things. Yet the phenomena in which termites are implicated is almost a roll call of the very phenomena which have long been central in the study of west African society. Termites depict the cardinal points in the construction of their mounds, and some say adapt the air vents of their construction in keeping with the stellar calendar. The annual flight of the winged reproductives (alates) of each termite species occurs predictably (and rather miraculously) at a certain hour on a certain night each year, providing a precise seasonal timekeeper for agriculturalists and ritualists alike. When they emerge, the alates head directly to light in the night sky; to the moon, the stars (or the fire that people wave over the mound to collect them as food). Termite mounds control and relocate moisture. They create fertile soils, enriching the topsoil not only from the subterranean earth, but also from the recycling of all flora and fauna, and from the blood, sweat, tears and corpses of people. Termite mounds provide homes (and food) for pythons, pangolins, chameleons, palm rats, and pale foxes. They regulate the growth of certain flora, most notably the germination of baobabs (*Adansonia digitata* L., Bombacaceae) and the growth of fungi. Their mounds are also associated not only with the growth of the specific *Ficus* and other species mentioned here, but also provide the favoured locations for the growth of *Khaya senegalensis* A. Juss. (Meliaceae), *Milicia excelsa* (Welw.) C.C. Berg syn. *Chlorophora excelsa* (Welw.) Benth. & Hook. (Moraceae)[21] and *Antiaris africana* Engl. (Moraceae). Dug out, termite mounds serve as prototypical blast furnaces for iron smelting. And termites provide an enviable example for social altruism (albeit rather monarchical). When a granary, eaten out by termites, collapses on those shading themselves beside it (Evans-Pritchard 1937) perhaps the injury to those involved might be attributable to witchcraft for more reasons than an inopportune coincidence of events.

ACKNOWLEDGEMENTS

This paper is dedicated to the memory of Dr. Darrell Posey.
The authors would like to thank those who have funded their several research programmes (principally the UK ESCRR/DfID and ESRC), and those who have commented on earlier versions of this paper, including Drs. Anderson, M. Mortimore, S. Batterbury.

REFERENCES

ABBADIE L., M. LEPAGE & X. LE ROUX – 1992, Soil fauna at the forest-savanna boundary: the role of termite mounds in nutrient cycling, *Nature and Dynamics of forest-savanna boundaries* (P. A. Furley, J. Proctor & J. A. Ratter, eds). London, Chapman & Hall, pp. 473-484.

ADAMSON A. M. – 1943, Termites and the fertility of soils. *Tropical Agriculture* 20:6.

ALVARES M. C. – 1615/1990, *Ethiopia Minor and a geographical account of the Province of Sierra Leone.* Transcription from an unpublished manuscript by Avelino Teixeira da Mota and Luis de Matos, Translation by P. E. H. Hair. University of Liverpool, Department of History, ms.

ANDERSON A. B. & D. A. POSEY – 1987, Management of a Tropical scrub savanna by the Gorotire Kayapo of Brazil. *Advances in Economic Botany* 7:159-173.

ANDERSON J. & M. SOW – 1992, *L'arbre qui cache la forêt: le découpage de la brousse par les paysans malinkés près de Bamako.* ms.

---

[21] Because of the more alkaline character which they give the soil, like grave sites and old village sites.

ANONYMOUS – s.d., *La portée philosophique des contes, légendes et proverbes en milieu Kissi – Centre d'application: Préfecture de Guékedou.* Mémoire de Diplôme de fin d'Études Supérieures, Université de Kankan (19ème promotion). Faculté des Sciences Sociales, dépt. Philosophie-Histoire, ms.

AZEVEDO W. L. D' – 1962, Some historical problems in the delineation of a Central West Atlantic Region. *Annals of the New York Academy of Sciences* 96:513-538.

BÂ A. H. – 1979, *Kaïdara.* Washington, Three Continents Press, 95 p.

– 1981, The living tradition, *General History of Africa.1: Methodology and African Prehistory* (J. Ki-Zerbo *et al.*, eds). London, Heinemann, California & UNESCO.

BEGUE L. – 1937, Contribution à l'étude de la végétation forestière de la haute Côte d'Ivoire. *Publ. Com. Hist. Sc. Afr. Occ. Fr., Ser. B. 4.*

BELLMAN B. – 1984, *The language of secrecy: symbols and metaphors in Poro ritual.* New Brunswick, Rutgers University Press, 164 p.

BLEDSOE C. – 1984, The political use of Sande ideology and symbolism. *American Ethnologist* 1984:455-472.

BUREAU R. – 1972, *La religion d'Eboga. 1. Essai sur le Bwiti-Fang.* Paris, L'Harmattan, 289 p.

BURTON R. – 1966, *A mission to Gelele, King of Dahome / by Sir Richard Burton, edited with an introduction and notes by C.W. Newbury.* London, Routledge and Kegan Paul.

CARREIRA A. – 1971, A Baga-baga. *Buletim Cultural da Guiné Portuguesa, Bissau,* 26:549-571.

CALAME-GRIAULE G. – 1965, *Ethnologie et langage: la parole chez les Dogon.* Paris, Gallimard, 589 p.

CRONE G. R. – 1937, *The voyages of Cadamosto.* London, Hakluyt Society, 159 p.

CROS M. – 1990, *Anthropologie du sang en Afrique.* Paris, L'Harmattan.

DALZIEL J. M. – 1937, *The useful plants of West Tropical Africa.* London, Crown Agents, 612 p.

DENNET R. E. – 1906, *At the back of a black man's mind or notes on the Kingly office in West Africa.* London, MacMillan, 288p.

DÉVÉRIN-KOUANDA Y. – 1992, *Le corps de la terre; Moose de la région de Ouagadougou: représentations et gestion de l'environnement.* Thèse pour le Doctorat de l'Université de Paris I, ms.

DIETERLEN G. – 1951, *Essai sur la religion Bambara.* Paris, Presses Universitaires de France.

– 1952, Classification des végétaux chez les Dogon. *Journal de la Société des Africanistes* 22:115-158.

– 1955, Mythe et Organisation sociale au Soudan Français. *Journal de la Société des Africanistes* 25:39-76.

– 1987, Les témoignages des Dogon. *Hommages à Marcel Griaule* (S. de Ganay, A. Lebeuf, J-P. Lebeuf & D. Zahan, éds). Paris, Hermann, 430 p.

DIETERLEN G. & Y. CISSÉ – 1972, *Les fondements de la société d'initiation du Komo.* Paris, Mouton (Cahiers de l'Homme), 326 p.

DRUMMOND H. – 1886, On the termite as the tropical analogue of the earthworm. *Proc. Royal Society of Edinburgh* 13:137-146.

ELLIS A. B. – 1966, *The Ewe speaking peoples of the Slave coast of West Africa: their religion, manners, customs, laws, languages, etc.* Chicago, Benin Press, 331 p.

ESCHLIMANN J. P. – 1985, *Les Agni devant la mort.* Paris, Karthala.

EVANS-PRITCHARD E. E. – 1936, Customs and Beliefs Relating to Twins among the Nilotic Nuer. *Uganda Journal* 3:230-238.

– 1937, *Witchcraft, Oracles and Magic among the Azande.* Oxford, The Clarendon Press, 558 p.

FAIRHEAD J. & M. LEACH – 1996, *Misreading the African Landscape: Society and ecology in a forest-savanna mosaic*. Cambridge, Cambridge University Press.

– 1999, Termites, Society and Ecology: perspectives from West Africa, *The cultural and spiritual values of biodiversity* (D. Posey, ed.). London, IT/UNEP, 731 p.

GITTINS A. J. – 1987, *Mende Religion: aspects of belief and thought in Sierra Leone*. Nettetal, Styler Verlag (Wort und Werk), 258 p.

GLEASON J. – 1987, *Oya: In praise of The goddess*. San Francisco, Harper Collins, 304 p.

GUINKO S. – 1984, Contribution à l'étude de la végétation et de la flore du Burkina Faso, IV. La végétation des termitières "cathédrales". *Notes et Documents Burkinabe* 15(4):1-11.

GRIAULE M. – 1961, Classification des Insectes chez les Dogon. *Journal de la Société des Africanistes* 31:7-71.

– 1965, *Conversations with Ogotemêlli*. London, OUP/IAI reprint, 230 p.

GRIAULE M. & G. DIETERLEN – 1991[2], *Le renard pâle. 1. Le mythe cosmogonique*. Paris, Institut d'Ethnologie (Travaux et Mémoires 72), 531 p.

HAMBLY W. D. – 1931, *Serpent worship in Africa*. Chicago, Field Museum of Natural History, Publication 289 Anthropological Series 21 (1).

HARRIS W. V. – 1971[2], *Termites: their recognition and control*. Harlow, Longman, 28 p.

HAUSER P. – 1978, L'action des termites en milieu de savane sèche. *Cahiers de l'O.R.S.T.O.M.* (Sér. Sciences Humaines) 15(1):35-49.

HOUIS M. – 1958, Conte Koniagui: la fille orgueilleuse. *Notes Africaines* 79:112-114.

IROKO A. F. – 1982, Le rôle des termitières dans l'histoire des peuples de la République Populaire du Bénin des origines à nos jours. *Bulletin de l'I. F. A. N.* 44(B)1,2:50-75.

– 1994, *Une histoire des hommes et des moustiques en Afrique: Côte des Esclaves (XVIe-XIXe siècles)*. Paris, L'Harmattan, 170 p.

JACKSON M. – 1977, *The Kuranko: Dimensions of social reality in a West Africa Society*. London, C. Hurst, 256 p.

LABURTHE-TOLRA P. – 1981, *Les seigneurs de la forêt: Essai sur le passé historique, l'organisation sociale et les normes éthiques des anciens Bëti du Cameroun*. Paris, Publications de la Sorbonne, 490 p.

LAL R. – 1987, *Tropical ecology and physical edaphology*. Chichester, Wiley.

LAPERRE P. E. – 1971, *A study of soils and the occurrence of termitaria and their role as an element in photointerpretation for soil survey purposes in a region in the Zambesi Delta, Moçambique*. Library of Natural Resources Institut, ms.

LEPAGE M., L. ABBADIE & Z. ZAIDI – 1989, Significance of Hypogeous Nests of Macrotermitinae in a Guinea Savanna Ecosystem, Ivory Coast (Isoptera). *Sociobiology* 15(2):267.

LOBRY DE BRUYN L. A. & A. J. CONACHER – 1990, The role of termites and ants in soil modification: a review. *Australian Journal of Soil Research* 28:55-93.

MAILLARD B. – 1985[2], *Pouvoir et Religion: les structures socio-religieuses de la chefferie de Bandjoun (Cameroun)*. Berne, Peter Lang.

MALAKA S. & S. OMO – 1972, Some measures applied in the control of termites in parts of Nigeria. *Nigerian Entomological Magazine* 2:137-141.

MANDO A., W. F. VAN DRIEL & N. PROSPER ZOMBRÉ – 1993, Le rôle des termites dans la restauration des sols ferrugineux tropicaux encroûtés au Sahel. Contribution au 1er Colloque International de l'AOCASS: *Gestion Durable des Sols et de l'Environnement en Afrique Tropicale*, Ouagadougou, 6-10 Décembre 1993.

MCNAUGHTON P. R. – 1979, *Secret sculptures of Komo: art and power in Bamana (Bambara) initiation associations*. Philadelphia, Institute for the study of human issues (Working Papers in the Traditional Arts 4), 55 p.

TERMITES, SOCIETY AND ECOLOGY: PERSPECTIVES FROM WEST AFRICA
TERMITES, SOCIÉTÉ ET ÉCOLOGIE: PERSPECTIVES D'AFRIQUE DE L'OUEST

219

– 1988, *The Mande Blacksmiths: Knowledge, Power, and Art in West Africa.* Bloomington and Indianapolis, Indiana University Press, 241 p.

MIELKE H. W. & P. W. MIELKE – 1982, Termite mounds and chitemene agriculture: a statistical analysis of their association in southwestern Tanzania. *Journal of Biogeography* 9:499-504.

MILLIMOUNO D. – 1991, *Portée philosophique des mythes en milieu traditionnel Kissi (Centre d'application Kissidougou)* (Mémoire de Diplôme de Fin d'Études) Université de Kankan (République de Guinée), ms.

MOLET L. – 1971, Aspects de l'organisation du monde des Ngbandi (Afrique Centrale). *Journal de la Société des Africanistes* XL1(1):35-69

MONDJANNAGNI A. C. – 1975, *Vie rurale et rapports ville-campagne dans le Bas-Dahomey.* Paris, 2 tomes, 720 p.

PÂQUES V. – 1953, Bouffons sacrés du cercle de Bououni (Soudan Français*). Journal de la Société des Africanistes* 23(1,2): 63-110.

QUÉNUM J. F. – 1980, *Milieu naturel et mise en valeur agricole entre Sakété et Pobé dans le Sud-Est du Bénin (Afrique Occidentale).* Strasbourg, Université Louis Pasteur, UER de Géographie-Aménagement régional et développement. ms.

RICHARDS P. – 1992, Saving the rainforest: contested futures in conservation. *Contemporary futures* (S. Sallman, ed.). London, Routledge, 231 p.

RIVIÈRE C. – 1980, La gémellité chez les Eve du Togo. *Cultures et développement* 12(1):81-122.

ROUCH J. – 1953, Rites de pluie chez les Songhay. *Bulletin de l'IFAN* 1655-1689.

SCHLOSS M. R. – 1988, *The hatchet's blood: separation, power and gender in Ehing social life.* Tucson, University of Arizona Press.

SCHNELL R. – 1947, Sanctuaires du culte des jumeaux en pays Toma. *Notes Africaines* 36:13.

SCHWARTZ A. – 1975, *La vie quotidienne dans un village guerre.* Paris.

SONDA J. M. – 1990, "Zaï" Technique traditionnelle de restauration et de récupération des terres arides. *Tropicultura* 8(3):139-141.

SPORE (anonymous) – 1995, Termites: the good, the bad and the ugly. *Spore* 64:4.

TINKIANO P. – 1991, *Monographie Historique de Kossa-Koly des origines à l'implantation coloniale, Préfecture de Kissidougou* (Mémoire de Diplôme de fin d'Études Supérieures), Université de Kankan, ms.

TRAOURÉ D. – 1947, Les termites: médicament antivenimeux. *Notes Africaines* 33:17-18.

TOTHILL J. D. (ed.) – 1948, *Agriculture in the Sudan.* London, Oxford University Press.

TOUPOU – 1989, *L'histoire du pays Toma à travers les toponymes.* (Mémoire de fin d'Études Supérieures), Université Jules Nyerere de Kankan (République de Guinée), ms.

VANDENHOUTE P. J. – 1976, De tweeling en de slang bij de Dan van Ivoorkust. *Africana Gandensia* 1:13-62.

VANSINA J. – 1990, *Paths in the rainforests: toward a history of political tradition in Equatorial Africa.* London, James Currey, 428 p.

WRIGHT A. C. A. – 1951, Editorial note. *Uganda Journal* 15:82-83.

ZAHAN D. – 1960, *Société d'initiation Bambara: le Ndomo, le Kore.* Paris, Mouton.

– 1979, *The religion, spirituality and thought of traditional Africa.* Chicago, University of Chicago Press, 180 p.

INSECTS, FOODS, MEDICINES
AND FOLKLORE IN AMAZONIA

Darrell A. POSEY

ABSTRACT

Insects, foods, medicines and folklore in Amazonia

Indigenous peoples have adapted for millennia to insects as important factors in their social-ecological systems. This paper provides a brief survey of insects as food, crop pests, and medicines, as well as their importance in myth and folklore. Studies of ethnoentomology not only can provide social insights into indigenous cultures, but can also provide Western science with interesting new data, testable hypotheses and "leads" for new products. Insects are increasingly important as sources of new natural products and as basic materials for biotechnological developments. The economic exploitation of insects raises important and complex issues of benefit-sharing and intellectual property rights for the indigenous and local peoples that have protected the ecological systems and biodiversity that protect Arthropod life. International agreements now guide global debates and legal mechanisms on prior informed consent, equitable sharing of benefits, and protection of traditional resources.

RÉSUMÉ

Insectes, alimentation, médecine et traditions en Amazonie

Depuis des millénaires, les populations indigènes ont considéré les insectes comme des éléments importants de leur système socio-écologique. Cette publication dresse un tableau général des insectes utilisés dans l'alimentation et la médecine, ainsi que des insectes ravageurs, et présente leur importance dans les mythes et les traditions. Les études en ethnoentomologie, peuvent non seulement fournir des idées sur les cultures indigènes, mais également de nouvelles données intéressantes pour les sciences occidentales, des hypothèses pouvant être vérifiées et des "pistes" pour de nouveaux produits. Les insectes sont de plus en plus importants en tant que sources de nouvelles substances naturelles comme matière première pour le développement biotechnologique. L'exploitation des insectes soulève d'importants et complexes problèmes de partage des bénéfices, des droits à la propriété intellectuelle pour les indigènes et les populations locales qui ont protégé les systèmes écologiques et la biodiversité sans lesquels la vie des arthropodes serait impossible. Des accords internationaux guident maintenant les débats mondiaux et les législations vers des autorisations après informations préalables, des partages équitables de bénéfices et la protection des ressources traditionnelles.

One of the most important ecological considerations for people living in the tropics has always been insects. Arthropods in general threaten public health, crop productivity, and are effective competitors for human food and living space. Thus it is predictable that insects would play an important role in cultural knowledge, material culture and belief systems of indigenous peoples like those of the Americas. This paper is a brief survey of the importance of insects to native peoples of Brazil and the Amazon Basin.

INSECTS IN DAILY LÍFE

Food and useful products

The importance of insects has been underestimated in most scientific studies. This is because scientists studying nutrition tend to focus on "mealtime" eating, which often does not exist in indigenous groups, who gather food constantly and eat it on the spot. As Lyon (1974) noted, unless researchers follow on routine gathering ventures, constantly recording and weighting the gathered foods, the importance of many gathered products may be grossly underestimated. This is probably the case with most insect sources of protein. Denevan (1971) realized the significance of larvae, ants, beetles, and other insects, as important protein sources for the Campa. Insects offer a rich supply of proteins and fats and are readily available throughout tropical America (Taylor 1975). Additional works detailing the importance of insects as food include those by Bodenheimer (1951) and Ruddle (1973).

Ants (Formicidae) are one of the most popular insect foods gathered in tropical regions. Tribes of the Uapés-Caquetá region of the Amazon eat large quantities of *cuqui* ants (Goldman 1963); the Roamaina and Iquito Indians prefer flying ants (Metraux 1948b); the Tucuna fancy the abdomen of red ants (Nimuendajú 1952). These are all probably the same ant, the *saúva* (*Atta* spp.), which is definitely identified as such for the Mave and Arapium Indians. They roast, pound, then add the *saúva* to their manioc flour. Steward (1948) describes the practice of adding whole ants to manioc cakes. Eggs of some ant species (e.g. *Atta cephalotes*) are also considered delicacies.

Lenko & Papavero (1979:276-286) provide a rich inventory of *saúva* used as food throughout Brazil. Indians are attributed with teaching the *sertanejos* how to eat ants, particularly the juicy abdomen of the *saúva*; Gabriel Soares de Souza (translated from Lenko & Papavero 1979:276), in describing scenes from Brazil in 1587, noted:

> « ... the Indians, both men and women, anxiously await in groups for the ants to leave their earthen caverns; the Indians run with excitement and pleasure to take he ants, filling their pots or gourds, then returning to their homes to roast them in earthen basins. Roasted as such, the ants can be preserved for many days. »

The value to which Indians give the ant as food is expressed by Padre Ancieta (quoted in Lenko & Papavaro 1979:276-277), who noted:

> « ... the Indians raise in this land an ant they call *icas* ... that they roast over fires with great zeal to provide a delicious dinner. »

Heads of some soldier and worker ants are also eaten (Carvalho 1951:15). The Uananas utilise the *saúva* for food during female initiation (Lenko & Papavero

1979:278); the Tucano require that the father of the newborn child eat three times per day the *saúva* (Giacone 1949:15).

Other social insects are also intentionally reared by Indians and their life cycles known in great detail. Both Chagnon (1968) and Metraux (1948a) suggest various unnamed wasp species that can be considered semi-domesticates. Honey-producing wasps (*Brachygastra*) are common sources of food: not only is their honey eaten, but also their larvae and pupae (Lenko & Papavaro 1979:173). The Tapirapé eat wasp larvae (unidentified species) roasted in their combs, then extracted with small sticks and eaten alone or mixed with manioc flour (Baldus 1937). Baldus (1937) also reports the use of wasp larvae as fish bait.

Undoubtedly the most common and highly-prized insect food is honey. Stingless bees (Meliponinae) are generally well-known by indigenous peoples. Lenko & Papavaro (1979:321-344) record 171 folk names for stingless bees, most of which have indigenous origins. Many of the scientific species names of Meliponinae are taken from Tupi folk taxonomy (Nogeira-Neto 1970). Both Chagnon (1968) and Métraux (1948b) refer to the semi-domestication of stingless bees. After robbing the hive the Guarani intentionally leave a portion of the brood comb with larvae and some honey so that bees will return (Métraux 1948b).

Bee-keeping is also extensive for the Kayapó of Pará (Posey 1983a, 1983c, 1983d) who recognize and name 54 folk species of bees. Honey, wax, and other products associated with Meliponinae are some of the most important economic elements in Kayapó society. One of the principal reasons men give for going to hunt is to procure honey.

Termites and termite nests also provide dietary input, although not as frequently as might be expected considering their abundance (Mill 1982). The Macú Indians eat termites during shortages of other foods (Giacone 1949); the Maué make a paste of termites and ants which is roasted in banana leaves (Pereira 1954). Jacob (1974) reports that the Uaica eat pulverized termite mounds, just as do the Kayapó (Posey 1979). In the latter case, at least, this is not done only in times of hunger, but is a general practice that results from a craving for such termite and ant "dirt".

Eating of grasshoppers and crickets is reported by Kevan (1979) as a widespread practice in the Americas. Hitchcock (1962), Ruddle (1973), Posey (1978) and Lévi-Strauss (1948) are a few amongst many that report the hunting and eating of Orthopterans by indigenous peoples.

According to Chagnon (1968) the Yanomamo also eat spiders and caterpillars (probably Phalaenidae and Morphidae), which are wrapped in leaves and thrown into the coals to roast. These are said to become crunchy and have a texture and form like "cheese pone". Beetle grubs (Scarabaeidae and Buprestidae) are one of the most important insect food sources. Steward and Metraux (1948) observed the Peban tribes preparing a favourite sauce of red peppers, maize flour, and large fat grubs. The Yanomami prize various types of grubs which they eat raw, fry in their own fat, or mash and make into a gruel with boiled plantain. The Yanomamo prepare large grubs for cooking by biting the insects behind their heads: a quick pull removes the head and intestines. If the grub is damaged in the process, the parts are eaten raw instead of being saved for roasting in leaves. The soft, white bodies that remain are said to taste like bacon. Liquid fat left over from the cooking is also licked off the leaves (Chagnon 1968).

Chagnon (1968) also suggests that the Yanomamo come very close to "animal domestication" in their techniques of exploiting grubs. They deliberately cut down palm trees (various genera of Palmae) to provide fodder for developing grubs. The pith attracts adult beetles to lay their eggs in the decaying palm heap. The Indians have learned when to return to the fodder to extract the numerous large grubs. A fair-sized palm tree will yield 3-4 pounds of these grubs, some of which are "as big as mice". Thus one tree may provide a rich protein source readily available and always near a Yanomamo settlement.

Pests and pest control

Food production is susceptible to insect attacks and successful agriculture depends upon effective management of insect pests that attack cultivars. Although grasshoppers and locusts are occasional pests of indigenous crops, they do not pose the threat that they do in more arid climates of the Americas. For the Kayapó, crickets (Grylloidea) signal abundant crops and are excellent fish baits; mole crickets (Gryllotalpidae) are a sign of rains.

The most serious pest in most parts of Amazonia is the *saúva* ant (*Atta* spp.). Lenko & Papavaro (1979:273-274) document how this great pest prevented early settlers from planting anything. It appears the Indians fared better in coexisting with the *saúva*, for they devised various ways of controlling the ant. A variety of poisonous plants were used including: *copaiba, jasmim-de-cacharro* (*Melia azedarach* L., Meliaceae), and various *timbos* (*Lonchocarpus* spp., Leguminosae-Papilionoideae); *mamona* (*Ricinus communis* L., Euphorbiaceae) is another plant known to resist or even repel *saúva* (Texeira 1937:357).

The Kayapó employ another ant called *mrum kudjà* (the "smelly ant" *Azteca* sp.), which they say has a smell that is repugnant to the *saúva*. The nests of the *Azteca* are systematically divided and the parts redistributed in order to facilitate the spread of *mrum kudjà* colonies. They attempt to ring their fields with nests of this small ant in order to prevent the entrance of *saúva* into their fields. The Kayapó have also developed six varieties of papaya that are resistant to *saúva*. These papaya (*katèbàri*) are also planted to ring their fields to produce a barrier against *saúva*. I have seen 10-20 *saúva*-resistant papaya planted in large *saúva*-nests in order to expel the colony of ants effectively (Kerr & Posey 1984).

The Kayapó use a toxic vine called *kangàra kanê* (*Tanaecium nocturnum* (Barb. Rodr.) Bureau & K. Schum, Bignoniaceae), whose bark is scraped to produce fragrant shavings. These shavings are put into openings of bees' hives and *saúva* nests in order to kill the insects, and is very effective (Kerr & Posey 1986).

Lice are a common problem in most societies. Removal of lice is a daily activity in Indian and caboclo villages, with special rules usually developed to determine who can pick lice off whom. Much can be learned by anthropologists who study the social patterns and implications of this important ethnoentomological pursuit. Lenko & Papavaro (1979:120-122) list a variety of traditional ways lice can be removed, including use of ashes of certain plants, and the employment of various oils (*e.g.* oils of *Simarouba versicolor* Engl., Simaroubaceae, *Carapa guianensis* Aubl., Meliaceae and *Nerium oleander* L., Apocynaceae). The Kayapó claim to have various treatments to rid lice, but the most effective is the use of tobacco smoke. Women are the usual removers of lice from the heads of their husbands and relatives. They blow smoke into the hair of their client, ruffle the hair, and wait for the lice to move about to avoid the smoke. The lice are then plucked and bitten or crushed. Since plucked lice are usually swallowed after they are bitten, it may be that they provide an important mineral source to indigenous diets. Removal of lice is a time-consuming activity, but one of great social pleasure and importance for indigenous societies.

Pubic lice are usually prevented by shaving off pubic hair, which is seen by most indigenous groups as extremely ugly and anti-social. Small gnats and bees that tend to be attracted to eyes are also avoided by plucking or shaving eyebrows and lashes; *genipapo* (*Genipa americana* L., Rubiaceae) and *urucú* (*Bixa orellana* L., Bixaceae) have also been found effective as insect repellents. Tobacco may also be chewed and the mixture with saliva passed over the skin to repel noxious insects (Posey 1978, 1980). Smoke is the universal repellent of insects. Holmberg (1950) reported that the Siriono have a fire smouldering at all times between each hammock to repel mosquitoes. Wagley & Galvão (1948) observed the same practice among the Tenetehara.

Medicinal uses, illnesses and cures

Insects are used extensively by indigenous peoples in their medicinal knowledge. As Hugh-Jones (1999) points out, for indigenous peoples, food and medicine usually form conceptual continua and are not mutually exclusive categories (contrary to most Western allopathic physicians). Termites, for example, are used to treat: bronchitis, catarrh and influenza, constipation, dog bite, goitre, incontinence, measles, protruding umbilicus, rheumatism, whooping cough, sores, boils, ulcers, etc. The treatments range from teas made from crushed insects or their nests to inhaling smoke from burning termite cartons (Mill 1982:215).

Principal insect groups listed by Lenko & Papavaro (1979:189-193) for the variety of their medicinal uses are:
- cockroaches (to treat alcoholism, asthma and bronchitis, colitis, constipation, tooth ache, etc.);
- wasps (for stomach ache, wounds, spider bites, constipation, burns, etc.).

Bees are important in Kayapó medicine. Different honeys are thought to have different medical properties and are used for a variety of diseases. Pollen, larvae and pupae likewise have medicinal qualities. Smokes from different waxes are the most important and powerful curative substances: patients are either "bathed" in smoke or inhale it. Houses are likewise "cleansed" by smokes from burnt beeswax, batumen and resin (Posey 1983c,d).

One of the most feared, though harmless, insects is the *jaquiranabóia* (Fulgoridae), a Tupi word meaning "snake insect". There are two species of *Fulgora* in Latin America that are given a variety of indigenous names. The Xerente call it the *anquecedarti* (winged snake). The insect is believed almost without exception to be deadly, with a bite for which there is no cure. Both Spix & Martius (1823-1831) and Bates (1864a, 1962) reported native fear of the insect and tales of deaths caused by it. It is still a mystery why such a harmless insect could provoke fear of death and disease.

Wasp infusions are widely used to cure such things as goitre, paralyses, and rheumatism (Ealand 1915). Mixtures of wasps are thought to be aphrodisiacs. Parts of the horns of the rhinoceros beetle (*Megasoma actaeon*), are also thought to give great strength and sexual stamina (Lenko & Papavaro 1979:205, 336). One of the most amazing medical associations with any insect is with that of stinging ants and wasps with cures for crippling arthritis (Posey 1983c). Stings from these Hymenoptera are apparently effective in curing arthritis. Cures for certain types of blindness are also attributed to wasp stings (Araùjo 1961:174). The Uapixana and Tirió Indians also use ant stings for curing of various maladies (Lenko & Papavaro 1979:239-240).

A famous use of insects in Brazil is that of the enormous mandibles of *Atta* to suture. The ants are allowed to bite the sides of the wound; when they close their jaws, their heads are broken off and the closed mandibles hold the wound together (Gudger 1925).

Fleas that burrow into the skin are of widespread concern in Brazil. These *bicho-do-pé* (*Tunga penetrans*) were described as dangerous pests by early travellers in Brazil (e.g. Staden and de Léry) and can cause large holes in the skin where the fleas have laid their eggs. If not removed, the developing insect will cause pain and leave a hole that is easily infected. These holes (*buracos*) are treated by the Indians with juice of the *cajú* and other fruits; *urucu* (*Bixa orellana* L., Bixaceae) is also used to treat such wounds. Lenko & Papavaro (1979:501-505) report that *bicho-do-pé* was said to have been prevented by some Indians by keeping their dogs on special platforms or hammocks. The Kayapó simply keep all grass cleared from near their houses and in the village plaza so that only bare earth remains in areas of human activity. The Kayapó watch carefully the crevices of their feet to detect the penetration of *tep-nô*. At the first itching, they open the egg pouch with the thorn of a special vine they plant near their houses and gardens.

Mythology and folklore

A common theme in mythology is that of a resurrected hero who comes back to life of its association with the Osiris myth. This is because of the wood-boring characteristic of the beetle which was possibly identified with the Osiris myth. The adult beetle emerges from the tamarisk via small holes bored by its larval stage, in much the same way the imprisoned Osiris was freed from the tamarisk tree by his sister/wife, Isis. As Egyptian woodworkers split tamarisk logs and discovered the buprestid larvae within, they may have been reminded of Osiris's release from the same tree. Thus, ancient Egyptian buprestid amulets which have been found could have symbolized the rebirth of the lord of the afterlife.

Indigenous oral literature is rich in references to and beliefs about insects. Myths encode important ecological information, as well as social rules and codes of behaviour. Thus what superficially may seem to be nonsense or superstition may be structurally codified to transmit a variety of fundamental ideas at different semantic levels. Posey (1983a), for example, shows how oral tradition can encode information about ecological "co-evolutionary complexes". Another example is the belief in "weeping" termites common in Mato Grosso, which is really recognition of the biological reality that ground-nesting termites (*Nasutitermes, Velocitermes* and *Cortaritermes*) exude droplets of exocrine secretions for chemical defence when disturbed (Mill 1982:214-215). Likewise the Kamaiurá myth of termites with nests that light up at night (Villas Boas & Villas Boas 1972) is not mythological nonsense, but a way of encoding in oral tradition the biological fact that on certain occasions larvae of Lampyridae do inhabit and light up the nests of termites. This phenomenon is well known by the Kayapó, who take great delight in the rainy season event.

Social insects figure in the origin myths of numerous other tribes, including the Kadiueu (Ribeiro 1950:177) and the Uitoto do Rio Chorero, as well as the Tucuna (Perieora 1967:480, 457). Their myths also "encode the Indians" ethological knowledge of the insects. The Kalapalo myth places the wasp (genus *Stictia*) in symbolic relationship with a series of plants that are actually part of a co-evolved ecological community (Carvalho 1951) and describes the predatory nature of *Stictia* on "*motucas*" (Tabanidae) (Lenko & Papavaro 1979:175).

Baldus (1937:244) recorded a Taulipang myth describing the commensal relationships recognised between birds and wasps. The Kayapó recognise many special commensal and symbiotic relationships observed in nature, including those Meliponinae and acrids, as well as between different species of stingless bees that share habitats (Posey & Camargo 1985).

Most indigenous and "caboclo" groups seem to hold life of all creatures in respect and their myths function to preserve nature (Smith 1983; Posey 1984b). The Kaingang, for example, associate ants with spirits of their ancestors and therefore do not kill ants (Baldus 1937). Cabral (1963) and Fernandes (1941) report similar beliefs. Bates (1864b, 1962) found the same associations with ant colonies and beliefs in resuscitated life. The Kayapó afford great power to the rhinoceros beetle (*krã-kam-djware*, Dynastidae) they believe to be the chief and protector of all insects, except the social insects (*nhy* / *ñy*) that are the wards (*õ-krit*) of the eagles (*hàk*).

We can therefore conclude that insects for the Amazonian Indians are not necessarily seen as objects that must be eliminated from their world. Rather they are viewed as integral and important components of nature and are given personalities through the use of myth and folklore. Oral literature also functions to transmit encoded biological and ethnological information important to survival. Although some examples have been given as to how myth functions to preserve and promulgate beliefs about social relations and knowledge about nature, these functional aspects are still little studied and under-appreciated by scientists.

Ritual and ceremony

There are numerous works describing the importance of insects in indigenous art and ornamentation (*e.g.* Covarrubias 1971, Lothrop 1972). The elytra of iridescent beetles like *Euchroma gigantea*, for example, are highly prized. For the Kayapó, elytra of these beetles form a part of specialised inheritance (*nêkrêtx*) and only certain persons can use them under prescribed ritual contexts.

Ceremonially one of the most dramatic uses of insects is in the Kayapó "fight" with social wasps (Diniz 1962, Banner 1961, Vidal 1977:126). The Kayapó may receive dozens of stings during the ceremony and may participate in "fights" a dozen or more times in their lives. The Indians are constantly searching for the nest of the most powerful and aggressive wasp, *amuh-djà-kèn* (*Polybia liliacea*). When a nest is found that is sufficiently large (usually 1.5m long, 0.5m in diameter), scaffolding is erected (by night when the wasps are inactive) to prepare for a re-enactment of the ancient event. The warriors dance and sing at the foot of the scaffolding, then ascent the platform to strike the massive hive with their bare hands. Over and over again they strike the hive to receive the stings of the wasps until they are semi-conscious from the venomous pain.

The wasp nest is a symbolic statement of unity and serves as a model of the universe. The hive is divided into parallel "plates" that seem to float just like the layers of the universe. The Kayapó say that today they live on one of the middle plates. But in ancient days, they believe they lived on another plate above the sky.

Equally impressive as the Kayapó wasp "fight" is the ceremony of marriage by the Maués, who use the *tocandeira* (*Paraponera clavata*) in their rites of passage. Spix & Martius (1823-1831) described the Maué marriage ritual for boys of up to fourteen years of age. The powerful stinging ants are placed in a special glove of palm fibre and dozens are allowed to sting the youths, who are to show no sign of pain because their lack of fear is a sign of strength and manhood. After the ceremony the stings are treated with manioc juice and, when life returns to normal, the boy is free to marry. Biard (1862) describes a similar ceremony for the Maué.

Miscellaneous uses

The variety of uses of insects is enormous. I will mention only a few of the more exotic variations in order to illustrate the complex role of insects in indigenous society.

For the Kayapó, termite mounds furnish soil to enrich plantations, as well as to form part of a mixture with ant nests to create planting zones in the savanna (Posey 1984c). Ant nests of *Azteca* are buried with some newly-planted crops to increase growth of the plant; the stimulation is said by the Kayapó to be phenomenal (Kerr & Posey 1984).

Kevan (1979:61) notes the keeping of crickets and katydids by Indians simply to enjoy their "songs". This is confirmed by Bates (1862), Caudel (1916) and Floericke (1922). Posey & Camargo (1985) report the keeping of stingless bees (Meliponinae) by the Kayapó Indians simply because they are fascinated by the insects' behaviour.

Insects are important as fish baits, as noted by Kevan (1979:62) and Posey (1979), and even for hunting. According to Magalhães (quoted in Lenko & Papavaro 1979:440) the *mutuca* (*Tabanus*) was used by Indians of São Paulo and Minas Gerais to aid in hunting: where swarms of the insects were observed, especially near the water's edge, the hunter knew game was not far away.

Insects, especially ants and wasps, are also frequently used by the Kayapó to mix with *urucú* to paint hunting dogs (Posey 1979). "Dog medicine" using insects is so elaborate with Kayapó that it merits special study to determine if crushed social insects can actually affect the olfactory functions of canines (Elisabetsky & Posey 1986).

INSECTS, BENEFIT-SHARING AND ETHICAL CONCERNS

Industry and business discovered many years ago that indigenous knowledge of nature, including insects, means money. In the earliest forms of colonialism, extractive products (called *drogas de sertão* in Brazil) were the basis for colonial wealth. More recently, pharmaceutical industries have become the major exploiters of traditional medicinal knowledge for major products and profits.

The annual world market value for medicines derived from medicinal plants discovered from indigenous peoples is US$ 43 billion. Estimated sales for 1989 from three major natural products in the US alone was: Digitalis, US$ 85 million; Resperine, US$ 42 million; Pilocarpine, US$ 28 million. (Source: Fundação Brasileira de Plantas Medicinais - FBPM). Unfortunately, less than one tenth of one percent (0.001%) of profits from drugs that originated from traditional medicine have ever gone to the indigenous peoples who led researchers to them (Posey 1990).

Although no comparable figures are published for natural insecticides, insect repellents, and insect-based medicinals originally acquired from native peoples, the annual potential for such products is easily that of medicinal plants. Research into these natural products is only beginning, with projections of their market values being of major global importance.

As a result, the Intellectual Property Rights of native peoples must be protected and just compensation for knowledge and genetic resources guaranteed. It is no longer acceptable to simply rely upon the "good will" of companies and institutions to "do right by" indigenous peoples. Confronting the problem of securing Intellectual Property Rights for native peoples has become one of the major ethical, intellectual and practical problems that science and industry now face.

Many researchers oppose IPR for indigenous and local communities because they know that they too will have to drastically change their "life styles". Incomes from published dissertations and other books, slides, magazine articles, phonograph records, films and videos, all will have to include a percentage of the profits to the native "subjects". It will probably become normal that such "rights" be negotiated with native peoples prior to the undertaking of initial fieldwork (Prior Informed Consent). This kind of behavior has never been considered as part of the "professional ethic" of scientific research, but certainly will become so in the near future.

Many North American Native Americans already require these procedures of the scientists who come to their reservations. The charges of "biopiracy" and unauthorized exploitation of traditional resources by "anthros" and others have already sent shock waves through the scientific community [do you know the words of the Sioux chief, Red Crow? "Here come the Anthros to study their Feathered Friends; Here come the Anthros with their Funding in their Hands..."]. As a result, scientists have become more responsive to social needs and realise that "just doing science" is an inadequate justification of infringing upon the privacy of indigenous societies.

THE C.B.D. AND TRADITIONAL ECOLOGICAL KNOWLEDGE

Since the Earth Summit in 1992, prior informed consent, benefit-sharing, and effective protection of traditional knowledge have been guaranteed by international law. The Convention on Biological Diversity (CBD) is one of the major international forces in recognizing the rights of indigenous and local communities.

Article 8(j) of the Convention on Biological Diversity (CBD) spells out specific obligations of Signatories to:

> « Subject to its national legislation, respect, preserve and maintain knowledge, innovations and practices of indigenous and local communities embodying traditional lifestyles relevant for the conservation and sustainable use of biological diversity and promote the wider application with the approval and involvement of the holders of such knowledge, innovations and practices and encourage the equitable sharing of the benefits arising from the utilisation of such knowledge, innovations and practices. »

The CBD also enshrines the importance of customary practice in biodiversity conservation and calls for protection of and equitable benefit-sharing from the use and application of "traditional technologies" (Articles 10.c and 18.4). But Pereira & Gupta (1993) emphasise:

> « it is the traditional methods of research and application, not just particular pieces of knowledge that persist in a tradition of invention and innovation. »

Technological changes do not simply lead to modernisation and loss of traditional practice, but rather provide additional inputs into vibrant, adaptive and adapting, holistic systems of management and conservation.

"Traditional knowledge, innovations and practices" are often referred to by scientists as Traditional Ecological Knowledge (TEK). TEK is far more than a simple compilation of facts (Gadgil *et al.* 1993, Johnson 1992). It is the basis for local-level decision-making in areas of contemporary life, including natural resource management, nutrition, food preparation, health, education, and community and social organisation (Warren *et al*. 1995). TEK is holistic, inherently dynamic, constantly evolving through experimentation and innovation, fresh insight, and external stimuli (Knudson & Suzuki 1992).

Recognition by the CBD of the contributions of indigenous and traditional peoples to maintaining biological diversity may be a major political advance. But there are major dangers. Once TEK or genetic materials leave the societies in which they are embedded, there is little national protection and virtually no international laws to protect community "knowledge, innovations, and practices". Many countries do not even recognise the basic right of indigenous peoples to exist – let alone grant them self-determination, land ownership, or control over their traditional resources (Gray 1998).

The International Labour Organisation (ILO) Convention 169 is the only legally-binding international instrument specifically intended to protect indigenous and tribal peoples. ILO 169 supports community ownership and local control of lands and resources. It does not, however, cover the numerous traditional and peasant groups that are also critical in conservation of the diversity of agricultural, medicinal, and non-domesticated resources. To date the Convention has only 171 national signatories and provides little more than a base line for debates on indigenous rights.

The same bleak news comes from an analysis of Intellectual Property Rights (IPRs) laws. IPRs were established to protect individual inventions and inventors, not the collective, ancient folklore and TEK of indigenous and local communities. Even if IPRs were secured for communities, differential access to patents, copyright, know-how, and trade secret laws and lawyers would generally price them out of any effective registry, monitoring or litigation using such instruments (Posey & Dutfield, 1996). Box 1 summarizes how IPRs are considered inadequate and inappropriate for protecting the collective resources of indigenous and traditional peoples.

Intellectual Property Rights are inadequate and inappropriate
for protection of traditional ecological knowledge and
community resources because they:

1. recognize individual, not collective rights;
2. require a specific act of "invention";
3. simplify ownership regimes;
4. stimulate commercialization;
5. recognize only market values;
6. are subject to economic powers and manipulation;
7. are difficult to monitor and enforce;
8. are expensive, complicated, time-consuming.

Box 1. *Inadequacies of Intellectual Property Rights*

One glimmer of hope comes from the CBD's decision to implement an "intersessional process" to evaluate the inadequacies of IPRs and develop guidelines and

One glimmer of hope comes from the CBD's decision to implement an "intersessional process" to evaluate the inadequacies of IPRs and develop guidelines and principles for governments seeking advice on access and transfer legislation to protect traditional communities (UNEP 1997).

Some scientific and professional organisations, not wanting to await international or national legal solutions to these problems, are developing their own Codes of Conduct and Standards of Practice to guide research, health, educational, and conservation projects with indigenous and local communities (a summary of some of these can be found in Cunningham 1993; Posey & Dutfield 1996).

One of the most extensive is that of the International Society for Ethnobiology, that undertook a 10-year consultation with indigenous and traditional peoples – as well as its extensive international membership – to establish "principles for equitable partnerships". The main objective of the process was to establish terms under which collaboration and joint research between ethnobiologists and communities could proceed based upon trust, transparency, and mutual concerns. A list of these principles can be found in Box 2.

---

1. **Principle of Prior Rights** This principle recognises that indigenous peoples, traditional societies, and local communities have prior, proprietary rights and interests over all air, land, and waterways, and the natural resources within them that these peoples have traditionally inhabited or used, together with all knowledge and intellectual property and traditional resource rights associated with such resources and their use.

2. **Principle of Self-Determination** This principle recognises that indigenous peoples, traditional societies and local communities have a right to self determination (or local determination for traditional and local communities) and that researchers and associated organisations will acknowledge and respect such rights in their dealings with these peoples and their communities.

3. **Principle of Inalienability** This principle recognises the inalienable rights of indigenous peoples, traditional societies and local communities in relation to their traditional territories and the natural resources within them and associated traditional knowledge. These rights are collective by nature but can include individual rights. It shall be for indigenous peoples, traditional societies and local communities to determine for themselves the nature and scope of their respective resource rights regimes.

4. **Principle of Traditional Guardianship** This principle recognises the holistic interconnectedness of humanity with the ecosystems of our Sacred Earth and the obligation and responsibility of indigenous peoples, traditional societies and local communities to preserve and maintain their role as traditional guardians of these ecosystems through the maintenance of their cultures, mythologies, spiritual beliefs and customary practices.

5. **Principle of Active Participation** This principle recognises the crucial importance of indigenous peoples, traditional societies and local communities to actively participate in all phases of the project from inception to completion, as well as in application of research results.

6. **Principle of Full Disclosure** This principle recognises that indigenous peoples, traditional societies and local communities are entitled to be fully informed about the nature, scope and ultimate purpose of the proposed research (including methodology, data collection, and the dissemination and application of results). This information is to be given in a manner that takes into consideration and actively engages with the body of knowledge and cultural preferences of these peoples and communities.

7. **Principle of Prior Informed Consent and Veto** This principle recognises that the prior informed consent of all peoples and their communities must be obtained before any research is undertaken. Indigenous peoples, traditional societies and local communitie s have the right to veto any programme, project, or study that affects them. Providing prior informed consent presumes that all potentially affected communities will be provided complete information regarding the purpose and nature of the research activities and the probable results, including all reasonably foreseeable benefits and risks of harm (be they tangible or intangible) to the affected communities.

8. **Principle of Confidentiality** This principle recognises that indigenous peoples, traditional societies and local communities, at their sole discretion, have the right to exclude from publication and/or to have kept confidential any information concerning their culture, traditions, mythologies or spiritual beliefs. Furthermore, such confidentiality shall be guaranteed by researchers and other potential users. Indigenous and traditional peoples also have the right to privacy and anonymity.

9. **Principle of Respect** This principle recognises the necessity for researchers to respect the integrity, morality and spirituality of the culture, traditions and relationships of indigenous peoples, traditional societies, and local communities with their worlds, and to avoid the imposition of external conceptions and standards.

10. **Principle of Active Protection** This principles recognises the importance of researchers taking active measures to protect and to enhance the relationships of indigenous peoples, traditional societies and local communities with their environment and thereby promote the maintenance of cultural and biological diversity.

11. **Principle of Precaution** This principle acknowledges the complexity of interactions between cultural and biological communities, and thus the inherent uncertainty of effects due to ethnobiological and other research. The Precautionary Principle advocates taking proactive, anticipatory action to identify and to prevent biological or cultural harms resulting from research activities or outcomes, even if cause-and-effect relationships have not yet been scientifically proven. The prediction and assessment of such biological and cultural harms must include local criteria and indicators, thus must fully involve indigenous peoples, traditional societies, and local communities.

12. Principle of Compensation and Equitable Sharing This principle recognises that indigenous peoples, traditional societies, and local communities must be fairly and adequately compensated for their contribution to ethnobiological research activities and outcomes involving their knowledge.

13. Principle of Supporting Indigenous Research This principle recognises, supports and prioritises the efforts of indigenous peoples, traditional societies, and local communities in undertaking their own research and publications and in utilising their own collections and data bases.

14. Principle of The Dynamic Interactive Cycle This principle holds that research activities should not be initiated unless there is reasonable assurance that all stages of the project can be completed from (a) preparation and evaluation, to (b) full implementation, to (c) evaluation, dissemination and return of results to the communities, to (d) training and education as an integral part of the project, including practical application of results. Thus, all projects must be seen as *cycles of continuous and on-going dialogue*.

15. Principle of Restitution This principle recognises that every effort will be made to avoid any adverse consequences to indigenous peoples, traditional societies, and local communities from research activities and outcomes and that, should any such adverse consequence occur, appropriate restitution shall be made.

BOX 2. *Principles for "equitable partnerships"*
established by the International Society for Ethnobiology

CONCLUSIONS

Increases in bioprospecting for new products using traditional knowledge about insects and genetic resources based on collection of Arthropod species, combined with heightened awareness by indigenous and local communities of how their resources are being exploited, has provoked something of a global ethical crisis. Commodification of what are collective resources – often of a secret or sacred nature – is not only an expression of disrespect for local culture, but a violation of religious principles and human rights. The "decontextualisation" of the "components" of biodiversity or culture results in the unauthorised extraction of inalienable information and materials.

There are some admirable efforts in international processes, such as the implementation of the Convention on Biological Diversity and elaboration of Codes of Conduct and Standards of Practice by scientists and industry, but there is now general agreement that new and additional instruments will be necessary to adequately protect traditional ecological and medical knowledge systems. It is unclear how these *sui generis* systems will emerge, but concerned scientists and professionals must not await a political solution.

REFERENCES

BALDUS H. – 1937, *Ensaios de etnologia brasileira*. São Paulo, Compahnia Editora Nacional, 346 p.

BANNER H. – 1961, O indio Kayapó em seu acampamento. *Bol. Mus. Parense Emilio Goeldi (ns) Anth.* 13:1-51.

BATES H. W. – 1864a, *Description of a remarkable species of singing cricket (Locustariae) from the Amazons, 1862*. London, Taylor & Francis, 474-477.

– 1864b, A note about the Jaquiranabóia. *Proc. Ent. Soc., London*.

– 1962, *The naturalist on the River Amazons*. Berkeley, CA, University of California, 465 p.

BODENHEIMER F. S. – 1951, *Insects as human food: a chapter in the ecology of man*. The Hague, Junk, 352 p.

CABRAL O. – 1963, *Histórias de uma região, Mato Grosso, fronteira Brasil-Bolivia*. Niterói, Editora Himalaya Ltda.

CARVALHO J. C. M. – 1951, Relações entre os indios do Alto Xingu e a fauna regional. *Publ. Avuls. Mus. Nac.* (Rio de Janeiro) 7:1-32.

CAUDELL A. N. – 1916, An economic consideration of orthoptera directly affecting man. *Proceedings of the Entomological Society* (Washington) 18:84-92.

CHAGNON N. – 1968, *Yanomamo: the fierce people*. New York, Holt, Rinehart & Winston, 142 p.

COVARRUBIAS M. – 1971, *Indian art of Mexico and Latin America*. New York, A.A. Knopf, 360 p.

CUNNINGHAM A.B. – 1993, *Ethics, Ethnobiological Research, and Biodiversity*. WWF/UNESCO/Kew People and Plants Initiative, WWF International, Gland, Switzerland.

DENEVAN W. – 1971, Campa subsistence in the Gran Pajonal, Eastern Peru. *Geog. Rev.* 61:496-518.

DINIZ E. S. – 1962, *Os Kayapó-Gorotire*. Belém, Instituto Nacional de Pesquisas de Amazonia, 40 p.

ELISABETSKY E. & D. A. POSEY – 1986, Ethnopharmacology of the Gorotire Kayapó. *Revista Braxileira de Zoologia*.

FERNANDES L. – 1941, Os Caingangues de Palmas. *Arq. Mus. Paraense, Curitiba* 1C:161-209.

FLOERICKE K. – 1922, *Heuschrecken und Libellen*. Stuttgart, Kosmos, 76 p.

GADGIL M., F. BERKES & C. FOLKE – 1993, Indigenous knowledge for biodiversity conservation. *Ambio* 22:151-156.

GIACONE A. – 1949, *Os Tucanos e outras tribos de Rio Uaupés afluente do Negro-Amazonas*. São Paulo, Imprensa Oficial do Estado, 190p.

GOLDMAN I. – 1963, Tribes of the Uapés-Caquetá region. *Handbook of South American Indians* (J.H. Steward, ed.) New York, Cooper Square Publishers 3:763-798.

GREAVES T. (ed.) – 1994, *Intellectual Property Rights for Indigenous Peoples: A Sourcebook*. Oklahoma City, SfAA, 274 p.

GUDGER E. W. – 1925, Stitching wounds with the mandibles of ants and beetles. *Journal of the American Medical Association* 84(24):1861-1864.

HITCHCOCK S. W. – 1962, Insects and Indians of the Americas. *Bull. Ent. Soc. Ame.* 8:181-187.

HOLMBERG A. R. – 1950, *Nomads of the long bow: the Siriono of Eastern Bolivia*. Washington, DC, Smithsonian Institution (Publications of the Institute of Social Anthropology 10), 104 p.

HUGH-JONES S. – 1999, "Food" and "Drug" in North-West Amazonia. *Cultural and Spiritual Values of Biodiversity* (D. A. Posey, ed.). London & Nairobi, UNEP & Intermediate Technology Press, pp. 278-280.

JACOB D. – 1974, *Chãos de Maiconã*. Rio de Janeiro, Companhia Editora Americana.

JOHNSON M. – 1992, *Lore: Capturing Traditional Environmental Knowledge*. Dene Cultural Institute/IDRC, Hay River, 190 p.

KERR W. E. – 1986, Cipó usado pelos indios Kayapó para matar abelhas africanizadas para extração do mel. *Revista Braxileira de Zoologia*.

KERR W. E. & D. A. POSEY – 1984, Algumas notas sobre a agricultura dos indios Kayapó. *Interciência* 9(6):392-400.

KEVAN K. M. – 1979, *The place of grasshoppers and crickets in Amerindian cultures*. Bozeman, Montana.

LENKO K. & N. PAPAVARO – 1979, *Insectos no folclore*. São Paulo, Conselho Estadual de Artes e Ciências Humanas, 518 p.

LÉVI-STRAUSS C. – 1948, *La vie familiale et sociale des Indiens Nambikware*. Paris, Société des Américanistes.

LOTHROP S. K. – 1972, *Treasures of Ancient America*. Geneva, SKIRA, 229 p.

LYON P. (ed.) – 1974, *Native South Americans: Ethnology of the least known continent*. Boston, Little, Brown and Co, 433 p.

MÉTRAUX A. – 1948a, The hunting and gathering tribes of the Rio Negro Basin, vol. 3, The tropical forest tribes. *Handbook of South American Indians* (J.H. Steward, ed.). New-York, Cooper Square Publishers, 3:816-867.

     – 1948b, Tribes of the Middle and Upper Amazon River, vol. 3, The tropical forest tribes. *Handbook of South American Indians* (J.H. Steward, ed.). New-York, Cooper Square Publishers.

MILL A. E. – 1982, Amazon termite myths: legends and folklore of the Indians and Caboclos. *Bull. of the Royal Entomolo. Society of London* 6(2):214-217.

NIMUENDAJÚ C. – 1952, *The Tukuna*. Berkeley, CA, 209 p.

NOGUEIRA-NETO P. – 1970, *A criação de abelhas indigenas sem ferrão (Miliponinae)*. São Paulo, Tecnapis.

PEREIRA N. – 1954, *Os indios Maués*. Rio de Janeiro, Organização Simoes.

     – 1967, *Noronguetã, um decameron indigena*. Rio de Janeiro, Editora Civilizacão Brasileira.

PEREIRA W. & A.K. GUPTA. – 1993, A dialogue on indigenous knowledge. *Honey Bee* 4:6-10.

POSEY D. A. – 1978, Ethnoentomological Survey of Amerind Groups in Lowland Latin American. *Florida Entomologist* 61(4):225-229.

     – 1979, *Ethnoentomology of the Gorotire Kayapó of Central Brazil. Anthropology*. Athens, GA, University of Georgia.

     – 1980, Consideraciones etnoentomologicas sobre los grupos amerindios. *América Indigena* 40(1):105-120.

     – 1983a, Indigenous knowledge and development: An ideological bridge to the future. *Ciencia e Cultura* 35(3):877-894.

     – 1983b, The importance of bees to an Indian tribe of Amazonia. *Florida Entomologist* 65(4):452-458.

     – 1983c, Keeping of stingless bees by the Kayapó Indians of Brazil. *Journal of Ethnobiology* 3(1):63-73.

     – 1983d, Folk Apiculture of the Kayapó Indians of Brazil. *Biotropica* 15(2):154-158.

     – 1984a, A preliminary report on secondary forest management by the Kayapó Indians of Brazil. *Ethnobotany of the Neotropics* (G. Prance, ed.) New York, New York Botanical Gardens.

     – 1984b, Diversified management of tropical ecosystems by Brazilian Indians. *Suma Brasileira de Etnologia*. Rio de Janeiro, FINESP.

– 1996, *Traditional Resource Rights for Indigenous Peoples*. Gland (Switzerland), IUCN-World Conservation Union.

POSEY D. A. & J.M.F. de CAMARGO. – 1985, Additional Notes on the Classification and Knowledge of Stingless Bees (Meliponinae, Apidae) by the Kayapó Indians of Gorotire, Pará, Brazil. *Annals of the Carnegie Museum Pittsburgh, P.A.*

POSEY D.A. & G. DUTFIELD – 1996, *Beyond Intellectual Property: Toward Traditional Resource Rights for Indigenous Peoples and Local Communities*. Ottawa, International Development Research Centre, 303 p.

RIBEIRO D. – 1950, *Religião e mitologia Kadiuéu*. Brasilia, Ministério da Agricultura, 222 p.

RUDDLE K. – 1973, The human use of insects: examples from the Yukpa. *Biotropica* 5(2):94-101.

SMITH N. – 1983, Enchanted forest: folk belief in fearsome spirits has helped conserve the resources of the Amazon jungle. *Natural History* 82(8):14-20.

SPIX J. B. v. & C. F. P. v. MARTIUS – 1823-1831, *Reise in Brasilien auf Befehl S.M. König Maximilian Joseph I von Bayern, München*, 3 vol. São Paulo, Companhia Melhoramentos.

STEWARD J. – 1948, The Witotan tribes, vol. 3, The tropical forest tribes. *Handbook of South American Indians* (J.H. Steward, ed.). New-York, Cooper Square Publishers.

STEWARD J. & A. METRAUX – 1948, The Peban tribes, vol. 3, The tropical forest tribes. *Handbook of South American Indians* (J.H. Steward, ed.). New-York, Cooper Square Publishers.

P. KNUDSON & D. SUZUKI – 1992, *Wisdom of the Elders: Honoring Sacred Visions of Nature*. London, Bantam Press, 232 p.

TAYLOR R. L. – 1975, *Butterflies in my stomach or insects in human nutrition*. Santa Barbara, CA, Woodbridge Press, 224 p.

TEIXEIRA F. F. – 1937, *Chácaras e Quintais*. Rio de Janeiro.

UNEP – 1997, *United Nations Environment Program, Project on National Biodiversity Strategies and Action plants. Program of work*, 6 mars 1997.

VIDAL L. – 1977, *Morte e vida de uma sociedade indigena brasileira*. São Paulo, Editora de USP e Hucitec, 268 p.

VILLAS-BOAS O. – 1972[2], *Xingú, os índios e seus mitos*. Rio de Janeiro, Zahar Editora, 211 p.

WAGLEY C. & E. GALVAO – 1948, The Tenetehara, vol. 3, The tropical forest tribes. *Handbook of South American Indians* (J.H. Steward, ed.). New-York, Cooper Square Publishers, 3:137-148.

WARREN D.M., L.J. SLIKKERVEER & D. BROKENSHA (eds) – 1995, *The Cultural Dimension of Development: Indigenous Knowledge Systems*. London, Intermediate Technology Publications, 582 p.

III

"Insectes" comestibles

Edible "insects"

RÔLE ALIMENTAIRE DES INSECTES DANS L'ÉVOLUTION HUMAINE

Mila TOMMASEO PONZETTA

RÉSUMÉ

Rôle alimentaire des insectes dans l'évolution humaine

Actuellement, une attention accrue est prêtée au rôle des insectes et autres petits invertébrés terrestres dans l'alimentation des sociétés traditionnelles. Les insectes sont en effet considérés comme un aliment complet et complémentaire, et à forte valeur nutritive. On peut donc raisonnablement en déduire que les insectes ont joué un rôle majeur dans l'alimentation de nos premiers ancêtres, en les aidant à surmonter des périodes de famine et à satisfaire leurs besoins physiologiques pendant la croissance.

Jusqu'à présent, l'importance des insectes dans les régimes alimentaires préhistoriques a été largement négligée par la recherche archéologique, dans la mesure où les exosquelettes des insectes laissent dans les fouilles des traces tellement insaisissables qu'elles passent évidemment inaperçues si elles ne font pas l'objet d'une recherche précise.

On fait ici le point sur l'état actuel de la documentation dont l'on dispose et on avance des propositions pour de futures investigations.

ABSTRACT

Insects as food in human evolution

Today increasing scientific attention is being devoted to the role of insects and other small terrestrial invertebrates in the diet of traditional societies, and insects are regarded as a complete and complementary food rich in nutritional value. Therefore, we may reasonably infer that insects played an essential role in the diet of our ancestors, being crucial in overcoming occasional periods of scarcity and in satisfying human specific physiological requirements during growth.

Until now, the importance of insects in prehistoric diets has been largely ignored by archaeological research, since insect exoskeletons leave such elusive traces in prehistoric sites that they are obviously missed when not specifically sought.

The available evidence is reviewed here and suggestions are advanced for future research.

Les australopithèques, hominidés qui précèdent le genre *Homo*, n'ont laissé aucun reste de repas ni d'instruments en pierre qui soient reconnaissables : ainsi nos suppositions à l'égard du comportement alimentaire au Plio-Pléistocène inférieur sont largement fondées sur ce dont on dispose, c'est-à-dire sur les fossiles, en particulier sur les restes crâniens et la micro-usure dentaire des hominidés. Pour les époques suivantes, à partir du genre *Homo*, l'étude des utilisations des instruments lithiques et les restes fauniques portant des traces de découpage ont été les sujets les plus étudiés (Toth 1985, Shipman 1986).

La conception que les anthropologues se font des stratégies de subsistance des premiers hominidés a évolué à son tour. Du stéréotype de "l'homme chasseur" évoqué par Dart (1949) et Robinson (1954) on est passé à celui du charognard opportuniste (Isaac & Crader 1981, Blumenschine 1986, Shipman 1986), pour aboutir à un plus large consensus autour d'un modèle "d'homme-primate-omnivore" (Mann 1981, Hamilton 1987). Jusqu'à ces dernières années, les insectes étaient absents des manuels d'anthropologie consacrés à l'évolution humaine. Plus récemment, l'intérêt de la littérature scientifique et des médias pour le rôle des insectes dans l'alimentation humaine (par exemple, le magazine *Food insects newsletter*) a suggéré d'en considérer l'importance aux temps préhistoriques (Sutton 1990, 1995, McGrew 2001). Le fait que l'espèce humaine ait évolué pendant la plus grande partie de son existence dans un milieu tropical ou sub-tropical, où les insectes constituent 80% des espèces (Wheeler 1990), nous permet raisonnablement de penser que ces invertébrés ont joué un rôle majeur dans l'alimentation de nos premiers ancêtres. On va présenter ici un bref compte rendu et une mise à jour des recherches.

QUELS SONT LES ARGUMENTS EN FAVEUR DE L'INCLUSION DES INSECTES DANS LE RÉGIME DES HOMINIDÉS ?

Les insectes sont un aliment complet et complémentaire (DeFoliart 1992, Ramos-Elorduy 1996, Bukkens 1997, DeFoliart 1997) et, en général, ne sont pas trop difficiles à obtenir. Comme les primates, l'homme a démontré sa capacité à surmonter les défenses physiques ou chimiques des insectes sociaux (termites, abeilles, etc.) et on peut penser, avec McGrew (1979), que la "chasse aux insectes" requiert plus de technique que de force.

Du point de vue alimentaire, les insectes présentent comme avantage d'être souvent réunis en colonies (abeilles, fourmis, termites) ou temporairement agrégés (comme les chenilles et certains orthoptères), ce qui rend leur quête plus facile et abondante. Il va sans dire que ces insectes grégaires sont aussi les plus recherchés comme nourriture.

En outre, hommes et primates ont un rapport parasitaire à l'égard de leurs produits ou de leurs récoltes. Le miel est le produit le plus convoité, mais la terre des termitières, particulièrement riche en minéraux (Hladik 1977), et les réserves de graines récoltées par certaines fourmis, sont également recherchées, comme c'est le cas parmi les aborigènes d'Australie (Sweeney 1947, Bodenheimer 1951).

PRIMATOLOGIE ET ETHNOGRAPHIE INTÈGRENT
LES DONNÉES DE L'ENTOMOLOGIE ARCHÉOLOGIQUE

L'importance des insectes dans l'alimentation préhistorique peut être déduite des régimes alimentaires des primates à l'état naturel, en particulier des chimpanzés (mais aussi des babouins de la savane) et de l'étude de leurs stratégies nutritionnelles. Par ailleurs, on peut également postuler une certaine homologie avec les modes d'approvisionnement des chasseurs-cueilleurs ou d'autres sociétés traditionnelles, tout en n'oubliant pas que des millions d'années séparent les chimpanzés actuels d'un hypothétique ancêtre commun aux hominidés et que la culture des dernières populations de chasseurs-cueilleurs est le fruit d'une dynamique évolutive complexe. En outre, les territoires occupés aujourd'hui par ces populations ne représentent souvent que des aires de refuge par rapport à ceux qui étaient originellement occupés.

Les insectes dans l'alimentation des chimpanzés

Récemment, les découvertes de pré-australopithèques ou d'australopithèques anciens remontant à plus de quatre millions d'années (*Ardipithecus ramidus, Australopithecus anamensis, A. bahrelghazali*), viennent rejoindre le plus connu *Australopithecus afarensis*, et nous informent que ces premiers hominidés fréquentaient un environnement beaucoup plus forestier qu'on ne le croyait (White *et al.* 1994, Leakey *et al.* 1995, Brunet *et al.* 1995). On estime que leurs stratégies alimentaires devaient se rapprocher –pour leur flexibilité– de celles des chimpanzés actuels (*Pan troglodytes troglodytes*). L'étude de ces primates dans leur environnement nous a apporté des informations essentielles (Goodall 1963, 1986). On sait actuellement que des groupes différents de chimpanzés ont des habitudes alimentaires différentes. Les termites (*Macrotermes bellicosus*) et la fourmi de savane, *Dorylus (Anomma) nigricans,* sont les insectes préférés par les chimpanzés à Gombe (McGrew 1979), tandis que les chimpanzés du Gabon, étudiés par C.M. Hladik (Hladik & Viroben 1974, Hladik 1977), mangent préférentiellement des fourmis (*Macromischoides aculeatus, Oecophylla longinoda, Polyrhachis militaris, Paltothyreus tarsatus, Camponotus* sp.*).* D'autres insectes –de l'ordre des Diptera, Lepidoptera ou Hemiptera– sont des proies occasionnelles, et les scorpions (*Opisthacanthus lecomtei*) sont également appréciés.

Un tiers du temps d'un chimpanzé du Gabon est consacré à la recherche d'insectes (fourmis, termites, etc.), bien qu'en retour sa récolte soit négligeable, ne représentant que 4% du poids de la nourriture totale. Mais les insectes sont riches en protéines, en lipides et en acides aminés essentiels, comme l'histidine, la leucine, la lysine, la thréonine; ils sont donc complémentaires de feuilles qui, elles, sont riches en cystine. En effet, la consommation d'insectes est souvent associée à celle des fibres végétales: d'écorces au Gabon, de feuilles à Gombe. Parmi les fourmis, les chimpanzés du Gabon préfèrent celles qui sont plus riches en lipides (reproductrices et soldats) à celles qui sont plus riches en protéines (ouvrières). C.M. Hladik suggère que cette préférence pourrait être dictée par une sensibilité gustative préférentielle pour les lipides, qui aurait pu être essentielle pour l'évolution des premiers hominidés.

Certaines différences comportementales semblent avoir des racines très anciennes: selon W.C. McGrew (1979) il y a une différence significative entre le temps consacré à la récolte d'insectes par les femeles et par les mâles, celui-ci étant nettement supérieur chez les premières. La différence est également significative pour la présence d'insectes dans les selles (45% femelles, 26% mâles). Les femelles ont été décrites comme ayant une approche prolongée, systématique et répétitive à l'égard de la nourriture (les insectes) qui leur permet d'éviter la compétition avec les mâles dominants pour les protéines d'origine animale. Ainsi on a reconnu dans la femelle du chimpanzé le prototype de la femme qui, plus que l'homme, se consacre à la cueillette (McGrew 1981). Le miel fait toutefois exception: pour la localisation des ruches, parfois difficiles à atteindre, et pour le risque de piqûres des abeilles, sa récolte pourrait être assimilée à la chasse et rentrerait donc parmi les tâches masculines.

Les insectes dans l'alimentation des populations traditionnelles

Les insectes font partie des traditions alimentaires des populations du milieu tropical parce qu'ils sont considérés comme "appétissants" et savoureux. Par ailleurs, ils offrent une aide qui peut se révéler essentielle pour surmonter des périodes intermittentes de manque de gibier, voire de famine; des circonstances semblables devaient se présenter aussi au Pléistocène inférieur, dans un environnement – en Afrique orientale – qui devenait de plus en plus saisonnier. Aujourd'hui encore, les insectes constituent une compensation nutritive pour ceux qui, à l'intérieur d'un groupe social, sont les moins favorisés à l'égard des protéines d'origine animale parce que leur accès aux produits de la chasse est limité, comme c'est le cas pour les femmes et les enfants. Comme chez nos cousins les chimpanzés, chez la plupart des populations traditionnelles, de l'Afrique à la Nouvelle Guinée, la récolte d'insectes reste une activité surtout féminine (Turnbull 1965, Lee 1968, Tommaseo Ponzetta & Paoletti 1997). Les insectes constituent aussi un aliment important au cours de la grossesse: une femme enceinte requiert un surplus d'énergie alimentaire pendant cette période où elle se trouve en état de faiblesse et, par ailleurs, les insectes peuvent être récoltés sans trop d'effort, même si, portant un enfant, elle doit s'occuper d'un autre bébé. En outre, l'on sait bien que les aliments qui conviennent au sevrage sont parfois rares ou difficiles à se procurer: dans le passé, les insectes ont pu constituer une source privilégiée d'éléments nutritifs satisfaisant les besoins physiologiques spécifiques de l'homme dans les premières phases de sa croissance. Le miel, comme les larves, sont des aliments riches, faciles à manger et à digérer, même pour de petits enfants. La richesse nutritionnelle de quelques-uns des insectes comestibles les plus communs en Afrique est reportée dans le Tableau 1.

Les insectes comestibles sont aussi importants du point de vue nutritionnel, étant riches en mineraux, tels que le fer (comme la chenille du mopane, *Gonimbrasia belina*: 76,9 mg/100g) et généralement en vitamines, comme celles du groupe B (Ramos-Elorduy 1996, Bukkens 1997). Le risque de carence en vitamine B_{12} ou en d'autres vitamines qu'on ne trouve pas dans les végétaux, devait constituer une réelle menace pour ces hominidés dont le régime était, en majorité, végétarien, d'autant plus que l'anémie (conséquence de parasitoses ou de carences alimentaires) reste parmi les pathologies les plus fréquentes en milieu tropical (W.H.O. 1997).

Insecte (nom vulgaire)	Insecte (nom scientifique)	Préparation	Humidité	Énergie kcal	Protéines g/100g	Lipides g/100g
chenille du mopane	*Gonimbrasia belina* (1)	séchées	6.1	444	56.8	16.4
larve de charançon du palmier	*Rhynchophorus phoenicis* (2)	n.s.	10.75	562	20.34	41.3
criquet	*Locustana* spp. (1)	crues frites farine	57.1 48.7 7.1	n.s. n.s. 436	18.2 30.0 47.5	21.5 10.0 22.9
sauterelle	*Zonocerus* sp. (1)	crues grillées et moulues	62.7 7.0	170 420	26.8 62.2	3.8 10.4
fourmi ailée (femelle)	*Carebara* sp. (1)	crues	60	n.s.	3.0	9.5
fourmi ailée (mâle)	*Carebara* sp. (1)	crues	60	n.s.	10.1	1.3
termite ailé (adulte)	*Macrotermes subhyalinus* (2)	n.s	0.94	612	38.42	46.1
termite (soldat)	*Syntermes sp.* (3)	n.s	10.3	467	58.9	4.9

Composition pour 100 g de portion comestible. n.s. = non spécifié.
(1) Wu Leung *et al.* (1968). (2) Santos Oliveira *et al.* (1976). (3) Dufour & Sanders (2000).

TABLEAU 1. *Valeur nutritive d'insectes comestibles d'Afrique*

Les insectes et l'évolution humaine

On voit donc que les insectes ont été une source préférentielle de graisse, de protéines et de vitamines, aussi bien que de sucre (miel), dès les premières phases de l'hominisation, ce qui a certainement facilité les débuts de l'évolution humaine. L'emploi alimentaire d'insectes et d'autres petits invertébrés a probablement précédé et ensuite accompagné la consommation de viande. Le cerveau est un organe très dépensier au point de vue métabolique, qui s'est développé chez les hominidés bien avant la création des instruments lithiques produits et utilisés surtout pour l'approvisionnement carné et l'extraction de la moelle des os. L'augmentation des dimensions du cerveau au cours de l'évolution, a sûrement exigé un apport considérable d'énergie et la recherche d'aliments de haute qualité comme les insectes. De plus, le cerveau humain est un grand consommateur de sucre et un surplus de glucose lui a certainement été fourni par le miel.

LES DONNÉES DE L'ARCHÉOLOGIE ENTOMOLOGIQUE

Paléosols

Jusqu'à présent, la recherche archéologique concernant le Plio-Pléistocène a largement négligé l'importance des insectes dans l'alimentation préhistorique, dans la mesure où leur présence passée laisse des traces tellement insaisissables qu'elles passent inaperçues si elles ne font pas l'objet d'une recherche précise. De plus, la majeure partie des insectes était consommée en chemin, à l'aide – s'il en était besoin – d'instruments occasionnels et périssables.

S'il est donc peu probable de pouvoir trouver dans les sols des traces d'insectes comestibles qui soient associables à des restes d'hominidés, cela est imputable à des raisons comportementales plus encore que taphonomiques.

Coprolithes

Dans les sites archéologiques plus récents, l'utilisation alimentaire d'insectes a été directement déduite de l'étude des coprolithes humains. Ceux-ci peuvent fournir des preuves incontestables de la consommation d'insectes, du moment que la chitine est expulsée sans être digérée, sauf chez certains prosimiens (Cornelius *et al.* 1976, Kay & Sheine 1979). Des fragments d'exosquelette, de la partie de la bouche ou des ailes peuvent être récupérés, comme l'ont démontré les découvertes faites dans plusieurs sites archéologiques de l'Amérique du Nord (Reinhardt & Bryant 1992, Sutton 1995). Malheureusement, l'étude des coprolithes présente de très nombreuses difficultés.

L'étude de coprolithes très anciens, comme ceux retrouvés dans les gorges d'Olduvai au Kenya (Leakey 1971), dans les grottes de l'Afrique du Sud ou en France, à Terra Amata (Lumley 1969) et au Lazaret (Callen 1969), présente des difficultés techniques considérables[1] (Kliks 1978, Bryant & Williams-Dean 1975, Reinhardt & Bryant 1992). Par ailleurs, il est difficile de faire la différence (à partir de leur forme ou de leur taille) entre les coprolithes humains – qui sont très variables – et ceux d'autres mammifères.

Il est également difficile sinon impossible de reconnaître les insectes mangés à l'état larvaire. En outre, il faudrait pouvoir différencier, parmi les insectes retrouvés dans des selles, les coprophages ou leur larves, des insectes comestibles existant dans une région déterminée à une certaine époque. Il faudrait aussi être capable de distinguer les insectes qui faisaient partie du régime alimentaire de ceux qui étaient consommés comme médicament.

D'autres déductions peuvent être faites à partir de la présence de parasites dans les coprolithes. Moore *et al.* (1969) notaient que la présence de certains

---

[1] Les coprolithes datés de quelques dizaines de milliers d'années ou plus peuvent ne montrer aucune réaction aux solvants chimiques employés pour les réhydrater, et la couleur de la solution obtenue ne peut pas être considérée comme preuve définitive d'une origine humaine plutôt qu'animale.

œufs de vers qui parasitaient les insectes (*Acantocephala*) dans des coprolithes du Grand Bassin, pouvait donner des indications sur la consommation d'insectes.

LES DONNÉES DES FOSSILES HUMAINS

Biochimie de l'os

Malheureusement, toutes les autres preuves, comme l'analyse biochimique de l'os, sont indirectes. Elles permettent cependant de reconnaître l'utilisation alimentaire d'insectes comme de n'importe quel autre animal, ou, du moins, de la suggérer; elles ne peuvent ni la prouver, ni permettre de faire une distinction entre les différents types d'animaux consommés. Par exemple, la mesure du rapport Sr/Ca (Strontium/Calcium) dans les os varie selon les aliments absorbés, car ce rapport est plus élevé dans les plantes que dans la viande. Cette indication demande toutefois à être approfondie étant donné qu'il y a une grande variabilité à l'intérieur des différents organismes et que ce rapport décroît le long de la chaîne alimentaire (Sillen 1992, 1994). Seule l'étude du couple proie-prédateur et la recherche d'éléments caractérisant les insectes, comme une étude comparative entre espèces de primates insectivores et folivores [2], peut offrir des données plus précises.

D'autres opportunités sont offertes à la paléodiététique par l'étude des signatures isotopiques de l'azote et du carbone dans le collagène d'os et de dents (Drucker *et al.* 1999).

L'analyse isotopique du carbone des australopithèques robustes du site de Swartkrans (Lee-Thorp & van der Merwe 1993, Lee-Thorp *et al.* 1994) et celle de l'*Australopithecus africanus* du site de Makapansgat, en Afrique du Sud (Sponheimer & Lee-Thorp 1999) ont été comparées à celle d'autres espèces de mammifères dont l'alimentation est connue. Pour ces dernières, l'analyse montre une prédominance de nourriture provenant de plantes dont la photosynthèse est dite "en C_3" [3] (arbres, buissons, arbustes), mais avec une proportion non négligeable de plantes dont la photosynthèse est dite "en C_4" (graminées). Du moment que la dentition de ces Hominidés n'est pas en accord avec la consommation de graminées, on suggère que l'apport de nourriture provenant de ces graminées proviendrait plus vraisemblablement de consommateurs de graminées, tels que de petits invertébrés et des insectes comme les termites *Trinervitermes trinervoides*.

---

[2] Qui se nourrissent principalement de feuilles.

[3] L'analyse des isotopes stables du carbone ($^{13}C/^{12}C$) permet de différencier la proportion relative des plantes dont la photosynthèse est dite "en C_3", de celles dont la photosynthèse est dite "en C_4" (Smith & Epstein 1971). La signature isotopique en carbone du carbonate d'hydroxylapatite, qui peut se conserver pendant des millions d'années dans l'émail des dents, permet de déterminer la part de nourriture provenant des chaînes alimentaires basées sur des végétaux à photosynthèse "en C_3" (arbres, buissons, arbustes) de celle provenant des chaînes alimentaires basées sur des végétaux à photosynthèse "en C_4" (graminées) (Bocherens 1999).

Pathologies du squelette

À Koobi Fora (Kenya) on a retrouvé un squelette féminin adulte d'*Homo erectus* (KNM ER 1808)[4], daté d'environ 1,6 million d'années, qui présentait les os longs des membres inférieurs partiellement incrustés de nouvelle ossification (Leakey & Walker 1985). Cette pathologie a été attribuée à un excès en vitamine A qui proviendrait du foie de carnivores, consommé à dose toxique par ces hominidés (Walker 1982, Walker *et al.* 1982). Mark Skinner (1991) a ensuite proposé comme cause également possible de cette pathologie la consommation de couvain d'abeilles, nourriture extrêmement riche en vitamine A. Ceci n'est pas invraisemblable étant donné que beaucoup de sociétés traditionnelles apprécient le couvain des abeilles plus encore que le miel (Bodenheimer 1951, Hocking & Matsumara 1960).

Caries

Le crâne de Broken Hill (Kabwe, Zambie - Homme de la Rhodésie) présente un mélange de traits pithécanthropiens et de caractères plus modernes. Il est attribué à une période qui varie entre 500 000 et 200 000 ans avant notre ère. Pour la première fois dans des restes d'hominidés fossiles on peut noter la présence de plusieurs caries dentaires (fait exceptionnel chez *Homo erectus*), qui pourraient être compatibles avec l'habitude de se nourrir de carbohydrates cariogéniques de plantes mais plus encore de miel (Newbrun 1982).

Traces d'usure et restes organiques

La plupart des insectes comestibles sont mangés à l'état de larve ou à l'état adulte, une fois dépourvus des annexes chitineuses ou des ailes. Il est donc difficile qu'on puisse distinguer des traces d'usure sur la superficie occlusale des dents, qui soient associables de façon certaine à la consommation d'insectes.

L'étude de traces d'usure sur les instruments est une discipline expérimentale. En Afrique du Sud, des chercheurs ont trouvé des instruments en os portant des traces d'usure semblables à celles obtenues en creusant la terre des termitières (Backwell & d'Errico 2001). L'étude expérimentale de la fonction des instruments en pierre ou celle des restes organiques d'insectes répérables sur la surface de ces mêmes instruments (Fullagar *et al.* 1996) peut donc, à l'avenir, nous procurer des données essentielles.

La pratique de moudre des insectes séchés pour en obtenir une farine est très répandue dans le monde et probablement ancienne. Il est vraisemblable que des traces d'usure typiques de cette activité soient reconnaissables sur des meules et puissent constituer une source d'informations ultérieure.

---

[4] Le sigle KNM correspond à "Kenya National Museum" et ER à "East Rudolf" (ancien nom du Lac Turkana), suivi du numéro d'inventaire du fossile.

LA PRÉHISTOIRE EUROPÉENNE

Les produits des abeilles

Dans les régions européennes, les témoignages les plus importants de l'exploitation d'insectes au Paléolithique concernent la récolte des produits des abeilles (*Apis mellifica*), sans doute beaucoup plus nombreuses qu'aujourd'hui à l'état sauvage.

Le miel

Apparemment, les plus anciennes peintures rupestres de récolte de miel sont celles du Sahara central, de l'Afrique du Sud et de la Rhodésie (Zimbabwe), et datent d'environ 20 000 ans (Isack & Reyer 1989). En Europe, dans la Grotte d'Altamira (14 000 ans) située au nord de l'Espagne, des peintures représentent des escaliers et des signes ovoïdes interprétables comme étant, peut-être, des rayons de miel (Pager 1976).

Encore en Espagne, près de Bicorp, se trouve la Grotte d'Araña (entre 7 000 et 4 000 ans) où est représentée, sans erreur possible, une scène de récolte de miel (Hernández-Pacheco 1924). Aujourd'hui, au Népal, on emploie toujours la même technique de récolte.

La propolis

La récolte de produits provenant des abeilles ne se borne pas au miel. D'une sépulture du Paléolithique supérieur (12 000 ans) retrouvée en 1988 dans les Dolomites de l'Italie du Nord-est nous parvient le témoignage de l'utilisation de la propolis mêlée à des résines végétales (Mondini & Villabruna 1988, Broglio 1990, Broglio & Villabruna 1991). On a trouvé le squelette d'un chasseur qui avait été enterré à 500 m d'altitude, avec un petit bloc cireux de résine, où l'analyse du pollen a révélé la présence de propolis (Cattani 1993, 1994). Un équipement funéraire similaire avait été retrouvé l'année précédente dans la sépulture d'un chasseur du Mésolithique (7 300 ans) à Mondeval de Sora, dans une localité voisine des Dolomites à 2 150 m d'altitude (Guerreschi 1990). L'emploi de la propolis, que jusqu'ici on faisait remonter à l'ancienne Égypte, date de 12 000 ans au moins! Toutefois on n'a pas voulu avancer d'hypothèses sur son utilisation, étant donné le caractère multifonctionnel de cette substance.

Autres insectes

Sauterelles

La représentation d'une sauterelle (*Troglophilus*) gravée sur un os de bison, a été retrouvée dans la Grotte des Trois Frères, dans les Pyrénées ariégeoises (France). Si l'utilisation alimentaire de l'insecte n'est pas démontrée, cette représentation témoigne toutefois d'une grande familiarité avec cet insecte (Begouen 1929 *in* Vandel 1964).

Vers à soie

Des références dans la littérature sanscrite témoignent de la présence de l'industrie de la soie en Inde à partir de 1 000 ans avant J.C. ou peut être à 4 000 ans (Cloudsley-Thompson 1976). L'empreinte d'un cocon et d'une partie de la pupe (*Pachypasa otus*) qu'il abritait à l'intérieur, a été retrouvée dans le dépôt de tèphre qui recouvrait l'agglomération de l'âge du Bronze d'Akrotiri, dans l'île de Santorin, en Grèce (Panagiotakopulu *et al.* 1997), datée du milieu du deuxième millénaire avant J.C. L'identification de ce ver à soie indique la présence et probablement l'utilisation de la soie naturelle dans l'île dès cette période ancienne. On ne peut pas, toutefois, avancer d'hypothèse sur son usage comestible.

POTENTIALITÉS DE L'ENTOMOLOGIE ARCHÉOLOGIQUE

L'entomologie archéologique est une discipline en développement croissant (Buckland *et al.* 1996, Dobney *et al.* 1998) grâce à des méthodes de tamisage et à des méthodes chimiques couplées à une analyse microscopique détaillée, c'est-à-dire une approche semblable à celle de la paléopalynologie.

Les conditions anaérobies de certains sols (ordinairement très secs ou très humides) permettent une conservation presque illimitée des restes (Scudeler Baccelle & Nardi 1991, Cresser *et al.* 1993) comme l'ont démontré les différents types d'insectes récupérés dans des gisements de l'âge de Bronze et du Néolithique européen (Robinson 1991). Une attention croissante aux restes d'insectes comestibles qui peuvent se trouver dans les fouilles est donc demandée aux archéologues.

Étude de l'ADN

La récupération de l'ADN de mammifères trouvé sur la surface d'instruments en pierre provenant du site de la Quina, en France, qui remonte au Paléolithique moyen (35 à 65 mille ans avant notre ère), a été effectuée par Hardy *et al.* (1997) par PCR (Polymerase Chain Reaction). Cette méthode a permis de reconnaître des séquences d'ADN humain, d'ADN de sanglier ou de cochon (*Sus scrofa*) et d'ADN d'autres animaux (artiodactyles et lagomorphes). Comme McGrew (2001) le suggère, il serait souhaitable, à l'avenir, d'avoir la possibilité d'employer cette même méthode pour l'identification de différentes espèces d'insectes récupérables dans les fouilles préhistoriques.

Banque de données de l'ADN d'invertébrés

Aujourd'hui, les banques de données informatiques sur l'ADN constituent des sources d'information et des instruments de recherche indispensables. Le but de ces outils est de recueillir et de rendre disponibles à la communauté scientifique, toutes les informations relatives aux séquences génétiques obtenues concernant les différents organismes (plantes et animaux, dont l'homme).

Le Consiglio Nazionale della Ricerca (CNR) – Area di Ricerca – avec le Département de Biochimie et Biologie Moléculaire de l'Université de Bari (Italie), viennent de mettre au point l'AMmtDB [5], une banque de données qui rassemble toutes les séquences complètes et alignées de gènes mitochondriaux d'invertébrés, publiées à ce jour (Lanave *et al.* 2000). La consultation de l'AMmtDB, en permettant la comparaison des séquences, va faciliter l'identification [6] des différentes espèces d'insectes qui peuvent être retrouvées dans les fouilles.

CONCLUSION

Une reconstruction toujours plus détaillée du paléo-environnement, des différences saisonnières et des régimes de pluies aux différentes époques nous permettra, corrélativement, d'établir des hypothèses sur la fréquence de différentes espèces d'insectes comestibles au cours des temps. Des études récentes ont démontré que la disponibilité géographique et temporelle de différents types d'aliments peut déterminer les choix de récolte des primates et influencer de façon significative les stratégies de subsistance des sociétés traditionnelles. L'étude des modes d'approvisionnement des primates non humains et des sociétés traditionnelles dans leur environnement actuel nous permettra d'envisager les possibilités de récolte d'insectes comestibles des pré-hominidés et des hominidés du Plio-Pléistocène dans des environnements au moins partiellement comparables (sept. 1992).

Les données de l'Entomologie archéologique pourront alors mieux s'intégrer aux modèles bio-écologiques proposés par la Primatologie et l'Ethnographie, pour une reconstruction toujours plus vraisemblable du rôle alimentaire des insectes (et d'autres petits invertébrés) dans l'évolution humaine.

REMERCIEMENTS

Je remercie Alberto Broglio, Laura Cattani, Antonio De Montalvo, Manuel Ramón Gonzáles Morales et Serenella Nardi pour leurs conseils et leur aimable disponibilité, et Susan Wise et Pierre-Olivier Barome pour leur aide précieuse dans la révision de ce texte.

---

[5] Toutes les informations et les séquences recueillies sont disponibles à l'adresse suivante : http://bighost.area.ba.cnr.it/mitochondriome/ en sélectionnant "*SeqRelated database*".

[6] Un tel travail peut également faciliter l'étude de la variabilité génétique et celle de la reconstruction phylogénétique des espèces.

Un remerciement tout particulier va à Maurizio G. Paoletti, qui a rendu possible cette recherche par la généreuse disponibilité de ses données de recherche et de son soutien amical.

RÉFÉRENCES BIBLIOGRAPHIQUES

BACKWELL L. R. & F. D'ERRICO – 2001, Evidence of termite foraging by Swartkrans early hominids. *Proceedings of the National Academy of Science, USA* 98(4):1358-1363.

BLUMENSCHINE R. J. – 1986, Early hominid scavenging opportunities: implications of carcass availability in the Serengeti and Ngorongoro ecosystems. *British Archaeological Reports International* Series 283:1-163.

BOCHERENS H. – 1999, Isotopes stables et reconstitution du régime alimentaire des hominidés fossiles: une revue. *Bulletin et Mémoires de la Société d'Anthropologie de Paris, n.s.t.* 11, 3-4: 261-287.

BODENHEIMER F. S. – 1951, *Insects as human food.* The Hague, W. Junk, 352 p.

BROGLIO A. – 1990, La preistoria delle Dolomiti. *Le Dolomiti, un patrimonio da tutelare e amministrare.* Agordo (Bl), Comunità Montana Agordina, pp. 53-68.

BROGLIO A. & A. VILLABRUNA – 1991, Vita e morte di un cacciatore di 12.000 anni fa. *Risultati preliminari degli scavi nei Ripari Villabruna (Valle del Cismon-Val Rosna, Sovramonte, Belluno).* Odeo Olimpico. Vicenza, Accademia Olimpica, pp. 1-19.

BRUNET M., A. BEAUVILAIN, Y. COPPENS, E. HEINTZ, A. H. E. MOUTAYE & D. PILBEAM – 1995, The first australopithecine 2,500 kilometers west of the Rift Valley (Chad). *Nature* 378:273-275.

BRYANT V. M. Jr. & G. WILLIAMS-DEAN – 1975, The coprolites of man. *The Scientific American* 232:100-109.

BUCKLAND P. C., T. AMOROSI, L. K. BARLOW, A. J. DUGMORE, P. A. MAYEWSKI, T. H. MCGOVERN, A. E. J. OGILVIE, J. P. SADLER & P. SKIDMORE – 1996, Bioarchaeological and climatological evidence for the fate of Norse farmers in medieval Greenland. *Antiquity* 70:88-96.

BUKKENS S. G. F. – 1997, The nutritional value of edible insects. *Minilivestock. Ecology of Food and Nutrition* (M.G. Paoletti & S.G.F. Bukkens, eds), (s.i.) 36, 2-4: 287-320.

CALLEN E. O. – 1969, Les coprolithes de la cabane acheuléenne du Lazaret: Analyse et diagnostic. *Mémoires de la Société Préhistorique Française* 7:123-4.

CATTANI L. – 1993, Contenuto pollinico di materiali resinosi come elemento di corredo funebre. *Antropologia Contemporanea* 16:55-60.

– 1994, Estudio polínico sobre resinas fósiles de edad paleolítica. *X Simposio de palinología básica y aplicada (A.P.L.E.),* València, Universitat de València, pp.175-87.

CLOUDSLEY-THOMPSON J. L. – 1976, *Insects and history.* London, Weidenfeld and Nicholson, 242 p.

CORNELIUS C., G. DANDRIFOSSE & C. JENIAUX – 1976, Chitinolytic enzymes of the gastric mucosa of Perodicticus potto (Primate: Prosimian): Purification and enzyme specificity. *International Journal of Biochemistry* 7:445-448.

CRESSER M., K. KILLHAM & T. EDWARDS – 1993, *Soil Chemistry and its Applications.* Cambridge, Cambridge University Press, 192 p.

DART R. A. – 1949, The predatory implemental technique of Australopithecus. *American Journal of Physical Anthropology* 7:1-38.

DEFOLIART G. R. – 1992, Insects as human food. *Crop protection* 11: 395-399.

– 1997, An overview of the role of edible insects in preserving biodiversity. Minilivestock (M. G. Paoletti & S. G. F. Bukkens, eds). *Ecology of Food and Nutrition* (s.i.) 36, 2-4: 109-132.

DUFOUR D. L. & J. B. SANDER – 2000, Insects. *The Cambridge World History of Food* (K. F. Kiple & K. C. Ornelas, eds). New York, Cambridge University Press.

LUMLEY H. DE – 1969, A Paleolithic Camp at Nice. *Scientific American* 220: 42-50.

DOBNEY K. H., P. KENWARD, P. OTTAWAY & L. DONEL – 1998, Down, but not out: biological evidence for complex economic organisation in Lincoln in the late fourth century. *Antiquity* 72: 417-24.

DRUCKER D., H. BOCHERENS, A. MARIOTTI, F. LÉVÊQUE, B. VANDERMEERSCH & J.-L. GAUDELLI – 1999, Conservation des signatures isotopiques du collagène d'os et de dents du Pléistocène supérieur (Saint-Césaire, France): implications pour les reconstitutions des régimes alimentaires des néandertaliens. *Bulletin et Mémoires de la Société d'Anthropologie de Paris, n.s.t.* 11, 3-4:289-305.

FULLAGAR R., J. FURBY & B. HARDY – 1996, Residues on stone artifacts: state of a scientific art. *Antiquity* 70:740-45.

GOODALL J. – 1963, Feeding behavior of Wild Chimpanzees. A preliminary report. *Symposia of the Zoological Society of London* 10:39-47.

– 1986, *The chimpanzees of Gombe: patterns of behaviour.* Cambridge, Mass., Harvard University Press, 673 p.

GUERRESCHI A. – 1990, La scoperta di Mondeval de Sora ed alcune considerazioni sul Mesolitico di alta quota nelle Dolomiti. *Le Dolomiti, un patrimonio da tutelare e amministrare.* Agordo (Bl), Comunità Montana Agordina, pp. 69-74.

HAMILTON W. J. I. III – 1987, Omnivorous primate diets and human overconsumption of meat. *Food and evolution: Towards a theory of human food habits* (M. Harris & E. B. Ross, eds). Philadelphia, Temple University Press, pp. 115-117.

HARDY B. L., R. A. RAFF & V. RAMAN – 1997, Recovery of Mammalian DNA from Middle Paleolithic Stone Tools. *Journal of Archaeological Science* 24:601-611.

HERNÁNDEZ-PACHECO E. – 1924, Las pinturas prehistóricas de las Cuevas de la Araña (Valencia). *Memoria de la Comisión de Investigaciones paleontológicas y prehistóricas 34.* Madrid, Museo Nacional de Ciencias Naturales, 221 p.

HLADIK C. M. – 1977, Chimpanzees of Gabon and chimpanzees of Gombe: some comparative data on the diet. *Primate Ecology* (Clutton Brock T.H., ed). London, Academic Press.

HLADIK C. M. & G. VIROBEN – 1974, L'alimentation protéique du Chimpanzé dans son environnement forestier naturel. *C. R. Acad. Sc. Paris* 279(D):1475-1478.

HOCKING B. & F. MATSUMURA – 1960, Bee brood as food. *Bee World* 41:113-128.

ISAAC G. Ll. & D. C. CRADER – 1981, To what extent were early hominids carnivorous? *Omnivorous Primates* (R.S.O. Harding & G. Teleki, eds). New York, Columbia University Press, pp. 37-103.

ISACK H. A. & H.-U. REYER – 1989, Honeyguides and honey gatherers: interspecific communication in a symbiotic relationship. *Science* 243:1343-1346.

KAY R. F. & S. W. SHEINE – 1979, On the relationship between chitin particle size and digestibility in the primate Galago senegalensis. *American Journal of Physical Anthropology* 55:301-308.

KLIKS M. – 1978, Paleodietetics: a review of the role of dietary fiber in preagricultural human diets. *Topics in dietary fiber research* (G.A. Spiller & R.J. Amen, eds). New York, Plenum Press, pp. 181-202.

LANAVE, C., S. LIUNI, F. LICCIULLI & M. ATTIMONELLI – 2000, Update of AMmtDB: a database of multi-aligned Metazoa mitochondrial DNA sequences. *N.A.R.* 28(1):153-154.

LEAKEY M. D. – 1971, *Olduvai Gorge. Vol.III. Excavations in Beds I and II, 1960-1963.* London, Cambridge University Press, 306 p.

LEAKEY M. G., C. S. FEIBEL, I. MCDOUGALL & A. WALKER – 1995, New four-million-year-old hominid species from Kanapoi and Allia Bay, Kenya. *Nature* 376:565-571.

LEAKEY R. E. F. & A. WALKER – 1985, Further hominids from the Plio-Pleistocene of Kooby Fora, Kenya. *American Journal of Physical Anthropology* 67:135-163.

LEE R. B. – 1968, What hunters do for a living or how to make out on scarce resources. *Man the hunter* (R.B. Lee & I. DeVore, eds). Chicago, Aldine, pp. 30-48.

LEE-THORP J. A. & N. J. VAN DER MERWE. – 1993, Stable carbon isotopes studies of Swartkrans fossils. *Swartkrans. A cave's chronicle of early man* (C.K.Brain, ed). Pretoria, Transvaal Museum, pp. 251-256.

LEE-THORP J. A., N. J. VAN DER MERWE & C. K. BRAIN – 1994, Diet of Australopithecus robustus at Swartkrans from stable carbon isotopic analysis. *Journal of Human Evolution* 27:361-372.

MANN A. E. – 1981, Diet and human evolution. *Omnivorous primates* (R.S.O. Harding & G. Teleki, eds). New York, Columbia University Press, pp. 10-36.

MCGREW W. C. – 1979, Evolutionary implications of sex differences in chimpanzee predation and tool use. *The Great Apes* (D.A. Hamburg & E.R. McCown, eds.). Menlo Park, Benjamin/Staples, pp. 441-463.

– 1981, The female chimpanzee as an evolutionary prototype. *Woman the Gatherer* (F. Dahlberg, ed.). New Haven, Yale University Press, pp. 35-73.

– 2001, The other faunivory: primate insectivory and early human diet. *Meat-eating and human evolution* (C.B. Stanford & H.T. Bunn, eds.). Oxford, Oxford University Press (in press).

MONDINI C. & A. VILLABRUNA – 1988, Notizie preliminari sulla sepoltura epigravettiana di Val Rosna. *Archivio storico di Belluno, Feltre e Cadore* LIX:117-137.

MOORE J. G., G. F. FRY & F. Jr. ENGLERT – 1969, Thorny headed worm infection in North American prehistoric Man. *Science* 163:1324-1325.

NEWBRUN E. – 1982, Sugar and dental caries: a review of human studies. *Science* 217:418-23.

PAGER H. – 1976, Cave paintings suggest honey hunting activities in Ice Age times. *Bee World* 57:9-14.

PANAGIOTAKOPULU E., P. C. BUCKLAND, P. M. DAY, C. DOUMAS, A. SARPAKI & P. S. SKIDMORE – 1997, A *Lepidopterus* cocoon from Thera and evidence for silk in the Aegean Bronze Age. *Antiquity* 71:420-29.

RAMOS-ELORDUY J. – 1996, Rôle des insectes dans l'alimentation en forêt tropicale. *Alimentation en forêt tropicale* (C.M. Hladik, A. Hladik, H. Pagezy, O.F. Linares., G.J.A. Koppert & A. Froment, éds). Paris, UNESCO, pp. 371-382.

REINHARD K. J. & V. M. Jr. BRYANT – 1992, Coprolite analysis. A biological perspective on Archaeology. *Advances in Archaeological Method and Theory* 4:245-288.

ROBINSON J. T. – 1954, Prehominid dentition and hominid evolution. *Evolution* 8:324-334.

ROBINSON M. – 1991, The Neolithic and Late Bronze Age insect assemblages. *Excavation and salvage at Runnymede Bridge, 1978: the Late Bronze Age waterfront site* (S. Needham, ed.). London, British Museum/English Heritage, pp. 277-327.

SANTOS OLIVEIRA J. F., J. PASSOS DE CARVALHO, R. F. X. BRUNO DE SOUSA. & M. SIMÃO – 1976, The nutritional value of four species of insects consumed in Angola. *Ecology of Food and Nutrition* 5:91-97.

SEPT J. – 1992, Archaeological Evidence and Ecological Perspectives for Reconstructing Early Hominid Subsistence Behavior. *Advances in Archaeological Method and Theory* 4:1-56.

SHIPMAN P. – 1986, Scavenging or hunting in early hominids: theoretical frameworks and tests. *American Anthropologist* 88:27-43.

SILLEN A. – 1992, Strontium-calcium ratios (Sr/Ca) of Australopithecus robustus and associated fauna from Swartkrans. *Journal of Human Evolution* 23:495-516.

– 1994, L'alimentation des hommes préhistoriques. *La Recherche* 25, 264:384-390.

SKINNER M. – 1991, Bee brood consumption: An alternative explanation for hypervitaminosis A in KNM-ER 1808 (Homo erectus) from Kooby Fora, Kenya. *Journal of Human Evolution* 20:493-503.

SMITH B. N. & S. EPSTEIN – 1971, Two categories of $^{13}C/^{12}C$ ratios for higher plants. *Plant Physiology* 47:380-384.

SPONHEIMER M. & J. A. LEE-THORP – 1999, Isotopic evidence for the diet of an early hominid, Australopithecus africanus. *Science* 283:368-370.

SCUDELER BACCELLE L. & S. NARDI – 1991, Interaction between calcium carbonate and organic matter: An example from the Rosso Ammonitico Veronese (Veneto, north Italy). *Chemical Geology* 93:303-311.

SUTTON M.Q. – 1990, Insect resources and Plio-Pleistocene hominid evolution. *Ethnobiology: implications and applications* (D.A. Posey *et al.,* eds) (Proceedings of the first international congress of Ethnobiology, Belém, 1988), Belém, Brazil, Museu Paraense Emilio Goeldi, pp. 195-207.

– 1995, Archaeological aspects of insects use. *Journal of Archaeological Method and Theory* 1:253-298.

SWEENEY G. – 1947, Food supplies of a desert tribe. *Oceania* 17:289-299.

TOMMASEO PONZETTA M. & M. G. PAOLETTI – 1997, Insects as food of the Irian Jaya populations. *Minilivestock. Ecology of Food and Nutrition* (M.G. Paoletti & S.G.F. Bukkens, eds) (s.i.) 36(2-4): 321-346.

TOTH N. – 1985, The Olduwan reassessed: a close look at early stone artifacts. *Journal of Archaeological Science* 12:101-120.

TURNBULL C. M. – 1965, The Mbuti Pygmies: An ethnographic Survey. *Anthropological Papers of the American Museum of Natural History* 50:139-282.

VANDEL A. – 1964, *Biospéléologie. La Biologie des Animaux Cavernicoles.* Paris, Gautier-Villars, 619 p.

WALKER A. – 1982, Diet and teeth. Dietary hypotheses and human evolution. *Philosophical Transactions of the Royal Society of London* B292:57-64.

WALKER A., M. R. ZIMMERMAN & R. E. F. LEAKEY – 1982, A possible case of hypervitaminosis A in *Homo erectus. Nature* 296:248-250.

WHEELER Q. – 1990, Insect diversity and cladistic constraints. *Annals of Entomological Society of America* 83:1031-1047.

WHITE T. D., G. SUWA & B. ASFAW – 1994, *Australopithecus ramidus,* a new species of early hominid from Aramis, Ethiopia. *Nature* 371:306-312.

WORLD HEALTH ORGANISATION – 1997, *Tropical disease research. Progress 1995-1996.* Geneva, W.H.O., 141 p.

WU LEUNG W. T., F. BUSSON & C. JARDIN – 1968, *Food composition table for use in Africa.* Rome, FAO /Bethesda, MD., U.S. Department of Health, Education and Welfare, 306 p

L'EXPLOITATION MÉCONNUE
D'UNE RESSOURCE CONNUE :

la collecte des larves comestibles de charançons
dans les palmiers-raphia au sud du Cameroun

Edmond DOUNIAS

RÉSUMÉ

L'exploitation méconnue d'une ressource connue :
la collecte des larves comestibles de charançons dans les palmiers-raphia au sud du Cameroun

Les larves de charançons sont les plus répandues des nombreux insectes inféodés aux palmiers. Véritables pestes dévastatrices des plantations agro-industrielles, ces larves figurent en revanche parmi les insectes comestibles les plus appréciés à travers les tropiques humides. Nous montrons que, contrairement à l'idée généralement admise, les larves de *Rhynchophorus phoenicis* (Curculionidae), charançon le plus commun d'Afrique centrale, se récoltent principalement dans les palmiers-raphia, et non pas dans les palmiers à huile. Nous proposons une typologie des diverses stratégies de récoltes observées au Cameroun méridional forestier, selon l'importance économique localement attribuée à la ressource. Les modalités de récolte et la compréhension de l'écologie des larves sont les plus élaborées dans les villages qui alimentent les marchés des grandes villes et qui se sont spécialisés dans cette activité hautement lucrative. En tant que parasites du palmier, ces larves peuvent tolérer un prélèvement soutenu, qui a d'ailleurs un effet sanitaire bénéfique sur les peuplements de raphias. Le facteur limitant s'avère être la plante-hôte, menacée par la conversion des écosystèmes marécageux en espaces agricoles propices à une agriculture spéculative de contre-saison.

ABSTRACT

The unrecognized exploitation of a well known resource :
the harvesting of edible weevil larvae in Raphia in South Cameroon

As far as entomophagy is concerned, the first resource that comes to mind concerning the Congo Basin area is the improperly called "white worm of palm trees". This weevil larva (*Rhynchophorus phoenicis*, Curculionidae) is commonly known, and is widely appreciated as food throughout Central Africa. This resource is frequently mentioned in the literature dealing with food consumption in this region, with precise information about its nutritional value. Nevertheless, there exists no detailed description of gathering processes. Data is elusive concerning the economic value of this NTFP, which is usually perceived as a "delicacy" rather than as a resource of considerable value. Based on a study undertaken in 1999 in different sites in Cameroon, I wish to clarify these last two aspects by describing folk practices in the gathering of larvae, and by discussing the economics of this resource.

Les insectes dans la tradition orale – Insects in oral literature and traditions
Élisabeth MOTTE-FLORAC & Jacqueline M. C. THOMAS, éds
2003, Paris-Louvain, Peeters-SELAF (Ethnosciences)

Le doigt qui extrait la larve de charançon n'est jamais raide
"L'habileté doit parfois primer sur la force"[1]

Les larves des charançons des palmiers, appelées *fɔ́s dans la plupart des sociétés de langue bantu d'Afrique centrale, constituent une ressource comestible
bien connue et appréciée dans la sous-région. De nombreux travaux d'anthropologie et d'écologie humaine signalent la consommation de cette ressource
(voir par exemple Bahuchet 1985, Dounias 1993, Thies 1995, Malaisse 1997).

En revanche, il n'existe à ce jour aucune description publiée des modalités de
collecte des larves, et peu d'évocation de leur valeur économique, alors que ces
larves sont bien présentes sur les marchés urbains (Cox & Koppert 2000). Ces
lacunes ont persisté jusqu'alors car on croit avoir tout dit une fois énoncé que
ces larves sont ramassées dans les troncs pourrissants des palmiers à huile. Le
ramassage dans la moelle en décomposition ne semblant pas poser de problème
technique majeur, nul n'a vraiment pris la peine d'y regarder de plus près. De
plus, ces larves de charançons (souvent confondues avec des vers blancs de
hanneton, ce qui témoigne de la confusion régnante) sont assimilées à une simple friandise, supposant donc une valeur économique anecdotique.

Notre objectif est de montrer que la collecte de ce "produit forestier non ligneux" est très différente de l'image que l'on s'en fait, et mériterait une étude
plus approfondie. Premièrement, on confond généralement deux ressources bien
distinctes, que sont les larves de charançons, et celles d'un dynaste qui leur sont
souvent associées. Deuxièmement, la collecte a lieu principalement dans certains palmiers-raphia. Elle pose des difficultés techniques qui supposent que les
collecteurs aient une bonne compréhension de l'écologie de l'insecte et de sa
plante-hôte, et la collecte requiert un réel savoir-faire. Troisièmement, on mé-
sestime l'importance économique de cette ressource dont la collecte repose sur
de multiples stratégies de production, relayées par des filières de commercialisation qui restent à élucider. Enfin, l'association "charançon – palmier-raphia"
soulève bien des interrogations d'ordre écologique, en relation avec (I) la répartition phytogéographique des raphiales, et (II) les problèmes de conservation
que pose la valorisation de ces écosystèmes marécageux mal perçus.

LES PALMIERS ET LEURS INSECTES

Avant d'énoncer l'état des connaissances concernant la biologie et l'écologie
de l'insecte et de sa plante-hôte, il convient de situer le contexte plus général des
relations entre insectes et palmiers. Les palmiers forment la famille des Palmaceae qui est composée de près de 200 genres et plus de 1 400 espèces, sauvages
ou domestiquées, réparties à travers la zone intertropicale (Uhl & Dransfield
1987). Les palmiers sont des plantes à forte valeur économique, qui font l'objet

---

[1] Proverbe Mvae, cité dans Dounias (1993).

ou domestiquées, réparties à travers la zone intertropicale (Uhl & Dransfield 1987). Les palmiers sont des plantes à forte valeur économique, qui font l'objet d'une diversité remarquable d'usages, pour la construction, l'habillement, l'alimentation, la magie, la médecine, ou l'ornementation (Dounias 2000b).

Ces plantes aux caractéristiques structurelles et chimiques un peu particulières – les palmiers sont dotés d'un faux tronc ou "stipe" formé par la soudure de la base des pétioles des feuilles et émettent de très nombreux composés volatiles (Nagnan *et al.* 1992) – sont fréquentées par une diversité tout aussi remarquable d'insectes, qui a depuis longtemps passionné les entomologistes. Lepesme a consacré une énorme monographie aux insectes des palmiers. Bien que datant de 1947, cet ouvrage fait toujours autorité sur le sujet. Environ 200 genres d'insectes fréquentent les palmiers, ce qui représente un nombre incalculable d'espèces; 315 espèces ont été décrites sur le palmier à huile[2], dont 103 sont inféodées aux palmiers, et 58 sont spécifiques à ce palmier. Pour le cocotier[3], 751 espèces sont décrites, dont 278 inféodées aux palmiers, et 165 qui sont spécifiques à cette espèce de palmier. Toutes les parties de la plante sont visitées par les insectes: racine, stipe, rachis, palme, foliole, inflorescence, infrutescence...

Les principaux ordres d'invertébrés rencontrés sur les palmiers sont les Araignées, les Collemboles, les Orthoptères (ex. sauterelles), les Phasmidés (ex. phasmes), les Dermaptères (ex. perce-oreilles ou forficules), les Isoptères (ex. termites), les Thysanoptères (ex. thrips), les Hémiptères (ex. cochenilles), les Lépidoptères (ex. teignes, chenilles), les Hyménoptères (ex. fourmis, guêpes, abeilles, mélipones), les Diptères (ex. mouches, taons, moustiques), et les Coléoptères (ex. cétoines, coccinelles, chrysomèles, bruches, charançons, dynastes).

Les motivations des insectes à visiter les palmiers sont multiples. Certains, tels de nombreux diptères, sont de simples saprophytes. Ainsi, anophèles, glossines, mouches, taons, chrysops et nombreux autres vecteurs de maladies tropicales, ne sont que des palmicoles facultatifs, qui trouvent les conditions idéales à leur reproduction dans les petites cuvettes d'eau stagnante axillaires, à la base des palmes (Haworth 1923). D'autres insectes ne fréquentent qu'accidentellement la plante, comme les mélipones du genre *Trigona* qui viennent butiner les inflorescences, sans pourtant jouer un rôle très actif dans la pollinisation (Gottsberger 1977). D'autres encore, comme les araignées et certains gros coléoptères, sont des chasseurs d'insectes, et peuvent à ce titre apporter une aide appréciable à la plante en la débarrassant de ses parasites.

Les insectes qui nous intéressent ici – coléoptères de type charançons et dynastes – sont justement des parasites des palmiers, connus depuis longtemps pour provoquer d'importants dégâts à la plante (Chevalier 1910, Burkill 1913, Gatin 1928, Hargreaves 1937, Alibert 1938).

---

[2] *Elaeis guineensis* L. (Palmaceae).

[3] *Cocos nucifera* L. (Palmaceae).

LARVES COMESTIBLES DES CHARANÇONS
DU GENRE *RHYNCHOPHORUS*

Généralités

Les charançons (Curculionidae) sont signalés un peu partout dans le monde. En l'état actuel des connaissances, ceux du genre *Rhynchophorus* comprennent dix espèces, dont sept sont des ravageurs des palmiers : *R. ferrugineus, R. vulneratus* et *R. bilineatus* en Asie, *R. palmarum* en Amérique latine, *R. cruentatus* dans le sud des États-Unis, enfin *R. quadrangulus* et surtout *R. phoenicis* pour l'Afrique (Wattanapongsiri 1966).

Les charançons sont des ravageurs majeurs des plantations agro-industrielles de palmiers. Face à l'ampleur du préjudice économique, d'importantes études ont été entreprises afin d'améliorer le piégeage de ces insectes (Nadarajan 1984, Morin *et al.* 1986). Les travaux récents relèvent de l'écologie chimique et analysent les odeurs émises par les tissus des plantes-hôtes (Rochat *et al.* 1993, Hallett *et al.* 1999), ainsi que les phéromones produites par les charançons, et provoquant notamment leur agrégation (Weissling *et al.* 1993). C'est essentiellement à l'état larvaire que le charançon provoque des dégâts, même si c'est à l'adulte de l'espèce *R. palmarum* que l'on doit la maladie de l'anneau rouge qui dévaste aujourd'hui les plantations sud américaines (Griffith 1987). Cependant, tous les charançons des palmiers ne sont pas des ravageurs. Certains genres (*Derelomus, Prosoestus, Phyllotrox*...) sont floricoles (Lepesme 1946) et entretiennent une relation de type mutualiste avec le palmier-hôte. En tant que pollinisateurs, ils jouent un rôle crucial dans la reproduction de la plante (Silberbauer-Gottsberger 1990, Mariau *et al.* 1991, Listabarth 1996, Anstett 1999).

Biologie et écologie de *R. phoenicis*

La larve de *R. phoenicis*, qui nous intéresse tout particulièrement, est plus généralement connue sous l'appellation de "foreuse du stipe" (Photo 1).

Le charançon adulte est pourvu d'un rostre puissant prolongeant la tête. La femelle pond ses œufs dans une blessure fraîche du stipe, suite à l'exploitation humaine ou consécutive à une perforation par un autre insecte. Les palmiers adultes ainsi parasités sont toujours des arbres malades ou morts. Mais la femelle adulte peut également perforer les flèches tendres des jeunes palmiers, sans que ceux-ci aient subi la moindre blessure préalable. Une cavité de quelques millimètres de profondeur suffit à la ponte de 30 à 300 œufs, ce nombre pouvant aller jusqu'à 800 (Caresche 1933). La ponte débute deux à cinq jours après l'envol des imagos et s'échelonne sur un à deux mois. L'éclosion des œufs a lieu après trois jours, puis le développement larvaire est étalé sur plus de deux mois. La larve, qui peut atteindre 5 cm de long, est ovoïde et pourvue d'une tête marron. Le corps est blanc jaunâtre, de consistance molle, et les premiers seg-

LA COLLECTE DES LARVES COMESTIBLES DE CHARANÇONS (SUD DU CAMEROUN)
THE HARVESTING OF EDIBLE WEEVIL LARVAE (SOUTH CAMEROUN)

261

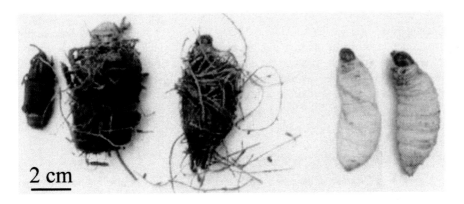

2 cm

PHOTO 1. *Divers stades de développement de* Rhynchophorus phoenicis (photo E. Dounias)

ments sont recourbés. Les larves sont également apodes et se meuvent par reptation et contorsion. Elles progressent en file indienne dans les tissus dont elles se nourrissent, et finissent par produire un cocon fibreux, à l'intérieur duquel elles effectueront leur nymphose. Les larves sont éventuellement pourchassées par les larves d'un autre scarabée, un histéride du genre *Oxysternus* et par le carabique adulte *Neochryopus savagei*. La nymphose dure deux semaines environ, mais la maturation de l'imago peut considérablement se prolonger. Les adultes sont diurnes et sont dotés d'un vol bruyant et tonique, facile à détecter.

Tous les stades de développement se rencontrent simultanément à tout moment de l'année, ce qui signifie que, malgré une variation saisonnière sensible, les larves peuvent se récolter toute l'année. Néanmoins, le cycle depuis la ponte jusqu'à l'envol de l'imago varie de trois à six mois selon la saison, la nymphose étant la phase subissant le plus de variation. Le cycle est plus long en saison des pluies, durant laquelle la ponte est moindre, en raison de l'inondation des raphiales. Un pic de reproduction se manifeste en saison sèche, le cycle étant plus court et la ponte se révélant plus abondante.

LARVES COMESTIBLES DES DYNASTES DU GENRE *ORYCTES*

Généralités

L'autre larve abondamment extraite des palmiers d'Afrique forestière, est celle d'un dynaste du genre *Oryctes* (Photo 2). À ce jour, 27 espèces sont décrites, en Asie (deux espèces), à Madagascar et Comores (douze espèces), en Méditerranée et Proche-Orient (trois espèces), et en Afrique (dix espèces). La moitié des espèces africaines se rencontre en milieu forestier. Quasiment toutes les espèces connues sont des parasites des palmiers, dont elles sont les plus sévères ravageuses (Bedford 1980). À la différence du charançon, l'adulte est aussi dangereux que sa larve (Mayné 1920, 1928). Cet insecte peut directement provoquer la mort du palmier par les lésions qu'il occasionne sur le bourgeon terminal (décapitation massive de cocotiers, qui a notamment favorisé l'extension de variétés naines des îles Fidji, moins sensibles aux parasites). L'impact peut être indirect, en rendant le palmier sensible à la verse, en favorisant le développement de pourritures cryptogamiques, ou en induisant l'invasion de parasites secondaires parmi lesquels les larves de *Rhynchophorus*.

Biologie et écologie d'*O. monoceros*

La larve d'*Oryctes monoceros* qui nous intéresse particulièrement est communément appelée "ver blanc des palmiers" car elle évoque effectivement les larves de hannetons (Photo 2). Les mâles adultes sont affublés d'une corne, un pronotum, redressée et légèrement recourbée, dont la forme est assez caractéristique de chaque espèce. Les dynastes adultes s'attaquent à la base du pétiole des palmes juvéniles, et rongent les jeunes feuilles de la flèche. Ils recherchent les bois tendres et taraudent la couronne des palmiers. Les femelles pondent les œufs dans la matière organique en décomposition, les larves se nourrissant de détritus végétaux et de compost. Les œufs éclosent après deux semaines et il s'ensuit une phase larvaire s'étendant sur quatre mois. La larve est pourvue d'un corps cylindrique de teinte blanc bleuté et recourbé en croissant, avec un dernier segment abdominal plus volumineux et plus coloré. Les anneaux des orifices respiratoires sont bruns. Pour sa nymphose, la larve construit une sorte de coque, faite de débris agglomérés. La nymphose dure environ un mois, et la phase d'imago qui lui succède dure quatre mois. Ainsi, le cycle du dynaste s'étale sur près d'une année. Les adultes, surtout nocturnes, se déplacent d'un vol lent et lourd.

PHOTO 2. *Divers stades de développement d'*Oryctes monoceros (photo E. Dounias)

Comme pour *Rhynchophorus*, la ponte a lieu à toutes saisons, et tous les stades de développement se rencontrent simultanément à tout moment de l'année.

L'attaque amorcée par les *Oryctes* adultes, prépare souvent la voie aux larves de *Rhynchophorus*. En retour, ces dernières favorisent la décomposition des tissus, qui sera propice au développement larvaire des *Oryctes*.

Signalons tout de même que d'autres coléoptères visitant les palmiers d'Afrique centrale sont également consommés, tantôt à l'état larvaire, tantôt à l'état adulte selon l'ethnie. Contrairement aux *Rhynchophorus* et aux *Oryctes*, il s'agit d'hôtes secondaires et non exclusivement palmicoles. Parmi les principaux figurent des dynastes *(Heteroligus* sp., *Archon centaurus, Goliathus giganteus...)*, des longicornes *(Stenodontes downesi, Plocaederus spinicornis...)* et des scarabées *(Platygenia barbata...)*.

STRATÉGIES DE COLLECTE DES LARVES
DE CHARANÇONS AU SUD DU CAMEROUN

Nos enquêtes réalisées au sud du Cameroun entre 1990 et 1999 nous ont permis de caractériser quatre stratégies distinctes de collecte, selon le devenir économique des larves récoltées.

Stratégie 1. Collecte de subsistance.
  Localisation : tout le sud du Cameroun forestier.
  Palmiers exploités : Elaeis guineensis, secondairement *Raphia* spp.
  Ethnies concernées : Mvae, Bulu, Ntumu, Njem, Baka, Tikar, Medjan, Bakola, Nzime, Mezime.
    Seules les larves de charançons sont récoltées.

Stratégie 2. Vente de larves cuites en brochettes en bord de route, particulièrement aux péages routiers des grands axes routiers (Photo 3).
  Localisation : Akonolinga, Mbalmayo, Awae, Mbangkomo, Ebolowa, Edea, Obala, Bafia...
  Palmiers exploités : uniquement *Raphia* spp.
  Ethnies concernées : Ewondo, Eton, Mangisa, Bulu, Basa, Bafia.
    Conjointement, récolte de larves d'*Oryctes*, pour la consommation domestique.

Stratégie 3. Vente de larves vivantes sur marchés de villes de province.
  Localisation : Bertoua (1), Abong Mbang (2), Lomie (3), Nanga Eboko (4), Ayos (5), Sangmelima (6), Bafia (7), Mabalmayo (8), Ebolowa (9), Makenene (10), Edea (11)... (les chiffres arabes renvoient aux localisations sur la carte 1).
  Palmiers exploités : Raphia spp., secondairement *Elaeis guineensis*.
  Ethnies concernées : Maka, Mevel, Basa, Bulu, Kpakoum, Ewondo, Banen.
    Conjointement, récolte de larves d'*Oryctes*, pour la consommation domestique.

Stratégie 4. Vente de larves vivantes sur grands marchés urbains de Yaoundé et Douala (Photo 4).
  Localisation : quelques villages spécialisés : Soka (I), Obut (II), Obala (III), pays Mvele (IV) (les chiffres romains renvoient aux localisations sur la Carte 1).
  Palmiers exploités : uniquement *Raphia* spp.
  Ethnies concernées : Maka, Bulu, Eton, Mangisa. *Suspectées :* Mele, Yesum et Yekaba (vers Nanga-Eboko).
    Conjointement, récolte de larves d'*Oryctes*, pour la consommation domestique.

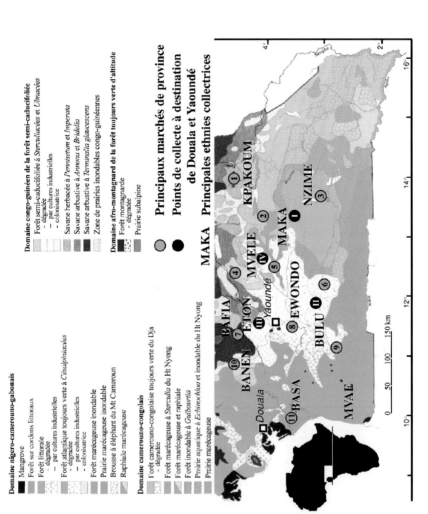

CARTE 1. *Phytogéographie simplifiée du Cameroun et
localisation des principaux sites de collecte* (fond de carte d'après Letouzey 1979)

Une carte des principaux sites correspondant à une collecte à des fins commerciales, est fournie en Carte 1. Trois constatations s'imposent à la lecture de la localisation géographique des sites pratiquant la stratégie 4:
- très peu de sites sont concernés par la commercialisation des larves de charançons vers les grands marchés urbains, laquelle semble ne concerner que de rares villages qui se sont spécialisés dans cette activité;
- malgré sa pratique très localisée, cette activité concerne plusieurs ethnies différentes, sans lien apparent entre elles;
- la répartition des sites ne semble pas suivre un profil phytogéographique particulier.

Collecte dans les palmiers à huile

En Afrique centrale, l'évocation des larves de charançons est presque toujours associée au palmier à huile *Elaeis guineensis* (Dalziel 1937, Burkill 1985-94). Il est vrai que l'on peut collecter les larves de charançons dans ce palmier, sous certaines conditions toutefois.

La récolte des larves est consécutive à la saignée du palmier pour la production de vin de palme. Il existe deux modes de saignée des palmiers: la première s'effectue par sectionnement du pédoncule inflorescentiel. Le collecteur doit grimper dans le palmier à l'aide d'une ceinture. Les volumes prélevés sont faibles, mais la collecte est pérenne. Le palmier étant maintenu vivant et entretenu par le collecteur (élagage régulier des palmes), aucune larve n'y est récoltée.

Le deuxième mode de récolte consiste à abattre le palmier et à tailler la base du stipe pour en prélever la sève. Les volumes ainsi récoltés sont importants, mais supposent le sacrifice de l'arbre. La pratique d'une méthode de saignée plutôt que l'autre – avec diverses variantes qu'il n'est pas nécessaire de détailler ici – relève d'un choix culturel. Dans le tronc pourrissant après abattage, une récolte de larves pourra être effectuée quelques semaines après le prélèvement de la sève. Néanmoins, les larves collectées ont acquis une saveur de vin fermenté qui est moyennement appréciée. En général, la consommation des larves provenant du palmier à huile ne sort pas du contexte domestique et intervient donc dans le cadre de la stratégie 1. On trouve très peu de larves d'*Oryctes* dans les palmiers à huile des villageois, les arbres étant généralement dispersés dans les paysages agraires. Du fait de leur relatif isolement, ils constituent de mauvais sites de parasitisme par les adultes d'*Oryctes* au vol lourd et maladroit, contrairement aux palmeraies agro-industrielles où les arbres jointifs favorisent l'expansion de l'insecte.

En quelque sorte, la récolte des larves de charançons constitue une "plus-value" du palmier abattu pour la production de vin. Nous n'avons pas observé de cas où l'abattage du palmier est motivé par la production de larves comme cela est rapporté en divers endroits d'Amérique latine. Ainsi chez les Matis

PHOTO 4. *Larves de charançons vivantes sur un étal de marché* (photo G. Koppert)

PHOTO 3. *Brochettes de larves de charançons vendues aux péages routiers* (photo S. Bahuchet)

LA COLLECTE DES LARVES COMESTIBLES DE CHARANÇONS (SUD DU CAMEROUN)
THE HARVESTING OF EDIBLE WEEVIL LARVAE (SOUTH CAMEROUN)

267

d'Amazonie, les palmiers sont blessés ou abattus dans l'unique intention d'induire le parasitisme par *Rhynchophorus palmarum*. Cette pratique relève quasiment d'une pseudo-domestication (Erikson 1996). Des formes similaires d'exploitation domestique sont signalées chez des populations consommatrices de moelle de sagoutiers du genre *Metroxylon,* en Malaisie orientale (Burkill 1935) et en Irian Jaya (Tommaseo Ponzetta et Paoletti 1997).

Collecte dans les palmiers-raphia

Lacunes concernant le genre Raphia

Contrairement à l'idée largement admise, c'est dans le *Raphia* qu'a lieu l'essentiel de la récolte des larves africaines de *Rhynchophorus*, et que les larves sont de la meilleure qualité.

Les palmiers-raphia, qui forment souvent des peuplements denses et grégaires dans un environnement marécageux (raphiales), sont des plantes à usages multiples tenant un grand rôle dans l'économie des populations forestières d'Afrique. Ils interviennent dans tous les compartiments de la culture matérielle, qu'il s'agisse de la construction et du mobilier, de la sparterie et de l'artisanat, de l'alimentation (vin, sel végétal, fruits de bouche, consommation des crosses des fougères parasites) ou encore de la pharmacopée (Profizi 1983, Dounias 1993, 2000b).

Paradoxalement, la taxinomie du genre *Raphia* est encore très confuse (Letouzey 1978). Vingt-sept espèces sont dénombrées, alors qu'il est fort probable qu'elles ne soient pas plus d'une dizaine (Profizi 1983). Outre les synonymies à éclaircir, notre méconnaissance de la biologie et l'écologie des *Raphia* spp. se révèle inversement proportionnelle à leur importance économique (Dounias 2000b). En outre, seulement vingt-trois espèces d'insectes sont décrites pour ce genre (Lepesme 1947), ce qui apparaît bien peu en regard du cocotier ou du palmier à huile

De l'analyse systématique de la littérature ethnobotanique, il ressort très peu de mentions de récoltes de larves dans les palmiers-raphia. Une simple évocation figure dans Ghesquière (1935), Irvine (1961), Bahuchet (1985, 1990), Dounias (1993) et Malaisse (1997). Par contre, rien n'est mentionné chez Chevalier (1932), Dalziel (1937), Lepesme (1947), Aubréville (1959), Raponda-Walker et Sillans (1961), Busson (1965), Profizi (1983), Burkill (1985-94), Brisson (1988), Abbiw (1990), Gautier-Béguin (1992), ou encore Thies (1995).

Procédures de récolte

Nous ne détaillons ici que les modalités de collecte telles qu'elles sont réalisées dans des sites destinant leur production aux grands marchés urbains (Stratégie 4). Ces modalités ont été observées en détail chez les Bulu du village d'Obut, et chez les Maka du village de Soka. Dans les deux sites considérés, durant la haute saison, les collecteurs rejoignent leurs campements de forêt et y séjournent consécutivement trois à quatre jours par semaine. Ils regagnent le village à jour fixe pour y retrouver les revendeurs venus chercher les larves encore vivantes. En fournissant aux larves de la moelle de palmier, il est aisé de les maintenir vivantes une dizaine de jours. Passé ce délai, elles finissent par s'entre-dévorer.

Récolte dans les jeunes palmiers-raphia

La difficulté réside dans la localisation de la plante parasitée, dans un environnement particulièrement inhospitalier et dans des conditions de travail pénibles. Il s'agit pour les collecteurs de se mouvoir laborieusement dans un milieu de boue et d'eau croupissante, leur arrivant jusqu'à la taille, tout en subissant les agressions de moustiques et de taons. Le jeune palmier parasité a souvent l'apparence d'un individu sain, et son repérage exige un œil exercé. Les collecteurs disposent de méthodes empiriques variées pour y parvenir :

> – *Aspect du palmier* : lorsque la galerie creusée sur toute la longueur du pétiole atteint la couronne, des signes de jaunissement des palmes et de flétrissures des folioles apparaissent. La galerie constitue également une voie d'eau qui, en saison des pluies, peut entraîner un pourrissement du cœur ;
> – *Odeur* caractéristique émise par les larves ;
> – *Son* : bruissement, émis par les larves gigotant dans la moelle, répercuté par le conduit de la galerie et perceptible en plaquant l'oreille contre le rachis ;
> – *Perforation* relativement caractéristique par les adultes d'*Oryctes*. Ces derniers laissent des touffes fraîches de fibres sur le pourtour de l'orifice, après en avoir absorbé le jus.

Le palmier est alors dessouché à l'aide d'une vieille pelle dont les bords du fer ont été aiguisés et dont le manche a été changé pour un bois plus dense et imputrescible (*Strombosia* sp., Olacaceae). Puis en partant de la base, le stipe – qui est encore composé de rachis mal différenciés – est soigneusement éventré. Une dizaine de larves, positionnées en file indienne dans le rachis parasité, peuvent alors être prélevées.

> « Garder ses distances tout comme des larves de charançons »
> [allusion aux larves en file indienne dans le rachis des jeunes palmiers, mais faisant cocon séparé]
> « Savoir vivre en bon voisinage tout en préservant son intimité »
> Proverbe Mvae cité dans Dounias (1993).

La récolte dans les palmiers immatures se pratique chez les Maka, mais pas chez les Bulu qui n'ont pas connaissance qu'un jeune palmier puisse être ainsi parasité. Nos observations préliminaires sur le terrain semblent confirmer l'absence de jeunes palmiers parasités dans le site bulu d'Obut. Deux hypothèses explicatives peuvent être formulées :

> – les espèces de *Raphia* parasitées ne seraient pas les mêmes dans les deux sites. Ghesquière (1935) signale que *R. phoenicis* parasiterait préférentiellement *Raphia vinifera*, mais nullement de manière exclusive ;
> – des facteurs environnementaux – restant à préciser – pourraient expliquer que le parasitage des jeunes palmiers ait lieu dans certains cas, et pas dans d'autres.

Nos données sont cependant insuffisantes pour nous permettre d'élucider ce point.

Récolte dans les palmiers-raphia adultes

La localisation des palmiers adultes parasités est plus aisée que celle des jeunes individus. Les *Rhynchophorus* étant incapables de parasiter un palmier-raphia adulte sain, leur présence n'est recherchée que sur des arbres affichant clairement une apparence maladive. Le stipe apparaît généralement défeuillé et a pris une coloration grisâtre caractéristique. La frondaison est parfois totalement absente. Les perforations dues aux adultes d'*Oryctes*, apparaissent à même le tronc et sont décelables à distance. Enfin, l'activité diurne et bruyante des charançons adultes facilite d'autant plus la détection.

Le stipe parasité est abattu puis éventré. Le prélèvement des larves est facilité par le fait que les fibres ont été digérées par les larves d'*Oryctes*. La collecte des deux types de larves est souvent concomitante. Si le tronc est encore bien vigoureux, le collecteur soupçonne la localisation des larves à proximité de la couronne. Il grimpe alors dans le palmier et effectue le prélèvement au sommet du stipe, sans recourir à l'abattage. Les quantités obtenues sont bien plus importantes que dans les jeunes individus.

Les collecteurs Maka nous ont signalé qu'un vol massif de papillons, en sous-bois de la raphiale durant la saison sèche, était un bon présage de récolte abondante. Sans augurer de la valeur symbolique de cette appréciation, nous pouvons envisager une signification écologique à cet événement précurseur. En effet, certains Lépidoptères, notamment des bombycoides des genres *Phalera* et *Dasychira*, constituent une catégorie importante de parasites des palmiers (Lepesme 1947). À ceux-ci s'ajoute la pyrale du palmier *Pimelephila ghesquieri* (Figure 1), bien connue pour occasionner des ravages dans les plantations agro-industrielles, et dont la chenille fore de profondes galeries au niveau des bourgeons terminaux (Mayné 1930). De telles attaques sont un excellent préambule à l'implantation des *Oryctes* à la recherche de végétaux en décomposition, lesquels favorisent à leur tour l'installation des larves de charançons. La présence abondante de papillons traduit donc effective-

FIGURE 1. *La pyrale du palmier* Pimelephila ghesquierei (d'après Ghesquière 1935)

ment une probabilité accrue de parasitage de troncs déjà malades.

Une récolte est également possible dans les raphias abattus pour la production de vin, parfois préféré au vin de palme dans certaines sociétés (Nzime, Mvae). Cependant, les mêmes raisons invoquées pour la récolte dans le palmier à huile, écartent cette production de la commercialisation vers les grands marchés.

VALEUR ÉCONOMIQUE DES LARVES DE CHARANÇON

Même si la présence de larves est attestée tout le long de l'année, la production connaît des fluctuations saisonnières liées à l'inondation des marécages. En saison des pluies, l'eau peut en effet pénétrer dans les galeries créées par les larves, et ralentir voire compromettre la nymphose. De plus, le niveau de l'eau est parfois tel, que les collecteurs ne peuvent plus se déplacer dans la raphiale. Ces derniers évoquent un cycle de production en cloche avec quatre mois de faible production, quatre mois de forte production correspondant à la saison sèche, et deux fois deux mois de production moyenne. En haute saison, un collecteur bulu qui, rappelons-le, n'exploite pas les jeunes palmiers, visite en moyenne quinze palmiers par semaine. Chaque palmier prodigue une moyenne de 95 larves. La récolte hebdomadaire s'élève donc à 1 400 larves, assurant un revenu de 18 000 FCFA. Aux dires des collecteurs, une récolte exceptionnelle d'un seul palmier peut remplir un seau de cinq litres, ce qui représente 450 à 500 larves. Une telle collecte semble réaliste si l'on considère le nombre d'œufs pondus par une femelle de charançon.

Le tableau 1 montre l'augmentation constante du prix à la pièce des larves vivantes de charançon au fur et à mesure que l'on s'éloigne du lieu de collecte. Par contre, le prix unitaire de la larve cuite, vendue sous forme de brochettes de quatre à cinq larves selon leur taille, ne varie guère selon le point de vente (Photo 3).

Larve vivante	
sur lieux de collecte	10 à 13 FCFA
sur marchés de province (Mbalmayo, Abong Mbang)	15 FCFA
sur marchés de Yaoundé	30 FCFA
sur marchés de Douala	37 FCFA
Larve cuite	
brochettes en bord de route ou dans bars urbains	20 à 25 FCFA

TABLEAU 1. *Prix de la larve de charançon à la pièce*

Le revenu mensuel moyen d'un collecteur de site spécialisé (villages d'Obut et Soka) a été estimé, en pondérant la production en fonction des fluctuations saisonnières, telles que définies par les intéressés et sur la base de gains déclarés. Nous avons également estimé les gains sur vente de brochettes aux péages routiers à l'entrée des villes de Mbalmayo (ethnie ewondo) et Ebolowa (ethnie bulu). Dans le Tableau 2 ces revenus sont comparés à ceux obtenus pour d'autres activités de productions villageoises. Compte tenu des fluctuations importantes subies par les marchés du café et du cacao, nous avons pris des valeurs en années fastes et en années de crise. Seuls les arboriculteurs eton d'agrumes de la région de la Lekie (Aulong 1998) obtiennent des revenus supérieurs à ceux des collecteurs de larves. Les gains sur les larves excèdent même ceux de la viande de brousse qui connaît pourtant un engouement particulier en période de crise. Ces valeurs brutes ne tiennent pas compte des coûts d'investissement, qui sont relativement conséquents dans le cas de l'arboriculture de rente.

	Revenus mensuels (FCFA)	Sources
Agriculture/Arboriculture		
Plantain	25 000	Courade 1994
Café (moyenne crise)	5 700	Alary 1996
Cacao (moyenne crise)	3 000	Alary 1996
Cacao (moyenne faste)	20 000	Alary 1996
Café (moyenne faste)	34 000	Alary 1996
Colatier	3 000	Dounias 2000a
Agrumes	62 000	Aulong 1997
Produits forestiers non ligneux		
Larves de charançons		
- vers marchés urbains	50 000	Dounias inédit
- brochettes bord de route	35 000	Dounias, inédit
Gibier	30 000	Dethier 1995
Feuilles *Gnetum* spp.	22 000	Nde Shiembo 1999
Rotin	18 000	Defo 1999
Ouvrier non spécialisé	25 000	Courade 1994

1 000 FCFA = 1,53 €

TABLEAU 2. *Revenus mensuels obtenus au Sud Cameroun en milieu rural*

VALEUR NUTRITIVE, APPRÉCIATION DES LARVES ET HABITUS ALIMENTAIRE

Nous ne disposons à ce jour d'aucune analyse concernant la valeur nutritive des larves d'*Oryctes*. Parce qu'elles ont la peau très ferme, elles sont beaucoup moins appréciées que leurs congénères charançons et sont dépourvues de toute valeur marchande. Leur consommation ne sort jamais du cadre domestique des quelques sociétés qui les apprécient. Par contre, les adultes sont aussi bien consommés que les larves.

Le Tableau 3 emprunté à Malaisse (1997), donne une idée de la valeur nutritive élevée des larves de charançons. Ce qui étonne immédiatement à la lecture

de ce tableau, c'est la forte variabilité des valeurs obtenues d'une analyse
à l'autre.

	Eau %	Protéines g	Lipides g	Ca mg	P mg	Fe mg	Valeur énergétique kJ	kcal
Adriaens 1953	-	56,6	12,0	-	-	-	-	-
Santos Oliveira *et al.* 1976	10,8	20,3	41,7	186	1972	13	2351	562
Ashiru 1988	9,1	58,2	16,9	210	680	2	-	-
Malaisse & Parent 1997	77,4	42,6	20,2	320	70	-	1523	364

TABLEAU 3. *Valeur nutritive des larves de* Rhynchophorus phoenicis

Les charançons font partie des hôtes primordiaux des palmiers et sont, à ce
titre, attirés par des caractères propres de ces plantes tels que l'odeur, la consistance et la constitution biochimique. Ces caractères sont extrêmement variables
d'une espèce de palmier à l'autre, et se répercutent non seulement sur la valeur
nutritive de la larve, mais également sur ses propriétés organoleptiques : taille,
fermeté de la peau et surtout saveur.

Ainsi certaines sociétés parmi lesquelles les Maka du sud du Cameroun, ont
élaboré une nomenclature très riche pour décrire les nuances de saveur des larves de charançon en fonction du type de palmier et du moment de l'année durant
lequel les larves sont récoltées.

Effectivement, le stade de développement de la larve (deux mois s'écoulent
entre l'éclosion des œufs et la nymphose) doit certainement influencer l'analyse :
la larve flasque et inerte dans son cocon est certainement plus grasse que la
larve plus jeune et encore gigotante.

Certaines ethnies vont préférer la larve de début de cycle. Elle est, dans certains cas, vivement recommandée à la femme enceinte pour qu'elle donne un enfant pourvu de bons bourrelets adipeux, à l'image du Bibendum de Michelin.
Chez les Nzime du Cameroun, la femme enceinte est contrainte à consommer
ces larves jusqu'à écœurement. Chez les Mvae par contre, la consommation des
larves est interdite aux femmes enceintes, la reptation permanente de la larve
étant susceptible de se transposer en épilepsie chez l'enfant (Dounias 1993).

Chez les Maka, c'est la larve inerte en cours de nymphose qui sera interdite
de consommation, son état flasque risquant d'être transféré à la poitrine des
femmes ou de compromettre la virilité des hommes. Les Nzime sont, par contre,
particulièrement friands des larves à ce stade, lesquelles ont emmagasiné le
maximum de graisse en préparation de la nymphose. Cette ressource est diver-
sement appréciée selon les sociétés. Si les Mvae classent les larves de charançons au premier rang de leurs préférences, devant la viande et le poisson, les
Bantu côtiers (Yasa, Batanga) expriment une totale aversion à l'idée d'en
consommer (Dounias 1993).

Les insectes comestibles d'Afrique sont souvent préférentiellement récoltés
par les enfants. Bien entendu, ces derniers n'ont pas l'exclusivité de la collecte,

mais leur position d'individus non reproducteurs les dédouane des vicissitudes de la fécondité. Au même titre que les personnes âgées, ils sont dispensés des diverses astreintes socioculturelles codifiant le comportement alimentaire des adultes. Or, les insectes constituent une catégorie d'aliments qui, par le jeu de la signature, fait l'objet de nombreuses proscriptions alimentaires (Motte-Florac, dans ce volume). De plus la récolte des insectes n'est généralement pas dangereuse, et intervient dans un cadre ludique et éducatif, fréquemment agrémenté de chants, contes, dictons et proverbes. La consommation d'insectes, souvent assimilés à une friandise, intervient alors sous forme d'en cas.

Pour des raisons techniques, et si l'on excepte les produits dérivés des abeilles (miels, cire), les larves des palmiers sont la seule ressource-insecte dont la collecte échappe aux enfants. Quelle que soit la stratégie économique considérée (consommation domestique ou vente), les adultes sont les principaux concernés, ce qui justifie que les larves de charançons fassent l'objet d'enjeux économiques particuliers. Leur valeur en tant que "produit forestier non ligneux" fortement rémunérateur, ne doit pas être mésestimée.

CONCLUSION ET PERSPECTIVES

La collecte des larves de charançons des palmiers d'Afrique centrale n'est pas l'activité simple et anodine que l'on imagine de prime abord. Toutefois, nos observations sont encore préliminaires et soulèvent plus de questions qu'elles n'apportent de réponses.

Sur un plan socio-économique

Si deux types de larves sont souvent collectées en même temps (celles du charançon *Rhynchophorus* et celles du dynaste *Oryctes*), leur appréciation et leur valeur économique diffèrent fortement. La vente ne concerne que les larves des charançons, et seules seront vendues celles qui sont prélevées dans les palmiers-raphia. La recherche des larves dans les raphiales, écosystème de type marécageux d'un accès difficile, est une activité pénible qui requiert un véritable savoir-faire. Seuls les hommes adultes la pratiquent, aussi bien dans un cadre domestique que commercial : la récolte domestique fait suite à la saignée des palmiers pour la production de vin, activité qui est exclusivement adulte et masculine. Cette exclusivité de catégorie d'acteur établit un rapport particulier à la ressource, différent de celui que l'on observe pour les autres insectes. Cet aspect mériterait d'être approfondi par une étude plus ciblée sur la représentation des insectes dans les sociétés forestières.

Nous avons également montré que cette collecte peut s'avérer une activité économique très rémunératrice, qui a d'ailleurs bien du mal à satisfaire la demande élevée émanant des consommateurs urbains : les amateurs savent quel jour et à quelle heure se rendre sur les marchés de grandes villes s'ils veulent avoir la chance de s'approvisionner. Ils sont prêts à débourser plus de 5 centimes d'Euro à la pièce pour s'offrir cette douceur, ce qui est énorme quand on sait ce que gagne un ouvrier non spécialisé au Cameroun (*cf.* Tableau 2). Nous n'avons cependant qu'une idée très fragmentaire du fonctionnement de l'ensemble de la filière de commercialisation, qui semble tout à fait originale.

Notre étude a montré que la recherche des larves à des fins commerciales est très localisée, certains villages s'étant spécialisés dans cette activité. À ce stade de la recherche, nous ne nous expliquons pas une telle localisation, aucun dénominateur commun n'ayant été identifié pour comprendre la répartition géographique des sites spécialisés : les ethnies diffèrent, tant culturellement que dans leur système de production global, et aucun critère phytogéographique homogène ne semble émerger. Les lacunes concernant l'écologie du genre *Raphia* masquent probablement les éléments qui nous permettraient d'appréhender la géographie circonscrite de cette activité.

Sur un plan écologique

Que la récolte des larves ait lieu ou non, la survie du jeune palmier est compromise dès lors que la couronne est atteinte par le parasite ; chez les palmiers adultes, seuls les individus malades ou morts sont parasités. Compte tenu de la préférence des larves de *Rhynchophorus* à nidifier dans le stipe, il est peu probable que ces espèces interviennent d'une quelconque manière dans la pollinisation des palmiers parasités, comme cela a été signalé pour d'autres espèces de charançons sur d'autres espèces de palmiers. Cependant, des études plus poussées sont nécessaires pour confirmer le statut strictement parasite des larves de *Rhynchophorus*. En l'état actuel des connaissances, nous pouvons affirmer que la récolte des larves par l'homme ne porte pas préjudice à la survie de la raphiale, puisqu'elle est pratiquée sur des plantes condamnées.

Au contraire, elle peut même être perçue comme profitable au milieu, en assurant une fonction de recyclage non négligeable (DeFoliart 1990), dès lors que le collecteur est amené à éliminer des palmiers malades. D'une part, cela limite la compétition intrapopulationnelle concernant l'accès aux nutriments ; d'autre part cela assainit le peuplement en éliminant des individus porteurs de pathogènes. Allant dans le sens de cette idée, Lepesme (1947) signale que les attaques des espèces indo-malaises et néotropicales de *Rhynchophorus* s'avèrent plus nuisibles dans les régions où les habitants ne consomment pas les larves.

Par ailleurs, nous n'expliquons pas pourquoi le parasitage des jeunes palmiers a lieu en certains endroits, et pas dans d'autres. Si *Raphia vinifera* semble plus parasité que les autres espèces, la taxinomie du genre *Raphia* est encore trop imprécise pour mettre en évidence un parasitage sélectif à l'échelle de l'espèce. Si une préférence spécifique était avérée, il faudrait dès lors prospecter les raisons – probablement biochimiques – d'une telle préférence.

Faut-il pour autant encourager une exploitation plus intensive de cette ressource sur la base de son potentiel économique? Une fois encore, les études écologiques sont insuffisantes pour déterminer un seuil de prélèvement perdurable. Il apparaît clair de toute façon que le nombre très réduit de sites pratiquant une exploitation commerciale intensive des larves ne soit pas le fait du hasard, et que de nombreux critères – socioculturels et écologiques – limitent drastiquement l'extension de cette pratique.

L'enjeu sous-jacent reste néanmoins la raphiale. Les zones de marécages, insalubres et "inhospitalières", sont dédaignées par les actions de développement et de conservation, ou sont perçues de manière si négative, que les aménagements tendent plutôt à les éliminer. Pourtant, ces écosystèmes sont dotés de dynamiques propres et contribuent à la richesse biologique des régions tropicales. La possible fonction "assainissante" de la collecte de larves, de surcroît économiquement attractive, pourrait être un moyen de valoriser ce type d'écosystème et d'en justifier la préservation.

Si l'on ignore les limites d'un prélèvement soutenable des larves d'insectes, il apparaît clair que la plante-hôte constitue le facteur limitant principal. Une pratique agricole en vogue consiste à brûler en pleine saison sèche les secteurs exondés des raphiales, pour y implanter des cultures de contre-saison (Photo 5).

PHOTO 5. *Raphiale brûlée et semée en maïs de contre-saison* (Photo E. Dounias)

Les cultures, principalement du riz et du maïs, profitent de l'eau résiduelle contenue dans le sol. Cette production agricole, en avance de plusieurs mois sur celle des champs habituels, permet de pallier d'éventuelles soudures alimentaires, ou de spéculer à des tarifs parfois exorbitants. Mais contrairement aux forêts de terre ferme, les raphiales ont beaucoup de mal à cicatriser après le passage du brûlis. Le coût écologique d'une telle pratique en expansion est donc très important. Et si à l'avenir, les raphiales devaient justement leur salut à leurs larves parasites...?!

RÉFÉRENCES BIBLIOGRAPHIQUES

ABBIW D. – 1990, *Useful plants of Ghana: West African uses of wild and cultivated plants.* London, Intermediate Technology Publications, 337 p.

ADRIAENS E. L. – 1953, Note sur la composition chimique de quelques aliments mineurs indigènes du Kwango. *Annales de la Société Belge de Médecine Tropicale* 33:531-544.

ALARY V. – 1996, *Incertitude et prise de risque en période d'ajustement. Le comportement des producteurs de cacao du Cameroun avant et après 1994.* Paris, Thèse de Doctorat, Université Paris I-Panthéon Sorbonne, 749 p.

ALIBERT H. – 1938, Étude sur les insectes parasites du palmier à huile au Dahomey. *Revue de Botanique Appliquée et d'Agriculture Tropicale* 207:745.

ANSTETT M. C. – 1999, An experimental study of the interaction between the dwarf palm (*Chamaerops humilis*) and its floral visitor *Derelomus chamaeropsis* throughout the life cycle of the weevil. *Acta Oecologica* 20(5):551-558.

ASHIRU M. O. – 1988, The food value of the larvae of *Anaphe veneta* Butler (Lepidoptera, Notodontidae). *Ecology of Food and Nutrition* 22:313-320.

AUBRÉVILLE A. – 1959, *La flore forestière de la Côte d'Ivoire.* Nogent sur Marne, Centre Technique Forestier Tropical, tome 3, 334 p.

AULONG S. – 1998, *Les conditions d'extension de l'agrumiculture dans le centre du Cameroun. Cas du village de Ntsan.* Montpellier, Mémoire d'Ingénieur, CNEARC-ESAT, 112 p.

BAHUCHET S. – 1985, *Les Pygmées Aka et la forêt centrafricaine. Ethnologie écologique.* Paris, SELAF (Ethnosciences 1), 640 p.

– 1990, The Aka Pygmies: hunting and gathering in the Lobaye forest. *Food and nutrition in the African rain forest* (C.M. Hladik, S. Bahuchet & I. de Garine, eds), Paris, Unesco/MAB, pp. 18-23.

BEDFORD G. O. – 1980, Biology, ecology and control of palm rhinoceros beetles. *Annual Review of Entomology* 1(25):309-339.

BRISSON R. – 1988, *Utilisation des plantes par les Pygmées Baka.* Douala, Collège Lieberman, 355 p.

BURKILL H. M. – 1985-1994, *The useful plants of West Tropical Africa.* Kew, Royal Botanic Gardens, 4 volumes.

BURKILL I. H. – 1913, The coconut beetles, *Oryctes rhinoceros* and *Rhynchophorus ferrugineus. Gardens Bull., Straits Settlements* 1(6):176.

– 1935, *A dictionary of the economic products of the Malay Peninsula.* London, Crown Agents for the Colonies, 2402 p.

BUSSON F. – 1965, *Les plantes alimentaires de l'Ouest africain. Étude botanique, biologique et chimique.* Marseille, Leconte, 568 p.

CARESCHE L. – 1933, Les deux principaux ennemis du cocotier dans le Sud-Indochinois. *Bulletins de la Chambre d'Agriculture de Cochinchine*, 265.

CHEVALIER A. – 1910, *Documents sur le palmier à huile.* Paris, Végétaux Utiles d'Afrique Tropicale Française VII, 128 p.

– 1932, Nouvelles recherches sur les palmiers du genre *Raphia. Revue de Botanique Appliquée et d'Agriculture Tropicale* 126:93-104, 127:198-213.

COURADE G., éd. – 1994, *Le village camerounais à l'heure de l'ajustement.* Paris, Karthala, 410 p.

COX P & G. KOPPERT – 2000, *Update of the Cameroon crop market survey (Chad Export Project)*. Cameroon Oil Transportation Company, Final Report, unpublished.

DALZIEL J. M. – 1937, *The useful plants of west tropical Africa*. London, The crown agents for the colonies, 612 p.

DEFO L. – 1999, Rattan or porcupine? Benefits and limitations of a high value non-wood forest product for conservation in the Yaoundé region of Cameroon. *Non-Wood Forest Products of Central Africa. Current research issues and prospects for conservation and development* (T.C.H. Sunderland, L.E. Clark, P. Vantomme, eds). Rome, CARPE-FAO, pp. 237-244.

DEFOLIART G – 1990, Hypothesizing about palm weevil and palm rhinoceros beetle larvae as traditional cuisine, tropical waste recycling, and pest and disease control on coconut and other palms. Can they be integrated? *The Food Insects Newsletter* 3(2):1-7.

DOUNIAS E. – 1993, *Dynamique et gestion différentielles du système de production à dominante agricole des Mvae du Sud-Cameroun forestier*. Montpellier, Thèse de Doctorat, Université des Sciences et Techniques du Languedoc, 644 p.

DOUNIAS E., coord. – 2000a. *La plaine Tikar, écotone forêt-savane au Cameroun*. Bruxelles, UE DG VIII, rapport final APFT.

– 2000b, Revue de la littérature ethnobotanique pour l'Afrique centrale et l'Afrique de l'Ouest. *Bulletin du Réseau Africain d'Ethnobotanique* 2:5-117.

ERIKSON P. – 1996, *La griffe des aïeux. Marquage du corps et démarquages ethniques chez les Matis d'Amazonie*. Paris, Peeters-SELAF (LSA 5), 370 p.

GATIN C.L. – 1928. *Les insectes et le palmier à huile*. Marseille, Institut Colonial de Marseille (Mémoires sur les Matières Grasses III. *Le palmier à huile*), 193 p.

GAUTIER-BÉGUIN D. – 1992, Plantes de cueillette alimentaires dans le Sud du V-Baoulé en Côte-d'Ivoire: description, écologie, consommation et production. *Boissiera* 46, 340 p.

GHESQUIÈRE J. – 1935, Rapport préliminaire sur l'état sanitaire de quelques palmeraies de la province de Coquilhatville. *INEAC* 3.

GOTTSBERGER G. – 1977, Some aspects of beetle pollination in the evolution of flowering plants. *Plant Syst. Evol.* (Suppl. 1):211-226.

GRIFFITH R. – 1987, Red ring disease of coconut palm. *Plant disease* 71:193-196.

HALLET R. H., A. CAMERON OEHLSCHLAGER & J. H. BORDEN – 1999, Pheromone trapping protocols for the Asian palm weevil, *Rhynchophorus ferrugineus* (Coleoptera, Curculionidae). *International Journal of Pest Management* 45(3):231-237.

HARGREAVES E. – 1937, Some insects and their food-plants in Sierra-Leone. *Bull. Ent. Res.* 28:505.

HAWORTH W. – 1923, A new breeding place for mosquitoes. *Trans. R. Soc. Trop. Med. Hyg. Lond.* 16:200.

IRVINE F.R. – 1961, *Woody plants of Ghana with special reference to their uses*. London, Oxford University Press, 610 p.

LEPESME P. – 1946, Les charançons floricoles des palmiers. *Agriculture Tropicale* 7-8:400.

– 1947, *Les insectes des palmiers*. Paris, Paul Lechevalier, 904 p.

LETOUZEY R. – 1978, Notes phytogéographiques sur les Palmiers du Cameroun. *Adansonia* (Série 2) 18(3):293-325.

– 1979, Végétation. *Atlas de la République Unie du Cameroun* (G. Laclavère, éd.). Paris, Éditions J.A., pp. 20-24.

LISTABARTH C. – 1996, Pollination of *Bactris* by *Phyllotrox* and *Epurea*. Implications of the palm breeding beetles on pollination at the community level. *Biotropica* 28(1):69-81.

MALAISSE F. – 1997, *Se nourrir en forêt claire africaine: approche écologique et nutritionnelle*. Wageningen, CTA/Les Presses Agronomiques de Gembloux, 384 p.

MALAISSE F. & G. PARENT – 1997, Minor wild edible products of the Miombo area. *Geo-Eco-Trop* 20.

MARIAU D., M. HOUSSOU, R. LECOUSTRE & B. NDIGUI – 1991, Insectes pollinisateurs du palmier à huile et taux de nouaison en Afrique de l'Ouest. *Oléagineux* 46:43-48.

MAYNÉ R. – 1920, Un insecte nuisible aux noix palmistes, *Elaeis guineensis*, contre lequel il faut se protéger en Afrique. *Bull. Agr. Congo Belge* 26(4):106.

– 1928, Insectes nuisibles aux palmiers de l'Afrique tropicale et appartenant à la famille des Dynastides. *Annales de Gembloux* 34.

– 1930, La pyrale de l'Elaeis. *C.R. Cercle Zool. Cong.* 7:6.

MORIN J. P., F. LUCHINI, J. C. ARAUJO, J. M. FERREIRA & L. S. FRAGA – 1986, Le contrôle de *Rhynchophorus palmarum* par piégeage à l'aide de morceaux de palmier. *Oléagineux* 2(4):57-62.

MOTTE-FLORAC É. – dans ce volume, *Les insectes dans la médecine populaire et les présages en France et en Europe.*

NADARAJAN L. – 1984, Studies on trapping the palm weevil, *Rhynchophorus phoenicis* F. *Coconut and Oil palm entomology.* Training report. Abidjan, IRHO, pp. 12-38.

NAGNAN P., CAIN A. H., ROCHAT D. – 1992, Extraction and identification of volatile compounds of fermented oil palm sap (palm wine), candidate attractants for the Palm weevil. *Oléagineux* 47(3):135-142.

NDE SHIEMBO P. – 1999, The sustainability of eru (*Gnetum africanum* and *Gnetum buchholzianum*): an over-exploited non-wood forest product from the forests of Central Africa. *Non-Wood Forest Products of Central Africa. Current research issues and prospects for conservation and development.* (T.C.H. Sunderland, L.E. Clark, P. Vantomme, eds) Rome, CARPE-FAO, pp. 61-66.

PROFIZI J.-P. – 1983, *Contribution à l'étude des palmiers Raphia du Sud-Bénin. Botanique, Écologie, Ethnobotanique.* Montpellier, Thèse de 3e cycle, Université des Sciences et Techniques du Languedoc, 219 p.

RAPONDA-WALKER A. & R. SILLANS – 1961, *Les plantes utiles du Gabon. Essai d'inventaire et de concordance des noms vernaculaires et scientifiques des plantes spontanées et introduites. Description des espèces, propriétés et utilisations économiques, ethnographiques et artistiques.* Paris, Lechevalier, 614 p.

ROCHAT D., C. DESCOINS, C. MALOSSE, P. NAGNAN, P. ZAGATTI, F. AKAMOU & D. MARIAU – 1993, Écologie chimique des charançons des palmiers, *Rhynchophorus spp.* (Coleoptera). *Oléagineux* 48(5):225-236.

SANTOS OLIVEIRA J. F., J. PASSOS DE CARVALHO, R. F. X. BRUNO DE SOUSA & M. MADALENA SIMAO – 1976, The nutritional value of four species of insects consumed in Angola. *Ecology of Food and Nutrition* 5:91-97.

SILBERBAUER-GOTTSBERGER I. – 1990, Pollination and evolution in palms. *Phyton* 30(2):213-233.

THIES E. – 1995, *Principaux ligneux (agro-)forestiers de la Guinée. Zone de transition: Guinée-Bissau, Guinée, Côte d'Ivoire, Ghana, Togo, Bénin, Nigeria, Cameroun.* Rossdorf, Deutsche Gesellschaft für Technische Zusammenarbeit (GTZ), Schriftenreihe der GTZ, 541 p.

TOMMASEO PONZETTA M. & M. G. PAOLETTI – 1997, Insects as food of the Irian Jaya populations. *Ecology of Food and Nutrition* 36:321-346.

UHL N. W. & J. DRANSFIELD – 1987, *Genera Palmarum: a classification of palms based on the work of Harold E. Moore, Jr.* Lawrence (Kansas), Allen Press, 610 p.

WATTANAPONGSIRI A. – 1966, A revision of the genera *Rhynchophorus* and *Dynamis* (Coleoptera, Curculionidae). *Dep. Agric. Sci. Bull.* 1:1-328.

WEISSLING T. J., R. M. GIBLIN-DAVIS & R. H. SCHEFFRAHN – 1993, Laboratory and field evidence for male-produced aggregation pheromone in *Rhynchophorus cruentatus* (F.) (Coleoptera, Curculionidae). *Journal of Chemical Ecology* 19.

LES CHENILLES COMESTIBLES
D'AFRIQUE TROPICALE

François MALAISSE et Georges LOGNAY

RÉSUMÉ

Les chenilles comestibles d'Afrique tropicale

La présentation résume l'état de la connaissance relative aux chenilles comestibles d'Afrique tropicale, à partir (1) d'une cinquantaine de travaux publiés, ainsi que (2) de résultats originaux relatifs aux populations Babemba (Katanga), Balamba et Balala (Zambie), Shona (Zimbabwe) et Boffi (Centrafrique). Une carte précise la répartition géographique de cette information. Une liste d'une soixantaine d'espèces comestibles a été établie ; elles relèvent de quelque neuf familles, à savoir : Brahmaeidae, Hesperidae, Lasiocampidae, Lymantriidae, Limacodidae, Noctuidae, Notodontidae, Saturniidae et Sphingidae.

Les thèmes développés concernent la diversité spécifique (index des noms scientifiques et vernaculaires), les espèces végétales hôtes respectives (noms scientifiques), la périodicité de disponibilité des chenilles en fonction des territoires (mois de récolte), la valeur alimentaire et enfin les quantités moyennes annuellement ingérées.

Certains aspects relatifs à l'importance culturelle et aux possibilités d'élevage sont développés, tandis que divers systèmes de nomenclature sont reconnus.

ABSTRACT

Edible caterpillars of Tropical Africa

The state of knowledge regarding the edible caterpillars of Tropical Africa is summarized (1) from some fifty papers already published, as well as (2) unpublished results gathered within Babemba (Katanga), Balamba and Balala (Zambia), Shona (Zimbabwe) and Boffi (Central Africa). This information is mapped. Some sixty edible caterpillars are listed; they belong to nine families, namely : Brahmaeidae, Hesperidae, Lasiocampidae, Lymantriidae, Limacodidae, Noctuidae, Notodontidae, Saturniidae and Sphingidae.

The subjects developed deal with species diversity (index of scientific and vernacular names), host plants (scientific names), seasonality of availability according to countries (collecting months), nutritional values and finally mean amounts yearly eaten.

Some aspects related to cultural importance and rearing possibilities are approached, whilst several local nomenclature systems are listed.

Si la consommation de sauterelles figure déjà dans la bible (Southwood 1977), l'intérêt réservé aux chenilles comestibles par les populations d'Afrique tropicale est également ancien, comme l'indiquent divers commentaires de

Les insectes dans la tradition orale – Insects in oral literature and traditions
Élisabeth MOTTE-FLORAC & Jacqueline M. C. THOMAS, éds
2003, Paris-Louvain, Peeters-SELAF (Ethnosciences)

l'époque coloniale. À notre connaissance, la mention la plus ancienne relative à la consommation humaine de chenilles en Afrique se trouve dans les commentaires figurant dans le manuscrit relatant l'expédition au Namaqualand de Simon van der Stel en 1685-86; ils sont accompagnés par un dessin de chenille –vraisemblablement *Imbrasia tyrrhea*– effectué par Claudius. Ce manuscrit, déposé au Trinity College Library à Dublin, fut édité en 1932 par Waterhouse. Van der Stel (in Palmer & Pitman 1972) y rapporte que:

> « This caterpillar is called Aroube by the Namaquas and is found in their country. The monster is regarded by them as a delicacy and a dainty dish, for when they have first squeezed out of it all the green ordure, they impale it on a wooden spit and lay it on the embers until it is baked hard, and then they consign it with gusto to their eager bellies. »

D'autres commentaires anciens sont ceux de Livingstone (1857), relatant notamment son séjour de missionnaire parmi les Tswana Kwena de 1846 à 1851 (Merriweather 1968) et signalant que (Quin 1959, Grivetti 1979):

> « Les chenilles séchées sont un aliment à haute valeur sociale. »

Le nombre élevé de groupes ethno-linguistiques reconnus pour l'Afrique tropicale –des valeurs de l'ordre d'un millier sont avancées (Grimes 1996)– ainsi que leur répartition sur des territoires souvent exigus impliquent des connaissances locales de niveau fort variable. L'intérêt d'une large synthèse se dégage aisément, tout en annonçant les difficultés à surmonter pour la réaliser.

Des synthèses locales, récentes, relatives aux chenilles comestibles sont disponibles notamment en ce qui concerne les forêts claires zambéziennes (Malaisse 1997) et le Bas-Congo (Latham 1999a,b), tandis que des observations et des notes d'intérêt plus local sont dispersées dans la littérature. Un examen de celle-ci montre un intérêt grandissant pour ce thème, auquel 3 à 4 articles sont consacrés annuellement au cours de la dernière décennie (Figure 1). La carte 1 indique la position des territoires pour lesquels des informations, de nature diverse, nous

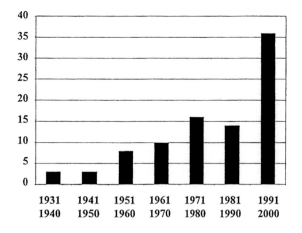

FIGURE 1. *Nombre d'articles et d'ouvrages contenant des informations relatives aux chenilles comestibles d'Afrique tropicale (période 1931-2000)*

sont connues. Ces informations peuvent être regroupées selon les préoccupations, dont notamment la diversité spécifique, les espèces hôtes, la périodicité de disponibilité et donc de récolte des chenilles comestibles, leur valeur alimentaire ou encore l'importance culturelle, autant de thèmes qui seront passés en revue ci-après. Il convient toutefois de noter que notre collation est loin d'être exhaustive.

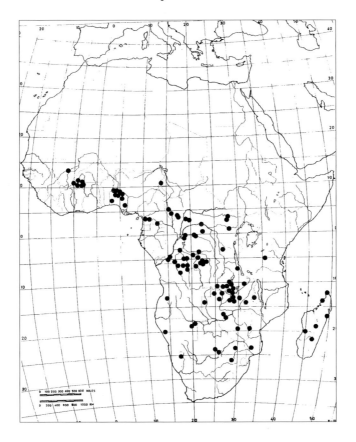

CARTE 1. *Territoires d'Afrique tropicale pour lesquels des informations concernant les chenilles comestibles ont été identifiées*

DIVERSITÉ DES CHENILLES COMESTIBLES

Il n'est pas évident d'établir le nombre d'espèces de chenilles consommées en Afrique tropicale, encore moins celui des espèces potentiellement comestibles! Il convient, en premier lieu, de réaliser que de très nombreux ouvrages et articles anciens, mais aussi quelques études récentes, se limitent à citer des noms vernaculaires ou ethnospecies; relativement peu de chercheurs se sont, en effet, efforcés d'élever les chenilles afin de disposer des insectes adultes et ensuite d'obtenir leur détermination par des spécialistes. De ce point de vue, Daems qui dès 1958 a réalisé des élevages au Kwango, fait figure de pionnier (Leleup & Daems 1969).

Le tableau 1 signale la diversité des chenilles consommées reconnues au travers des noms vernaculaires par divers groupes ethnolinguistiques. La plus forte valeur concerne les Gbaya-Bodoé de Centrafrique (Roulon-Doko 1998) qui reconnaissent au moins 59 ethnospecies! Toutefois la correspondance entre ethnospecies et taxons linnéens n'a pu être établie, en général, que de façon fort limitée. La publication d'un atlas (planches en couleurs) des chenilles comestibles serait la bienvenue. Il devrait prendre en considération les derniers stades larvaires, compte tenu des fortes variations qui sont parfois observées. Signalons que des photographies en couleurs de chenilles consommées appartenant à 24 espèces différentes figurent dans Malaisse (1997), tandis que celles de 22 espèces de Saturniidae sont représentées dans Oberprieler (1995), 12 espèces linnéennes et 8 ethnospecies dans Latham (1999a, 2000).

D'autre part, quelques pullulations locales récentes ont favorisé l'acquisition de nouvelles habitudes alimentaires; c'est notamment le cas en Zambie pour deux *Spodoptera* (Mbata 1995), au Katanga pour un Sphingidae, *Herse convolvuli* (Malaisse 2001) et en R.C.A. avec *Helicoverpa armigera* (*cf.* Mignot, dans ce volume), un Noctuidae dont le caractère de peste est bien documenté (Bell & McGeoch 1996).

A notre connaissance, au moins 64 espèces dûment déterminées sont consommées en Afrique tropicale, tandis qu'en réalité plus d'une centaine d'espèces sont concernées. Les espèces consommées appartiennent à diverses familles. Ce sont notamment des Saturniidae (Photo 1): *Athletes gigas, A. semialba, Bunaea alcinoe* (Photo 2), *Bunaeopsis aurantiaca, Cinabra hyperbius, Cirina forda, C. forda butyrospermi, Epiphora bauhiniae, Gonimbrasia hecate, G. rectilineata, G. zambesina* (Photo 3), *Goodia kuntzei, Gynanisa ata, G. maja, Heniocha dyops, Imbrasia anthina, I. belina, I. ertli, I. macrothyris, I. melanops, I. obscura* (Photos 4, 5), *I. petiveri, I. rhodina, I. rubra, I. truncata, I. tyrrhea, Lobobunaea christyi, L. phaedusa, L. saturnus, Melanocera nereis, M. parva, Micragone ansorgei, M. cana, M. herilla, Nudaurelia richelmanni, Pseudantheraea arnobia, P. discrepans, Tagoropsis flavinata, Urota sinope* (Photo 6), *Usta terpsichore, U. wallengrenii.* Les autres chenilles consommées appartiennent à la famille des Notodontidae (*Anaphe panda, A. reticulata, A. venata, Antheua insignata, Desmocraera* sp., *Drapedites uniformis, Elaphrodes lactea, Ipanaphe carteri*) et deux autres ethnospecies, aux Sphingidae, à savoir *Herse convolvuli, Hippotion eson, Acherontia atropos* (Photo 7), *Nephele comma,* trois espèces de *Platysphinx* dont *P. stigmatica*; il convient encore de signaler quatre Noctuidae −*Helicoverpa armigera, Prodenia* sp., *Spodoptera exempta* et *S. exigua*−, au moins deux Limacodidae, *tubambe* au Katanga ou *Hadraphe ethiopica* et *zviwizi*

Groupe ethno-linguistique (territoire ou pays)	Référence	Nombre de chenilles reconnues	
		Ethnospecies	Espèces linnéennes
Birifor (Burkina Faso)	Ouedraogo 2001	1	1
Bobo (Burkina Faso)	Ouedraogo 2001	1	1
Dafing (Burkina Faso)	Ouedraogo 2001	1	1
Dagara (Burkina Faso)	Ouedraogo 2001	1	1
Dioula (Burkina Faso)	Ouedraogo 2001	1	1
Karaboro (Burkina Faso)	Ouedraogo 2001	1	1
Lobi (Burkina Faso)	Ouedraogo 2001	1	1
Sénoufo (Burkina Faso)	Ouedraogo 2001	1	1
Tiéfo (Burkina Faso)	Ouedraogo 2001	1	1
Gbaya-Bodoe (R.C.A.)	Roulon-Doko 1998	59	en cours
Pangwé (Guinée équatoriale)	Tessmann 1913	21	
Bassa (Cameroun)	Merle 1958	3	
Issongo (R.C.A.)	Hladik 1995	12	7
Aka (R.C.A.)	Hladik 1995	11	8
Bofi (R.C.A.)	Malaisse 2001	17	9
(Haute Sangha, R.C.A.)	Masseguin & Antonini 1938	21	
Sandawe (Tanzanie)	Newman 1975	x	
Ntandu (R.D. Congo)	Latham 1999a	22	12
Twa (R.D. Congo)	Pagezy 1988	31	7
(Equateur, R.D. Congo)	Chinn 1945	31	2
(Kwango, R.D. Congo)	Adriaens 1953	9	4
Mbala (R.D. Congo)	Mbemba & Remacle 1992	24	
Yansi (R.D. Congo)	Tango Muyay 1981	33	
Pende (R.D. Congo)	Leleup & Daems 1969	7	3
Sonde (R.D. Congo)	Leleup & Daems 1969	4	2
Tshok (R.D. Congo)	Leleup & Daems 1969	7	3
Palanganene (R.D. Congo)	Daems in Leleup & Daems 1969	18	
Luluwa (R.D. Congo)	Katya Kitsa 1989	9	
(N.O. Zambie)	White 1959	18	
Bemba (R.D. Congo)	Malaisse 1997	38	24
Bemba (R.D. Congo)	Malaisse 2001	40	27
Bemba (Zambie)	Richards 1939	6	
Bemba (Zambie)	Mbata 1995	26	
Lunda (Zambie)	Malaisse 2001	15	12
Lamba (Zambie)	Malaisse 2001	21	18
Nsenga (Zambie)	Mbata 1995	10	
Kaonde (Zambie)	Mbata 1995	5	
Luvale (Zambie)	Mbata 1995	4	
Hyanja (Zambie)	Mbata 1995	3	
Tonga (Zambie)	Mbata 1995	2	
(Malawi)	Mkanda & Munthali 1994	13	
Shona (Zimbabwe)	Chavanduka 1975	5	3
Sindebele (Zimbabwe)	Chavanduka 1975	1	
(Mutambara, Zimbabwe)	Benhura & Chitsaku 1990	1	1
San (Namibie)	Oberprieler 1995	3	3
Daman (Namibie)	Oberprieler 1995	4	4
Naman (Namibie)	Oberprieler 1995	4	4
Tlokwa (Botswana)	Grivetti 1979	5	2
Kwena (Botswana)	Livingstone 1858	1	
Pedi (Afrique du Sud)	Quin 1959	5	5

x : plusieurs, nombre non précisé.

TABLEAU 1. *Diversité des chenilles comestibles en Afrique tropicale*

PHOTO 1. *Diversité des chenilles fraîches (quatre espèces différentes de Saturniidae) sur le marché de Pita en R.C.A.* (Photo F. Malaisse)

PHOTO 2. *Fillette Mulumba (Zambie) au retour d'une virée matinale, cueillette de* Bunaea alcinoe *(Saturniidae)* (Photo F. Malaisse)

Photo 3. *Commercialisation de chenilles séchées de* Gonimbrasia zambesina *(Saturniidae) sur le marché de Luanshya (Zambie)* (Photo F. Malaisse)

Photo 4. *Un lot d'*Imbrasia obscura *(Saturniidae) récolté par un pygmée Aka en R.C.A.* (Photo P. Jeanmart)

PHOTO 5. Imbrasia obscura *(Saturniidae) est fort apprécié par de nombreuses*
populations de forêts denses (Ntandu, Aka, Bofi) (Photo M. Schaijes)

PHOTO 6. Urota sinope *(Saturniidae) dont la consommation*
est signalée au Katanga et en Zambie (Photo F. Malaisse)

PHOTO 7. Acherontia atropos *(Sphingidae) est consommé par les populations Ntandu (R.D. Congo) et Gbaya-Bodoe (R.C.A.)* (Photo P. Latham)

PHOTO 8. Dactylocerus lucina *(Brahmaeidae), une chenille peu fréquente mais consommée en forêt de Lobaye par les Bofi (R.C.A.)* (Photo F. Malaisse)

au Zimbabwe, deux Lasio-
campidae, *Bombycomorpha
pallida* et *Gonometica pos-
tica* (Quin 1959), enfin, une
chenille de Brahmaeidae
(*Dactylocerus lucina*, Photo 8), de Hesperidae (*Coeliades libeon*) et de Lymantriidae *(Rhypopteryx poeci-
lanthes)*. Outre ces espèces
attestées par une détermination scientifique, il
convient encore de retenir
sur base de nos observa-
tions de terrain, ainsi que de
commentaires divers
(Adriaens 1953, DeFoliart
1991a, McGregor 1995,
Roulon-Doko 1998, Tango
Muyay 1981), la consom-
mation de chenilles relevant
des familles Acraeidae,
Agaristidae, Cossidae,
Geometridae, Nymphalidae
et Psychidae.

Au total quelque 15 fa-
milles sont concernées (Fi-

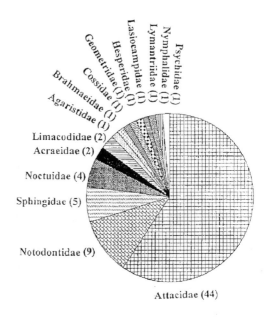

FIGURE 2. *Diversité des espèces linéennes
de chenilles comestibles en Afrique tropicale*
(Attacidae = Saturniidae)

gure 2), les Saturniidae occupent la première place avec 44 espèces différentes
soit 59% et précèdent les Notodontidae (9 espèces, 12 %).

Enfin il est intéressant de constater que d'autres familles sont susceptibles de
fournir des chenilles comestibles comme l'indiquent notamment des études effectuées en Amérique centrale (*cf.* Aldasoro Maya, dans ce volume; Ramos
Elorduy 1991) qui signalent, en outre, la consommation de larves de Bombyci-
dae, Castniidae, Ceratocampidae, Hepialidae, Megathymidae, Nycteolidae
et Pyralidae!

BIOLOGIE

Une bonne connaissance de la biologie des chenilles est un outil essentiel en
vue d'une gestion durable de leurs populations. Une synthèse des travaux et publications relatives à ce thème sort toutefois du cadre de la présente étude. Nous
nous bornerons à esquisser un cheminement de la réflexion en l'illustrant par des

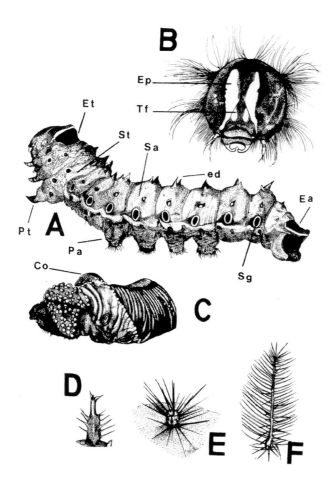

FIGURE 3. *Vocabulaire utilisé
pour la description de chenilles*

A. *Cinabra hyperbius*; B. *Chrysopoycte ladburyi*: capsule céphalique; C. *Platysphinx stigmatica*: corne; D. *Imbrasia petiveri*: tubercule épineux; E. *Micragone ansorgei*: verrue couverte de soies raides; F. *Hamanumida daedalus*: protubérance; Co = corne, Ea = écusson anal, ed = épine dorsale, Ep = épicrâne, Et = écusson thoracique, Pa = patte abdominale, Pt = patte thoracique, Sa = segment abdominal, Sg = stigmate, St = segment thoracique, Tf= triangle frontal (Malaisse & Parent 1980)

exemples choisis pour le Haut-Katanga, territoire qui nous est mieux connu.

La description des stades larvaires, l'établissement de cycles de vie, ainsi que d'une clef de détermination des chenilles, enfin l'approche de la dynamique des populations constituent une suite logique d'informations utiles. Une description précise des stades larvaires est une première étape. Il convient d'envisager, sinon pour tous les stades, au moins pour les derniers, la silhouette générale, la longueur et le diamètre de la chenille, la couleur et la mobilité de la tête, la forme et la couleur des écussons thoracique et anal, la forme, la taille et la couleur des tubercules, verrues ou protubérances, la couleur des stigmates, des pattes thoraciques et abdominales, l'ornementation et les couleurs des segments thoraciques et abdominaux. La figure 3 précise quelques termes de vocabulaire. À titre d'exemple, pour le Haut-Katanga, de bonnes descriptions ont été publiées par Seydel (1939) et Thiry (1980). Celles-ci peuvent être intégrées dans une clef de détermination, dont un exemple est fourni par Malaisse & Parent (1980). Des ob-

servations plus complètes concerneront la ponte et les adultes et permettent d'établir un cycle de vie (Figure 4) et de préciser le nombre de génération par an qui peut varier pour une même espèce selon les territoires concernés. Ainsi *Cirina forda* est signalée comme espèce monovoltine au Katanga (Malaisse 1997) mais bivoltine en Afrique du Sud (Van den Berg *et al.* 1973, Van den Berg 1974). Enfin l'établissement de dynamique de population est une dernière étape qui nécessite des études plus poussées; nous citerons à ce propos celle relative à *Elaphrodes lactea* (Malaisse *et al.* 1974).

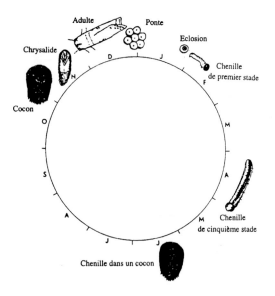

FIGURE 4. *Cycle biologique d'*Elaphrodes *lactea (Notodontidae) au Haut-Katanga* (Malaisse-Mousset *et al.* 1970, Malaisse *et al.* 1974)

ÉCOLOGIE

Des études de nature écologique ont été consacrées à diverses espèces comestibles. Elles abordent notamment les thèmes du régime alimentaire des chenilles, la production secondaire (Scholtz 1982), les prédateurs (Gaston *et al.* 1997), la productivité et, enfin, les programmes agroforestiers. Une étude du régime alimentaire de 163 espèces de chenilles au Haut-Katanga (Malaisse 1983) indique des comportements multiples depuis des espèces inféodées à une plante nourricière jusqu'à l'acceptation, en conditions naturelles, de quinze plantes hôtes différentes par une même espèce (Figure 5). D'autre part le cortège de chenilles observé sur *Julbernardia paniculata* (Benth.) Troupin (Leguminosae-Caesalpinioideae) s'élève à trente espèces dont dix sont comestibles (Figure 6).

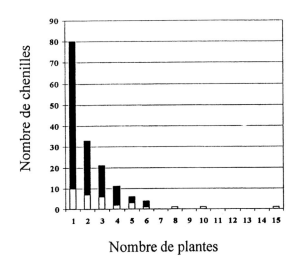

FIGURE 5. *Régime alimentaire des chenilles au Katanga*

Fréquences absolues des chenilles (comestibles □ / non comestibles ■) en fonction du nombre de plantes nourricières

La difficulté d'établir des valeurs de productivité pour divers écosystèmes est indiscutable. Elle provient tant des variations d'effectif observées d'une année à l'autre que de l'irrégularité de la distribution des espèces. Les observations de Bahuchet (1985) en forêt dense et de Malaisse *et al.* (1974) en forêt claire confirment cette analyse. Dans les cantons forestiers où les chenilles abondent des valeurs de 2 kg.ha^{-1} ont été estimées.

Enfin, dans les années cinquante, apparaissent des propositions écologiques visant à valoriser la ressource alimentaire que constituent les chenilles comestibles (Leleup, Daems 1959; Malaisse *et al.* 1969). À présent, l'apport nutritif potentiel des chenilles comestibles est intégré par divers auteurs dans des schémas de définition de programmes agroforestiers (DeFoliart 1991b, Munthali et Mughogho 1992, Ferreira 1995). Ainsi Turk (1990), Holden (1991) et Cunningham (1996) soulignent l'intérêt des Césalpiniacées, de ce point de vue, dans le biome forêt claire au Zimbabwe. L'approche la plus robuste concerne la forêt claire zambézienne de type miombo humide. Le poste "chenilles" y est pris en considération parmi douze finalités différentes; un coefficient pondéré synthétique amène à classer les diverses essences constituantes, fournissant une information pertinente pour les programmes agroforestiers (Malaisse 1997).

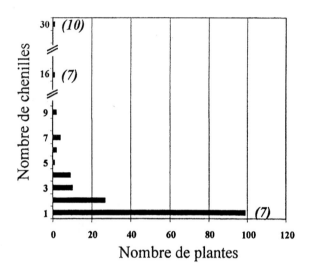

FIGURE 6. *Régime alimentaire
des chenilles au Katanga*

Fréquences absolues du nombre de chenilles
(totales / *comestibles*) par plante nourricière

COMPOSITION CHIMIQUE

Une vingtaine d'articles signalent des résultats originaux relatifs à la composition chimique de chenilles comestibles d'Afrique (Chinn 1945, Tihon 1946, Adriaens 1951, Dartevelle 1951, Adriaens 1953, Nunes 1960, Paulian 1963, Malaisse *et al.* 1969, Heymans & Evrard 1970, Le Clerc *et al.* 1976, Santos Oliveira *et al.* 1976, Malaisse & Parent 1980, Dreyer & Wehmeyer 1982, Kodondi *et al.* 1987a, Ashiru 1988, Sekhwela 1989, Mbemba & Remacle 1992, Glew *et al.* 1999). Certains travaux s'intéressent en particulier aux protéines (Chavanduka 1975, Landry *et al.* 1986), d'autres aux lipides (Zinzombe & George 1994, Motshegwe *et al.* 1998) ou encore aux vitamines (Kodondi *et al.* 1987b). On s'étonnera par conséquent qu'une synthèse récente (VanDyk 2000) ignore ces résultats alors qu'elle traite de la valeur nutritionnelle des insectes!

Les tableaux 2 à 5 synthétisent, par famille, les principales valeurs publiées. Ils indiquent, parfois, des différences sensibles en fonction des familles prises en considération. Par contre l'éventail des valeurs est relativement étroit au sein d'une même famille.

	Saturniidae N = 20	Hesperidae N = 1	Limacodidae N = 1	Notodontidae N = 6
Protéines (g)	(44,1) **63,7** +/- 10,4 (79,6)	51,2	69,6	(45,6) **53,7** +/- 5,4 (61,0)
Lipides (g)	(8,1) **13,8** +/- 4,5 (21,5)	12,4	9,2	(10,1) **21,7** +/- 8,3 (26,0)
Glucides (g)	(3,7) **13,8** +/- 9,2 (29,4)	15,6	12,7	(13,1) **18,4** +/- 7,0 (24,1)
Cendres (g)	(3,8) **6,7** +/- 2,6 (14,4)	11,6	8,5	(3,7) **5,3** +/- 1,4 (7,7)
Ca (mg)	(50) **148** +/- 124 (500)	220	1600	(20) **108** +/- 86 (200)
P (mg)	(500) **1099** +/- 680 (2300)	1160	900	(450) **710** +/- 445 (1500)
Fe (mg)	(10) **81** +/- 81 (300)		20	(10) **42** +/- 31 (80)
Valeur énergétique (Kcal)	(371) **449** +/- 36 (504)	348	397	(397) **463** +/- 49 (485)

TABLEAU 2. *Composition de chenilles comestibles d'Afrique tropicale*

(valeurs pour 100 g de matière sèche)

acide(s) aminé(s)	Saturniidae N=14	Notodontidae N=1 à 3
acide aspartique	(8,5) **8,8** +/- 0,4 (9,3)	0,6
acide glutamique	(13,6) **14,5** +/- 0,8 (15,0)	0,4
alanine	(4,0) **4,4** +/- 0,4 (4,7)	1,8
arginine	(5,6) **6,2** +/- 0,6 (6,6)	0,3
cystine	(1,3) **1,6** +/- 0,3 (2,0)	
glycine	(3,7) **3,8** +/- 0,2 (4,1)	1,4
histidine	(1,7) **2,8** +/- 0,6 (3,4)	(0,8) **2,3** +/- 1,4 (3,4)
isoleucine	(2,4) **4,5** +/- 2,0 (10,9)	(2,2) **3,9** +/- 1,5 (4,9)
leucine	(3,7) **6,6** +/- 1,4 (9,1)	(1,3) **4,7** +/- 3,0 (6,7)
lysine	(3,9) **6,9** +/- 1,2 (9,1)	(0,9) **4,8** +/- 3,4 (6,8)
méthionine	(1,1) **1,9** +/- 0,5 (2,4)	
(méthionine + cystine)	(0,8) **1,5** +/- 0,5 (2,1)	(1,5) **2,2** +/- 0,9 (2,8)
phénylalanine	(1,7) **5,2** +/- 2,0 (6,5)	2,2
(phénylalanine + tyrosine)	(8,9) **11,3** +/- 2,0 (914,7)	(13,2) **14,2** +/- 1,3 (15,1)
proline	(2,0) **2,1** +/- 0,1 (2,2)	1,9
sérine	(4,5) **4,7** +/- 0,2 (4,9)	
thréonine	(83,9) **4,4** +/- 0,3 (5,1)	(0,4) **3,1** +/- 2,3 (4,5)
thryptophane	(0,7) **1,3** +/- 0,5 (1,7)	
tyrosine	(1,3) **5,5** +/- 3,0 (7,7)	2,5
valine	(4,2) **6,6** +/- 2,0 (10,2)	(1,8) **4,4** +/- 2,2 (5,7)

TABLEAU 3. *Composition en acides aminés de chenilles comestibles* (en % des protéines)

(d'après Ashiru 1988, Demesmaecker 1997, Kodondi *et al.* 1987b, Santos Oliveira *et al.* 1976)

acide gras		Saturniidae N=12	Notodontidae N=1 à 2
acide laurique	C12:0	(0,10) **0,17** +/- 0,06 (0,20)	
acide myristique	C14:0	(0,10) **0,56** +/- 0,61 (2,30)	0,90
acide pentadécanoïque	C15:0	(0,10) **0,23** +/- 0,12 (0,50)	0,20
acide palmitique	C16:0	(8,74) **21,47** +/- 5,53 (28,45)	(11,61) **20,86** (30,10)
acide palmitoléique	C16:1	(0,10) **0,39** +/- 0,21 (0,87)	1,00
acide margarique	C17:0	(0,11) **3,70** +/- 9,14 (29,70)	(1,37) **1,44** (1,50)
acide stéarique	C18:0	(1,00) **18,99** +/- 7,46 (33,42)	(5,40) **12,42** (19,44)
acide oléique	C18:1	(1,70) **5,83** +/- 3,61 (8,40)	
	C18:1 cis-9	(4,85) **9,36** +/- 2,63 (12,90)	(8,37) **9,14** (9,90)
	C18:1 isom.*	(0,23) **0,32** +/- 0,07 (0,42)	0,10
acide linoléique	C18:2	(4,40) **9,15** +/- 6,11 (27,20)	(6,10) **8,71** (11,31)
acide linolénique	C18:3	(2,80) **34,14** +/- 10,78 (45,12)	(41,70) **41,72** (41,73)
acide arachidique	C20:0	(0,20) **1,51** +/- 2,43 (7,50)	(0,12) **0,79** (1,46)
acide eicosadiénoïque	C20:2	(0,10) **0,25** +/- 0,21 (0,40)	
autres acides gras		(1,15) **2,43** +/- 1,15 (4,35)	(4,08) **4,40** (4,71)

* isomère de position de la double liaison.

TABLEAU 4. *Composition en acides gras de chenilles comestibles* (en % des acides gras totaux)
(d'après Demesmaecker 1997, Kodondi *et al.* 1987b, Malaisse et Lognay inédit)

vitamine		Saturniidae N=3	Hesperidae N=1
acide folique	μg	(6,3) **21,1** +/- 15,4 (37,0)	
acide nicotinique	mg		22,7
acide pantothénique	mg	(7,3) **8,8** +/- 1,5 (10,2)	3,8
biotine	μg	(23,0) **32,7** +/- 11,2 (45,0)	92,0
cholécalciférol	μg	**22,2** (N=1)	
cyanocobalamine	μg		6,0
niacine	mg	(9,4) **10,4** +/- 0,9 (11,0)	
pyridoxine	μg	(50,0) **90,0** +/- 45,8 (140,0)	252,0
rétinol	μg	(30,0) **35,0** +/- 7,8 (44,0)	
béta-carotène	μg	(6,3) **6,8** +/- 0,7 (7,6)	
riboflavine	mg	(3,2) **4,1** +/- 1,0 (5,1)	3,4
thiamine	mg	(0,2) **0,2** +/- 0,1 (0,3)	0,6
alpha-tocophérol	mg		51,0

TABLEAU 5. *Composition en vitamines de chenilles comestibles*
(valeurs pour 100g de chenilles) (d'après Kodondi *et al.* 1987a, Paulian 1963)

De façon générale, il ressort de ces tableaux que les chenilles sont un aliment à teneur en protéines élevées (50 à 70 %), en lipides de l'ordre de 15% (9 à 22%). Les teneurs en les divers acides aminés sont voisines de celles préconisées par l'O.M.S., la leucine étant le facteur limitant (Demesmaecker 1997). Les chenilles montrent un assez bon équilibre entre les trois grandes familles d'acides gras, avec toutefois un léger déficit en acides gras monoinsaturés les teneurs en acides linolénique et stéarique sont élevées, on notera encore une bonne teneur en acide alpha-linolénique et en acide palmitique. Pour les vitamines, les teneurs en vitamines B_2 et P.P. sont élevées, celles en vitamines B_1 et B_6 basses.

Aspects nutritionnels

Nous prendrons en considération la périodicité des récoltes, l'importance de la consommation humaine de chenilles et la qualité de cet aliment.

Des informations relatives aux périodes de récoltes de chenilles comestibles figurent dans divers travaux. Elles concernent plusieurs groupes ethnolinguistiques, à savoir : Gbaya de Centrafrique (Roulon-Doko 1980, 1998), Babinga (Aka) de la Lobaye (Bahuchet 1975), Ntandu du Bas Congo (Latham 1999a), Yansi du Bandundu (Tango Muyay 1981), Luluwa du Kasaï occidental (Katya Kitsa 1989), Bemba du Katanga (Malaisse & Parent 1980) et de la Zambie (Richards 1939), Gwembe Tonga du Zambèze moyen (Scudder 1962) ou encore le Sud Mozambique (de Almeida 1946) et le Nord Transvaal (Velcich 1963). Elles indiquent l'existence d'une forte périodicité.

Des estimations de la valeur pondérale de la consommation journalière mensuelle ou annuelle de chenilles ont été avancées pour certains groupes ethnolinguistiques. Dès 1961 Gomez *et al.* présentent les résultats d'une enquête conduite dans tous les territoires du Congo; l'importance de la consommation d'insectes y est rapportée et atteint localement plus de 40% des protéines d'origine animale. Nous avons retenu les valeurs de 40 g par personne et par jour de chenilles fumées de novembre à janvier pour les environs de Brazzaville (Paulian 1963), de l'ordre de 15 g pendant cinq mois pour les environs de Kananga (Katya Kitsa 1989). Par repas, les ingestions seraient de l'ordre de 30 à 50 g de chenilles séchées, de 400 g pour les chenilles fraîches. Il convient de noter encore la perte progressive du savoir relatif à la consommation de chenilles en ville; ainsi seuls 28% des citadins de Kananga auraient conservé cette habitude alimentaire dans un terroir où ce type d'aliment était courant (Katya Kitsa 1989).

Enfin deux études récentes s'intéressent aux aspects microbiologiques des produits offerts sur les marchés villageois ou urbains. La présence, en grand nombre, de *Bacillus cereus* fut observée sur des lots de chenilles proposés à la vente dans divers marchés de Zambie (Jermini *et al.* 1997), tandis que sept bactéries et cinq champignons furent isolés à partir d'*Imbrasia belina*, la "chenille du mopane", cuits et séchés au soleil au Botswana. Parmi ces microorganismes figurent notamment *Aspergillus flavus, Escherichia coli, Klebsiella pneumoniae* et *Bacillus cereus* (Gashe *et al.* 1997). Une cuisson prolongée lors des préparations culinaires réduirait sensiblement l'importance des ces populations microbiennes!

Aspects commerciaux

Si la commercialisation locale des chenilles comestibles est signalée dans de nombreux territoires les estimations des quantités concernées sont rares. Ainsi il a été fait état de l'existence d'un trafic important du sud du Burkina Faso vers le Bénin et le Nigeria (Ouedraogo 2001). Le commerce annuel de chenilles comestibles représentait 280 tonnes de chenilles séchées entre 1954 et 1958 pour le district du Kwango (Leleup & Daems 1969) et aurait été de 1600 tonnes au Transvaal en 1981 (DeFoliart 1995).

Le conditionnement prend des aspects différents selon les territoires. De l'amas de chenilles séchées, à la boîte de chenilles à la sauce tomate relevée avec du piment rouge ("chilli") (Brandon 1987a,b) en passant par les sachets en cellophane ou polyéthylène (polyvinyles) et les sacs de jute, il y a toute une diversité. Cunningham (1996) signale une contenance de 80.000 "chenilles du mopane" par sac, un prix de vente de 120 à 150 rands (75 US $ de 1995) et des recettes individuelles de 2500 rands en sept semaines pour certains récolteurs!

En Europe cet aliment est commercialisé dans diverses villes, notamment Londres, Paris, Amsterdam, Berlin, Marseille, Montpellier, Dortmund, Lille, Bruxelles, etc.

Trente-cinq commerces ont été identifiés en Belgique (Demesmaecker 1997). Les commerces de Londres sont principalement approvisionnés à partir du Nigeria, du Zimbabwe et de Tanzanie, ceux de Paris à partir de la Centrafrique, ceux de Bruxelles à partir de la République démocratique du Congo et du Ghana. En octobre 2000, le kilo de chenilles séchées se vendait à quelque vingt euros en France.

Ethnotaxonomie

Peu de groupes ethnolinguistiques possèdent une dénomination générique pour les chenilles. C'est toutefois le cas en pedi, ainsi qu'en kikongo où la dénomination *kimpiatu* qui leur est réservée signifie également "l'enfant n'ayant pas subi d'initiation" (Dartevelle 1951), ce qui attesterait de la bonne connaissance de la relation chenille-papillon.

Quant au système de dénomination des chenilles, il varie selon les peuples considérés. Pour de nombreux groupes ethnolinguistiques, des chenilles fréquemment observées possèdent une appellation propre. Nous n'en avons pas recherché l'étymologie. C'est un axe de recherche qui reste à développer. Un second système de dénomination, fréquent, utilise comme terme principal le radical utilisé pour l'arbre hôte. Il nous est connu, entre autres, pour les langues chibemba, kintandu, setwana, dioula, mossi, pedi, etc. Ainsi les Babemba de Zambie et du Haut-Katanga ont fréquemment recours au préfixe *fina*, qui précède le nom vernaculaire de l'arbre principal dont la chenille se nourrit. On se souviendra que l'usage d'un suffixe commun à un ensemble d'insectes, relevant d'un même ordre, a été signalé chez d'autres peuples, notamment chez les Nyae Nyae de l'est du territoire Bushman en Namibie (Green 1998).

Les Mofu peuplant les Monts Mandara, dans les environs de Maroua au Cameroun, possèdent un système de dénomination différent (Seignobos *et al.* 1996). Ces grands consommateurs de chenilles différencient "les chenilles comestibles" appelées *mangawal* (langue mofu) – qui sont des larves glabres – de *tol*, terme péjoratif qui dénomme une chenille non comestible. Ils reconnaissent encore les chenilles poilues ayant des propriétés urticantes, *magambaf*. En fin de saison des pluies, en septembre, certaines chenilles sont désignées par le nom de l'arbre sur lequel on les récolte : *mangawal mindek* (chenille du *Ficus dicranostyla* Mildbr., Moracae), *mangawal gudav* (chenille du *Ficus gnaphalocarpa* (Miq.) Steud. ex A. Rich, Moraceae), *mangawal tor* (chenille du *Khaya senegalensis* (Desr.) A. Juss., Meliaceae).

Signalons qu'une banque de données totalisant près de trois cents noms vernaculaires pour une trentaine de langues est disponible auprès d'un des auteurs (François Malaisse).

Aspects culturels

L'importance culturelle des chenilles varie grandement selon les groupes ethnolinguistiques concernés. Elle se traduit, notamment, au travers de calendriers, de contes et de proverbes.

Ethnoclimatologie

L'apparition "soudaine", massive, de chenilles est un événement temporel qui frappe le villageois. Le recours à cette caractéristique dans le calendrier et la dénomination de périodes n'est, dès lors, pas étonnant. Un bon exemple est fourni par le calendrier badjoué (Abe'Ele 1998). De la mi-juin au 20 juillet s'étend *ebè é mikoo* ou "grande saison de chenilles".

Contes, chants, proverbes, injures

Avec une verve étonnante, sur plus de cent pages, Tango Muyay (1981) nous livre une cinquantaine de chants, des dizaines de contes, proverbes et injures à propos de 33 ethnospecies de chenilles chez les Yansi du Bandundu. Un travail admirable qu'il n'est pas aisé de résumer.

Nous avons encore retenu le conte "Les chenilles de Diamay", qui exprime l'importance de deux espèces de chenilles défoliatrices du sorgho dans la mentalité des Mofu (Seignobos *et al.* 1996). Un proverbe kikongo suggère le mot de la fin : *kaba kafurilanga mu nsasa yani kibeni kagetanga va ntoto* "la mort du Kaba est causée par ses propres crottes" c'est-à-dire que le crépitement occasionné par la chute des crottes au sol – ou leur présence imposante sur les sentiers – indiquent aux villageois la localisation des chenilles dans l'arbre hôte et dès lors incite à leur récolte (Latham 1999a).

DISCUSSION

Cette brève synthèse nous amène à rappeler le caractère limité de l'information que nous avons rassemblée, ainsi que celui de la connaissance des chenilles comestibles d'Afrique tropicale. Divers axes de recherche à poursuivre se dégagent aisément. Ils concernent notamment une meilleure connaissance de la diversité, de la biologie et de l'écologie de ces insectes, préalables indispensables pour une meilleure gestion des écosystèmes qui les hébergent en vue d'un bien-être accru des populations locales dont le savoir constitue le point de départ de tout dialogue.

RÉFÉRENCES BIBLIOGRAPHIQUES

ABE'ELE M. P. – 1998, *La pêche chez les Badjoué. Interaction entre les techniques, le temps, les terroirs et les ressources prélevées à Doumo (Périphérie de la Réserve de Faune du Dja, Est-Cameroun).* Second rapport semestriel, septembre 1998. Rapport Projet Forêts Communautaires/Fac. Univ. Sc. Agron. Gembloux, 80 p.

ADRIAENS E. L. – 1951, Recherches sur l'alimentation des populations du Kwango. *Bull. Agric. Congo Belg.* 42:227-270; 473-552.

– 1953, Note sur la composition chimique de quelques aliments mineurs indigènes du Kwango. *Ann. Soc. Belg. Méd. Trop.* 33:531-544.

ALDASORO MAYA E. M. – dans ce volume, *Étude ethnoentomologique dans la communauté hñahñu « El Dexthi » de la vallée du Mezquital (État de Hidalgo, Mexique).*

ASHIRU M. O. – 1988, The food value of the larvae of *Anaphe venata* Butler (Lepidoptera: Notodontidae). *Ecol. Food Nutr.* 22:313-320.

BAHUCHET S. – 1975, Ethnozoologie des pygmées Babinga de la Lobaye, République centrafricaine. *L'homme et l'animal* (R. Pujol, éd.). Premier colloque d'Ethnozoologie. Paris, Institut International d'Ethnosciences, 53-61.

– 1985, *Les pygmées Aka et la forêt Centrafricaine.* Paris, Selaf (ES 1), 640 p.

BANI G. 1995, – Some aspects of entomophagy in the Congo. *Food Insects Newsl.* 8(3):4-5.

BELL J. C. & M. A. MCGEOCH – 1996, An evaluation of the pest status and research conducted on phytophagous Lepidoptera on cultivated plants in South Africa. *African Entomology* 4(2):161-170.

BENHURA M. A. N. & I. C. CHITSIKU – 1990, Food consumption patterns in the Mutambara District of Zimbabwe. *The Central African Journal of Medicine* 36(5):120-128.

BRANDON H. – 1987a, The snack that crawls. *Int. Wildl.* March-April:16-21.

– 1987b, Revoilà le temps des chenilles. *Géo*, vol. 103:136-145.

CHAVANDUKA D. M. – 1975, Insects as a source of protein to the African. *Rhodesia Sci. News* 9:217-220.

CHINN M. – 1945, Notes pour l'étude de l'alimentation des indigènes de la Province de Coquilhatville. *Ann. Soc. Belg. Méd. Trop.* 25:57-149.

CUNNINGHAM T. – 1996, Saturniid subsidy: cash and protein from edible caterpillars of Zambesian woodlands. *The Miombo in transition: woodlands and welfare in Africa* (B. Campbell, ed.). Bogor (Indonesia), Center for International Forestry Research (CIFOR), 107-108.

DARTEVELLE E. – 1951, Sur un Hespéride des environs de Léopoldville et remarques sur la valeur alimentaire des chenilles de Lépidoptères. *Lambillionea* 51:12-16, 18-20.

DE ALMEIDA A. – 1946, Cronica de etnografia colonial. Carne de invertebrados – Tabu alimentar dos nativos das colonias portuguesas. *Bol. Geral Colon.* 32(249):107-115.

DEFOLIART G. R. – 1991a, Edible caterpillars: A potential agroforestry resource? *Food Insects Newsl.* 4(2):3-4.

– 1991b, Forest management for the protection of edible caterpillars in Africa. *Food Insects Newsl.* 6:1-2.

– 1995, Edible insects as minilivestock. *Biodiv. Conserv.* 4:306-321.

DEMESMAECKER A. – 1997, *Contribution à l'écologie: Les chenilles comestibles du Copperbelt, Zambie.* Travail de fin d'Études, Fac . Univ. Sc. Agron. Gembloux, 117 p.

DREYER J. J. & A. S. WEHMEYER – 1982, On the nutritive value of mopane worms. *S. Afr. J. Sci.* 8:33-35.

FERREIRA A. – 1995, Saving the Mopane Worm. South Africa's wiggly protein snack in danger. *Food Insects Newsl.* 8:6.

GASHE B. A., S. F. MPUCHANE, B. A. SIAME, J. ALLOTEY & G. TEFERRA – 1997, The microbiology of phane, an edible caterpillar of the emperor moth, *Imbrasia belina. J. Food Protection* 60(11):1376-1380.

GASTON K. J., S. L. CHOWN. & C. V. STYLES – 1997, Changing size and changing enemies: the case of the mopane worm. *Acta Oecologia* 18(1):21-26.

GLEW R. H., D. JACKSON, L. SENA, D. J. VANDERJADT, A. PASTUSZYN & M. MILLSON – 1999, *Gonimbrasia belina* (Lepidoptera: Saturniidae): a Nutritional Food Source Rich in Protein, Fatty acids, and Minerals. *American Entomologist*, winter 1999:250-253.

GOMEZ P. A., R. HALUT & A. COLLIN – 1961, Production de protéines animales au Congo. *Bull. agric. Congo* 52(4):698-815.

GREEN S. V. – 1998, The Bushman as an Entomologist. *Antenna-London* 22(1):4-8.

GRIMES B. F. (ed.) – 1996, *Ethnologue.* 13th edition, Dallas (U.S.A.), Summer Institute of Linguistics. 288 p.

GRIVETTI L. E. – 1979, Kalahari agro-pastoral-hunter-gatherers: the Tswana example. *Ecol. Food Nutr.* 7:235-256.

HEYMANS J-C. & A. EVRARD – 1970, Contribution à l'étude de la composition alimentaire des insectes comestibles de la Province du Katanga. *Probl. Soc. Congolais (Bull. Trimestr. C.E.P.S.I.)* 90-91:333-340.

HLADIK A. – 1995, *Valorisation des produits de la forêt dense autres que le bois d'œuvre. Rapport de mission. République centrafricaine, Projet Ecofac, groupement AGRECO/CIRAD-forêt*, Paris, 57 p.

HOLDEN S. – 1991, Edible caterpillars – A Potential Agroforestry Resource? *Food Insects Newsl.* 4(2):3-4.

JERMINI M., F. L. BRYAN, R. SCHMITT C. MWANDWE, J. MWENYA, M. H. ZYUULU, E. N. CHILUFYA, A. MATOBA, A. T. HAKALIMA & M. MICHAEL – 1997, Hazards and critical control points of food vending operations in a city in Zambia. *J. Food Protection* 60(3):288-299.

KATYA KITSA – 1989, Contribution des aliments comestibles à l'amélioration de la ration alimentaire au Kasai-Occidental. *Zaïre-Afrique* 239:511-519.

KODONDI K. K., M. LECLERCQ & F. GAUDIN-HARDING – 1987a. Vitamin Estimations of Three Edible Species of Attacidae Caterpillars from Zaïre. *Intern. J. Vitam. Nutr. Res.* 57:333-334.

KODONDI K. K., M. LECLERCQ, M. BOURGEAY-CLAUSSE, A. PASCAUD & F. GAUDIN-HARDING – 1987b, Intérêt nutritionnel de chenilles d'attacidés du Zaïre: composition et valeur nutritionnelle. *Cah. Nutr. Diét.* 22(6):473-477.

LANDRY S. V., G. R. DEFOLIART & M. L. SUNE – 1986, Larval protein quality of six species of Lepidoptera (Saturniidae, Sphingidae, Noctuidae). *J. Econ. Entomol.* 79:600-604.

LATHAM P. – 1999a, *Edible caterpillars and their food plants in Bas Congo.* Forneth (U.K.), Latham ed., 38 p.

– 1999b, Edible caterpillars of the bas Congo region of the Democratic Republic of the Congo. *Antenna-London* 23(3):134-139.

– 2000, *Chenilles comestibles et leurs plantes hôtes de la Province du Bas-Congo.* Forneth (U.K.), Latham ed., 40 p.

LE CLERC A. M., P. RAMEL & P. ACKER – 1976, Note au sujet de la valeur nutritionnelle d'une chenille alimentaire: *Anathepanda infracta. Ann. Nutr. Aliment.* 21:69-72.

LELEUP N. & H. DAEMS – 1969, Les chenilles alimentaires du Kwango. Causes de leur raréfaction et mesures préconisées pour y remédier. *JATBA* 16(1):1-21.

LIVINGSTONE D. – 1857, *Missionary Travels and Researches in South Africa; Including a Sketch of sixteen years' Residence in the Interior of Africa, and a Journey from the Cape of Good Hope to Loanda on the West Coast, Thence Across the Continent, Down the River Zambesi, to the Eastern Ocean.* London, John Murray, 687 p.

MALAISSE F. – 1983, Trophic structure in Miombo (Zambezian tropical woodland). *Ann. Fac. Sc. Lubumbashi* 3:119-162.

– 1997, *Se nourrir en forêt claire. Approche écologique et nutritionnelle.* Presses agronomiques de Gembloux/ Centre Techn. Coop. Agricole et Rurale (Wageningen), 384 p.

– 2001, Chenilles comestibles et campéophagie en Afrique tropicale. *Bull. Acad. roy. Sc. Outre-Mer* (déposé pour publication).

MALAISSE F., M. MALAISSE-MOUSSET & A. EVRARD – 1969, Aspects forestiers et sociaux des pullulations de Tunkubiu. Faut-il détruire ou protéger *Elaphrodes lactea* (Gaede) (Notodontidae)? *Bull. Trim. C.E.P.S.I.* 86:27-36.

MALAISSE F. & G. PARENT – 1980, Les chenilles comestibles du Shaba méridional (Zaïre). *Les Nat. Belges* 61(1):2-24.

MALAISSE F., C. VERSTRAETEN & T. BULAIMU – 1974, Contribution à l'étude de l'écosystème Forêt claire (Miombo). Note 3: Dynamique des populations d'*Elaphrodes lactea* (Gaede) (Lep. Notodontidae). *Rev. Zool. Afr.* 88(2):286-310.

MALAISSE-MOUSSET M., F. MALAISSE & C. WATULA – 1970, Contribution à l'étude de l'écosystème forêt claire (Miombo). Note 2: Le cycle biologique d'*Elaphrodes lactea* (Gaede) et son influence sur l'écosystème «Miombo». *Trav. Serv. Sylv. Univ. Off. Congo* 8:3-10.

MASSEGUIN & ANTONINI – 1938, Les chenilles comestibles dans la Haute-Sangha. *Bull. Soc. Recherches congolaises* 25:133-145.

MBATA K. J. – 1995, Traditional Uses of Arthropods in Zambia. *Food Insects Newsl.* 8(3):1, 5-7.

MBEMBA F. & J. REMACLE – 1992, *Inventaire et composition chimique des aliments et des denrées alimentaires traditionnels du Kwango-Kwilu au Zaïre.* Namur (Belgique). Presses universitaires de Namur, 80 p.

MCGREGOR J. – 1995, Gathered produce in Zimbabwe's communal areas changing resource availability and use. *Ecol. Food Nutr.* 33:163-193.

MERLE M. – 1958, Des chenilles comestibles. *Notes africaines* 77:20-23.

MERRIWEATHER A. – 1968, Molepolole mission history. *Botswana Notes and Records* 1:15-17.

MIGNOT J.-M. – dans ce volume, *La classification des Arthropodes selon les Masa Bugudum (Nord Cameroun): premier aperçu.*

MKANDA F. X. & S. M. MUNTHALI – 1994, Public attitudes and needs around Kasungu National Park, Malawi. *Biodiversity and Conservation* 3:29-44.

MOTSHEGWE S. M., J. HOLMBACK & S. O. YEBOAH – 1998, General properties and the fatty acid composition of the oil from the mophane caterpillar, *Imbrasia belina. J. Amer. Oil Chem. Soc.* 7(6):725-728.

MUNTHALI S. M. & D. E. C. MUGHOGHO – 1992, Economic incentives for conservation: beekeeping and Saturniidae caterpillar utilization by rural communities. *Biodiversity and Conservation* 1:143-154.

NEWMAN J. L. – 1975, Dimensions of Sandawe diet. *Ecol. Food Nutr.* 4:33-39.

NUNES J. A. P. – 1960, A alimentaçao na Baixa de Cassange. *Anais Inst. Med. trop., Lisboa,* XVII,1/2:283-435.

OBERPRIELER R. – 1995, *The emperor moths of Namibia.* Hartbeespoort (R.S.A.), Ekogilde, ix + 91 p.

OUEDRAOGO M. – 2001, *Chenilles comestibles du Burkina Faso* (manuscrit), 3 p.

PAGEZY H. – 1988, *Contraintes nutritionnelles en milieu forestier équatorial liées à la saisonnalité et la reproduction: réponses biologiques et stratégies de subsistance chez les Ba-Oto et les Ba-Twa du village Nzalekenga (Lac Tumba, Zaïre)*. Thèse de doctorat, Univ. de Droit, d'Économie et des Sciences d'Aix-Marseille, Fac. des Sciences et Techniques de Saint Jérôme, 257 p.

PALMER E. & N. PITMAN – 1972, *Trees of Southern Africa covering all known indigenous species in the Republic of South Africa, South-West Africa, Botswana, Lesotho & Swaziland*. Cape Town (R.S.A.), A.A. Balkema, vol. 1, 703 p.

PAULIAN R. – 1963, *Coeliades libeon* Druce, chenille comestible du Congo. *Bull. Inst. rech. Sci. Congo* 2:5-6.

QUIN P. J. – 1959, *Foods and feeding habits of the Pedi with special reference to identification, classification, preparation and nutritive value of the respective foods*. Johannesburg (R.S.A.), Witwatersrand Univ. Press, xvii + 278 pp, 134 plates.

RAMOS ELORDUY DE CONCONI J. – 1991 (2da edición), *Los insectos como fuente de proteínas en el futuro*. Mexico, Editorial Limusa, 148 p.

RICHARDS A. I. – 1939, *Land, labour and diet in Northern Rhodesia: An economic study of the Bemba tribe*. Oxford (UK), Oxford University Press for International African Institute, 425 p.

ROULON-DOKO P. – 1980, Le savoir des Gbaya de Centrafrique sur les chenilles comestibles, leur comportement et leur habitat. *Bull. de liaison de la SEZEB* (Paris) 8:20-25.

– 1998, *Chasse, cueillette et cultures chez les Gbaya de Centrafrique*. L'Harmattan, Paris, 540 p.

SANTOS OLIVEIRA J. F., J. PASSOS DE CARVALHO, R. F. X. BRUNO DE SOUSA & M. MADALENA SIMAO – 1976, The nutritional value of four species of insects consumed in Angola. *Ecol. Food Nutr.* 5:91-97.

SCHOLTZ C. H. – 1982, Trophic ecology of Lepidoptera larvae associated with woody vegetation in a savanna ecosystem. *South Afr. Nat. Sci. Programmes report* 55, v + 25 p.

SCUDDER T. – 1962, *The ecology of the Gwembe Tonga. Kariba Studies, vol. II, The Institute for African Studies, Univ. of Zambia*. Manchester (U.K.), Manchester Univ. Press, 274 p.

SEIGNOBOS C., J.-P. DEGUINE & H.-P. ABERLENC – 1996, Les Mofu et leurs insectes. *JATBA* 38(2):125-187.

SEKHWELA M. B. M. – 1989, The nutritive value of Mophane bread – Mophane insect secretion (Mophote or Maboti). *Botswana Notes and records* 20:151-154.

SEYDEL C. – 1939, Contribution à l'étude de la biologie de la faune entomologique éthiopienne. *C. R. VII Kongr. für Entomologie, Berlin*, 2:1308-1330.

SOUTHWOOD T. R. E. – 1977, Entomology and mankind. *Amer. Scient.* 65:30-39.

TANGO MUYAY – 1981, Les insectes comme aliments de l'homme. *CEEBA Publications*, Série II 69, Bandundu (Zaïre), 177 p.

THIRY J. – 1980, Observations sur les Chenilles de quelques Saturniidae du Shaba (Zaïre) (Lepidoptera). *Rev. Zool. afr.* 94(2):327-332.

TIHON L. – 1946, Contribution à l'étude du problème alimentaire indigène au Congo Belge. *Bull. Agric. Congo Belg.* 37:829-868.

TURK D. – 1990, Leguminous trees as forage for edible caterpillars. *Nitrogen-Fixing-Tree-Research-Reports* 8:75-77.

VAN DEN BERG M. A. – 1974, Biological studies on *Cirina forda* (West.) (Lepidoptera: Saturniidae), a pest of wild seringa trees (*Burkea africana* Hook.). *Phytophylactica* 6:61-62.

VAN DEN BERG M. A., H. D. CATLING & J. B. VERMEULEN – 1973, The distribution and seasonal occurrence of Saturniidae (Lepidoptera) in Transvaal. *Phytophylactica* 5:111-114.

VanDyk J. – 2000, Nutritional value of various insects per 100 grams.
    http://www.ent.iastate.edu/misc/insectnutrition.html

Velcich G. – 1963, Mopani worms. *BaNtu* 10:604-605.

Waterhouse G. – 1932, *Simon van der Stel's Journal of its expedition to Namaqualand
    1685-1686.* Dublin, Green, xxviii + 85 p.

White C. – 1959, A preliminary survey of Luvale rural economy. *The Rhodes-Livingstone
    papers* 9:1-58.

Zinzombe I. M. & S. George – 1994, Larval lipid quality of Lepidoptera: *Gonimbrasia beli-
    na. Botswana Notes and Records* 26:167-173.

PHOTO 1. *La chenille* Bunaea alcinoe *appelée*
sélá-ɲín-bé-tòyó *"incisives de chien" en gbaya 'bodoe* (Photo P. Roulon-Doko)

PHOTO 2. *Une récolte de* Bunaea alcinoe
Ndongué (République Centrafricaine), septembre 1977 (Photo P. Roulon-Doko)

PRÉPARATION DE LA CHENILLE *BUNAEA ALCINOE* CHEZ LES GBAYA 'BODOE (CENTRAFRIQUE)

PHOTO 4. *Dans le cas des grosses chenilles et des "chenilles à piquants", la chenille est tenue d'une main par la tête tandis que l'autre main "presse son corps entre le pouce et l'index dans un mouvement qui fait sortir les excréments qu'elle contient par son anus".* (Photo P. Roulon-Doko)

Cf. ROULON-DOKO P. – 1998, *Chasse, cueillette et cultures chez les Gbaya de Centrafrique.* L'Harmattan, Paris, 540 p.

PHOTO 3. *Avant de procéder à la préparation des chenilles, il convient de les laver. Cependant, pour certaines d'entre elles, il faut avant de les laver, soit les vider, soit les "époiler". Le vidage des chenilles a pour but de débarrasser la chenille des excréments qu'elle contient. On ne vide que les chenilles qui ne sont pas encore parvenues à complète maturité.*
(Photo P. Roulon-Doko)

LES REPRÉSENTATIONS DU VER DANS LES CULTURES AGRO-PASTORALES PEULES DU NIGER

Salamatou ALHASSOUMI SOW

RÉSUMÉ

Les représentations du ver dans les cultures agro-pastorales peules du Niger

Le ver, *ngilngu*, est désigné sous ce vocable de manière générique.
Le ver, prédateur naturel a une image négative ; le corps qu'il attaque est menacé de mort et son apparition crée une désolation et un dégoût par la destruction du corps et les odeurs que dégagent les putréfactions de ce corps. Mais le ver participe aussi à la culture culinaire de beaucoup de sociétés donnant ainsi dans le triangle culinaire, face au cru et au cuit, la catégorie du pourri dont l'apparition des vers marque la "maturité" comestible. Entre ces deux faces négative et positive, et compte tenu du fait que le ver est le fruit d'une transformation, on pourrait se demander ce que représente pour les Peuls pasteurs le ver issu de la décomposition du lait, aliment privilégié.
Nous tiendrons compte des opinions des hommes et des femmes pour mieux saisir la portée de leurs représentations et les pratiques qui en découlent car le lait est comparable au sperme qui féconde la femme, et la calebasse qui recueille le lait est comparable à l'utérus. Le ver, pris dans ce contexte, peut rentrer dans un autre type d'imaginaire.

ABSTRACT

Worm representations among the Fulani agro-pastoral cultures of Niger

The generic designation for worm is *ngilngu*.
The worm, natural predator, has a negative image, the matter it attacks is in danger of dying and the worms' apparition creates sorrow and disgust through the destruction of the matter and the odors coming from the rotting body. But the worm is also part of the culinary culture of many societies, creating the culinary triangle: raw versus cooked, opposing the category rotten, where the appearance of worms is a sign that the food is "prime" for consumption. Between these two poles, negative and positive, and considering that the worm is the product of transformation, one wonders how the pastoral Fulani represent the worm issued from the decomposition of milk, their privileged food?
We will take into account both men's and women's opinion so as to better grasp the scope of their representations and the practices stemming from them, as milk is comparable to the sperm which fertilizes woman, and the calabash which collects the milk is comparable to the uterus. The worm taken in this context may belong to a different type of imagery.

Les insectes dans la tradition orale – Insects in oral literature and traditions
Élisabeth MOTTE-FLORAC & Jacqueline M. C. THOMAS, éds
2003, Paris-Louvain, Peeters-SELAF (Ethnosciences)

Nous avons été amenée à faire cette étude sur les représentations du ver en travaillant comme animatrice formatrice des femmes d'agropasteurs du Burkina Faso, du Mali et du Niger pour l'ONG APESS (Association pour la Promotion de l'Élevage au Sahel et en Savane) entre février 1993 et janvier 1996.

Le programme de la formation comprenait une partie sur «la gestion et la transformation du lait» dont les femmes ont traditionnellement entièrement la charge dans cette société : elles s'occupent du lait après la traite et le recueillent dans des calebasses. Une partie du lait est destinée à la nourriture de la famille et une autre à la vente.

Le lait a deux utilisations principales : il est bu frais ou il est consommé caillé, nature ou mélangé dans des céréales.

Dans ces régions du fleuve Niger, on a constaté qu'au cours de certaines périodes de l'année, il y a une surproduction de lait et que cette surproduction est mal gérée. Le lait ne peut être écoulé que sur quelques marchés hebdomadaires et l'excédent est jeté dans les mares ou dans le fleuve, faute de pouvoir le conserver. Afin d'apprendre aux femmes à mieux gérer ce surplus, l'ONG a introduit, dans son programme, une formation sur la production de fromage. Ceci est tout à fait novateur dans une région où la production du fromage n'était pas connue.

La production de deux types de fromage a, ainsi, été introduite :

– Le fromage au lait frais, déjà produit dans la savane au Bénin, au Togo et au Ghana est connu sous le nom de *wagasi* dans la savane. Ce fromage est très apprécié par les femmes et présente l'avantage d'être très "écologique" car tous les ingrédients qui entrent dans sa composition sont directement récoltés dans le milieu naturel : lait frais, sève de *mbamambi* [1] pour "couper" le lait, sel et feuilles de sorgho pour colorer la boule de fromage.

– Le fromage au lait caillé se fait à partir de lait caillé non fouetté qu'on répartit dans de petits pots en plastique et qu'on laisse égoutter pendant plusieurs jours. Pendant ce temps une croûte se forme et donne l'impression de contenir des petits vers. Ce fromage est moins apprécié ; à sa vue les femmes ont des moues de dégoût. De plus son odeur est forte. Nous n'avons jamais réussi à le faire déguster aux femmes, tandis que le fromage cuit était fort apprécié, les séances de fabrication et de dégustation étaient très animées et les femmes y participaient volontiers.

Pourquoi ce manque d'intérêt pour le fromage au lait caillé? Est-ce l'odeur? Est-ce la croyance que ce fromage est habité de vers? Est-ce le récipient dans lequel on le confectionne qui n'est plus la calebasse mais un objet en plastique? Autant d'interrogations pour comprendre ce qui suscite le rejet de ce fromage. Il s'agissait d'un défi à relever pour la responsable de cette formation. Nous savons, par expérience, que les aliments ordinaires qui ont des vers ne sont jamais

---

[1] *Calotropis procera* (Ait.) Ait. (Asclepiadaceae).

consommés; ils sont jetés. C'est ce qui m'a amenée à m'intéresser aux représentations du ver dans ces cultures et plus spécifiquement du ver dans le lait qui est un aliment privilégié chez les agropasteurs.

Pour cette étude, nous avons choisi les Peuls Gaawoo'be, parce qu'ils sont encore passionnément attachés à la vache et aux transhumances; ils ont adopté l'agriculture sans abandonner l'élevage et le nomadisme saisonnier. Ce sont les derniers nomades de l'ouest du Niger.

Nous avons surtout interrogé les femmes parce que ce sont elles que nous formons. Nous n'avons interrogé les hommes que pour avoir leur opinion et pouvoir la comparer à celle des femmes; les hommes sont avant tout des bergers et ne sont pas concernés par la transformation du lait.

LE VER CHEZ LES PEULS

Dénominations du ver

Le ver *ngilngu,* est désigné sous ce vocable de manière générique. Il sert à nommer tous les types de vers, mais les Peuls identifient deux classes de vers:

– ceux nés à la suite d'une décomposition dans un corps végétal, animal ou humain et vivant à l'intérieur du corps décomposé: ce sont donc des prédateurs internes dans le corps, qui sont perçus comme des "vers nageurs" *gil'yi jinotoo'di.* Ils détruisent le corps et sont l'image de la mort: ils attaquent jusqu'aux os les cadavres d'animaux. Le corps des humains, au cimetière, est aussi rongé par ces "bestioles".

– ceux nés à la suite d'une décomposition mais qui sont prédateurs des végétaux: ils sont perçus comme des "vers marcheurs" *gil'yi jahooji* ou *merooji.* Quand ils s'attaquent aux végétaux, ils peuvent les détruire et occasionner une mauvaise récolte, une famine.

En dehors du terme générique, *ngilngu*, les variétés de vers sont désignées par des noms composés descriptifs du ver, de son usage, ou du végétal auquel il est associé comme le *ngilnga Hombee'be* "ver du karité" qui est consommé par les Hombêbe, ou le *lam'dam gertoo'de* "sel des poules" qui est un gros ver que les poules aiment bien picorer.

Représentations du ver

Le ver qui tue: l'image d'un hôte destructeur

Dans une première approche, le ver a une représentation très négative car il est avant tout perçu comme prédateur, comme celui qui transforme et tue le corps auquel il s'attaque. Son apparition crée une désolation et un dégoût par la modification que subit le corps, par les odeurs qui se dégagent du corps en putréfaction. Le corps dans lequel les vers apparaissent est perdu et, dans certains cas, impropre à tout usage.

Les Peuls pensent que les vers, surtout les cochenilles, petites larves blanches sont nées de la "pisse des mouches". Ces mouches qui se posent promptement sur les excréments, qui sont attirées par les ordures et qui viennent ensuite souiller les aliments. Cette pensée crée un rejet très violent de ces vers qui sont encore plus répugnants que les mouches et leurs sécrétions dont ils proviennent! De toutes les façons "quand le ver apparaît, la chose est gâtée".

Le ver qu'on mange: le cru, le cuit et le pourri

Malgré cette forte répulsion à l'égard du ver, il participe quand même de la culture culinaire de beaucoup de sociétés, où apparaît un triangle culinaire dans lequel, face au cru et au cuit, intervient la catégorie du pourri. L'apparition des vers marque bien souvent la maturité du pourri prêt à être consommé.

Le *soumbala*, ingrédient culinaire le plus utilisé dans les sauces du Sahel et de la Savane africaine, n'est bon qu'après l'apparition des vers dans les graines d'oseilles fermentées. Le terme technique utilisé en zarma dans cette transformation est *fummbandi* "faire pourrir les graines d'oseilles". Une fois qu'elles sont bien pourries, c'est-à-dire infestées de vers, elles sont écrasées avec les vers et vendues en boulettes qui seront soit mélangées avec de l'eau filtrée et ajoutées à la sauce, soit plongées entières dans l'eau de cuisson.

De même, le poisson séché employé pour relever les sauces n'est bon qu'à la condition qu'il ait été, auparavant, infesté par un grand nombre de vers.

Il faut noter que c'est la cohabitation avec les sédentaires qui a conduit certains Peuls à consommer ces aliments.

Le ver qui soigne: quand le dégoût géré libère du mal

Le ver peut aussi être utilisé en thérapeutique. C'est ainsi que le ver appelé "sel des poules" est utilisé pour soigner la maladie *oolol* "jaune", appelée en français "jaunisse". Il s'agit d'une forme d'hépatite qui rend les yeux et les urines plus jaunâtres. Écrasé dans un liquide, il est donné à boire au malade à son insu. L'une des conditions du succès de ce traitement est que le malade ignore complètement ce qu'il a bu.

L'utilisation médicinale des vers est cependant très limitée chez les Gaawoo-'be qui considèrent que c'est la sécheresse et le manque de lait qui les a amenés à manger les mêmes nourritures que les sédentaires.

LE LAIT ET LES VERS

Importance du lait dans la culture peule

Entre les deux faces négative et positive du ver, et compte tenu du fait qu'il est le résultat d'une transformation, on peut se demander ce que représentent

Photo 1. *Calebasse de lait protégée des mouches*

Photo 2. *Calebasse de lait et la mesure de vente*

pour les Peuls pasteurs celui qui est issu de la décomposition du lait, aliment privilégié dans cette société.

Pour les Peuls, le lait est la nourriture première, paradisiaque, blanche. Ils affirment que quand quelqu'un dit : « Je n'aime pas le lait… », il n'a pu le dire qu'en grandissant car tout vivant se nourrit d'abord du lait de sa maman. L'être humain a bu du lait avant toute chose pour se nourrir. Les Peuls continuent toute leur vie à se nourrir du lait de leurs animaux, et surtout de celui des vaches. Nous savons que dans la culture islamique, le lait et le miel sont promis aux fidèles méritants qui iront au paradis. Dans la pensée nomade, c'est la nourriture la plus noble qui soit, à tel point que quand certains Peuls boivent une gorgée de lait, ils ne mangent plus aucune autre nourriture parce que ce serait souiller le lait bu… Notons que les Wo'daa'be, Peuls qui se consacrent uniquement à l'élevage, n'ont qu'un seul verbe pour se nourrir, c'est le verbe *yara* "boire". C'est vraisemblablement en se sédentarisant que les Peuls ont dû créer un verbe pour dire "manger" *nyaama*.

Le lait blanc qui sort du pis de la vache comme les gouttes de pluie tombent des nuages, participent à d'autres représentations pour expliquer la création : c'est une goutte de lait *to'b'bere kosam* (Archives A. H. Ba) tombée des cieux qui serait à l'origine du monde.

Le lait est un aliment exceptionnel que les Peuls vénèrent. Les femmes conservent le lait avec beaucoup de respect. Les calebasses qui recueillent le lait font l'objet d'une attention particulière. Elles sont toujours rangées et conservées dans un endroit réservé, le *kaggu*, consacré comme autel (Sow 1995), où repose le lait frais qui "endormi" se transformera en lait caillé, et qui fouetté libérera le beurre. Elles évitent de les poser par terre pour ne pas les souiller.

"La mouche sur le lait" *mbuubu nder kosam* : le mauvais hôte d'une blancheur pure

Cette image de la netteté et des contraires sert aux Peules à montrer une différence impossible à dissimuler ou une association contre nature : la mouche qui "butine" dans les pourritures n'a pas sa place sur le lait. Immédiatement visible sur le lait, elle ne peut se dissimuler ; on l'enlève aussitôt car si on la laisse, la mouche altérera le lait qui finira par devenir dégoûtant et impropre à la consommation (comme nous l'avons vu, les vers proviennent de la "pisse des mouches").

Pratiques autour du lait

Pour tous les produits, à l'exception du lait, les femmes emploient les termes *luu'bi* ou *nyolii,* pour dire qu'un produit est pourri, décomposé par les vers. Le premier, *luu'bi* "faisandé, pourri", évoque les conséquences olfactives de la décomposition tandis que le second, *nyolii* "décomposé, putréfié", est plutôt visuel et évoque l'aspect de la putréfaction. Cependant, pour le lait les femmes n'emploient jamais ces mots, elles disent plutôt *waylake* "a tourné" ou *wa'dii bi'b'be* "a fait des petits". On comprend aisément cet euphémisme qui permet aux femmes de parler avec respect et pudeur d'un produit qui contribue à leur bien-être au campement.

Pratiques vis-à-vis des corps infestés de vers

Alors que les corps attaqués, décomposés et morts sont jetés ou enterrés, le lait, même infesté de vers, n'est jamais jeté par terre chez les agropasteurs. Il est mélangé à l'eau et versé dans un cours d'eau (mare, fleuve) ou dans les boissons destinées aux breuvages des animaux (eau de sorgho, de mil ou de maïs).

Le beurre longtemps conservé peut aussi contenir des vers, dans ce cas, il est lavé à plusieurs eaux pour être débarrassé des vers et cuit.

Le lait est un aliment exceptionnel, pur, qui, même souillé par quelque chose d'aussi impur que le ver, n'est pas traité comme les autres matières. En le traitant par de l'eau, les femmes peules lui redonnent sa pureté originelle.

C'est en utilisant cette façon de faire, c'est-à-dire en lavant le fromage avec de l'eau salée, que nous avons réussi à en faire manger aux femmes sédentaires, dans de la salade et des tomates, avec du pain. Chez les Gaawoojo, une femme y a goûté. Quand les femmes comprendront que le fromage au lait cru peut aussi être purifié avant d'être mangé (de la même façon qu'elles purifient dans l'eau leur lait tourné avant de le jeter), alors peut-être que toutes les femmes gaawoojo accepteront le "fromage au ver".

Travailler dans une société en vue de proposer des transformations exige une parfaite connaissance du milieu: du lien que l'homme établit avec son environnement, de l'exploitation qu'il en fait, des représentations et des pratiques culturelles, etc.

LE VER AUX SOURCES DE LA VIE

Sur un tout autre plan, nous avons recueilli chez les Peuls Gaawwo'be, de l'île de Baliyam (Ayorou, Niger), une version du conte «La fille beurre»: il s'agit d'une femme qui n'avait pas d'enfant et qui a consulté un devin pour qu'il l'aide à avoir un enfant. Le devin lui conseilla de laisser reposer son lait. Ce lait se transformera en enfant. Le devin lui recommanda de ne jamais laisser son futur enfant aller au soleil ou près du feu.

La femme laissa reposer son lait dans une calebasse recouverte, au bout de quatre jours, le lait se transforma en un énorme ver, et au septième jour, le ver devint une petite fille qui fit la joie de sa maman… L'enfant grandit sous l'œil attentif de sa mère qui la protégea du soleil et du feu.

Le lait humain a été considéré dans certaines cultures comme issu du sperme qui féconde la femme (Bonte 1994).

Nous pouvons ici faire un lien entre la calebasse qui recueille le lait et l'utérus. Notons que la calebasse est symbole de fécondité dans beaucoup de sociétés africaines. Il représente l'utérus et le ventre de la femme. Les graines qu'elle contient sont perçues comme autant de fœtus donc autant de vies. Le calebassier représente également les liens familiaux : chaque ramification du calebassier constitue un axe le long duquel on peut trouver plusieurs pousses de calebasses.

Le ver qui naît dans la calebasse par la transformation du lait pourrait entrer dans un autre type d'imaginaire lié à la fécondation et à la tranformation.

CONCLUSION

Malgré son image généralement négative, le ver n'est cependant pas absent de la vie actuelle des Peuls, en particulier de leur alimentation. Il n'existe pratiquement plus de Peuls au Sahel qui n'ait jamais mangé de *soumbala* dans une sauce de baobab ou de gombo. Nombreux sont les Peuls de la région du fleuve qui apprécient le poisson pourri et séché.

Au niveau médicinal, la "jaunisse" étant une maladie redoutable, la guérir tient du miracle ; seul le ver "sel de poule" détient ce pouvoir car il est employé quand toutes les tentatives de soin (par les plantes, par exemple) n'ont pas été efficaces.

Le ver demeure un mystère de la transformation et de la création qu'il faut bien étudier dans les civilisations où il apparaît dans les mythes fondateurs.

Soulignons que de tous les êtres vivants, les insectes demeurent mystérieux pour l'homme qui ne peut les domestiquer. Leur reproduction et leur vie dans des espaces insolites comme à l'intérieur de la terre ou de la flore, échappe à l'homme ordinaire. Pour bien les connaître, il faut être initié. Ces "créatures du Bon Dieu" comme on les nomme dans beaucoup de civilisations peuvent enrichir les réflexions socioculturelles de ce siècle pour reconquérir une forme d'humanité dans la meilleure connaissance et peut-être la meilleure utilisation de ces petits vivants.

RÉFÉRENCES BIBLIOGRAPHIQUES

ALBER J. L. – 1998, "La réverbération du Blanc" : stigmatisation et ethnicité à Maurice, *Dire les autres : Réflexions et pratiques ethnologiques,* Payot, Lausanne, pp. 207-221.

BLENCH R. – 1994, The expansion and adaptation of Fulbe pastoralism to subhumid and humid conditions in Nigéria, *Archipel peul,* Paris, EHESS, pp. 197-212.

BONTE P. – 1994, Le sein, l'alliance, l'inceste. *Mémoires lactées…* (P. Gillet, dir.). *Autrement* 143 : 143-156.

– 1999, La vache ou le mil, *Figures peules,* Karthala, pp. 385-404.

GILLET P. (dir.) – 1994, Mémoires lactées : blanc, bu, biblique : le lait du monde. *Autrement* 143, 222 p.

HÉRITIER F. – 1981, *L'exercice de la parenté.* Paris, Seuil/Gallimard (Hautes Études), 199 p.

LIONETTI R. – 1983, *Le lait du père.* Paris, Imago, 167 p..

MATHIEU J-M. – 1988, *Les bergers du soleil ; l'or peul.* Méloans-Revel, DésIris, 235 p.

PATENOSTRE H. – 1927, L'alimentation chez les Peuls du Fouta-Djalon. *Annales de médecine et de pharmacie coloniale* 25(1):53-80.

RIM (Ressource Inventory and Management Limited) – 1992, *Nigerian Livestock Ressource*, Vol.2: National Synthesis, Section IV-2: Aspects of Animal Production, pp. 323-330.

SOW S. – 1995, Introduction du lait industriel chez un peuple de pasteurs, les Peuls, réalités et représentations. *Cahiers du LACITO* 7, pp. 225-241.

TOURNEUX H. & D. YAYA – 1998, *Dictionnaire peul de l'Agriculture et de la Nature*, Paris, Karthala/CTA/CIRAD, 548 p.

ZUBKO. V. G. – 1993, Ethnic and Cultural Characteristics of the Fulbe. Unité and diversity of a people: The Search of Fulbe Identity. (Osaka) *Senri Ethnological Studies* 35:201-213.

HARVESTING *HYLES LINEATA* IN THE
SONORAN DESERT : A LARVAL LEGACY

Marci Robbin TARRE

ABSTRACT

Harvesting *Hyles lineata* in the Sonoran Desert: A Larval Legacy

Until fifty years ago it was customary for Tohono O'Odham, indigenous people of the northern Sonoran Desert of the United States, to eat the larvae of *Hyles lineata*, the white-lined sphinx moth. This large yellow-and-black "horned" caterpillar was referred to as *makkum* in the native tongue, and was harvested during late larval development which coincided with the beginning of the summer rainy season. At this stage the caterpillars could be found in large numbers wandering the desert floor in search of food and pupating grounds. *Makkum* were collected in quantity, decapitated and eviscerated, often braided, and then dried and/or roasted over fire for either immediate consumption or longer term storage. This paper seeks to further explore the riches of this tradition. It includes original research on the nutritional composition of *H. lineata*, its role in the traditional life of the Tohono O'Odham, and its potential usefulness, along with other traditional foods, in combating modern food-related illnesses such as diabetes, iron-deficiency anemia and heart disease.

RÉSUMÉ

La récolte de *Hyles lineata* dans le désert du Sonora : un "héritage larvaire"

Jusqu'à il y a cinquante ans, les Tohono O'Odham, population indigène de la partie nord du désert du Sonora aux États-Unis, avaient coutume de manger les larves d'*Hyles lineata*, le papillon sphinx à raie blanche. Cette grande chenille, de couleur noire et jaune, présente une "corne" postérieure. Les Tohono O'Odham les appelaient *makkum* dans leur langue. Ces chenilles étaient ramassées pendant leur dernier stade larvaire, au début de la saison des pluies d'été. À ce moment-là, elles étaient très nombreuses à ramper sur le sol du désert à la recherche de nourriture et d'un endroit pour chrysalider. Les Tohono O'Odham les ramassaient en grande quantité, les décapitaient, les éviscéraient, et les faisaient sécher et/ou rôtir sur un feu pour être mangées immédiatement ou conservées. Ce travail cherche à approfondir nos connaissances sur la richesse de cette tradition. Il se fonde sur des recherches originelles portant sur la composition nutritive du *H. lineata*, son rôle dans la société traditionnelle des Tohono O'Odham, son utilité potentielle, ainsi que celle d'autres aliments traditionnels, pour soigner des maladies alimentaires modernes telles que diabète, anémie, et maladies cardiaques.

The Tohono O'Odham, translated as "Desert People", have inhabited the Sonoran Desert for centuries, perhaps ancestors or descendents of the Hohokam

Les insectes dans la tradition orale – Insects in oral literature and traditions
Élisabeth MOTTE-FLORAC & Jacqueline M. C. THOMAS, éds
2002, Paris-Louvain, Peeters-SELAF (Ethnosciences)

who disappeared from the archaeological record over 1,000 years ago. Until recently, the Tohono O'Odham subsisted almost entirely on wild desert foods, growing crops in the arid desert floodplains only during the summer rainy season. The combination of modern European irrigation systems that diverted water away from these traditional rainy-season fields, wartime off-reservation job opportunities and the introduction of motorized vehicles and processed, convenient foods initiated a rapid, permanent change in Tohono O'Odham subsistence methods and preferences. This change has come at a huge cost not only to the O'Odham culture, but also to the general health of the Tohono O'Odham population. Traditionally, most O'Odham lived at the base of the mountains during the winter and spring. There they found water in permanent streams and ate *piñon* nuts, acorns (*Quercus* sp., Fagaceae), wild seeds, agave (*Agave* sp., Agavaceae) crowns, hearts and stalks, mesquite (*Prosopis velutina* Wooton, Leguminosae-Mimosoideae), ironwood (*Olneya tesota* A. Gray, Leguminosae-Papilionoideae) and *palo verde* (*Cercidium floridum* Benth. ex A. Gray, Leguminosae-Caesalpinioideae) bean pods and sap, mule deer, Arizona white-tailed deer, antelope, jackrabbit, packrat, doves and lizards (Sheridan & Parezo 1996). When the summertime came, they descended from the foothills to the alluvial plains and mesquite grasslands. There they harvested seasonally abundant wild fruits such as those of the *sahuaro* (*Carnegiea gigantea* Britton & Rose, Cactaceae), organpipe, prickly pear (*Opuntia* spp., Cactaceae), *senitas* (*Lophocereus schottii* Britton and Rose, Cactaceae), barrel cactus, wolfberry (*Lycium fremontii* Gray, Solanaceae) and hackberry (*Celtis* sp., Ulmaceae). They also prepared *cholla* (*Opuntia* sp., Cactaceae) buds and prickly pear pads as tasty, highly nutritious meals (Sheridan & Parezo 1996). When the first rains arrived, staple crops were planted in the dried-up streambeds. By this time the *sahuaro* and other fruit seasons had ceremoniously ended and the Tohono O'Odham looked to wild greens and cultivated melons, corn, tepary beans (*Phaseolus acutifolius* A. Gray, Leguminosae-Papilionoideae), squash and devil's claw (*Martynia parviflora* Wooton, *M. arenaria* Engelm., Martyniaceae) to fill their bellies. They ate amaranth (*Amaranthus palmeri* S. Wats., Amaranthaceae) greens and seeds, lamb's quarters (*Chenopodium* sp., Chenopodiaceae), saltbush (*Atriplex* sp., Chenopodiaceae), *cañagria* (*Rumex hymenosepalus* Torr., Polygonaceae), tansy mustard (*Descurainia* sp., Brassicaceae) and wild onion (*Allium* sp., Liliaceae) (Sheridan & Parezo 1996). It was during this season, when the desert is dominated by weedy annuals and rain that the large yellowish-green caterpillars, called *makkum* in the native O'Odham tongue and *Hyles lineata* according to linnean taxonomy, wandered the desert floor searching for pupating grounds.

NATURAL HISTORY OF *HYLES LINEATA*

Hyles lineata occur across the United States, except Alaska, and occasionally in Canada. The species is most abundant in the deserts of the southwest at lower elevations. The adults have characteristic white scales on the forewings and three pairs of longitudinal white stripes on the thorax. They are approximately 29-47 mm from wingtip to wingtip (Tuttle 1999).

These conspicuous moths feed corpuscularly on nectar from a variety of plants including: several Asteraceae genera including *Cirsium* (thistles), *Agave* flowers, *Datura*, Periwinkle, and several species of Nyctaginaceae (four-o'clock) (Tuttle 1999). They mate just after dusk and lay eggs on flower heads and new growth of host plants. There can be several generations of *H. lineata*, especially where rain falls in two or more isolated time periods as during the summer monsoons and winter rains of the Sonoran Desert.

Once hatched, larvae feed gregariously until they have consumed their host plant. They then move off to feed solitarily on low-growing vegetation including: purslanes (*Portulaca grandiflora* Hook. and *P. oleracea* L., Portulacaceae), evening primrose (*Oenothera biennis* L.) and other plants in the family Onagraceae, spiderling (*Boerhavia sp.*) of the Nyctaginaceae family, several species of Amaranthaceae, and euphorbs (*Euphorbia spp.*, Euphorbiacae) (Tuttle 1999). They have also been observed feeding on rue (*Ruta sp.*, Rutaceae), Solanaceae including *Datura discolor* Bernh. and *D. meteloides* DC. ex Dun., as well as Asteraceae such as triangle-leaf bursage (*Ambrosia deltoidea* (Torr.) Payne) and *yerba de venado* (*Porophyllum gracile* Benth.) (Tarre, 2000).

Larvae exhibit several different color morphs: they can be green, yellow or black with red lateral dots, varying shades of dark longitudinal stripes and always a posterior horn. When larvae are ready to pupate they begin a wandering phase, walking along the ground or across vegetation in search of soft, moist earth to dig into. After burying themselves just under the soil surface, the larvae undergo morphological transformations, emerging two weeks to several months later as an adult moth. The precise environmental trigger for emergence are largely undocumented, although the timing and quantity of rain certainly plays an important role. In the deserts of South-East Arizona rainfall also triggers the migratory behavior of larvae. Hundreds to thousands of individual yellow caterpillars can be seen parading across disturbed areas such as roadways, paths and dry washes at the end of the summer rains and again during the winter rains.

PRELIMINARY DENSITY STUDIES:
HYLES LINEATA DURING LARVAL WANDERING

Preliminary data from sites in and around Tucson, Arizona in 1999 and 2000 (Tarre 2000) indicate that the average density of wandering *H. lineata* larvae, even in drought years, is approximately ten caterpillars per square meter. In wetter years, and perhaps historically, they can be found in even greater concentrations. This theory is supported by numerous accounts in the literature as well as recent interviews with O'Odham elders. One O'Odham informant stated that there are «no longer the same numbers [of *makkum*] as there used to be» (Tarre 2000). A 1932 article in the Arizona Daily Star documented «great swarms of the worms» in the city of Tucson, at the base of the Catalina Mountains and at the base of the Baboquivari Mountains which are on the present-day Tohono O'Odham reservation. A University of Arizona scientist was quoted in the same article as seeing them when

> «they made one think of water flowing, they were so thick, there being ten to a square foot».

In 1974, a mass migration 1/4-mile wide with fifteen larvae per square meter was reported in Death Valley, California (Wells & Brown 1974). Jim Tuttle, a nature writer from Tucson, documented an outbreak in 1983 near the base of the Baboquivari mountains in which «so many larval carcasses littered the road that driving conditions became hazardous» (Tuttle 1999). All of this information supports the notion that these caterpillars were a reliable, seasonably abundant source of food to those who ate them. An O'Odham elder was reported as saying that the Tohono O'Odham always knew where and when to find the caterpillars (Tarre 2000). E. F. Castetter and R. M. Underhill's ethnobiography of the Papago (better known as the Tohono O'Odham), published in 1935 (:43), also depicts *H. lineata* as an abundant, cherished food source:

> «They appeared in quantities just after or during the rainy season on any green growth, especially the amaranth. Everyone dropped work to gather them, for they were considered a great delicacy.»

USE OF *HYLES LINEATA* AS TRADITIONAL FOOD IN NORTH AMERICA

The movement, large size, coloration and somewhat gregarious nature of *H. lineata* larvae during their wandering phase make them easy targets for known predators, including hawks and humans. In fact, indigenous people throughout North America ate *H. lineata*. Mark Q. Sutton documented the use of *H. lineata* as food for native Cahuilla, Navajo and Seri groups in his 1988 publication. Pyramid Lake Paiute, Southern Paiute, Washo, Western Shoshoni and Western Ute also apparently ate the larvae (Fowler & Fowler 1981). In addition, White-lined sphinx moth larvae were eaten by the Tohono O'Odham and possibly other indigenous groups in the southwestern United States (Brown 1967, Fenenga & Fisher 1978, Nabhan 1997).

Harvest, preparation and storage of these caterpillars may have been similar for all groups that utilized them. Generally, the head was removed, viscera were stripped out by hand, and the remaining skin was cooked in some manner. Perhaps the unusual natural history of *H. lineata* dictated a universally logical collection method. According to Richard Felger and Mary Beck Moser's 1985 ethnography of the Seri Indians of Northern Mexico, the Seri ate the caterpillars of *H. lineata*, which they called *hehe icam* "plant's live-thing" (Felger & Moser 1985). The Seri prepared the larvae by twisting off the head, stripping out the viscera by hand and cooking the remaining meat in oil in a pottery vessel. Once cooked, the larvae could be dried and stored in covered pots for later use. The Cahuilla system is similar to that of the Seri and parallels that of the Tohono O'Odham as well. Large groups of Cahuillan men, women and children gathered larvae when present in high concentrations during their wandering prepupation phase. The head was removed and guts ejected with a dexterous jerk of the hand. Still-wriggling carcasses were then placed into a basket or strung around the neck, perhaps with agave thorns and attached fibers, until reaching home (Sutton 1988). For Cahuillans, there was a great feast to celebrate the "worm" harvest. It is unclear whether larvae were roasted before being eaten, but larvae not eaten on the day of celebration were dried on ground previously heated by fire. Dried food was stored whole or ground into meal for later use (Sutton 1988).

TOHONO O'ODHAM USE OF *H. LINEATA* AS TRADITIONAL FOOD

The Tohono O'Odham system for harvesting and preparing *H. lineata* larvae, which they called *makkum*, was much the same as that of the Cahuilla. When the larvae were in their wandering stage, men, women and children would leave their home and walk, or later ride in wagons, to the site of the caterpillar outbreak (Eugene Tashquinth, pers. comm.). They would set up a temporary camp and collect as many larvae as they could over a several day period. Once collected, the head was removed and guts ejected. Some of the still-wriggling carcasses were then roasted on a stick over a campfire and eaten immediately. The bulk of the caterpillars, were strung up as necklaces, braided or placed singly into carrying baskets until the community returned home. Once at home, braided caterpillars were hung up in the sun to dry. Others were cooked over fire, placed on rocks heated by fire or, in later years, roasted in their own fat in cast-iron skillets. Castetter and Underhill's version of the O'Odham tradition is as follows (Castetter & Underhill 1935:47):

> « The fresh worms, fried on the tortilla sheet in their own fat, made a feast in which everyone indulged while they lasted. The surplus was dried and stored but kept better if pit-baked before drying. One informant said, "They were the best tasting food we had." ».

An O'Odham elder said that the dried, raw caterpillars could then be worn around the neck and snacked on while travelling, an important quality for a semi-nomadic people (Eugene Tashquinth, pers. comm.). They could also be cooked over a fire for immediate consumption or to be packed away for later use, either whole or ground into a meal. The same elder said that the Tohono O'Odham ate only *makkum* until their fresh and dried stores were sufficiently depleted. By that time the crops would be ready to harvest. In the unlikely event that there were few caterpillars available in a particular year, packrat, deer and jackrabbit served as substitute interim foods. But, Eugene Tashquinth (pers. comm.) said:

> « It was easier when the caterpillars were around. They were nutritious and tasted good, like pork rinds. Now people would prefer to get in their vehicles and drive to the store for canned goods. »

LOSS OF TRADITIONAL O'ODHAM FOOD: NUTRITIONAL AND CULTURAL IMPACTS

Indeed, the influence of the automobile, modern irrigation systems, Western civilization's abhorrence of perceived "primitive" foods as well as the introduction of modern processed foods have been devastating to the culture and nutrition of the Tohono O'Odham. By the 1950's the O'Odham had adopted a much more sedentary way of life, no longer running to the mountains for water in the summer nor moving to the foothills in the winter (Willoughby 1991). Their traditional foods had been largely replaced with white flour, canned beans, beef and white sugar.

Coincident with this shift has been an increase in many nutrition-related illnesses. The most remarkable change has been in diabetes levels. By the early 1990's, more than 50% of O'Odham over the age of thirty five had contracted adult onset (type II) diabetes, the highest known rate in the world (Willoughby 1991). Also, the population suffers disproportionately from obesity. Between 1940 and 1970 the average O'Odham gained approximately ten pounds (Willoughby 1991). These numbers are only increasing today. These shocking statistics have prompted many Arizona researchers to examine the link between desert foods, traditional O'Odham lifestyle and diabetes. They have found that the traditional feast-or-famine lifestyle of the O'Odham created a physiology designed to store excess food as fat (Willoughby 1991). Now that fatty foods have become available year-round, the O'Odham store more excess fat than ever before. The problems are compounded by the quality of food they are presently consuming, and the lack of digestive compounds to help absorb, utilize and properly excrete by products. Traditional foods were high in fiber as well as mucilaginous compounds found in cactus an other desert foods, both of which helped break down sugar and absorb it slowly so as to not "shock" the system and create a diabetic reaction. On the other extreme, modern processed foods popular on the O'Odham reservation lack both of these helpful properties. Also unlike traditional foods, modern foods are high in simple carbohydrates that break down quickly into sugars that cannot be properly absorbed and/or utilized. In addition, foods such as hamburger meat and lard are extremely high in saturated fatty acids which raise blood cholesterol levels and lead to increased propensity toward high blood pressure and cardiovascular disease. All of this wonderful research on the Tohono O'Odham and nutrition, however, has focused on staple foods of plant origin. It is also important to recognize *makkum* as a staple food with a potentially potent nutritional value. Although it is not documented in the literature, according to an O'Odham informant (Eugene Tashquinth, pers. comm.), *makkum* did serve as a staple food for up to a month each year, which is at least as long as many of the plant foods were eaten.

NUTRITIONAL DATA

Not only did *makkum* provide useful complex carbohydrates that are converted into sugar and absorbed at a slow, healthy rate, they also provided high quality, complete proteins and fat with a large energy yield (Table 1). They are also a source of calcium, iron, zinc, magnesium, niacin and riboflavin (Table 1).

Nutrient	*Hyles lineata*
Total Calories (per 100 g dry wt.)	444 kcal.
Total Fat (per 100 g dry wt.)	16.23 g
Total Carbohydrates (per 100 g dry wt.)	20.45 g
Fructose	0.8 g
Lactose	1.62 g
Total Protein (per 100 g dry wt.)	54.07 g
Vitamins (mg/g dry wt.)	
Niacin	11.2 g
Riboflavin	1.6 g
Minerals (mg/g dry wt.)	
Calcium	10.95 g
Iron	1.094 g
Magnesium	15.65 g
Zinc	1.17 g

TABLE 1. *Micro- and macro-nutrients in* Hyles lineata

Using 1999 USDA standards for recommended daily nutritional intake, the caterpillars in just one 10 meter by 10 meter quadrant would have easily provided a good proportion the daily nutrient needs for the average O'Odham (USDA website). The micronutrients available were probably important in the overall immune system function. Certain elements, such as iron, were certainly important in light of illnesses such as iron-deficiency anemia. Since iron is fat-soluble (it can only be mobilized for storage or utilization in the presence of fat) it is relevant to note that eating *makkum* ensured that adequate fat was ingested at the same time as the iron.

When compared to modern staple foods such as hamburger the general macro-nutritional quality of *makkum* is superior (Table 2). Traditionally prepared caterpillars contain more energy and protein with slightly less fat than pan-fried hamburger meat. Although *makkum* are fairly high in carbohydrates, these are complex in nature and, as such, are useful as an energy source and may provide digestive aids similar to fiber without drastically increasing blood sugar levels. *Makkum* contain lower levels of minerals such as calcium, magnesium and iron than hamburger meat but provide more riboflavin and niacin (Table 2).

Nutrient	Hamburger, Pan-Fried	*Makkum* Dry-Roasted
Proximates		
Energy (kcal)	286	444
Protein (g)	27	54.07
Lipid (fat) (g)	18.92	16.23
Carbohydrate (g)	0	20.45
Ash (g)	1.4	5.31
Fiber (g)	0	0
Minerals (mg)		
Calcium	13	10.95
Iron	2.71	1.094
Magnesium	22	15.65
Zinc	5.62	1.17
Vitamins (mg)		
Thiamine (B1)	0.04	0
Riboflavin (B2)	0.21	1.6
Niacin	6.46	11.2
Total Protein Content (g)	27	54.07
Essential Amino Acids (g)		
Isoleucine	1.21	0.87
Lysine	2.25	1.8
Phenylalanine	1.05	1.14
Tyrosine	0.91	1.57
Cysteine	0.3	0.63
Leucine	2.13	1.89
Methionine	0.69	0.53
Threonine	1.18	2.21
Valine	1.31	1.23
Tryptophan	0.302	unknown
total	11.332	11.87
Nonessential Amino Acids (g)		
Alanine	1.63	1.96
Aspartic Acid	2.47	2.37
Glutamic Acid	4.06	3.92
Histidine	0.92	1
Serine	1.03	1.76
Arginine	1.71	1.9
Glycine	1.47	1.74
Hydroxyproline	0	0.04
Proline	1.19	6.3
total	14.48	20.99

TABLE 2. *Nutritional comparison per 100 g :*
Traditional vs. *Modern Foods*

The nature of the lipids found in *makkum* is also impressive (Table 3). They contain almost as much lipid as hamburger meat, a modern staple animal food. However, the *makkum* contains over 1/3 less saturated fat, which is the main contributor to high blood cholesterol levels, increased blood pressure and eventual cardiovascular failure (Willoughby 1991). Monounsaturated fatty acids, of which *makkum* has plenty, do not contribute to increased cholesterol levels. Also, although polyunsaturated fatty acids do contribute to high cholesterol, two polyunsaturates, linoleic and linolenic acids, are actually essential proper metabolic regulation in many tissues. These two polyunsaturates comprise all of *makkum's* polyunsaturated fatty acids. These important hormone precursors are sorely lacking in beef.

Fatty Acides (g)	Hamburger, Pan-Fried	*Makkum* Dry-Roasted
Total Fatty Acids Content	15.73	11.13
Saturated Fatty Acids		
8*0	0	0.01
10*0	0.02	0.01
12*0	0.02	0.01
14*0	0.54	0.01
16*0	4.28	2.92
18*0 (Stearic Acid)	2.23	0.59
20*0	0	0.03
total	7.09	3.58
% of total Fatty Acids	45.07	32.17
Monounsaturated Fatty Acids		
14*1	0	0.01
16*1	0.71	0.14
18*1	7.24	3.21
20*1	0.01	0.01
total	7.96	3.37
% of total Fatty Acids	50.60	30.28
Polyunsaturated Fatty Acids		
18*2 (Linoleic Acid)	0.52	0.68
18*3 (Linolenic Acid)	0.08	3.5
20*4	0.08	0
total	0.68	4.18
% of total Fatty Acids	4.32	37.56

TABLE 3. *Fatty Acids in* makkum
Nutritional comparison per 100 g : Traditional vs. Modern Foods

CONCLUSIONS

These studies have shown *makkum* to be a readily available, highly desirable, highly nutritious foodstuff. *Hyles lineata* larvae, when prepared in the traditional fashion, are particularly high in protein, energy and complex carbohydrates and are a source of calcium, zinc, iron, magnesium, vitamin B2 (riboflavin) and niacin. These nutrients were essential to a people subsisting mainly on wild desert foods for whom fats, complete amino acids and trace minerals may have been seasonally or chronically lacking. In addition, the ability to dry and store *makkum* for use as an easily transported, high-energy food made it important to these semi-nomadic people. With respect to the present-day situation, this type of high-quality food is severely underrepresented in the modern Tohono O'Odham diet. This loss, when viewed in conjunction with the increase in food-related illnesses, serves as both scientific evidence for and a symbolic illustration of the correlation between loss of tradition and loss of physical well being among the Tohono O'Odham. While I am not confident that the Tohono O'Odham will ever re-adopt their tradition of eating *makkum*, I do feel that it is essential to re-vitalize its presence in the oral tradition. Without continued discussion of its previous role in the diet and validation of its importance as a highly nutritious, tasty, culturally important food, current and future generations of Tohono O'Odham will grow up either ignorant of, or despising the tradition of eating *makkum*. Not only does this removal from tradition impact the O'Odham sense of self-identity, it perpetuates the modern American denial of insects as a valid food source for people around the world. The homogenization of diets, especially at the cost of beautifully efficient traditions such as the Tohono O'Odham had, is sad. In the words of G. P. Nabhan (1997), a naturalist and author from the southwestern United States:

> « Rather than feel shameful about our family food traditions, we must begin to pay them more attention and respect, or we will simply lose them. »

REFERENCES

BROWN F.M. – 1967, The larvae of *Celerio lineata* as food for Indians. *J. Lepid. Soc.* 21(2):144

CASTETTER E. F. & R. M. UNDERHILL – 1935, Ethnobiological Studies in the American Southwest. *The University of New Mexico Bulletin* 4(3):41-47.

FELGER R. & M. B. MOSER – 1985, *People of the Deserty and Sea Ethnobotany of the Seri Indians*. Tucson, AZ, The University of Arizona Press.

FENENGA G. L. & E. M. FISHER – 1978, The Cahuilla Use of Piyatem, Larvae of the White-lined Sphinx Moth (Hyles lineata), as Food. *The Journal of California Anthropology* 5(1):85-89.

FOWLER C. S. & D. FOWLER – 1981, The Southern Paiute, A.D. 1400-1776. *The Protohistoric Period in the North American Southwest, A.D. 1450-1700*. (D. R. Wilcox & W. B. Masse, eds), pp. 129-162. *Arizona State University Anthropological Research Papers* 24. Tempe, Arizona State University.

NABHAN G. P. – 1997, *Cultures of Habitat*. Washington, D.C., Counterpoint.

SHERIDAN T. & N. J. PAREZO, eds. 1996. *Paths of Life*. Tucson, AZ, The University of Arizona Press, 298 p.

SUTTON M. Q. – 1988, *Insects as Food: Aboriginal Entomophagy in the Great Basin*. Menlo Park (CA), Ballerna Press.

TARRE M. – 2000. The nutritional value of *Hyles lineata* as food for Humans (Master's Thesis).The University of Arizona, Tucson (AZ), Department of Entomology, Ms.

TASHQUINTH E. – 2000, Personal communication.

TUTTLE J. P. – 1999. *Field guide to the Sphingidae of the Sonoran Desert*. Tucson, AZ, ms.

USDA WEBSITE http://www.nal.usda.gov/fnic/cgi-bin/list_nut.pl

WELLS J.F. & R.M. BROWN – 1974, Larval Migration of *Hyles lineata* (Fab.) (Sphingidae). *J. Res. Lepid.* 13(4):246.

WILLOUGHBY J. – 1991, Primal Prescription. *Eating Well* May/June:52-59.

LES *JUMILES*, PUNAISES SACRÉES AU MEXIQUE

Julieta RAMOS-ELORDUY

RÉSUMÉ

Les *jumiles*, punaises sacrées au Mexique

Depuis des temps très anciens, les *jumiles* ont été considérés, dans le centre du Mexique, comme de petits animaux sacrés. Dans ce travail, on analysera les différents rôles que la punaise sacrée *Edessa cordifera* ainsi que diverses autres espèces jouent ou ont joué dans la vie quotidienne des populations locales. À travers leur utilisation alimentaire et médicinale, leur fonction religieuse, leur intervention dans les rituels et fêtes, leur place dans l'économie, etc., ces punaises constituent les fondements de l'identité culturelle des hommes qui partagent leur territoire.

Les différentes espèces de punaises appelées *jumiles* ainsi que quelques-unes de leurs particularités seront présentées avant d'aborder leur utilisation dans l'alimentation des habitants des régions (déshéritées) dans lesquelles on les trouve (valeur nutritive mais aussi préparations culinaires qui leur sont spécifiques) et leur intervention dans la médecine traditionnelle où elles sont utilisées pour guérir plusieurs maladies grâce aux substances naturelles qu'elles contiennent. Leur importance culturelle est telle qu'elles occupent une place de première importance dans la religion, l'ésotérisme, les mythes et croyances, etc. Cette importance se traduit au niveau économique (mode de vente, circuits commerciaux…) et les implications sociales d'une collecte particulière dont le but est de permettre dans le même temps une récolte très abondante et la préservation des espèces comme leur persistance sur un même site.

ABSTRACT

The *jumiles*, sacred bugs in Mexico

From ancient times, *jumiles* have been considered, in the center of Mexico, as small sacred animals. In this study, the different roles played or being played by the sacred *Edessa cordifera* as well as other species in the daily life of local populations are analyzed. Through their use as food or medicine, their religious function, their intervention in rituals and gatherings, their place in the economy, etc., these insects constitute the foundations of the cultural identity of those humans who share their territory.

I will present the different species of insects called *jumiles*, along with their peculiarities, and their use as food by the (impoverished) communities where they are found (nutritive value but also specific culinary preparations), as well as their intervention in traditional medicine where the natural substances they contain are used to cure several sicknesses. Their cultural importance is such that they play a major role in religion, esotericism, myths and beliefs, etc. This importance is translated economically (sales methods, commercial circuits) and in the social implications of a particular gathering method geared towards allowing an abundant crop and preserving the species while maintaining their presence at a given site.

Les insectes dans la tradition orale – Insects in oral literature and traditions
Élisabeth MOTTE-FLORAC & Jacqueline M. C. THOMAS, éds
2003, Paris-Louvain, Peeters-SELAF (Ethnosciences)

Les insectes, présents dans tous les écosystèmes et parfois extrêmement abondants, ont, depuis longtemps, attiré l'attention de nombreuses populations dans le monde. Au Mexique, des vestiges de l'époque préhispanique révèlent l'intérêt très ancien qui leur a été porté et témoignent de l'utilisation de diverses espèces dans la vie de tous les jours et des connaissances biologiques et écologiques que leur capture requiert (Ramos-Elorduy & Pino 1989). Certains d'entre eux font partie du panthéon local comme *Ah Mucen Cab,* la mélipone *Melipona beechii* divinisée par les Maya (Darchen 1974). Les codex et sources diverses témoignent également de la présence de nombreux insectes dans les rituels religieux: papillons, grillons, sauterelles, etc. Par exemple, chez les Aztèques, les fourmis à miel (*Myrmecocystus melliger)* étaient utilisées pour préparer le *nezcuatl,* boisson sacrée (Sahagún 1975) qui permettait de rentrer en contact avec les dieux; chez les Maya, c'est avec le miel des mélipones (*Melipona beechii)* qu'était (et est encore) préparé le *balché,* utilisé à de mêmes fins (Ramos-Elorduy & Pino 1989). Dans la littérature orale (contes, mythes, etc.), certains insectes aux caractéristiques remarquables symbolisent attitudes et comportements de l'homme, évoquent ses activités quotidiennes ou représentent des qualités qu'il souhaiterait acquérir: amour, sagesse, prévoyance, frugalité, force, organisation, économie, prudence, renaissance, joie, immortalité, etc. (Hunn 1973, Soler 1996).

De nos jours, les insectes continuent à jouer un rôle très important dans le quotidien des populations locales du Mexique. Ils sont recherchés pour l'alimentation, la médecine ou pour des utilisations techniques diverses, ce qui leur confère une valeur économique et commerciale réelle. Certains d'entre eux ont encore une valeur symbolique et religieuse. Il en est ainsi des *jumiles* "punaises puantes" qui font partie des insectes les plus recherchés sur l'ensemble du territoire mexicain. L'espèce *Edessa cordifera* est considérée comme sacrée à Taxco (État de Guerrero).

LES *JUMILES*, DÉNOMINATION ET DÉTERMINATION

Au Mexique, le terme espagnol de *jumiles* est utilisé pour désigner les "punaises puantes". Ce terme vient du nahua *xomitl* (*xo* "pied", *mitl* "semis") c'est-à-dire "[qui se trouve] au pied des semis" (Santa María 1942, Ramos-Elorduy & Pino 1989). On trouve des variantes de ce nom espagnol, comme *xumiles* (prononcé *chumiles*[1]), dénomination utilisée dans l'État de Morelos (Santa María 1942). À l'époque préhispanique, différentes populations appelaient les punaises puantes par un nom emprunté au nahua; les Toltèques les appelaient *xomitl* et les Xochimilca, *ximulme* (Pacheco, comm. pers.). De nos jours, les

---

[1] En nahua, le x se prononce ch.

Tribu	Espèce	Stades	Localisation des récoltes (États)
Edessini	*Edessa championi*	A	Guerrero, Estado de México
	Edessa conspersa	A	Estado de México
	Edessa cordifera	A	Estado de México, Guerrero, Morelos
	Edessa discors	A	Hidalgo
	Edessa fuscidorsata	A	Morelos
	Edessa helix	A	Hidalgo
	Edessa indigena	A	Hidalgo
	Edessa lepida	A	Puebla
	Edessa mexicana	A	Morelos, Estado de México
	Edessa montezumae	A	Estado de México
	Edessa petersii	A	Guerrero, Oaxaca, Estado de México, Distrito Federal
	Edessa reticulata	A	Estado de México
	Edessa sp.	A	Guerrero, Oaxaca, Morelos, Estado de México
Hyalini	*Brochymena (Arcana) tenebrosa*	L et A	Guerrero, Estado de México, Morelos, Michoacán
	Brochymena sp.	L et A	Guerrero
Pentatomini	*Atizies suffultus* S.	A	Guerrero
	Banasa sp.	L et A	Guerrero
	Banasa subrufescens	L et A	Guerrero
	Chlorocoris distinctus	L et A	Veracruz
	Chlorocoris irroratus	L et A	Estado de México
	Chlorocoris rubescens	L et A	Estado de México
	Chlorocoris sp.	L et A	Distrito Federal, Estado de México, Oaxaca, Michoacán, Chiapas
	Euschistus bifibulus	L et A	Veracruz
	Euschistus biformis	L et A	Guerrero, Veracruz, Durango, Morelos, Nayarit
	Euschistus comptus	L et A	Guerrero, Morelos, Distrito Federal
	Euschistus crenator orbiculator	L et A	Puebla, Morelos, Hidalgo, Veracruz, Jalisco, Sonora
	Euschistus egglestoni	L et A	Puebla, Oaxaca
	Euschistus integer	L et A	Veracruz
	Euschistus lineatus	L et A	Hidalgo, Guerrero
	Euschistus rugifer	L et A	Veracruz
	Euschistus schaffneri	L et A	Veracruz, Jalisco
	Euschistus sp.	A	Guerrero, Estado de México, Morelos, Veracruz
	Euschistus spurculus	L et A	Hidalgo, Veracruz
	Euschistus stali	L et A	Veracruz
	Euschistus strenuus	L et A	Estado de México, Morelos, Hidalgo, Distrito Federal, Puebla, Chiapas, Guerrero, Jalisco
	Euschistus sufultus	A	Guerrero
	Euschistus sulcacitus	L et A	Veracruz
	Euschistus taxcoensis	L et A	Guerrero
	Mormidea sp.	L et A	Guerrero, Morelos
	Moromorpha tetra	L et A	Guerrero, Puebla, Aguascalientes, Tamaulipas, Oaxaca, Morelos
	Nezara (Acrostemum) majuscula (= *Chinavia montivaga*)	A	Guerrero
	Pellaea stictica	L et A	Guerrero
	Nezara viridula	L et A	Veracruz
	Oebalus (Solubea) mexicana	A	Guerrero, Nuevo León, Morelos
	Oebalus pugnax	A	Quintana Roo, Guerrero
	Padaeus trivittatus	L et A	Estado de México, Guerrero, Morelos, Distrito Federal, Veracruz
	Padaeus viduus	L et A	Guerrero, Morelos, Veracruz
	Pharypia (Ptilarmus) fasciata	A	Guerrero, Oaxaca
	Proxys punctulatus	A	Morelos, Chiapas, Campeche, Oaxaca, Jalisco, Guerrero
	Proxys sp.	A	Guerrero

Stades: A=adulte, L=larve

TABLEAU 1. *Les jumiles comestibles du Mexique*

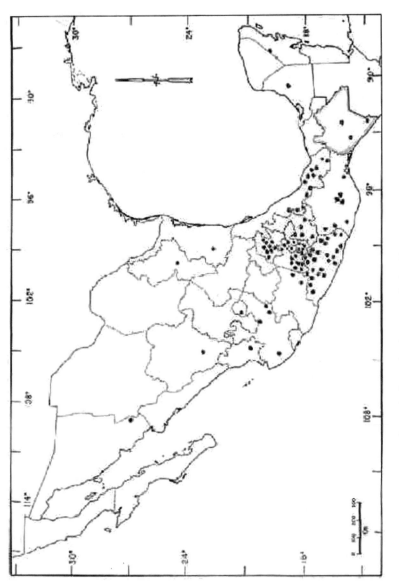

CARTE 1. *Carte de répartition des jumiles au Mexique*

Mixtèques de l'État de Oaxaca les désignent encore sous le nom de *chumitl* (Alvarado & Escamilla 1982) alors que ceux de l'État de Puebla les appellent *texchcas* (Nieves, comm. pers.).

Le nom de *jumiles* désigne des punaises appartenant à trois tribus de la famille des Pentatomidae (Hemiptera: Gymnocerata, Scuttelleroïdea): Edessini, Hyalini et Pentatomini (Tableau 1). Une cinquantaine d'espèces (toutes comestibles) ont été recensées jusqu'à présent. Elles appartiennent aux genres: *Atizies, Banasa, Brochymena, Chlorocoris, Edessa, Euschistus, Mormidea, Moromorpha, Nezara, Oebalus (=Solubea), Padaeus, Pharypia, Proxys* et ont été collectées dans le centre du Mexique[2] (Carte 1), dans une zone couvrant les États de Morelos, Guerrero, Oaxaca, Distrito Federal, México, Hidalgo, Puebla et Veracruz, c'est-à-dire une zone correspondant plus ou moins à l'Axe néovolcanique[3]. Certaines de ces espèces ont également été trouvées en d'autres endroits de la République Mexicaine (Tableau 1).

En dehors de leur morphologie particulière[4], ces punaises ont comme caractéristique principale d'avoir une odeur très spéciale[5] que beaucoup de gens trouvent désagréable; on parle d'*olor de chinche* "odeur de punaise" ou on dit de façon plus explicite: *apesta a chinche* "ça pue la punaise".

Bien que le nom de *jumiles* soit attribué à de nombreuses espèces, on ne parle de "véritables *jumiles*" que pour celles appartenant aux genres *Edessa* (Figure 1) et *Euschistus* (Figure 2), dont, jusqu'à présent, 29 espèces comestibles ont été recensées au Mexique (Tableau 1). Les punaises qui ne font pas partie de ces genres *Edessa* et *Euschistus* sont parfois appelées *chinches de compañía* "punaises de compagnie". Ce nom leur est donné parce que, lors de la récolte, on les trouve toujours avec les "véritables *jumiles*".

Toutes ces punaises sont récoltées en même temps, parfois même avec quelques autres insectes qui sont: d'autres punaises (Coreidae spp.), d'autres hémiptères (Reduviidae spp. et Cicadellidae spp.) et des coléoptères (coccinelles, Coccinellidae spp.). Dans le cas des *jumiles* du genre *Edessa*, la vente se fait généralement sans sélection préalable, les "punaises de compagnie" étant en nombre

---

[2] Les données concernant les *jumiles* ont été recensées lors d'un travail de terrain qui a été réalisé – à différents moments de l'année – pendant plus de vingt ans. Cette recherche, réalisée dans le cadre de l'*Instituto de Biología* de la *Universidad Nacional Autónoma de México*, portait essentiellement sur le thème *"Les insectes comme source de protéines pour le futur"*; mais elle a également été l'occasion de collecter des données sur d'autres domaines (insectes médicinaux, noms vernaculaires, utilisations diverses, croyances, etc.).

[3] Cet Axe néovolcanique correspond à une chaîne de volcans qui traverse le Mexique d'est en ouest. Son altitude varie généralement de 1000 à 3000 m; quelques points culminants s'étagent de 4300 à 5750 m.

[4] Leur couleur varie du café, gris, verdâtre jusqu'au jaune et elle portent de petites taches noires réparties sur tout leur corps. Leurs ailes antérieures s'appellent hémi-élytres et sont dures dans leur partie basale. Cette partie est de la même texture et de la même couleur que le corps et le reste est transparent, comme les ailes postérieures.

[5] Elles sécrètent une substance oléagineuse produite par leurs glandes métathoraciques et abdominales.

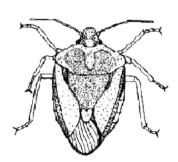

FIGURE 1. *Edessa cordifera*
(dessin de Luis Antonio Carbajal)

FIGURE 2. *Euschistus sulcacitus*
(dessin de Luis Antonio Carbajal)

très réduit (*cf.* Tableau 2, marché de Taxco). Quelques fois seulement, les espèces du genre *Edessa* sont sélectionnées. Pour les *jumiles* du genre *Euschistus*, aucun tri n'est nécessaire dans la mesure où, sur les lieux de collecte (les anfractuosités de la montagne), on ne trouve qu'une ou deux espèces de ce genre, accompagnées de quelques individus du genre *Proxys* (Tableau 2, marchés d'Iguala, de Cuautla, de Yautepec).

État	Marché de	Lieu de récolte* des *jumiles* vendus	Espèce	Nombre d'individus
Guerrero	TAXCO	Cerro El Huizteco	*Banasa* sp.	2
			Edessa cordifera	675
			Edessa mexicana	1560
			Moromorpha tetra	30
			Oebalus pugnax	3
			Proxys punctulatus	5
	IGUALA	Cerro de Tuxpan	*Euschistus sulcacitus*	5498
			Proxys punctulatus	7
Morelos	CUAUTLA	Cerro Jonacatepec et Cerro El Tomatal (Guerrero)	*Euschistus strenuus*	3891
			Euschistus sulcacitus	5309
			Proxys punctulatus	7
	YAUTEPEC	Cerro El Tomatal (Guerrero)	*Euschistus strenuus*	4039
			Proxys punctulatus	5

* Le lieu de récolte peut se trouver dans un État différent de celui du lieu de vente.

TABLEAU 2. *Les jumiles vendus sur les marchés de Taxco et Iguala (Guerrero), Cuautla et Yautepec (Morelos)*

LA RÉCOLTE DES *JUMILES*

Les *jumiles* sont connus et consommés par de nombreuses ethnies (Nahuatl, Otomi, Mazahua, Mazatèques, Mixtèques, Zapotèques, Mixe, Trique, Zoque,

Matlazinca, Choles, Tarahumara, Huichol, Tepehuane, Huastèques, Chocho, Popolaques, Tarasques, Tzetzal, Tzotzil, Chinantèques, Chontal) habitant des régions très diverses du Mexique (carte 2).

Toutefois, leurs utilisation, collecte, perception, etc. ne seront étudiées en détail que dans les États de Guerrero et Morelos en raison à la fois de leur importance particulière dans cette zone et de la présence du "temple du *jumil*" à Taxco[6] (Guerrero).

Lieux de récolte

La ville de Taxco est entourée de sept montagnes. C'est sur l'une d'entre elles, appelée *cerro El Huizteco* ou encore *cerro del jumil*, que se trouve le temple du *jumil* sacré, temple très rudimentaire, datant de l'époque préhispanique (Salas 1965). Cette montagne, dont l'altitude varie de 1 500 à 2 500 m environ (Moctezuma 1998), a une topographie très accidentée ; d'impressionnantes falaises lui confèrent une grande majesté mais rendent les terres peu propices à l'agriculture et encore moins à l'élevage du bétail. Toutefois, dans les petites vallées, une agriculture pluviale est pratiquée dans des plantations de surface réduite. Autour de Taxco, la végétation est peu abondante ; elle est plus dense sur quelques-unes des montagnes qui entourent Taxco et, en particulier, sur les pentes du *cerro El Huizteco* où on trouve des pins, des sapins, des chênes, des noyers, etc.

On ne connaît pas avec certitude les plantes dont se nourrissent les *jumiles*[7], mais on sait qu'ils sont polyphages. Dans la montagne d'*El Huizteco*, nous en avons trouvé sur des *magueyes* (*Agave* spp., Agavaceae) –à l'endroit précis de l'insertion des feuilles sur la tige–, sur le *Senecio salignus* DC. (Asteraceae), sur les boutons floraux de plusieurs Asteraceae, sur des fruits comme les noix et les *capulines*[8], ainsi que sur le tronc de différents arbres (chênes, sabines, pins) où ils sont toujours regroupés. On les trouve aussi sous les feuilles mortes dans la forêt ; leur couche peut alors atteindre 20 cm d'épaisseur. Il est possible que ces punaises ne s'alimentent pas seulement de la sève des arbres mais également des fruits des arbres, tombés à terre.

---

[6] Taxco (tlachco en nahua signifie "lieu du jeu de pelote"), ville dont l'activité principale est tournée vers les mines d'argent, se trouve dans la *Sierra Madre del Norte*, près de la chaîne montagneuse du volcan appelé *Nevado de Toluca* (4 690 m).

[7] Cervantes (1988) a étudié les Pentatomidae de la région de Los Tuxtlas (État de Veracruz) sur la plaine côtière et a trouvé qu'*Euschistus sulcacitus* s'alimente principalement de plantes appartenant aux familles des Euphorbiaceae, Solanaceae, Acanthaceae, Asteraceae et Phytolaccaceae. Ces plantes ne se trouvent que dans les clairières de la forêt.

[8] Fruit de *Prunus capuli* Cav. (Rosaceae) mais également d'autres plantes qui ont en commun de porter des fruits globuleux (de 5-10 cm de diamètre) généralement comestibles.

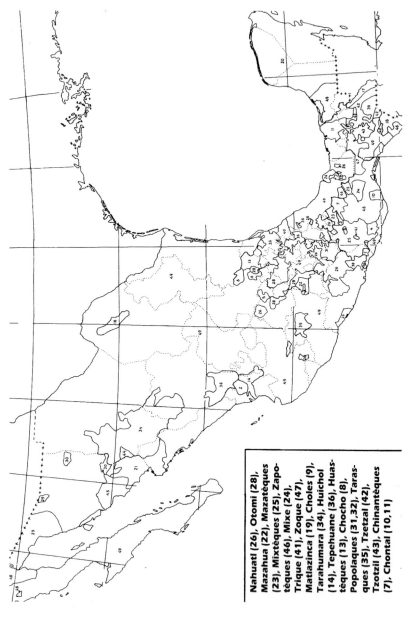

Nahuatl (26), Otomi (28),
Mazahua (22), Mazatèques
(23), Mixtèques (25), Zapotèques (46), Mixe (24),
Trique (41), Zoque (47),
Matlazinca (19), Choles (9),
Tarahumara (34), Huichol
(14), Tepehuane (36), Huastèques (13), Chocho (8),
Popolaques (31,32), Tarasques (35), Tzetzal (42),
Tzotzil (43), Chinantèques
(7), Chontal (10,11)

CARTE 2. *Ethnies consommant des* jumiles *(Mexique)* (d'après Tamayo 1995)

Périodes de collecte

Les personnes qui récoltent les *jumiles* connaissent parfaitement les périodes au cours desquelles il est facile de les collecter. Dans l'État de Guerrero, on dit :

> « Los *jumiles* son abundantes desde el mes de octubre hasta mediados del mes de febrero y desaparecen al comienzo de la época de lluvias, pero despúes de la Semana Santa son muy difíciles de encontrar, aunque si se toma mucho tiempo. Hay, pero muy pequeñas y muy pocas de las grandes, por esta razón se les busca en las primeras fechas. »[9] (Agustín Melgar, Taxco, 35 ans, comm. pers.)

Ces données correspondent, dans une certaine mesure, à ce que disent les habitants de l'État de Morelos. Les périodes de récolte sont, en fait, différentes selon les endroits, vallée ou montagne où seules certaines personnes sont capables de se rendre et savent y trouver les *jumiles* :

> « Esos animalitos son muy numerosos en los meses fríos, luego, pos, solo en los cerros están y solo los "jumileros" llegan allí. »[10] (Pedro López, 31 ans, État de Morelos, comm. pers.)

Ces observations connues de tous, correspondent parfaitement au cycle biologique des espèces récoltées, qui se déroule une partie de l'année dans les vallées et l'autre, dans les montagnes. Cette punaise sténotherme n'aime ni la chaleur ni l'humidité. C'est pourquoi on ne la rencontre qu'à des altitudes élevées et que, au début de la saison des pluies –qui correspond également aux mois chauds (avril à octobre)–, les adultes s'envolent vers la cime des montagnes. C'est la pluie qui déclencherait la sécrétion d'une phéromone de regroupement provoquant, ainsi, leur envol. Dans les montagnes, les adultes se rassemblent entre les grands rochers, dans des anfractuosités profondes qui leur permettent de se protéger des vents trop froids et de recevoir la chaleur du soleil pendant quelques heures par jour ; l'eau de pluie glisse sur ces punaises dont le corps est recouvert d'une substance huileuse, et ne provoque donc qu'une légère baisse de température. Dans les anfractuosités, on ne trouve que des individus d'une même espèce[11].

Les adultes restent dans ces montagnes pendant plus de cinq mois puis, en octobre, au début des mois froids de la saison sèche, descendent vers la vallée pour s'y accoupler. Il faut alors environ quatre mois à la nouvelle génération pour atteindre l'âge adulte.

La "saison des *jumiles*", moment où cette espèce est la plus abondante, s'étend d'octobre à décembre-mi-février.

---

[9] Agustín Melgar, 35 ans.
> « Les jumiles sont abondants d'octobre jusqu'à mi-février et disparaissent au début de la saison des pluies. Après Pâques, il est difficile d'en trouver bien que cela reste possible si on y consacre beaucoup de temps mais on en trouve de très petits et très peu de grands. C'est la raison pour laquelle on les récolte au début de la saison. »

[10] Pedro López, 31 ans :
> « Ces petits animaux sont très abondants pendant les mois froids puis, "ben", il y en a seulement dans les montagnes et seulement les *jumileros* y vont. »

[11] Une sécrétion de phéromones spécifiques est probablement à l'origine de cette sélection.

Les collecteurs

Carbajal (2000) a fait une étude détaillée de la collecte des *chumiles* dans l'État de Morelos. *Euschistus sulcacitus* est l'espèce la plus importante et se ramasse dans les montagnes[12]. Cette espèce se trouve dans les anfractuosités des rochers des falaises, au sommet des montagnes, ainsi que sous de petits rochers qui s'en sont détachés. Les *chumiles* demeurent là de mars à septembre. Parmi les nombreuses personnes qui les ramassent, Carbajal (2000) distingue trois groupes suivant l'usage qu'elles vont en faire : des *asociaciones temporales* "associations temporaires", des *recolectores familiares*" "collecteurs d'une même famille", des *recolectores selectivos o shamanes* "collecteurs sélectifs ou shamans".

Les "associations temporaires"

Les "associations temporaires" sont composées de paysans de sexe masculin. Pratiquant une économie d'autosubsistance, ils cultivent maïs, haricots, arachides, qu'ils ne vendent qu'en cas d'excédent ; ils sont regroupés en communautés appelées *"ejidales"* et la plupart d'entre eux louent les terres qu'ils cultivent. Pendant la saison des *chumiles*, des groupes se forment parmi ces paysans dans les différents *Municipios* de l'État de Morelos. Les liens créés lors de ces regroupements sont à court terme et ne font intervenir ni les liens familiaux ni les liens de *compadrazgo* "parrainage". Il s'agit simplement pour ces personnes de mettre en commun –comme elles le font pour les travaux des champs et la sélection des semences de maïs– leurs expériences et connaissances concernant la collecte et la préservation des *chumiles*.

Collecte de type familial

Les groupes de collecte de type familial sont formés par une ou plusieurs familles ayant à leur tête des hommes. Les participants, qui pratiquent également une économie d'autosubsistance, sont unis par des liens à long terme (famille nucléaire ou élargie, *compadrazgo* "parrainage"). Ils partagent les revenus de la vente des *chumiles* de la même façon qu'ils s'entraident pour les travaux des champs et partagent les revenus de leurs récoltes.

Leur système de collecte est plus organisé et les instruments qu'ils utilisent pour capturer les *chumiles* sont plus spécifiques. Adaptés aux différents types d'anfractuosités, de surfaces, ils sont de taille différente et fabriqués avec des matériaux divers. Ces instruments ont été utilisés par de nombreuses générations et, pour cette raison, leurs propriétaires sont jaloux de leurs connaissances et

---

[12] Plus particulièrement *La Calera*, *El Picudo* et *El Santa Fe*, du *Municipio de Puente de Ixtla*, et aussi dans le *Municipio de Tlayeca*, dans la montagne du même nom, ainsi que dans celle appelée *El Gordo* de l'État de Guerrero.

veillent à l'exécution des rites préalables à la récolte ainsi qu'à la gestion de cette ressource. Leur décision de partir ramasser des *chumiles* prend en considération de nombreuses données liées au milieu ambiant, depuis l'humidité des rochers ou le type d'anfractuosité jusqu'au cycle de vie des *chumiles*.

Quand les membres du groupe sont jeunes ou que le groupe est récent, ils choisissent le plus expérimenté d'entre eux pour qu'il désigne les lieux dans lesquels la récolte devra se faire, et indique la façon de procéder. Quand le groupe est formé depuis quelques années, il possède déjà un "chef" qui détermine toujours quand et comment se fera la récolte, et quelles personnes y participeront.

À la fin de la récolte, les *chumiles* sont vendus à des intermédiaires qui sont toujours des femmes, souvent les épouses des collecteurs. Ces vendeuses pratiquent un système de transaction-vente appelé "*maquila*" où les boîtes de sardines vides de 250 g constituent l'unité de vente (*cf. infra*). L'expression de "matriarcat commercial du *jumil*" a été créée pour traduire le rôle des femmes car ce sont elles qui fixent le prix et déterminent le nombre de commandes qui pourront être honorées.

Les "shamans"

Les "shamans" sont des ramasseurs solitaires de sexe masculin, qui ont des connaissances en "magie" et en "sorcellerie". Ces connaissances[13] leur sont indispensables pour sélectionner les *chumiles* mais aussi pour se protéger en chemin lorsqu'ils se rendent sur le lieu de récolte et pour se préserver des dangers qu'ils peuvent y trouver. Lors de cette collecte, ils portent des vêtements spéciaux : un ruban bleu autour de la taille, un chiffon rouge attaché à ce ruban, ainsi que d'autres éléments qui sont différents suivant le type de collecte qu'ils pratiquent.

Ces "shamans" effectuent leur collecte au petit matin, pendant 3 heures seulement, soit de 1h à 4h du matin. Ils cherchent les *chumiles* appelés *los predilectos* "les préférés" dont ils ramassent seulement cinq exemplaires qui sont choisis pour la brillance de leur pronotum[14] et pour la netteté de l'image de la Vierge de San Juan de los Lagos qui doit s'y observer. Ces cinq *chumiles predilectos* seront vendus comme talisman aux personnes désireuses de s'assurer cette protection. Les "shamans" ramassent également d'autres *chumiles* ; moulus, ils sont mis dans un pot en terre et mélangés à du parfum, du tabac et de l'urine de lapin. Cette préparation est ensuite placée sur le chiffon rouge (celui qui était attaché à leur ceinture) étalé sur le sol, et laissée là pendant toute la nuit afin que "la lumière des étoiles rentre dedans". Cette préparation sera utilisée pour élaborer des filtres d'amour et pour soigner le diabète sucré.

---

[13] Ces connaissances, très spécifiques, ne sont transmises qu'aux apprentis-shamans.
[14] Partie dorsale du premier segment du thorax.

Propriété de la récolte

Comme on l'observe pour d'autres insectes comestibles[15], chaque famille (même si elle est réduite à une seule personne), qu'elle soit ou non propriétaire des lieux, "possède" la récolte de *jumiles* d'un lieu particulier – une anfractuosité dans les falaises, les rochers d'un lieu déterminé, etc. Au moment où les *jumiles* migrent vers la montagne, l'emplacement est surveillé par les différents membres de la famille, qui restent sur place pendant des semaines, se relayant pour la garde. Le matin, les femmes peuvent prendre leur tour mais la nuit, ce sont toujours les hommes qui sont présents, du grand-père au petit-fils. Il s'agit ainsi de prévenir le vol par d'autres personnes des *jumiles* de l'endroit, et de veiller à la préservation aussi bien de la ressource que de l'emplacement.

IMPORTANCE ALIMENTAIRE DES *JUMILES*

La tradition de consommer des *jumiles* est très ancienne. Selon Moctezuma (1998), ces punaises constituaient déjà à l'époque préhispanique un mets très recherché par les Nahuatl (ou Aztèques). Actuellement, malgré leur odeur désagréable, ils constituent encore un aliment très apprécié. Pendant tout le temps que dure "la saison des *jumiles*", les familles les consomment mais font également sécher une partie de leur récolte au soleil pour les stocker et pouvoir en disposer tout au long de l'année.

Modes de consommation des *jumiles*

Les *jumiles* sont mangés aussi bien à l'état de larve qu'à l'état adulte (Tableau 1) ; quelques personnes les consomment vivants[16]. Ceux de Taxco (*Edessa cordifera*) ont une saveur forte ; certains disent qu'elle leur rappelle celle de l'*ajonjolí* "sésame (*Sesamum indicum* L., Pedaliaceae)" ; ceux de Cuautla (*Euschistus sulcacitus*, *E. crenator orbiculator*, *E. comptus*, *E. strenuus*) ont un goût de pomme. Ils peuvent être accommodés de différentes façons :

– On les pile dans un mortier avant de les mélanger à du poivre ou du piment ou encore à une sauce composée de piments, tomates vertes ou rouges et sel.
– On les frit dans de l'huile d'olive ou de maïs puis on rajoute du sel et du jus de citron – ce qui leur donne une saveur particulière – ou un mélange de feuilles de persil et de piment d'une variété appelée *chile manzano*.
– On les grille pour les manger dans une *tortilla* (sorte de galette de farine de maïs).
– On les grille puis on les moud et on y ajoute du sel et du poivre ; ce mélange sert à assaisonner les plats.

---

[15] Par exemple, les *escamoles* (œufs, larves et pupes de fourmis du genre *Liometopum*, surtout de la caste reproductrice), les *chapulines* (criquets adultes ; Acrididae spp.), le *gusano del madroño* (larve du papillon *Eucheira socialis*).
[16] On mastique la partie postérieure de l'abdomen et on suce le contenu.

En ville, les cuisinières rajoutent des *jumiles* vivants au riz, au moment de le mettre à cuire dans de l'eau. Enfin, il existe aussi des préparations plus modernes comme le "pâté de *jumiles*" (Ramos-Elorduy 1998).

Bien que les *jumiles* soient très riches en graisses (Tableau 3), on n'en extrait pas d'huile comme on le fait au Soudan avec une autre punaise, l'*Agnoscelis versicolor* (Delmet 1975).

	Protéines g	Lipides g	Glucides g	Fibres g	Cendres g	Valeur éner-gétique kcal
Espèces de *jumiles*						
Edessa cordifera	43.63	40.35	0.010	14.99	2.91	537.71
Edessa mexicana	33.94	54.23	0.001	11.12	1.4	621.03
Edessa petersii	36.80	42.15	0.900	18.05	2.10	549.00
Edessa sp.	37.52	47.87	0.001	12.88	1.65	587.91
Euschistus biformis	37.65	46.72	3.33	12.78	6.83	584.40
Euschistus comptus	36.08	48.08	0.001	14.34	1.5	576.86
Euschistus crenator orbiculator	39.48	43.76	0.001	15.17	1.58	551.76
Euschistus egglestoni	35.36	45.12	0.030	18.51	0.98	547.52
Euschistus strenuus	41.84	41.68	0.001	13.41	3.06	563.40
(= *zopilotensis*)	36.98	44.66	0.029	14.02	4.03	568.48
Euschistus taxcoensis	50.38	28.20	0.001	19.64	1.75	480.51
	43.23	38.13	0.030	16.99	1.62	539.06
Viandes						
Bœuf	54.85	27.90	10.00	3.45	3.80	542.94
Poulet	43.34	23.71	25.00	4.31	3.64	520.83
Poisson	81.11	13.32	1.13	0.43	3.98	489.96
Végétaux						
Soja	41.11	24.27	28.33	4.44	1.80	531.14
Haricots secs	23.54	2.92	43.03	28.51	1.96	328.00
Lentilles	26.74	1.04	55.93	15.37	0.90	381.38

Résultats pour 100g de poids sec.

TABLEAU 3. *Valeur nutritive de quelques* jumiles *consommés au Mexique (comparaison avec quelques autres produits alimentaires)* (Ramos-Elorduy & Pino 2000)

Valeur alimentaire des *jumiles*

Les *jumiles*, comme le prouvent différentes analyses chimiques, constituent un aliment de grande valeur nutritionnelle. Dans le Tableau 3, les résultats obtenus sont comparés aux teneurs des produits alimentaires les plus courants.

La teneur protéique des *jumiles* varie entre 34 et 50 % du poids sec. Bien que les résultats soient fluctuants (on observe des variations d'une espèce à l'autre ou, pour une même espèce, d'un lot à l'autre), ces pourcentages restent très intéressants. Les *jumiles* contiennent plus de protéines que les légumes secs, la même quantité que le soja et une quantité comparable à celle du poulet. La haute teneur en protéines et en lipides (plus de 40 % pour la plupart des espèces) confère aux *jumiles* une valeur énergétique élevée (entre 480 et 621 kcal pour

100 g de matière sèche) qui permet de les intégrer avec profit dans l'économie de
subsistance des populations locales.

La qualité des protéines peut être appréciée grâce à l'étude des acides aminés
essentiels (Tableau 4).

Acide Aminé (A.A.)	*Euschistus strenuus*	*Euschistus taxcoensis*	*Euschistus egglestoni*	Valeur de référence . FAO/WHO/UNU 1985	
				E	A
Isoleucine	4.40	3.90	4.10	2.80	1.3
Leucine	7.00	7.60	7.70	6.60	1.9
Lysine	3.00	5.00	3.10	5.8	1.6
Méthionine	2.80	5.40	2.70		
Cystéine	1.00	2.10	1.00		
Total d'A.A. soufrés	3.80	7.50	3.70	2.50	1.7
Phénylalanine	3.30	8.70	10.20		
Tyrosine	4.80	5.60	6.60		
Total d'A.A. aromatiques	8.10	14.30	16.80	7.40	2.4
Thréonine	4.80	3.90	4.20	3.40	0.9
Valine	6.10	5.80	7.30	3.50	0.5
Tryptophane	0.56	0.56	0.10	1.10	1.3
Total d'a.a. essentiels	37.75	48.60	47.00	32.00	11.6

Résultats en mg/16mg N.
Besoins des E= enfants en bas âge ; A= adultes

TABLEAU 4. *Les acides aminés essentiels chez différentes espèces d'*Euschistus
(d'après Ramos-Elorduy & Pino 2000)

La quantité totale d'acides aminés essentiels contenus dans les *jumiles* est plus
élevée (15%, 34% ou 32% suivant les espèces) que les normes conseillées par la
FAO/WHO/UNU en 1985. Par ailleurs, les acides aminés considérés isolément
(isoleucine, leucine, méthionine, tyrosine + phénylalanine, thréonine, valine)
sont également en quantité plus élevée que ces mêmes normes
(FAO/WHO/UNU, 1985). Seuls le tryptophane et la lysine présentent un déficit
chez les espèces étudiées. En ce qui concerne les éléments minéraux (Tableau 5), les résultats sont variables. Bien que les *jumiles* contiennent moins de

Éléments minéraux	*Euschistus strenuus*		*Euschistus taxcoensis*	Besoin (enfants de 6 mois)	Besoin (adulte)
Na	0.172	0.036	0.572	0.2325	2.750
K	0.048	0.250	0.092	0.90	3.925
Ca	0.088	0.088	0.088	0.600	1.050
Zn	0.027	0.112	0.040	0.003	0.150
Fe	0.024	0.015	0.023	0.010	0.018
Mg	0.836	0.932	0.744	0.650	0.450

Résultats en g pour 100 g de *jumiles*

TABLEAU 5. *Les éléments minéraux chez différentes espèces d'*Euschistus
(d'après Ramos-Elorduy & Pino 1998)

sodium (Na) et de calcium (Ca) que les quantités nécessaires aux enfants de plus
de 6 mois et aux adultes, ils couvrent largement, pour le fer (Fe) et le magné-

sium (Mg), les besoins des enfants comme des adultes. Toutes les espèces de *jumiles* ont la particularité de contenir de l'iode ; seule la quantité diffère d'une espèce à l'autre (Figueroa 1968).

La graisse des *jumiles* (Tableau 6) est composée essentiellement d'acides gras polyinsaturés (palmitique, palmitoléique, oléique et linoléique) dont les effets bénéfiques sur la santé ont été prouvés.

Acide gras	*Euschistus strenuus*	*Euschistus taxcoensis*
Acide caproïque	0.13	--
Acide caprylique	0.130	--
Acide laurique	0.05	0.03
Acide myristique	1.23	0.60
Acide palmitique	33.35	30.59
Acide palmitoléique	10.02	31.64
Acide stéarique	5.45	4.44
Acide oléique	31.04	29.79
Acide linoléique	17.34	2.28
Acide linolénique	0.55	0.06

Résultats exprimés en % des acides gras totaux

TABLEAU 6. *Les lipides chez différentes espèces*
*d'*Euschistus (d'après Ramos-Elorduy & Pino 2000)

Les vitamines du groupe B (Tableau 7) – thiamine, riboflavine, niacine – sont importantes en raison des fonctions qu'elles remplissent dans l'organisme mais dans les zones tropicales, elles le sont plus encore parce que les végétaux qui poussent localement en sont souvent dépourvus ou n'en contiennent que des quantités infimes. C'est pourquoi leur présence chez les *jumiles* est particulièrement intéressante (soulignons qu'*Euschistus taxcoensis* contient des quantités élevées de niacine).

Vitamines	*Euschistus strenuus*	*Euschistus egglestoni*	*Euschistus taxcoensis*
Thiamine	0.18	0.15	0.41
Riboflavine	0.42	0.28	0.18
Niacine	0.75	0.71	2.64

Résultats en mg pour 100 g de *jumiles*

TABLEAU 7. *Les vitamines chez différentes espèces*
*d'*Euschistus (d'après Ramos-Elorduy *et al.* 2002)

L'analyse de ces différents constituants permet de mettre en évidence les qualités nutritives réelles des *jumiles*, considérés localement comme "bons pour la santé". Il faut cependant noter que les qualités nutritionnelles de ces insectes ne sont pas les mêmes suivant la façon dont ils ont été préparés. Grillés, leur graisse a fondu, et ils sont surtout intéressants pour leurs protéines, leurs minéraux, etc. Frits, ils apportent également les qualités de leurs acides gras, mais ce n'est que lorsqu'ils sont consommés vivants que ceux qui les mangent peuvent profiter de la totalité de leur valeur nutritionnelle. Cette valeur est telle que les personnes qui les consomment leur accordent un pouvoir thérapeutique réel. Ils disent en effet que s'ils les mangent, c'est non seulement parce qu'ils aiment leur goût et parce qu'ils y sont habitués, mais aussi parce qu'ils les soulagent de nombreux maux.

IMPORTANCE MÉDICINALE DES *JUMILES*

Les *jumiles* font depuis longtemps partie des remèdes utilisés dans les médecines traditionnelles du Mexique. Autrefois, les personnes qui souffraient de goitre s'en servaient pour se soigner ; Paz Martínez, 52 ans et Mónica López, 39 ans (comm. pers.) racontent que :

> « Antes, habían unos que tenían una bola en el cuello, le dicen "cuello saltón" y venían a la fiesta del *xumil* pa' tomarlo y aliviarse y llevarse muchos, pos es lo único que les quita la bola, venían de muchos lados, venían por montones y los buscaban, y buscaban los "jayan" y así en trapos q'amarraban, los ponían, como de a 2 cuartillos o más. »[17]

En ce temps-là, il était impossible de se procurer du sel iodé dans les régions montagneuses du centre du Mexique et les sources naturelles d'iode étaient rares. C'est pourquoi les *jumiles*, naturellement riches en iode étaient recherchés (Figueroa 1968).

D'autres personnes mentionnent leur emploi pour soulager les douleurs rhumatismales, les douleurs dues à l'arthrite ou provoquées par des chutes, les douleurs musculaires, pulmonaires, les maux de dents. Martín González (38 ans ; comme. pers.) raconte :

> « cuando a mi abuelita le daban reumas y dolor de espalda, luego mi mama le untaba los *jumiles*, restregándoselos en la espalda, o en las piernas.
> Cuando sufro un golpe, me los friego donde me duel ; tienen que estar vivos, para que sirvan, también cuando duele un diente, un hueso, o el estómago, cualquiera dolor. »[18]

À Tlaxiaco, dans la zone de *Mixteca Alta* (État de Oaxaca), les enfants recherchent avidement les *jumiles* qui se trouvent dans des plantes épiphytes (Bromeliaceae spp.) poussant sur les branches des chênes. Ils montent aux arbres pour arracher ces plantes puis descendent rapidement pour les retourner, les

---

[17] Paz Martínez, 52 ans et Mónica López, 39 ans, comm. pers. :
> « Avant, il y en avait qui avaient une boule dans le cou —on les appelle "cou sauteur"— et ils venaient à la fête du *jumil* pour en prendre et se guérir et en emporter beaucoup vu que c'est la seule chose qui leur enlève la boule. Ils venaient de beaucoup d'endroits, très nombreux, et ils les cherchaient et ils cherchaient les "*jayan*" et allez ! Ils en mettaient jusqu'à deux *cuartillos* ou plus dans des chiffons qu'ils nouaient. »

[18] Martín González, 38 ans (comme. pers.) raconte :
> « Quand ma grand-mère souffrait de rhumatismes et de douleurs de dos, ma maman lui passait des *jumiles* sur le dos ou sur les jambes en les frottant très fort.
> Si je reçois un coup, je m'en frotte là où ça me fait mal mais, pour qu'ils soient efficaces, il faut qu'ils soient vivants. C'est la même chose si une dent fait mal, ou un os ou l'estomac, n'importe quelle douleur. »

secouer et en faire tomber les *jumiles* qu'ils consomment aussitôt pour apaiser les douleurs d'estomac provoquées par la faim.

Les *jumiles* servent également à soigner diverses maladies. Comme nous l'avons vu, les "shamans" les utilisent pour soigner le diabète sucré. Il assurent aussi qu'ils soulagent les maux de cœur et les maladies du sang. De nombreuses personnes s'en servent aussi pour soigner la tuberculose, soulager les douleurs d'estomac, de reins, de foie et même comme aphrodisiaque (Ramos-Elorduy *et al.* 2000). Ils sont utilisés par voie interne ou par voie externe; quand on les frotte vivants sur les différentes parties du corps, c'est l'huile de l'hémolymphe qui agit.

Comme nous pouvons le voir à travers les différentes utilisations, c'est le pouvoir essentiellement analgésique de ces insectes qui est recherché. C'est probablement cette propriété qui leur a conféré −et continue à leur conférer− une grande valeur pour les populations locales.

Afin de vérifier leur intérêt médicinal, des études chimiques ont commencé à être réalisées sur divers *jumiles*. En 1970, Calderón & Ríos ont mis en évidence 24 esters méthyliques chez *Euschistus taxcoensis* et en 2000, Andary *et al.* ont publié les résultats de recherches sur les substances naturelles présentes chez quelques espèces des genres *Edessa* et *Euschistus* (Tableau 8). La présence de ces différentes substances est probablement à mettre en relation avec leur efficacité thérapeutique.

Groupe chimique	Edessa				Euschistus		
	cordifera	*mexicana*	*petersii*	sp.	*crenator*	*strenuus*	*taxcoensis*
Triterpenoides et stéroïdes	-	-	+	-	+	+	-
Caroténoïdes et/ou triterpénoïdes	-	-	+	-	++	-	-
Iridoides	+	+	++	+	+	+	±
Tropolones	++	++	-	+	-	-	-
Mucilages	-	-	-	-	-	-	-
Saponines	-	-	-	±	+	-	-
Dérivés de l'acide phénolique	+	+	±	+	+	±	+
Flavonoides	-	-	-	-	-	-	-
Anthocyanines	-	-	-	-	-	-	-
Catéchines	-	-	-	-	-	-	-
Proanthocyanidines	-	-	-	-	-	-	-
Tanins condensés	-	-	++	-	+	±	-
Tanins galliques et élagiques	-	-	±	-	-	-	-
Tanins hautement polymérisés	+	-	-	-	-	-	-
Coumarines	++	+	±	+	++	+	++
Quinones libres	±	-	-	+	+	±	-
Quinones glycosides	-	-	-	-	-	-	-
Protoalcaloides	-	-	-	-	-	-	-
Alcaloïdes	++	++	++	++	++	++	++
Protéines	++++	++++	+++	++++	+++	+++	+++
Sucres	-	+	+	+	+	+	±
Polyols	±	++	+	+	+	±	±

TABLEAU 8. *Substances naturelles présentes chez quelques espèces de* jumiles
(d'après Andary *et al.* 2000)

PHOTO 1. *Le temple du jumil.*
Cerro El Huizteco (Guerrero)
(Photo J. Ramos-Elorduy)

PHOTO 2. *Nouvelle chapelle catholique à l'entrée du*
parc El Huizteco (Guerrero) (Photo J. Ramos-Elorduy)

LE *JUMIL*, PUNAISE SACRÉE

Le caractère sacré des *jumiles*

Pour les populations locales, les *jumiles* dont nous venons de voir l'importance alimentaire et l'intérêt médicinal, ont un caractère sacré que viennent confirmer, selon eux, diverses particularités de ces punaises : bien que très petites, elles sont capables de voler jusqu'au sommet des montagnes (plus près de Dieu) ; c'est au moment de la fête des morts qu'elles partent des montagnes pour redescendre dans la plaine, etc.

> « mis abuelos me contaban que los jumiles eran animales sagrados porque vuelan, vuelan y vuelan, y se van a la cima de los cerros a lo más alto de las montañas para hablar mejor y más de cerquita con el Señor y para ser como centinelas de que nada malo les pase, y también para tener buenas milpas, los *xumiles* rezaban al señor porque así pase y pudieran tener algo de comer (granos, maíz, buena milpa), porque hacían las lluvias, luego de hablar mucho, mucho con El y de ver gratificadas sus oraciones, hablaban con sus antepasados pidiéndoles permiso, para tomar una parte de su espíritu y así volvían a bajar pa' venir con los suyos para luego ayudarlos, protegerlos y ver que eran recordados. Luego, pos, se hunden en la tierra y van a buscarlos donde se "jayan" y en el día de los muertitos salen y por eso los "jallamos" y los comemos, son, pos, muy sabrosos, y así sabemos que nos volvemos a unir con la familia y eso es cada año. Pos, muchos ya no van al cerro a "jallarlos" y, pos, otros los bajan y los venden. »[19] María Rosas (91 ans) (comm. pers.)

La fête des *jumiles* à Taxco

Le temple du jumil

Aux temps précolombiens, les *jumiles* étaient déjà des animaux sacrés comme en témoigne la présence du *templo del jumil* "temple du *jumil*" qui date de cette époque. Ce temple, très rustique, qui se trouve pratiquement au sommet du *Cerro El Huizteco,* près de Taxco, est situé à l'intérieur d'une grande faille (Photo 1). L'eau d'une source court le long de la base de la paroi de cette faille et alimente ensuite une espèce de petit canal construit en forme de demi-cercle autour d'une zone plane assez grande. Au milieu du trajet du canal, un petit pont permet d'ac-

---

[19] « Mes grands-parents me racontaient que les *jumiles* étaient des animaux sacrés parce qu'ils volaient, volaient, et volaient, et qu'ils vont au sommet des collines, jusqu'au plus haut des montagnes pour mieux parler et de plus près à Dieu, le Seigneur, et pour être comme les sentinelles, et pour veiller à ce que rien de mal ne leur arrive. Ainsi que pour qu'ils obtiennent de bonnes récoltes. Les *jumiles* priaient le Seigneur pour que cela se passe ainsi et qu'ils puissent avoir quelque chose à manger, des céréales, du maïs, une bonne récolte parce qu'ils faisaient les pluies après avoir parlé beaucoup, beaucoup, avec "Lui", et avoir vu récompenser leurs prières, ils parlaient avec leurs ancêtres pour leur demander l'autorisation de prendre une partie de leur esprit. Ils redescendaient ainsi pour venir avec les leurs afin de les aider et de les protéger et voir qu'on se souvenait d'eux puis, "ben", ils s'enfouissent dans la terre et ils vont les chercher où ils se trouvent et le Jour des morts, ils sortent et c'est pour ça que nous les trouvons et que nous les mangeons. Ils sont, ma foi, très savoureux, et ainsi, nous savons que nous nous réunissons avec la famille, et ceci, chaque année. Ma foi, beaucoup ne vont plus à la montagne pour les trouver parce que d'autres les descendent et les vendent. »

céder à une grande pierre circulaire, plane et donnant sur un précipice, qui avait probablement une fonction sacrificielle. Actuellement, un petit autel catholique a été rajouté dans la partie centrale de la faille; un confessional ainsi qu'une cloche pour appeler les fidèles, ont été installés non loin de cet autel.

Depuis quelques années, le lieu de rencontre a été déplacé dans une petite chapelle catholique (Photo 2), construite non loin de ce temple, dans le Parc d'*El Huizteco*, zone aménagée créée sur les pentes de la montagne du même nom. Devant cette chapelle, une vaste esplanade a été construite pour permettre aux nombreux stands de bière, rafraîchissements, plats traditionnels de s'installer le jour de la fête, mais aussi pour faciliter le rassemblement des personnes, la réalisation de danses, etc.

La fête à l'époque préhispanique

Selon Moctezuma (1998), cette fête des *jumiles* était une tradition des populations vivant à Tetelzingo, Acayotla et Tetipac (État de Guerrero), région autrefois occupée par les Tlahuica[20]. On raconte qu'aux temps anciens, les habitants de ces villages et des environs se rassemblaient. Mais il y avait aussi des gens qui venaient de villages plus éloignés comme Xochimilco, Tláhuac, Zapotitlán, ainsi que d'autres villages voisins de la ville de Mexico, et des Chontal qui arrivaient de diverses localités de l'État de Oaxaca et de l'État de Guerrero. Tous se réunissaient sur la montagne de *El Huizteco* pour récolter des *jumiles*. Cette fête, appelée *xumilme ihuitl* "fête des *jumiles*" par les Xochimilca, était l'occasion d'une rencontre entre populations de langue et de culture différentes.

La fête actuelle

De nos jours, on retrouve encore la trace de ces réunions anciennes. La fête du *jumil* (*día del jumil* "jour du *jumil*") a lieu, à Taxco, le premier lundi après le jour des morts (2 novembre)[21]. Les gens, vont dans la montagne *El Huizteco* pour récolter des *jumiles* puis se rendent au temple préhispanique dit "temple des *jumiles*" pour prier et fêter à la fois la récolte et les ancêtres. La date du 2 novembre est importante car les *jumiles* symbolisent l'âme des morts et l'union familiale[22].

---

[20] "Venant de Tláhuac", Xochimilco (Distrito Federal).

[21] NDE: Au Mexique, le *Día de los Muertos* "jour des Morts" est une fête très importante. Elle est fondée sur la croyance que les morts reviennent sur terre ce jour précis pour rendre visite à la famille et aux amis encore vivants. Pour honorer les personnes récemment décédées, les Mexicains, au cours de cette période (entre le 31 octobre et le 2 novembre), nettoient les tombes et dressent des autels sur lesquels de nombreuses offrandes sont déposées (fleurs, nourriture, objets divers). Les familles se réunissent pour honorer les morts et, au-delà, célébrer la vie. De nombreuses festivités sont organisées: défilés, musique, danse, etc.

[22] Au Mexique, le jour des morts, d'importantes fêtes réunissent, autour des tombes familiales, les familles qui viennent honorer les membres disparus.

> « El *xomitl* tiene su fiesta cerca del día de muertos, entonces, la gente de los pueblos viene al Huizteco pa' celebrarlo, pa' ver a su reina, pa' darles adoración, pa' juntarse con la familia (*jumiles* y parientes vivos y ya difuntos), pa' la diversión.» (Pedro Macías, 51 años)[23]

> Juana Payno (35 años) nous dit «que va porque se les reverencia y respeta porque traen parte de sus antepasados de su familia, que se formaron de ahí de donde dejaron a sus muertos.»[24]

Comme autrefois, des gens viennent des localités voisines, de l'État de Guerrero et même de la capitale. La réputation de cette fête est telle que même des étrangers y participent. On raconte que depuis que la route entre Taxco et México a été construite, la fête est devenue très célèbre parmi les habitants de la capitale.

Pour la fête, les gens arrivent la veille et commencent à gravir le *cerro El Huizteco*. À partir d'une certaine altitude (qui correspond à environ 2300 m), ils commencent à chercher les *jumiles* sous la couche de feuilles mortes et à les récolter soit pour les consommer tout de suite, soit pour en faire provision. Ils restent là toute la nuit et très tôt le lendemain matin, ils recommencent à chercher des *jumiles*. Aux environs de midi quelques personnes (rares, ces dernières années) vont jusqu'au temple des *jumiles* avec leur sac plein de leur récolte. Elles disent quelques prières et chantent dans leur langue native tout en élevant leurs sacs remplis de *jumiles*; rendant grâce à Dieu, elles formulent, à voix basse, leurs "demandes" (vœux). Puis danses et chants traditionnels de la région rassemblent les participants sur une espèce de plate-forme construite en ciment. Enfin, un orchestre local joue différents types de musique et tous dansent et se divertissent. Tout autour de cette esplanade, divers stands proposent des boissons et des plats traditionnels.

Quelques jours avant la fête, un concours est organisé dans la ville de Taxco, pour élire parmi les jeunes filles, la "Reine du *jumil*". Le jour de la "fête du *jumil*", elle arrive sur le lieu où se déroule la fête, vêtue d'une longue robe blanche et là, devant tout le monde, elle est couronnée. En plus du diadème, on lui remet un sceptre qui est actuellement en plastique; autrefois, il était en argent et portait, dans sa partie supérieure, un *jumil* sculpté en jade vert.

Lorsque les familles se dispersent pour préparer leur propre repas et cuisiner les *jumiles*, une odeur très particulière flotte dans l'air.

Ces dernières années, comme les participants à cette fête sont trop nombreux, seuls certains d'entre eux montent jusqu'au temple préhispanique et à la plate-forme; les autres restent près de la petite chapelle construite à l'entrée du parc *El Huizteco* (*cf. supra*). C'est là que, maintenant, les divertissements ont lieu. À la

---

[23] « Le *jumil* a sa fête proche du jour des morts, alors les gens des villages viennent au Huizteco pour le célébrer, pour voir sa Reine, pour leur [aux *jumiles*] faire des offrandes, pour se réunir avec la famille [*jumiles*, parents vivants et parents défunts], pour se divertir. »
[24] « J'y vais parce qu'on les vénère et on les respecte parce qu'ils apportent une partie des ancêtres de la famille et parce qu'ils se sont formés là où on a laissé ses morts. »

tombée de la nuit, la fête se termine et les gens redescendent de la montagne et rentrent chez eux.

Cette fête, comme tant d'autres, est devenue essentiellement profane, une occasion de se réunir, de boire et de se divertir. Pour la plupart des participants, son sens sacré a disparu, comme c'est le cas pour plusieurs autres fêtes religieuses au Mexique.

Les autres fêtes du *jumil*

Depuis le début du XIXe siècle, d'autres fêtes en l'honneur des *jumiles* ont été signalées. Elles sont organisées par les populations afro-mixtèques de l'État de Oaxaca où l'on récolte d'autres espèces de *jumiles* (Moctezuma 1998).

IMPORTANCE ÉCONOMIQUE DES *JUMILES*

Ramos-Elorduy (1997a) a montré l'importance des insectes comestibles dans l'alimentation des habitants des zones rurales du Mexique mais également dans leur économie. Des études plus précises ont été menées sur les *jumiles*. Pour leur commercialisation, des enquêtes ont été réalisées dans les marchés et des entrevues ont été faites avec des collecteurs et des intermédiaires.

Les marchés locaux

Le marché des insectes comestibles a subi divers changements au cours des siècles. Ceux qui les connaissent, les vendent et, souvent, également les distribuent, ont toujours été et sont encore des autochtones, mais ont dû se conformer aux lois nationales dont l'apparition a suivi le cours de l'histoire du Mexique. À l'époque préhispanique, les produits étaient proposés, achetés, troqués sur des places publiques dont on sait peu de choses. D'après Sahagún (cité par Díaz del Castillo 1984), les vendeurs qui occupaient un emplacement dans ces marchés à l'air libre, devaient payer une patente qui était parfois versée en nature, avec les produits eux-mêmes.

Pendant la période coloniale, les nobles espagnols intéressés par les échanges commerciaux, commencèrent à créer des emplacements puis à faire construire des marchés pour que la population locale puisse y vendre ses produits (Gibson 1977, Mijares 1993). Un droit devait être payé pour avoir le droit d'exposer et vendre ses produits sur un étal déterminé; de même, un droit de péage[25] devait être versé pour pouvoir passer les ponts et emprunter les chemins, et apporter les marchandises au marché. Ne pouvant payer de tels droits, les populations locales

---

[25] Malgré la consigne qui avait été donnée de ne pas faire payer les indigènes transportant leurs marchandises (Anderson *et al.* 1976).

PHOTO 3. *Vente des jumiles à Yautepec
(Morelos)* (Photo J. Ramos-Elorduy)

PHOTO 4. *Mode de vente des jumiles sur les marchés
de l'État de Morelos* (Photo J. Ramos-Elorduy)

ont, le plus souvent, occupé des places à l'extérieur des marchés ou à proximité. Ils ont même fini par s'introduire dans les marchés construits dits *ladinos* "métis" (Carbajal *et al.* 1996), offrant leurs produits à même le sol, dans les allées. Cette façon de faire se retrouve encore de nos jours.

En ce qui concerne la vente des *jumiles,* un emplacement particulier lui est réservé dans le marché de Taxco. Actuellement l'offre et la demande étant plus importants, on trouve également des vendeurs postés aux entrées ou sur les côtés du marché. On observe les mêmes conditions de vente dans les marchés de Cuernavaca, Cuautla, Jonacatepec, Yautepec (Photo 3), etc.

Les *jumiles* vendus à Taxco appartiennent au genre *Edessa.* Libres, ils s'envoleraient, c'est pourquoi, pour la vente, on les met dans des pots en terre, avec des feuilles de ricin (*Ricinus comunis* L., Euphorbiaceae), et on recouvre le tout d'un tissu. Les feuilles de ricin servent également d'emballage : quelques *jumiles* (8-10) sont enveloppés dans une feuille que l'on attache avec des feuilles de graminées. Cette espèce de petit sac correspond à une ration quotidienne. On en vend aussi dans des sacs en plastique, mais plus chers. C'est sous cette forme qu'on les propose dans les rues des villages voisins du *cerro El Huizteco ;* là, en plus du genre *Edessa*, on trouve également des "punaises de compagnie" (*cf. supra*).

Les espèces de *jumiles* vendues dans l'État de Morelos (Tableau 2) ne volent pas pendant la journée ; c'est pourquoi on les dispose dans des cuvettes en plastique ou en émail. On place au centre de la cuvette un cône de papier ou un morceau de tuyau de plastique sur lequel les punaises peuvent monter, ce qui permet d'exposer le produit en vente (Photo 4).

Sur les marchés, le commerce des insectes comestibles se fait en petites quantités. Pour les *jumiles*, les unités de mesure utilisées actuellement sont :
- la poignée ; soit 20 à 25 d'*Euschistus* ou 8 à 10 d'*Edessa* (1 dollar US) ;
- le petit "sac" en feuille de ricin ; ce "sac" contient 8 à 10 exemplaires du genre *Edessa* et son prix est de 10 pesos (1 dollar US) ;
- le *cucurucho* "petit cornet" de papier ; ce cornet contient 8 à 10 exemplaires du genre *Edessa* et 15 à 20 du genre *Euschistus* et son prix est de 10 Pesos (1 Dollar US) ;
- la boîte vide de 250 g de sardines ; cette boîte contient à peu près 75 g de *jumiles* du genre *Euschistus* et son prix est de 50 Pesos soit 5 Dollars US ; elle contient seulement 55 g de *jumiles* du genre *Edessa* et son prix est alors de 80 à 90 pesos soit 8 à 9 Dollars US.

Le cornet de papier est l'unité de mesure la plus fréquemment utilisée. Cette vente par petites quantités se révèle beaucoup plus avantageuse qu'une vente qui se ferait au poids.

Économies locale et nationale

Lieu de rencontre et d'interaction sociale, le marché est un endroit clé de l'intégration économique, religieuse, politique et culturelle des populations locales au niveau régional et des régions au niveau national (Goldin 1987, Kaplan 1960). Au-delà de ces marché locaux, le parcours du produit est compliqué. Comme le souligne Kaplan (1960), bien que le réseau de marché paraisse simple, la consommation et la distribution des ressources du Mexique sont, en fait, très complexes tant sur le plan national qu'international. En ce qui concerne les *jumiles*, leur prix suit, comme tous les autres aliments, les variations de l'économie du pays (García 1995). Cependant, le cas des insectes comestibles doit être considéré à part. En effet, leur prix subit des augmentations particulièrement importantes (Tableau 9). Cette hausse démesurée est due au fait qu'ils sont devenus des denrées à la mode. Les restaurants – y compris les restaurants de luxe de la capitale – en sollicitent constamment. Cet engouement dépasse les frontières nationales puisque la demande provient également des États-Unis ou encore du Japon. Produit de collecte et non d'élevage, suivant les fluctuations climatiques et les saisons, les insectes comestibles récoltés ne peuvent satisfaire la demande du marché et les prix "flambent".

Espèce vendue	État	Marché de	Année 1980		Année 2000	
			A	B	A	B
			Prix en Dollars US par kg			
Edessa cordifera	Guerrero	Taxco	13.6	21.5	80	93
Edessa sp.		Ameyaltepec	4.5	---	60	70
Edessa conspersa	México	Ozumba	7.0	8.0 --9.0	40	52
Euschistus sulcacitus	Morelos	Cuautla	4.08	7.30	60	75
Euschistus strenuus		Cuernavaca	6.9	9.40	50	65
			Prix en Pesos par kg			
Edessa cordifera	Guerrero	Taxco	170	204.25	760	883.5
Edessa sp.		Ameyaltepec	56.25	---	570	665
Edessa conspersa	México	Ozumba	87.5.0	100.0--114.0	380	494
Euschistus sulcacitus	Morelos	Cuautla	51	91.25	570	712.5
Euschistus strenuus		Cuernavaca	86.25	117.5	475	617.5

A = Prix minimum B = Prix maximum

TABLEAU 9. *Variation du prix des jumiles au Mexique sur une période de vingt ans*

Par ailleurs, l'élargissement de l'aire de distribution et la diversité de plus en plus grande dans les produits proposés à la vente (frais, préparés, mis en conserve, sous forme de produits naturels industrialisés), font intervenir de plus en plus d'intermédiaires qui contribuent de façon importante à cette hausse. Ainsi, dans l'État de Morelos, Carbajal (2000) signale que quatre boîtes de sardines vides, de 250 g, contenant chacune d'elles 45 g de *jumiles*, sont vendues par les femmes des collecteurs au prix de 80 Pesos (8 Dollars US) l'une. Ces boîtes sont achetées par des consommateurs mais aussi par des intermédiaires qui les revendent au prix de 120 Pesos (12 Dollars US), s'assurant un bénéfice de 50 %.

LES *JUMILES*, UNE RESSOURCE EN DANGER?

La conservation des *jumiles* et, d'une façon générale, des produits naturels de collecte est importante non seulement sur un plan alimentaire, mais également au niveau social et culturel. Selon Evans (1993), la commercialisation de ces produits de collecte est un moyen de les préserver car lorsque les paysans, dans une économie d'autosubsistance, trouvent une ressource monnayable, ils en prennent toujours grand soin. Comme le souligne Carbajal (2000) dans son étude sur l'*Euschistus sulcacitus* dans l'État de Morelos, l'habitude de consommer, stocker, commercialiser les *jumiles* est très ancienne mais se fait selon des techniques et à partir de savoir différents selon les collecteurs. Ces modes sont influencés par les conditions climatiques locales, les espèces présentes, leur niche écologique, leur distribution spatiale, etc. Les modes culturels de perception et conception de la nature… interviennent aussi dans la façon de préserver les espèces et l'environnement naturel. Au Mexique, la recherche et la collecte sélective d'insectes ont été faites de façon à ne pas porter préjudice aux espèces concernées. Ces comportements ont permis le maintien de ces insectes pendant de nombreux siècles, malgré leur consommation (Ramos-Elorduy 1997b). Pourtant ces formes traditionnelles d'une utilisation raisonnée des *jumiles* peuvent subir les contrecoups et effets négatifs de problèmes divers. C'est ce que l'on peut observer de nos jours.

– La situation économique du Mexique est telle que les jeunes sont prêts à faire n'importe quoi pour subsister. Aussi l'exploitation des insectes comestibles –et dans ce cas des *jumiles*– est actuellement effectuée par de nombreuses personnes qui n'ont pas les connaissances nécessaires pour réaliser une exploitation raisonnée. Elles ne prennent aucun soin particulier pour éviter l'extinction des espèces et, d'une façon plus générale, pour respecter la nature et préserver la biodiversité.

– Certaines zones rurales sont extrêmement pauvres. C'est le cas de toutes les régions autour de Taxco. L'importante augmentation de la population (sans possibilité d'extension des terres agricoles) et la rareté des ressources obligent les habitants à tirer le plus grand parti possible de ce dont elles disposent. La demande croissante pour les *jumiles* a comme conséquence une intensification des récoltes. La collecte se fait dans un souci immédiat d'obtenir de quoi survivre, sans se préoccuper de l'avenir.

– Les insecticides, de plus en plus utilisés et souvent répandus par voie aérienne, constituent une menace pour les espèces récoltées.

– La coupe intensive des bois et l'accroissement des zones habitées par l'homme affectent de manière irréversible la conservation de la niche écologique des *jumiles*.

- Les narcotrafiquants qui (pour leurs cultures) sont en train de s'approprier des montagnes où les *jumiles* effectuent leur diapause, empêchent les collecteurs de *jumiles* de se rendre dans ces endroits.
- Les lois internationales pour la conservation de la biodiversité sont un obstacle à la libre exploitation rationnelle, et plus encore en raison des conflits continuels, au niveau éthique et au niveau social, à propos des espèces qui ont une valeur commerciale.
- Il n'existe aucun contrôle du taux d'extraction de la ressource que constituent les *jumiles*.

Malgré tous ces problèmes, l'extinction de ces espèces semble difficilement concevable : seules ont été mentionnées certaines des montagnes les plus connues et les plus proches des villes et villages où ont été réalisées les enquêtes, mais il en existe beaucoup d'autres qui entourent ces lieux et dans lesquels le même phénomène biologique se produit très certainement. Certes, le ramassage provoque une diminution significative des populations mais, étant donné que ces espèces sont polyphages, quand elles descendent dans la plaine, elles peuvent chercher plusieurs hôtes. De plus, les paysans ne les exploitent que pendant les périodes où elles sont abondantes, ce qui laisse aux premiers et aux derniers individus la possibilité de se reproduire et, grâce au taux élevé de reproduction de ces insectes, il paraît peu probable que les *jumiles* puissent arriver à extinction.

REMERCIEMENTS

À Élisabeth Motte-Florac et Richard Florac pour la révision de mon texte et sa traduction en français.

RÉFÉRENCES BIBLIOGRAPHIQUES

ALVARADO P. M. & P. E. ESCAMILLA – 1982, *Estudio de los insectos utilizados como alimento humano en el estado de Oaxaca*. Tesis Esc. Sup de Agric. Hermanos Escobar, Univ. Autón. de Chichuahua, 183 p.

ANDARY C., É. MOTTE-FLORAC, J. RAMOS-ELORDUY & A. PRIVAT – 2000, Chemical "Screening": updated methodology and application to some mexican insects. *Ethnopharmacology* (A. Guerci, ed.). Genova, Erga Edizioni, pp. 12-20.

ANDERSON A. J. O., F. BERNBAN & R. LOCHAR – 1976, *Beyond the codexes*. Berkeley, Ed. Univ. Calif., 230 p.

CALDERÓN J. & T. RIOS – 1970, Insectos comestibles mexicanos (*Atizies taxcoensis*). *Rev. Latinoam. Quím.* 1 :22-23

CARBAJAL L. A. – 2000, Colecta y Selección del Germoplasma de *Euschistus sulcacitus* R. (Hemiptera: Pentatomidae) en el Estado de Morelos, *Folia Entomológica Mexicana Mem. Del XXXV Congreso Nacional de Entomología*, Acapulco Guerrero, pp. 186-192.

CARBAJAL L. A., J. RAMOS-ELORDUY & J. M. PINO MORENO – 1996, Estudio sobre la comercialización de insectos en los mercados ladinos de Cuautla, Morelos. Resúmenes del II Congreso Mexicano de Etnobiología, Cuernavaca, Morelos, 18-21 de septiembre, p. 29.

CERVANTES P. L. M.– 1988, *Descripción de los estados ninfales y fenología Sección 1 de la Tribu Pentatomini (Hemiptera-Heteroptera, Pentatomidae) en la Estación de Biología Tropical "Los Tuxtlas", Veracruz.* Tesis Fac. Ciencias, UNAM, 167 p.

DARCHEN R. – 1974 Ah Mucen Cab (la divine abeille rouge), *Rev. Franc. D'Apiculture* 321:262-264.

DELMET C. – 1975, Extraction d'huile comestible d'*Agonoscelis versicolor* FAB. (Heteroptera, Pentatomidae) au Djebel Gouli, Soudan. *L'homme et l'animal. Premier Colloque d'Ethnozoologie.* Paris, Inst. Int. Ethnosciences, pp. 255-258.

DÍAZ DEL CASTILLO B. – 1984[3], *Historia Verdadera de la Conquista de la Nueva España Ed. Inst. Gonzalo Fernández de Oviedo. Miguel León Portilla, 2 Vol.* Madrid, Historia 16, 1128 p.

EVANS M. I. – 1993, Conservation by commercialization. *Food and nutrition in the tropical forest: biocultural interactions* (C.M. Hladik *et al.,* eds). Paris, UNESCO, Man and the Biosphere series, vol. 13, pp. 815-828.

FAO/WHO/UNU – 1985, *Energy and protein requirements.* Technical Reports 724, Geneva, WHO, 220 p.

FIGUEROA R. F. de M. – 1968. Contribución al conocimiento del valor nutritivo de los insectos comestibles. Tésis Esc. Nal. Ciencias Biológicas, IPN, 24 p.

GARCÍA A. B. – 1995. *Los precios de los alimentos y manufacturas novo-hispanas.* México, UNAM, Ed. Centro de Investigaciones y Estudios Superiores en Antropología Social. Instituto de Investigaciones Históricas, 149 p.

GIBSON Q. – 1977, *The Logic of Social Enquiry.* Ed. Routledge & Kegan P., 240 p.

GOLDIN L. R. – 1987, *De plaza a mercado la expresión de dos sistemas conceptuales en la organización de los mercados de occidente de Guatemala.* México, UNAM (An. Antropología 24), 243 p.

HUNN E. S. – 1973, *Tzeltal folk zoology (the classification of discontinuities in nature).* New York, Academic Press, 368 p.

KAPLAN D. – 1960, *The Mexican Marketplace in Historical Perspective,* Tesis Doct. Univ. of Michigan, Dept. Antropology, 187 p.

MIJARES, R. I. – 1993, *Meztizaje Alimentario, abasto en la Ciudad de México en el Siglo XVI.* Col. Seminarios, Ed. Fac. de Filosofía y Letras, UNAM, 97 p.

MOCTEZUMA S. R.– 1998, Monografía histórico-geográfica de Tasco de Alarcón, Guerrero y sus leyendas. Ed. particular, 93 p. ISBN-970-92059-0-0

RAMOS-ELORDUY J. – 1997a, Insects: A sustainable source of food, *Ecology of Food And Nut.* 36: 247-276.

– 1997b, Importance of edible insects in the nutrition and economy of people of the rural areas of Mexico, *Ecology of Food and Nutrition* 36:349-366.

– 1998, *Creepy Crawly Cuisine. A guide to gourmet.* USA, Inner Traditions Intern., 151 p.

– 2000, La Etnoentomología actual en México, en la alimentación humana, en la Medicina Tradicional y en el Reciclaje y Alimentación Animal. *Memorias XXXV Cong. Nal. de Entomología,* Acapulco (México), México, Sociedad Mexicana de Entomología, A.C., pp. 3-46.

RAMOS-ELORDUY J. & J. M. PINO MORENO – 1989, *Los insectos comestibles en el México antiguo. Estudio Etnoentomológico.* México, AGT. Editor, 148 p.

– 1998, Determinación de minerales en algunos insectos comestibles de México. *Rev. Soc. Quím. de Méx.* 42(1):18-33.

– 2000, Catálogo del valor nutritivo de los insectos comestibles de México, *An. Inst. Biol. U.N.A.M Ser. Zool.* (sous presse).

RAMOS-ELORDUY J., PINO MORENO J. M. & J. MORALES DE LEÓN – 2002, Análisis Químico Proximal, Vitaminas y Nutrimentos Inorgánicos de Insectos Consumidos en el Estado de Hidalgo. *Folia Entomologica Mexicana* 41(1):15-30.

RAMOS-ELORDUY J., É. MOTTE-FLORAC, J. M. PINO & C. ANDARY – 2000, Les insectes utilisés en médecine traditionnelle au Mexique: perspectives, *Ethnopharmacology* (A. Guerci, ed.). Genova, Erga, pp. 271-290.

SAHAGÚN F. B. DE – 1979, *Codice florentino, Libro III*. México, Ed. Archivo General de la Nación, Reproducción Facsimilar, pp. 221-260.

SALAS C.G. – 1965, *El cerro de los jumiles*. México, Populibros, 28 P.

SANTA MARÍA F. J. – 1942, *Diccionario General de Americanismos*. México, Ed. P. Robredo, 239 p.

SOLER F. – 1996, *El oriente de los insectos*. México, Ed. U.N.A.M. Coordinación de Humanidades, 79 p.

TAMAYO J. L. – 1995[15], *Geografia moderna de México*. México, Editorial Trillas, 400 p.

IV

Les "Insectes" en thérapeutique

"Insects" in therapeutics

TRADITIONAL ENTOMOPHAGY AND MEDICINAL USE OF INSECTS IN JAPAN

Jun MITSUHASHI

ABSTRACT

Traditional entomophagy and medicinal use of insects in Japan

Traditional insect foods in Japan are grasshopper adults, wasp larvae, silkworm pupae, larvae of fresh water insects, cicada nymphs and Cerambycid larvae. Long ago, these insects were consumed as important sources of protein, especially in the districts far from the coast, because people could not get sufficient fish and animal meats. Insects are still eaten today but they are consumed as a relish and their nutritional contribution is overshadowed by plentiful modern foods. Some of them are sold as canned foods, and are comparatively expensive. Most insect foods in Japan are consumed by cooking them with Soy sauce, sugar and rice wine. Some species, however, are more suited for deep fry. Some insect foods have been consumed as medicine in the past, although the effective components have not been chemically described.

RÉSUMÉ

Entomophagie traditionnelle et utilisation médicinale des insectes au Japon

Les insectes consommés traditionnellement au Japon sont les imagos de sauterelle, les larves de guêpe, les pupes de ver à soie, les larves d'un insecte d'eau douce, les larves de cigale, et les larves de longicornes. Il y a long-temps, les insectes étaient consommés en tant qu'une source importante de protéines, en particulier dans les régions éloignées de la mer, où il est difficile de s'approvisionner en poissons et en viande animale. Les insectes sont encore consommés à l'heure actuelle, mais ils sont mangés comme aliment d'accompagnement et leur contribution à la nutrition est limitée par la présence de nombreux aliments modernes. Quelque espèces d'insectes comestibles sont vendues en conserve mais ils sont chers. La plupart des espèces comestibles sont cuisinées au Japon avec de la sauce de soja, du sucre et de l'alcool de riz. Quelques insectes sont meilleurs en friture. Certaines espèces comestibles étaient consommées dans un but médicinal bien que les substances actives ne soient pas connues.

More than hundred years ago, many insect species were consumed by people in almost whole area of Japan. More species were consumed in mountainous area where fish were not obtained easily. At that time, insects were consumed mostly as an important protein source, and sometimes they contributed to keeping health of people. It also enriched food materials. However, as economical

Les insectes dans la tradition orale – Insects in oral literature and traditions
Elisabeth MOTTE-FLORAC & Jacqueline M. C. THOMAS, éds
2003, Paris-Louvain, Peeters-SELAF (Ethnosciences)

conditions and culture changed rapidly after Shogunate terminated, people's life was improved. For foods, food materials became diversified, and distribution of foods was ameliorated.

In 1919, T. Miyake surveyed the insect species used as food and medicine by sending questionnaire to all the prefectural government. According to his report, numbers of species summarized for foods and medicines were 55 and 123 respectively. However, it is more likely that insect species more than these numbers had been consumed. Because, local government could not make accurate identification of insect species, and some of them replied with vernacular names which cover several species. Moreover, some local government hid the fact of entomophagy because they thought entomophagy was a kind of barbarism.

Since that time, as the eating habit were further improved, most of insect foods disappeared. At present, Japanese does not need to consume insects at all, and only a few insect foods are available as relish. They are traditional insect foods, and people enjoy them because of curiosity or nostalgia.

For medicinal insects, no one use them at all nowadays. Only a species of dobson-fly may be purchased even at present, but it is difficult to find the store which has commercialized dobson-fly. In olden times, many insect species were used as medicine as mentioned above, but active substances which are effective as medicine, were known only in limited species. Furthermore, many of them seemed to be used based on superstition. For example, cicada had been believed to stop a baby from crying at night, because cicada only make noise during the day time but are silent at night (Liu 1977). However, edible insects have considerable nutrient value, and they might be effective to cure disease by improving nutrient conditions of patients. Chinese says that foods are medicine at the same time. In this sense, all the edible insects can be said medicinal insects as well.

Hereafter, details of each insect still consumed occasionally are described.

INAGO

Inago (mostly *Oxya yezoensis*, but sometimes *O. japonica* is mixed in) is a kind of grasshopper. They are polyphagous but like to eat rice plants. Therefore, in olden times *inago* was an important pest in paddy fields. However, at the same time, it was a valuable protein source and a side dish as well. *Inago* populations decreased drastically during 1950-1970 by excessive use of insecticides in paddy fields. After insecticidal pollution became a problem resulting in restriction of use of insecticides, *inago* populations gradually recovered, and people were again able to collect considerable amounts of *inago*. *Inago* is collected by individual amateurs as well as by professional collectors. People collect *inago* by hand or by using an insect net, and the caught *inago* is pushed into a cloth bag through a bamboo tube which is a cut stem without nodes and attached to the bag. In this way, *inago* cannot escape once in the bag. Usually adults are eaten.

TRADITIONAL ENTOMOPHAGY AND MEDICINAL USE OF INSECTS IN JAPAN
ENTOMOPHAGIE TRADITIONNELLE ET UTILISATION MÉDICINALE DES INSECTES AU JAPON

359

PHOTO 1. *Commercialized canned insect foods*

PHOTO 2. *A man collecting aquatic insect larvae (*zazamushi*) at Tenryu River in mid winter*

The professional *inago* collectors collect *inago* by themselves, and also by purchasing. They set up facilities for pretreatment of *inago* near collecting sites. The *inago* caught are starved overnight to empty their guts. Then they are boiled in a large caldron, dried, frozen at the facilities, and then sent back to their factory for final cooking. There, *inago* is cooked generally with soy sauce and sugar. Japanese people like *inago* considerably, and collection in Japanese paddy fields does not meet the demand. At present, *inago* is imported from Korea and China. These *inago* seem to be *O. chinensis* or *O. sinuosa*.

For private use, *inago* is boiled for three to four minutes, cooled and dried in the sun for one or two days. The hind legs and wings are removed. Some cooked *inago*[1] is packed in plastic containers for immediate consumption, and others are canned for preservation (Photo 1). The former can be seen in kiosks in some railway stations and also in some department stores and supermarkets in autumn[2]. Every year about 150,000 kg of fresh *inago* are processed (Kaneman Co., personal communication).

Another cuisine of *inago* is to fry it. For this, *inago* is kept in a bag overnight to empty the gut, then killed by immersing in boiling water for three to four minutes. The boiled *inago* is dried for one day in the sun. At this stage *inago* is already delicious if seasoned with salt or garlic salt. The dried *inago* is put into boiling oil to deep fry. Fried *inago* is seasoned with salt. Roasted *inago* is also eaten. In this case, *inago* may be skewered and roasted.

Inago had been used widely as a medicine to cure children's nervousness. A special recipe for cough, fever, anemia and peritonitis is as follow: make an infusion of the mixture of 10 g *inago*, a fistful of beefsteak plant seeds, *Perilla frutescens* (L.) Britt. var. *crispa* (Thunb.) Hand.-Mazz. (Labiatae), two stone leeks (9-12 cm long), *Allium fistulosum* L. (Liliaceae), two Chinese mushrooms (3 cm in diameter) *Lentinula edodes* (Berk.) Pegler (Tricholomataceae), and two dried gourd shavings (9-12 cm long) *Lagenaria leucantha* Rusby var. *clavata* Makino (Cucurbitaceae), and take one third of the infusion 3 times a day (Umemura 1943).

ZAZA-MUSHI

Zaza-mushi is the common name of larvae which live in shallows of rivers. In a river shallow, water flows making sounds like *za-za*. The common name originated from this sound. Therefore *zaza-mushi* means insects that live in shallows of rivers. It usually includes larvae or nymphs of Ephemeroptera, Plecoptera,

---

[1] For seasoning 200 g of sugar and 150 g of soy sauce are added to 500 g of *inago*. They are placed in a pan and heated with medium flame until all water evaporates. About 750 g of cooked product is obtained from 1,000 g of *inago*.

[2] The cooked *inago* is sold at the price of 650 Yen per 100 g at the food section of a department store (1997). The canned *inago* costs 350 Yen per 35 g (2000).

Odonata, Neuroptera, Trichoptera and sometimes even Hemiptera. The species composition of *zaza-mushi* varies depending on location and time. Generally, a long time ago, nymphs of Ephemeroptera were dominant, but later larvae of Trichoptera have replaced them. Tenryu River in Nagano Prefecture is noted for *zaza-mushi*. According to Torii (1957) 93 percent of *zaza-mushi* in Tenryu River were Trichoptera.

Several decades ago, many people collected *zaza-mushi*, and consequently the insect populations decreased. The local government then restricted the period that *zaza-mushi* could be collected. At the same time, a license became required to collect *zaza-mushi*. Presently only licensed persons can collect *zaza-mushi* during winter (Photo 2). The license is issued by the Ministry of Construction, which has the responsibility of managing rivers. Although *zaza-mushi* occurs in almost all rivers in Japan, that from Tenryu River are said to be the best. Even in Tenryu River, a very limited section in Ina City is said to be the very best. This is because the water is extremely clean, and contains appropriate nutrients. Although collecting is restricted to winter, it is said that December to February is the best time to collect. If collected in other seasons, *zaza-mushi* is said to lose its good flavor. During winter, a professional collector can collect 2 kg of *zaza-mushi* per day. To collect *zaza-mushi*, they go into the river wearing wire shoes on their feet. They set up a basket downstream and walk around several meters upstream, kicking over stones on the bottom of the river, releasing larvae hidden between and under the stones into the flow. The flowing larvae are trapped in the basket downstream. The *zaza-mushi* collected sells at a price of 9,000 Yen per kg. Although, *zaza-mushi* consists of various insect species, the majority belong to the Trichoptera. There are two types of trichopteran larvae; one makes a case with small stones or sunken plant materials, and the other does not make rigid cases. The latter types such as *Stenopsyche griseipennis*, *Parastenopsyche sauteri* and *Hydropsycheodes brevilineata* are caught by collectors. The larvae overwinter in a mature stage, and before overwintering, larvae accumulate fats and carbohydrates in their bodies which give them a good taste. *Zaza-mushi* is cooked in a manner similar to *inago*. Although cooked with soy sauce and sugar, they retain their distinctive flavor. A single company in Nagano Prefecture is producing canned *zaza-mushi* [3]. About 4,000 kg of *zaza-mushi* are prepared for canned foods in recent years (Kaneman Co., personal communication).

HACHINOKO

Hachinoko means the larvae of the wasp, *Vespula lewisi*. The food *hachinoko* is a mixture of cooked larvae, pupae and sometime adults of the wasp. The wasp makes a nest underground. In autumn, worker wasps are busy collecting foods.

---

[3] The price of canned *zaza-mushi* is 3,000 Yen per 100 g (1996).

They are carnivorous and like frog meat. To locate a nest, people first catch a frog, take a small piece of meat, and attach a small piece of silk. The remainder of the frog body is placed where wasps will find it easily. When a wasp comes to the frog carcass and cuts a small piece of meat, people exchange the meat cut by the wasp for the piece they prepared with the silk. When the wasp flies back to its nest, people follow it, being led by the hanging silk. When people locate the nest, they put a firecracker in the nest, and light it. The smoke paralyzes all wasps in the nest. The nest is then dug out with a shovel or spade. The caps of the cells are cut off and the larvae and pupae picked out. These are then washed and cooked with soy sauce and sugar. They are eaten as a relish or side dish. People also make wasp-rice by mixing cooked wasps with cooked rice. At some point, a company sold canned larvae of drones of *Apis mellifera*, because the majority of male bees are useless to the bee keeper. However, these honey bee larvae did not last very long on the market, because the taste was inferior to that of *hachinoko*.

The wasp larvae are collected by both amateurs and professionals. Professional collectors travel for great distances to find wasp nests, collecting tons of wasps. Recently, an amateur group has been trying to conserve the wasp. They catch queen wasps in autumn, and overwinter them at their home and release them in the next spring. Canned *hachinoko* is available[4] from several companies in Nagano Prefecture. About 40,000 kg of *hachinoko* collected for processing every year (Kaneman Co., personal communication). Some people, especially children, love to eat live larvae of wasps. They say these larvae taste sweet.

The water-extract[5] of this wasp nest was said good for beriberi. The wasp itself is nutritious, and had been used as medicine for promoting nutrition. It is also said effective to tranquilize nervousness of children.

KAIKO

Kaiko means commercial silkworm, *Bombyx mori*. In Asia, the habit of eating silkworm pupae is common where sericulture is popular. When silk is spun from cocoons, people first kill the pupae within the cocoons by heat treatment. After they have spun, pupae are no longer of value in sericulture, so they are usually used as foods for domestic animals or fish, or as fertilizer. However, people cook some of the pupae with soy sauce and sugar for human consumption. They are eaten as a favorite food or as a side dish. Cooked silkworm pupae are even presently sold as canned foods[6].

---

[4] The cost of canned wasp is currently 800 Yen per 50 g (2000).
[5] For the extraction, it was recommended to boil 10 g of the nest in 2.7l of water until the volume become 1.4 l.
[6] A can of cooked silkworm pupae costs 400 Yen for 35 g (2000).

The moths are also eaten. In Japan, silkworm growers usually obtain eggs of silkworms from special companies which keep various strains. In such companies, the moths are not useful after oviposition. So, they are cooked with soy sauce and sugar. Cooked adult moths are also available as canned foods[7].

Fried silkworm pupae are also eaten when seasoned with salt. During and after World War II when food supplies were scarce, girls who worked in silk mills ate silkworm pupae as they came out of cocoons, without cooking. In and after the war time, cooked rice and cooked pupae were a common lunch in some parts of Nagano Prefecture. In some districts, silkworm growers ate living silkworms as refreshments and larvae attacked by nuclear polyhedrosis virus are supposedly good to eat, probably because diseased larvae do not have well-developed silk glands, which in healthy larvae contain much sticky gelatinous material. Cooked silkworms have a strong mulberry flavor, which makes some people dislike them.

Pupae of wild silkworms, such as *Antheraea yamamai* and *A. pernyi* are also eaten. However, cultivation of these wild silkworms is not widespread in Japan. In China consumption of pupae of *A. pernyi* is supposedly common (Mao 1997).

Silkworm was consumed as medicine also. It must contribute to save the life of many undernourished people, because its nutritive value is high. It was often given to the weak people or tuberculous patients as a tonic. It was said that the larvae and pupae were good for a sore throat (Umemura 1943). The larvae and their feces were supposed to have antifebril action (Miyake 1919). However, in all cases no active substance has been isolated.

MAGOTARO-MUSHI

Magotaro-mushi is the larvae of *Protohermes grandis* (Neuroptera). Sometimes it is found among *zaza-mushi*. It is primarily a traditional medicine for children. However, it had been eaten as a protein source as well. They live in rivers. Saigawa in Fukushima Prefecture is noteworthy as the center of production of *magotaro-mushi*. They are skewered and dried. In this condition, they are packed and sold in small boxes made of paulownia wood. When used, they are roasted and eaten. They are expensive [8]. People who lived along the Saigawa River earned very much by selling *magotaro-mushi*, they built a monument, and a small museum for them in their village.

It is said that *magotaro-mushi* is effective in tranquilizing nervous babies and children. Supposedly roasted *magotaro-mushi* is effective to treat intestinal worms, tuberculosis and stomach and intestinal troubles (Umemura 1943). *Magotaro-mushi* has been known to contain essential and non-essential amino ac-

---

[7] A can of cooked silk moth costs 500 Yen for 30 g (2000).
[8] Fifty larvae cost 5,000 Yen (1995).

ids, sterols and pantothenate (Watanabe 1982). However, specific components responsible for medicinal effects are not known, and it is not recognized as medicine by the Japanese Pharmacopoeia (Yasue 1987).

SEMI

Semi means cicada. In some districts, *semi* had been consumed from olden times. Both the adults and nymphs were eaten. The latter was eaten especially just before adult eclosion. The matured nymphs come out from ground and climb up trees during night. People roll tree trunks in a wire screen and bend the upper rim of the screen downwards, so that nymphs cannot get through the barrier and are stopped under the screen. In the following morning people can find many nymphs are trapped under the flap of the screen. Species consumed were mainly *Graptopsaltria nigrofuscata* and *Oncotympana maculaticollis*. Adults were eaten by removing wings and grilling them. Roasted adults were seasoned with salt or soy sauce. Adults were also cooked with soy sauce and sugar. Sometimes, they were dipped in vinegar. Fried adults were also eaten. Once, canned nymphs were produced in Nagano Prefecture. Collected nymphs were dipped in cold water for overnight, then deep fried in sesame oil for 30 minutes, and seasoned with salt or garlic salts. The taste was like shrimp.

Adult cicada had been consumed by roasting as a medicine for heart disease in Uwajima Island, Ehime Prefecture (Umemura 1943). Exuviae of the last instar nymph had been more frequently used as medicine than cicada itself. It is known that the exuviae have antagonistic action against the convulsion caused by strychnine, cocaine and nicotine. They can also act as a tranquilizer and as a blocker of synaptic transmission of nervous system. The exuviae contain 7.86% nitrogen, 14.57% ash other than chitin, however, an actual active substance has not been known (Namba 1980). In order to stop coughing, to reduce fever or to cure toothache, the infusion of the mixture of exuviae and licorice is effective. The roasted exuviae was believed to have stimulative effect on urination. To reduce the fever caused by tetanus, people pulverized the exuviae, and took it with rice wine (Umemura 1943). In addition to these usage, more application has been reported.

TEPPO-MUSHI

Teppo-mushi is the larvae of long-horn beetles (Cerambycidae spp.) which live in trunks of trees. They bore tunnels in the inner bark first, then in xylem. They can be found by the frass they push out of the opening of their tunnel. Larvae of various species are eaten. Among these, *Batocera lineolata* is the largest in Japan. Full grown larvae reach a length of about 10 cm. Some people like to eat them raw, saying that the live larvae taste sweet. Generally, larvae are pulled out from the tunnel by using a hook or by cutting the log, and they are roasted over a flame or in a frying pan. Most people who eat insects say that *teppo-mushi* is the most delicious among the edible insects. The disadvantage of this insect is the difficulty to collect a large number of larvae. Therefore, there are presently no commercially available preparations of *teppo-mushi*.

Large cerambycid larvae such as *B. lineolata* were taken as medicine to cure malnutrition, because of its high nutritive value. The hot water extract of the larvae is said effective to lung trouble, pertussis, and palsy (Umemura, 1943).

REFERENCES

LIU K.-C. – 1977, Monograph of Chinese Cicadidae. *Quart. J. Taiwan Mus.* 31:1-84.

MIYAKE T. – 1919, Surveys on food and medicinal insects in Japan. *Agr. Exp. Sta. Special Rep.* 31, 203 p. (in Japanese).

MAO H.-S. – 1997, Entomophagy in China, a country of gourmet. Traditional entomophagy. *People who eat Insects* (Mitsuhashi J., ed.). Tokyo, Heibon-Sha. pp. 68-89. (in Japanese).

NAMBA T. – 1980, *Colored Iconographia of Japanese and Chinese Medicinal Materials Vol. II.*, Osaka, Hoijusha, 521 p. (in Japanese).

TORII T. – 1957, Notes on Zaza-mushi specific to Tenryu River, in Ina district. *Shin-Konchu* 10(6):26-29. (in Japanese).

UMEMURA J. – 1943, *Konchu-Honzo.* Shobunkan, Nagoya, 209 p. (in Japanese).

WATANABE T. – 1982, *Cultural History of Medicinal Insects.* Tokyo, Tokyo-Shoseki, 210 p. (in Japanese).

YASUE Y. – 1987, The magotaromushi show gallery. *Insectarium* 24:242-245. (in Japanese).

MEDICAL AND STIMULATING PROPERTIES ASCRIBED TO ARTHROPODS AND THEIR PRODUCTS IN SUB-SAHARAN AFRICA

Arnold VAN HUIS

ABSTRACT

**Medical and stimulating properties ascribed to arthropods
and their products in sub-Saharan Africa**

The medical and stimulating use of arthropods and their products was studied by a review of literature and by interviews of informants from over twenty countries in sub-Saharan Africa. It is often believed that a morphological trait or a specific behavior of an arthropod can be procured by humans when they treat themselves with the animal or a preparation from it. These natural products are applied either to remedy specific human deficiencies or to improve on certain human qualities. In sub-Saharan Africa, research on the medical properties of insects and their products is, apart from honey and bee venom almost absent. Many plants in Africa provide vital ingredients for modern medicine. However, insects eat plants and synthesize a number of chemical compounds, and therefore merit more research into the possibility of using them as a sustainable and natural medicine to cure diseases and ailments.

RÉSUMÉ

**Propriétés curatives et stimulantes attribuées aux arthropodes
et à leurs productions en Afrique subsaharienne**

Les utilisations des arthropodes et de leurs productions pour soigner ou stimuler ont été étudiées en analysant la littérature et en effectuant des enquêtes auprès d'informateurs dans plus de vingt pays de l'Afrique subsaharienne. Une croyance fréquente est que les êtres humains peuvent acquérir l'une des particularités morphologiques ou l'un des comportements spécifiques d'un arthropode, en utilisant en traitement sur eux-mêmes l'animal ou une préparation dans la composition de laquelle il intervient. Ces produits naturels sont appliqués soit dans le but de porter remède à des déficiences humaines, soit pour augmenter certaines qualités chez l'homme. Dans la zone sub-saharienne de l'Afrique, à l'exception du miel et du venin d'abeille, la recherche sur les propriétés médicinales des insectes et de leurs productions est pratiquement inexistante. De nombreuses plantes en Afrique fournissent des ingrédients essentiels pour la médecine moderne. Les insectes ingèrent les plantes et synthétisent un certain nombre de composants chimiques, et par là même méritent que l'on développe davantage les recherches sur leur usage comme ressources naturelles et renouvelables pour soigner maladies et affections.

Les insectes dans la tradition orale – Insects in oral literature and traditions
Élisabeth MOTTE-FLORAC & Jacqueline M. C. THOMAS, éds
2002, Paris-Louvain, Peeters-SELAF (Ethnosciences)

The link between insects and medicine is more than just a curiosity. The word "medicine" is derived from the same root as does the word "mead" which is an alcoholic drink made from fermented honey (Berenbaum 1995). "Mead" was considered to have medical qualities. This first known case of the use of insects in medicine stems from the Ebers Papyrus of Egypt, a medical treatise from the 16th century before Christ (Berenbaum 1995).

In traditional beliefs plants and animals were often ascribed supra natural forces because of specific characteristics, such as form, color or behavior. For example, in Europe the three lobbed leave of the *Hepatica* plant, which resembles the liver, was used against jaundice, a liver disease (Berenbaum 1995). This was called the Doctrine of Signatures, in Latin called "*Similia similibus curantur*": "let similars be cured by similars". Entomologically speaking, a hairy caterpillar could be used against baldness. Pliny in his *Historia Naturalis* cites Varro, who indicated that hairy heads of flies together with the excrements of mice should be smeared on bald spots (Weiss 1945). In Java, Indonesia, the hairy bird spider *Selenocosmia javanensis* was also used for this purpose (Roepke 1952). During the Middle Ages in Europe, singing insects such as crickets were used to cure ear and throat problems, and in Japan and China, the loud singing cicada was used to treat ear problems. Earwigs were associated with ear problems because of the ear shaped hind wing of the insect, and Dr. James recommended in his *Medical Dictionary* of 1743 that ground dried earwigs mixed with the urine of a hare could be used against deafness (Berenbaum 1995).

Also typical behavior characteristics of the insects can be used in this way. Caterpillars of the genus *Coccus* excrete, when disturbed, a white oily substance. For this reason, the powder of this insect was prescribed for stimulating lactation for pregnant women (Berenbaum 1995). In the Kwangtung province in China, water beetles are used as urine-inhibitor while the dung beetle is used against diarrhea in Thailand (Meyer-Rochow 1978-79).

In this paper, a number of examples are given of the role insects play in traditional medicine in sub-Saharan Africa.

MATERIALS AND METHODS

The information was collected by reviewing the literature and by personal interviews. The interviews, conducted in the years 1995 and 2000, concentrated on the traditional economic and medical uses of arthropods and their products as well as on their role in religion, witchcraft, art, song, music, dance, children's games, mythology and literature. Some of the results obtained in 1995 have been published (Huis 1996). In total, 308 persons from 27 countries in West, East and southern Africa were interviewed:

Country	Persons	E.g./t.	Country	Persons	E.g./t.
Benin	19	6	Namibia	1	1
Burundi	2	2	Niger	15	6
Burkina Faso	5	2	Nigeria	18	4
Cameroon	30	14	Rwanda	1	1
Central African Republic	2	2	Senegal	17	7
Congo	2	2	South Africa	6	1
Chad	17	10	Sudan	23	11
Gambia	2	2	Togo	11	5
Guinea Bissau	1	1	Uganda	15	8
Kenya	13	5	Zambia	23	9
Madagascar	24		Zanzibar	9	1
Malawi	1	1	Zimbabwe	13	3
Mozambique	8	7	E.g./t. = Ethnic groups or tribes/sub-tribes		

Tribal names in the text have been spelled by the informants. To avoid misunderstandings about the identity of the arthropod species or taxa, most of the people interviewed were scientists or technicians trained in entomology. When there was doubt, pictures from books were used or insect museum collections consulted. Twenty two of those interviewed acted as resource persons on special subjects (for example, termites, insects as food and medicine; photos 1 and 2): from Cameroon 2, Kenya 2, South Africa 5, Sudan 8, Togo 3, Zambia 3, and Zimbabwe 1. In these cases the ethnic origin of the information was not considered relevant. The remaining 286 persons came from about 125 different ethnic groups or (sub)tribes (which at times spanned natural borders).

Findings for a particular country or a certain tribe were only specified if information was received from more than one informant, or if information given in the interviews was confirmed in the literature. When a country and tribe is mentioned, it is just an indication that an informant from that tribe has provided me with this information. Therefore, generalizations for tribes or countries cannot and should not be made. Most prescriptions closely related to witchcraft or religion have not been included because they will be published elsewhere. However, it was not always possible to make a clear distinction between medicine and supra natural beliefs. For increased readability of this article, complete prescriptions of the arthropods or arthropod products as medicine are usually not provided. Only the most salient information is included.

The study gives rough indications of the distribution range of practices and beliefs. The qualitative character of the information provided is emphasized.

Medical methods using insects or their products

♦ Insect mandibles to close wounds

Cut wounds can be stitched by using the mandibles of termites, ants and beetles. The insect is held on the top of the wound such that it bites in both wound edges. The head then holds the wound halves together, and the thorax and abdomen are removed; a row of ant or beetle heads forms then the stitching of the wound. The history of this method is described by Gudger (1925). Susruta in the Atharva Veda, a manuscript from about 1000 BC in India describes the use of

PHOTOS 1 & 2. *Lady
selling termites at the
Kampala market* (Photo
A. van Huis)

black ants to close the cut the surgeon made when intestines were congested. Leonard Bertapaglia, professor in the 15th century at the university of Padua in Italy, then the medical center of Europe, describes in his *Vulneribus*, that the method of stitching intestine wounds by ant mandibles was reliable. In Rwanda, Zambia and Togo it was mentioned that soldiers of either ants or termites were formerly used to stitch cut wounds.

• Termite soil as plaster casts

Soil from either termite mounds or from dauber wasp nests (Sphecidae) can be used as a plaster cast around the fractured limb (Chad: Ngambay; Burkina: Moose; Mali: Songhay). The soil has to be crushed into powder, heated in water, and cooled down before application (Mali: Songhay).

• Spider webs as bandages and in bloodsucking procedures

When medicines such as leaves are applied to a wound, the herbal product may be kept in place by using spider webs as a bandage (Tanzania: Zanaki). Several spider species protect their eggs laid on the wall of houses by a very dense, paper-like web. This web is used in bloodsucking procedures. The wide end of the horn is then placed over incisions made in the skin and the medical practitioner then sucks at the narrow end of the horn to create a vacuum draining the blood from the skin. In order to prevent blood reaching the mouth, the spider web is placed at the narrow end of the horn (Kenya: Kuku). The *United States Dispensatory* (20th edition) mentioned "Spider webs" were used for head aches, hectic fever, asthma, hysteria and nervous irritation (Hinman 1933). In many countries they were used to congeal blood after pulling teeth by stuffing the web into the cavity. Lloyd (1921) indicated that American Indians used spider webs to congeal blood and to fight attacks of fever. He also mentions the use of cobwebs to stop the bleeding of wounds and to treat malarial fevers.

• Insect products as carriers of medicine

The termite soil is sometimes mixed with herbal plants and as such put on a wound or an inflammation. As such the soil becomes a carrier of medicine (Chad: Niellim; Uganda: Banyoro). The same is true for honey which is very often used in combination with different kinds of herbs all over Africa. However, in the case of honey it is not only considered to be a carrier but also to reenforce the action of herbal medicines.

• Bee venom and honey as medicine

Since the Middle Ages bee venom has been used against rheumatic pains (Beck 1935, Kaal 1987). When bees sting, the venom penetrates the human skin causing a swelling and irritation. It stimulates the production of cortisone that alleviates the effects of arthritis. The venom can be administered through stings or as ointment. Industrially it can be collected by stimulating the bee through electric shocks to deliver its venom on a glass plate. Bee stings have especially been mentioned in the Sudan, where it is used against rheumatism and other joint problems. The stings are applied at different places of the body, depending on the site of the complaints.

As early as 1550 BC in Egypt, the medicinal value of honey was known (Kaal 1987). About 900 recipes, between 2000 and 1000 BC, have been found on papyrus scrolls, and 600 of these contain honey. During the first and second World War, medical doctors treated wounds of soldiers with honey. With the introduction of antibiotics in 1950, the interest in honey as medicine disappeared in Europe. However, with the advent of multi-resistant bacteria, the antibiotic properties of honey are being rediscovered. Molan (1999) mentions the successful treatment of more than 25 different types of wounds with honey; it was particularly useful to promote rapid healing of burns. The anti-septic principle of honey is based on its hyper osmotic action and on one or more anti-bacterial factors. It also acts as a cosmetic agent. The medicinal use of honey has been mentioned in numerous publications (*cf.* Molan 1999), e.g. rapid healing, clearance of infection, cleansing action of wounds, stimulation of tissue regeneration, reduction of inflammation, its comforting action, and the treatment of gastroenteritis, peptic ulcers and eye disorders.

Most of my informants indicated that honey cures many diseases, and one of my informants in Nigeria (Yoruba) explained:

> « It is a general antibiotic for the body and children should have at least one spoon of it every week. »

It re-enforces the body and prevents diseases. In many African houses, honey is always available, either to be used as food, for beer brewing, medicinal purposes or ceremonies (for Kenya *cf.* Ogutu 1986). In Madagascar for example, invited guests will always be offered honey, milk and rice. In the Koran the healing power of honey is mentioned, and in Moslem countries of the Sahel, and in particular in the Sudan, honey is widely used for medical purposes. This was illustrated by the fact that almost all my informants mentioned the medical value of honey. However, not all honey is considered suitable, for example in East Africa, mainly honey from wild stingless bees (*Melipona* spp. and *Trigona* spp.) is used.

In West Africa it was often mentioned that children should have a daily intake of honey in order to develop their intelligence, while for older people honey consumption would refresh the memory. In traditional pharmaceutics, honey is much used as a carrier and it is also considered to re-enforce the effect of herbal medicinal products. For example in Madagascar, it is often mixed with ingredients from the Aloe plant. Because of these mixtures, it may be difficult to pinpoint the unique effects of honey. In addition, honey is frequently used in witchcraft rituals to alienate the bad spirits.

Honey is supposed to solve numerous health problems: malnutrition, gastric complaints (ulcers), colic, constipation (especially in babies), intestinal worms, dysentery, hemorrhoids, liver diseases, influenza, flu, and chest problems such as cough, cold, tonsillitis (honey taken with egg yolk in Tanzania, but also in Benin), diabetes, measles, malaria, smallpox, ulcers, pustules, boils, mouth sores, leishmaniasis wounds, burns from hot water or fire (especially mentioned in Tanzania), vaginal infections, scabies, eczema, post delivery pain, low and high blood pressure, old age, joint problems, impotence, and irritation of the eyes. It also increases general fitness, fights fatigue, increases fertility of women, stimulates lactation after birth, purifies the blood, gives you a better voice, and acts as an aphrodisiac. Very often it was mentioned that wounds heal much better when treated with honey than when using other products. For dermatological problems honey is normally applied as an ointment. In Ibadan, Nigeria, patients are often requested to bring a bottle of honey with them when they come to the hospital.

The only interdiction in the use of honey was that pregnant women (3-4 months pregnant) should not take honey because it would cause abortion (Cameroon: Bamileke; Kenya: Kamba and Kuku). Women with irregular cycles can take royal jelly.

The prevention or cure of specific ailments and diseases

♦ Immunity against tick-borne relapsing fever

The soft tick *Ornithodoros moubata* transmits a bacteria that causes relapsing fever. One becomes semi-immune when periodically exposed, otherwise the immunity is lost in one to two years. Gelfland (1981) reported that miners from Malawi working in Zimbabwe and other southern African countries carried with them a supply of ticks in a matchbox. They allowed the ticks to bite them periodically when out of Malawi to maintain a state of immunity. Another way of achieving this was to crush a tick and rub the contents into a small incision in the skin.

♦ The curing of wounds with insect soil and spider webs and flies

Boils, ulcers and pustules are often treated by smearing a paste of termite soil on top of the wound (Central African Republic: Gbaya; Gambia: Jola; Sierra Leone; Zambia: Tonga). This matures the wound more quickly, so the pus would come out. Pieces of termite mound soil are ground and wetted and the resulting paste is put on wounds (Sudan: Gaaliën). People who get a red ring (ringworm) called *niba* or *shillingi*, named after the shilling coin, use coconut fat together with soil from the dauber wasp and smear it on the ring (Uganda: Mdigo). Spider webs can also be put over boils, pustules and ulcers, hastening the ripening process (Cameroon: Bamileke; Tanzania: Sukuma; Uganda: Ganda and Nyoro; Zambia: Tonga). Wounds can also be covered by spider webs as they are considered to be antiseptic (Madagascar). The webs used in medicine are mostly those used to protect their eggs. Also spider webs mixed with soot from the kitchen is put on the wounds (Tanzania: Marusha). The normal spider web is also used for curing the wound of circumcision (Sudan: Dongolawi). An abscess on the skin just below the eye is cured by putting a sludge of crushed flies on it (Togo: Ewe).

◆ Dauber or mason wasp nests curing inflammations

In Liberia, the Mano tribe used the nest of the dauber nest together with herbal medicine against abdominal pains of the spleen (Way Harley 1970). Also, the same tribe may have used it as a carrier pounding leaves with a "dirt-dauber's" nest and putting it on the wound. The soil of mason wasp nests is generally used against mumps in Benin and Togo, and to a lesser extent in Nigeria and Cameroun. A plaster made from the ground nest and water is applied to the swollen part of the face (Cameroun: Bafia, Bakossi, Bamileke, Bassa; Nigeria: Yoruba; Benin and Togo in general; Tchad: Sara). The soil of wasp nests can be used as an ointment in general against inflammations (Burkina: Mòoré; Central African Republic: Gbaya, Gharé). There is also a belief that when you break a wasp nest you get a swollen finger (Chad: Tupuri). When you have a stiff neck you can make a plaster of certain herbs and soil of the termite mound, and apply it on your neck (Uganda: Ganda and Nyoro). Angina and tonsillitis are treated by plasters of earth of termite mounds or wasp nests applied around the neck (Mali: Sarakolé; Senegal: Peulh; Sudan: Galen). Cattle farmers in Tanzania (Iraqw) use this method to treat swollen udders of cows.

◆ Insects to prevent and cure ear aches

In southern Africa very small termites, possibly Microterminae, that fly at dusk are not eaten because they are believed to cause deafness (Kenya: Luo; Zambia: Tonga; Zimbabwe: Shona and Ndébélé). The name of this insect often indicates this, e.g. the Tonga in Zambia call this termite *tusinka matwi* which means "blocking ears", and the Ndébélé from Zimbabwe call it *vimbandlebe* which means "if you eat it you will become deaf". Against ear ache crushed cockroaches are put in the ear or fried cockroach eggs are eaten (Burkina: Moose). For the same purpose the egg case of a praying mantis (Senegal: Peulh) can be used, an abdomen extract of black beetles (Niger: Hausa), a water diluted crushed scarab beetle (Senegal: Peulh), a cloth-filtered squeezed extract of a scarab beetle (Gambia: Jolla), a solution of powdered Meloids (Senegal: Baïnounck), and a squeezed milliped (Cameroun: Bamileke).

◆ Wasps curing sinusitis

The soil of the dauber wasp nest without larvae and pupae is used as a traditional medicine against sinusitis. The soil is boiled in water. Three drops of this liquid has to be put in the ears and the nose, and one spoon has to be taken orally for three days (Mozambique: Bitonga and Ronga).

◆ Ants curing stomach problems

In southern Africa, everybody stated that small black ants, often found in sugar and beer, are good for the stomach. It is not clear whether this is said because of the difficulty to remove them from the food or the drinks.

◆ Dauber wasp nests for treatment of head aches

Wasp nests are often associated with head aches. In Chad (Moundang) it was mentioned that you should not destroy a wasp nest because you will get a head ache. In Mozambique (Shona) and Mali (Songhay) children having a severe head ache, a crushed wasp nest is put in oil or water, which is used as a hair wash or inhalant.

◆ Cockroaches curing diseases

In Madagascar tetanus is widely treated by using cockroaches. The recipe is as follows: cook five cockroaches in a used concentrated milk Nestlé tin (the odd unit of measure in use Madagascar, and known as *kapoaka*) half filled with water, boil until there is still about a quarter of the water left, and then drink the water. It is also possible to drink the filtered water boiled with the powder of pounded and grilled cockroaches. It is not only used against tetanus but also for convulsions. In Senegal (Lebou), cockroaches are squeezed, the contents being smeared on wounds. In Europe, the cockroach *Blatta orientalis* was used orally for strokes, Bright Disease (a kidney disease), and whooping cough. It was used externally as a decoction against boils, pustules and warts (Illingworth 1915). Powders of the cockroaches *Ectobius lapponicus* and *Blatta orientalis* are used as a diuretic and against dropsy; the compound antihydropine seems to be involved (Hinman 1933). Roepke (1952) mentioned that on the island of Java in Indonesia children with a persistent cough are forced to eat the large living brown-black cockroach *Panesthia angustipennis*.

◆ Dental caries treatment by grasshoppers

The grasshopper *Phymateus saxosus*, called "dog locust" is burned and crushed to powder and used against dental caries (Madagascar).

◆ Cough cured by ants

In Zanzibar I was told several times that the red ants of the species *Oecophylla longinoda* are used to cure asthma or bad cough. The whole ant nest is boiled in water with some herbs. The filtered water is then taken orally.

◆ Dragonflies causing epilepsy

The Hausa in Niger believe that dragonflies can cause epilepsy. The Ngambaye in Tchad also mentioned that when you touch this insect you risk becoming disoriented.

◆ Diabetes

In Zanzibar it was said that someone has diabetes when ants feed on his/her urine. In Kenya (Kuku) and Sudan (Adabi, Kawahla, Rubatab), a locust, probably the tree locust, is used to treat diabetes.

◆ Facilitating delivery

Spider webs are used as a medicine for pregnant women when they fail to deliver (Zambia: Bemba). To facilitate delivery, the nest of a dauber wasp is dissolved in water, and given to a pregnant woman (Zimbabwe: Shona). The soil of the dauber wasp is also used to prevent miscarriage (Zambia). The mud of the dauber wasp nest is used to treat the umbilical cord of the baby after the delivery so it can heal (Zambia: Tonga).

◆ Pentatomids curing scab disease of camels

In the Sudan, the pentatomid *Agonoscelis pubescens* is a serious pest of sorghum in rainfed areas. December to September is their hibernation period and they are found on trees in clusters or in huge numbers in crevices in rocks. People in the Nuba mountains in Kurdufan, collect these insects from the cracks. The insects are pressed and the extracted oil is used to treat scab disease of camels. The oil can also be used for cooking (Sudan: Gaaliën).

◆ Treatment of scorpion stings

A number of ointments to soothe the sting of a scorpion have been mentioned: goat milk, donkey urine, petrol, kerosine, and plant products involving karité butter, certain roots, pigeon pea and tobacco. Frequently the use of a porous black stone was mentioned able to absorb the venom from the skin. Most often, the scorpions themselves are used to treat the patient. Preparations are the following: smear the liquid interior of the scorpion over the wound (Chad: Niellim; Madagascar; Mali: Songhay; Tanzania: Mdigo), dry and grind it to powder (Madagascar) or make ashes (Madagascar; Mozambique; Tanzania: Mdigo) and then put it on incisions made on top of the wound. However, most frequently an extract is made from the scorpion by putting it (sometimes alive, and sometimes only the sting) in peanut oil, water or alcohol (Burkina: Moose; Chad: Mgambayo and Goulay; Mali: Songhay; Niger: Kanuri; Senegal: Peulh), and applying the solution to incisions made across the site of the sting. It was mentioned several times that this medicine should be derived from the same scorpion that has stung the person (Madagascar; Mozambique; Tanzania: Mdigo). Eating scorpions has also been mentioned as an antidote (Chad: Ngambay; Madagascar).

♦ Others

In the Sahel I was regularly told that locusts and grasshoppers cure many diseases, such as jaundice and stomach problems (Sudan). The medicinal element is thought to come from the various components of the many plants they consume.

Self improvement medicines or stimulants

♦ Malnutrition

At the end of the dry season, after the first rains, winged termites (future kings and queens) emerge from the termite hill. After conducting their nuptial flight they land on the ground and loose their wings. These termites are very often captured and eaten by the local population (Photos 1 and 2). They are considered to be of high nutritional value, especially for children (Togo). It has been compared in quality with the first milk given by a cow who has just given birth (Chad: Waddaï). The termite queen, which is difficult to obtain because it has to be dug out of the termite hill, is often given to undernourished children (Chad: Day).

♦ Termite soil and pregnant women

Many pregnant women in sub-Saharan Africa practice geophagy. Often soil to be eaten is taken from termite mounds or the covered termite runways on trees or posts. In cities, small pieces of the termite mound can often be bought in local markets. The soil of the mason or dauber wasp can also be used. The reasons for this are: women crave it, it is needed by the foetus, and termite soil acts as a provision of minerals (especially iron). After analyzing the soil of termite mounds and runways and mud-daubing wasps' nests (*Synagris* spp.) in Sierra Leone, Hunter (1984) concluded that the practice of insect-clay geophagy provides women with a valuable supply of essential minerals and trace elements in response to the critical needs of fetus development.

♦ Social insects involved in preparations to increase fertility,
  cure impotence or to act as an aphrodisiac

Queens of termites are believed to increase male potency (Benin: Nagot; Senegal: Wolof; Togo: Kabayé; Zimbabwe: Shona) and female fertility (Nigeria: Yoruba; Togo: Kabayé). In Senegal (Diola), the termite king was mentioned to be able to cure male impotency. In the Sudan, the queen is eaten by pregnant women who want twins. The same function of termites was mentioned for goats. Cattle farmers in Tanzania (Iraqw) may put termite soil in the drinking water of cattle in order to try to obtain higher milk production. In Cameroon (Bafia, Bamileke, Eton, Ewondo), *Oecophylla* ants are used as an aphrodisiac.

◆ Meloid beetles as aphrodisiac

The use of these blister beetles as aphrodisiac is based on cantharidine, which causes an irritation effect of the urinary tract. Norcantharidine, the demethylated from of cantharidine has been investigated as a possible cure for leukemia and liver cancer (Wang 1989). Meloidae have already been used for more than 2,000 years in traditional medicine in China. Hippocrates described their use for the treatment of dropsy. At the end of the 17th century, Groeneveld's *De tuto cantharidum in medicina usu interno* stated that it was indispensable for the treatment of bladder and kidney infection, dropsy, painful urinating and venereal diseases. In small quantities it has an effect on kidney, bladder and genitals. This is believed to be the reason for its aphrodisiac effect. In the Sahel, meloid beetles are often used as an aphrodisiac (Mali: Malinké; Senegal: Wolof). Dried beetles are ground and the resulting powder can be bought at local markets. Besides being an aphrodisiac, drinking the powder dissolved in water is also used to stimulate urination (Chad: Day and Ngambay), to treat venereal diseases (Chad: Sara Kaba; Mali: Malinké), or as a poison to kill enemies (very often mentioned by my Sahelian informants). Cowpea (*Vigna unguiculata* Walp., Leguminosae-Papilionoideae) leaves are used as a treatment for blisters caused by blister beetles (Niger: Hausa; Togo: herbalist).

◆ Wasps and termites to increase physical strength

In Zambia (Tonga) good boxers can be created by placing a powder made of ground jaws of termite soldiers on incisions made in the skin above the arm muscles (Zambia: Tonga). To avoid the punches of your adversary, powder of the erratic flying dragonfly can be applied to the body (Zambia: Nyanja). Particularly in Zambia, Zimbabwe and Burkina, the use of wasps and inhabited wasp nests to make someone a good fighter, is common practice. One method is to squeeze a wasp between both hands (Burkina: Moose; Niger: Hausa; Zambia: Tonga). You can also squeeze the whole nest with the larvae and smear it on your hands and your arms (Zimbabwe: Shona and Zezuru). Or take the nest (Zimbabwe: Shona) or the wasps (Zambia: Tonga), crush it or burn it, and then put it on incisions made at the back of your hand. The punch is often compared to a sting of a wasp (Zimbabwe: Shona; Zambia: Lozi, Luvale and Namwanga). Plant products may be added to the ashes or ground product of the wasps or wasp nest.

◆ A better watchdog by using wasps

In order to make watchdogs more vigilant, vicious and dangerous, wasp nests with the larvae may be fed directly to dogs (Mozambique: Changana) or mixed with their food (Burkina: Moose; Niger: Hausa). Adult wasps (Uganda: Ganda and Nyoro) or the larvae (Burkina: Moose; Mozambique: Chopi) can also be mixed with the food. To make a young dog very strong and dangerous, give it milk with the ground abdomen of wasps (Kenya: Kamba). Weeks (1969) indicates how to make a dog a good hunter and tracker of animals: the medicine man mixes chalk, the head of a viper, leaves and mint, and places a small portion into a leaf twisted funnel. He then squeezes the juice of wasps in the funnel with palm wine, and the final product is put in the nose of the dog.

♦ Arthropods to prevent bed wetting by children

To prevent bed-wetting by children, roasted scorpions are eaten (Chad: Goulay-Tandjilé and Tupuri), or consumed as powder mixed in food (Niger: Hausa), or drunk as a water extract using the sting (Niger: Hausa). It was said that a scorpion's sting, felt by the child when wanting to urinate, would cause waking up. Other stinging or biting insects such as wasps, spiders or ants are also used. Grasshoppers (a tettigoniid mentioned in Uganda: Ganda; Zimbabwe: Shona and Zezuru) or the egg case of a praying mantis (Nigeria: Yoruba; Togo: herbalist) are also used to cure bed-wetting. A psychotherapeutic treatment is common among the Bamiléké in Cameroon: naked bed-wetting children are put for a number of seconds in a disturbed large nest of the ant *Myrmicaria opaciventris*.

♦ Stimulating walking by children by running insects

Children who are slow in learning how to walk, can be stimulated by using fast running ants or tenebrionid beetles (Chad: Goulay Tandjilé) who also walk very fast. These insects are crushed to powder and this is rubbed in incisions made on the legs.

♦ Loud singing insects and a clear voice

To have a nice high and clear voice (especially for women) cicadas or crickets, sometimes mixed with certain herbs, are eaten (Burkina: Moose; Chad: Goulaye and Tandjilé; Kenya: Luo; Niger: Hausa).

Arthropods or their products as cosmetics

In the kitchen in African huts firewood is used for cooking. Above the kitchen everything is black because it is covered by soot from the smoke. For this reason spider webs from the kitchen are also black. In Chad, I learned that these black webs are mixed with an ointment and used as a cosmetic product. Burn wounds, which are very common in Africa, create pale spots on people's black skin. This black ointment is regularly used to mask these white spots.

In East Africa adolescent girls reaching puberty commonly use water beetles of the families Gyrinidae and Dytiscidae to stimulate breast growth. The girls place the beetles against their nipples, which then bite (Cameroon: Bamileke, Duala; Kenya: Kalenjin Tugen, Kamba, Luo, Meru; Madagascar; Nigeria: Yoruba; Uganda: Banyoro, Ganda, Nyoro, Musoga; Zambia: Lozi, Nyanja; Zanzibar). Ant lions may be used for the same purpose (Nigeria: Yoruba).

In Chad (Waddaï) I was told that facial wrinkles disappear if you eat termites for several days. In the Sudan, girls and women use honey as a cosmetic for their faces. In Nigeria (Soninké) women soak their hair with honey and rancid butter before braiding (King-Smyth 1987).

DISCUSSION

The many examples given of the medical and cosmetic use of insects and insect products in this article could be related to the "Doctrine of signatures". An example from literature is the use of aquatic larvae of dragonflies to which the Pangwe of southern Cameroon attribute diuretic properties (Bequaert 1921). When witchcraft is involved the use as "Doctrine of Signatures" is even more salient.

Reader (1997) tried to explain why, throughout the greater part of Africa's evolutionary history, human populations have lived in relatively small groups without establishing cities or states. He hypothesized that this was due to the hostile environment in Africa. He states:

> « These small communities were an ecological expedience, ensuring survival in a hostile environment of impoverished soils, fickle climate, hordes of pests, and a more numerous variety of disease-bearing parasites than anywhere else on earth. »

For an infection to become endemic, a certain community size is needed, and he cites Dobson (1992) who indicated that for measles in order to become endemic a community of half a million people with 7,000 susceptible individuals is required. Therefore, towns and cities were decidedly unhealthy places. Laboratory tests have shown that a typical Nigerian banknote harbored bacteria responsible for gastro-enteritis, boils, and conjunctivitis (Phillips 1992 in Reader 1997).

The continued survival of Africans throughout history is a consequence of their ability to accommodate the ecological realities confronting them, including predators, parasites and disease. People were kept apart by virtue of their occupations and their ethnic identities. In these small communities they learned how to survive and reproduce in environments where natural selection would otherwise have made human existence impossible. In this hostile environment, Africans developed an intricate relationship with nature, using natural products, including insects, to fight predators, parasite and disease.

Only recently introduced technological advances have enabled people to manipulate natural processes, causing large urbanization. In this process, the traditional practices will be lost. This was very apparent during my interviews. People, who grew up in cities, had much less knowledge about the traditional use of arthropods or arthropod products than those that were raised in the countryside. Therefore, the documentation of such knowledge is considered important.

Several practices are very specific for certain regions. For example treating mumps with soil from dauber nests was only reported in the coastal region of

Togo, Benin and Nigeria, the use of cockroaches for treating tetanus was mentioned only in Madagascar, the use of honey for treating burns was mentioned by everybody interviewed in Arusha. Everywhere in southern Africa, it was said that the small *Pheidole* ants are a good medicine for the relieve of stomach problems.

However, there are also practices that were similar in completely different areas, such as the use of biting insects to stimulate breast growth in adolescent girls. This is peculiar, considering that Africa has more than 1200 tribes; for example Zambia has more than 70 tribes, many of them speaking completely different languages. When the same or similar practices are mentioned from different parts of Africa, the question arises whether this is due to: 1. migration of people in history; 2. communications across Africa (travel has always been extensive); or 3. local genesis based on observation and discovery. Based on linguistic studies, Guthrie (cited by Reader 1997) identified eastern Nigeria and the adjacent grass fields of western Cameroon as the cradle of the Bantu languages. People began dispersing from this cradle area around 5,000 years ago, reaching their southern limits in the 4th century AD. It would be remarkable that practices, common to Bantu people in the cradle area, remained intact during this long period, despite the diversification of tribes and languages. Other explanations are that there remained an important information flow between the different tribes. Independent development of practices from each other is another possibility. In that case it may be based on the "Doctrine of Signatures" in which different tribes recognize the same morphological or behavioral peculiarities of insects to develop insect based therapeutic remedies.

ACKNOWLEDGEMENTS

The Wageningen Agricultural University in the Netherlands provided funds for travel and subsistence in 1995 and 2000. The organization of my visit to the different countries was greatly facilitated by the people who prepared my visits. This included making appointments with national scientists and technicians in entomology, provision of transport, and lodging facilities. Their excellent support, hospitality and dedication to this work is greatly appreciated. I am indebted to: Sagnia Sankung, the Head, and the students of the Crop Protection Training Department (DFPV) of the Agrhymet Centre in Niamey Niger; Piet Segeren and Rinie van den Oever in Mozambique; Bill Overholt in Kenya; Prof. S. Hanrahan in South Africa; Prof. Z.T. Dabrowski and Prof. El Tigani M. El Amin in Sudan; Nicole Smit in Uganda; Annemieke de Vos in Zambia; Mberik Rashid Said in Zanzibar; Prof. D.P. Giga in Zimbabwe, Dr. L. Brader in Nigeria, Dr. K. Ampofo and S. Slumpa in Tanzania, Dr. D. Kossou in Benin, Dr. I. Glitho and Dr. G. Ketoh in Togo, and Dr. N. Nkouka and Prof. J. Foko in Cameroun. I also wish to thank all my informants who provided a wealth of information, some of whom conducted interviews on their own in order to obtain correct information. The assistance of Gerard Pesch in collecting the literature of Yde Jongema in checking the latin names of the arthropods is gratefully acknowledged. For the critical reading of the manuscript I am much indebted to Robert Pemberton, Willem Takken, Piet Kager, and Richard Stouthamer.

REFERENCES

BECK B. F. – 1935, *Bee venom therapy. Bee venom, its nature and its effect on arthritic and rheumatoid conditions.* New York, D. Appleton-Century Company, 238 p.

BERENBAUM M. R. – 1995, *Bugs in the system: insects and their impact on human affairs.* New York, Helix books. Addison-Weshley Publishing Company, 377 p.

BEQUAERT J. – 1921, Insects as food. How they have augmented the food supply of mankind in early and recent years. *Nat. Hist. Journ. Amer. Mus. Nat. Hist.* 21:191-200.

DOBSON A. – 1992, People and disease, *The Cambridge Encyclopedia of Human Evolution.* (S. Jones, D. Pilbeam, S. Bunney, S. R. Jones, R. D. Marti, eds.), Cambridge University Press, 506 p.

GELFLAND M. – 1981, African customs in relation to preventive medicine. *The Central African Journal of Medicine* 27:1-8.

GUDGER E. W. – 1925, Stitching wounds with the mandibles of ants and beetles: a minor contribution to the history of surgery. *The Journal of the American Medical Association* 84(24):1861-1864.

HINMAN E. H. – 1933, The use of insects and other arthropods in medicine. *The Journal of Tropical Medicine and Hygiene* 35:128-134.

HUIS A. VAN – 1996, The traditional use of arthropods in sub-Saharan Africa. *Proc. Exp. & Appl. Entomol., N.E.V. Amsterdam* 7:3-20.

HUNTER J. M. – 1984, Insect clay geophagy in Sierre Leone. *Journal of Cultural Geography* 4:2-13.

ILLINGWORTH J. F. – 1915, Use of cockroaches in medicine. *Proceedings of the Hawaiian Entomological Society, Honolulu,* 3:12-13.

KAAL J. – 1987, *Natural medicine from honey bees (apitherapy).* Amsterdam, Kaal's Printing House, 93 p.

KING-SMYTH R. – 1987, The spell of the Luxor bee. *San José studies (Costa-Rica)* 13(3):77-87.

LLOYD J. T. – 1921, Spiders used in medicine. *American Journal of Pharmacy* 93:18-24.

MEYER-ROCHOW V. B. – 1978-79, The diverse uses of insects in traditional societies. *Ethnomedizin* 5(3/4):287-300.

MOLAN P. C. – 1999, Why honey is effective as a medicine. I. Its use in modern medicine. *Bee World* 80(2):80-92.

OGUTU M. A. – 1986, Sedentary hunting and gathering among the Tugen of Baringo District Kenya. *Sprache und Geschichte in Afrika* 7(2):323-338.

READER J. – 1997, *Africa: a biography of the continent.* London, Hamish Hamilton, 840 p.

ROEPKE W. – 1952, Insecten op Java als menselijk voedsel of als medicijn gebezigd. *Entomologische berichten* 14:172-174.

WAY HARLEY G. – 1970, *Native African medicine, with special reference to its practice in the Mano Tribe of Liberia.* London, Frank Cass & Co. Ltd. (first ed. 1941), 294 p.

WANG G. S. – 1989, Medical uses of *Mylabris* in ancient China and recent studies. *Journal of Ethnopharmacology* 26(2):147-162.

WEEKS J. H. – 1969, *Among the primitive Bakongo: a record of thirty years' close intercourse with the Bakongo and other tribes of Equatorial Africa, with a description of their habits, customs & religious beliefs.* New York Negro Universities Press, 318 p.

WEISS H. B. – 1945, Ancient remedies involving insects. *Journal New York Entomological Society* 53:246.

INSECTES NUISIBLES, BIENFAITEURS, PROTECTEURS ET MÉDICINAUX CHEZ LES BAFIA (CAMEROUN)

Gladys GUARISMA

RÉSUMÉ

Insectes nuisibles, bienfaiteurs, protecteurs et médicinaux chez les Bafia (Cameroun)

Dans un grand nombre de sociétés, les "insectes", comme bien d'autres éléments de l'environnement naturel occupent une place dans la vie quotidienne ou en des occasions particulières, dans la réalité, comme dans l'imaginaire collectif.
Ici nous présentons le regard qu'une population du Cameroun, les Bafia, a de quelques "insectes".
Dans cette société, certains "insectes" peuvent être perçus d'après leur activité nuisible à l'homme ou à son entourage, d'autres le sont en tant que nourriture. Cependant, au-delà de ces aspects relevant de la réalité, ce qui nous frappe le plus est la représentation que cette population se fait de certains "insectes", ce regard "subjectif" qui la conduit à leur attribuer des effets maléfiques (menace des esprits négatifs, source de maladie...) ou bénéfiques (remède, protecteur, source de "bonne fortune"...).
Un parcours ethnolinguistique des fourmis, mouches, sauterelles, termites, papillons, ainsi que des araignées, nous amène à découvrir la richesse des ressources qu'offrent ces insectes, la conception du monde et l'imaginaire qui les entoure.

ABSTRACT

Harmful, protective, and medicinal "insects" among the Bafia (Cameroon)

In many societies "insects", like other elements of the natural environment, have a role to play either in daily life or on particular occasions, whether by their physical presence or by their presence in the collective imagination.
We present here the lore of a population of Cameroon, the Bafia, and how they see certain "insects".
Among the Bafia, certain "insects" attract attention by activities which are harmful to men or their belongings, others as sources of nourishment. But more striking than these objective associations are the more subjective ones which lead the Bafia to attribute to certain insects either malefic effects, as bearers of threatening spirits or diseases..., or beneficial ones, as remedies, protectors, or bringers of good luck...
An ethnolinguistic survey of ants, flies, grasshoppers, termites, butterflies, and spiders will serve as an introduction to the richness of insect resources, and the conception of the world and imagination with which the Bafia surround them.

Les insectes dans la tradition orale – Insects in oral literature and traditions
Élisabeth MOTTE-FLORAC & Jacqueline M. C. THOMAS, éds
2003, Paris-Louvain, Peeters-SELAF (Ethnosciences)

La population bafia, au nombre de 25 000 et dont la propre appellation est
ɓʌ̀-kpā? (sg. ǹ-kpā?) occupe une région de savane péri-forestière et ancienne, de
galeries forestières, de forêt âgée semi-résiduelle et de rares îlots de forêt très
ancienne, située au Cameroun, sur la rive droite du Mbam (département du
Mbam, Sous-Préfecture Bafia), entre 500 et 600 mètres d'altitude et entre 4°35
et 4°52 de latitude Nord et 11°05 et 11°20 de longitude Est. Le climat est de
type équatorial.

Le Cameroun compte deux langues officielles, le français et l'anglais, et une
grande variété de langues représentant trois familles linguistiques: Niger-Congo,
Nilo-Saharien et Afro-Asiatique. La langue rɨ̀-kpā? appartenant à la famille
Niger-Congo, est classée parmi les langues bantoues, dans le groupe A 50 Bafia,
comprenant le lʌ̀-fʌ̀? (Balom) (A51), le kàlɔ̀ŋ (Mbom) (A52), le rɨ̀-kpā? (Bafia)
(A53) et le tɨ̀-ɓèà (ngayaba, Djanti) (A54).

Les Bafia sont polygames, leur société étant patrilinéaire et virilocale. Le
mariage se fait à l'extérieur de la lignée paternelle et maternelle par dot, mʌ̀-yín,
ou par rapt, rɨ̀-fɔ̀ɔ̀. Ils connaissent aussi le concubinage, sàkɔ́. Ils vivent
principalement de l'agriculture et de la chasse. Les hommes assurent
généralement les gros travaux agricoles (défrichage des champs, coupe des
régimes de bananes, collecte du vin de palme, culture du cacao) et la chasse,
tandis que les femmes et les enfants font les semailles, le sarclage, la récolte et
la vente des produits au marché.

La langue bafia est une langue tonale: le ton affecte la voyelle et a un rôle
distinctif. Elle emploie trois tons ponctuels (haut v́, moyen v̄ et bas v̀) et deux
modulés (haut-bas v́v̀ et bas-haut v̀v́) et la faille tonale (marquée par une apos-
trophe devant la syllabe affectée: '(C)v́). Les systèmes consonantique et
vocalique sont assez riches. Parmi les consonnes (27), on compte une glottale
(?), des implosives (ɓ, ɗ), des fricatives (w, y, ʃ, ʒ et ɣ) et des affriquées (kp, gb)
et parmi les voyelles (11) on remarque une série de postérieures étirées
(ɨ, ə, ʌ, ɑ).

Comme toute langue bantoue, elle a un système de classes nominales. Cette
classification nominale[1], bien qu'étant fortement grammaticalisée, présente
encore certains phénomènes de motivation qui se révèlent particulièrement

---

[1] Du fait de ce système de classification, tout nominal et tout élément qui s'y réfère est affecté d'un
préfixe (le plus souvent formellement représenté) caractéristique d'une des douze classes de la langue
(numérotées suivant l'ordre des classes du Bantou Commun). Les classes s'apparient pour former des
"genres", correspondant généralement à l'opposition singulier / pluriel (1/2, 3/4, 5/6, 7/8, 9/10 et
19/13), bien que l'on trouve des termes à classe unique (singulier ou pluriel):

   ǹ-kpā? / ɓʌ̀-kpā?   (cl. 1/2)   "individu / peuple, ethnie bafia"
   rɨ̀-kpā?   (cl. 5)   "langue(s) bafia"

Le préfixe de classe de chaque élément diffère selon la catégorie ou la fonction et selon la structure
syllabique et tonale de cet élément:

   ǹ-kpā?   à-rɨ̀   m-úm   à   ɓʌ̀-kpā?
cl. 1-Bafia **cl. 1**-être **cl. 1**-homme **cl. 1** (de) **cl. 2**-(les) Bafia
"Un Bafia est un homme de l'ethnie bafia"

   ɓʌ̀-kpā?   ɓʌ́-rɨ̀   ɓ-úm   ɓʌ́   kɨ̀-sáy
cl. 2-(les)Bafia **cl. 2**-sont **cl. 2**-gens **cl. 2** (de) **cl. 7**-culture de la terre
"Les Bafia sont des cultivateurs"

intéressants dans l'étude de la dénomination des insectes, comme nous le présenterons plus loin.

LES NOMS D'INSECTES

Les Bafia remarquent et nomment une grande diversité d'insectes surtout à cause de leur activité nuisible à l'homme, aux animaux, aux cultures ou aux objets, mais aussi, pour certains, pour leur apport alimentaire, leur pouvoir thérapeutique ou les valeurs de protecteurs qui leur sont attribuées (Tableau 1).

Nom de l'insecte		Rôle joué par ou attribué à l'insecte
ì-tàtàʔ / 6ì-	"sauterelle (nom générique) (Orthoptera spp.)"	Cause de la maladie du même nom
kɔ́ɔn / 6ʌ-kɔ́ɔn	"termitière des *Nasutitermes* sp."	Cause de stérilité. Traitement de la maladie bwèʔ / bwèʔ (conjonctivite)
rì-fēn	"termitière des *Bellicositermes* sp."	Traitement de l'hémorragie lors de la grossesse et de la maladie jéèn (hydrocéphalie congénitale)
kórɨ́kóòm / 6ʌ	"fourmi (*Pachysima aethiops*)"	Traitement de la maladie ì-tàtàʔ et de l'inflammation de l'ombilic
tɨ̀-6ɪʔ tɨ́ gáá.c-ēl	"cochenille (nom générique) (Coccoidae spp.)"	Traitement des douleurs articulaires
ǹ-kèrì 6ì-rōʔ / 6ʌ	"chenille du papillon *Eumeta prope cervina*"	Traitement des maux d'oreille
gɔ̀ndɛ̀n / = kɔ̀kɔ́ɔ.zɔ̀ʔ / 6ʌ	"mille-pattes géant (*Spirostreptus* nov. sp.) "mante religieuse (Dictyoptera sp.)"	Traitement des maux d'oreille et de la maladie bùɲ̀ (*cf.* relations sexuelles entre consanguins)
fɨ̀-kánkán / tɨ̀-ʒéèʒèn / = kàrɨ́ kàáŋ / 6ʌ-gám = ì-zɨ́ŋkwèʔ / 6ɨ̀	"papillon (nom générique) (Lepidoptera spp.)" "luciole (Lampyridae sp.)" "araignée (nom générique) (Araneae spp.)" "mygale (nom générique) (Theraphosidae spp.)" "termite (*Eutermes* sp.)"	Bons présages
fɨ̀-rēē / tɨ̀-rēē w-āʔ / m-āʔ ì-lōō/mʌ-lōō	"scorpion (nom générique) (Scorpiones spp.)" "fourmi magnan (*Anomma* sp.)" "ruche, abeille (*Apis mellifica*)"	Mauvais présages

TABLEAU 1. *Rôle thérapeutique et valeur de quelques "insectes" dans l'imaginaire*

Forme des termes désignant les insectes

Les termes qui désignent les insectes peuvent être simples (*cl.*-(C)V(C)), redoublés (*cl.*-CV(C) CV(C)) ou composés.

On peut parfois déceler, dans quelques termes simples et souvent dans les redoublés, un radical formellement identique ou proche de celui d'un autre nominal ou d'un verbe auquel il est sémantiquement associé en fonction de l'habitat ou d'une caractéristique de l'insecte, la forme redoublée marquant généralement une intensification ou un caractère redondant:

ì-góp / 6ì-góp "pou du pubis (*Phthirius pubis*)"
    góp "organes génitaux de la femme (vagin, utérus)"

fɨ̀-kpás / tɨ̀-kpás "fourmi arboricole (*Crematogaster africana*)"
    ǹ-kpás / mʌ-kpás "fouet"

ì-tàtàʔ / 6ì-tàtàʔ   "sauterelle (nom générique) (Orthoptera spp.)"
fì-kúnkún / tì-kúnkún   "moustique (nom générique) (Diptera spp.)"
    -kún "amonceler", ǹ-kún / mʌ-kún
    "tas"
fì-kánkán / tì-kánkán   "papillon (nom générique) (Lepidoptera spp.)"
    kán "notable"
ì-nìŋnìŋ / 6ì-nìŋnìŋ   "fourmi (nom générique) (Formicidae spp.)"
    -nìŋ "craindre, avoir peur"

Les termes composés sont généralement:

1. des syntagmes nominaux du type déterminé (± déterminatif) + déterminant[2],
2. dans certains cas des groupes verbaux ou
3. des constructions du type verbal + nominal qui, très souvent, donnent des renseignements sur une caractéristique, le comportement et/ou l'habitat de l'insecte:

tì-tyéé tí ɲwèy   "cercope crachat-du-diable (*Ptyelus fla-*
/ salive d'esprit de sorcier /   *vescens* var. *maculata*)[3]"
fì-rēē fí rí-'tén / tì-rēē tí ...   "perce-oreille (nom générique) (Forficulidae
/ scorpion de palmier à huile /   spp.)"
ǹ-kèrì 6ì-rōʔ / 6ʌ-ǹ-kèrì ...   "chenille du papillon (*Eumeta prope*
/ celui qui circoncit pénis /   *cervina*)"
ì-kɔ̀ɔ̀ mʌ-nɨʔ = gɔ̀ŋîs   "gyrin (Gyrinidae sp.)"
/ ce qui repasse eau /
kàrɨ.kùáŋ / 6ʌ-kàrɨ.kùáŋ   "araignée (nom générique) (Araneae spp.)"
    -kàrì "construire en faisant et refaisant
    le chemin à l'envers (ex. nid d'oiseaux),
    contredire", -kàŋ "attacher"
túp.dōm / 6ʌ-túp.dōm   "larve de courtilière (*Gryllotalpa africana*)"
/ perce digue /

Certains composés ont comme déterminant un terme récurrent qui est un générique ou qui fait allusion à la morphologie de l'insecte:

zyón ì ì-tàtàʔ   "criquet (*Acridella* sp.)"
/ antilope de sauterelle /
ǹ-góm à ì-tàtàʔ / 6ʌ-ǹ-góm 6ʌ ...   "criquet puant (*Zonocerus variegatus*)"
/ ? de sauterelle /
kàà.zɔ́ʔ / 6ʌ-kàà.zɔ́ʔ   "espèce de grillon (Gryllidae sp.)"
/ ? (de) soldat de termite /
c-àm.zɔ́ʔ / 6y-àm.zɔ́ʔ   "grillon (*Scapsipedus marginatus*)"
/ ? (de) soldat de termite /
bɔ́ɔ̀.zɔ́ʔ / bɔ́ɔ̀.zɔ́ʔ   "blatte (*Blattodea* sp.)"
/ ? (de) soldat de termite /
kɔ̀kɔ́ɔ̀.zòʔ / 6ʌ-kɔ̀kɔ́ɔ̀.zòʔ   "mante religieuse (Dictyoptera sp.)"
/ ? (de) éléphant /

---

[2] Ce type de syntagme équivaut en français, par exemple, à / un chien (déterminé) | blanc (déterminant) / ou encore à / un chien (déterminé) | de (déterminatif) | chasse (déterminant) /.
[3] M. Boulard (Muséum d'Histoire Naturelle) déterminateur.

gbàʔgbàʔ à z̲ò̲ʔ / ɓʌ-… ɓʌ́ z̲ò̲ʔ   "fourmi (Formicidae sp.)"
/ ʔ de éléphant /

Noms d'insectes et Classes nominales

Les noms d'insectes s'intègrent dans divers genres (paire de classes correspondant à l'opposition singulier / pluriel). Les genres les plus fréquemment attestés sont: 1/2 (27,12% de termes), 7/8 (27,12%), 9/10 (23,73%), 19/13 (15,25%) et le plus rare, le genre 3/4 (6,78%). L'intégration d'un terme désignant un insecte dans un genre se fait en fonction des traits de l'insecte que l'on veut souligner, en accord avec l'une ou l'autre des valeurs sémantiques des genres :

1/2	ǹ-, ə̀- / ɓʌ̀-	Homme et son environnement, noms d'agent
7/8	c / ɓy-, ì- / ɓɨ̀-	Choses, objets (augmentatif)
9/10	ə̀-C sonore / ə̀-C sonore	Environnement naturel
19/13	fɨ̀- / tɨ̀-	Entités petites et fines (diminutif)
3/4	w- / m-, ǹ-, ì- / mʌ̀-	Spécifique, limitant, circonscrit.

Certains noms d'insectes peuvent être reconnus par leur consonne sonore initiale, comme faisant partie initialement du genre 9/10, mais classés ensuite dans un autre genre. De ce fait ils ont un préfixe généralement apparent au singulier, comme au pluriel :

1/2	gúùgú / ɓʌ-gúùgú = dúùdúŋ	"punaise (Oxycarenus hyalinipennis)"
	ǹ-góm / ɓʌ-ǹ-góm	"criquet puant (Zonocerus variegatus)"
7/8	ì-góp / ɓɨ̀-góp	"pou du pubis (Phthirus pubis)"
	góp "organe génital de la femme (vagin, utérus)"	
	ì -gúrú / ɓɨ̀-gúrú	"punaise des lits (Cimex lectularius)"
	ì-zɨ́ŋkwèʔ / ɓɨ̀-zɨ́ŋkwèʔ	"termite (Cubitermes sp.)"
	ì-dàŋ / ɓɨ̀-dàŋ	"puce de l'homme (du corps ou des vêtements) (Pulex irritans)"

Insectes, maladies et thérapeutique

Les Bafia distinguent deux grands groupes de maladies selon que la véritable cause est ou non apparente :

tɨ̀-róp 'tɨ́ ɓʌ́-á 'zɨ̀ / maladies │ celles à (cause) │ en dessous /

tɨ̀-róp 'tɨ́ kèè ɓʌ-á 'zɨ̀ / maladies │ celles sans (cause) │ en dessous / (Leiderer 1982-I:239-320).

Les maladies du premier groupe sont des maladies graves, difficiles à guérir, généralement attribuées à une atteinte à l'ordre vital :

– mort provoquée d'un être humain ou d'un animal considéré comme humain ou dont on craint le pouvoir, tels que la panthère[13] (ǹ-gɔ́n / ɓʌ-ǹ-gɔ́n), le singe Patas[13] (ì-ɓòŋ / ɓɨ̀-ɓòŋ), la tortue (kwíí / ɓʌ-kwíí);

– transgression d'un interdit, non réconciliation avec les parents ou avec un rival avant leur mort.

Tous ces faits ont pour conséquence des maladies qui ne guérissent pas si l'on ne traite pas préalablement le mal (bāʔ / bāʔ) qui en est la cause. Ces maladies affectent non seulement le(s) responsable(s), mais aussi toute personne qui s'y trouve impliquée, ainsi que leur descendance.

Les maladies du second groupe sont généralement attribuées à des raisons externes apparentes (intempéries, pollution, excès d'effort ou de nourriture, consommation de nourriture non autorisée, avariée ou polluée, contact avec une personne malade, atteinte à la propriété d'autrui), ou encore à un élément tenu comme responsable, à cause des caractéristiques qu'il est censé partager avec la maladie ou le malade.

C'est dans ce dernier type de maladie qu'on note parfois l'intervention de certains insectes (Tableau 1).

Parmi ces maladies, on note une maladie infantile appelée du même nom que les sauterelles qui en sont considérées comme responsables. En effet, le fait de manger des sauterelles durant la grossesse ou durant la période d'allaitement (pour la femme), ou avant l'âge de la puberté (pour l'enfant) peut provoquer chez l'enfant une respiration saccadée (ressemblant aux sauts de la sauterelle).

Par ailleurs, certains cas de stérilité sont associés au fait de s'asseoir fréquemment sur la termitière de termites appartenant au genre *Nasutitermes*, désignés par le même terme kɔ́ɔn / ɓʌ̀-kɔ́ɔn. Les Bafia semblent associer dans ce cas la forme allongée de la tête du termite à celle du pénis, facteur actif de la grossesse et la fréquence du contact avec la termitière à la répétition de l'acte sexuel dans un espace non socialisé, ce qui peut entraîner la stérilité.

Si rares sont les cas de maladies liées aux insectes, un peu plus fréquents sont ceux de thérapeutiques associant des insectes, ou plus précisément leurs œufs, leurs chenilles ou leurs abris (Tableau 1). Le choix d'un moyen thérapeutique particulier peut ou non avoir de lien avec les caractéristiques, l'habitat ou le comportement des insectes et/ou avec les caractéristiques des maladies que l'on veut soigner.

C'est ainsi, qu'on relève l'emploi d'une motte de la termitière de deux types de termites dans le traitement de certaines maladies :

– les termites *Nasutitermes* sp. (kɔ́ɔn / ɓʌ̀-kɔ́ɔn), cités ci-dessus, dont la termitière porte le même nom ;

> La motte de la termitière des *Nasutitermes* sp. (kɔ́ɔn) est employée dans le traitement d'une maladie des yeux, appelée bwὲʔ / bwὲʔ (identifiée comme conjonctivite[4]) : la vapeur qui se dégage de la motte cuite sur des braises, dans une feuille de bananier-plantain[5], est dirigée vers les yeux.

– les termites *Bellicositermes* sp. (bēn / bēn dont la termitière est appelée rì-fēn.

> La motte de la termitière (rì-fēn) des *Bellicositermes* sp. (bēn / bēn) est également écrasée, avec un morceau de noix de cola, *Cola acuminata* (P. Beauv.) Schott & Endl., Sterculiaceæ (rì-ɓēy), et la mixture est additionnée d'eau pour faire soit une boisson, utilisée en cas d'hémorragie au cours de la grossesse, soit une pâte dont on frotte le crâne d'un nourrisson atteint de la maladie jéὲn, caractérisée par le fait qu'il crie et que "sa tête devient molle" (identifiée comme hydrocéphalie congénitale).

---

[4] Ce sont surtout les jeunes enfants qui en sont atteints.
[5] *Musa paradisiaca* L., Musaceae (kpὲdὲ / ɓʌ̀-kpὲdὲ).

On note aussi l'emploi d'œufs des fourmis (*Pachysima æthiops*), appelées kórɨkóòm / 6ʌ-kórɨkóòm[6], dans le traitement de deux maladies infantiles:

Mélangés à des piments écrasés, *Capsicum frutescens* L., 6ɔ́əŋ6ə́ŋ / 6ʌ-6ɔ́əŋ6ə́ŋ), ils sont étalés sur des scarifications faites entre la sixième et la septième côte gauche pour soigner la maladie ì-tàtàʔ / 6ɨ̀-tàtàʔ (respiration saccadée).

Mélangés à de l'eau, ils sont d'une part donnés comme boisson au nouveau-né, d'autre part appliqués sur son nombril, en cas d'inflammation après la chute du cordon ombilical.

Divers autres produits sont utilisés :

Les douleurs articulaires des genoux sont traitées en y appliquant sur des scarifications une pâte faite de cochenilles [tɨ̀-6íʔ tɨ́ gáácēl / excrément de mouche / (Coccoidae spp.)], écrasées, avec les abris que les fourmis (*Crematogaster africana*) leur dressent, le tout additionné de piment [6ɔ́əŋ6ə́ŋ / 6ʌ-6ɔ́əŋ6ə́ŋ, *Capsicum frutescens* L. (Solanaceæ) et de quelques feuilles de la plante ì-ɲáɲás / 6ɨ̀-ɲáɲás [*Ageratum conyzoides* L. (Asteraceæ)].

Les maux d'oreille peuvent aussi être traités avec les cendres humectées de la chenille du papillon (*Eumeta prope cervina*) et de son cocon ou avec le liquide obtenu en écrasant un mille-pattes géant [gɔ́ʔndɛ̀n / gɔ́ʔndɛ̀n [gɔ̀ndɛ̀n, gɔ̀ŋgɛ̀n, gɔ̀ŋèn] (*Spirostreptus* nov. sp.[7])].

Autrefois, on faisait une boisson avec ce même mille-pattes géant écrasé, additionné d'autres produits végétaux[8] ou animaux[9], mélangés avec de l'eau, pour guérir la douleur et la maladie bùɲɨ̀ qui se manifestent à la suite de relations sexuelles entre personnes consanguines.

INSECTES ET PRÉSAGES

Comme pour d'autres éléments de la faune, la rencontre ou le rêve de certains insectes peuvent être considérés par les Bafia comme un bon ou un mauvais présage. Ainsi la présence dans la case de la mante religieuse [kɔ̀kɔ́ɔ̀.zòʔ / 6ʌ-

---

[6] L'arbre (*Barteria fistulosa* Mast., Passifloraceæ) dans lequel ces fourmis habitent porte le même nom.

[7] Identification due à M. J.M. Demange (Muséum National d'Histoire Naturelle).

[8] Écorces et jeunes bougeons de :

gáy / gáy	"*Uapaca guineensis* Muell. Arg. (Euphorbiacae)"
ì-kúú / 6ɨ̀-kúú	"*Albizia coriaria* Welw. (Leguminosae-Mimosoideae)"
dɨ̀rɔ̀y / dɨ̀rɔ̀y	"*Annona senegalensis* Pers. (Annonaceae)"
fɨ̀-fūū fɨ́ ɨ́-rép / tɨ̀-fūū tɨ́ ...	"*Syzygium guineense var. macrocarpum* Engl. (Myrtaceae)"
(arbre sp. de forêt)	
ì-lɔ̀ŋ kɨ́ zōm / 6ɨ̀-lɔ̀ŋ kɨ́ zōm	"*Piliostigma thonningii* (Schum.) Milne-Redh.
(village de buffle)	(Leguminosae-Cæsalpinioideae)"
ì-rɨ̀ŋdɨ̀ŋ / 6ɨ̀-rɨ̀ŋdɨ̀ŋ	"*Nauclea latifolia* Sm. (Rubiaceae)"
ì-sóp / 6ɨ̀-sóp	"*Bridelia ferruginea* Benth. (Euphorbiaceae)"
(Leiderer 1982-I :274-278)	

9

ì-6óó6óó / 6ɨ̀-6óó6óó	"caméléon (*Chamaleo cristatus* Stutchbury, Chameleonidae)"
c-ákúp / 6y-akúp	"lézard (*Panaspis ianthinoxantha* Böhme, Scincidae)"
gbɔ́ktɔ́ / 6ʌ-gbɔ́ktɔ́	"crapaud (*Buffo regularis* Reuss, Bufonidae)"
gbɨ́ŋ / 6ʌ-gbɨ́ŋ	"discoglosse (*Discoglossus occipitalis* Günter, Discoglossidae)"
ì-6árɨ̀ 6ɨ́ fy-én/6ɨ̀-6árɨ̀ 6ɨ́ ...	"grenouille des roseaux (*Hyperolius tuberculatus* (Mocquard) ou *H.*
/ ce qui se pose sur feuille /	*viridistriatus* Monard, Hyperoliidae)"
(Leiderer 1982-1 :274-278)	

kɔkɔ́ɔ.zòʔ / ʔ (de) éléphant /, Dictyoptera sp.], d'un papillon, de la luciole [zyéèzyèn / zyéèzyèn, Lampyridæ sp.] ou d'une araignée, est considérée comme annonciatrice d'événements heureux (parmi lesquels l'arrivée d'un étranger) ou de "bonne fortune", màà[10]. Ceci est particulièrement le cas lorsqu'il s'agit d'une mygale [gám / gám, Theraphosidae spp.] celle-ci occupant une place prépondérante dans l'imaginaire de la société.

En effet, parmi certains textes de littérature orale ayant trait à la création, à l'origine des choses et à la cosmogonie[11], l'un d'eux nous dit que la mygale et la tortue, kwíí / ɓà-kwíí, familiers et voisins du Créateur m-úù.bèy[12] ont identifié ce dernier comme créateur des infirmes et, en conséquence, comme responsable du malheur des gens. À la suite de cette découverte, Mygale et Tortue sont rejetés par le Créateur et envoyés sur la terre. Mais ces deux personnages réagissent, en s'identifiant, l'un, comme celui qui, connaissant les pensées du Créateur, les dévoilera par l'intermédiaire de l'oracle dans lequel il est impliqué, et l'autre, comme celui qui détient la vérité et qui de ce fait provoquera la contraction de la lèpre par celui qui, en le touchant, dit des mensonges.

D'autres insectes, à l'inverse, sont considérés comme porteurs de mauvais augure, en particulier lorsqu'ils se manifestent durant la nuit et pendant le sommeil, puisque c'est à ce moment que se manifestent les âmes ou les esprits, ǹ-ɣáy / mà-ɣáy, des défunts. Aussi, la vue pendant la nuit de termites (*Eutermes* sp.) ì-zíŋkwèʔ / ɓì-zíŋkwèʔ, ou d'un scorpion (Scorpiones spp.) fì-rēē / tì-rēē, révèle la présence de l'esprit d'un individu malfaisant ou d'un sorcier, ǹ-ɗèm / mà-rèm[13], tandis que la rencontre ou la poursuite en rêve de fourmis magnans (*Anomma* sp.) wāʔ / māʔ, ou d'abeilles (*Apis mellifica*) ì-lōō / mà-lōō "ruche", annonce une menace de la part de ce type d'esprits (Leiderer 1982-II:153-162).

---

[10] Le terme màà désigne le fait de bénéficier de paix, protection, harmonie, fertilité et réussite (Leiderer 1982-I:39).

[11] Ce type de texte n'a pas de terme spécifique le désignant, mais se distingue de tous les autres textes de littérature orale par le fait qu'il est toujours introduit par la formule suivante :
     tààtá w-èm à-kálì-ɣà mà lá́...   "Mon père m'a dit ..."
     // (cl. 1-)père 1 1-mon / cl. 1-dire-*rétrospectif* / moi / que ... //

[12] Le terme m-úù.bèy est la contraction du syntagme m-úm à béy / homme de avant /.

[13] Le terme ǹ-ɗèm/mà-rèm désigne une personne malfaisante et plus particulièrement le sorcier, caractérisé par le fait de posséder un organe qui lui a été légué par la mère (morceau d'intestin avec une boucle ressemblant au col d'une petite calebasse). Le sorcier serait une personne qui a été liée à une atteinte de l'ordre vital, et qui est revenue sur terre pour nuire. Pour ce faire, son âme, ǹ-ɣáy / mà-ɣáy, peut prendre durant la nuit l'apparence d'un animal (panthère [*Panthera pardus* L., Felidae] ǹ-gón / ɓà-ǹ-gón; singe Patas [*Erythrocebus patas*] ì-ɓòŋ / ɓì-ɓòŋ; guib harnaché [*Tragelaphus scriptus* (Pallas), Tragelaphidae] rì̀ɓòò / ɓà-rì̀ɓòò; rat de Gambie [*Cricetomys gambianus* Waterhouse, Cricetidae] sɔ́m / ɓà-sɔ́m; cercopithèque à nez blanc [*Cercopithecus nictitans* L., Cercopithecidae] gém / gém; hylochère [*Hylochoerus* sp., Suidae], jēē / jēē; civette [*Viverra civetta* (Schreber), Viverridae] tyàʔ / ɓà-tyàʔ; Hibou, kùŋ / ɓà-kùŋ; serpent noir, fɔ́ksɨ́ / ɓà-fɔ́ksɨ́, etc. (Leiderer 1982:102-104).

CONCLUSION

À la fin de ce parcours, nous pouvons dresser le tableau 2 qui synthétise les rôles que peuvent jouer ou qui sont attribués aux insectes dans les maladies et leur thérapeutique.

Poux			
c-ēl / ɓy-ēl	pou de tête	*Pediculus capitis*	nuisible
ì-góp / ɓì-góp *cf.* góp organe(s) génital/aux de la femme (vagin, utérus ?)	pou du pubis, morpion	*Phthirus pubis*	nuisible
ɲììtὶ/ɲììtὶ	lente	*Pediculus capitis*	nuisible
Punaises et apparentés			
gúùgú / ɓʌ-gúùgú = dúùdúŋ	punaise	*Oxycarenus hyalinipennis*	nuisible
fὶ-tírɨ́ / tὶ-tírɨ́	punaise scutelléride	*Solenostethium* sp.	nuisible (mange le maïs)
kὶ-gúrú / ɓὶ-gúrú	punaise de lit	*Cimex lectularius*	nuisible
kὶ-dàŋ / ɓὶ-dàŋ	puce de l'homme (du corps ou des vêtements)	*Pulex irritans*	nuisible
kóŋ / ɓʌ-kóŋ	punaise	*Aspavia* sp.	nuisible
tὶ-tyɛ̂ tɨ́ ɲwèy / salive de "fantôme" /	cercope crachat-du-Diable	*Ptyelus flavescens* var. *maculata*	nuisible
fὶ-ʃánʃán / tὶ-ʃánʃán *cf.* –ʃán "crier"	cigale (nom générique)	Cicadidae spp.	
Mouches, taons, moustiques			
gáá.c-ēl / ɓʌ gáá.c-ēl / zonure (de) pou de tête /	mouche (nom générique)		nuisible
ɓēl á gáá.c-ēl / ɓʌ-ɓēl ɓʌ …	mouche bleue	*Calliphora* sp.	nuisible
ʃón / ɓʌ-ʃón	taon	*Chrysops silaceus*	nuisible
ì-póm / ɓὶ-póm *cf.* -póm "gonfler" (?)	œstre	Œstridae sp.	nuisible (tue les moutons)
fὶ- kúnkún / tὶ-kúnkún *cf.* -kún "amonceler", ǹ-kún / mʌ-kún "tas" (?)	moustique (nom générique)	Culicidae spp.	nuisible
Fourmis, guêpes, abeilles			
ì-nὶŋnὶŋ / ɓὶ-nὶŋnὶŋ *cf.* -nὶŋ "craindre, avoir peur"	fourmi (nom générique)	Formicidae spp.	nuisible
gùrùs / gùrùs	fourmi-cadavre	*Pachycondyla (Paltothyreus) tarsata*	nuisible
wā? / mā?	fourmi magnan	*Anomma* sp.1	nuisible
pùm / ɓʌ-pùm	fourmi magnan	*Anomma* sp.2	nuisible
fὶ-kpás / tὶ-kpás	fourmi arboricole	*Crematogaster africana*	
bóm / bóm	fourmi urticante	*Tetramorium (Macromischoides) aculeatum*	nuisible
zwὶì / zwὶì	fourmi tisseuse	*Oecophylla longinoda*	
kó(rɨ́)kóòm	1. fourmi sp. 2. plante sp. où loge cette fourmi	*Pachysima æthiops*	médicinal
gbà?gbà? à zò? / ɓʌ-… ɓʌ zò? (? (de) éléphant)	fourmi	Formicidae sp.1	nuisible
fὶ-sɔ̄n / tὶ-sɔ̄n	fourmi	Formicidae sp.2	nuisible
ǹ-léy / ɓʌ-ǹ-léy	guêpe maçonne	Eumenidae sp.	nuisible
ì-lōō / mʌ-lōō	abeille, ruche	*Apis mellifica*	nuisible

fíp / ɓʌ-fíp	mélipone ou trigone	Meliponinae sp.	nuisible

Sauterelles, grillons, criquets

c-àm.zɔ́? / ɓy-àm.zɔ́? / ? (de) soldat de termite /	grillon	*Scapsipedus marginatus*	
kàà.zɔ́? / ɓʌ-kàà.zɔ́? / ? (de) soldat de termite /	grillon	Gryllidae sp.	
túp.dɔ̄m / ɓʌ-túp.dɔ̄m / perce digue /	courtilière	*Gryllotalpa africana*	
túp.dɔ̄m / ɓʌ-túp.dɔ̄m / perce digue /	larve de courtilière	*Gryllotalpa africana*	
ǹ-sín / mʌ-sín	sauterelle	Tettigoniidae sp.	
ʒón ì ì-tàtà? / antilope de sauterelle /	criquet	*Acridella* sp.	
ǹ-góm (à ì-tàtà?) / ɓʌ-ǹ-góm ɓʌ́ / ? (de) sauterelle /	criquet puant	*Zonocerus variegatus*	
gòmɨ́s / gòmɨ́s	criquet	Orthoptera sp.	
ì-tàtà? / ɓɨ-tàtà?	sauterelle (nom générique)	Orthoptera spp.	nuisible

Perce-oreilles

fɨ-rēē fɨ́ rɨ́-'tén / tɨ-rēē tɨ́ ... / scorpion de palmier /	perce-oreilles	Forficulidae sp.	

Mantes, blattes

kɔ̀kɔ̀ɔ̀.zò? / ɓʌ-kɔ̀kɔ̀ɔ̀.zò? / ? (de) éléphant /	mante religieuse	Dictyoptera sp.	protecteur
ɓɔ́ɔ̀.zɔ́? / ɓɔ́ɔ̀.zɔ́? (? de soldat de termite)	blatte	Blattodea sp.	nuisible

Coléoptères

ʒéèʒèn / ʒéèʒèn	luciole	Lampyridae sp.	protecteur
ì-kɔ̀ɔ̀ mʌ-nɨ́? = gòɲɨ́s (ce qui repasse eau)	gyrin	Gyrinidæ sp.	
ì-tànkún / ɓɨ-tànkún	larve du dynaste	*Oryctes owariensis*	
ǹ-lɔ́ŋ / ɓʌ-ǹ-lɔ́ŋ	larve du charançon du Palmier	*Rhynchophorus phoenicis*	comestible
ì-tá? / ɓɨ-tá?	larve du charançon	*Rhynostomus afzellii*	comestible

Papillons et chenilles

fɨ-kánkán / tɨ-kánkán *cf.* -kán "notable" (?)	papillon (nom générique)	Lepidotera spp.	protecteur
ǹ-kèrɨ ɓɨ-rō? / ɓʌ-n-kèrɨ ... / celui qui circoncit pénis /	chenille	*Eumeta prope cervina*	médicinal
ǹ-lèl m-án / ɓʌ-ǹ-lèl m-án / je lèche enfant /	chenille	*cf. Diacrisia aurantiaca*	nuisible
(ì-)ɗyòs / (ɓɨ-)ɗyòs *cf.* gàŋ.ɗyòs	chenille	appartenant à l'une des familles suivantes : Nymphalidae, Lymantriidae, Limacodidae (ou Cochlididae)	nuisible
ʒè? / ʒè?	chenille	Gelechiidæ sp.	nuisible (mange le maïs)

Termites

ì-kpóó / ɓɨ-kpóó	termite	*Acanthotermes* sp.1	
gáɓɨ́ / gáɓɨ́ rɨ-káɓɨ́	termite "termitière dudit"	*Acanthotermes* sp.2	
zíí / zíí rɨ-síí	termite "termitière dudit"	*Bellicositermes* sp.1	

INSECTES NUISIBLES… ET MÉDICINAUX CHEZ LES BAFIA (CAMEROUN)
HARMFUL…, AND MEDICINAL "INSECTS" AMONG THE BAFIA (CAMEROON)

393

bɛ̄n / bɛ̄n ri̧-fɛ̄n	termite "termitière dudit"	*Bellicositermes* sp. 2	médicinal
zɔ́mi̧ / zɔ́mi̧ ri̧-sɔ́mi̧	termite "termitière dudit"	*Bellicositermes* sp. 3	
kɔ́ɔ̀n / ɓʌ-kɔ́ɔ̀n kɔ́ɔ̀n	termite "termitière dudit"	*Nasutitermes* sp.	nuisible, médicinal
ì-zíŋkwè? / ɓi̧-zíŋkwè?	termite	*Cubitermes* sp.	nuisible
(ì-)zɔ́? / (ɓi̧-)zɔ́?	soldat de termite		
béɛ́ / béɛ́	imago ailé		comestible
Iules, mille-pattes			
ì-ɣám / ɓi̧-ɣám	mille-pattes (nom générique)	Myriapoda spp.	
gɔ̀?ndɛ̀n / gɔ̀?ndɛ̀n	mille-pattes géant	*Spirostreptus* nov. sp.	médicinal
ǹ-tári̧ 'gɔ́ŋ / ɓʌ-ǹ-tári̧ 'gɔ́ŋ	iule (gros gɔ̀?ndɛ̀n)	Julidae sp.1	
ì-rōm / mʌ-rōm	iule	Julidae sp.2	
ì-ɣám (ki̧ 'ɓy-éɛ́) / ɓi̧-ɣám … / pulpe (de noix de palme) /	polydesmide	Polydesmidae sp.	
Araignées et scorpions			
kàri̧.kùáŋ / ɓʌ-kàri̧.kùáŋ -kàri̧ "construire en faisant et refaisant le chemin à l'envers (ex. oiseaux), contredire", -kùŋ "attacher"	araignée (nom générique)	Araneae spp.	protecteur
gám / gám	mygale (nom générique)	Theraphosidae spp.	protecteur
fi̧-rēē / ti̧-rēē	scorpion (nom générique)	Scorpiones spp.	nuisible
Sangsue			
ì-swéy / ɓi̧-swéy	sangsue	Hirudinae sp.	nuisible

TABLEAU 2. *Liste des insectes et assimilés inventoriés*

RÉFÉRENCE BIBLIOGRAPHIQUE

LEIDERER R. – 1982, *La médecine traditionnelle chez les Bekpak (Bafia) du Cameroun* (avec la collaboration linguistique de Gladys GUARISMA). Sankt Augustin, Haus Völker und Kulturen (Collectanea Instituti Anthropos 26-27), 360 + 312 p.

LES INSECTES
DANS LES PRATIQUES MÉDICINALES
ET RITUELLES D'AMAZONIE INDIGÈNE

Nicolas CÉSARD, Jérémy DETURCHE et Philippe ERIKSON

RÉSUMÉ

Les insectes dans les pratiques médicinales et rituelles d'Amazonie indigène

Les insectes sociaux, notamment les fourmis, jouent un rôle crucial dans les systèmes symboliques et rituels traditionnels d'Amazonie. Ce texte se propose de dresser un inventaire des usages et des représentations liés à ces insectes, avant de s'interroger sur ce qu'une approche ethno-entomologique des sociétés amazoniennes peut apporter aux débats qui animent aujourd'hui l'américanisme tropical. On espère en particulier jeter un éclairage nouveau sur certaines théories ("l'animisme" revisité par Descola, le "perspectivisme" introduit par Arhem et Viveiros de Castro) qui considèrent la relative indifférenciation des statuts ontologiques respectivement imputés aux humains et aux animaux comme une des caractéristiques les plus fondamentales des systèmes de pensée amazoniens. Or, si les discours indigènes portant sur les mammifères et sur les poissons ont été analysés dans cette optique, ceux relatifs aux insectes ont encore trop peu été mis à contribution.

ABSTRACT

Insects in medicinal and ritual practices in the Indigenous Amazon

Social insects, and specifically ants, play a crucial part in traditional Amazonian ritual and symbolic systems. This paper examines what effective uses insects are put to by Amazonian peoples, and how these are reflected in their ideology. We thus hope to illustrate how ethno-entomology can shed a new light on some of the "hottest" topics currently debated in Americanist forums. Special emphasis will be placed on theories such as Descola's discussion of "animism" or Arhem and Viveiros de Castro's "perspectivism". Such theories are grounded on the assumption that Amazonian cosmologies treat human and non-human animals as ontologically equivalent beings. Yet, discussions have hereto focused on mammals and fish, paying little attention to insects, despite the potentially innovative data they are likely to provide.

On ne surprendra personne en relevant l'inlassable acharnement avec lequel les insectes impriment leur marque tant sur l'épiderme que dans l'imaginaire des voyageurs qui se rendent en Amazonie. La récurrence avec laquelle fourmis, moustiques et autres maringouins émaillent la littérature de voyage de cette région en témoigne d'abondance. Rares sont les sujets d'aussi petite taille qui ont inspiré d'aussi grandes envolées lyriques. Voyons quelques exemples, piochés presque au hasard dans la véritable nuée d'auteurs qui se sont piqués de ce topique, où l'humour se mêle généralement au larmoiement. Un artilleur allemand, prisonnier des Tupinamba au XVIe siècle, écrit (Léry 1980 [1580]:142):

> «L'air de cette terre du Brésil produit encore une sorte de petits mouchillons que les habitants appellent *Yetin*; ils piquent si vivement, même à travers de légers habillements, qu'on dirait que ce sont des pointes d'aiguilles. Partant, vous pouvez penser quel passe-temps c'est de voir nos sauvages tout nus en être poursuivis: car, ils claquent des mains sur leurs fesses, cuisses, épaules, bras, et sur tout le corps, et vous diriez pour lors que ce sont des charretiers cinglant les chevaux avec leurs fouets.»

Un père jésuite (Père du Poisson 1993 [1727]:188), dans une de ces fameuses: "lettres édifiantes et curieuses..." qui défrayèrent tant la chronique tout au long du XVIIIe siècle:

> «Le plus grand supplice sans lequel tout le reste ne serait qu'un jeu; mais ce qui passe toute croyance, ce que l'on n'imaginera jamais en France, à moins qu'on ne l'ait expérimenté, ce sont les maringouins, c'est la cruelle persécution des maringouins. La plaie d'Égypte n'était pas plus cruelle».
> [Suit toute une page sur les désagréments d'un pays qui comporte *omne genus muscarem*.]

Un voyageur, au siècle suivant (Biard 1995 [1859]:103):

> «Tout n'était pas plaisir, même dans les sites les plus charmants et, parmi les désagréments dont il ne me fut jamais possible de prendre mon parti, l'honneur du premier rang ne peut être disputé aux moustiques qui me tourmentaient partout, au logis comme dans la forêt […] Ils étaient monstrueux. Ce n'étaient pas des moustiques, mais bien d'affreux maringouins, dont les piqûres causent une douleur bien plus vive et sont extrêmement venimeuses.»

Un explorateur, en 1907 (Delebecque 1907:247-8):

> «Cet infortuné Poz [son hôte] a ceci de particulier que les moustiques l'exaspèrent. [...] Aussi le malheureux Poz, auquel la surveillance de la *chacra* semble laisser de nombreux loisirs, passe-t-il son temps à se promener de long en large en s'appliquant de furieuses claques sur la figure et en maugréant contre ses cruels ennemis.»

Plus près de nous, enfin, les ethnologues font le même constat (Lévi-Strauss 1955:188):

> «les nuits sont pénibles: la chaleur moite, les gros moustiques des marais qui donnent l'assaut à notre refuge… tout contribue à rendre impossible le sommeil.»

et évoquent (Descola 1993:235):

> «les assauts répétés des moustiques [qui entraînent un] sommeil fractionné entre des périodes de sudation sans piqûres au fond du sac de couchage et des moments de fraîcheur urticante hors de sa protection.»

On s'en tiendra là. Tout comme les insectes, ce genre de littérature peut divertir à dose homéopathique, mais s'avère vite exaspérante. Cependant, on peut relever que les discours amérindiens prennent une tournure fort différente. Les nuisances provoquées par les insectes y sont moins souvent présentées comme une source d'exaspération que comme une source "d'énergie" potentielle, dont les humains tentent de tirer le meilleur parti possible.

On sait que les ethnologues haïssent les voyages et les explorateurs (Lévi-Strauss 1955). Peut-être est-ce donc pour se démarquer des chroniques de voyage que la littérature anthropologique comprend étonnamment peu d'études consacrées aux insectes. La liste des sud-américanistes dont les noms viennent à l'esprit lorsqu'on évoque ce thème est assez courte. Citons:

Erland Nordenskiöld (1929) qui s'intéressa à l'apiculture amérindienne dès 1929.

Darrell Posey (1978, 1979, 1981, 1984), qui consacra sa thèse de doctorat en 1979 à l'ethnoentomologie des Kayapo du Brésil central.

Darna Dufour (1987), dont les chercheurs citent fréquemment l'article de 1987 consacré à la place des insectes dans l'alimentation amérindienne (Tukano en particulier).

Johannes Wilbert (1993) qui, dans un registre moins naturaliste, a consacré de nombreuses publications au symbolisme des insectes dans la cosmologie warao.

Enfin, plus récemment, Fabiola Jara (1996a, 1996b), qui s'est intéressée aux questions d'ethnoentomologie amérindienne dans le cadre d'un travail d'ethnozoologie plus général, d'abord chez les Akuriyó du Surinam, puis chez les Andoke de Colombie.

Quelques noms se détachent, mais assez peu au regard de l'importance potentielle du sujet. Dans les milieux tropicaux, comme celui de la région autour de Manaus au Brésil, les hyménoptères et les isoptères (spécialement les fourmis et les termites) constituent plus des deux tiers de la masse animale; sur huit hectares de forêt primaire péruvienne, pas moins de trois cents espèces de fourmis ont été dénombrées (Hölldobler & Wilson 1996). À l'évidence, une telle abondance ne peut qu'avoir imprimé une marque forte sur les sociétés amazoniennes et, de fait, leurs membres consacrent un temps considérable – et trop rarement pris en considération – soit à se procurer, soit à se protéger de ces animaux dont ils subissent quotidiennement les piqûres, craignent les déprédations, recherchent les protéines pour s'alimenter ou les venins pour des usages thérapeutiques, techniques ou rituels (Césard 2000).

Il ne saurait évidemment être question de traiter exhaustivement de l'ensemble de ces aspects, ni de toutes leurs répercussions. Partant du constat que les insectes sociaux, notamment les hyménoptères, jouent un rôle crucial dans les systèmes symboliques et rituels traditionnels d'Amazonie, on tentera plus modestement de dresser dans un premier temps un bref inventaire des usages et des représentations liés à ces insectes. On s'interrogera ensuite sur ce qu'une approche ethnoentomologique des sociétés amazoniennes peut apporter aux débats qui animent aujourd'hui l'américanisme tropical.

L'INSECTE, MODE D'EMPLOI, OU "DE L'UTILITÉ DES INSECTES"

L'insecte comme matière première

Usages alimentaires

Des auteurs aux formations différentes se sont intéressés au caractère étrange et exotique de l'entomophagie[1]. Chez les ethnologues, la consommation des insectes a rarement été envisagée dans un cadre symboliste ou ontologique, mais

---

[1] Bergier 1941, Brygoo 1946, Bodenheimer 1951, Taylor 1975, etc.

plutôt sous l'angle de ses apports nutritionnels ou des techniques particulières d'obtention assimilées à de la cueillette.

Le ver palmiste[2] est un des insectes les plus recherchés pour la consommation et l'un des plus souvent évoqués dans la littérature amazoniste[3], du fait du quasi-élevage – certains disent même de la semi-domestication – dont il fait l'objet. Cependant, la majorité des Amérindiens consomme également des insectes dits sociaux comme les fourmis, les termites ou les larves d'abeilles ou de guêpes. Le miel joue également un rôle essentiel dans bien des sociétés, à tel point qu'une monographie consacrée aux Guayaki du Paraguay s'est intitulée *Une civilisation du miel* (Vellard 1948).

Encore mal évaluée, la consommation d'insectes constitue pourtant un apport protéique non négligeable dont l'importance est accrue par son caractère saisonnier et par le fait qu'il concerne une fraction de la population, à savoir les femmes et les enfants, pour qui cet appoint est peut-être plus nécessaire qu'il ne le serait pour les hommes adultes. Les insectes sociaux les plus fréquemment ingurgités se caractérisent par leur taille importante, leur corps mou et leur absence de toxicité. Les fourmis du genre *Atta*[4] figurent parmi les insectes les plus largement préparés.

Les plus grosses de ces fourmis *Atta*, les soldats, mais surtout les femelles ailées, font l'objet d'une collecte importante. Les vols des lourdes fourmis reproductrices – grasses des réserves accumulées pour leur essaimage – permettent des journées de récolte fastueuses. Ces moments propices sont attendus en saison d'essaimage. Diverses techniques sont alors utilisées. Certains groupes passent des torches enflammées au-dessus des nids pour brûler les ailes des fourmis sexuées, d'autres ramassent les fourmis à terre. Quand ils ne sont pas mangés entiers, seuls les têtes ou les abdomens des insectes adultes sont consommés, crus ou préalablement cuits. Les nymphes des guêpes comme celles des abeilles sont également dégustées, avec ou sans leur miel, de même que sont régulièrement consommés les termites (ouvriers, soldats, reines ailées des genres *Syntermes*, *Macrotermes*, etc.).

Usages médicinaux

À ces usages culinaires, on peut ajouter ceux consistant à ingérer des insectes à des fins médicinales (*lato sensu*). On sait que certaines fourmis sont utilisées comme aphrodisiaques en Colombie, tout comme les têtes de certains termites chez les Yekuana (Rodriguez 1999). Afin que leurs sarbacanes tirent plus loin, les Matis d'Amazonie brésilienne mangent parfois les croûtes argileuses que certaines fourmis érigent le long des arbres qu'elles occupent. Traces vertigi-

---

[2] Larve de charançon (*Rhynchophorus* spp.).
[3] Goulard 1976, Chagnon 1968:30, Berlin & Berlin 1977:17.
[4] *A. mexicana, A. cephalotes, A. laevigata, A. sexdens*

neuses d'ascension rectiligne, ces "corridors" s'élèvent haut vers le ciel, comme on aimerait que le fassent également les dards empoisonnés[5].

Les venins de certaines espèces, en particulier des fourmis dites "de feu"[6], mais aussi ceux des fourmis néoponérines et ponérines, sont d'utilisation courante dans les pharmacopées indigènes. Les Andoke ou les Kayapo, pour prendre deux des exemples les mieux étudiés, utilisent les qualités toxiques de différents insectes pour préparer certaines décoctions à fin aussi bien défensive qu'offensive.

Usages instrumentaux

Les insectes et leurs productions servent également de matériaux techniques. La cire des abeilles est largement utilisée. Les nids secs des termites et des guêpes peuvent servir à allumer les feux, ou entrer dans la composition de remèdes traditionnels : les Chacobo d'Amazonie en mettent sur la tête des nouveaux-nés pour accélérer la soudure de leur fontanelle[7].

Certaines autres utilisations des corps des insectes sont plus originales encore. Ainsi, chez les Wayãpi (Guyane Française et Brésil ; Grenand 1980), les deux mandibules recourbées de chaque côté de la tête des fourmis *Atta* servaient autrefois d'hameçons pour la pêche. Ces Amérindiens, qui distinguent comme espèce particulière les soldats de la fourmi *Eciton*, utilisaient également les mandibules de cette dernière en guise d'hameçons, ainsi que comme matériau de suture, pour fermer les plaies.

L'insecte comme "compagnon" et autres formes de "symbiose"

Parmi le vaste registre d'animaux familiers détenus par les Amérindiens (Erikson 1987, 2000), les insectes figurent à une place certes modeste, mais non moins réelle. Goulard (1976) rapporte que les vers palmistes servent de jouets aux enfants piapoco, rôle également dévolu aux lucioles dans bon nombre d'ethnies. L'un de nous[8] a vu des enfants matis s'amuser à attacher une ficelle autour d'un gros insecte ailé, et se divertir en courant après l'insecte ainsi retenu en semi-liberté, comme une sorte de joyeux compromis entre le cerf-volant, le cerceau ou le joujou à roulettes que les enfants traînent en laisse.

Les insectes fournissent également une cible privilégiée pour les archers en herbe (c'est le cas de le dire), surtout les tout-petits pour qui les lézards constituent encore une proie inatteignable. Ce type de propédeutique cynégétique se reflète, en langue chacobo, jusque dans le nom d'un grand papillon bleu du genre *Morpho*, qui s'appelle *awabë* "obtiens des tapirs". On a là une allusion à la croyance selon laquelle un enfant assez habile pour le capturer, le sera également à l'âge adulte pour tuer des tapirs.

---

[5] Erikson, observation inédite.
[6] Genres *Azteca, Solenopsis, Wasmannia, Pseudomyrma*.
[7] Erikson, observation inédite.
[8] Erikson, observation inédite.

Darrell Posey (1987) évoque une autre utilisation possible d'insectes vivants, lorsqu'il affirme que les Kayapo fomentent des guerres formicides pour protéger leurs cultures, en "transplantant" à proximité de leurs jardins attaqués par des espèces nuisibles certains de leurs prédateurs. L'idée est intéressante et d'autant plus plausible qu'ont été observées en Europe des pratiques équivalentes, qui reposent sur une excellente observation de la biologie et de l'écologie de certaines espèces de fourmis (É. Motte-Florac, comm. pers.). Cependant, pour ce qui concerne l'Amazonie, l'observation de tels pesticides "écologiquement corrects" n'a, à notre connaissance, jamais été confirmée de source indépendante. Ceci devrait nous inciter à une prudence d'autant plus grande que des polémiques sérieuses (Parker 1992, Parker 1993, Posey 1992) entourent ceux des travaux de Posey qui cadrent trop bien avec le fantasme du "sauvage écologiquement noble" (Alvard 1993), avatar moderne de l'idéologie du bon sauvage.

Une autre manière d'utiliser les insectes, rarement évoquée quoique courante, consiste à les utiliser comme indicateurs. Indices de sols au potentiel agricole, ou à la chasse, indicateurs de la présence de telle ou telle espèce (en particulier de rongeurs), faisant en quelque sorte fonction d'appâts naturels[9].

Manipulation rituelle des insectes

Une des utilisations les plus spectaculaires des insectes vivants que l'on trouve en Amazonie est celle consistant à s'exposer volontairement à leur piqûre (ou parfois à leur morsure) dans le cadre de pratiques cérémonielles, bien souvent de type initiatique. La région des Guyanes est sans doute celle où cette pratique présente les formes les plus élaborées. Les fourmis sont fixées à un écran avant d'être appliquées sur les corps, en quantités parfois considérables. Goeje parle de 360 guêpes vivantes enchâssées dans un cadre appliqué sur tout le corps des jeunes garçons chez les Aparai, tandis que l'épreuve moins brutale des fourmis serait réservée aux jeunes filles, qui se font piquer par une soixantaine de fourmis *yoko*[10] attachées à une petite pièce de vannerie de la forme d'une grenouille ou d'un crapaud, qui est passée ensuite sur les poignets, la poitrine et le dos (Goeje 1955:107). Chez les Maué, l'épreuve des fourmis consiste à s'introduire la main dans un gant. Des variantes plus ou moins spectaculaires se retrouvent un peu partout dans l'ensemble du bassin amazonien, plus particulièrement dans le nord (Guyanes et moyen Amazone).

Les piqûres d'insectes, dans une certaine mesure, servent de prétexte pour prouver sa bravoure. Chez les Warao, l'initié doit s'abstenir de crier pour ne pas rester célibataire. Cependant, ainsi que nous le verrons en abordant plus avant la question des venins, il semble assez évident que ce qui est en jeu est aussi, et sans doute surtout, la transmission de certaines qualités aux jeunes gens qui subissent le rituel. Relevons d'ailleurs que, même dans d'autres parties de l'Ama-

---

[9] Fleck (1997) regorge d'exemples de ce type.
[10] Fourmi non identifiée mais moins vénéneuse que la fourmi ponérine.

LES INSECTES DANS LES PRATIQUES MÉDICINALES ET RITUELLES D'AMAZONIE INDIGÈNE
INSECTS IN MEDICINAL AND RITUAL PRACTICES IN THE INDIGENOUS AMAZON

401

zonie où les piqûres d'insectes ne sont pas utilisées de manière aussi ostentatoire, elles le sont parfois en privé, voire en catimini, comme lors de l'initiation chamanique yaminahua décrite par Townsley[11]. L'un de nous[12] a également vu un jeune chasseur matis s'exposer volontairement en forêt à des piqûres de fourmis, commentant simplement, le sourire au lèvres, que c'était bienfaisant.

DE LA REPRÉSENTATION DES INSECTES

L'insecte: sujet autonome?

Qu'est-ce qu'un insecte? Dentan (1968:26-27), dans une étude consacrée à l'ethnoentomologie malaise, remarque que les insectes représentent la forme de vie qui connaît la plus grande probabilité de se voir exclure de la catégorie des êtres vivants pour retomber dans celle des "esprits". Voyons ce qu'il en est pour l'aire amazonienne.

Selon Roe (1982), l'étymologie de moustique en shipibo, renverrait au fait qu'il s'agit d'un esprit plutôt que d'un animal, puisqu'on l'appelle *bii yushi*, où l'auteur décèle les traces du terme *yushini* "esprit" en plus du morphème *bii* qui désigne à lui seul le moustique dans la majorité des autres langues pano. Il est en effet indéniable que certains insectes sont parfois considérés comme relevant de formes de vie totalement distinctes des autres et plus proches de la "surnature" que de la "nature". Un Chacobo avec qui je marchais en forêt[13] a soudain accéléré le pas en passant devant des fourmilières, s'exclamant «Ce sont des esprits». Reste que les insectes ne sont pas les seuls dans ce cas, puisque l'un de nous[14] a entendu des remarques comparables à propos d'oiseaux (vautours) chez les Matis...

Les Kaingang, population gê du sud du Brésil, pensent que l'esprit du défunt se transforme après la mort en petit animal, vit le temps d'une existence humaine dans un monde parallèle, puis, après une seconde mort, se transforme une dernière fois en un petit insecte, généralement un moustique ou une fourmi, dont la mort achève tout. C'est pour cette raison que les Kaingang ne tuent jamais ces insectes[15]. On voit bien, à travers cet exemple que les insectes sont parfois considérés comme des formes de vie "résiduelles", privées de véritable autonomie ontologique, comparables en somme à des sous-produits dérivés d'existences autrement plus concrètes. Cet aspect résiduel ressort d'ailleurs des mythes d'origine des insectes. Les mythes guarani attribuent par exemple l'origine des moustiques à l'explosion de la tête d'un monstre maléfique, tué par un héros culturel (Nimuendajú 1919). L'on pourrait multiplier les exemples de ce type,

---

[11] Voir le film de Howard Reid, *The shaman and his apprentice*, BBC films (1989).
[12] Erikson, observation inédite.
[13] Erikson, observation inédite.
[14] Erikson, observation inédite.
[15] Métraux (1963:467) citant Baldres (1937).

qui dépeignent tous les insectes comme des reliquats malfaisants d'êtres eux-mêmes fort peu recommandables.

Pour certaines ethnies, les insectes (ou du moins certains d'entre eux), semblent être envisagés moins comme des êtres à part entière, que comme la manifestation tangible de principes néfastes, imputables à l'activité de sorciers maléfiques. Les Achuar, lors des cures, enlèvent régulièrement du corps du malade des flèches chamaniques qui prennent parfois l'apparence d'insectes (Descola 1993:363). Les Mundurucu considèrent les poux comme la matérialisation concrète de la volonté de nuire de certains animaux, qui se vengeraient des humains en les leur envoyant (Murphy 1957:1024). Dans cette optique, les insectes ne seraient guère que les produits dérivés (ou au mieux des émissaires) d'êtres autres qu'eux-mêmes. Ils sembleraient en l'occurrence dépourvus de subjectivité.

Cependant, les sources ethnographiques regorgent également d'exemples dans lesquels les insectes bénéficient de certains des privilèges qui découlent de l'anthropomorphisme. Ainsi, chez les anciens Tupinamba, les poux ressortent comme sujets de plein droit, dignes d'être "traités en ennemis": dans le chapitre intitulé *Que ces sauvages sont merveilleusement vindicatifs*, le cosmographe du roy, André Thévet (1995[1557]:165), écrivait en effet que:

> « pour se venger des poux et puces, ils les prennent à belles dents, chose plus brutale que raisonnable » ; «... et encore la vermine qui naît sur les hommes, comme gros poux rouges qu'ils ont quelquefois en la tête, ils la prennent avec tel dédain, en étant mords et piqués, qu'à belles dents ils se vengent ».

Dans le même ordre d'idées, les Urubu déposent au pied des arbres où ils se sont servis des morceaux d'écorce taillés en forme de couteau et de machette en échange du miel prélevé. Dans le cas contraire, les abeilles dépourvues se vengeraient sur leur agresseur en lui infligeant des maladies. Les abeilles-chamanes sont une espèce particulière, mais toutes les abeilles ont des pouvoirs chamaniques (Huxley 1960:241). Fleck (2000), dans le cadre d'une analyse linguistique d'un morphème de nominalisation, laisse clairement entrevoir que les Matses perçoivent les fourmis rouges (*ëu*) comme des sujets autonomes doués d'une volition propre.

Il semble donc difficile de généraliser. En Amazonie, les insectes sont parfois considérés comme la simple matérialisation de pouvoirs ayant une autre origine, épiphénomènes d'une subjectivité qui réside ailleurs. Parfois, au contraire, comme dans l'exemple précédent, ils peuvent être considérés comme détenteurs d'un pouvoir qui leur appartient en propre.

La question du sang

Qu'ils semblent tout à la fois dépourvus d'hémoglobine et avides de celle des autres est une des caractéristiques des insectes qui a sans doute le plus frappé l'imaginaire amérindien. Ce point revêt d'autant plus d'importance que le sang est bien souvent envisagé, en Amazonie indigène, comme le vecteur de "principes spirituels" essentiels (force vitale), existant en quantité limitée qui va s'ame-

LES INSECTES DANS LES PRATIQUES MÉDICINALES ET RITUELLES D'AMAZONIE INDIGÈNE
INSECTS IN MEDICINAL AND RITUAL PRACTICES IN THE INDIGENOUS AMAZON

403

nuisant au fur et à mesure que l'on avance en âge (Crocker 1985). Barbara Keif-fenheim (comm. pers.) rapporte que lorsqu'un Cashinahua du Brésil vient d'écra-ser un moustique qui l'a piqué, il passe systématiquement ses doigts sous son nez pour sentir s'il lui a été pris du sang. Les Matis reniflent également les in-sectes qu'ils viennent d'écraser sur leur peau, tandis que les Chacobo (de la fa-mille linguistique Pano, comme les Matis et les Cashinahua) affirment que les piqûres de moustiques vous affaiblissent grandement car elles vous ponctionnent le sang (autrement dit, de l'énergie vitale).

Les discours sur les guêpes, et le fait qu'elles soient attirées par le sang, sont assez révélatrices. La crainte, exprimée par les Matis par exemple, qu'elles puis-sent s'alimenter du sang du placenta d'un nouveau-né (d'où grand renfort de pré-cautions) laisse entendre que ce sang n'aurait pas pour seul effet de les alimenter. Il est vrai qu'en Amazonie on "devient" généralement tout ce qu'on mange en incorporant son "sang". Ce qui laisserait entendre qu'en bonne logique amérin-dienne, les insectes, dépourvus de sang propre mais avides de s'en procurer, sont bien à ranger dans la catégorie des êtres qui ne vivent que "par procuration".

Énergie, venins...

Les insectes apparaissent fréquemment comme des nuisances à contenir. Les diptères "piums"[16], moustiques et mouches rivalisent avec les petites fourmis de feu des genres *Solenopsis* et *Azteca* pour rendre la vie inconfortable aux hu-mains, pour ne rien dire des nids de guêpes inopportuns, des plantations détrui-tes par les *Atta*[17], des invasions des fourmis légionnaires *Eciton*[18], catastrophes dues aux termites, etc. Cependant, autant qu'une source de gêne, les Amérin-diens semblent voir là une opportunité à saisir, les venins des insectes et plus généralement les pouvoirs qu'ils représentent métaphoriquement étant des plus prisés. Quoiqu'ils n'apportent sans doute rien d'un point de vue pharmacologi-que, les insectes entrent souvent dans la composition des poisons de chasse (curares en particulier), ou y sont du moins "soufflés", étant alors inclus par le biais d'incantations chamaniques. Pour préparer leur curare, les Matis invoquent par exemple des mygales et des fourmis, mais sans les incorporer autrement que de cette manière purement symbolique. Tel est d'ailleurs assez généralement le cas, en Amazonie, pour les poisons de chasse préparés à base de lianes. À la dif-férence de ceux préparés à partir de sécrétions d'anoures, les venins n'y jouent guère qu'un rôle au mieux supplétif, et sont d'ailleurs détruits au cours de la cuisson (Deturche 2001).

---

16 Terme portugais, d'origine tupi, utilisé pour désigner les simulies.

17 Quatorze espèces identifiées, communément appelées *fourmis parasol, champignonnistes* ou *défo-liatrices* en français, *fourmis manioc* en créole, *sauva* en portugais du Brésil.

18 *Eciton burchelli, Eciton hamatum, Eciton (Neivamyrmex)*, communément appelées *fourmis proces-sionnaires, migratrices* ou *légionnaires* en français, *fourmis palicou* en créole, *toaca/correcção* en portugais du Brésil.

Cette valorisation des venins provenant d'insectes s'explique probablement moins par leurs caractéristiques toxicologiques que par le fait que leurs producteurs apparaissent comme une incarnation de la prédation qui présente l'avantage, de par sa taille réduite, d'être manipulable à des fins rituelles ou symboliques. Il est tout à fait révélateur, à cet égard, que les Mundurucu donnent systématiquement des noms d'insectes à leurs chiens de chasse (Murphy 1958), ou encore que les Yanomami incorporent symboliquement l'image vitale de la fourmi-manioc *koyo* (*Atta* sp.), afin de gagner en opiniâtreté et en efficacité lors des défrichages (Albert 1985).

Par ailleurs, dans un univers où les différentes sources de puissance "mystique" (que la littérature amazoniste qualifie souvent "d'énergie") sont généralement perçues comme existant en quantités limitées et jalousement conservées par leurs propriétaires avares, les insectes semblent constituer une des rares sources "d'énergie brute" qui soit tout à la fois impersonnelle, abondante et constamment disponible. De là provient peut-être le rôle important que les insectes jouent dans bon nombre de rituels cynégétiques, guerriers et initiatiques.

CONCLUSION

Les débats les plus stimulants récemment consacrés aux sociétés des basses terres d'Amérique du Sud accordent une place éminente à la relative indifférenciation des statuts ontologiques respectivement imputés aux humains et aux animaux, ainsi qu'à la notion de métamorphose et de transformabilité qui la sous-tend. L'anthropomorphisme généralisé ressort comme une des caractéristiques les plus fondamentales des systèmes de pensée amazoniens, tant dans les travaux où Descola (1992) revisite "l'animisme" que dans les derniers écrits de Rivière (1994), ou dans ceux consacrés à ce qu'Arhem (1996) et Viveiros de Castro (1998) appellent le "perspectivisme" amérindien. Faute d'espace pour rendre pleinement justice à leur complexité, qu'il nous suffise de mentionner ici que ces théories se trouvent aujourd'hui en arrière-plan de la plupart des débats amazonistes importants. Or, en dépit de l'éclairage évident qu'ils pourraient jeter sur ces thèmes, force est de constater, en guise de conclusion, que les discours indigènes concernant les insectes ont été jusqu'ici étonnamment négligés dans ces débats. L'ethnoentomologie amazonienne est certainement promise à un brillant avenir.

RÉFÉRENCES BIBLIOGRAPHIQUES

ARHEM K. – 1996, The cosmic food web. Human-nature relatedness in the Northwest Amazon. *Nature and Society, anthropological perspectives* (Descola P. & G. Pálsson, eds). London, Routledge, pp.185-204.

ALBERT B. – 1985, *Temps du sang, temps des cendres. Représentation de la maladie, du système rituel et de l'espace politique chez les Yanomami du sud-est.* (Thèse de doctorat) Université de Paris X-Nanterre, 833 p.

ALVARD M. – 1993, Testing the "ecologically noble savage" hypothesis. *Human Ecology*
21(4):355-387.

BERGIER E. – 1941, *Peuples entomophages et insectes comestibles*. Avignon, Rullière, 229 p.

BERLIN B. & E. BERLIN – 1977, *Etnobiologia, Subsistencia, y Nutricion en una sociedad de la
Selva Tropical : les Aguaruna Jivaros*. Berkeley, Language Behavior Research Lab.

BIARD A. – 1995 (1859), *Le pèlerin de l'enfer vert 1858-1859*. Paris, Phébus, 206 p.

BODENHEIMER F. S. – 1951, *Insects as Human Food*. The Hague, W. Junk, 352 p.

BRYGOO E. – 1946, *Essai de bromatologie entomologique. Les insectes comestibles*. Berge-
rac, Imprimerie Générale du Sud-Ouest, 73 p.

CÉSARD N. – 1999, *Insectes sociaux et sociétés amazoniennes : de la socialisation du naturel
au perspectivisme*. (Mémoire de maîtrise d'ethnologie) Univ. de Paris X-Nanterre, 86 p.

CHAGNON N. – 1968, *Yanomamö, the fierce people*. New York, Holt, Rinehart and Winston,
142 p.

CROCKER C. – 1985, *Vital Souls. Bororo Cosmology, Natural Symbolism, and Shamanism*.
Tucson, The University of Arizona Press, 380 p.

DELEBECQUE J. – 1907, *A travers l'Amérique du Sud*. Paris, Plon, 314 p.

DENTAN R. K. – 1968, Notes on Semai Ethnoentomology. *Malayan Nature Journal* 16:17-28.

DESCOLA P. – 1992, Societies of Naure and the Nature of Society, *Conceptualizing Society*
(A. Kuper, ed.). London & New York, Routledge, pp. 107-126.

– 1993, *Les lances du crépuscule. Relations jivaro*. Paris, Plon, 506p.

DETURCHE J. – 2001, *Venins et toxiques dans les sociétés amazoniennes*. (Mémoire de maîtrise d'ethnologie) Université de Paris X-Nanterre, 123 p.

DUFOUR D. – 1987, Insects as Food: A Case Study from the Northwest Amazon, *American
Anthropologist* 89:383-397.

ERIKSON P. – 1987, De l'apprivoisement à l'approvisionnement : chasse, alliance et familiari-
sation en Amazonie indigène, *Techniques et Culture* 9:105-140.

– 2000, The Social Significance of Pet-keeping among Amazonian Indians. *Companion
Animals and Us* (P. Podberseck & J. Serpell, eds). Cambridge University Press, pp.7-26.

FLECK D – 1997, *Mammalian diversity in rainforest habitats as recognized by Matses Indians
in the Peruvian Amazon*. (Master's thesis) The Ohio State University.

– 2000, Causer nominalizations in Matses (Panoan, Amazonian Peru). (Communication
8th Biennal Rice University Symposium on Linguistics, april 8, 2000).

GOEJE C. H. DE – 1955 [1943], *Philosophie, Initiation et Mythes des Indiens de la Guyane et
des contrées voisines*. Leiden, E.J. Brill.

GOULARD J.-P. – 1976, Le *Rhynchophorus palmarum* L. dans la vie Piapoco, *Actes du Premier Colloque d'Ethnosciences*. (Résumé des communications, ms) Paris, Muséum
d'Histoire Naturelle.

GRENAND P. – 1980, *Introduction à l'étude de l'univers wayãpi: ethno-écologie des Indiens
du Haut-Oyapock*. Paris, SELAF (T040), 332 p.

HOLLDÖBLER B. & E. O. WILSON – 1996, *Voyage chez les fourmis. Une exploration scientifique*. Paris, Le Seuil, 247 p.

HUXLEY F – 1960, *Aimables Sauvages*. Paris, Plon, 348 p.

JARA F. – 1996a, *El camino del kumu. Ecología y ritual entre los Akuriyó de Surinam*. Quito,
Abya Yala, 340 p.

– 1996b, La miel y el aguijon. Taxonomia zoologica y ethnobiologia como elementos
en la definicion de las nociones de genero entre los Andoke (Amazonia Colombiana).
Journal de la Société des Américanistes de Paris 82:209-258.

LÉRY J. DE – 1980 [1580], *Histoire d'un voyage fait en la terre de Brésil*. Paris, Editions
Plasma, 264 p.

LÉVI-STRAUSS C. – 1955, *Tristes Tropiques*. Paris, Plon, 490 p.

LIMA T. S. – 1996, Os Dois e seu Múltiplo : Reflexões sobre o Perspectivismo em uma Cosmologia Tupi. *Mana* 2(2):21-47

MÉTRAUX A. – 1963, The hunting and gathering tribes of the Rio Negro basin. *Handbook of South American Indians*, vol. 3 (J. Steward, ed.). New York, Cooper Square Publishers, pp. 861-868.

MURPHY R. – 1957, Intergroup hostility and social cohesion. *American Anthropologist* 59:1018-1035.

– 1958, *Mundurucú Religion*. Berkeley, University of California Press, 146 p.

NIMUENDAJU C. – 1987 [1919], *As lendas da criação e destruição do mundo como fundamentos da religião dos Apapocúva-Guarani*. São Paulo, Hucitec-Edusp, 156 p.

NORDENSKIÖLD E. – 1929, L'apiculture indienne. *Journal de la Société des Américanistes de Paris* XXI:169-182.

PARKER E. – 1992, Forest Islands and Kayapó Resource Management in Amazonia: A Reappraisal of the Apêtê, *American Anthropologist* 94(2):406-428.

– 1993, Fact and Fiction in Amazonia: The Case of the Apêtê, *American Anthropologist* 95(3):715-723.

POISSON P. DU – 1993 [1727], « Lettre du Père Poisson », pp.183-196, *Peaux-Rouges et Robes noires. Lettres édifiantes et curieuses des jésuites français en Amérique au XVIIIe siècle*. (Vissière I. & J-L. Vissière, eds), Paris, Éditions de la Différence, 398 p.

POSEY D. – 1978, Ethnoentomological survey of amerind groups in Lowland Latin America. *The Florida Entomologist* 61(4):225-229.

– 1979, *Ethnoentomology of the Gorotire Kayapo of Central Brazil*. (Ph.D. dissertation), University of Georgia, Athens, 177 p.

– 1981, Wasps, warriors and fearless men: ethnoentomology of the Kayapo Indians of Central Brazil. *Journal of Ethnobiology* 1(1):165-174.

– 1984, Hierarchy and utility in a folk biological taxinomic system: patterns in classification of Arthropods by the Kayapo Indians of Brazil. *Journal of Ethnobiology* 4(2):123-139.

– 1987, Temas e Inquirições em Etnoentomologia, *Boletim do Museu Paraense Emílio Goeldi (Antropologia)* 3:99-133.

– 1992, Reply to Parker, *American Anthropologist* 94(2):441-442.

RIVIÈRE P. – 1994, WYSNWYG in Amazonia. *Journal of the Anthropological Society of Oxford* 25(3):255-262.

RODRIGUEZ E. – 1999, Amazonian physiochemical delights: sex stimulants from giant termite heads and Yekuana botanicals. (Communication Congrès *The American Society of Plant Physiologists*, ms).

ROE P. – 1982, *The cosmic zygote: Cosmology in the Amazon Basin*. New Brunswick, Rutgers University Press, 384 p.

TAYLOR R. L. – 1975, *Butterflies in my stomach. Or: Insects in Human Nutrition*. Santa Barbara, Woodbridge Press Publishing Co.

THEVET A. – 1997 [1557], *Le Brésil d'André Thevet. Les Singularités de la France Antarctique (1557), édition intégrale établie, présentée et annotée par Frank Lestringant*. Paris, Éditions Chandeigne, 446 p.

VELLARD J. – 1948, *Une civilisation du miel. Les Guayaki du Paraguay*. Paris, Plon, 190 p.

VIVEIROS DE CASTRO E. – 1998, Cosmological deixis and amerindian perspectivism, *Journal of the Royal Anthropological Institute* 4:469-488.

WILBERT J. – 1993, *Mystic Endowment. Religious Ethnography of the Warao Indians*. Cambridge (Mass.), Harvard University Press, 308 p.

LES INSECTES DANS LA MÉDECINE POPULAIRE ET LES PRÉSAGES EN FRANCE ET EN EUROPE

Élisabeth MOTTE-FLORAC

RÉSUMÉ

Les insectes dans la médecine populaire et les présages en France et en Europe

Dans les pharmacopées "traditionnelles", les végétaux, comme on pouvait s'y attendre, occupent le premier rang et les minéraux le dernier ; les produits d'origine animale étant quant à eux représentés de façon à la fois modeste mais conséquente. Entre le XVe et le XVIIIe siècles, les drogues d'origine animale sont, dans les pays européens, beaucoup plus rarement mentionnées dans la médecine savante que dans les médecines populaires.

Le clivage entre "médecine savante" et "médecine populaire" à cette époque rend parfaitement compte de différences fondamentales dans l'appréciation de l'objet thérapeutique, qui ne feront que se renforcer au cours des siècles ; la première étant confrontée aux problèmes d'une drogue difficile à maîtriser, la seconde évoluant dans un univers de représentations et d'imaginaire, rejoignant à travers les présages l'aspect psychothérapeutique du traitement et de la prévention.

ABSTRACT

Insects in popular medicine and portents in France and Europe

In indigenous pharmacopoeias plants, as could be expected, occupy the first place; animal and mineral products are modestly but consequently represented. Between the XVth and the XVIIIth centuries, drugs obtained from animal products are much more rarely mentioned in scientific medicine than in popular medicine.

The rift between "scientific" and "popular" medicine in that era perfectly underlines the fundamental differences in the appreciation of the therapeutic object, which will but grow over the centuries. The first is confronted with the problem of drugs difficult to master, the second evolving in a universe of representation and imagination, joining through portents the psychotherapeutic aspect of treatment and prevention.

Si l'ethnopharmacologie a un devoir de sauvegarde envers les savoirs en perdition, elle a également un devoir de mémoire envers ceux qui ont disparu ou ne sont plus que l'ombre d'eux-mêmes. Ces savoirs thérapeutiques que l'expérience humaine a permis de faire émerger au cours des millénaires, non seulement ouvrent des perspectives intéressantes pour la découverte de nouvelles substances actives, mais sont aussi l'occasion de remettre en question certains des paradigmes qui fondent la biomédecine. Ce sont ces devoirs de sauvegarde et de mémoire qui sont proposés ici et qui seront abordés à travers l'objet thérapeutique que constituent les insectes et apparentés[1].

La contribution des insectes aux pharmacopées traditionnelles du monde varie suivant les conditions écologiques locales et le contexte culturel. Bien qu'elle soit très en retrait par rapport à celle des plantes, elle n'est jamais nulle et reste assez proche, en importance, de celle des produits d'origine minérale. Au cours de ces dernières décennies, les savoirs thérapeutiques "populaires"[2] concernant les animaux – et plus encore les insectes – ont disparu plus rapidement que les autres (ou peut-être sont-ils moins ouvertement avoués par les utilisateurs?). Cette réduction semble due en grande partie à de profonds changements dans les techniques et les connaissances, à une évolution des mentalités. En effet, dans les pays industrialisés, depuis longtemps, les insectes ont mauvaise réputation[3] (Motte-Florac & Ramos-Elorduy 2000). La plupart sont considérés comme importuns, sales, nuisibles, dangereux pour l'homme, ses récoltes, ses animaux domestiques, sa santé (autrefois, son âme). Évincés des cultures et des lieux d'habitation par des pesticides de toutes natures, ils semblent avoir aussi été éliminés des ressources thérapeutiques par les "insecticides mentaux" des sociétés scientifiques.

En recherchant dans les savoirs, savoir-faire, productions langagières, représentations, croyances, etc., nous nous proposons de découvrir la place que les insectes occupaient encore récemment dans la médecine "populaire" des pays d'Europe occidentale, depuis les pratiques de guérison jusqu'aux stratégies prophylactiques, en passant par tous les procédés diagnostiques et pronostiques, ainsi que les modes de prévision que l'on ne peut séparer des systèmes thérapeutiques. Il n'est nullement question, en un nombre de pages aussi limité, de dresser un inventaire exhaustif mais plutôt d'offrir un grand nombre d'exemples pour témoigner des différentes facettes de ces cultures médicales entomologiques.

Au-delà du dépoussiérage de pratiques désuètes se profilent divers questionnements fondamentaux, habituels en ethnopharmacologie mais amplifiés par le type de drogue examiné et par ses représentations dans la société occidentale actuelle. Les pratiques ne sont-elles que des croyances primitives

---

[1] Pour l'ensemble de la publication, les insectes et apparentés seront regroupés sous le seul terme d'insectes. Ce terme désignera un ensemble d'animaux, variable suivant les régions, les époques et les personnes. Cet ensemble comprend des espèces généralement de petite taille. Il s'agit le plus souvent d'arthropodes {insectes, crustacés (cloportes, petits crustacés aquatiques, etc.)...}, de myriapodes {scolopendres}, d'arachnides {araignées, scorpions, tiques, mites, etc.}. Certains y incluent également des sangsues, des limaces, des escargots, parfois des lézards, etc. Pour les vers, il convient de souligner la confusion marquée linguistiquement par l'emploi du même terme à la fois pour des vers (*ver de terre*), des larves (*ver de bois, ver de pierre*) et des chenilles (*ver à soie*).

[2] La plupart des insectes médicinaux utilisés dans les pratiques populaires étaient des drogues familières aux médecins et apothicaires des XVIIᵉ et XVIIIᵉ siècles. Si les formes d'administration et surtout de préparation de ces produits sont différentes, les utilisations sont, quant à elles, souvent identiques.

[3] Une distinction doit cependant être établie entre le milieu urbain où ces appréciations sont constantes et les zones rurales où, mieux connus, les insectes ne sont pas considérés uniquement comme des ennemis potentiels; on leur reconnaît avantages et désagréments, comme à toute autre catégorie d'éléments de la nature.

"extravagantes", "dégoûtantes", absurdes ou sans intérêt? La médecine populaire, en mettant à profit des insectes, est-elle (a-t-elle été) complètement insensée? La biomédecine qui les a évincés de ses moyens thérapeutiques, est-elle plus raisonnable et sa démarche plus scientifique? Sur quels arguments et/ou expérimentations, les représentants de toutes disciplines (y compris les ethnologues[4]) qui ont souscrit à ce discrédit, fondent-ils leur choix?

Quant aux présages, peut-on les aborder autrement que comme une croyance naïve? Si tout Français connaît le fameux «*araignée du matin, chagrin; araignée du soir, espoir*», qui confesserait y accorder quelque crédit? L'Église d'abord, le monde scientifique ensuite, fermement secondés par l'école puis les médias, ont depuis longtemps dénoncé ces superstitions avec véhémence pour les premiers, mépris pour les autres. Est-il possible de les envisager, sérieusement, dans un cadre thérapeutique?

DES INSECTES POUR SOIGNER

Savoirs savants et savoirs populaires sont, dans les pays européens, étroitement mêlés. Comme l'écrit F. Laplantine (1978 :62):

> «La médecine populaire d'une époque, au moins dans ses aspects médicinaux, n'est souvent rien d'autre que la médecine officielle de l'époque antérieure.»

Aussi, quelques éléments de comparaison s'avèrent nécessaires.

Les insectes dans les pharmacopées savantes

Pendant plus de quatre millénaires, les animaux – et parmi eux les insectes – ont fait partie des médications en usage dans de nombreux pays du Bassin méditerranéen et de l'Europe. Parmi les premiers témoignages, les papyrus égyptiens (Bardinet 1995) attestent de l'utilisation de nombreuses espèces. On retrouve certaines d'entre elles dans les écrits des médecins grecs et romains des premiers siècles de notre ère; s'y ajoutent celles qui étaient connues localement ou relevaient d'expérimentations personnelles. Sont ainsi mentionnées chez Dioscoride (Gunther 1959), Pline (Littré 1848-50) et Galien (in Matthiole 1655):

> abeille (et miel), araignée (et toile), blatte[5], bupreste, cantharide, chenille de jardin, chenille des pins, cigale, cloporte, criquet, guêpe (*Pseudosphex*), mouche, punaise des lits, sangsue, sauterelle, scarabée vert, scorpion, ver de terre…

---

[4] Selon Seignolle (1967 :368) :
> «Ce sont également ces remèdes (les insectes) qui, par leur bizarrerie ont contribué à déconsidérer la médecine populaire et par contrecoup à sous-estimer les possibilités de la phytothérapie.»

[5] Cowan (1865 :78) signale une confusion entre la blatte et le blaps présage-de-mort:
> «The Blatta of Dioscorides is quite likely the Blatta of Pliny, which has been with good reason conjectured to be the modern *Blaps mortisaga* – the common Church-yard beetle.»

Minoritaires dans les préparations de la médecine savante jusqu'au XVe siècle, les produits animaux vont, au cours des siècles suivants, être de plus en plus fréquemment utilisés et l'engouement atteindra son apogée au début du XVIIe siècle, sans toutefois égaler les plantes en importance. Ainsi, les insectes[6] cités dans le *Dictionnaire des drogues* de Lémery (1760) sont assez nombreux:

> abeille (abeille séchée, cire, miel, propolis), araignée (et toile), araignée des Indes, blatte d'Orient, bourdon, bupreste, cantharide, cerf-volant, cerf-volant du Brésil, charançon, cigale, cloporte, cochenille, criquet, escarbot, escargot, fourmi, guêpe (et venin), hanneton, insecte aquatique, insecte du Brésil, limace, limaçon, mouche, papillon, perce-oreille, phrygane, pou, puce, punaise des lits, réduve, sangsue, sauterelle, scorpion, taon, tipule, ver (*Cossus*), sorte de ver (*Myrmecoleon*), ver à soie, ver de pierre, ver de terre, ver luisant (*Cicindela*).

Parmi les préparations à base d'insectes de cette époque, on retiendra les plus en vogue: des huiles (*Huile de Scarabés, Huile de Vers, Huile de Fourmis, Huile de Scorpions*) (Baumé 1762) et des vins (*Vin de Cloportes, Vin de Cantharides*) (Charlot 1992). Cire et miel d'abeille sont les indispensables excipients pour la réalisation d'onguents, cérats, emplâtres, mellites, etc., mais sont également censés intervenir dans l'action du médicament.

Dès le début du XIXe siècle, les animaux vont commencer à être éliminés des pharmacopées savantes. Les raisons de leur décadence sont nombreuses et liées à l'émergence d'une médecine "moderne" fondée sur les avancées des sciences "exactes" et, partant, sur de nouvelles conceptions de l'hygiène et de l'efficacité des médicaments. Quelques rares insectes (comme les cantharides) continueront à avoir la faveur des pharmaciens puis, à partir de la fin du XIXe siècle, disparaîtront de la pharmacie allopathique, à quelques exceptions près (abeilles, escargots, sangsues…). Actuellement, quelques insectes sont encore utilisés en homéopathie mais, là encore, leur nombre est en constante diminution. Parmi les spécialités produites par les laboratoires français, on trouve[7]:

> *Apis mellifica* (abeille, miel, propolis, reine, venin), araignée et toile, araignée du Brésil (*Grammostola*), *Aranea diadema, A. iscoloba, Buthus australis, Cetonia aurata, Chenopodii glauci aphis, Cimex lectularius, Coccinella septem-punctata, Coccus cacti, Culex pipiens, Dermatophagoides pteronyssinus, D. farinae, Formica nigra, F. rufa, Gryllus campestris, Helix pomatia, Hirudo officinalis, Limax ater, Lumbricus terrestris, Lycosa tarentula, Lytta vesicatoria, Meloe majalis, Melolontha vulgaris, Mygale lasiodora, Oniscus asellus, Oxyurus vulgaris, Pediculus capitis, Periplaneta americana, P. orientalis, Pulex canis, P. irritans, Scorpio europaeus, S. palmatus, Thaumetopoea processionea, Vespa crabro, V. vulgaris.*

Les insectes dans les pratiques curatives de la médecine populaire

Évacués du cadre de la médecine "savante", les insectes ont cependant continué à être utilisés dans la thérapeutique "populaire".

---

[6] Dans cet ouvrage, les lézards sont mentionnés comme "insectes"… mais ailleurs, les crocodiles sont rangés parmi les "lézards".

[7] Les dénominations sont celles des laboratoires pharmaceutiques produisant les médicaments homéopathiques concernés.

Avant d'aborder la place des insectes dans les pratiques curatives, il est nécessaire de dire quelques mots du qualificatif "populaire". Généralement défini par opposition à "savant", ce terme est souvent utilisé comme raccourci pour mettre en opposition oral/écrit, scientifique/empirique, etc. Il sera utilisé ici en maintenant volontairement l'ambiguïté entre ses acceptions qualitative et quantitative. En effet, bien que le savoir dont il sera question soit essentiellement celui des communautés rurales des derniers siècles, quelques données concernent aussi un nombre important de personnes appartenant à des classes socio-économiques très diverses. Cette "médecine populaire" englobera tout savoir thérapeutique au sens large, c'est-à-dire intervenant sur la santé physique et/ou psychique d'un être humain, qu'il soit mis à profit dans un cadre individuel, familial ou plus large ("pseudo-professionnel"), qu'il concerne la médecine humaine ou la médecine vétérinaire. L'essentiel des données rapportées provient d'ouvrages où sont consignées des informations relevées au cours des XIXe et XXe siècles (les dernières enquêtes mentionnées datent de 1968)[8].

L'insecte "acteur médical"

Grâce à leurs particularités morphologiques et/ou comportementales, certains insectes sont capables d'assurer un rôle d'"acteur médical" à part entière. Ainsi, la sauterelle, plus carnivore que végétarienne, est capable de mordre un doigt jusqu'au sang; c'est pourquoi elle est utilisée pour procéder à un véritable "acte chirurgical", l'ablation des verrues.

En Suède et divers autres pays septentrionaux, le dectique mange-verrue (*Decticus verrucivorus*) est utilisé dans les campagnes pour mordre les verrues. Le suc intestinal noirâtre que l'on fait s'écouler de sa bouche, est doté, dit-on, d'un pouvoir corrosif. Ailleurs, on procède de la même façon avec une grosse sauterelle verte ou une araignée.

La morsure indolore des sangsues permet de les appliquer pour réaliser des saignées efficaces[9], courantes dans les campagnes pour soigner inflammations, panaris, etc.

Dans les Cévennes, une sangsue était placée derrière chaque oreille en cas de méningite.

Des injections sont opérées par les abeilles et les guêpes grâce à leur dard.

Dans de nombreux pays, les rhumatisants et ceux qui souffrent de "douleurs" se font piquer par les abeilles (parfois guêpes, fourmis) dont le venin est considéré comme particulièrement efficace.

Quant à diverses actions, comme le chant des cigales,

Dans le Midi, on fait chanter une cigale sur les engelures pour les faire disparaître.

elles sont classées parmi les pratiques "magiques" sur lesquelles nous reviendrons plus loin.

---

[8] Afin de ne pas alourdir le texte, les références ne seront pas rappelées pour chaque exemple mentionné. Les principaux ouvrages consultés sont les suivants: Cowan 1865, Rolland 1881, Sébillot 1906, Noël 1930, Seignolle & Seignolle 1937, Seignolle 1967, Jalby 1974, Ruffat 1977, Seignolle 1977, Warring 1982, Pinies 1983, Vernet 1991, Candón & Bonnet 1995, Mozzani 1995, Lycée d'Alès 1999.

[9] Y contribuent les substances vasodilatatrices, anticoagulantes et antibiotiques contenues dans leurs sécrétions buccales.

Les cas d'insectes-réalisateurs d'un acte médico-chirurgical sont cependant limités. Les insectes interviennent surtout comme agents thérapeutiques.

L'insecte "médicament"

Les insectes – vivants ou morts, entiers ou réduits à certaines de leurs parties – permettent de préparer toutes sortes de remèdes. Mais on utilise aussi les sécrétions (mucus de limace ou d'escargot, cire d'abeille…), élaborations (miel, propolis…), nids (fourmilière, nid de guêpe…), etc., de certains d'entre eux.

> En Provence, le "cocon" (oothèque) de mante religieuse est utilisé pour soigner la rage, les engelures, les dartres et protéger de la teigne. Chez toutes les populations qui ont domestiqué les abeilles, le miel est utilisé non seulement pour son pouvoir sucrant mais aussi pour ses propriétés thérapeutiques. Contre les maux de gorge, toux…, on préconise de boire du lait chaud (ou une tisane) avec du miel ou de faire des gargarismes au miel. En Languedoc, la cire d'abeille était employée contre l'indigestion des bœufs ou les coliques des chevaux ; on en émiettait dans une bassinoire garnie de braises, que l'on passait sous le ventre de l'animal.

• La plupart des remèdes sont destinés à la voie orale. Quelques insectes sont absorbés vivants comme l'araignée, avalée (parfois dans un morceau de pomme ou de pain) pour "faire tomber la fièvre".

> Dans les Alpes, on mentionne trois ou neuf araignées avalées le matin à jeun contre la fièvre.

Dans quelques cas, le maintien en vie est nécessaire, puisque l'élément clef de la médication est la sécrétion. C'est le cas des limaces et escargots dont le mucus est recherché pour le traitement des inflammations de la gorge.

> Dans la région parisienne, limaces rouges ou escargots étaient avalés vivants contre la tuberculose. Dans le Midi, on mange des escargots crus contre la bronchite et la toux ; contre la coqueluche, on avale des limaces pilées ou (à jeun et trois jours de suite) un escargot vivant saupoudré de sucre[10] ou encore on boit du "jus"[11] ou du sirop d'escargot[12] ; contre la rougeole, on prend de "l'écume" d'escargot avec des morceaux de coquille d'œuf et on donne aux enfants du jus de limace ou de la "bave" d'escargot.

Dans la plupart des cas, la préparation de ces remèdes administrés par voie orale est simple ; le cas extrême est celui des toiles d'araignées.

> Les toiles d'araignées sont roulées en boule dans la paume de la main pour faire des "pilules" que les personnes atteintes de rhumatismes avalent.

Les drogues[13] sont généralement accommodées comme des produits alimentaires. Les femmes, dépositaires d'un savoir thérapeutique leur permettant de faire face aux maladies les plus courantes, utilisent généralement les techniques culinaires simples qui leur sont familières (Motte-Florac 1996).

> Contre les coliques, on fait manger aux enfants une omelette à la toile d'araignée ; dans le sud de la France, on prépare un "café" avec des grillons pour soigner l'hydropisie ; du bouillon de hanneton était donné aux convalescents.

Quelques modes de préparation et/ou d'administration qui semblent singuliers,

---

[10] L'ajout de sucre a comme effet de faire augmenter la sécrétion de mucus.

[11] Pour obtenir ce "jus", il faut laver les escargots, les faire jeûner, les mettre dans une passoire et les saupoudrer de sucre. On pourra alors récupérer le "jus" qu'ils ont rendu (Seignolle 1967).

[12] Escargot sans sa coquille saupoudré de sucre et pressé (Seignolle & Seignolle 1937).

[13] Au sens pharmaceutique du terme, c'est-à-dire toute matière première d'origine naturelle susceptible d'être transformée en médicament simple ou composé.

En Grande-Bretagne, on dit que pour soigner une bête mordue par un animal venimeux, il faut attraper la première petite araignée rouge appelée *tentbob* que l'on voit au printemps et l'écraser entre ses mains. Il faut alors faire couler de l'eau sur ses mains tout en les frottant puis les laisser sécher. En cas de morsure, on prend de l'eau dans le creux de ses mains et on en donne à boire à l'animal. Les mains ainsi "préparées" sont efficaces pendant toute une année.

signent le caractère "magique" de certains remèdes. On met alors en avant la valeur symbolique des objets, des gestes ou du contexte de la préparation. Mais il serait illusoire d'envisager d'autres remèdes, plus habituels, comme dépourvus de cette dimension symbolique. Pour de nombreuses personnes, l'acquisition de certaines caractéristiques physiques, physiologiques ou éthologiques de l'insecte l'emporte, lors de la prise orale du remède, sur tout autre intérêt.

▪ Par voie externe, les insectes, sécrétions, productions… peuvent être utilisés tels quels,

Une application de miel soigne le "mal des tétins". La toile d'araignée est posée directement sur les coupures, les morsures de chien, les hémorragies nasales. Dans la région parisienne, on applique un cataplasme de fourmis vivantes contre douleurs et rhumatismes.

ou préparés de façon sommaire.

Dans les Cévennes, pour "faire tomber la fièvre", on applique sur la plante des pieds un cataplasme d'escargots vivants auxquels on a retiré la coquille. Dans la région parisienne, on procède de la même façon contre les cors aux pieds. Dans le Midi, on utilise un emplâtre de miel et d'huile d'olive contre les brûlures et, pour le traitement des plaies, un mélange d'huile, de poussière de charançons et de toiles d'araignées. Pour soigner un abcès, on compose un onguent avec une cuillerée de miel, une autre de farine et une demi cuillerée d'eau.

Dans quelques rares cas, les manipulations sont plus nombreuses et/ou le temps de préparation plus long.

L'huile de scorpions, utilisée contre ses piqûres, nécessite une longue macération. Une pommade contre les brûlures est faite à partir de coquilles d'escargots séchées puis pilées avec de l'huile d'olive. Pour la pommade contre les furoncles, trois lombrics sont arrosés d'huile d'olive et le tout est mis à bouillir jusqu'à épaississement. Une pommade pour la guérison des plaies requiert plus de savoir-faire (il faut faire chauffer de l'huile d'olive avec du liber de sureau puis, après filtration, verser le tout, doucement, sur de la cire d'abeille et un jaune d'œuf).

L'insecte "objet de transfert"

Une croyance très répandue dans les thérapeutiques populaires veut que l'on puisse se débarrasser d'une maladie – le plus souvent une "fièvre" – en la transmettant à un autre être vivant (plante, animal, personne) qui assimile le mal et en libère le malade. Au milieu du XXe siècle, cette pratique était encore courante dans certaines régions de France et réalisée avec des végétaux, occasionnellement des insectes. Dans de nombreux pays, l'araignée est souvent citée pour "manger" le mal, la fièvre. Plusieurs de ses spécificités peuvent donner lieu à une double lecture, entre autres : son habileté à capturer ses proies (donc le mal) et sa voracité pour les faire disparaître, sa capacité à tisser des toiles[14] où de

---

14 Dans de nombreux pays, la présence de toiles d'araignées dans les étables et écuries est censée préserver les bêtes des maladies, épizooties, venins, maléfices... En Espagne, on dit «*Cuadra sin arañas, bestias nunca sanas*» "Écurie sans araignées, bêtes jamais en bonne santé". La capture par les araignées de nombreux insectes vecteurs de maladies n'est certainement pas étrangère à cette façon de penser.

nombreux insectes seront pris au piège ; quant au tremblement quasi permanent de ces fines structures, il rappelle les frissons engendrés par la fièvre.

L'araignée est posée sur le malade ou pendue à son cou, enfermée dans une coquille de noix.

D'autres insectes peuvent aussi être utilisés. Quelle que soit l'espèce choisie, l'insecte doit être placé au contact du corps pour pouvoir absorber la maladie et en libérer le malade. Son dépérissement témoignera de son efficacité.

Contre la coqueluche, un scarabée est attaché au cou des enfants. En Belgique, dans les cas de fièvre lente, on lie aux poignets des bandelettes où ont été enfermés des cloportes. Pour guérir les petits enfants d'un mal de gorge, on accroche autour de leur cou un linge rempli de lombrics ; contre les névralgies, l'application se fait sur la partie douloureuse.

Parfois le transfert est réalisé en utilisant un produit provenant du malade ou ayant été touché par lui, ou encore étant censé le représenter. La fourmi qui fait disparaître dans son nid de nombreux produits consommables laissés à proximité répond alors parfaitement aux critères d'absorption symbolique du mal et permet, en outre, l'établissement d'un pronostic (*cf. infra*).

Pour faire passer une jaunisse, le malade doit aller uriner sur une fourmilière. En cas de fièvre ou de sciatique, pain et/ou œuf(s) – éventuellement cuit(s) dans l'urine du malade – doivent être déposés sur une fourmilière ; quand ils seront mangés le mal aura disparu.

Parfois, on se débarrasse de l'insecte en le jetant derrière soi car, comme le rappelle Stomma (1986), l'arrière comme la gauche[15], est symboliquement associé à la mort, à la disparition, au retour à la terre.

Contre les maux de ventre, les Anglais conseillaient d'attraper un bousier, de l'agiter fortement puis de le jeter derrière son dos.

À l'opposé, des stratégies de contagion positive peuvent aussi être mises en place. La transfusion des vertus thérapeutiques conférées à certains insectes, opère alors par simple port de leur corps desséché.

En Languedoc, on soigne les maux de dents en mettant une cigale desséchée à côté de la dent douloureuse. Dans les Cévennes, on porte dans sa poche, un nid de guêpe ou un insecte (coccinelle, cigale) desséché, ou encore la carapace d'un insecte trouvé mort sous une pierre.

ANTICIPER PROBLÈMES ET ATTEINTES :
L'INTERPRÉTATION DES SIGNES ENTOMOLOGIQUES

Le traitement des maladies et syndromes déclarés ne constitue que l'un des volets de la médecine populaire. La prévention en est un autre, non moins important puisqu'elle permet d'éviter souffrances et épreuves qui endommageraient la santé. Mais les éviter suppose une connaissance préalable du danger.

Prévisions, pronostics et présages

On rassemble souvent sous le terme général de présages – parfois de croyances, superstitions – des connaissances qu'il est possible de classer en trois caté-

---

[15] La consigne "derrière soi" est souvent complétée par l'instruction secondaire "par dessus l'épaule gauche".

gories suivant les domaines concernés par la lecture des signes : les prévisions météorologiques, les pronostics et les présages proprement dits.

Les prévisions météorologiques

Les insectes ont, comme beaucoup d'animaux, des capacités sensorielles qui leur permettent de percevoir des signaux de l'environnement que l'homme est incapable de capter[16]. Ils traduisent par leur apparition/disparition, changement de comportement, etc., des transformations du milieu naturel imperceptibles pour l'homme. Des corrélations peuvent alors être établies entre modifications notables chez l'insecte et d'autres événements d'ampleur variable. Dès lors, ces animaux sont considérés comme des repères, des marqueurs. De telles observations permettent d'anticiper phénomènes météorologiques et changements de l'environnement.

> On dit, dans le centre de la France, que si le grillon des champs creuse l'entrée de son terrier au sud, l'hiver sera rigoureux, s'il le creuse au nord, l'hiver sera doux. Si, par beau temps, les abeilles ne s'éloignent pas de leur ruche ou si les moucherons volent en masses globuleuses, un orage se prépare. Le taon qui voltige autour d'une lampe annonce le mauvais temps. Quand l'araignée se laisse pendre au bout de son fil ou quand la mouche devient importune, c'est signe de pluie. Plus les escargots (en particulier *Helix nemoralis*) montent haut le long des échalas, plus la pluie durera.

Ces constatations sont traduites selon les modes linguistiques et culturels en vigueur dans une population donnée. En France, ils donnent lieu à de nombreux proverbes et dictons :

> « Année de guêpes, année de bon vin. »
> « Année de hannetons, blé et vin à foison. »
> « Année hannetoneuse, année pommeuse. »

L'impact des changements climatiques est souvent évalué en termes économiques.

> « Si le grillon chante, n'achète point de blé pour le remettre en terre ou tu seras ruiné. »
> « Quand la cigale chante en septembre, n'achète pas de blé pour revendre. »

Longtemps ce savoir a été rangé dans le tiroir fourre-tout de la "pensée magique" et soit analysé dans le seul cadre des structures mentales populaires, soit considéré comme dénué d'intérêt. E. Dounias (dans cet ouvrage) attire l'attention sur le fait que ces observations extrêmement fines influencent les populations locales lors des prises de décision relatives à la gestion des ressources (agriculture, collecte, chasse, pêche), et méritent non seulement d'être prises en considération et recensées mais aussi d'être étudiées de façon scientifique.

Les pronostics

Dans le cas des pronostics, les signes observés ne sont porteurs de sens que dans le contexte très étroit d'une maladie et de son traitement.

> Dans de nombreux pays, une relation étroite est établie entre la prospérité des ruches et la santé du maître.

---

[16] En dehors des informations mécaniques, visuelles ou chimiques qu'ils peuvent percevoir, de nombreux arthropodes disposent aussi de capteurs hygrométriques ou thermiques et certains sont même capables de détecter des infrarouges ou des champs magnétiques.

La disparition ou la mort de l'insecte utilisé comme objet de transfert (*cf. supra*) marque le dénouement de l'affection.

> En divers pays européens, on frotte les verrues (que l'on fait parfois préalablement saigner) avec une limace (rouge, rouge des bois, jaune) qu'il faut ensuite enterrer vivante ou transpercer d'une épine ou d'un bâton pointu; la mort et la décomposition de la limace traduit la disparition des verrues. On peut aussi frotter les verrues avec un morceau de lard que l'on dépose sur une fourmilière; les verrues sèchent au fur et à mesure que le lard disparaît. En Angleterre, une araignée (noire) était tenue sur la tête d'un enfant atteint de coqueluche puis enfermée dans un sac; sa mort était synonyme de guérison.

D'autres manifestations sont interprétées de façon plus tragique et signent, pour les proches, le trépas du malade.

> Dans les Vosges, on dit que le grillon baisse la voix s'il y a un malade dans la maison et se tait quand le malade est en danger de mort. En France et en Suisse, les petits coups secs de la vrillette ou "horloge de la mort" ou "petit marteau de la mort" (*Anobium punctatum*) entendus au petit matin dans la chambre d'un malade ont longtemps été synonymes de trépas. En Angleterre, l'absence d'insecte sous une pierre soulevée en chemin en se rendant chez un malade, signait sa mort prochaine.

Les présages

Les présages proprement dits ne concernent ni la météorologie, ni l'évolution d'une maladie ou le devenir d'un malade, mais interrogent tous les heurs et malheurs d'une vie : vie/mort, mariage/célibat, succès/échec, richesse/pauvreté, bonheur/malheur, guerre/paix. Ces informations concernent la personne qui a vu l'insecte ou auprès de laquelle il est apparu.

> En Belgique, celui qui a un pou rouge sur la tête n'a plus que sept ans à vivre. En Île-de-France, le faucheux qui se pose sur l'épaule de quelqu'un annonce sa mort prochaine; en Espagne, c'est ce que l'on dit lorsqu'un taon frôle le visage d'une personne. L'araignée qui descend du plafond et s'immobilise devant le visage de quelqu'un annonce un événement heureux; celle qui grimpe sur des vêtements annonce une rentrée d'argent à leur propriétaire.

D'autres fois, il s'agit de sa famille

> Dans de nombreux pays, si le grillon demeure muet ou s'en va d'une maison, on peut craindre un désastre ou un décès. En Grande-Bretagne, la mort d'un grand nombre de mouches dans une maison prédit la mort de l'un de ses occupants.

ou encore d'un groupe plus important de personnes (village, région…).

> En Grande-Bretagne, la mort d'un grand nombre de mouches dans une région est le signe d'une prochaine épidémie de choléra[17]. D'autres présages à la fois anciens et courants concernent les galles du chêne («Every oak-apple contains either a maggot, a fly or a spider : the first foretelling famine, the second war, and the third, the spider, pestilence.») ou encore les criquets (« Every locust's wing is marked with either the letter W, portending War, or the letter P, portending Peace. »).

Des insectes comme signes

Quels signes entomologiques peuvent être porteurs de sens ? Pourquoi et comment sont-ils choisis ?

L'étymologie du mot "présage"[18] attire l'attention sur la nécessité préalable d'avoir ses sens en éveil. Parmi les millions de stimuli qu'offre la nature, seul

---

[17] On dit que les mouches meurent du choléra avant même que l'épidémie ne soit déclarée.
[18] Le mot vient du latin *praesagium* : *prae* "avant", *sagire* "avoir les sens subtils".

l'un d'entre eux est le signe qui fait sens. L'omniprésence des insectes, leur diversité, ainsi que plusieurs de leurs caractéristiques[19] en font un remarquable support, laissant le champ ouvert à une infinité d'interprétations. Par ailleurs, la beauté de certaines espèces ou leur étrangeté, parfois leur monstruosité, suscitent la fascination, le dégoût, l'inquiétude, et sont de puissants mobilisateurs de l'imaginaire.

Une trentaine d'insectes sont concernés par les présages. En France et dans la plupart des pays européens, les plus fréquemment cités[20] sont : abeilles, araignées, blattes (cafards), bourdons, bousiers, cigales, fourmis, grillons, guêpes, hannetons, lucioles, mouches, moustiques, papillons, scarabées, vers luisants. Il s'agit soit d'insectes familiers comme les blattes, soit d'insectes facilement repérables (par le son comme grillons et cigales, ou par la lumière comme lucioles et vers luisants), soit d'insectes qui terrorisent par le danger qu'ils représentent (comme les guêpes ou les moustiques), soit encore d'insectes qui attirent l'attention (par leur beauté comme les papillons ou les libellules, leur comportement comme les bousiers, leur importance numérique comme les mouches, leur structure sociale comme les abeilles ou les fourmis). Les dénominations génériques citées pour les présages autorisent une grande liberté d'interprétation[21]. Quelque information complémentaire permet parfois une réduction du nombre d'espèces (hanneton à collet rouge, bourdon à queue noire) concernées. Les espèces uniques sont très rares.

> En Angleterre, si le papillon de nuit (*Arctia chrysorrhoea*) éteint une bougie en s'approchant trop près de sa flamme, il annonce un décès. Dans le sud de la France, quand le papillon "porte nouvelle" (*Macroglossum stellatarum*) entre dans une maison, on recevra bientôt ce que l'on attend ; voir un papillon "tête de mort" (*Acherontia (Sphinx) atropos*) prédit une mort prochaine.

Les insectes choisis comme signes sont souvent des espèces médicinales et/ou des espèces dotées de valeurs symboliques fortes et très anciennes[22]. Comme toujours, les représentations établissent des liens métaphoriques ou envisagent des systèmes de contiguïté plus ou moins étendus, plus ou moins complexes, plus ou moins lisibles et dicibles. En Europe, les représentations sont surtout dominées, comme le souligne Sébillot (1906), par le mythe d'une création dualiste où Dieu et le diable luttent et rivalisent en permanence. Aux œuvres de Dieu (abeilles, papillons, punaises, poux, puces) font écho les contrefaçons et échecs du diable (guêpes, mouches, hannetons…). Les créations divines, belles et utiles, sont opposées aux créations du malin, laides, dangereuses, nuisibles, que seules les personnes pures peuvent approcher sans crainte.

> Une vierge peut traverser un essaim de guêpes sans danger.

---

[19] Ils sont mobiles; ils occupent des habitats qui recouvrent tous les biotopes terrestres et de nombreux biotopes aquatiques ; il existe un très grand nombre d'espèces ; certaines espèces peuvent facilement être regroupées grâce à des caractéristiques morphologiques à la fois communes et faciles à observer ; le comportement de certains insectes est étroitement lié aux conditions environnementales.

[20] Ces insectes sont également ceux que l'on retrouve dans les pharmacopées populaires européennes.

[21] Ces dénominations vernaculaires génériques désignent des espèces linnéennes différentes suivant les régions et/ou les personnes. Elles diffèrent parfois également des correspondances (noms vulgaires/noms scientifiques) établies par les scientifiques.

[22] *Cf.* Chevalier & Gheerbrant (1982), Cazenave (1996), Lauriol (1998), etc.

Un grand nombre de caractéristiques des insectes sont interprétées à partir de cette dualité; par exemple, la posture "en prière" de la mante religieuse[23] ou la caractéristique physiologique du "crachat du diable" pour le *Meloe proscarabeus*[24]. Toute référence au malin dans le nom d'un insecte (ou dans les dits et récits qui le concernent), en font une créature maléfique et l'inscrit implicitement dans l'univers de la sorcellerie. Matérialisant les peurs de l'homme, catalysant ses haines, cette relation à Satan appelle sa destruction.

> En Charente, le mot "barbot" désigne à la fois le don de sorcellerie et un scarabée noir bleuâtre (associé à la mort). Celui que l'on trouve sur sa route doit être tué.

À l'opposé, les créatures de Dieu[25] sont dotées de toutes les vertus et, signes de félicité, doivent être respectées.

> Celui qui tue une abeille ou un bourdon[26], est en état de péché et sera puni par Dieu.

Proches du Créateur, elles sont aussi sollicitées comme médiateurs.

> Pour avoir beau temps, il faut prendre une coccinelle dans la main et dire avant qu'elle ne s'envole « coccinelle du bon Dieu, vole, vole jusqu'aux cieux, et va dire au bon Dieu que demain il fasse beau. » Pour éviter la surdité, il suffit de tenir longtemps un criocère près de son oreille parce que le criocère « prie le bon Dieu de conserver l'ouïe à celui qui l'a écouté ».

Enfin, très sensibles aux qualités morales[27] d'un individu, elles ont le pouvoir de châtier les pécheurs.

> L'abeille ne pique que les coureurs de jupons[28]. Il ne faut pas voler[29] une ruche sinon les abeilles puniront le voleur en retournant chez leur ancien propriétaire; dans les Vosges, on dit qu'elles ne prospéreront pas.

Cette vision manichéenne des insectes laisse peu de place à leur possible ambivalence. Dans un cadre culturel déterminé et une situation spatio-temporelle donnée, les présages bivalents sont extrêmement rares.

> Une luciole qui pénètre chez soi indique le meilleur comme le pire et peut présager un mariage ou une mort.

Enfin, les insectes, comme un grand nombre d'autres animaux, sont parfois dotés de sentiments humains,

> La guêpe hait l'homme qui lui fait la chasse et le reconnaît, même au bout de plusieurs jours.

voire traités comme des êtres humains.

> Dans de nombreuses régions, les abeilles sont considérées comme faisant partie de la famille. On doit leur faire part des événements les plus importants (mariages, naissances, décès) et les faire

---

[23] Cette caractéristique en fait un insecte dont la rencontre est de bon augure. Mais en de nombreuses régions, son œil mobile et le comportement de la femelle la font percevoir comme un insecte de mauvais augure (Clébert 1971).

[24] Il sécrète une sorte de "sang" (substance huileuse) quand il est dérangé ou qu'on lui crache dessus. On dit qu'il s'abreuva des gouttes de sang tombées au pied de la croix du Christ.

[25] Les dénominations font référence à ces relations privilégiées ("bête à bon Dieu" pour la coccinelle, "petit cheval du bon Dieu" pour le grillon).

[26] Dans de nombreuses régions, il est considéré comme le "mâle de l'abeille".

[27] Abeilles et vers à soie sont sensibles aux médisances, grossièretés, jurons, paroles impures (Sébillot 1906).

[28] Mais on dit la même chose des guêpes.

[29] Par contre, les Corréziens assurent que « pour réussir en abeilles, il faut un essaim volé, un trouvé, et un acheté. »

participer aux cérémonies en leur apportant un morceau du gâteau de mariage, en nouant un crêpe de deuil sur la ruche, etc. En cas de non respect de ces usages, les abeilles mourront ou s'en iront.

La lecture des signes entomologiques

Lorsque les contextes socio-culturels et psychologiques s'y prêtent, les insectes sont appréhendés comme des signes à interpréter et, dans ce cas, les caractéristiques, conditions, événements offrent une gamme infinie d'interprétations.

La simple présence de l'un d'entre eux, ou sa mort, peut être significative,

> Dans de nombreux pays, le "chant" du grillon est interprété en termes de félicité, de chance, d'arrivée d'un amoureux absent. Trouver un ver luisant apporte du bonheur à celui qui le trouve, notamment du succès dans ses entreprises; par contre, trouver un scarabée vivant est généralement perçu comme maléfique. En Espagne, c'est le scarabée noir qui est de mauvais augure; le scarabée vert à reflets métalliques est signe de bonheur. Si une ruche meurt, quelqu'un mourra dans la maison.

mais dans la plupart des cas, divers indices complémentaires sont nécessaires pour faire sens, par exemple, les données quantitatives. Rarement exprimées en chiffres,

> « One (spider) for sorrow, two for mirth, three for a wedding, four for death. » Le nombre de points noirs des coccinelles est interprété en nombre de mois de bonheur. Au-delà de sept, le bonheur devient malheur.

c'est la notion de multitude qui prédomine, en particulier dans les prévisions météorologiques. L'affluence laisse augurer de bonnes récoltes, en quantité ou en qualité.

> Une affluence de guêpes est signe de sécheresse et de fertilité. Dans le Poitou, des cigales en grand nombre présagent une année d'abondance. Il en est de même pour les hannetons dont la multitude est signe de profusion, notamment pour les récoltes de blé, de vin, de prunes, de châtaignes et de pommes.

Les particularités morphologiques citées sont limitées à la couleur de l'insecte ou de l'une de ses parties. Les valeurs symboliques de la couleur orientent alors l'interprétation.

> Aux îles Canaries, le bourdon à extrémité claire apporte de bonnes nouvelles, celui à queue noire, des mauvaises. Dans le sud de la France, les taons roux sont considérés comme de bon augure, les noirs n'annoncent que des choses funestes. En Belgique, le hanneton à collet rouge était signe de guerre. En Normandie, le papillon jaune est signe de froid et le blanc de beau temps. *Araignée blanche – signe d'argent, Araignée jaune – signe d'or, Araignée noire – signe de mort.*

La taille n'est prise en considération que lorsqu'il s'agit des nids.

> Si les fourmilières sont hautes en début d'automne, l'hiver sera rude.

Les conditions temporelles d'apparition/disparition de l'insecte sont fréquemment mentionnées. L'augure est fonction du moment de la journée,

> Rencontrer une cigale le matin est un excellent présage. La vision d'une araignée n'a pas la même signification suivant le moment de la rencontre: *Araignée du matin – chagrin; araignée du soir – espoir*[30]; en Espagne, l'araignée du matin augure une mauvaise semaine, à midi une joie, la nuit,

---

[30] Les nombreuses variantes signent l'importance de ce présage (que l'on retrouve également en Allemagne, Autriche, Espagne…): *Araignée du (ou vue le) matin – chagrin, trouvaille ou gain, nouvelle en chemin; Araignée du midi – souci, plaisi(r), signe de cris, ennui, esprit; Araignée de tantôt – du cadeau; Araignée du soir – espoir, désespoir, bon espoir, signe de victoire; Araignée de la nuit – profit* (Rolland 1881).

l'accomplissement d'un souhait. Une restriction doit être faite pour la grande araignée (*Phalangium opilio*) qui porte chance à celui qui la voit quelle que soit l'heure.

occasionnellement de la saison, rarement d'une fête calendaire (la seule nommée est la Saint Jean, nuit dont l'importance −considérable en thérapeutique− concerne essentiellement les plantes).

Tuer une guêpe au début de la saison permet de s'assurer une année bénéfique et sans problème. En Belgique, le bonheur est assuré à celui qui prend des vers luisants (vers de la Saint Jean) la nuit de la St Jean. Pour se préserver toute l'année des maux de tête et de dents, il faut trouver une coccinelle le jour de la St Jean.

Le repère spatial le plus fréquemment cité est le corps de la personne qui voit, entend ou sent l'insecte.

À Guernesey, lorsqu'un pêcheur aperçoit un bourdon volant dans la même direction que lui, il est sûr que la pêche sera bonne mais si l'insecte se dirige dans l'autre sens, il rentrera bredouille. Si une abeille bourdonne sans cesse autour d'une personne, celle-ci aura une visite ou recevra une bonne nouvelle. En Mayenne, si la reine de la ruche se pose sur une personne, cette dernière mourra peu de temps après.

Le repère peut aussi être une partie du corps de cette personne

En Grande-Bretagne, suivant l'endroit du corps où se déplace une chenille arpenteuse (mains, jambes, bras), la personne recevra en cadeau les vêtements neufs correspondants (gants, pantalons, veste).

ou encore l'un de ses biens (vêtement, maison, etc.).

Si un essaim d'abeilles s'accroche au mur d'une maison, il présage un incendie ou une catastrophe ; en Angleterre une mort dans l'année. Lorsqu'une abeille vole dans la maison, il y aura une visite ou une bonne nouvelle. En Irlande, le perce-oreille appelé "diable noir" qui entre dans une maison y apporte le malheur ; ailleurs, c'est lorsqu'un scarabée noir court sur le sol de la maison. En Angleterre, quand un grillon quitte un foyer, c'est un présage de malheur. Si des papillons volent près des fenêtres, la pluie ne tardera pas. Si une sauterelle verte entre dans une chambre, elle porte bonheur. Au Pays de Galles, quand une abeille tourne autour du berceau d'un enfant endormi, elle lui assure une vie heureuse. Si un scarabée grimpe sur une personne allongée ou sur sa chaussure, il annonce la mort ; s'il sort d'un soulier vide, il est le messager de l'adversité. En Écosse, si une mouche tombe dans un verre, celui qui y a bu ou allait y boire aura de la chance.

Les autres références spatiales sont rares,

Si les cafards quittent un navire, il fera naufrage. En Bretagne, lorsque les hannetons volent sur la mer, le beau temps est assuré. En Lorraine, si on voit des coccinelles près des ceps de vigne, le vin sera bon.

sauf dans les consultations amoureuses. Dans ce cas, l'orientation que prend l'insecte posé sur la main de la jeune fille en quête de mari donne la réponse aux questions posées (éventualité d'un mariage, nom ou village d'origine du futur époux).

L'envol de la coccinelle (vers un garçon ou l'église) annonce à la jeune fille qui l'avait dans sa main, mariage ou entrée en religion. Une coccinelle placée dans la main d'une jeune fille choisira de monter sur le doigt portant le nom de celui avec lequel elle se mariera (à chaque doigt est attribué le nom d'un garçon). Dans le Sud-Ouest, pour savoir de quel village viendra son fiancé, la jeune fille place un faucheux entre ses mains et après l'avoir agité, dit « Du côté que le cul de la *pute* (faucheux) se trouvera, la *gouyate* (fille) s'y mariera ».

En ce qui concerne le comportement inhabituel de certains insectes, il est le plus souvent traduit en termes de prévisions météorologiques.

Quand les bourdons restent auprès de leur trou, c'est signe de pluie. En Belgique, on dit que si le ver luisant bouge sans cesse, la pluie est proche ; s'il s'enfonce sous terre, le vent se lèvera ; s'il brille intensément et que ses pattes noircissent, le froid est à redouter. Lorsque les fourmis s'agitent et transportent leurs œufs, c'est signe d'orage, de même que lorsque les taons piquent. En Ardèche et en Dauphiné, lorsque les abeilles enduisent de propolis le trou d'envol de la ruche, l'hiver sera rude. En Languedoc, lorsqu'elles butinent loin des ruches, le vent du nord va se lever. Dans les Vosges, on s'attend à de la pluie si elles se réfugient dans la ruche ou si elles se tiennent à la porte. Si elles s'agitent et piquent inconsidérément, le temps sera mauvais.

Plus rarement, il donne lieu à un présage.

Si les abeilles essaiment beaucoup, c'est signe d'une bonne année à venir, par contre leur oisiveté présage une catastrophe prochaine et si elles quittent la ruche, un des membres de la maison mourra. Lorsque le grillon se tait, c'est un présage de perte ou de malheur. Entendre pendant la nuit une araignée "manger quelque chose" est un mauvais présage.

Si les agissements singuliers de l'insecte semblent prendre une personne pour cible, l'augure ne concernera que cette dernière.

Être piqué par une abeille peut annoncer un préjudice mais aussi signifier qu'un parent décédé est au purgatoire et réclame des prières. Une coccinelle qui se pose sur une personne est un signe de chance.

Enfin les lectures ne sont pas toujours simples et la combinaison de plusieurs signes est parfois nécessaire.

Si le premier papillon vu au début de l'été est jaune, il présage la maladie; dans les Vosges il annonce que celui qui l'a vu recevra de l'or. Si le papillon est blanc, il porte chance; dans les Vosges, il annonce de l'argent; en Angleterre, douze mois de bonheur. Si le papillon est noir ou très foncé, dans le Val d'Aoste il est censé prédire maladie ou mort. Lorsqu'une araignée tombe de sa toile ou d'un arbre en face d'une personne, elle prédit la rencontre avec un ami si elle est blanche, la rencontre avec un ennemi si elle est noire. Un bourdon de couleur claire qui tourne en rond puis entre dans une maison apporte la chance; de couleur foncée, il est de mauvais augure; en Bretagne, si c'est un papillon qui entre le soir, ses habitants recevront une bonne nouvelle. En Beauce, les petits papillons blancs qui volent le soir dans la maison sont un présage de mort. Dans le sud de la France, trouver sur soi une fourmi, le soir, est un bon présage.

Une mention particulière doit être faite pour les insectes survenant non plus dans la vie "réelle" mais en songe.

Voir des insectes en rêve présage une perte d'argent, en être couvert augure des préoccupations ou des ennuis, être piqué signifie que l'on est en train de se faire duper, etc.

Les ouvrages récents consacrés aux rêves en mentionnent plusieurs[31]. Parmi eux, les insectes sociaux (abeilles, fourmis) sont les plus producteurs de sens.

Rêver d'abeilles porte malheur, pour d'autres signifie la mort, pour d'autres encore, promet "gains et profits". Mais si les abeilles sont nombreuses, elles signifient au dormeur qu'on dit du mal de lui. On dit aussi qu'un employé qui rêve d'un essaim d'abeilles se verra rapidement congédié. En Espagne, si elles font du miel, elles annoncent félicité et réussite sociale; si elles font une ruche dans un tronc mort, elles annoncent une mort dans la famille du propriétaire du terrain, etc. Rêver de fourmis ou d'abeilles signifie que le rêveur vivra dans une grande ville, sera industrieux, heureux en ménage et aura une nombreuse descendance.

Plusieurs insectes vus en rêve peuvent présager la mort: fourmi ailée, fourmi se promenant sur le corps, abeille, etc. ; rêver de fourmis ailées peut aussi augurer un danger, les punaises, un désagrément; voir son corps couvert de poux est un mauvais présage, etc.

La plupart des auteurs envisagent l'interprétation du rêve à partir d'une simple réorganisation d'un décodage très ancien[32], essentiellement basé sur les valeurs symboliques de l'espèce[33].

---

[31] Les insectes mentionnés dans trois ouvrages récents (Margueritte 1990, Sanfo *et al.* 1994, Mineur 1999) sont les suivants: abeille (et aussi miel, ruche), araignée, blatte, cafard, chenille, cigale, escargot, fourmi, grillon, guêpe, lombric, luciole, mite, mouche, moustique, papillon, pou, puce, sangsue, sauterelle, scorpion, taon, ver, ver à soie.
[32] On trouve ainsi chez Mouffet cité par Topsell (1658 : 945):

LA THÉRAPEUTIQUE PRÉVENTIVE

Les insectes investissent deux registres fondamentalement opposés de la thérapeutique préventive. Le premier est celui des insectes dont il faut savoir se protéger. Le second est, au contraire, celui des insectes qu'il faut savoir mettre à profit dans des méthodes prophylactiques diverses.

Mesures et pratiques prophylactiques

▪ *Se préserver des insectes dangereux*

Personne n'ignore que certains insectes sont dangereux voire mortels pour l'homme et les animaux, que ce soit par piqûre, morsure ou ingestion. Cependant, la connaissance populaire des espèces réellement dangereuses est assez confuse.

> Piqûres de guêpes et d'abeilles, morsures de fourmis rouges et de certaines araignées, etc., sont réputées occasionnellement dangereuses, les piqûres de scorpions mortelles. On dit que les cantharides mangées accidentellement par les bœufs occasionnent leur mort, que les coccinelles provoquent un empoisonnement chez les moutons et les chèvres. En Angleterre, c'est une petite araignée rouge qui est considérée comme mortelle pour les vaches et les chevaux.

La puissance du venin ou de la morsure est parfois considérablement exagérée par rapport à ce que la biologie nous a appris, et le pouvoir des insectes transfiguré par l'imaginaire.

> On affirme que les mandibules du frelon sont plus agressives encore que son dard (il est supposé emporter le morceau et trois frelons suffiraient pour faire mourir un homme), que la morsure des courtilières est mortelle ; que le staphylin (ou "dard de serpent") fait périr les vaches qu'il pique, qu'un homme devient impuissant s'il mange une luciole ou un morceau de ver luisant, qu'un chien peut devenir enragé pour avoir mangé trop de vers blancs ou de hannetons, que les araignées provoquent des panaris en s'introduisant dans le doigt, qu'une certaine grosse araignée déclenche un cancer en passant sur le visage d'une personne, qu'une autre, petite et rouge, peut tuer le bœuf qui l'a avalée, que le perce-oreille provoque de violents maux de tête ou, pire, peut crever le tympan pour faire son nid dans la tête d'une personne et manger sa cervelle avant de ressortir par l'autre oreille, que le scolopendre et le mille-pattes ont le même pouvoir[34].

Les dénominations traduisent parfois cette construction symbolique et culturelle de leur dangerosité potentielle.

> « Many ways doth nature also by Flies play with the fancies of men in dreams, if we may credit Apomasaris in his Apotelesms. For the Indians, Persians, and Ægyptians do teach, that if Flies appear to us in our sleep, it doth signifie an herauld at arms, or an approaching disease. If a general of an army, or a chief commander, dream that at such or such a place he should see a great company of Flies, in that very place, wherever it shall be, there he shall be in anguish and grief for his soldiers that are slain, his army routed, and the victory lost. Is a mean or ordinary man dream the like, he shall fall into a violent fever, which likely may cost him his life. If a man dream in his sleep that Flies went into his mouth or nostrils, he is to expect with great sorrow and grief imminent destruction from his enemies. »

[33] Quelques auteurs actuels s'insurgent, condamnant ces réaménagements sommaires et "folkloriques". Pour eux, seules les associations entre les différents éléments du rêve permettent de savoir ce que représentent les insectes (Margueritte 1990).

[34] Au Moyen Âge, on disait que les hannetons, araignées, grillons, puces pouvaient s'introduire dans la tête d'un individu (Sébillot 1906).

Les libellules, appelées aussi "aiguille-serpent", "aiguille du diable", "marteau du diable", "salamandre", "scorpion"[35] ont, selon certains, des ailes tranchantes comme un couteau et pour d'autres une piqûre mortelle ou la capacité, par simple contact sur le front, de provoquer la mort d'un être humain.

Dès lors, on comprend que nombre de pratiques aient eu pour but d'exterminer de telles sources de danger (*cf. infra*) ou de se garantir de leur morsure/piqûre.

En Espagne, pour éviter que les mouches n'entrent dans la maison pendant tout l'été, il fallait clouer trois os sur la porte de la maison le Mercredi des Cendres; En France, on accrochait une tête de pie tuée pendant la lune de mars. Pour éviter de se faire piquer par les cousins pendant toute l'année, il fallait, le soir du Carnaval, manger de la soupe (ailleurs ne pas manger de soupe grasse pendant les trois derniers jours de cette fête) ; on lançait, ce même soir, du bouillon au plafond pour être préservé de la piqûre des moucherons. Dans le sud de la France, le jour de la chandeleur, on faisait passer les bœufs dans les congères pour les garantir, l'été suivant, des piqûres de mouches et de taons.

- *Épargner les insectes bénéfiques*

Les poux, parce qu'ils étaient censés absorber le "mauvais sang", ont longtemps été considérés comme nécessaires à la bonne santé des enfants. C'est pourquoi dans de nombreuses régions de France et d'Europe, au début du XXe siècle, on choisissait les plus gros poux pour les mettre sur la tête des enfants chétifs qui en étaient dépourvus.

- *Procéder à des traitements préventifs*

Le médicament prophylactique par excellence est le miel. Utilisé partout en Europe, il est censé préserver d'un grand nombre de maladies.

En Russie, le miel consommé la veille de Noël a des effets bénéfiques sur la santé et pour protéger les nouveaux époux, la tradition veut qu'on leur offre du miel le jour des noces. En région parisienne, pour faciliter la poussée des dents, on enduit de miel les gencives des bébés. Au Pays de Galles, enduire d'hydromel la tête d'un nourrisson lui porte chance.

Quant aux pratiques préventives qui font intervenir des insectes, elles sont peu nombreuses,

En France, pour se garantir toute l'année des morsures de couleuvres, il faut tuer le premier papillon que l'on voit au printemps. Après une première piqûre accidentelle d'abeille, guêpe ou bourdon, une seconde doit aussitôt être faite au même endroit pour soigner mais aussi prévenir d'autres piqûres.

sauf si l'on prend en compte tous les rituels destinés à se protéger des maléfices qui avaient pour but de provoquer une prolifération de charançons ou de vers dans les greniers, de chenilles, sauterelles, hannetons et autres insectes dans les champs, de vermine sur les hommes et dans les maisons. De collectifs (processions, etc.)[36], ces rituels sont souvent devenus individuels avant de s'éteindre.

---

[35] En Belgique, on assurait que scorpions, lézards, salamandres se transformaient en libellules (Sébillot 1906).

[36] Trop nombreux pour pouvoir être présentés dans le cadre de ce travail.

Rituels propitiatoires

Les rituels propitiatoires sont aussi divers que les cultures locales. Ils sont fondés sur les oppositions[37] courantes dans les médecines populaires européennes : vie/mort, bien/mal, Dieu/diable, devant/derrière, droite/gauche, ouvert/fermé, extérieur/intérieur. Riches en symboles, les exemples de "métaphore en acte" et de "métonymie agie" (Belmont 1979) y abondent.

- *Capturer, occire...*

La capture de certains insectes peut assurer beau temps, richesse, mariage...

Un peu partout en Europe, celui qui capture le premier papillon (blanc) du printemps (ou d'une autre saison, ou de l'année) trouvera un essaim (un trésor, un couteau...), ou se mariera dans les mois à venir ou encore passera une excellente année. Pour trouver de l'argent, on capture un papillon et on le met entre deux pierres. En Vendée, celui qui réussit à attraper une libellule se mariera dans l'année.

à condition d'aller, certaines fois, jusqu'à tuer, exterminer... Alors le Bien triomphe du Mal; le malheur est terrassé, la malchance anéantie. On est assuré du bonheur, de l'allégement de ses peines *post-mortem*, etc. Sont visées les espèces considérées comme venimeuses (papillon de nuit), dangereuses (perce-oreille, courtilière), maléfiques (cerf-volant, carabe doré ou "chariot du diable"), porteuses de mauvais présage (chenille, araignée), etc.

Tuer une blatte fait pardonner les sept péchés capitaux ; tuer une courtilière efface neuf péchés. En Auvergne celui qui écrase un perce-oreille avec le petit doigt fera une trouvaille. En Wallonie, celui qui écrase une araignée[38] le matin aura de l'argent.

- *Ne pas tuer, ne pas saccager...*

À l'opposé, la crainte des malheurs qui attendent celui qui tourmente ou tue les insectes créés par Dieu entretient l'appréhension; c'est le cas pour l'abeille.

Dans de nombreux pays, si une abeille a été tuée, toutes les autres s'en vont ou le responsable est puni par Dieu ou est poursuivi par la malchance.

Le grillon domestique, protecteur du foyer, est également concerné. Son départ signe la malchance et sa destruction constitue un crime aux conséquences funestes.

Celui qui tue un grillon est toujours puni (mort d'un mouton du troupeau, raccourcissement des doigts, malchance, etc.) parce que le grillon éloigne, tue ou rend impuissants ceux qui apportent le danger ou le malheur dans un logis (serpents, sorciers, huissiers...). En Flandre on prétendait que les boulangers qui ont toujours des grillons autour d'eux ne peuvent jamais faire faillite.

Parfois, un simple comportement inadéquat est sanctionné.

Il ne faut pas déplacer les ruches un Vendredi Saint sous peine de faire mourir les abeilles ; il ne faut pas les compter parce que "ça porte malheur" ou "ça fait venir les blaireaux". Si quelqu'un s'approprie les abeilles sans leur donner d'étrennes elles le piqueront sans cesse, ne l'aimeront jamais et ne lui seront d'aucun profit.

Les châtiments sont variables d'une région à l'autre et touchent soit le coupable,

---

[37] À condition que l'on exclue de cette vision simpliste le troisième élément que constitue le nécessaire terme de passage de cette opposition (Motte-Florac 1997).

[38] En Angleterre, on dit que tuer une araignée à l'intérieur de sa maison équivaut à détruire cette dernière et, en Écosse, à se donner des coups de pierre sur la tête.

En Alsace, celui qui écrase un carabe doré perdra quelque chose et, ailleurs, il aura un malheur dans la journée pour une blatte ou une araignée, une infortune; pour une abeille, la perte de tout l'essaim et de toute chance; pour une coccinelle, la mort du meilleur cheval du laboureur, des abcès ou la mort (même si elle a simplement été enfermée dans une boîte) ; pour une fourmilière, le boitement ou la mort des vaches; pour le ver luisant, de la tristesse; pour la cigale, la coccinelle, le scarabée, de la malchance.

soit sa famille.

En Angleterre, si une libellule est tuée, il y aura rapidement un décès dans la famille de "l'assassin". Tuer un faucheux aura comme conséquence une mauvaise récolte.

Les voisins peuvent aussi subir les conséquences (climatiques) d'un saccage[39].

Détruire une fourmilière, marcher sur un carabe doré, une coccinelle ou un mille-pattes provoque une ondée le jour même ou le lendemain; s'il s'agit de chenilles, la pluie durera toute la journée. Tuer un bousier attire le tonnerre; écraser un scarabée provoque un orage ou une tempête, etc.

Quant au caractère accidentel de certaines destructions, il ne met pas leur auteur à l'abri d'une sanction.

En Angleterre, écraser une araignée en chemin porte malheur de même que, dans de nombreux pays, marcher sur une fourmilière; si c'est une mariée qui le fait par inadvertance, elle mourra de manière insolite.

▪ *Neutraliser le "malheur"*

Enfin, comme nous l'avons vu précédemment, on ne saurait oublier que connaître l'avenir permet d'en changer le cours. À Rome où les présages étaient omniprésents et intervenaient dans toutes les prises de décision, une des manières les plus courantes de conjurer un mauvais présage était de cracher par terre; le malheur, retournant à la terre y disparaissait symboliquement (*cf. supra*). Cette pratique est encore fréquente.

À Guernesey, une abeille qui vole dans la même direction qu'un pêcheur sortant en mer est un présage de bonne pêche. En sens inverse, l'augure est mauvais, mais on peut le neutraliser en crachant trois fois par dessus son épaule gauche.

D'autres procédés consistent à enterrer l'insecte ou à lui payer un tribut.

Chez les Anglo-Saxons, marcher sur une blatte provoque un orage mais le beau temps persistera si on l'enterre. Un essaim d'abeilles qui élit domicile dans une maison ou un jardin porte malheur à ses habitants ou propriétaires, sauf s'ils donnent en étrennes une pièce d'argent aux intruses.

▪ *Favoriser la "bonne chance"*

L'action bénéfique de certains insectes est parfois subordonnée au comportement de l'éventuel récipiendaire.

En Angleterre, le faucheux (*money-spinner*) est de bon augure mais pour obtenir argent ou bonne chance, il faut jeter celui qu'on rencontre par dessus son épaule gauche.

▪ *Porter une amulette*

Le port d'une amulette est la méthode qui, de tous temps, a été la plus utilisée pour s'assurer une vie longue, heureuse, prospère, en bonne santé, pour se protéger des dangers, ou encore pour convoquer la chance. L'insecte dont on cherche

---

[39] Cet effet est parfois recherché. Dans le Centre de la France, bouleverser une fourmilière en temps de sécheresse est un moyen infaillible pour provoquer une ondée (Rolland 1881).

à acquérir symboliquement les facultés, caractéristiques ou valeurs symboliques, peut être vivant ou mort, ou encore réduit à l'une de ses parties.

> Une araignée vivante, noire et velue, était autrefois mise dans la doublure des vêtements du conscrit pour qu'il tire le bon numéro. Une sauterelle verte était attachée au berceau du bébé pour le préserver de tout mal. Porter sur soi les cornes d'un cerf-volant mâle permet de gagner à la loterie ou au jeu, de se préserver des maléfices, de s'assurer du bonheur [40]; on peut aussi porter sa tête pour se préserver de la foudre ; vivant cet insecte éloigne les sortilèges ; une corne de barbot de la Saint Jean protège des chutes et une de cerf-volant, des chiens fous.

L'effet recherché est parfois de nature exclusivement thérapeutique.

> Dans le sud de la France, pour se préserver des maux de dents, il faut toujours avoir dans sa poche un "cocon de bête des rochers" (oothèque de mante religieuse). Pour faciliter la dentition des enfants, on leur fait porter une sorte de "cartilage" qui se trouve dans la tête des limaces.

Il arrive que la représentation de l'insecte soit suffisante pour être efficace. Ainsi, des cigales en porcelaine sont accrochées aux maisons pour assurer la protection et le bonheur de tous ses habitants. Des coccinelles continuent à orner cartes de vœux de "Bonne chance" et objets variés. Longtemps accrochées au cou des enfants pour les protéger de tout mal, elles ont ensuite été remplacées par des bijoux de pacotille la représentant ; en bague, elle était portée par les jeunes filles en quête de mari (Rolland 1881). Quant au scarabée, ses apparitions et disparitions ont suivi la mode tout au long des époques ; à la fin du XIXe siècle, de nombreux bijoux à son effigie étaient la garantie d'une fidélité conjugale (Mozzani 1995).

DISCUSSION

Les inévitables limitations de la biomédecine ont eu comme conséquence, il y a un quart de siècle, un "retour à la nature" et un regain d'intérêt pour les thérapeutiques dites "naturelles". De nombreux travaux sur le thème des pharmacopées et médecines populaires ont vu le jour et le mouvement a été suffisamment important pour que, lors de la réunion d'Alma Ata en 1978, l'OMS revienne sur ses précédentes propositions (l'accès à la médecine "moderne" pour toutes les populations de la planète en l'an 2000) et reconnaisse l'utilité des thérapeutiques traditionnelles. Mais si la phytothérapie a connu un réel regain d'intérêt, qu'en est-il des drogues d'origine animale et, parmi elles, des insectes et petites bêtes ?

■ *Les substances naturelles biologiquement actives*

Contrairement à ce que l'on pourrait croire, le dégoût que provoquent certains des produits animaux utilisés en thérapeutique n'est pas seul responsable de leur abandon. En effet, cette aversion n'est guère récente puisqu'au premier siècle de notre ère déjà, Pline (Roland 1955:22) assortissait ses considérations médicales d'appréciations éloquentes :

> « La punaise, cet animal hideux et dont le nom répugne, est très bonne... »

---

[40] En Allemagne, par contre, on dit que l'apporter dans une maison attire la foudre (Rolland 1881).

On retrouve de tels propos tout au long des siècles, même lorsque les insectes participaient de façon non négligeable au fonds de boutique des apothicaires.

> «Bien que cet animal [puce] soit vilain, fascheux et puant, Nature néanmoins ne la voulu laisser inutile en médecine. Plusieurs modernes les mettent vives dans la verge, ou dedans les lieux naturels des femmes, pour les faire uriner.» (Matthiole 1655:155)

Non seulement le dégoût ne constituait pas un frein à leur utilisation mais, en outre, on lui accordait une possible dimension thérapeutique.

> «On en fait avaler 5 ou 6 [poux], ou plus ou moins suivant leur grosseur, à l'entrée de l'accès [de fièvre]. La répugnance ou la difficulté qu'on se fait à avaler ces vilaines bêtes, contribue peut-être à chasser la fièvre.» (Lémery 1760:572-3)

Au-delà de tout attrait ou répugnance pour un médicament administré, c'est l'adhésion du malade aux décisions du corps médical qui intervient de façon déterminante sur l'acceptation du traitement et, partant, sur ses possibles effets. En amont, la conviction du médecin dans l'efficacité de sa propre prescription est fondamentale. À l'heure actuelle, bien que de nombreux praticiens reconnaissent l'intérêt[41] des savoirs empiriques (fondés sur la tactique de l'essai et de l'erreur), leur appréciation de la pertinence des indications thérapeutiques des remèdes populaires et traditionnels diffère suivant qu'il s'agit de plantes ou de drogues animales. Pour ces dernières, les réactions se font passionnées et intellectuellement discutables. Leurs effets thérapeutiques sont niés *a priori* même si de telles affirmations ne relèvent d'aucune démarche scientifique (qui voudrait que l'affirmation d'un manque d'activité soit le résultat de recherches préalables). En conséquence, rares sont les expériences engagées sur de telles drogues. Certes, le coût des recherches exige un choix des produits testés, et les recherches sur les insectes présentent des difficultés spécifiques et réelles (*cf.* Andary *et al.* 2000) ; toutefois, la seule représentation culturelle motive l'élimination de certains d'entre eux. Qui, à l'heure actuelle, accorderait de l'intérêt aux "chiures" de mouches[42], très utilisées par les Égyptiens contre plaies et problèmes d'yeux et encore employées de nombreux siècles plus tard (Ruiz Bravo-Villasonte 1980)?

Pourtant, quand des recherches sont engagées, elles ouvrent souvent des perspectives intéressantes et permettent une réhabilitation de médicaments qui, jusque-là, avaient été considérés avec mépris ou écœurement. Ainsi, la toile d'araignée, connue depuis des millénaires et très prisée dans les campagnes pour soigner les coupures et prévenir les inflammations qui pourraient en résulter, a été considérée par de nombreux scientifiques comme ridicule et/ou sans intérêt. On y a découvert un coagulant qui confirme la justesse de son utilisation (Ritchie 1979:88). Quant à l'asticot "nettoyeur de plaies", jugé dégoûtant, il offre un exemple qui donne la mesure de la complexité et de l'intérêt de l'action théra-

---

[41] Même si d'aucuns en doutent encore :
> «Bien sûr, la "médecine populaire" compte probablement, dans ce domaine, des remèdes plus ou moins efficaces et justifiés selon les vues de la médecine scientifique. Seulement cette efficacité tient au hasard, au jeu des probabilités qui, en effet, ne sont pas si restreintes.» (Stomma 1986:125)

[42] Notons que les excréments de chauve-souris, utilisés par les Égyptiens pour soigner les troubles visuels, se sont révélées particulièrement riches en vitamine A (Landrieu 1994).

peutique de certains insectes. Cet asticot n'intervient pas dans le traitement des plaies profondes uniquement grâce aux substances antibiotiques qu'il produit. Son action est aussi due à son comportement. En se nourrissant, il élimine les éléments infectieux et nettoie la plaie ; en remuant, il effectue un massage des bourgeons de chair qui favorise une reconstitution plus active des tissus.

On assiste parfois, dans des services hospitaliers à la pointe de la technologie médicale, à la réapparition de pratiques anciennes. Par exemple, les sangsues sont utilisées en ophtalmologie (microchirurgie réparatrice) pour améliorer le retour veineux et accélérer la cicatrisation lors d'hématomes orbitaires (Hordé 1998:176). Les découvertes réalisées sur les insectes (au sens scientifique) mais aussi sur les "apparentés" comme les grenouilles d'Amazonie[43], ont suscité l'intérêt des laboratoires pharmaceutiques qui commencent à reconsidérer leur éventuel apport dans l'innovation pharmaceutique. Les nombreux insectes médicinaux utilisés dans le monde (Ramos-Elorduy *et al.* 2000) s'avéreront peut-être, dans les prochaines années, particulièrement intéressants et seront considérés comme une source non négligeable de nouvelles substances naturelles biologiquement actives.

À partir de tels résultats, peut-on présager un retour à l'utilisation d'insectes médicinaux comme on l'a vu pour la phytothérapie ? Cela reste peu probable. Les sociétés industrialisées – pour le moins à l'heure actuelle – ne semblent guère prêtes à accepter de tels remèdes. D'une part, les notions d'hygiène et les rapports au corps, à la maladie, à la mort, au sang, ont évolué et d'autre part, la relation aux insectes a profondément changé au cours du siècle dernier. La société s'urbanise, produisant une transformation profonde dans le rapport à la nature. Présentés comme potentiellement dangereux, les insectes sont systématiquement exterminés. L'image de la petite bête agressive et/ou porteuse de maladie est plus présente dans les esprits que celle de l'insecte aux potentialités thérapeutiques.

- *Médications "magiques" et rituels propitiatoires*

L'activité biologique des substances naturelles n'est que l'un des niveaux d'action des traitements. Les thérapeutiques traditionnelles ont comme particularité d'intégrer dans une vision holistique, le corps malade, les différents niveaux de perception et d'existence de l'être humain, son environnement naturel et social, l'univers, le monde surnaturel. Aussi est-il nécessaire de reconsidérer les pratiques définies comme "magiques". Dans la culture judéo-chrétienne, ces dernières ont été combattues indistinctement. La religion a trouvé dans les sciences un allié traquant, comme elle, et sans relâche, croyances et superstitions. L'instruction publique, largement répandue à la fin du XIXe siècle, est venue prêter main forte dans ce combat effréné contre "l'obscurantisme des superstitions populaires". La croyance en une rationalité scientifique digne de confiance (malgré l'ab-

---

[43] On pense que les substances extrêmement intéressantes qui y ont été découvertes proviennent en grande partie des insectes qu'elles consomment (Plotkin 2000).

sence de crédibilité du propos [44]) a fécondé l'imaginaire d'une autre façon et donné naissance à d'autres comportements face aux peurs fondamentales (mort, maladie, catastrophes naturelles, etc.).

Pourtant, nombre de ces pratiques "magiques" ont leur intérêt si on les envisage non comme une tentative "primitive" ou ratée d'utilisation rationnelle de la nature mais comme une contribution intéressante à la gestion psychologique du stress engendré par la maladie chez le malade et/ou son entourage. C'est ainsi qu'il est possible d'interpréter l'exemple de l'araignée rouge (*tentbob*) utilisée en cas de morsure d'un animal. Les propos du paysan soulignent deux points importants. D'une part, il dit que cette façon de faire n'est pas dangereuse (elle ne peut donc augmenter le stress de celui qui la pratique) et d'autre part, il insiste sur le fait que l'animal peut ne pas avoir été réellement mordu… Il apparaît évident, dans un tel discours, qu'une telle pratique a aussi (et avant tout?) comme objectif une gestion de l'angoisse du propriétaire de l'animal. L'action engendre une certaine détente en donnant l'impression de "faire quelque chose" et en étant, symboliquement, porteuse d'un potentiel thérapeutique.

- *Les présages*

Alors même que les sciences exactes engageaient une véritable chasse aux sorcières, une nouvelle façon d'envisager les superstitions commençait à émerger. En 1901, S. Freud dans sa *Psychopathologie de la vie quotidienne* (1967:323-5) imposait une nouvelle approche de la superstition et considérait les superstitieux (qui accordent aux signes un réel pouvoir décisionnel) [45] autrement que comme des êtres extravagants ou fous:

> «Le Romain, qui renonçait à un important projet parce qu'il venait de constater un vol d'oiseaux défavorable, avait donc relativement raison; il agissait conformément à ses prémisses. Mais lorsqu'il renonçait à son projet, parce qu'il avait fait un faux-pas sur le seuil de sa porte, il se montrait supérieur à nous autres incrédules, il se révélait meilleur psychologue que nous le sommes. C'est que ce faux-pas était pour lui une preuve de l'existence d'un doute, d'une opposition intérieure à ce projet, doute et opposition dont la force pouvait annihiler celle de son intention au moment de l'exécution du projet. On n'est, en effet sûr du succès complet que lorsque toutes les forces de l'âme sont tendues vers le but désiré.»

Près d'un siècle plus tard, les changements de perspective ont encore évolué comme le fait remarquer E. Mozzani (1995) qui rappelle que les psychologues affirment l'utilité des "superstitions". Elle cite les mots du Dr François Lelord (*Top Santé*, février 1994) qui, loin de critiquer de telles attitudes, les envisage comme "le meilleur des remèdes contre nos petites peurs et angoisses", une

---

[44] *Cf.* Chalmers 1982, Thuillier 1997, etc.

[45] Par exemple les cas suivants:

> «Aldrovandus states, on the authority of Cruntz, that Tamerlane's army being infested by Locusts, that chief looked on it as a warning from God, and desisted from his designs on Jerusalem.» (Cowan 1865:119)

> «Désiré Monnier cite le cas d'un fermier qui, chaque fois qu'il devait vendre son blé à une foire, prenait conseil auprès de son grillon. Celui-ci par son chant le poussait à s'y rendre, par son silence à demeurer chez lui. Et c'est ainsi que le fermier "fit de très bonnes affaires"» (Mozzani 1995:829).

sorte de "tranquillisant à bon marché" et ceux du Dr J. Donnars (1991) qui traduit ceci en terme de "passage dans lequel, noyé dans la situation sujet-objet, on rattrape par le dedans une situation sujet-sujet". Dès lors, le présage peut être envisagé comme une réponse donnée à des événements difficiles à gérer parce qu'inexplicables ou effrayants, comme une recherche plus ou moins inconsciente d'un signe qui, en influençant un choix, permet d'éviter l'angoisse d'une décision difficile à prendre tout en autorisant la reconnaissance des craintes, peurs, pulsions, désirs enfouis dans les profondeurs de l'inconscient.

Dans ce domaine, notre environnement – et ici le monde des insectes – est un miroir obéissant qui offre le signe inconsciemment attendu. Les présages – que l'énoncé soit collectif, familial ou individuel – permettent comme tous les symboles, une lecture suffisamment large d'une observation donnée pour que chacun puisse donner l'interprétation, le pouvoir et la force qui lui conviennent. Une coccinelle, oui... mais à combien de points? Une araignée, oui... mais de quelle taille? Un cadeau, oui... mais de quelle importance? Un ennui, oui... mais de quelle nature? Il convient à chacun de se donner la clé pour investir, comme il le souhaite, l'efficacité du signe. Toutefois si les psychologues des sociétés occidentales actuelles reconnaissent l'intérêt des présages dans la gestion de la santé des individus, la présence des insectes parmi les signes interprétables paraît compromise.

> «Les croyances liées à la vie paysanne et rurale ont également cédé le pas devant l'urbanisation , les changements de mode de vie et l'éclatement des familles. (...) parallèlement à la disparition d'un certain nombre de croyances populaires, qui tenaient essentiellement à la nature (...) d'autres sont apparues.» (Mozzani 1995)

Par ailleurs, – ce qui semble beaucoup plus grave et définitif – les insectes ont déserté les villes et se font beaucoup plus rares dans les campagnes des pays occidentaux.

Mais ce serait compter sans l'étonnante vitalité des croyances et des insectes, qui leur permet de resurgir dès que les circonstances redeviennent propices.

RÉFÉRENCES BIBLIOGRAPHIQUES

ANDARY C., È. MOTTE-FLORAC, J. RAMOS-ELORDUY & A. PRIVAT – 2000, Chemical "Screening": updated methodology and application to some mexican insects. *Ethnopharmacology* (A. Guerci, ed.). Genova, Erga Edizioni, pp. 12-20.

BARDINET T. – 1995, *Les papyrus médicaux de l'Égypte pharaonique: traduction intégrale et commentaire.* Paris, Fayard, 591 p.

BAUMÉ M. – 1762, *Élémens de Pharmacie théorique et pratique.* Paris, La Veuve Damonneville & Musier fils, P.F. Didot jeune, De Hansy, 853 p.

BELMONT N. – 1979, Superstition et religion populaire dans les sociétés occidentales. *La fonction symbolique, essais d'anthropologie* (Izard M. & P. Smith, éds). Paris, NRF, Gallimard, pp. 53-70.

CANDÓN M. & E. BONNET – 1995, *¡Toquemos madera! Diccionario e historia de las supersticiones españolas.* Madrid, Anaya & Mario Muchnik, 422 p.

CAZENAVE M. (dir.) – 1996, *Encyclopédie des symboles.* Paris, Le Livre de Poche, 818 p.

CHARLOT C. – 1992, Les vins médicinaux, leur histoire à travers nos pharmacopées. *1° Rencontres Régionales de la Société Française des Docteurs en Pharmacie, Bordeaux,* ms.

CHALMERS A. F. – 1982[2], *Qu'est-ce que la science? Popper, Kuhn, Lakatos, Feyerabend.* Paris, La Découverte (Biblio Essais), 286 p.

CHEVALIER J. & A. GHEERBRANT – 1982, *Dictionnaire des symboles.* Paris, Robert Laffont / Jupiter (Bouquins),1060 p.

CLÉBERT J.-P. – 1971, *Bestiaire fabuleux.* Paris, Albin Michel, 455 p.

COWAN F. – 1865, *Curious facts in the history of insects including spiders and scorpions.* Philadelphia, J.B. Lippincott & Co, 396 p.

DONNARS J. – 1991, *La pensée magique, Madame Irma, Mamadou et Cie, ou les ersatz de la spiritualité.* Paris, Mat Media (Les cahiers de l'homme et la connaissance, 9), 64 p.

DOUNIAS E. – dans cet ouvrage, *L'exploitation méconnue d'une ressource connue : la collecte des larves comestibles de charançons dans les palmiers-raphia au sud du Cameroun.*

FREUD S. – 1967, *Psychopathologie de la vie quotidienne.* Paris, Payot (P.B.P.), 347 p.

GUNTHER R. T. – 1959[2], *The Greek herbal of Dioscorides, illustrated by a Byzantine, A.D. 512 ; Englished by John Goodyer, A.D. 1655,* New York, Hafner Pub. Co., 701 p.

HORDÉ P. – 1998, *Histoires extraordinaires de la médecine.* Paris, Flammarion, 349 p.

JALBY R. – 1974, *Le folklore du Languedoc.* Paris, Maisonneuve & Larose, 342 p.

LANDRIEU H. – 1994, La médecine pharaonique savait déjà beaucoup de choses. *Le quotidien du médecin* 22 mars 1994:37.

LAPLANTINE F. – 1978, *La médecine populaire des campagnes françaises aujourd'hui.* Paris, Jean-Pierre Delarge, 234 p.

LAURIOL H. – 1998, *Dictionnaire des superstitions, origines, symboles, secrets et modes d'emploi.* Paris, Albin Michel, 329 p.

LÉMERY N. – 1760[2], *Dictionnaire ou traité universel des drogues simples, contenant leurs noms, origine, choix, principes, vertus, etimologies, & ce qu'il y a de particulier dans les animaux, dans les végétaux & dans les minéraux.* Paris, D'Houry, 884 p.

LITTRÉ É. – 1848-50, *Histoire Naturelle de Pline,* 2 tomes.

LYCÉE (JEAN-BAPTISTE DUMAS) D'ALÈS – 1999, *Coutumes, croyances et légendes du pays Cévenol.* Portet-sur-Garonne, Éditions Empreinte, 203 p.

MARGUERITTE Y. – 1990, *Dictionnaire des rêves.* Monaco, Éditions du Rocher, 395 p.

MATTHIOLE A. – 1655, *Les commentaires de M.P. Andre Matthiolus, médecin sénois, sur les six livres de Pedacius Dioscoride Anazarbéen, de la matière médicinale.* Lyon, Claude Prost, 605 p.

MINEUR P. – 1999, *Dictionnaire des rêves, une clé pour votre bien-être.* Monaco, Éditions du Rocher, 295 p.

MOTTE-FLORAC É. – 1996, La cuisine thérapeutique des P'urhépecha de la Sierra Tarasca (Mexique), *Medicine and foods, the ethnopharmacological approach* (E. Schröder, E. Balansard, P. Cabalion, J. Fleurentin & G. Mazars, éds). Paris, ORSTOM/SFE, pp. 112-120.

– 1997, La potencia terapéutica de una lógica simbólica : la limpia en México, communication *49 Congreso Internacional de Americanistas,* Quito (Équateur), ms, 18 p.

MOTTE-FLORAC É. & J. RAMOS-ELORDUY – 2000, Is the traditional knowledge of insects important?, Communication, *7th International Congress of Ethnobiology,* Athens, University of Georgia (Actes sous presse).

MOZZANI E. – 1995, *Le livre des superstitions, mythes, croyances et légendes.* Paris, Robert Laffont (Bouquins), 1818 p.

NOËL H. – 1930, *Les insectes dans l'ancienne thérapeutique.* Nîmes, La Laborieuse, 21 p.

PINIES J.-P. – 1983, *Figures de la sorcellerie languedocienne.* Toulouse, Éditions du CNRS, 324 p.

PLOTKIN M. J. – 2000, *Medicine quest : in search of nature's healing secrets.* New York, Viking, 224 p.

RAMOS-ELORDUY J., É. MOTTE-FLORAC E., J. M. PINO & C. ANDARY – 2000, Les insectes utilisés en médecine traditionnelle au Mexique : perspectives, *Ethnopharmacology* (A. Guerci, ed.). Genova, Erga, pp. 271-290.

RITCHIE C.I.A. – 1979, *Insects, the creeping conquerors and human history.* New York, Elsevier / Nelson Books, 139 p.

ROLAND M. – 1955, *Contribution à l'histoire des insectes en thérapeutique.* Thèse de Pharmacie, Université de Strasbourg, 129 p.

ROLLAND E. – 1881, *Faune populaire de la France : noms vulgaires, dictons, proverbes, légendes, contes et superstitions. Tome 3, Les reptiles, les poissons, les mollusques, les crustacés et les insectes.* Paris, Maisonneuve et Larose, 365 p.

RUFFAT A. – 1977, *La superstition à travers les âges.* Paris, Payot, 292 p.

RUIZ BRAVO-VILLASANTE C. – 1980, *Libro de las utilidades de los animales.* Madrid, Fundación Universitaria Española, 152 p.

SANFO, V., VON ALTEN D. & TOFFOLI, A. – 1994, *Le livre de l'interprétation des rêves.* Paris, De Vecchi, 413 p.

SÉBILLOT P. – 1906, *Le folk-lore de France, 3. La faune et la flore.* Paris, Mézières, 541 p.

SEIGNOLLE C. – 1967, *Le folklore de la Provence.* Paris, G.P. Maisonneuve et Larose, 435 p.

– 1977[2], *Le folklore du Languedoc : Gard-Hérault-Lozère : cérémonies familiales, sorcellerie et médecine populaire, folklore de la nature.* Paris, G.P. Maisonneuve et Larose, 300 p.

SEIGNOLLE C. & SEIGNOLLE J. – 1937, *Le folklore du Hurepoix (Seine, Seine et Oise, Seine et Marne).* Paris, G.-P. Maisonneuve, 333 p.

STOMMA L. – 1986, *Campagnes insolites. Paysannerie polonaise et mythes européens.* Lagrasse, Verdier, 187 p.

THUILLIER P. – 1997, *La revanche des sorcières. L'irrationnel et la pensée scientifique.* Paris, Belin (Regards sur la science), 159 p.

TOPSELL E. – 1658, *The history of four-footed Beasts and Serpents, whereunto is added The theater of Insects by T. Muffet.* New York, Da Capo Press, 3 vol., 1130 p.

VERNET F. – 1991, *Plantes médicinales et sorcellerie dans le Midi.* Nîmes, C. Lacour, 310 p.

WARRING P. – 1982, *Dictionnaire des présages et des superstitions.* Monaco, Éditions du Rocher, 271 p.

V

Les "Insectes" dans la vie sociale

"Insects" in social life

CHANGING PERSPECTIVES ON INSECTS IN THE 19TH AND 20TH CENTURIES
as illustrated through Advertising Trade Cards

Leon G. HIGLEY

ABSTRACT

**Changing Perspectives on Insects in the 19th and 20th Centuries
as Illustrated through Advertising Trade Cards**

The invention of chromolithography in the early 1800s made color printing affordable and an ideal vehicle for advertising. Among the topics of advertising cards from the mid 1800s through the mid 1990s are examples of insects in many guises. From these various depictions of insects, we can discern both contemporary attitudes about insects and changes in those attitudes. In early cards, insects are portrayed as objects of natural décor and of aesthetic appeal. From these romantic idylls, however, depictions of insects turn on one hand to more scientific representations and on the other hand to depictions of insects as pests. From patent medicines to dire warnings about flies and disease, trade cards also illustrate one of the profound differences between the ancient and the modern : the recognition that microbes cause disease and that insects can transmit these microbes. In total, these small cards with pictures of insects offer some possibly unique insights into the role of insects in western culture and how that role changed with the rise of industrial societies.

RÉSUMÉ

**Changements de perspectives sur les insectes aux XIXe et XXe siècles
illustrés par les cartes publicitaires**

L'invention de la chromolithographie au début des années 1800 a rendu possible l'impression de la couleur et a fait des "chromos" un véhicule idéal pour la publicité. Parmi les sujets des cartes publicitaires des années 1850 à 1995 se trouvent des exemples d'insectes sous de nombreuses formes. Dans ces nombreuses représentations d'insectes, on peut discerner à la fois des attitudes contemporaines et des changements de ces attitudes. Dans les premières cartes, les insectes sont dépeints comme objets de décor normal et ayant un intérêt esthétique. De ces idylles romantiques, cependant, on évolue d'une part vers des représentations plus scientifiques et d'autre part vers des descriptions des insectes comme parasites. Depuis les spécialités pharmaceutiques jusqu'aux grandes campagnes de prévention contre les mouches et la maladie, les cartes illustrent une des différences profondes entre l'ancien et le moderne : la prise de conscience que les microbes sont cause de maladie et que les insectes peuvent les transmettre. Au total, ces petites cartes avec des images d'insectes offrent quelques vues perspicaces, et probablement les seules, sur le rôle des insectes dans la culture occidentale et comment ce rôle a évolué avec l'émergence des sociétés industrielles.

Les insectes dans la tradition orale – Insects in oral literature and traditions
Élisabeth MOTTE-FLORAC & Jacqueline M. C. THOMAS, éds
2003, Paris-Louvain, Peeters-SELAF (Ethnosciences)

Various images of insects occur on advertising trade cards from the mid 1800s through to the present. Changes in depictions of insects on trade cards from the late nineteenth and early twentieth centuries offer a unique opportunity to examine how attitudes about insects changed during the transition from an agricultural to industrial society. Insects serve different roles on trade cards, and I present here a categorization of these roles. Additionally, I offer some examples illustrating the use of insects on trade cards and how these depictions change through time. For the most part, scholarly information on trade cards is lacking, but I've tried to use resources in my examination as they are available (including card catalogs and general histories). Although much of what I present here is speculative and based on my observations and opinions, hopefully these perspectives will provide a starting point for additional study.

The paper is divided into three sections: first, a general discussion (mostly speculative) about perspectives on insects and factors associated with shaping these perspectives; second, a brief history of the development of chromolithography and trade cards; and third, a discussion of insects on trade cards from about 1870-1910, with a focus on developing categories of insect roles and illustrations of these roles. One important point here is that besides images of insects themselves, trade cards can also offer insights into other entomologically related issues, such as attitudes toward insect-borne disease. Finally, I offer some tentative conclusions regarding attitudes towards insects as indicated from changes in depictions of insects.

PERSPECTIVES ABOUT INSECTS

Since the human invention of agriculture and the rise of civilization (if not before), there has been a process of separating human life and activity from that of the natural world. At different times and in different cultures the question of human relationships to nature has assumed significant cultural, philosophical, and religious roles. Certainly, the industrial revolution increased the separation of humans from nature, but more significantly, industrialization gave humans increasing control over nature. Largely, this control has been expressed through destroying or vastly simplifying natural systems, with potentially disastrous consequences as destruction occurs globally. Against this backdrop, understanding human perspectives on nature is not only important for understanding ourselves and other cultures or societies, but also as a basis for conservation and rational decision making regarding natural ecosystems. Indeed, given the pace and scope of global ecosystem changes, understanding and changing human relationships to nature seems increasingly important for the future of life on Earth.

Because insects are the dominant terrestrial life on the planet, they are a logical focus for examining human perspectives of nature and how such perspectives have changed. However, insects have unique attributes relative to their relationship to humans. First, insects are small, and are, therefore, less readily observed as compared with other animals. Second, insect morphology is radically different from that of vertebrates, so that insects have a strikingly alien aspect. Third, although insects are beneficial to humans (such as through activities like pollination) and can be used as a resource (such as through entomophagy), human relationships with insects are frequently as competitors, given the importance of insects as agricultural pests. Fourth, some insects directly attack humans through biting, stinging, and ecto- and endoparasitism. And fifth, insects have a profound indirect influence on humans through their transmission of human diseases. This array of unique features implies that we cannot consider attitudes towards insects as necessarily being reflective of general attitudes towards nature. However, it does seem reasonable to suppose that positive attitudes towards insects are likely to be associated with more positive attitudes towards nature (based on the logic that if one can accept one of the [arguably] least-likable aspects of nature, then surely one will accept more likable aspects).

Another potentially important consideration underlying perspectives about insects involves understanding the biological systems in which insects occur. The ecological importance of insects involves questions of considerable complexity. Insects are vital to terrestrial ecosystems because of their roles in food webs, interactions with plants, and their crucial importance in organic cycling. None of these functions is immediately apparent from casual observation; instead, understanding this level of importance requires a corresponding understanding of natural ecosystems. Thus, a positive appreciation for insects may be associated with a detailed understanding of natural systems.

Negative attitudes towards insects may be based on aesthetic judgments or experiences with insects as nuisances. However, the more compelling detrimental aspects of insects are from the action of insects as agricultural pests and as vectors of disease. The recognition of insects as agricultural pests is as old as agriculture itself, although the appreciation of insects as agricultural pests may have diminished as people moved from agricultural to urban situations. In contrast, the recognition of insects as serious medical pests is modern, dating only from the end of the 1800s. Thus, understanding the most important negative feature of insects – disease transmission – also requires knowledge of complex biological systems.

To summarize, we might expect attitudes towards insects to differ based on cultural values, personal experience, education, and depth of knowledge about nature and biological systems. This appreciation for underlying factors influencing human perspectives on insects leads to a number of questions: How did perspectives about insects change in the transition from the pre-industrial to industrial age, and are these changes mirrored in current transitions between rural and urban societies or between developed and undeveloped countries? Are perspectives based more on aesthetics and personal experience, or do other sorts of knowledge play a significant role? How were attitudes altered with the discovery of the importance of insects in disease transmission? Does understanding

biological complexity alter perspectives about insects? How are perspectives
about insects, nature, and conservation linked?

Answering questions about historical attitudes towards insects is challenging.
The evidence we can use for such examinations comes principally from three
sources: oral traditions, writings, and cultural artifacts (although archeological
and anthropological evidence for entomophagy or the use of insect products may
represent a fourth category). One important category of cultural artifact is the
visual arts. What makes visual arts so valuable is that images of insects on
paintings, sculpture, stamps, coins, etc. reflect not only understandings of insect
biology and aesthetics, but also the religious, mythological, cultural, or economic importance of insects.

Depictions of insects in various visual arts, such as stamps (e.g. Hamel 1991),
painting (e.g. Ritchie 1979, Eisler 1991) and jewelry (e.g. Nissenson & Jonas
2000), have received some study. However, one area that has not been examined
is the use of insects in advertising. Although the intent of most advertising is to
influence buying practices, advertising also may entertain and inform. Additionally, advertising reflects contemporary attitudes that may not be as readily dis-
cernable from other references. Trade cards, colored cards with advertising for
stores and products, is one advertising arena where it is possible to discern attitudes and perspectives about insects.

A BRIEF HISTORY OF TRADE AND TRADING CARDS

Prior to the early 1800's, color printing was largely limited to hand-tinted
plates. Books with such plates were expensive and therefore unavailable to most
readers. This situation began to change in 1816 when Englemann and Lasteyrie
(in Paris) invented a process for printing two color lithographs. The basic principle of color (or chromo) lithography (literally, stone drawing) was to use lime-
stone plates that would accept oil-based crayons; after wetting with water, colored ink would adhere only to the crayon. With a series of stones it was possible
to apply different colors to a single image. By 1832 Hildebrand (in Germany)
produced images using fifteen stones (colors), and in 1837 Englemann patented
a process he called chromolithograph, which became a widely used, successful
procedure. By the 1860s, the introduction of steam-powered presses allowed inexpensive, mass production of color images (Twyman 1996, Béguin 2000).

Among the first uses of chromolithography was the production of trade cards,
possibly as early as the 1840s (Murray 1987). Engraved trade cards had been
produced in the 1700s, but the novelty of color printing made chromolithographs
especially appealing as a vehicle for advertising (Cheadle 1996). The first colored trade cards, or chromos, advertised individual stores, but they rapidly became adapted for advertising individual products (Bagnall 1984, Cheadle 1996).
Other important trends were the production of a series of cards (to encourage re-
peat business from a customer); the production of stock cards, which were sold

by printers to individual stores who could stamp their name and address on the card; the production of an increasing array of topics on cards; and an increase in the quality of the chromolithography of the cards, especially for higher quality products (like chocolate) (Bagnall 1984, Murray 1987). Initially, the major printers of chromo trade cards were from Paris, and many of these cards were exported to the United States. Subsequently, trade cards were produced throughout western Europe and major American printers emerged (among the most successful firms were Currier and Ives, producing colored calendars, and Louis Prang, producing trade and greetings cards).

From about 1870 to 1900 trade cards were widely distributed and highly collected. Cards were saved in albums, or sets were framed as wall hangings. As D. Cheadle (1996) observed, one testament to popularity of chromos is that Mark Twain in *A Connecticut Yankee in King Arthur's Court* has his hero state that among the things he misses most from home are his chromos. The Paris department store Au Bon Marché introduced card sets as early as 1853 (Murray 1987). The broader transition from trade cards (individual or small sets of advertising cards) to what are called trading cards (larger sets of collectable cards, typically 25 to 50 cards to a set) started in the 1870s with Liebig meat extract (who produced card sets from 1872-1973) and with cigarette cards in the United States. After about 1900, the production of individual trade cards declined, but sets of trade cards, especially in cigarettes, increased dramatically (Bagnall 1984, Murray 1987; also see Roberts [2000] for detailed histories of cigarette cards). Also around 1900, sets of possibly the best quality chromos ever produced were made for chocolate manufacturers, such as Suchard and Aiguebelle. Production of many of these did not survive World War I, although cigarette cards continued to be heavily produced until World War II. After World War II, the cigarette card era ended but new types of trading cards appeared, with the most successful cards being inserts with bubble gum focused on sports figures. By the end of the 1900s, some advertising trade cards continued to be produced, but most interest in card collecting focused on sports cards and cards associated with collectable card games (for example, Magic the Gathering® and Pokemon® cards).

ENTOMOLOGY AND TRADE CARDS

Throughout the history of trade and trading cards insects appear in many contexts. Insects occur on some trade cards as secondary illustrations and on others as the main focus. Later, whole sets of trading cards include insects, principally butterflies and moths. On one level, it is clear that many depictions of insects involve no more than the use of attractive images of aesthetic appeal (e.g. Figures 1a, c, d, e). Certainly, most of the many images of butterflies on trade cards fall into this category. However, other images of insects are used for different purposes, such as curiosities, as features of natural history, as objects of revulsion, or even as symbols for certain products. One of the clear distinctions

a

b

c

d

e

f

FIGURE 1 (a to f). *Representative insect trade cards*
all from author's collection
(Information on individual cards includes name of product; printer; date; size of original in mm)

a. *Telephone Soap*; no printer;1883; (79 x 127)
b. *Au Bon Marché*; J. Minot, Paris; before 1897; (75 x 110)
c. *J. P. Coats*; printer: Knapp and Co, NY; no date; (66 x 114)
d. *Corticelli Spool Silk*; Shober and Carqueville, Chicago; no date; (73 x 115)
e. *Liebig*; Hutinet, Paris; 1883; (71 x 104)
f. *Chocolaterie d'Aiguebelle*; no printer; no date (ca.1900 ?); (65 x 113)

CHANGING PERSPECTIVES ON INSECTS THROUGH ADVERTISING TRADE CARDS
CHANGEMENTS DE PERSPECTIVE SUR LES INSECTES ILLUSTRÉS PAR LES CARTES PUBLICITAIRES

441

g

h

i

j

k

l

FIGURE 1 (g to l). *Representative insect trade cards*
all from author's collection except i., courtesy Dave Cheadle collection

(Information on individual cards includes name of product; printer; date; size of original in mm)

g. *Sholes Insect Exterminator*; Thomas and Wylie, NY; no date; (76 x 114)
h. *W. S. Plum/Prizer Stoves*; no printer; no date; (71 x 111)
i. *Tanglefoot*; Michigan Lithography, Grand Rapids, MI; no date; (ca. 1910 ?); no size
j. *Mason and Pollards Anti-Malarial Pills*; Mayer, Merkel, and Ottmann, NY; no date; (75 x 117)
k. *Clark spool cotton*; no printer; 1889; (95 x 95)
l. *Tanglefoot*; no printer; no date (ca. 1910 ?); booklet (82 x 134)

between insects on trade cards and subsequent depictions of insects on trading cards (like cigarette card sets or later Liebig issues) is that insects reflect a greater diversity of roles on the earlier cards. On cigarette cards, for example, most insects convey either natural history information or are presented as pest species (often with information relative to their control).

The broad themes behind insect trade cards of all types seem to be aesthetic s, persuasion, and information. Aesthetics was most important in early cards, because the purpose of these cards was to entertain. Cards issued before 1900 offer the greatest diversity in depictions of insects, including many cards with anthropomorphic insects (Figure 1b) and entomomorphic (insect-like) humans (Figure 1d). These images are not unique to cards, but follow contemporary interests and conventions. For example, depictions of insects and brownies, elves, and fairies reflect the late Victorian fascination with fairies. Similarly, anthropomorphic insects appear in some Victorian insect books, such as *Episodes of Insect Life* (Domestica 1851).

Many cards (from the 1880s to 1920s) have pictures of women with insect wings (often with wings showing considerable biological accuracy). Depictions of women with insect wings is a common motif of the Art Nouveau movement, achieving perhaps its greatest expression in the jewelry of René Lalique, which portrays chimeric dragonfly and butterfly women. M. Nissenson & S. Jonas (2000) see the woman with insect wings as combining:

> «...all the themes and potentialities of the Art Nouveau obsession with the female – she is one with nature and yet does not exist in a natural form; she is sublime and predatory; she is eternal while at the same time in transition from one mythic state to another.»

It seems reasonable to suppose some sexual and mythical content also applies to pictures of winged women on trade cards, but the card imagery seems to have arisen independently of Art Nouveau. Art Nouveau was named for a Paris jewelry shop called la Maison de l'Art Nouveau, which opened in 1895 (roughly the start of the Art Nouveau movement). Winged women on trade cards date from as early as 1883 (Liebig Butterfly Girls), 1888 (Kinney Butterfly cigarette cards), and 1890 (Liebig Butterfly Girls II), and were produced as late as 1928 (Player Butterflies [girls] cigarette cards). The 1890 Liebig Butterfly Girls is noteworthy because its images have a strikingly Art Nouveau quality, although they predate the movement. Many Liebig cards were produced in Paris, so perhaps, as the trade cards suggest, insect-winged women was a contemporary theme that preceded Art Nouveau's development of the idea.

Although some later Liebig cards show a clear Art Nouveau influence, sadly these do not include insect images. Other movements or fashions in art of the time do not seem to be reflected in insect imagery. For example, Egyptian motifs were common through the 1800s (reflecting new archeological discoveries) and had a renaissance in the 1920s after the discovery of Tutankhamen's tomb. Although insects (especially scarabs) commonly appear on Egyptian-inspired art, such images are poorly represented on trade cards (although scarabs do appear on a couple cigarette cards).

Another aspect of the aesthetic appeal for some insect images is through the production of what D. Cheadle (1996) calls "whimsy cards". These cards present fanciful images of imaginary creatures or anthropomorphic creatures. Vegetable people are a common theme but insects with human attributes also occur on many trade cards (Figure 1b). Other frequent images are adults, children, or elves riding insects, being pulled by insects, or fighting insects (often bees or flies). Women with insect wings might also be categorized among these whimsy cards, and other examples of entomomorphic characters include women dressed as beetles (Figure 1e) and children dressed as various types of insects.

Persuasive insect trade cards mostly focus either on insects as icons for a product (for example, bees for honey, moths and larvae for silk, or grasshoppers for lawnmowers) or on insects as pests (for example, flies on cards for Allen's fly brick [a poison] or for Tanglefoot flypaper). On many trade cards the persuasive function of the card is left for the text on the card back, and the image may have little association with item or store being advertised. For cards advertising pest control products, however, insects do usually figure in the card illustration, as nuisances (Figure 1g) or threats to livestock or health (in later cards) (Figure 1i). Cards advertising patent medicines are much more strongly directed towards persuasion, often including the illustration. A superb example of this is a card for Mason and Pollards Anti-Malarial Pills, which has a picture of the "fiends" of "malaria, biliousness, and chills" being driven back into a swamp (Figure 1j).

The depiction of insects on cards to convey information about nature largely falls into the trading card era after 1900, rather than with Victorian trade cards. After 1900 card sets on insects by Liebig, many chocolate manufacturers, and cigarette producers all have biological information about insects as a key feature of their sets. Indeed, among some cigarette cards sets about insects (such as Wills 1927 set, British Butterflies, or Ogdens 1932 set, Colour in Nature) the content of the card back text is so detailed that the author must certainly have been a biologist, if not an entomologist. Early trade cards, especially stock cards (mass produced cards sold to stores to allow stamping with the store's name and address), often depict fantasy butterflies – insects with wing patterns that do not occur in nature (e.g. Figure 1c). However, other cards, and particularly later issues, not only show real insects, but also make a point of captioning the illustration of the insect with a genus or species name. Insect cards for the chocolate companies Aiguebelle and Suchard well illustrate this trend (Figure 1f). Ironically, anatomically accurate depictions of insects with captioned species names even appear on some anthropomorphic cards, for example names appear on a series of anthropomorphic beetles from Au Bon Marché (Figure 1b). A small color booklet on North American butterflies given away by Chase and Sanborn

Coffee company in 1900 further illustrates the movement toward field guide style information about insects.

To examine what trade cards can tell us about attitudes towards insects, it is helpful to look in more detail at uses of insects on trade cards. Table 1 presents my attempt at a taxonomy of insect roles on trade and trading cards. Like any such classification scheme this is necessarily artificial. After all, card producers did not employ such categories or rationale in deciding to issue cards. Instead, the key motivation in early trade cards was to provide images that consumers would value. Later, as sets of trading cards supplanted individual trade cards, the informational content of cards became important to encourage consumers to make repeated purchases to complete a series. One proof of this assertion is seen in cards from Liebig: early issues have no explanatory text on the card back, but later issues (after 1900) have substantial text, even at the expense of advertising. Similar differences in explanatory text occur in cigarette cards before ca. 1900 and those thereafter.

I. **Direct Entomological References** – insect, insect product, or insect management images

    A. *Aesthetic/Incidental Images* – pretty pictures of insects (mostly butterflies and moths)
    B. *Biology* – insect identification and natural history
    C. *Entomology as an Avocation* – pictures of insect collecting or studying insects
    D. *Whimsy Cards* – fantasy pictures with an unusual or amusing theme
        1. scaling – depictions of insects among large insects and the reverse
        2. anthropomorphic – depictions of insects with human traits or activities
        3. entomomorphic – depictions of humans with insect features
    E. *Insect Products and Uses* – principally honey and silk
    F. *Insects as Logos* – besides bees and silk moths, grasshoppers often appear for lawn mowers
    G. *Insects as Pests and Pest Control* – insect poisons (including Paris green), fly paper, screens, and other insect traps

II. **Indirect Entomology References** – cards with or without insect images

    A. *References to insect-borne disease* (especially patent medicines for malaria)
    B. *Other references* on cards pertaining to entomological themes

TABLE 1. *Categories of entomologically related trade cards, with subdivisions indicating types of insect depictions*

The broad division into direct and indirect references helps distinguish between cards with or about insects and those that somehow relate to entomology. Direct entomological references on cards usually refer to images of insects or insect control items. Indirect references refer to cards that pertain to some aspect of entomological history. Perhaps the most common indirect references on trade cards are advertisements for malaria cures, the patent medicines.

Within direct references, the subdivisions I've identified are certainly not exclusive. A serious problem in setting categories and evaluating cards among categories is the absence of broad reference data on trade cards. Catalogs exist for some large companies (e.g. Au Bon Marché, Liebig, and Suchard) and for virtually all cigarette cards, but no comparable references exist for all Victorian trade cards. I based my categories on selected references (e.g. Cheadle 1996), my own small collection, and some entomologically related cards from the Dave Cheadle collection, which includes over 15,000 cards. Data from the period indicates stock cards were sold in lots as large as 10,000, and it seems likely the volume of cards produced reached into the millions. D. Cheadle (1996) estimates that the total number of different types of trade cards produced probably exceeds 100,000. Consequently, my observations and conclusions regarding what trade cards tell us about attitudes towards insects are not drawn from as broad a database as is desirable.

Most insect depictions on Victorian trade cards seem to be aesthetic and whimsy cards. A smaller proportion reflect other direct reference categories. The most common insects portrayed on cards (in rough order of abundance) are butterflies, moths, beetles, and grasshoppers, although other types of insects make an occasional appearance (e.g. Figure 1a). Although butterflies are most common, saturniid moths also are represented (Figure 1d), particularly in cards die cut in the shape of the moth. The regular occurrence of saturniid moths on trade cards seems to supports the observation of the insect artist John Cody that saturniids were much more common in North America prior to the late 1900s (Cody 1996).

Other images are reflective of human associations with insects. For example, many cards depict entomology as an avocation or pastime. Individuals, couples, and children with butterfly nets collecting insects are a relatively common images. Similarly, many cards depict children contemplating butterflies or flies on their hand. Other cards that reflect insect collecting as a Victorian hobby include pictures of insects in a frame, like an insect collection (Figure 1h). The insects in a frame are trompe l'œil cards, designed to trick the viewer into seeing the card as three dimensional; in fact, the butterflies on these cards can be punched out to enhance the three dimensional effect. Trompe l'œil effects with other insect cards include images of flies atop an unrelated picture and the "emergence" of ants or butterflies through the cards. Undoubted the visual tricks increased the appeal of the cards and their attractiveness, which was an important goal of advertisers. Besides the use of flies for trompe l'œil, flies appear as nuisances on many insect control trade cards and as an incidental feature on various other cards. These examples suggest how ubiquitous flies were in and around homes of the 1800s.

Images of flies on trade cards offer one striking line of evidence for changes in perspectives arising from new understandings of disease. Trade cards for Tanglefoot flypaper prior to the early 1900s highlight flies as nuisances and even have a comical tone. However, cards issued around 1910 emphasize the importance of flies as spreaders of contagion (Figure 1i). Indeed, a compelling example of this transition is seen in images of children and flies. A Clark's spool cotton thread card of 1889 (Figure 1k) shows an infant examining a fly on its finger, with the caption "Born to be a philosopher." The almost identical image appears later on the front of a Tanglefoot advertising booklet (Figure 11), detailing in doggerel the importance of flies in spreading potentially fatal diseases.

Other examples of changing perspectives about insects include the appearance after 1900 of cards showing insects as horticultural and agronomic pests. Also, by the mid to late 1890s depictions of entomology as an avocation on trade cards seem to disappear. The latest image of butterfly collecting I'm aware of is from a Liebig 1904 set, A Butterfly Chase, in which a butterfly collector is presented as a farcical figure through his single minded pursuit of a butterfly. Although this series may simply be using butterfly collecting as a vehicle for a comic montage, it may also suggest that by 1904 collecting insects was perceived as an old fashioned and possible irrelevant activity.

The impression from trade cards that insects and entomology were of much less popular interest after the turn of the century, is supported by data for cards produced for Au Bon Marché and Liebig. As Table 2 illustrates, the proportions of cards depicting insects from both companies dramatically decreased from 1900 through 1914. Additionally, insect cards produced after 1921 by Liebig show a change in emphasis from images with a mostly aesthetic appeal to those with more natural history information or presenting insects as pests. Because the discovery of the germ theory of disease and the role of insects in disease transmission is coincident with the rise of industrial societies in western Europe and the United States, it may not be possible to differentiate between these factors in changing attitudes towards insects. What does seem safe to say is that images on trade cards after 1900 reflect decreasing interest and appreciation of insects.

Years	Insect Sets	Topic	Total Sets	% Insects
AU BON MARCHÉ				
Before 1898	7	aesthetics, whimsy	228	3.1%
After 1898	0		196	0
Total	7		424	1.7%
LIEBIG				
1872-1899	14	aesthetics, biology	608	2.3%
1900-1914	7	aesthetics, biology, pest, uses	500	1.4%
1921-1943	11	biology, uses	347	3.2%
1947-1973	15	aesthetics, biology, pests	411	3.6%
Total	47		1866	2.5%

TABLE 2. *Number of sets of insect-related cards from two of the largest trade card producers: Au Bon Marché, the Paris department store* (Fidler 1984) *and Liebig Extract of Meat Co., an international meat extract company* (Anonymous 1996, 1998)

Trade cards can offer perspectives on other questions of entomological history. One example involves the third plague pandemic, which started in China in the 1850s. Many Victorian trade cards present strongly racist images. Although blacks are most commonly depicted, Chinese and Irish also are subjects of open prejudice, undoubtedly as a reaction to immigration of these groups to the United States. Many trade card depictions of Chinese show them eating rats, reflective of underlying misunderstandings and distain for cultural differences of Chinese immigrants. It is important to remember that these images appear on advertising cards, so they reflect a view sufficiently widespread so as to qualify as "entertainment" for a card image.

Sometimes there is a price to pay for prejudice and stupidity, and plague exacted that price for American attitudes towards the Chinese. As summarized by D.T. Gregg (1985), the first introduction of plague to North America occurred in San Francisco in 1900. Initial reaction from many business leaders was that either plague did not really occur in the city or if it did occur it was limited to Chinatown. The Chinese themselves initially fought plague control efforts because they perceived these to be a mechanism to further marginalize and stigmatize them. Although San Francisco mayor, James Phelan, supported efforts for plague control, he was voted out of office through the intervention of business interests who opposed the mayor's recognition of the problem. The new mayor, E. E. Schmitz, dismantled the city Board of Health through budget cuts, and Governor Gage of California actively worked against all plague control efforts. The San Francisco epidemic was not contained until 1904, after the intervention of the federal government, which passed national plague control laws, and the election of a new California governor. A second epidemic occurred in 1907 in the aftermath of the 1906 earthquake, although this epidemic was addressed more professionally and rapidly. Unfortunately, the damage was done. Sometime between the initial epidemic and the early 1920s plague escaped the San Francisco Bay area, and by the mid 1900s was endemic across the entire western United States. As a closing observation, it is difficult to consider the history of plague in California and not draw striking parallels with the fiasco of Mediterranean fruit fly introductions and the conflict between state and federal authorities in the 1980s, or, more disturbingly, with the treatment of gays and attitudes at the beginning of the AIDs epidemic in the United States (Shilts 1987).

CONCLUSIONS

As these few examples illustrate, insect trade cards offer some unique insights into popular perspectives of insects and occasionally entomological history. With their depictions of beautiful butterflies and of collecting insects and observing nature, trade cards offer an idyllic view of insects that stands in contrast to many current attitudes. With their depictions of prejudice, trade cards offer jarring expressions of attitudes we abhor, but society has yet to eliminate. Whether as objects of historical interest or as objects of aesthetic value in their own right, insect trade cards are a valuable feature of our cultural entomology heritage.

ACKNOWLEDGEMENTS

The initial development of my interest (and collection) of trade cards followed from my receipt of the 1998 Senior Faculty Holling Family Award for Teaching Excellence, College of Agricultural Sciences and Natural Resources, University of Nebraska-Lincoln (which helped pay for my first cards) and the ongoing support (and forbearance) of my wife, Phyllis Higley. I am indebted to Franklyn Roberts for his many insights into the history of cigarette cards (his web site is unquestionable the best single resource on these cards), to Dave Cheadle, for his encouragement to write about insect trade cards and for the loan of cards from his collection, to Horace Ellis for his assistance in producing the French translation of the abstract, and to Wyatt Hoback, for his assistance and encouragement with Liebig cards and insect ephemera generally.

REFERENCES

ANONYMOUS – 1996, *Catalog of Liebig and other continental trade cards.* London, England, Murray Cards, 80 p.

– 1998, *Catalogo ufficiale dell figurine Liebig.* Milan, Italy, Commercianti Italiani Filatelicic, 406 p.

BAGNALL D. – 1984, *Collecting cigarette cards and other trade issues.* Somerton, England, The London Cigarette Card Company Ltd., 112 p.

BÉGUIN A. – 2000, *A technical dictionary of print making.*
http://www.polymetaal.nl/beguin/alfabet.htm

CHEADLE D. – 1996, *Victorian Trade Cards: Historical Reference and Value Guide.* Paducah, KY., Collector Books, 240 p.

CODY J. – 1996, *Wings of paradise: the great saturniid moths.* Chapel Hill, NC, University of North Carolina Press, 162 p.

DOMESTICA A. – 1851, *Episodes of insect life.* New York, NY, J. S. Redfield, 326 p.

EISLER C. – 1991, *Dürer's animals.* Washington D.C., Smithsonian Institution Press, 369 p.

FILDER A. – 1984, *Catalogue des chromos des grands magasins "Au Bon Marché".* Paris, France, Fildier Cartophile, 119 p.

GREGG D. T. – 1985, *Plague: an ancient disease in the twentieth century.* Albuquerque, NM, University of New Mexico Press, 388 p.

HAMEL D. – 1991, *Atlas of insects of stamps of the world.* Falls Church, VA, Tico Press, 738 p.

MURRAY M. – 1987, *The story of cigarette cards.* London, England, Murray Cards, 128 p.

NISSENSON M. & S. JONAS – 2000, Jeweled Bugs and Butterflies. New York, NY, Harry N. Abrams, 120 p.

RITCHIE C. I. A. – 1979, *Insects, the creeping conquerors and human history.* New York, NY, Nelson Books, 139 p.

ROBERTS F. – 2000, *Franklyn Cards.*
http://www.franklyncards.com/

SHILTS R. – 1987, *And the band played on: politics, people, and the AIDS epidemic.* New York, NY, St. Martin's Press, 630 p.

TWYMAN M. – 1996, *Chromolithography and ephemera.*
http://www.rdg.ac.uk/AcaDepts/lt/main/exhi/exhibit/chromo.htm

CES "BESTIOLES" QUI NOUS HANTENT

Représentations et attitudes à l'égard des insectes chez les Inuit canadiens

Vladimir RANDA

RÉSUMÉ

**Ces "bestioles" qui nous hantent :
représentations et attitudes à l'égard des insectes chez les Inuit canadiens**

Les Inuit ne distinguent terminologiquement qu'une part infime des insectes recensés dans les régions arctiques. En revanche, la catégorie taxinomique *qupirruit* "bestioles" qui se rapproche le plus du taxon Insecta a une définition beaucoup plus large, incluant divers petits organismes comme des crustacés, des araignées, des vers.
Les insectes occupent une place à part dans la culture inuit : absents du domaine de la subsistance, certains ont une présence très forte dans l'imaginaire, notamment dans la tradition orale autour des thèmes récurrents de pénétration et de dévoration, thèmes qu'ils partagent d'ailleurs avec plusieurs petits mammifères. Sur le plan émotionnel, seuls quelques-uns cristallisent des sentiments exacerbés de peur et de répulsion, de façon moins prononcée chez l'enfant que chez l'adulte. Un même insecte peut susciter des émotions contradictoires suivant l'étape de son développement, par exemple indifférence vis-à-vis de l'insecte adulte, et peur panique et dégoût face à sa chenille. Certains insectes exercent une réelle fascination sur les Inuit, en raison de leur comportement étrange ou de leur morphologie insolite, à l'échelle infra-humaine.

ABSTRACT

**These "bugs" that haunt us :
representations and attitudes towards insects among the Canadian Inuit**

The Inuit recognize and name merely a minute part of the Insects identified in the Arctic by entomologists. On the other hand, their taxonomic category *qupirruit* is much broader than that of Insecta, including some crustaceans, spiders and worms.
The insects have a special status in Inuit culture : although they are not used for subsistence, they are the subject of various representations, especially in the oral tradition where they are frequently associated with, together with some small mammals, the recurrent themes of penetration and eating of human beings. Insects cause feelings of fear and repulsion, yet much more among adults than among children. Attitudes displayed toward an insect vary according to the stage of its development : thus, people may be totally indifferent towards an adult insect, and frightened and repulsed by its caterpillar. In general, the Inuit are fascinated by the behaviour and the morphology of microscopic insects, which "freeze" in the winter and revive every spring.

Les insectes dans la tradition orale – Insects in oral literature and traditions
Élisabeth MOTTE-FLORAC & Jacqueline M. C. THOMAS, éds
2003, Paris-Louvain, Peeters-SELAF (Ethnosciences)

On pourrait dire, sous forme de boutade, que parler des insectes[1] aux Inuit, c'est comme parler du menu fretin aux pêcheurs au gros. En effet, la culture inuit s'est construite entièrement autour de la poursuite des grands mammifères terrestres et marins[2] qui assurent l'essentiel de la subsistance de ces sociétés et se trouvent, de ce fait, au centre de leurs préoccupations, que ce soit dans le domaine de l'organisation sociale, des techniques d'appropriation et des savoirs que dans celui des représentations et des rituels.

Rien de comparable en ce qui concerne les insectes, absents du domaine de la subsistance. On ne s'étonnera pas dès lors de ce que les Inuit ne les considèrent pas, en règle générale, comme un sujet de conversation sérieux, digne d'intérêt. Lorsqu'on les presse de questions, ils assurent ne pas s'en préoccuper. Trop insister risque d'incommoder, voire d'agacer ceux des informateurs qui n'aiment pas trop, pour une raison ou pour une autre, aborder ce thème.

Pourtant, il ne faut pas s'y tromper : l'indifférence clamée haut et fort ne signifie pas pour autant absence de réflexion, de connaissances ou de constructions imaginaires. À vrai dire, non seulement certains insectes ne laissent pas indifférent mais ils intriguent et fascinent. Hélas, les matériaux ethnographiques concernant les insectes chez les Inuit sont bien minces : en raison d'une survalorisation dans cette société des grands gibiers, la plupart des auteurs les passent tout simplement sous silence, oubliant qu'ils sont bien plus présents[3] dans l'esprit des Inuit qu'eux-mêmes ne sont disposés à l'admettre.

CLASSIFICATION ZOOLOGIQUE

La classification de la faune chez les Inuit est un système peu hiérarchisé dans lequel les relations d'opposition priment sur les relations d'inclusion. À la différence des autres catégories englobantes vernaculaires dont le contenu correspond à celui des taxa scientifiques (*i.e.* mammifères, oiseaux, poissons), la caté-

---

[1] J'utilise ici le terme "insectes" par simple commodité. En réalité, le terme autochtone *qupirruit* fait référence à un ensemble d'organismes beaucoup plus vaste comprenant, outre les insectes, aussi bien les araignées que certains vers et crustacés. À mon avis, c'est l'expression "petites bestioles" qui se rapproche le plus de la notion de *qupirruit* .
La présente contribution se veut un simple aperçu de ce que les animaux mineurs, notamment les insectes, représentent pour les Inuit de l'Arctique oriental canadien. Une étude approfondie de leur statut dans la culture inuit reste à faire.

[2] Différentes espèces de phoques et de cétacés, morse, caribou, ours polaire, bœuf musqué dont l'importance respective varie selon les groupes. Sauf exception, la part des oiseaux dans l'alimentation est infiniment moindre. La pêche et, localement, la collecte des mollusques, constituent un complément appréciable.

[3] La brève remarque de Murdoch (1898 : 734) renforce cette impression :
   « Much that would be interesting might be said about fishes of the region, as well as what the Eskimos told us of what they thought about the lower animals, but space will not permit. »
Il est dommage que, par la suite, les ethnologues n'aient pas fait preuve d'une même perspicacité. Mes propres enquêtes sur les insectes chez les Iglulingmiut (Baffin/nord de la baie d'Hudson, Nunavut, Arctique oriental canadien) ont été limitées. Je profite cependant de l'occasion pour remercier Nua Piugaattuk, Hubert Amarualik, Aipilik Inuksuk et Emile Imaruittuq, disparus depuis, ainsi que quelques autres personnes, tous d'Iglulik, d'avoir accepté de partager avec moi ne serait-ce qu'une partie de ce qu'ils savaient des *qupirruit*, en dépit des problèmes que cela n'a pas manqué de leur poser.

gorie des *qupirruit* est fortement hétérogène, comprenant, outre les insectes, les araignées et certains crustacés et vers. À l'heure actuelle entrent sous cette étiquette même des microorganismes invisibles à l'œil nu tels les germes pathogènes (Randa 1994). Sans subdivisions[4], la catégorie *qupirruit* se situe au même niveau hiérarchique que les autres catégories englobantes (Figure 1), mammifères terrestres (*pisuktiit*), mammifères marins (*puijiit*), oiseaux (*tingmiat*), poissons (*iqaluit*) et mollusques (*uviluit*).

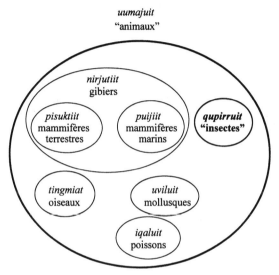

FIGURE 1. *Classification des animaux chez les Iglulingmiut*
(catégories englobantes)

Les traductions que donnent les ethnologues et les lexicographes du terme *qupirruq* témoignent de l'extrême hétérogénéité de ce taxon et de la difficulté à le faire correspondre avec des taxa scientifiques: worm, insect, fly, spider, beetle, any crawling insect or worm, bug, larva, etc.

Outre les caractéristiques d'ordre morphologique (implicitement absence de chair, taille minuscule, possession de pattes et/ou d'ailes), les *qupirruit* se distinguent des autres animaux par un trait de comportement: les Inuit disent qu'en hiver ils "gèlent"[5] et ne reviennent à la vie[6] que l'été suivant lorsque le sol dé-

---

[4] À Iglulik, les gens différencient bien *qupirruit nunamiutait* (insectes terrestres), *qupirruit tasirmiutait* (insectes lacustres) et *qupirruit tariurmiutait* (insectes marins) mais cette distinction a une valeur descriptive et pédagogique, et non classificatoire.
Sur la côte est du Groenland où décidément les choses ne se passent que rarement comme dans le reste du domaine inuit, on semble faire la distinction, à l'intérieur de la catégorie *uumasuaqqat* "les petits vivants" (insectes, araignées, vers), entre "insectes volants" *timmiaqqat* et "insectes non volants" (catégorie non nommée) (Dorais 1984:11).
[5] J'ai recueilli deux termes qui d'ordinaire ne s'appliquent qu'à des matières non vivantes: *quannguvaktut* (*quaq* "soft or liquid substance solidly frozen; esp. frozen meat", Spalding 1998:119) "ils ont

gèle. Cette caractéristique les qualifie pour symboliser la vitalité, qualité utilisée dans le domaine rituel (*cf. infra*).

Les Inuit canadiens ne nomment qu'une infime partie des insectes identifiés par les entomologistes : sur environ 500 espèces recensées au-delà de la limite des arbres dans l'Arctique américain (Freeman s.d.:34), cela fait à peine quelques petites dizaines[7]. Il en est de même des crustacés, vers et araignées. Les petites bestioles qui n'ont pas de nom propre sont simplement désignées par le terme générique *qupirruq* (sg.).

Les catégories autochtones relatives aux *qupirruit* sont le plus souvent sous-déterminées par rapport à la taxinomie scientifique, c'est-à-dire qu'elles correspondent plus souvent à des types d'organismes qu'à des taxa au niveau spécifique ou générique (Tableau 1).

Il arrive que des spécimens présentés aux informateurs ne correspondent pas tout à fait à l'idée qu'ils se font d'un type d'insecte. Ainsi, chez les Iglulingmiut, la catégorie *minnguq* englobe au moins deux genres de Coléoptères à carapace dure de couleur noir brillant, *Pterostichus* et *Amara*[8]. Lorsque j'ai soumis à l'appréciation de plusieurs informateurs un spécimen de charançon (Curculionidae sp.), ils n'ont admis son appartenance à la catégorie *minnguq* qu'à contre-cœur, en quelque sorte faute de mieux, sans expliciter leurs raisons. Il s'est produit la même chose lorsqu'il s'agit de déterminer si des spécimens de Syrphidae entraient dans la catégorie *milugiaq* "taon" (Tabanidae sp.). La plus grande prudence est donc de mise lorsqu'il s'agit d'établir les correspondances entre les catégories autochtones et les taxa scientifiques.

---

l'habitude de devenir gelés"; *qiqijauvaktut* (*qiqijuq* "it has hardened; frozen; solidified (only refers to things which were originally soft, pliant, or liquid, such as liquids, creams, clothing, etc."), *op. cit.*: 116) "ils sont habituellement gelés". C'est comme si les insectes étaient assimilés, pendant la parenthèse hivernale, à la matière non vivante, avant qu'ils ne reprennent vie (*cf.* note 6). Cette alternance entre deux états, celui du vivant et celui du non vivant, semble unique dans le domaine animal.

L'environnement arctique présente un certain nombre de facteurs limitatifs pour la vie animale, notamment d'ordre climatique : températures négatives extrêmes, vents forts, calotte glaciaire (banquise), alternance saisonnière de la lumière et de l'obscurité... Chacune des espèces s'adapte d'une manière spécifique à ces phénomènes.

Une grande partie des mammifères ainsi que les poissons réussissent à affronter sur place les conditions de vie défavorables, par le biais d'une série d'adaptations morphologiques, physiologiques et éthologiques. En revanche, presque tous les oiseaux doivent partir à l'approche de l'hiver vers des contrées plus clémentes ("migration horizontale"). L'opposition migrant/non migrant trouve un écho dans la tradition orale, par exemple dans le conte relatant le mariage entre un corbeau (habitant permanent de l'Arctique), et la bernache migratrice (Rasmussen 1930:17-20).

Les "insectes", quant à eux, entreprennent ce que j'appelle une "migration verticale", c'est-à-dire qu'ils s'abritent dans le sol en attendant le retour des jours meilleurs.

[6] *...maniraq aummat uumajuliqput...* (*uu-* idée de chaleur; *uuma-* idée de vie; *uummat* cœur) "lorsque le sol dégèle ils commencent à vivre", ce qui se manifeste par la mobilité (*aulajuq* "il bouge").

[7] Dans la région d'Iglulik, moins d'une trentaine de catégories sont nommées. Il va sans dire que ne pas être nommé ne signifie pas pour autant ne pas être différencié, mais l'attribution d'un nom est un indice d'une pertinence culturelle.

[8] En l'absence d'une étude ethnoentomologique exhaustive, rien ne nous permet d'affirmer que d'autres taxa n'en font pas partie.

REPRÉSENTATIONS ET ATTITUDES À L'ÉGARD DES INSECTES CHEZ LES INUIT CANADIENS
INSECTS AND THE CANADIAN INUIT: ATTITUDES AND REPRESENTATIONS

453

Catégorie vernaculaire	Nom vulgaire	Nom scientifique de l'espèce
qikturiaq	moustique	*Aedes* sp.
tagiuq	oestre	*Cephenemyia trompe*
kumak	oestre	*Oedemagena tarandi*
milugiaq	taon	Tabanidae sp.
milugiaq?	syrphe	Syrphidae sp.
ananngiq	mouche (calliphoride)	*Calliphora* sp.
	empidide	Empididae sp.
tuktuujaq	cousin (tipule)	Tipulidae sp.
iguttaq	bourdon	*Bombus* sp.
tarralikisaq	papillon (nymphalide)	*Boloria* sp.
	papillon (géomètre)	*cf. Aspitates* sp.
	papillon (noctuide)	*cf. Anarta* sp.
kumak	pou	*Pediculus* sp.
minnguq	carabide	*Pterostichus* sp.
		Amara sp.
minnguq?	charançon	Curculionidae sp.
tulugarnaq	dytique	*cf. Dytiscus* sp.
aasivak	araignée	*Alopecosa asivak*
ulikapaaq	crevette têtard	*Lepidurus arcticus*
kinguk	crustacé amphipode	*Gammarus locusta?*

TABLEAU 1. *Correspondances entre catégories autochtones et taxa scientifiques*

CONNAISSANCES EMPIRIQUES

Ce que les Inuit savent des insectes est très inégal et varie, d'une part, selon les espèces, d'autre part selon les individus[9], au gré de l'intérêt que chacun leur porte.

Parmi ceux dont le cycle de vie est rapporté par les informateurs figure l'œstre (*Oedemagena tarandi*) qui est un parasite du caribou[10] *tuktuup kumanga* ("du caribou, son œstre"). C'est à travers leur expérience du caribou que les Inuit appréhendent certains aspects de la biologie de l'œstre. Chaque étape de son développement est identifiée. L'insecte volant est désigné de deux manières :

- *kumaviniq*, en référence au terme *kumak* lequel désigne, outre la larve d'œstre, le pou et la puce et, plus généralement, certains parasites. L'affixe *-viniq*[11] réfère à quelque chose d'accompli, de révolu. La construction *kumaviniq* indique que l'insecte volant fut, à un moment donné, une larve.

---

[9] Il va sans dire que les exemples rapportés ici ne représentent qu'un aperçu de ce que les Inuit savent sur la question.

[10] *Rangifer tarandus* L. (Cervidae).

[11] Cet affixe entre fréquemment dans la construction des dénominations relatives aux classes d'âge chez les animaux :
- *nurraq* "faon" (caribou), *nurraviniq* (correspond à peu près à la catégorie "hère" chez le cerf élaphe (*Cervus elaphus* L.) mais contrairement à celle-ci ne fait pas de distinction entre mâle et femelle);
- *atiqtaq* "ourson" (ours polaire, *Ursus maritimus* Phipps), *atiqtaviniq* "ours subadulte", etc.

- *iguttaq* (*iguuti* "dard"), nommé ainsi par analogie avec le bourdon auquel il ressemble fortement[12].

L'insecte volant pond des œufs *manniit* (pl.)[13] dans le pelage du caribou où ils se transforment en minuscules larves qui pénètrent sous la peau. Les larves s'y développent pendant l'hiver profitant de la graisse sous-cutanée, dans une enveloppe remplie de liquide. Les Inuit récupèrent ces enveloppes, au moment de dépouiller un caribou (Photos 1, 2 et 3), pour les croquer et avaler le liquide qu'elles contiennent[14]. Au début de l'été, les larves – pas toutes en même temps – sortent du caribou et se laissent tomber[15] au sol où elles se transforment[16], après être passées par le stade de la chenille *miqqulingiaq* (*cf. infra*), en insectes volants qui pondront à leur tour des œufs sur un caribou, entamant ainsi un nouveau cycle. Le degré d'infestation[17] du caribou est variable selon les individus, l'âge et le sexe, les mâles bien gras pendant la période estivale étant, semble-t-il, les plus prisés par l'œstre. De l'avis des Inuit, la présence de l'œstre ne représente pas une gêne importante pour le caribou, la relation entre le parasite et son hôte étant considérée comme quelque chose de naturel. Lorsqu'un caribou est abattu, souvent un œstre s'envole de lui vers le chasseur. S'il se montre trop pressant, on n'aura aucun scrupule à l'écraser avec son pied ou d'un coup de crosse, en prenant soin à ne pas le toucher avec la main (*cf. infra*). Les peaux perforées à maints endroits restent inutilisables pour la confection des vêtements jusqu'au mois d'août, mais ce n'est pas un inconvénient dans la mesure où la mue n'étant pas terminée, elles ne s'y prêtent pas.

Le caribou a un autre parasite diptère nommé *tagiuq* (*Cephenemyia trompe*). Ses larves de différentes tailles, décrites par les informateurs comme minces et pourvues de nombreuses pattes et d'une longue queue, sont présentes, uniquement au printemps, précisent-ils, dans les conduits nasaux de l'animal[18].

Le cycle de vie des papillons *tarralikisaq* (sg., terme générique) est également décrit en termes de stades du développement: cocon (*miqqulingiaksaq* "ce de

---

[12] Les points de différence rapportés par les Inuit sont les suivants: l'œstre est plus petit (*mikiniqsaukuluk*), totalement silencieux (*nipiqanngittukuluk*) et "il vient du caribou" (*tuktuminngaqtuq*). Il n'a pas non plus de dard et par conséquent ne pique pas.

[13] Terme générique pour toutes sortes d'œufs (oiseaux, insectes, araignées).

[14] C'est pratiquement le seul exemple de consommation des insectes chez les Inuit (*cf.* note 36). Cependant, Rasmussen (1931:60) rapporte de l'Arctique central canadien une autre observation: ses compagnons inuit s'étaient régalés, en sa présence, des asticots présents sur la viande de caribou sortie d'une très vieille cache. Face à son dégoût, ils répliquèrent de façon qui, il le reconnaît lui-même, ne manquait pas de bon sens:
> « You yourself like caribou meat, and what are these maggots but live caribou meat? They taste just the same as the meat and are refreshing to the mouth. »

[15] *katagaqtut* (*kataktuq* "il tombe, fait tomber"; *katagaqtuq* "il fait tomber des miettes en mangeant", Spalding 1998:40).

[16] *iguttanngusuungumingmata* "ils ont l'habitude de se transformer en bourdon"; le même affixe *-nnguq-* est utilisé pour évoquer, dans un contexte mythique, la métamorphose d'un humain en animal, et vice versa.

[17] Selon Harper (1955:72), dans la toundra située à l'ouest de la baie d'Hudson, un caribou peut en abriter jusqu'à deux cents environ.

[18] Les informateurs iglulingmiut affirment qu'en éternuant (*tagiuqpuq* "il éternue"), le caribou est capable de projeter ces larves à distance sur un ennemi potentiel qu'elles vont transpercer.

REPRÉSENTATIONS ET ATTITUDES À L'ÉGARD DES INSECTES CHEZ LES INUIT CANADIENS
INSECTS AND THE CANADIAN INUIT: ATTITUDES AND REPRESENTATIONS

455

quoi adviendra une chenille") / chenille (*miqqulingiaq*) / papillon (*tarralikisaq*) perçu comme *miqqulingiaviniq* ("celui qui fut une chenille"). La série dérivationnelle *miqqulingiaq, miqqulingiaksaq, miqqulingiaviniq* traduit l'idée de continuité entre les différents stades de l'insecte.

La mouche (*ananngiq* "qui aime les excréments", Calliphoridae sp. et Empididae sp.) est perçue comme génitrice d'asticots : elle pond des œufs d'où sortent ses "enfants"[19], les asticots (*qitirulliit*[20]), responsables de la corruption des chairs et qui véhiculent l'image de la pénétration des corps (*cf. infra*).

PHOTO 1. *La chasse au caribou n'est pas terminée avec la capture de l'animal, reste à le dépouiller, vider et débiter avant de le mettre sous cache, ou bien de le transporter, sur son dos, vers le rivage où il pourra être chargé dans un canot. Une brève pause-thé s'impose avant que le dur labeur ne commence. Louis Illupalik, son fils Gary et son gendre Bobby Alurut, tous d'Iglulik. Saglarjuk-Amhearst island, détroit Fury & Hecla, Nunavut, Canada, août 1999* (Photo V. Randa)

Plusieurs traits de comportement des araignées intriguent les naturalistes autochtones : par exemple, l'habitude qu'a la femelle de l'araignée de terre *aasivak* (*Alopecosa asivak*) de transporter ses œufs sur son dos dans un cocon. Sa progéniture est fort nombreuse ; une fois adultes, les jeunes araignées sont réputées dévorer leur mère. Un exemple parmi d'autres d'une anthropomorphisation systématique du milieu naturel par les Inuit, les trous creusés dans le sol dans

---

[19] En tunumiisut (Groenland de l'est), la mouche est désignée comme *irni-ir-tuq* "avoir des rejetons/souvent/ce qui" (Dorais 1984 :14).

[20] *qitiq* "the waist or middle of the body; the middle" [terme générique], Spalding (1998 :117); *qitiq-quqpaa* "he goes through its middle" (*op. cit.* :118). Dorais (1984 :114) rapporte du Groenland de l'est, pour le ver à viande, le terme *qili-i-ttiq* "le milieu/atteindre/ce qui" (ce qui pénètre le plus à l'intérieur de la viande).

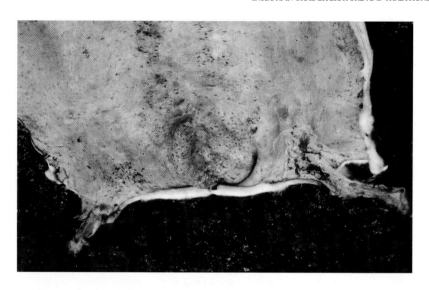

PHOTO 2. *Peau de caribou portant les marques d'œstres (août). Noter leur localisation dans la partie lombaire où se concentre la graisse sous-cutanée.* (Photo V. Randa)

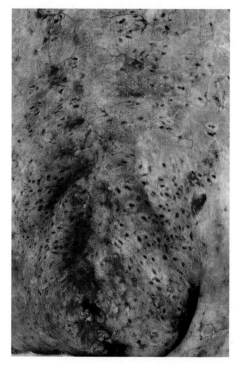

PHOTO 3. *Peau de caribou portant les marques d'œstres (détail)* (Photo V. Randa)

lesquels l'araignée s'abrite sont désignés comme *iglu* (sg.) "habitation". Observer la progression d'une araignée sur la toile de la tente est une façon distrayante de supporter l'inactivité imposée d'une journée pluvieuse. Son habileté à franchir les obstacles, l'inconnu de sa destination ravissent l'assistance en tenant en haleine sa curiosité. Pour ajouter un peu de piment, on peut s'amuser à l'agacer, celle-ci ou la petite araignée *nigjuk* (non identifiée) suspendue à son fil vertical, avec de la fumée de cigarette, guettant avec hilarité leurs réactions. On n'a aucune crainte de l'araignée de terre mais de là à dire qu'on l'apprécie... Un matin, mon voisin de tente s'est levé en racontant qu'il avait rêvé toute la nuit qu'une araignée était tombée dans son sac de couchage. L'expression de son visage racontait que son rêve ressemblait plutôt à un cauchemar. Tuer une araignée a pour effet, dit-on, de faire le vent se lever. Cette causalité ne fait toutefois pas l'unanimité.

Fins observateurs de leur environnement naturel, les Inuit perçoivent la complexité des relations entre ses différentes composantes et en tirent des renseignements utiles pour l'exploitation des ressources animales. Dans le passé, la présence d'un insecte, à un moment précis dans un lieu donné, renseignait sur la présence d'autres animaux. On rapporte que le premier moustique *qikturiaq* (*Aedes* sp.) aperçu au printemps signalait l'arrivée des phoques barbus[21] *ugjuit* près des côtes et leur entrée dans les baies. À la même saison, un bourdon solitaire longeant le rivage annonçait le passage des ombles chevaliers[22] *iqaluit* .

LES NOMS DES INSECTES

La plupart des noms d'insectes sont des constructions figées, inanalysables en unités de signification, qui gardent le secret de leur motivation. En revanche, le phénomène de dérivation lexicale qui concerne quelques-unes de ces désignations rappelle que chez les Inuit, même les plus insignifiants parmi les animaux sont pris en considération dans la perception globale de la faune. Dans un certain nombre de cas, ces termes et leurs dérivés impliquent des animaux appartenant à des catégories englobantes différentes[23] :

♦ *kumak*, "parasite", ici "pou" (*Pediculus* sp.), *kumaruq* (*-ruq*, diminutif) "insecte aquatique" (non identifié), *kumaruaq* (*-ruaq*, ressemblance) "caribou"[10] dans le langage sacré de plusieurs groupes de l'Arctique canadien. Sont donc impliqués dans cette série lexicale deux types d'insectes, l'un terrestre et l'autre aquatique, avec un grand mammifère terrestre. La comparaison entre le pou et le

---

[21] *Erignathus barbatus* Erxleben (Phocidae).

[22] *Salvelinus alpinus* L. (Salmonidae).

[23] Voici quelques autres rapprochements lexicaux impliquant des animaux fort éloignés, que l'on relève notamment dans les dialectes du Nunavik (Québec arctique) :
ugjuk phoque barbu (mamm. marin), *ugjungnaq* musaraigne (mamm. terrestre);
aiviq morse (mamm. marin), *aiviqiaq* bécasseau variable (oiseau);
uugaq morue (poisson), *uugaqsiut* vison (mamm. aquatique);
kiggaviq gerfaut (oiseau), *kiggaluk* rat musqué (mamm. aquatique) (*cf.* Randa 2002b).

caribou était expliquée de la façon suivante : tout comme les poux rampent sur un humain, les caribous envahissent quelquefois la terre en grand nombre (Rasmussen 1930:75, 1932:108-109).

• *tuktu* "caribou", *tuktuujaq* (-*ujaq*, ressemblance) "sorte de cousin (Tipulidae sp.)". Ici, c'est la ressemblance morphologique entre un grand herbivore et un insecte qui motive le rapprochement lexical, sans tenir compte de la différence d'échelle : le cousin possède des pattes longues et fines qui font penser à celles du caribou. Lorsqu'ils se retrouvent pris dans le bec d'un oiseau, les *tuktuujait* (pl.) continuent d'agiter leurs longues pattes, les plus longues de tous les *qupirruit*, précise-t-on.

• *qilalugaq* "béluga"[24], *qilalugaujaq* "insecte (?) marin (non identifié)" : on dit de ce dernier qu'il ressemble à *tulugarnaq* (*cf. infra*). Les raisons de ce rapprochement entre un cétacé et un petit insecte aquatique restent énigmatiques.

• *tulugaq* "grand corbeau"[25], *tulugarnaq* (-*naq* ressemblance) "insecte aquatique (non identifié : *cf. Dytiscus*)". Le rapprochement entre un oiseau typiquement terrestre et un insecte aquatique repose aussi bien sur la ressemblance morphologique –tous deux sont de couleur noire– qu'éthologique : les déplacements de l'insecte à la surface de l'eau font penser au vol du corbeau.

• Une autre paire lexicale réunit un insecte avec un petit oiseau : *qaurulliq* "carabe (?) de couleur noire avec un front blanc" (Schneider 1985:294), *qaurulligaq* "alouette cornue"[26], petit oiseau à tête en partie noire.

REPRÉSENTATIONS, ÉMOTIONS

La présence remarquée de certains insectes dans l'imaginaire inuit contraste avec leur absence quasi totale du domaine de la subsistance. L'éventail des émotions qu'ils suscitent s'étend de l'indifférence à la fascination, du dégoût à la terreur. Les appréciations positives sont pratiquement inexistantes, quel que soit le point de vue et l'insecte. Cependant, la perception qu'en ont les Inuit est susceptible d'évoluer en fonction de plusieurs paramètres :
- l'insecte lui-même : seuls quelques-uns sont très chargés émotionnellement (bourdon, mouche-asticot, chenilles, etc.) ;
- le stade de son développement : l'indifférence vis-à-vis de l'insecte adulte (papillon) laisse la place à la peur et au dégoût devant sa chenille ;
- les circonstances de la rencontre.

Quelques-uns suscitent systématiquement des réactions de peur et/ou de répulsion, réactions plus prononcées chez l'adulte que chez l'enfant. Pour ce der-

---

[24] *Delphinapterus leucas* Pallas (Monodontidae).
[25] *Corvus corax* L. (Corvidae).
[26] *Eremophila alpestris* L. (Alaudidae).

nier, la curiosité prévaut souvent sur l'appréhension. De tous les *qupirruit* , le bourdon (*Bombus* sp.) est probablement celui qui polarise le plus de sentiments négatifs : *quinaqpunga* "Je ressens du dégoût, de la répulsion", commentent les informateurs à son sujet : à en juger d'après leurs gestes et paroles, c'est son corps velu qui provoque ces sensations ; *kappiagigakkit* "J'ai peur d'eux, j'en suis effrayé".

Donc, le dégoût se combine avec la peur, peur de se faire piquer. D'ailleurs, le nom du bourdon (*iguttaq*) fait référence à la possession du dard *iguut* "ce qui sert à piquer", souci principal des personnes mises en sa présence : *nauk kapuutinga*[27] ? "Où est son dard ?", s'écrient-ils. L'apparition d'un bourdon soulève immanquablement un vent de panique : il n'est pas rare que les gens perdent tout contrôle d'eux-mêmes, les cris d'effroi s'accompagnant de grimaces et de postures exprimant le dégoût le plus profond. Comme souvent dans le registre trouble des émotions, les attitudes les plus négatives ne sont pas entièrement exemptes d'un sentiment de curiosité, voire de fascination[28]. La phobie du bourdon et des "bestioles" en général se construit et s'accentue progressivement au cours de l'existence de l'individu, les tout jeunes enfants étant plus fascinés qu'effrayés ou dégoûtés. Un autre insecte, le taon *milugiaq* (Tabanidae sp.), qui pique et suce le sang, ne suscite aucune frayeur. Il est vrai qu'il est d'un aspect tout à fait différent, plus petit et non velu. Il en est de même du moustique (*Aedes* sp.) *qikturiaq*, fort embarrassant mais nullement craint. Effrayer et répugner n'est pas le privilège du seul bourdon. Quelques autres "bestioles" sont associées à la hantise de la pénétration (par les orifices corporels) et de la dévoration (de l'intérieur du corps). Ce sont là les thèmes récurrents de la tradition orale inuit qui continuent de trouver un écho favorable auprès des Inuit contemporains.

Dans un conte largement diffusé à travers l'Arctique américain, une femme trompe son mari avec l'esprit du lac qui se manifeste sous la forme d'un énorme pénis qui émerge de l'eau chaque fois qu'elle s'approche du rivage. Lorsque le mari bafoué découvre la conduite de sa femme, il tranche le pénis de l'amant lacustre et le fait cuire. Après en avoir fait manger à sa femme, il la fait se déshabiller et s'asseoir sur une peau sur laquelle il a, auparavant, déversé des asticots[29]

---

[27] *kapuut* (*kapu*- idée de percer, transpercer; "ce qui sert à transpercer"), autre désignation du dard. Désigne un épieu à caribou ("caribou lance") chez les Umingmaktuurmiut (Rasmussen 1932 : 96).
Le même auteur (1932 : 47) rapporte une utilisation rituelle du bourdon qui semble s'inscrire dans l'idée des coups donnés ou reçus :
« bees, sewn into a piece of skin and placed in the armhole of the inner coat, give hard blows when boxing and great ability to stand hard blows ».

[28] Il n'est qu'à songer aux personnes qui dans nos sociétés poussent des hurlements en voyant à la télévision des mygales ou des araignées, tout en restant magnétisées par le spectacle.

[29] Rasmussen parle des asticots (maggots), tandis que Boas mentionne « ... all kinds of insects – spiders, beetles, and others. »
À plusieurs reprises, Rasmussen (1932) se fait l'écho de la façon dont les Umingmaktuurmiut percevaient, dans leurs créations poétiques, la destruction du corps d'un défunt par les bestioles (*qupirruarjuit*) :
« [...] But else I choke with fear
At greedy maggot throngs ;
They eat their way in

qui ne tardent pas à l'envahir par tous les orifices de son corps et à la dévorer (Boas 1907:223, Rasmussen 1929:221-222).

Un autre conte rapporte la mésaventure d'un homme tellement effrayé par les bestioles qu'il va camper, au cours d'un voyage en traîneau, sur un îlot à l'écart de ses compagnons. Manque de chance, c'est là qu'il est surpris par des *qullugiat*, sortes de vers[30] qui finissent par le tuer en envahissant toutes les ouvertures de son corps. La leçon à retenir selon les Inuit: il ne faut pas montrer sa peur, sinon les vers vous tueront (Rasmussen 1929:304). Deux "bestioles" vivant dans des petits lacs dans les collines, *pamiulik* (non identifié) et *ulikapaaq* (crustacé, *Lepidurus arcticus*), sont réputées extrêmement dangereuses, non pas qu'elles pénètrent de force dans le corps des humains mais parce qu'elles se font avaler avec l'eau. Une fois avalées, elles dévorent les entrailles de la personne, dit-on. Il existe pourtant une parade pour les neutraliser qui consiste à faire bouillir l'eau. Un grand chasseur a déclaré sans rire que *pamiulik* était ce qu'il craignait le plus parmi les animaux[31]. Le thème de la pénétration et de la dévoration n'est pas réservé aux seuls insectes ou crustacés: sont également impliqués plusieurs petits mammifères habitués à vivre sous les rochers (hermine[32] *tiriaq*) ou dans des galeries creusées dans le sol et dans la neige (lemming[33] *avinngaq*, spermophile[34] *siksik*), désignés jadis dans le langage sacré comme *putuuqtiit* "les pénétrants" (Rasmussen 1931:312). On les disait capables de tuer une personne ou un animal – le plus souvent, on mentionne le caribou –, en se frayant le passage à travers leur corps, en entrant par l'anus.

Au chapitre des attitudes paradoxales, le conte narrant l'adoption par une femme qui ne pouvait avoir d'enfant, d'une "larve" (*qupirruq*)[35], selon Rasmussen (1929:268-269, 1930:33-34). La femme est si attachée à son enfant adoptif qu'elle l'allaite avec son sang, au risque de mourir d'hémorragie. Elle est sauvée par les gens de son campement qui jettent la larve aux chiens lesquels ne se font pas prier pour la déchiqueter.

At the hollow of my collarbone
And in my eyes,
ayi, yia ya. [...]» (Rasmussen 1932:136)

Dans une glose à propos de la clavicule, il apporte (1932:294) d'autres précisions sur la perception du corps:

> *angmannakkaluit* «the hollows at the collar-bone. *angmannak* (dualis) the two openings; only used poetically in this sense in songs describing the destruction of the body after death (by worms and maggots), it being thought that maggots have a predilection not only for the eyes but also for the two hollows at the collar bone, where they have easy access to the body.»

[30] Le terme *qullugiaq* désigne, selon les sources: ver, chenille, larve, serpent, ver de terre, donc quelque chose d'allongé et rampant.

[31] Noter que l'animal qui dévore en vrai, en trois fois rien de temps, tout ce qui tombe dans la mer, qui nettoie net jusqu'à l'os, le gammare (Gammaridae) appelé *kinguk*, ne suscite absolument aucune crainte. Le gammare est à la fois dévoreur de cadavres et proie de nombreux animaux.

[32] *Mustela erminea* L. (Mustelidae).

[33] *Dicrostonyx torquatus* Pallas et *Lemmus sibiricus* Kerr (Muridae).

[34] *Spermophilus parryi* Richardson (Sciuridae).

[35] Dans la version qu'il m'a confiée en 1990, Emile Imaruittuq utilise le terme *miqqulingiaq* "chenille".

La capacité des insectes, malgré leur apparente fragilité, à résister aux rigueurs du climat, le fait qu'ils reviennent immuablement à la vie après chaque hiver, sont perçus par les Inuit comme une marque de forte vitalité[36], qualité qu'ils cherchaient dans le passé à s'approprier par le biais de procédés rituels. Rasmussen (1929:170) en rapporte un exemple impliquant le bourdon tant décrié :

> « A live bee must be rolled over the back of a pregnant woman and afterwards kept; when she gives birth to her child, this bee will become an effective amulet; fastened on top of the head in a hair band, it gives long life. »

Si l'on interprète correctement les paroles de Rasmussen, la force vitale issue du bourdon est en quelque sorte "stockée" par la femme enceinte en vue d'une transmission ultérieure à son enfant. Un autre témoignage (Boas 1907:515) mentionne l'analogie entre la pousse des cheveux chez l'enfant (seules les filles?) et le bourdon :

> « To promote the growth of hair of a girl, her hair is washed with blood; or a bee is attached to her hood, but this is believed also to produce lice. »

Il faut rappeler ici que le bourdon est un insecte couvert de velours *miqquit*, terme qui désigne également les poils (outre la chevelure) chez les humains et le pelage chez les animaux. Or, il existe des analogies explicites entre l'anatomie animale et l'anatomie humaine, notamment cheveux, plumage et bois de caribou[37]. L'effet secondaire – l'apparition des poux – n'est pas vraiment un inconvénient dans la mesure où leur présence, tout à fait acceptée jadis, était interprétée comme signe de vitalité.

Parmi les amulettes collectées par Rasmussen (1931:43) chez les Nattilingmiut, plusieurs impliquaient des bestioles recherchées comme une source de force :

> « a bee with all its progeny sewn into a piece of skin and fastened to the hood gives a strong head; a fly, which gives invulnerability because a fly is difficult to hit, and water-beetle, which gives strong temples. »

---

[36] Cette idée se manifeste dans la nomenclature : au Groenland de l'est, les insectes et assimilés sont appelés *uumasuaqqat* "les petits vivants" (Dorais 1984:11; *cf.* note 14).
Rasmussen (1931:11) rapporte l'histoire d'une tentative de réanimation par son père, au moyen d'un chant magique, d'un noyé :
> « He carried him up to the bank and tried to call him to life with a magic song. It was not long before a caterpillar crawled up on the face of the corpse and began to go round its mouth, round and round. Not long afterwards the son began to breathe very faintly, and then other small creatures of the earth crawled on to his face, and this was a sign that he would come to life again. [...] »
Que des bestioles surgissent sur le visage du noyé fut interprété comme un signe précurseur de son retour à la vie. Hélas, la tentative de réanimation échoua car le pouvoir des mots "magiques" prononcé par le père fut annulé par l'impureté d'une femme.
Un homme d'une trentaine d'années m'a confié récemment que son père, disparu alors qu'il était tout jeune enfant, avait l'habitude de manger, pour des raisons qu'il ignore encore aujourd'hui, des bourdons. Quand lui-même voulut en goûter, son père refusa arguant qu'il était trop jeune (*cf.* note 14).
[37] Pour le détail, *cf.* Randa (2002a et 2002b).

CODE DE CONDUITE VIS-À-VIS DES INSECTES

On pourrait croire que le système de prescriptions, extrêmement contraignant dans la société inuit traditionnelle, ne concernait que les animaux les plus indispensables. À l'écart des échanges entre la société et les puissances tutélaires, les insectes ne semblent pas en effet avoir fait l'objet de traitements propitiatoires à l'image de ceux mis en œuvre pour les gibiers importants. Pour autant, même les plus insignifiants d'entre eux ne se situent pas dans un espace de non droit. Concrètement, cela veut dire qu'il est prohibé, sans raison valable, de faire souffrir ou d'attenter à l'intégrité physique de tout être vivant, qu'il soit grand, puissant et indispensable à la société, ou bien minuscule et insignifiant, sous peine d'être frappé en retour. Comme ailleurs, en grandissant, les enfants inuit prennent conscience de leur pouvoir sur l'existence des autres êtres vivants. Il leur arrive de maltraiter les petites bestioles, au grand dam des adultes –notamment les femmes qui jouent là un rôle pédagogique important– qui les mettent en garde contre de tels agissements. Ce qui ne porte pas à conséquence chez un tout jeune enfant jugé non responsable de ses actes –on lui fera cependant une leçon de morale –, est considéré comme gravissime chez un adulte. Tous les témoignages relatifs aux personnes ayant volontairement maltraité les insectes sont unanimes : toutes ont été punies selon le principe imparable de la réciprocité, même des années plus tard (Randa 1995). La société inuit refuse, à ce niveau-là, d'opérer des distinctions et des hiérarchies dans la façon de traiter les animaux, quels qu'ils soient. Le pacte de bonne conduite entre les humains et les autres êtres vivants est donc global, sans exclusive aucune.

LE MOT DE LA FIN

De tous les animaux, les insectes ont le statut le plus paradoxal dans la société inuit : loin de ses préoccupations quotidiennes, ils occupent cependant une place à part dans son imaginaire. D'apparence parfois insolite, appartenant à l'échelle infra-humaine, vivant à proximité immédiate du sol, se déplaçant d'une manière souvent bizarre, capables de se multiplier à l'infini, les insectes ne sont visibles que par intermittence, disparaissant à l'approche de l'hiver sous une épaisse couche de neige ou de glace, pour "ressusciter" l'année suivante.

Le goût de certains parmi eux pour les matières organiques dont ils causent la corruption, leur statut de parasites vivant au détriment des autres êtres vivants, tout cela favorise leur association avec l'idée de la dévoration et de la mort, thèmes omniprésents dans la tradition orale.

Qupirruit « Vous avez dit insectes ? Beurk ! »

REMERCIEMENTS

Je remercie sincèrement les personnes suivantes pour leurs identifications :
Paris, Muséum National d'Histoire Naturelle – Loïc Matile, Gérard Luquet, Thierry Deuve, Jean-François Voisin, Jean-Claude Ledoux, Pierre Lozouet ;
Canada – Derek Taylor.

RÉFÉRENCES BIBLIOGRAPHIQUES

BOAS F. – 1907, *The Eskimo of Baffin Land and Hudson Bay*, Bulletin of the American Museum of Natural History, vol. XV(1-2), 570 p.

DORAIS L. J. – 1984, Sémantique des noms d'animaux en groenlandais de l'est, *Amerindia* 9:7-23.

FREEMAN T. N. – s.d., ... and Butterflies and Beetles too! *The Unbelievable Land. 29 Experts Bring Us Closer to the Arctic* (I.N. Smith, ed.). Department of Northern Affairs and National Resources and the Northern Service of the Canadian Broadcasting Corporation.

HARPER F. – 1955, *The Barren Ground Caribou of Keewatin.* Lawrence, University of Kansas, The Allen Press, 163 p.

MURDOCH J. – 1898, The Animals Known to the Eskimos of Northwest Alaska. *The American Naturalist* XXXII, 382:719-734.

RANDA V. – 1986, *L'ours polaire et les Inuit.* Paris, SELAF (Ethnosciences 2), XVIII+323 p.

– 1994, *Inuillu uumajuillu. Les animaux dans les savoirs, les représentations et la langue des Iglulingmiut (Arctique oriental canadien)* (Thèse de doctorat). Paris, École des Hautes Études en Sciences Sociales, Paris, 486 p.

– 1995, Des offrandes au système de quotas : changements de statut du gibier chez les Iglulingmiut (Nunatsiaq/Territoires du Nord-Ouest, Arctique oriental canadien). *Peuples des Grands Nords. Traditions et transitions* (A.V. Charrin, J.M. Lacroix & M. Therrien, dir.). Paris, Presses de la Sorbonne Nouvelle/INALCO, pp. 289-304.

– 2002a, Perception des animaux et leurs noms dans la langue inuit (Canada, Groenland, Alaska). *Lexique et motivation : perspectives ethnolinguistiques* (N. Tersis & V. de Colombel, éds). Paris, Peeters-SELAF (Numéros Spéciaux 28), pp. 79-114.

– 2002b, "Qui se ressemble, s'assemble". Logique de construction et d'organisation des zoonymes en langue inuit, *Études / Inuit / Studies*, 26(1):71-108.

RASMUSSEN K. – 1929, *Intellectual Culture of the Iglulik Eskimos.* Report of Fifth Thule Expedition 1921-24, VII/1. Copenhagen, Gyldendalske Boghandel, 308 p.

– 1930, *Iglulik and Caribou Eskimo Texts.* Report of Fifth Thule Expedition 1921-24, VII/3, 164 p.

– 1931, *The Netsilik Eskimos. Social Life and Spiritual Culture.* Report of Fifth Thule Expedition 1921-24, VIII/1-2, 550 p.

– 1932, *Intellectual Culture of the Copper Eskimos.* Report of Fifth Thule Expedition 1921-24, IX, 350 p.

SCHNEIDER L. – 1985, *Ulirnaisigutiit. An Inuktitut-English Dictionary of Northern Quebec, Labrador and Eastern Arctic Dialects (with an English-Inuktitut Index)* (trad. D.R. Collis). Québec, Les Presses de l'Université Laval, X+507 p.

SPALDING A. – 1998, *A multi-dialectal outline Dictionary (with an Aivilingmiutaq Base).* Iqaluit, Nunavut Arctic College, XI+195 p.

LES BLATTES DANS UN QUARTIER
D'HABITAT SOCIAL DE RENNES

Nathalie BLANC

RÉSUMÉ

Les blattes dans un quartier d'habitat social de Rennes

Un travail de recherche au sujet des représentations et pratiques à l'égard de la blatte et d'autres animaux a été entrepris avec des éco-éthologues, spécialistes de cet insecte, afin de comprendre l'échec de la désinsectisation conduite dans trois tours d'un quartier d'habitat social de Rennes. Essentiellement, les blattes sont associées à la saleté, aux étrangers et à la maladie ; les citadins parlent peu de leurs conditions de vie sinon pour remarquer qu'elles aiment la chaleur, l'humidité et fuient la lumière. Certains ont même développé des pratiques de chasse et tentent de surprendre les blattes, la nuit dans la cuisine, pour les tuer.

Aujourd'hui, avant tout, son aspect, le fait qu'elle fuit la lumière, tendent à associer la blatte à la saleté, ce qui rend sa présence incompréhensible en ville qu'on se représente comme un milieu technique ou qui fait de la ville un milieu dégradé : les animaux qui y vivent sont décrits comme des mutants.

ABSTRACT

Cockroaches in the real-life of a social housing neighborhood of Rennes

A social investigation of the way in which cockroaches are perceived has been conducted in a tower block in the south of Rennes (France). It followed the disinfection undertaken over two years by eco-ethologists specializing in the population dynamics of this insect. Social scientists attempted to explain why the disinfection procedures failed in one of the buildings.

Essentially, cockroaches are associated with filthiness, foreigners and sickness. Cockroaches' living conditions aren't generally discussed, except to remark that they like heat, damp and live at night. Some have even developed hunting techniques : they come to the kitchen during the night to kill them.

Today, it's above all its appearance and the fact it flees light that results in its association with dirtiness. Its presence in cities, considered to be technically advanced, is incomprehensible, or a sign of the degradation of a city : the animals which live there are considered mutants.

Les géographes travaillent peu les rapports de langage. Ils étudient rarement l'animal et depuis peu, les représentations de l'environnement (Bailly, 1985). Pour moi, l'étude des représentations et pratiques des citadins vis-à-vis de la blatte correspond au désir de renouveler les études urbaines et de comprendre le

Les insectes dans la tradition orale – Insects in oral literature and traditions
Élisabeth MOTTE-FLORAC & Jacqueline M. C. THOMAS, éds
2003, Paris-Louvain, Peeters-SELAF (Ethnosciences)

développement des problèmes d'environnement dans les sociétés contemporaines.

INTERDISCIPLINARITÉ

Dès 1993, un constat est formulé: malgré son importance et son actualité, le rôle de la nature dans le bien-être des citadins est peu approfondi (Blanc 1996, Blanc & Mathieu 1996). De manière générale, les disciplines de la ville n'ont pas analysé l'espace urbain en termes de rapports des citadins à la dimension bio-physique de la ville et à la nature (Topalov 1989). Dès lors, des chercheurs qui s'inscrivent dans le courant préconisant l'interdisciplinarité (Legay 1986, Jollivet 1992) font des rapports ville/nature une question de recherche.

À cette époque, également, les ministères de l'Équipement et de l'Environnement lancent un appel d'offres dans le cadre du programme "écologie urbaine", questions à l'environnement urbain (Plan Urbain SRETIE 1992). Pour des éco-éthologues, spécialistes de la blatte, désireux d'appliquer en milieu urbain les connaissances acquises sur la dynamique de population de cet insecte, cet appel à projets constitue une opportunité.

En effet, après deux années consécutives consacrées à la désinsectisation de trois tours d'un quartier d'habitat social de Rennes (France), les éco-éthologues constatent leur échec dans une des tours. Pourtant, le type d'insecticide n'est pas en cause: deux produits différents ont été testés dans cet immeuble, dont un avec lequel de meilleurs résultats ont été obtenus dans un autre bâtiment. Ce qui permet de voir que le choix de l'insecticide utilisé dans un immeuble donné n'est pas un facteur déterminant dans le succès d'une campagne de désinsectisation. D'autres facteurs sont analysés. Par exemple, la présence des blattes – dans ce cas de *Blatella germanica*, espèce la plus répandue – n'est pas liée à la durée d'occupation de l'appartement: celles-ci sont bien établies dans les tours. Cependant, le nombre de blattes et leur présence persistante sont associés au nombre élevé d'habitants au m^2. L'augmentation de l'encombrement provoque une augmentation du nombre d'abris et une diminution de l'efficacité des traitements: il devient impossible de le faire systématiquement.

Aucun de ces facteurs objectifs ne pouvant expliquer la réussite ou l'échec de la désinsectisation, les éco-éthologues font appel à des spécialistes de sciences sociales (Mathieu *et al.* 1997) soucieux de réintroduire la dimension naturelle de la ville dans l'analyse urbaine, pour comprendre les représentations et pratiques des citadins qui jouent dans la dynamique de population de cet insecte. Les géographes se réapproprient la question: ils tentent de comprendre la variabilité des représentations et pratiques et de la mettre en rapport avec les cultures de "l'habiter"[1].

---

[1] Par la suite, cette enquête sera élargie à d'autres types d'habitats et aux villes de Paris et de Lyon.

Très vite, au travers d'enquêtes auprès des habitants des trois tours, nous nous rendons compte que, ni l'origine des personnes, ni leur niveau de ressources, ni d'autres facteurs ne peuvent faire comprendre le rapport à la blatte. En effet, l'origine des personnes ne joue pas : en ville, les ruraux et les citadins d'origine, les hommes et les femmes, tous expliquent avoir horreur des blattes. Seuls, les termes employés pour décrire cette répulsion varient. En ce qui concerne les pratiques, dont l'analyse a été réalisée pour partie à travers ce que les enquêtés en disent, elles sont, elles aussi, relativement uniformes. La majorité des personnes dit utiliser un insecticide au moins une fois par mois ou/et les tuer avec le pied ou un autre objet-outil. Le niveau de ressources n'est pas d'avantage un élément pertinent pour comprendre les pratiques et représentations qui ne favorisent pas l'élimination de la blatte. Deux personnes dont le niveau de ressources est équivalent vivent des situations qui ne peuvent être comparées : l'une a réussi à s'en débarrasser complètement, alors que les blattes pullulaient quand elle a emménagé, la seconde a toujours beaucoup de blattes.

À ce stade, telle était l'hypothèse, il semblait important de comprendre la relation à la blatte comme un rapport à l'appartement, à l'immeuble, au quartier, au fait de vivre dans ce quartier d'habitat social de Rennes. De façon plus générale, il s'agissait d'étudier la place de l'animal dans le bien-être en ville. En confrontant systématiquement les données concernant la blatte, l'habitat, et celles, relatives à l'habitant et les entretiens, j'ai pu dégager quelques éléments de réponse.

DEDANS/DEHORS : LES REPRÉSENTATIONS DE L'INSECTE

Tout d'abord, les représentations de cet insecte, communément appelé "cafard" et scientifiquement "blatte", font intervenir le rapport du citadin à l'espace domestique et à l'espace collectif ou public. Ainsi, plus que tout autre animal, la présence de la blatte chez soi montre la perte de maîtrise du logement, son occupation perturbatrice et abusive. Souvent, dans la cuisine, lieu devant être plus propre que d'autres, étant associé à la préparation de la nourriture, la blatte entre dans les boîtes des aliments, circule dans la vaisselle.

> « J'allumais la lumière et elles partaient… C'était dégoûtant. Ce n'est pas terriblement sale, mais quand vous imaginez toutes ces petites bestioles en train de rentrer dans votre riz, farine… Les insectes, on a quand même du mal, ce sont des intrus à partir du moment où ils ne devraient pas être là, pas dans mes petites affaires… »

Ce rejet est renforcé par l'idée que, par mégarde, on risque de porter à sa bouche un objet ou d'avaler un aliment qui a été en contact avec la blatte.

Plus encore, la blatte, venant de l'extérieur, est souvent associée au voisin qui serait à son origine ou aux étrangers dont la nourriture les attirerait : non seulement, ils mangent certains aliments, mais, surtout, laissent traîner leurs poubelles sur les paliers, n'observent pas les règles d'hygiène régissant la vie collective, en France. Du coup, dans les discours, ils contribuent à la dégradation de l'habitat[2].

La blatte est un intrus, mais, vite, devient un envahisseur. Les citadins sont "envahis". Tel est le terme utilisé. Son emploi (Le petit Robert) renvoie directement, en ce qui concerne cet insecte, à son nombre. Cela veut dire : "se répandre en grand nombre dans un lieu de manière excessive ou gênante". Cela concerne la reproduction de l'animal, sa prolifération. Des qualificatifs lui sont accolés "excessif" ou "gênant", qui renvoient, tous deux, à la question du "seuil de tolérance" : quel nombre d'animaux devient excessif ou gênant? Ce seuil est culturel. Il importe de comprendre son mode d'appréciation qui dépend de l'espèce de l'animal, du lieu où on le trouve. Pour la blatte qui ne peut être individualisée, la présence d'une seule témoigne de la possibilité qu'il y en ait d'autres. Une, c'est donc déjà trop. À tel point qu'évoquer l'intrusion de cet insecte dans l'appartement, revient à la comparer à de l'eau : la blatte, dit une habitante, "ça passe partout, c'est comme l'eau, une petite fêlure suffit!" Comme le rat, l'évoquer en nombre, c'est imaginer une "nappe d'eau". Aussi, les citadins disent qu'elle est indestructible, ce qui renforce le sentiment d'être envahi :

> « J'ai vu des gens proches les combattre : c'est une angoisse! Ça ne meurt jamais vraiment. C'est l'impression d'être envahi. C'est charognard : tous les déchets que font les gens, ils en profitent. C'est lié à la négligence, si l'on n'est pas vigilant sur le fait qu'il y ait un ou deux cafards, la semaine suivante, on se retrouve avec cent. »

Il est probable que l'idée d'invasion soit associée à celle de l'animal, comme saleté. La blatte est une saleté : elle est associée aux déchets dont elle se nourrit ; elle est une saleté dans la mesure où elle n'est pas à sa place : comme une miette tombée au sol ; enfin, elle est associée à l'idée de mort :

> « On imagine une coccinelle avec une personnalité, une histoire, mais pas le cafard car c'est tabou : il est porteur de mort! »

Cependant, les citadins interrogés ne l'imaginent pas comme vecteur de maladies. Ce qu'elle est, disent les écologues avec qui nous avons travaillé.

> « On sait depuis longtemps que la présence de blattes peut avoir des risques pour la santé publique. Elles peuvent disséminer des agents pathogènes, car elles transportent de manière passive des bactéries, des vers, des champignons, des virus et des protozoaires qui peuvent causer, par exemple, des empoisonnements alimentaires et autres formes d'infection. Dans la mesure où les blattes ne sont pas un vecteur obligatoire pour ces espèces, leur rôle exact dans la dissémination d'agents pathogènes est rarement défini avec précision. Cependant, les blattes peuvent contaminer la nourriture, en y déposant des bactéries qu'elles transportent passivement. De plus, ces bêtes peuvent déclencher des

---

2 De manière générale, les études en sciences sociales conduisent à considérer comme une tendance importante de penser le monde humain à partir des représentations du monde naturel et vice-versa. Les valeurs jouant dans la définition du monde naturel sont importantes dans la pensée de l'ordre humain, elles servent à en préciser les limites.

> « Les travaux de nombre d'anthropologues donnent à penser que c'est une tendance permanente de la pensée humaine de projeter sur le monde naturel (et en particulier sur le règne animal) des catégories et des valeurs provenant de la société humaine, puis de s'en resservir pour critiquer ou renforcer l'ordre humain, en justifiant quelque disposition particulière, sociale et politique, par la raison qu'elle est d'une certaine manière plus "naturelle" que tout autre à sa place. » (Thomas 1985 : 77, 249)

phobies qui impliquent la peur irrationnelle et incontrôlée d'insectes, en général, et des blattes, en particulier. »

Aussi, pour la qualifier de saleté, les citadins s'attachent à l'aspect de l'animal et au terme qui le qualifie dans le langage commun.

« Le cafard, je le place dans la saleté, je suis dans la pensée commune. Je suis même écœurée par le cafard. Au travers du cafard, tu te sens cafard, il te ramène à quelque chose. Le cafard, ça se résume assez à avoir le cafard. Ça te ramène à des moments cafardeux de ton existence. Tu n'as qu'une envie, c'est de l'écraser. »

Ce rejet de la blatte, le fait qu'elle soit considérée comme l'une des principales nuisances dans des quartiers d'habitat social, pose un problème de responsabilité. Les bailleurs HLM[3] sont considérés comme responsables, même s'ils ne sont pas à l'origine de la nuisance.

« Ce sont des cafards, il ne faut pas se laisser faire, mais porter plainte aux HLM! Au début, les HLM ne voulaient rien faire, et quand je suis allée aux réunions, j'ai dit qu'il fallait que tout le monde prenne une dizaine de cafards et amène ça aux HLM! Mais vivants et dans un mouchoir! »[4]

---

[3] H.L.M. : Habitation à Loyer Modéré.

[4] Les pratiques publiques de contrôle de la blatte :
1) Les gestionnaires HLM : en général, une entreprise privée est chargée par l'office HLM de faire le travail. L'applicateur passe dans l'immeuble après un affichage dans le hall de l'immeuble, parfois très court – mais souvent les affiches ne sont pas lues – puis il fait du porte-à-porte. Beaucoup de gens sont absents. Beaucoup d'appartements ne sont donc pas traités, et les appartements qui sont traités ne sont pas toujours ceux qui en auraient le plus besoin. Chaque locataire décide s'il doit prendre le traitement proposé par l'office ou non. En aucun cas le traitement ne peut être imposé. Lors du traitement, l'applicateur est seul. Après le traitement, il rend compte à l'office des appartements qui ont été traités.
2) Périodicité des traitements : les traitements sont réalisés soit à la demande des locataires, soit proposés aux locataires avec une périodicité d'un an dans les meilleurs des cas. Mais au niveau de chaque appartement, la périodicité de traitement est tout à fait aléatoire, liée aux décisions des différents locataires (*Faut-il un regroupement de locataires pour motiver la désinsectisation?*). Dans un immeuble, tous les appartements ne sont donc pas traités en même temps, ce qui réduit l'efficacité de l'ensemble.
3) Traitements incomplets : à l'intérieur même d'un appartement, les traitements sont souvent faits trop rapidement (parfois en 6 minutes) et de manière incomplète. Pour gagner du temps, l'application du produit n'est pas faite derrière les appareils électroménagers, mais seulement devant. Dans ce cas, le produit déposé au milieu de la cuisine sera lavé et éliminé rapidement, réduisant ainsi l'efficacité du traitement. Il est rare que l'on applique une barrière d'insecticide autour d'une porte par exemple. Même si un appartement est traité, il y restera des blattes car le traitement n'a pas été fait de manière systématique, des abris échappent au produit.
4) Choix des produits : les produits utilisés sont choisis par l'entreprise et rarement soumis à discussion. Ils appartiennent à trois grandes familles d'insecticides. Les dosages des produits insecticides sont souvent trop faibles (doses sublétales). Les solvants utilisés sont souvent des solvants organiques qui tachent et sont toxiques (laque). Aucune réglementation ne régit l'utilisation des produits insecticides dans l'habitat humain, contrairement aux produits phytosanitaires qui sont très réglementés.
5) Conseil des désinsectiseurs : le désinsectiseur appartient le plus souvent à une entreprise privée. Les désinsectiseurs conseillent souvent aux locataires de fermer leur fenêtre; ceux-ci subissent alors l'odeur du produit ce qui est inutile puisque le produit n'est actif que par contact avec l'animal.
6) Rôle des locataires : les locataires informés de la campagne de désinsectisation par affiche dans le hall peuvent refuser ou accepter le traitement. Des locataires qui n'ont jamais eu de blattes le prennent de manière préventive. Certains de ceux qui en ont n'ouvrent pas leurs portes ou sont absents. Les parties communes sont toujours faites. Les locataires utilisent eux-mêmes, comme nous le verrons de nombreux produits insecticides, mais souvent aux mauvais endroits, car ils ne savent pas où elles se réfugient pendant la journée.
7) Résistances aux insecticides : à ce jour, aucune étude n'a été faite en France sur le développement d'une résistance aux insecticides par les blattes.

Pour beaucoup d'habitants qui ont réussi à se débarrasser des blattes chez eux, sont responsables du fait qu'il y en ait encore les habitants qui n'ont pas ouvert leur porte : il faudrait pouvoir les y forcer. C'est le rôle du bailleur. La blatte est un problème de gestion collective.

Enfin, les difficultés qu'ont les citadins pour classer cet insecte comme animal domestique ou sauvage confirme sa qualité d'objet de dégoût. La blatte est domestique pour la majorité des gens : elle cohabite, ne provoque pas la peur. Sauvage, pour d'autres : elle fuit à l'approche humaine, est imprévisible et de provenance inconnue. Avant tout, c'est une "bestiole", un "poison" et, parfois, un insecte. Les qualificatifs employés pour la décrire mettent en évidence son aspect répugnant : "objet rampant", "sales" ou "grosses bêtes", "petites pattes monstrueuses". Plus précisément, "petites bestioles noires et marrons". La forme, la taille, la couleur, le caractère rampant, les "petites pattes monstrueuses", la manière qu'elle a de grouiller et sa reproduction provoquent la répulsion. Au point que le terme d'animal ne désigne pas toujours la blatte.

UN ÉCHEC COLLECTIF

Si, en étudiant l'ensemble des discours, on peut dégager des lignes d'analyse, pour comprendre l'échec de la désinsectisation, on doit s'intéresser au caractère particulier de la tour concernée.

On constate que les locataires de cet immeuble ont, malgré cette infestation, manifesté une volonté moindre de participer à la campagne de désinsectisation (le nombre d'appartements jamais traités est plus élevé et le taux d'absence aux rendez-vous important, alors que le nombre de demandes de traitement est demeuré supérieur). Pourtant, les représentations des habitants présentent un manifeste décalage avec ces faits : la majorité des habitants disent ne pas avoir eu de blattes dans le passé et ne pas en avoir aujourd'hui. C'est dans ce bâtiment, également, qui regroupe le plus grand nombre de personnes en difficulté parmi les trois tours, que les personnes ont les représentations de "l'habiter" et de l'espace habité les plus négatives. La blatte fait partie de l'environnement ainsi décrit : il semblerait que le regroupement de personnes dans un lieu, quartier ou immeuble, contribue à initier une dynamique particulière de représentations et de pratiques qui joue dans l'échec de la désinsectisation.

Cependant, chaque personne se présente comme une conjonction singulière de comportements. Il faut réaliser des portraits pour comprendre comment s'articulent représentations et pratiques vis-à-vis de la blatte ainsi que pour étudier les liens des comportements vis-à-vis de cet insecte avec ceux, à l'égard de l'habitat.

Les blattes dans un quartier d'habitat social de Rennes
Cockroaches in the real-life of a social housing in the neighborhood of Rennes

471

POUR OU CONTRE, UNE QUESTION D'HABITER

Voici deux portraits de personnes ou familles. La première a réussi à se débarrasser complètement de la blatte, la seconde, en dépit de ce qu'elle dit, cohabite, avec cet animal.

L'appartement situé au huitième étage d'une tour est propre, net et clair. C'est un F5 où habitent six personnes dont quatre enfants. La famille est installée dans cet appartement depuis novembre 1991, mais résidait auparavant à la campagne d'abord en Bretagne, puis en Dordogne. Cette trajectoire résidentielle explique partiellement sa répugnance et son refus à l'égard de ce mode d'habiter :

> « J'ai vécu à la campagne à partir du moment où je me suis mariée. Avant, j'habitais Rennes avec mes parents. Avec mon mari, on avait comme seule ambition de partir à la campagne. (…) On est resté quatre ans et puis on est revenu pour ce "foutu" travail. Il n'y en avait plus là-bas. Il fallait en retrouver… »

Cette femme, ancienne secrétaire de direction dans une association en Dordogne, démissionne pour suivre son mari en Bretagne. Elle ne travaille pas et son mari, chauffeur routier, n'est pas souvent présent au domicile. L'actuel appartement est, d'après elle, satisfaisant. Bien qu'ils n'aient pas eu le choix puisqu'ils voulaient avant tout habiter la campagne :

> « Avec quatre enfants, il faut un minimum de chambres… Avec des petits salaires… »

Cet appartement représente donc ce qu'elle ne désirait pas. Elle n'envisage pas, d'ailleurs, de passer plus de cinq ans dans ce quartier :

> « Je ne voulais pas vivre en ville… Surtout pas dans une tour. À la rigueur dans une ville, mais pas dans une tour ! »

Pour cette personne, les tours et les blattes s'assimilent. Quand elle s'est installée, elle ne connaissait pas les blattes, mais les a reconnues grâce aux représentations qu'elle avait du lieu :

> « On n'a jamais été confronté à ça. On n'a même pas cherché à identifier. On se doutait que, dans les immeubles comme ça, il pouvait y en avoir. Alors on a conclu que c'était ça, mais on ne connaissait pas particulièrement. En fait, les "désinsectiseurs" m'ont confirmé que c'était des cafards ou blattes. »

La blatte, dans ce cas, est bien un indicateur environnemental de la qualité de vie. Elle renvoie à des représentations sociales et individuelles négatives. Quand elle a emménagé dans l'appartement, les blattes pullulent (importance de l'histoire résidentielle de l'appartement) mais, progressivement, elle arrive à s'en débarrasser :

> « Concrètement, en arrivant, ça pullulait. On ne pouvait même pas les dénombrer. Maintenant on en voit un ou deux par semaine. Il y en avait de toutes les tailles, de toutes les formes. »

Le fait de s'en débarrasser est lié, pour elle, à la mise en œuvre de pratiques de contrôle. Elle utilise des insecticides et adopte même des pratiques qu'on pourrait qualifier de "chasse". Elle pense, qu'ouvrir sa porte aux "désinsectiseurs" a été le seul moyen de s'en débarrasser :

> « La preuve est là : depuis un an et demi qu'on est là et qu'on traite, d'une population assez importante au début, on arrive à quelques spécimens par semaine. C'est révélateur, il suffit de traiter et de s'acharner. »

Mais la seule pratique qu'elle pense efficace est une pratique collective :

> « C'est bien beau de traiter chez les personnes qui l'admettent. Mais il y a encore des gens qui pensent que c'est un sujet tabou parce qu'ils l'associent à un signe de saleté. Si tous les gens se mettaient d'accord pour qu'on traite dans tous les appartements, même les gens qui sont pleins de bonne volonté en disant on n'en a pas, mais qui ne savent pas s'ils en ont ou s'ils n'en ont pas, parce qu'ils ne les voient pas, je crois que si tous les appartements étaient traités, un grand pas en avant serait fait. »

D'autant plus qu'elle imagine que les personnes qui ont des blattes les transportent chez leur voisin, ami, et les diffusent sans le savoir. Leur propagation serait essentiellement passive. Elle rationalise ses représentations de la blatte. Elle sait maintenant qu'elle n'est pas liée à la saleté. Pourtant, elle pense que la saleté est un facteur déterminant pour expliquer leur présence. Cette bête la dégoûte, lui fait comparer son mode d'habiter actuel à celui qu'elle avait à la campagne, et c'est probablement une des raisons qui la pousse vers des pratiques aussi affirmées :

> « Je n'ai jamais vécu dans un milieu comme ici. Nous vivions à la campagne, dans un milieu privilégié (…). C'est vrai, au départ, j'associais ça à la saleté. »

Pour elle, la blatte fait partie des problèmes de son actuel mode d'habiter. Elle a fait le choix de les gérer de manière volontaire et résolue. Elle lutte, aussi bien, contre les représentations négatives que ses connaissances ont de la cité où elle habite et des blattes qui y sont liées que contre la blatte, elle-même :

> « Les gens n'étaient pas habitués à nous voir évoluer dans un cadre comme ici. C'est là qu'on fait le tri de ses amis. C'est pareil pour l'immeuble, les gens disent :
> « Tu as vu où tu habites, tu as vu comment ça sent, tu as vu comment les gens sont, tu as vu leur couleur. »
> « J'ai prévenu les gens qui venaient. Il y a des cafards : si cela vous gêne, vous partez, si cela ne vous gêne pas, vous restez. À la rigueur, c'est nous que ça gêne. Eux, cela n'avait pas à les gêner (...). Les gens qui ont été élevés par ici, cela ne les gêne pas. Mais tout gêne ici, alors qu'il n'y a pas de quoi (…). C'est vrai qu'il y a des choses auxquelles on se fait et d'autres, auxquelles on ne se fait pas du tout. Les blattes font partie des choses auxquelles je ne me suis absolument pas faite, pour d'autres choses, j'ai été plus tolérante... »

Ses pratiques envers la blatte procèdent d'une lutte plus générale pour s'ajuster à un lieu qui représente "la zone", et à des pratiques qu'ont certains habitants dans ce lieu (intolérance mutuelle, irresponsabilité...). Elle cherche à améliorer ses conditions de vie.

Après le portrait d'une personne venue à bout de blattes bien installées dans son appartement, bien qu'habitant la tour où le taux d'échec est maximum, voici celui d'une famille qui, elle, a échoué. Cet appartement présente toujours une pullulation très importante de blattes. Malgré des paroles très résolues contre la blatte, les pratiques sont décalées. Des blattes passent devant l'enquêteur et personne ne bouge. Ce qui montre l'intérêt de s'attacher aux représentations et d'observer les pratiques pour comprendre les problèmes d'environnement : même si les mentalités changent, les pratiques n'évoluent pas toujours.

Une femme d'environ 45 ans nous fait asseoir autour de la table de la salle à manger. Certains de ses enfants – elle en a neuf dont six vivent avec elle – sont présents et interviennent tout au long de l'entretien. Elle n'a pas de travail. Elle est née dans une petite ville à 50 kilomètres de Rennes. Elle a habité à la campagne avec son père. Ensuite, elle a vécu dans un pavillon. Enfin, avec ses enfants, elle a vécu sous une tente en attendant l'appartement. Elle dispose d'une petite pension pour les enfants – elle est divorcée – et des allocations familiales.

Elle habite depuis cinq ans cet appartement trop petit, un F5. Elle n'en est pas contente comme de l'ensemble de son mode d'habiter, mais semble, en dépit de ses propos, ne rien faire pour remédier à son insatisfaction :

> « On n'a pas envie de refaire : il y a trop de cafards sous la tapisserie. »

Elle n'est pas heureuse dans l'immeuble. Les autres locataires la rejettent et elle le sait. Sauf les gens du palier. Aussi, elle n'aime pas le quartier où habitent trop d'étrangers. De façon générale, elle accuse les autres habitants de la déréliction de son "habiter" :

> « Il y a le bruit, les gens qui lancent n'importe quoi par les fenêtres, des boîtes de conserves, des cigarettes. Il y a plein de dégâts, les carreaux cassés, le feu au vide-ordures, les clochards qui viennent dormir dans les escaliers de secours. Des fois, on a peur. (...) Au début, tout le monde m'estimait parce que je rendais beaucoup de services, et puis après... Le gardien m'a dit :
> « Si tu pouvais mettre les sacs-poubelles dans le container. »
> Alors je l'ai fait. Après, on m'appelait "Marie-poubelle" (…). »

Elle décrit le nombre de blattes. Elle-même et ses enfants disent que cet animal les dégoûte :

> « Il n'y avait pas de cafards quand je suis arrivée, il y a deux ans à peu près. Au début, on en voyait quelques-uns comme ça et puis ça a continué. Plus ça va, pire c'est. »

L'un d'eux dit :

> « Quand j'ouvre mon cartable à l'école, j'en vois un qui s'échappe et se balade dans la classe. »

La mère renchérit :

> « Ça saute de partout, partout, même dans les chaînes Hi-Fi. »

Cependant, des blattes se promènent au plafond et sur les murs. Personne n'intervient. Même si les enfants déclarent qu'il y en a de plus en plus dans la chambre.

La mère affirme tuer avec une bombe les blattes qui sont "sales" et "pas hygiéniques".

> « Le soir, je mets de la bombe. Le matin, je trouve des cadavres. Ça revient cher, une fois tous les quinze jours, trois semaines. C'est dans la cuisine. J'ai trouvé un nid derrière un meuble et je l'ai tué. Maintenant, je n'en vois presque plus parce que je sais où ils sont. »

Les filles n'aiment pas les tuer et les garçons les éliminent avec les pieds. Mais tous disent avoir modifié leurs pratiques. Les filles expliquent :

> « On nettoie notre chambre. On lave tout, même dans les lits. On nettoie les armoires, même dedans. Les cafards, ça les attire la poussière. »

La mère ajoute :

« Je range un peu plus, je déblaye pas mal de trucs. »

Cependant, une autre blatte passe pendant l'entretien. L'enquêteur demande :

« Ça n'en est pas un, là ? Il est tranquille, on dirait ? »

La mère réplique :

« Lui, il est tranquille, mais nous, il nous dérange ! Ça court de partout. »

Mais, personne ne va le tuer. En fait, observant leur comportement vis-à-vis des blattes lors de l'entretien, on se dit qu'ils les remarquent à peine :

« C'est tellement léger qu'on ne les sent même pas quand ils sont sur les pieds. »

Au point qu'ils ne se lèvent pas la nuit pour les chasser, même si leur activité nocturne est connue :

« Personne ne se lève la nuit. Pourtant, ils sortent beaucoup la nuit. »

Cette famille utilise les mêmes termes que les autres habitants de l'immeuble pour décrire son dégoût face à la blatte, mais ses pratiques ne correspondent pas. Pourtant, leur présence renforce leur qualité de famille rejetée par les autres habitants de l'immeuble. La mère raconte :

« Ce n'est pas un déshonneur parce que tout le monde peut en avoir, mais les gens pensent que c'est déshonorant. »

Et ils font des étrangers les ultimes coupables : "ça vient" des étrangers et "ça remonte par les trous, les tuyaux." Mais, en fait, la blatte fait partie de leur mode d'habiter et il leur paraît impossible d'en venir à bout ; si représentations et pratiques ne correspondent pas, c'est probablement faute de se sentir efficace :

« C'est tellement petit, partout, partout, ils se logent. L'appartement serait vide, qu'il y en aurait encore ! »

BLATTE ET MODE D'HABITER

La blatte renvoie aux façons d'habiter ce lieu de Rennes. Aussi, sa présence confirme les représentations négatives qu'en ont les habitants. La blatte marque le quartier, son urbanisme et sa construction, met en évidence la pauvreté des gens qui l'habitent. Si, pour la majorité, venir à bout des blattes nécessite la mise en place d'une solution collective, pour certains, l'immeuble, lui-même, est en cause : les gaines, tuyaux, vide-ordures doivent être changés. Des gens disent même qu'il faut détruire l'immeuble, les blattes faisant partie d'une pourriture plus générale. Ou encore, qu'il y ait des blattes est lié au type de construction de la tour ou au fait qu'elle ait été construite sur un marais. Tous les facteurs évoqués expliquant la présence de la blatte mettent en cause l'indigence du quartier. Les habitants assimilent la dégradation de la vie collective, l'état de l'immeuble et la présence des blattes.

Beaucoup vont plus loin et associent la présence de la blatte en ville (ils n'en ont jamais vu à la campagne) à la dégradation du milieu urbain où ne vivent que des animaux "dénaturés" loin des lieux qui les ont vu naître. Ou, au contraire, comme l'explique un fils d'agriculteur :

« Ici, on tombe dans du béton, on comprend mal ce que les cafards foutent, ce n'est pas un garde-manger! Alors qu'ailleurs, c'est un peu un garde-manger, parce que vieille construction, vieille charpente... »

« Les bêtes à la campagne, surtout sans confort, c'est tolérable, tandis que, maintenant, avec des portes qui ferment bien, rien ne doit passer théoriquement... Des mouches, l'été, en plein repas, pas de trop, on tolérait cela, parce qu'on est né avec, mais après, quand je suis arrivé en ville, je ne le tolérais plus... »

En définitive, étudier les représentations liées à la présence de la blatte révèle une idée de la ville[5]. De façon générale, la ville est représentée comme un milieu technique au point que de nombreux habitants ne s'expliquent pas la présence de la blatte associée à la saleté; la ville n'est pas considérée comme un milieu de vie pour d'autres animaux que ceux, désirés (Blanc 2000).

RÉFÉRENCES BIBLIOGRAPHIQUES

BAILLY A. – 1985, Distances et espaces: 20 ans de géographie des représentations. *L'espace géographique,* 3 :197-205.

BLANC N. – 1996, *La nature dans la cité.* Thèse de doctorat, sous la direction de N. Mathieu, Université de Paris I, 400 p.

– 2000, *Les animaux et la ville.* Paris, Odile Jacob, 232 p.

BLANC N. & N. MATHIEU – 1996, Repenser l'effacement de la nature dans la ville. *Courrier du CNRS, La ville,* mai 1996, pp. 105-107.

JOLLIVET M. (Dir.) – 1992, *Sciences de la nature, sciences de la société - Les passeurs de frontières.* Paris, CNRS, 589 p.

LEGAY J.-M. – 1986, Quelques réflexions à propos d'écologie : défense de l'interdisciplinarité. *Acta œcologica, Œcologica Generalis* 7(4) :391-398.

MATHIEU N., N. BLANC, C. RIVAULT & A. CLOAREC – 1997, Le dialogue interdisciplinaire mis à l'épreuve : réflexions à partir d'une recherche sur les blattes urbaines. *Natures, Sciences, Sociétés* 5(1) :18-30.

PÉTONNET C. – 1991, Le cercle de l'immondice, postface anthropologique. *Les annales de la recherche urbaine* 53 :108-109.

PLAN URBAIN SRETIE – 1992, *Appel d'offres, la ville au risque de l'écologie, questions à l'environnement urbain.* Ministère de l'équipement (METT), Plan urbain, Ministère de l'environnement (SRETIE), 30 p.

THOMAS K. – 1985, *Dans le jardin de la nature.* Paris, Gallimard (Bibliothèque des histoires), 400 p.

TOPALOV C. – 1989, A history of urban research the French experience since 1965. *International journal of regional and urban research* 4(13) :625-652.

---

5 Pétonnet (1991 :108-109) écrit :

« La ville occidentale est propre parce que cet univers artificiel, lieu par excellence de la domestication du temps et de l'espace, de la lumière et des saisons, est tendu depuis des siècles par l'effort de parfaire la maîtrise de la nature. Ont été successivement chassés l'eau stagnante, la boue, la neige, la poussière, les animaux et les déchets, vaincu le froid et la nuit. La ville est "verte" de sa végétation enclose, fleurie, chauffée, éclairée, et chaque jour toilettée par les jets d'eau à haute pression, les souffleuses, les aspirateurs et les balayeuses motorisées. Que signifie dès lors, cette insistance des édiles à prôner sa propreté, à la souhaiter plus grande encore ? »

LES INSECTES DANS LA VIE SOCIALE ET DANS LES REPRÉSENTATIONS EN NOUVELLE-CALÉDONIE

Isabelle LEBLIC

RÉSUMÉ

Les insectes dans la vie sociale et dans les représentations en Nouvelle-Calédonie

Une première question à aborder est de savoir si le terme "insecte" recouvre ou non une catégorie pertinente en Nouvelle-Calédonie. Il faut plutôt considérer une catégorie de petites bêtes comprenant aussi bien des araignées, des chenilles, des sauterelles, mouches et guêpes diverses, etc.
En Iaai, par exemple, c'est le terme *o-ûnyi* (classificateur des petites choses / choses) qui désigne aussi bien les insectes en général que les coquillages ou toutes les petites choses rondes telles que le cachet ou la pilule. Parmi ces petites bêtes, certaines auront un rôle social important: totem de tel ou tel clan, animal fondateur de tel groupe social, rôle ludique dans la tradition orale, ou encore indicateur d'événements à venir ou d'activités à réaliser… D'autres encore sont comestibles, etc. Tout cela nous permet de dégager plusieurs catégories en fonction du rôle et de l'utilisation de ces "insectes".
À partir de plusieurs exemples, nous essayerons d'aborder plusieurs de ces questions.

ABSTRACT

Insects in social life and representations in New Caledonia

The first question which must be discussed is: does the category "insect" exist in New Caledonia? Or must we rather consider a category of small creatures in which we find spiders, caterpillars, grasshoppers, any kind of flies and wasps, and so on?
In the Iaai language, for example, it is the word *o-ûnyi* (classifier of small things / things) which designates insects as well as shells or any small round thing like pills, tablets… Among these small creatures, some have a social role: totem for one clan, founder for another clan, character in oral tradition, or as a harbinger of future events or projects… Others are eatable, and so on. All of which allow one to extract several categories following the role and uses of these "insects".
Several examples will allow us to discuss many of these questions.

La première chose que nous devons aborder, avant de parler des représentations et de leurs rôles dans la vie sociale kanak, est de savoir ce qu'est un "insecte", autrement dit, si c'est une catégorie pertinente en Nouvelle-Calédonie. Ne vaut-il pas mieux parler de petits animaux? Il me semble en effet qu'en Nouvelle-Calédonie, on parle de la même façon de tous les petits animaux

Les insectes dans la tradition orale – Insects in oral literature and traditions.
Élisabeth MOTTE-FLORAC & Jacqueline M. C. THOMAS, éds
2003, Paris-Louvain, Peeters-SELAF (Ethnosciences)

–souvent nommés en français "insectes"–, qui comprennent aussi bien les insectes proprement dit que les araignées, les myriapodes, et autres... tels que les
lézards et geckos de toutes sortes, comme on utilise aussi le terme "insecte" en
français :

> « Insecte : 1° *Vx.* Petit animal invertébré dont le corps est divisé par étranglements ou
> par anneaux (incluant les araignées et parfois les serpents, etc., qui vivent –croyait-on–
> après avoir été coupés) (la langue courante emploie encore erronément *insecte* pour dé-
> signer des arachnides, myriapodes, etc., de petite taille). 2° *Mod.* Petit animal invertébré
> articulé, à six pattes, le plus souvent ailé, respirant par des trachées et subissant des mé-
> tamorphoses. [...] » (définition du *Petit Robert*).

Dans les différentes langues kanak de Nouvelle-Calédonie pour lesquelles
nous disposons de dictionnaires, je n'ai que rarement trouvé de terme générique
désignant les insectes et eux-seuls. À Ouvéa par exemple, aux îles Loyauté,
dans la langue iaai (Ozanne-Rivierre 1984), il existe un préfixe *wa-* et sa variante *o-* (devant les labiales) pour désigner les insectes, mais qui signifient
également "coquillage" et "pilule, bouton". Chaque insecte a par ailleurs son
nom et nombreux sont ceux comportant ce préfixe :

• *o-*	préfixe des fruits, des petits animaux (insectes, coquillages, pe-tits poissons), des choses petites et rondes
obâ	nom d'un crabe
obiâ	nom d'un petit lézard gris
oûnyi	a. insecte (nom générique)
	b. coquillage : palourde
	c. pilule, bouton
ominâ	moustique (nom générique)
outo	pou (nom générique)
obuula	punaise (nom générique)
• *wa-*	préfixe (très productif) : des fruits, des petits animaux (insectes, coquillages, petits poissons, etc.), des choses petites et rondes
wahajö	fourmi (nom générique)
walelaba	papillon (nom générique)
wanöng	mouche (nom générique)

À partir de nos enquêtes de terrain dans la région de Ponérihouen, de langue
paicî[1], et de la littérature existante, notamment les quelques dictionnaires sur
différentes langues kanak, nous allons présenter les rôles et représentations liés
à ces petites bêtes.

INSECTES COMME ESPRITS TUTÉLAIRES OU DIVINITÉS

Parmi toutes ces petites bêtes, certaines –c'est celles dont je parlerai ici– ont
un rôle social important : elles sont l'une des incarnations de l'esprit totémique
de tel ou tel clan, ou bien l'animal fondateur de tel groupe social. À ce titre, je

---

[1] Les termes cités proviennent de mes enquêtes de terrain et de Rivierre (1983).

vais présenter quelques-unes de ces petites bêtes dans les représentations et les traditions orales.

Le ver *âgù*

Dans plusieurs versions du mythe d'origine des clans de la région paicî, les vers se trouvent parmi d'autres animaux comme intermédiaire dans l'apparition des hommes après une sorte de déluge originel.

Dans l'enchaînement des êtres vivants qui s'engendrent successivement en sortant de l'eau pour arriver jusqu'à l'homme, on trouve les esprits, génies ou divinités, puis les vers ou lézards de toutes sortes en tant qu'incarnations de ces forces ancestrales, pour arriver aux premiers humains qui, la plupart du temps, se marient entre frère et sœur (inceste primordial) pour donner naissance aux clans.

> «Les vieux disent que la terre bouge, elle tourne, quant au soleil et à la lune, ils restent immobiles, la lune est appelée "feu froid"; lorsque "feu brûlant" se met à tourner, il touche "feu froid" dont une dent est arrachée et projetée sur ce rocher qui tourne; le rocher continue sa rotation alors que la terre s'accumule à sa base, il émerge de plus en plus, portant toujours la dent d'où commencent à sortir des vers, l'un d'eux pénètre dans la terre; de ce ver sortent les anguilles et les poissons; celui d'entre eux qui remonte se métamorphose et devient "lézard", celui-ci se dépouille et devient "diable", ce dernier se dépouille et devient "homme". […]»
> (*cf.* version abrégée du mythe d'origine *Jèmââ kë tèpa ijiao* dit par Pierre Pwârâpwéaa à Cäba en 1950 in Boucher *et al.* 1984:61-69)

> «La Grande Terre avait été recouverte trois fois par l'eau. Celle-ci ne dépassait pas le sommet de la montagne de Caumyê, au sud-est de Poya. Nabumè [nom d'un ancêtre] était là. Alors que la lune se lève, il s'arrache une dent et la tourne vers la lune. Quand un rayon de lune touche la dent, il en sort trois vers. Nabumè nomme le premier Teê Kanake, le second Dwi Daulo, le troisième Bwae Bealo. Les vers grandissent, sans manger ni boire. Ils n'ont pas d'épouses. […]» (Guiart 1992:197, 1998:30)

Téâ Kanaké, Dui Daulo et Bwaé Béalo sont ici les trois ancêtres de tous les clans de la région paicî.

Dans une troisième version du même texte, de la dent sortent des vers, qui se changent en lézards en tombant sur la terre ou en anguille en tombant dans l'eau. Les petits des lézards prennent visage d'homme. Une anguille mâle, par contre, se change en chenille *u*, et c'est de là que ces animaux commencent à se changer en hommes.

Enfin, dans une version que j'ai recueillie à Ponérihouen (Leblic 2000a:189-190), il n'est plus question de ver mais de lézards qui donnent naissance à des êtres mi-esprits mi-hommes jusqu'à ce que viennent après plusieurs générations les premiers hommes qui donneront naissance aux clans répartis en deux moitiés matrimoniales, ceux de la moitié *dui* qui descendent de Dui Daulo, ceux de la moitié *bai* de Bwaé Béalo; Téâ Kanaké ici n'étant présenté comme l'ancêtre d'aucun des clans, mais comme le représentant des esprits.

La guêpe maçonne

Une autre légende de la tradition orale paicî est celle de la guêpe maçonne *puutä ânyê* –qui fabrique sa maison avec de la terre, comme une poterie–, en donnant l'origine du feu et de la poterie mais aussi celle des deux moitiés matrimoniales *dui* et *bai*. C'est en regardant la guêpe façonner son nid que les humains auraient commencé à faire de la poterie au colombin (Leblic 1999:62):

> «Après le déluge, quand l'eau se retire, il y avait des gens sur la crête de Cëumââ (fond de Wailu), tous ceux qui étaient là, les survivants. Un moment après, il y a une espèce de mouche-guêpe feu (*puutä ânyê*[2]) qui est venue et a fait sa maison avec la terre. Ils l'ont regardée descendre dans la terre, faire le mortier et puis remonter construire sa case. Ils ont dit: «On va essayer de faire pareil». Ils se mettent à écraser la pierre de schiste pour faire le mortier, ils le mouillent et alors, ils essaient de refaire comme la mouche a fait et ça devient la marmite. Entre temps, la mouche est allée se poser sur un bois sec, presque pourri, et elle se met à souffler sur le bois. Et voilà la fumée qui sort. Ils ont dit: «Ah oui, on va faire pareil». Ils ont coupé un arbre sec et ils se sont mis à frotter. Et puis, avec le feu, ils ont essayé de durcir, de chauffer leur marmite et ça a donné une marmite pour cuire sur le feu. C'est là qu'ils ont réalisé que maintenant on a du feu, c'est pour bouillir la marmite, on met à manger dedans.
> Après, ils sont partis. Ils se déplacent et ils sont venus s'installer là-haut, sur la montagne Göröwirijaa (fond de Cäba). Ils sont restés là pendant quelques temps et ils sont allés chercher des magnanias [*Pueraria lobata*] et ils avaient leurs plantations d'ignames. Au lieu de les cuire, ils les ont grillés sur le feu. Une fois cuits, ils vont gratter les magnanias et ignames pour les nettoyer. Il y avait du vent qui soufflait et qui a amené toute cette fumée de saleté pour aller sur les autres à côté. Ils se sont chamaillés, disputés… Après la dispute, ils se séparent, se partagent. Les Bai, ils descendent de l'autre côté, vers Nâpwéépaa et les Dui descendent vers Cäba. *Nâbwé* (c'est fini).»
> (*Histoire de la séparation des Dui et des Bai et origine de la marmite et du feu* racontée par J. Mêêdù, Göa, traduction de A. M. Mwâtéapöö, 1996.)

Le *u*, iule, chenille

Le *u* est sans doute un des totems –*tee*– les plus répandus et les plus connus pour ses aspects tant néfastes que bénéfiques. Maurice Leenhardt (1980a:108-109) le présente comme le premier des totems animaux:

> «Le *hou* est tantôt iule, tantôt chenille à longs poils. La phalène s'appelle *pani-u*, mère du *hou*. Ce dernier ne provient pas d'une relation observée entre la chenille et le papillon. La libellule s'appelle de même "mère de l'anguille", parce qu'on la voit par les marais se poser au bout des joncs au pied desquels se vautre l'anguille. Il y a la juxtaposition d'images: libellule, jonc, anguille; elle a déterminé une association d'idées et une relation de classe. C'est par un processus analogue que la phalène doit être la mère de la chenille, car le Canaque n'a pas observé la métamorphose des lépidoptères. Le iule s'appelle toujours *hou*. La chenille à poils n'est nommée ainsi que lorsqu'elle circule dans le domaine du *hou*; ce domaine est le domaine familial, la case, l'autel, le champ et la brousse qui fournissent des vivres. Elle représente le *hou*. On ne l'écrase pas, on ne s'inquiète pas de la direction qu'elle suit, on lui demande seulement de s'en aller. […] Le *hou* exerce des vertus favorables aux cultures. […] En même temps, le *hou* veille sur d'autres plantes sauvages comestibles. Il vit parmi elles, il se nourrit d'elles. Cela n'est point surprenant si l'on songe qu'il est en réalité une chenille. Mais de là sans doute l'expression de "cultures du *hou*" appliquée à toutes les plantes comestibles sauvages, anciennes ressources de l'alimentation canaque.»

---

[2] *Cf. ânyê*, feu, abeille, guêpe maçonne; *puutä*, mouche ordinaire, abeille (région de Poya).

Sur le terrain, ce n'est pas l'incarnation sous forme animale qui est présentée d'emblée. Quand on rencontre une chenille, par exemple lors du travail dans les champs, c'est signe que quelque chose va se produire. Mais en fait, le *u* est plutôt donné sous les traits d'une vieille femme aux cheveux longs blancs que l'on aperçoit souvent au bord des rivières. Celle-ci apparaît notamment lorsqu'il se passe un événement malheureux tel que la noyade d'un enfant dans une rivière, dans très peu d'eau. Nombreux sont ceux qui ont vu une femme *u* sur la rivière à l'endroit où l'enfant avait été perdu pendant qu'on le recherchait.

Les *u* sont de deux sortes: d'une part, les *u bwéjé* ("sourd, qui se tient à l'écart, sauvage") ou *u nä-môtö* ("brousse, forêt") que l'ont dit *u* sauvages et, d'autre part, les *u aara-pwürü* – du nom des plants d'ignames (*aara-pwürü*, "igname de semence") car il agit sur la culture– dits *u* domestiques, qui sont ceux pour qui on fait le *puu*[3] (pour *puu mä tööpia*, "magie des cultures"). L'opposition sauvage / domestique utilisée ici pour qualifier les deux sortes de *u* ne correspond pas forcément à celle que l'on peut faire habituellement pour la nature. Ainsi, on ne peut pas dire que seules les plantes dites "domestiques" sont du ressort du *u* domestique, comme l'avait noté Maurice Leenhardt (*cf. supra*). Ce *u* est responsable de l'ensemble de la végétation, qu'elle soit "domestique" ou "sauvage". Il est aussi, selon Maurice Leenhnardt (1980a, 1980b) le symbole de tout ce qui est nature par opposition à la culture.

On constate des différences d'agissement entre ces deux sortes de *u*. Le *u* domestique assure normalement la croissance de toutes les plantes:

«on sacrifie au *u* pour la fécondité de la terre et tout ça.»
(Wakolo Pwiié, L'Embouchure, 24.06.1998)

Comme c'est en même temps un totem[4], il protège aussi les gens du lignage dont il est le *tee* "totem". Il peut "être après quelqu'un" qui n'a pas respecté les interdits liés à la culture des ignames et aux magies horticoles *puu mä tööpia*. Ainsi, lorsque les interdits sont transgressés, les gens deviennent habités par le *u*.

Par contre, le *u* dit sauvage est dangereux; il emmène les gens possédés dans la forêt, les met dans des racines d'arbres pour les cacher, ou les suspend à une branche au sommet d'un arbre. Seule une personne appropriée dans le lignage propriétaire de ce *u* peut intervenir pour le faire descendre. Ils sont réputés jouer des tours, mais peuvent aussi être méchants et rendre malades les personnes "sur lesquelles ils sont". La folie est souvent attribuée à l'intervention d'un *u*.

Le *u* est ainsi réputé pour envoyer la folie aux personnes qu'il attaque. Ce *u*, dit Jean Guiart (1998:178):

---

[3] Camille & Athanase Nâaucùùwèè (vallée de Göièta, 22.06.1998):
«C'est un bois ou un caillou autour duquel on met du coléus [*Coleus scutellarioides* Benth., Labiatae] et qui fait que le *u* est toujours là au bord du champ d'ignames ou de taros.»

[4] À Ponérihouen par exemple, le *u* domestique est le totem pour les Pwârâpwééaa et le *u* sauvage pour les Göröatü. On trouve aussi le *u* dit *Tukarapu* pour les Näbai. Enfin, les Poo et Pwiridë (de Cäba) ont aussi le *u* pour totem, avec, pour les premiers, le génie féminin *köëë*, etc.

«est le symbole visible du [dieu] bao bwiri, celui qui fait perdre aux hommes leur chemin.»

QUELQUES AUTRES MANIFESTATIONS SURNATURELLES AYANT COMME SUPPORT DES "INSECTES"

Les Kanaks paicî de la région de Ponérihouen nomment *ité mûûrû* (littéralement "les choses d'ailleurs[5]") toutes les entités surnaturelles, nommées en français divinités ou diables selon les occasions et les informateurs. Ce sont en fait les *duéé*, soit tous les ancêtres proprement dits, les esprits ancestraux couramment appelés "totems" (*tee*) et toute une série d'êtres surnaturels que sont les *tibo*, *cètuu* et *maüci*, pour ne parler que de quelques-uns d'entre eux qui prennent parfois l'apparence d'un papillon ou de tout autre "insecte". Les *u* dont nous venons de parler entrent aussi dans cette catégorie des "choses d'ailleurs".

Les *tibo* sont des êtres à forme presque humaine, à peau très blanche et qui ont deux longues mamelles qui leur servent à attraper les humains qui passent à proximité. Parfois, ils se manifestent aux hommes sous l'apparence de papillons :

> «Il y a un vieux […] qui faisait la chasse et la pêche vers un col là-haut qui est le passage des roussettes. Il descend en bas dans le creek [rivière]. Et il voit des papillons qui volent autour de lui. Il a touché un papillon qui est tombé dans l'eau et qui ne pouvait plus sortir de l'eau. Il part et va dormir avec ses compagnons. Mais il ne peut pas dormir. Et il entend un mec en bas qui crie et appelle : *näini* dit celui qui est resté en bas ; *o näini* dit celui qui répond. Et ils [sous-entendu ceux qui étaient sous forme de papillons] voient les mecs qui dorment et alors ils disent : c'est le mec qui m'a jeté dans l'eau. Ils partent pour le porter. Ils le tirent mais ses pieds ont croché dans [accroché] les lianes et il s'est réveillé. Et il a crié, les autres se sont réveillés et les *tibo* sont partis. Car ce n'était pas des vrais papillons, mais des *tibo*.»
>
> (Jules Mêêdù, Philippe et Moïse Näpwäräpwé, Göa, 17.06.1998)

Une autre personne m'a raconté la même histoire, mais c'étaient des *cètuu* et non pas des *tibo* qui se transformaient en papillons. Les *cètuu* sont d'autres êtres des forêts qui, en bien des points, sont comparables aux *tibo*. Pour certains, il se pourrait que ce soit le même être ; il changerait de nom en changeant de lieu.

Enfin, pour terminer, citons le *kavere* présenté par Maurice Leenhardt comme un insecte devenu un dieu pour certains clans aujourd'hui disparus :

> «Le *kavere* serait un insecte ou petit animal, que nous n'avons pu identifier, habitant dans des trous au ras du sol. Il est cité comme totem lorsque se manifeste une maladie dont il serait la cause. Mais il joue un rôle important comme dieu, et il doit être aujourd'hui classé comme tel (*cf. infra*, p. 227).» (Leenhardt 1980a :197)
>
> «Le *kavere* se retrouve à Canala comme à Houaïlou. Il serait un ancêtre totem, un insecte que je n'ai pu identifier. Il prend volontiers figure humaine pour séduire les humains, mais il est plus souvent dépeint aujourd'hui comme un dieu bienfaisant. Il révèle à ses descendants les lieux utiles en y marquant l'empreinte de ses pas. Il pose son pied sur les crêtes des montagnes arides, l'humidité et la végétation demeurent là où il a touché le sol. Dans certains ravins, il marque aussi les rochers où se trouve la serpentine

---

[5] Pour plus de détails sur ces notions, *cf.* Leblic (1998, 2000b & 2002).

propre à la confection des haches, etc. Il n'a plus de *kavu* et n'est l'objet d'aucune offrande. » (Leenhardt 1980a:227)

Si cette assimilation à un insecte est parfois notée par les Kanaks paicî pour le *u*, il n'en est rien pour le *kapere*, même s'il est souvent présenté comme le *u*.

Pour conclure nous noterons que cette association des insectes avec le monde surnaturel a déjà été notée par plusieurs auteurs.

L'ASSOCIATION DES INSECTES AU MONDE SURNATUREL
DANS LES RECONSTRUCTIONS PROTO-OCÉANIENNES [6]

Blust (1983, n.d.) traite de l'occurrence fréquente d'un préfixe dans les langues austronésiennes en liaison avec le monde spirituel qui vient du proto-austronésien (PPN) *kali/qali*. Il note également que de nombreux insectes sont associés aux esprits des morts et que bon nombre des termes *kali/qali* recensés sont des insectes ou petits animaux rampants (les autres sont des phénomènes – arc-en-ciel, tourbillon de vent ou d'eau, somnambule, etc. – pensés comme des événements liés au monde surnaturel.)

Ce classificateur *kali/qali* pour les insectes, toutes les petites bêtes rampantes, quelques chauves-souris et oiseaux tels que hibou, colombe-pigeon, des phénomènes naturels (arc-en-ciel, tourbillons d'eau, écho), des parties du corps (pupille, touffe de cheveux) et des états particuliers comme celui du somnambule... Blust a cherché à assigner un principe conceptuel unique pour relier ces significations apparemment disparates. Si *kali/qali* est un morphème, que signifie-t-il?

Le plupart du temps, il s'agit d'un rapport – souvent dangereux – avec le monde des esprits; particulièrement, nombre d'insectes sont associés aux esprits des morts. Les termes *kali/qali* présentés par Blust pour les insectes et rampants sont: fourmi, termite, blatte, cafard, crabe, bourdon, abeille, scarabée, papillon, chenille, scolopendre, criquet, libellule, ver de terre, luciole, puce, gecko, sauterelle, sangsues, mille-pattes, guêpe. Les autres phénomènes et états qu'il a retenus (arc-en-ciel, tourbillons, somnambule, etc.) sont pensés comme des événements/conditions supernaturels. Ils indiquent un tabou...

Les termes non marqués par *kali/qali* notés par Blust (mouche, moustique, pou, punaise de lit, asticot) ont une caractéristique commune: ce sont des insectes nuisibles, que l'on trouve dans les maisons, qui envahissent les territoires de l'homme, ses récoltes d'autosubsistance ou sa nourriture préparée. En conséquence, ils sont tués. Quand le confort humain – et souvent sa survie – sont attaqués, il serait contre fonctionnel de protéger de telles vermines en les investissant de puissance spirituelle. Blust conclut que le préfixe *kali/qali* sert donc comme un moyen morphologique de signaler les figures de l'environnement humain et naturel qui sont réputées avoir un lien dangereux avec "l'autre

---

[6] D'après les travaux de M. Osmond (2000) et R. A. Blust (1983, nd).

monde". Si cette explication est correcte, il s'ensuit que toutes les formes avec *kali/qali* qui ont une relativement large distribution, ont eu cette association animique depuis longtemps et peuvent toujours l'avoir dans plusieurs des cultures qui survivent.

Il est évident que six reconstructions proto-océaniennes (POC) gardent le morphème *qali/kali* qui signale une association supernaturelle dans les temps pré-océaniques :

POC *kali-bobo(ŋ)*	"papillon"
POC *kali-popo(t)* , *(q,k)ali-totop*	"luciole"
POC *kali-mici*	"araignée"
POC *kali-sisi*	"sauterelle", "cigale"
POC *qali-maŋo*	"crabe de mangrove"
POC *qalipan*	"scolopendre"
POC *qalili(ŋ)*	"turbo [7]"

C'est une évidence ethnographique que deux de ces sept créatures – luciole et scolopendre – continuent d'avoir une forte association avec le monde des esprits post-POC. Malgré tout, cela ne suffit pas pour affirmer que le reflet de *qali/*kali* continue de marquer une association avec le monde des esprits pour des locuteurs des langues POC ou des langues filles qui en dérivent. En effet, on ne peut pas prouver de façon certaine que *qali/*kali* est toujours utilisé de façon productive dans les langues POC ou dans les langues filles ; pourtant certaines évidences linguistiques montrent qu'il continue à y avoir une association entre quelques-uns des référents aux anciennes *qali*-formes et le monde surnaturel, comme en atteste l'exemple de ces trois termes rennellese (langue polynésienne) qui contiennent un reflet de *qali* et dont la reconstruction de chacun d'entre eux est notée ci-dessous :

Qagi-paipai	"scolopendre"	< POC *qalipan*
Qagi-to	"luciole"	< POC *qali-totop*
Qagi-gi	"turbo"	< POC *qali-li(ŋ)*

Cet article n'a traité que de la marque *qali/kali* en tant que marqueur d'une association avec le domaine surnaturel. Dans les langues polynésiennes, un terme a une fonction comparable : le terme polynésien (PPN) *Qatua* qui vient du proto-malayo-polynésien (PMP) *qatuan* souvent traduit par dieu, divinité.

CONCLUSION

Nous avons donné quelques exemples d'insectes ou de petits animaux qui sont associés, en milieu kanak, au monde des esprits. Cette présentation n'a rien d'exhaustif, loin de là. D'autres "insectes" sont aussi l'incarnation de l'esprit an-

---

[7] Mollusque gastéropode (Prosobranches) dont la coquille épaisse et ronde présente une large ouverture circulaire.

cestral ou totem : par exemple, à Ponérihouen, on parle d'un autre ver supposé crier la nuit, nommé *acùrù*, également appelé *âgù mäinä*, littéralement "grand ver", qui est le totem des Göröwirijaa, ou encore le mille-pattes *wërëmîîda*, totem des Gönârî.

Outre leur importance totémique ou dans la tradition orale, les insectes ont aussi d'autres rôles que nous indiquons ici pour mémoire.

Certains insectes sont des indicateurs pour les cultures. Par exemple, une mouche, nommée en paicî *a-cia-parawé-ré-nägori* "le transporteur de la peau d'igname", volera toujours autour des personnes au moment de la première igname, signe qu'il est temps de la déterrer et de la consommer. D'autres sont utilisés dans les pratiques médicinales, comme le jus de perce-oreille donné aux enfants pour les empêcher de faire pipi au lit. Un autre exemple nous est rapporté par José-Marie Dubois à propos d'un conte recueilli à Maré, où une fourmi fait pipi dans l'œil d'une femme morte pour la ramener à la vie.

Enfin pour terminer, je citerai les sauterelles qui font l'objet d'un jeu pour les enfants : ils cherchent à les attraper à l'aide de petites sagaies faites dans des brindilles ou des herbes bien dures et pointues, puis les mangent ; en fait, ils sucent une sorte de suc qui se trouve dans la sauterelle. D'autres insectes sont également consommés comme certaines larves que l'on trouve dans les troncs d'arbres du même nom[8]...

Enfin, n'oublions pas de citer les séances d'épouillage qui sont un moment important dans les relations sociales et l'occasion de parler de choses et d'autres de la vie de tous les jours.

RÉFÉRENCES BIBLIOGRAPHIQUES

BLUST R. A. – 1983, A linguistic key to the early Austronesian spirit world, *Third Eastern Conference on Austronesian Linguistics.* Athens (Ohio), Ohio University, May 1983, ms.

– n.d., *Historical morphology and the spirit world : the *qali/kali- prefixes in Austronesian languages*, ms. 68 p.

BOUCHER B., M. GURRERA-WETTA & V. SIORAT-DIJOU – 1984, *Jè pwa jèkutaá. Recueil de textes en langue paicî.* Nouméa, Bureau des langues vernaculaires, CTRDP de Nouvelle-Calédonie (Langues canaques 4), 211 p.

GUIART J. – 1992, *La chefferie en Mélanésie*, (rééd. remaniée et augmentée de *Structure de la chefferie en Mélanésie du Sud*, 1963). Paris, Institut d'Ethnologie, 467 p.

– 1998, *Autour du rocher d'Até. L'axe Koné-Tiwaka et les effets d'un siècle de résistance canaque.* Nouméa, Le Rocher-à-la-Voile (Cahiers pour l'intelligence du temps présent 6), 192 p.

LEBLIC I. – 1998, Les lieux tabous ou rituels sont-ils sacrés ? (Exemple de la région de Ponérihouen), communication au symposium international CNRS-UNESCO-MNHN, *Les sites sacrés naturels. Diversité culturelle et biodiversité*, Paris, UNESCO, 22-25 septembre 1998, 15 p. ms.

– 1999, Marmites rituelles et autochtonie à Ponérihouen (vallées de Göïèta-Näbai, Nouvelle-Calédonie), *Techniques et culture* XXXIII, pp. 53-87.

---

[8] Par exemple, le "ver du bancoulier" (*waaca* en paicî), larve comestible vivant dans le tronc des bancouliers (*tâi* en paicî : *Aleurites moluccana* (L.) Willd. et *Ricinus communis* L., Euphorbiaceae).

– 2000a, Le dualisme matrimonial paicî en question (Ponérihouen, Nouvelle-Calédonie), *L'Homme: "Questions de parenté"* (avril-septembre), 154-155: 183-204.

– 2000b, Diables et "choses d'ailleurs" à Ponérihouen (Nouvelle-Calédonie), *Cahiers de littérature orale: "Les avatars du diable"*, 48: 203-230.

– 2002, Polymorphisme des animaux marins bénéfiques et maléfiques en Nouvelle-Calédonie. *Imagi-mer. Créations fantastiques, créations mythiques* (A. Geistdoerfer, J. Ivanoff & I. Leblic, éds). Paris, CETMA Anthropologie maritime "Kétos", pp. 229-242.

LEENHARDT M. – 1980a (1ère éd. 1930), *Notes d'ethnologie néo-calédonienne*. Paris, Institut d'Ethnologie (Travaux et Mémoires de l'Institut d'Ethnologie, tome VIII), 340 p.

– 1980b (1ère éd. 1947), *Do kamo. La personne et le mythe dans le monde mélanésien*. Paris, TEL Gallimard, 314 p.

OSMOND M. – 2000, Proto Oceanic insects: the Supernatural Association, *Leo Pasifika, Proceedings of the fourth International Conference on Oceanic Linguistics* (S.R. Fischer & W.B. Sperlich, eds). Aukland, Monograph Series of The Institute of Polynesian Languages and Literatures, pp. 283-302.

OZANNE-RIVIERRE F. – 1984, *Dictionnaire iaai-français (Ouvéa, Nouvelle-Calédonie)*. Paris, SELAF (Langues et Cultures du Pacifique 6), 182 p.

RIVIERRE J.-C. – 1983, *Dictionnaire paicî-français (Nouvelle-Calédonie)*. Paris, SELAF (Langues et Cultures du Pacifique 4), 375 p.

DANS LE CORPS DE MON ENNEMI :

l'hôte parasité chez les insectes comme un modèle de reproduction chez les Miraña d'Amazonie colombienne

Dimitri KARADIMAS

RÉSUMÉ

**Dans le corps de mon ennemi : l'hôte parasité chez les insectes
comme un modèle de reproduction chez les Miraña d'Amazonie colombienne**

Lors d'un rituel annuel de boisson chez les Miraña d'Amazonie colombienne, les costumes masques représentant les Maîtres des Animaux sont dotés d'énormes pénis sculptés avec lesquels ils tentent de copuler avec n'importe quel humain – homme ou femme, le sexe importe peu – qui passe à leur portée. Dans le mythe auquel le rituel fait référence, le Maître des Animaux est désigné par le même nom qu'un pompile, guêpe parasitoïde qui s'attaque aux araignées afin qu'elles servent de nourriture à sa future larve. Pour les Miraña, ce n'est pas une femelle qui pond un œuf dans le corps d'une proie, mais un mâle qui se reproduit en utilisant un individu extra spécifique comme il le ferait d'une femelle. Le combat entre pompile et araignée est interprété comme une confrontation entre deux grands guerriers : le vaincu sera mangé par la descendance qu'il porte en lui. Ces conceptions seront associées aux anciennes pratiques anthropophages de ce groupe et comparées à celles des anciens Tupinamba du Brésil.

ABSTRACT

**In my Enemy's Body : The Insect Parasite Host
as a Reproduction Model among the Colombian Amazon Miraña**

During a Miraña annual ritual, masks which represent the masters of animals wear an enormous sculpted penis with which they try to copulate with any human – male or female, the gender is of little importance – who comes within reach. The model for the behavior attributed to the master of animals (who thereby attempts to reproduce the game needed for human sustenance) is that of the dung beetle (excrements being the "dung beetle's prey" for the Miraña) and above all that of the wasps of the family Drynidae, and more particularly the Pompilidae family. The Miraña compare the latter to that of a great warrior who captures an enemy and who by fertilizing it transforms it into himself. We will explore the implications of these conceptions by comparing them with the different types of aggression the Miraña say they undergo or inflict on others, in order to shed light on certain components of the ancient cannibal ritual in which, precisely, a prisoner was put to death and then ingested.

Les insectes dans la tradition orale – Insects in oral literature and traditions
Élisabeth MOTTE-FLORAC & Jacqueline M. C. THOMAS, éds
2003, Paris-Louvain, Peeters-SELAF (Ethnosciences)

Cet article se propose de traiter de deux aspects d'un rituel réalisé par les Miraña d'Amazonie colombienne désigné comme *mémébà*, c'est-à-dire de la bière des fruits du palmier parépou[1]. Dans ce rituel, les esprits des animaux sont invités une fois l'an, au moment de la fructification du palmier (de février à avril, période des hautes eaux) à venir boire de cette bière. L'analyse de certaines phases de ce rituel permettra de dégager la nature des liens que les Miraña instituent avec les espèces et les êtres rencontrés en forêt ou sur le fleuve ainsi que le comportement singulier que les Miraña prêtent aux Maîtres des Animaux à leur encontre.

Mon analyse se place dans la continuation d'une suite de textes qui prennent tous l'ensemble de ce rituel comme point de référence, soit pour dégager l'assise astronomique comprise dans le mythe qui l'accrédite (Karadimas 1999a), soit pour redonner les identités respectives entre les personnages du mythe et les masques du rituel (Karadimas 2003).

L'objet de cet article est ainsi de montrer comment le comportement prêté dans une phase rituelle au Maître des Animaux, en lui faisant adopter un comportement reconnu par les Miraña à certaines espèces d'insectes en combinaison avec une conception particulière de leur mode de reproduction, permet d'apporter un éclairage singulier sur les motivations des anciennes pratiques belliqueuses et anthropophages de ce groupe. Une fois comprises les qualités prises à deux espèces d'insectes pour évoquer leur mode de reproduction – et prêtées au Maître des animaux –, il sera possible d'effectuer une comparaison avec l'ancien rituel anthropophage miraña pour tenter d'étendre les conclusions à ces mêmes pratiques qui avaient lieu au XVIe siècle sur la côte atlantique du Brésil chez les anciens Tupinamba.

LE RITUEL DE LA FÊTE DE LA BIÈRE DE PARÉPOU

Ce même rituel de la fête de parépou existe chez plusieurs populations du centre-ouest de l'Amazonie (Uitoto, Andoque ("rituel des poissons"), Yukuna (langue Arawak), Tanimuka, Letuama, Matapi; Carte 1) et, sous sa forme actuelle, semble être d'origine Tanimuka selon les dires des Miraña. Toutefois, ce rituel était déjà mentionné par Th. Whiffen en 1915, ainsi que par le Marquis de Wavrin (1943). Les Miraña lui reconnaissent une existence antérieure à la période du caoutchouc, mais sous une forme légèrement différente de celle réalisée actuellement avec les Yukuna.

L'organisation du rituel débute avec la cueillette des fruits arrivés à maturité. Durant les deux rituels auxquels j'ai pu participer (en 1992 et 1993), les fruits étaient prélevés sur les palmiers appartenant aux membres de la communauté : tout le monde devait sa part de fruit à l'organisateur du rituel qui était le chef de la *maloca* (maison communautaire) miraña de Pt. Remanzo del Tigre sur le

---

[1] *Bactris gasipaes* Kunth. (Arecaceae).

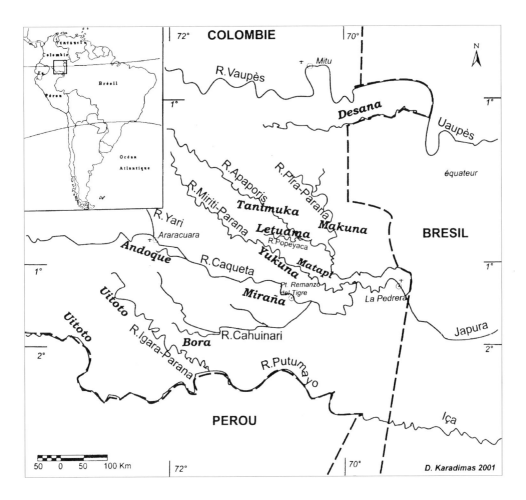

CARTE 1. *Localisation des groupes ethniques*

Caquetá. Les deux rituels ont eu lieu entre les Miraña et les Yukuna, la première fois dans une *maloca* yukuna et la seconde fois, une année plus tard, dans la *maloca* miraña de la communauté dans laquelle je vivais (Photo 1).

Les invités endossent le rôle des esprits des animaux matérialisés par des masques (Photo 2) et exécutent les danses alors que les amphitryons gardent la place des humains. Lorsque les communautés de l'aval et de l'amont sont invitées, la répartition des rôles se fait suivant la localisation des invités : ceux de l'aval se présentent comme les "poissons", alors que ceux de l'amont représentent les animaux terrestres et arboricoles. Lorsque ne participent que deux communautés les rôles se répartissent entre ces deux types d'animaux ; les uns représentent les "poissons", les autres les animaux terrestres et arboricoles.

Je ne tenterai pas d'expliquer la totalité du rituel avec toutes les présentations de chacune des espèces. Je me contenterai de souligner que ses principales phases se déroulent la première journée où, jusqu'à minuit, sont invités en priorité les Maîtres des Animaux. La phase du rituel qui me semble la plus singulière est celle dans laquelle les Miraña mettent en scène une tentative de copulation des Maîtres des Animaux avec les humains, alors qu'au même moment entrent dans la maison communautaire des masques représentant deux espèces de scarabées : *ó:máɨ* "bousier" (*Coprophaenus lancifer*) et *bɨ'ɨjɨ* "scarabée à longue corne" (*cf. Dynastes hercules*).

Cette mise en scène du comportement du Maître des Animaux doit être analysée en association avec ces scarabées : en effet, ceux-ci pondent leurs œufs dans des conteneurs étrangers à leur espèce (extra-spécifique) pour qu'ils s'y transforment en larves. Les Maîtres des Animaux possèdent là un comportement similaire à celui des scarabées ainsi qu'à une espèce de guêpe (*cf. infra*).

Cette tentative de copulation avec les humains doit être comprise, d'après les Miraña, comme une attraction qu'exercent les humains lorsqu'ils sont pleins de bière de parépou, et plus particulièrement les hommes (ceux qui, par la suite, vont tuer le gibier en forêt). En effet, la bière de parépou est assimilée à un sang menstruel animal[2], le Maître des Animaux part à la recherche de contenants possibles pour une reproduction de gibier qui sont ses "enfants". Les esprits des animaux cherchent ainsi à transformer les hommes en leur partenaire sexuel pour en faire des "gestateurs" de leur future descendance animale, un équivalent de "mère" pour leur descendance. La descendance devra se nourrir de ces "mères" fécondées comme le font les larves de guêpes et de scarabées après éclosion (*cf. infra*).

Ainsi, la pratique de répandre sur les phallus dressés de la bière de parépou reviendrait à donner à boire du sang menstruel au phallus. Pour les Miraña, c'est la période pendant laquelle les femmes sont fécondables. Cette pratique peut aussi être remplacée par le fait de frapper du tranchant de la main le phallus dressé.

Le comportement que mime alors le personnage ayant revêtu l'habit du Maître des Animaux est le suivant : chaque coup est accompagné d'un râle et fait s'accroupir un peu plus le Maître des Animaux. Les coups se poursuivent jusqu'à ce qu'il mette le genou à terre puis, vaincu, s'effondre de tout son long dans un râle bestial et reste ainsi privé de ses sens pendant quelques instants. Le même comportement est réalisé si le Maître reçoit de la bière qui est déversée sur son phallus : il pousse un râle d'extase et tombe à terre dans des spasmes et soubresauts et reste pareillement dans un état de privation momentanée de ses sens.

---

[2] Un autre argument en faveur de cette interprétation est le nom que porte l'Amazone : le "fleuve de la bière de parépou". Dans le temps mythique, un jaguar dévorait tous les gens vivant sur ses berges ; arrivé jusqu'aux sources, il n'arrête pas, depuis, de vomir le sang des personnes défuntes. Bière de parépou et sang sont donc des équivalents.

PHOTO 1. *Rituel de la fête de la bière de parépou* (Photo D. Karadimas)

PHOTO 2. *Costume-masque du Maître*
des Animaux (collection de l'Auteur)
(Photo P. Blanchot)

L'assistance pousse des cris de joie tout en se moquant largement du Maître des Animaux ainsi "vaincu". Celui-ci se relève alors dans la plus grande solennité en feignant d'ignorer les humains et se met à chanter en parcourant la *maloca* de haut en bas.

La différence notable est cependant celle qui existe entre les deux types d'esprits des animaux qui entrent lors du rituel : animaux "nourritures", qu'ils soient poissons ou gibiers, et le reste des animaux qui sont rencontrés dans la forêt ou sur les berges de la rivière. Les Maîtres des uns ont une réaction agressive : les *mé:ì* tentent de copuler avec les humains qui les invitent, alors que les autres s'abstiennent de ce genre de tentative d'accouplement.

Ces deux comportements opposés sont également ceux que l'on attend des humains lorsqu'ils rencontrent ces espèces en forêt ou sur le fleuve. Les espèces qui ne sont pas du gibier, qui ne sont pas consommées, sont justes invitées pour recevoir de la bière de parépou et laisser ainsi les gens en paix lorsqu'ils seront en forêt. Les sangsues, chauves-souris, fourmis, papillons du genre *Morpho*, la personnification de l'écho ou les berceurs – qui recueillent les enfants perdus en forêt –, etc., ne sont pas consommés et ne sont pas représentés, durant le rituel, comme ayant un comportement copulatoire avec les hommes. Le jaguar, l'aigle et les autres entités, sont associés avec ce premier type d'espèces. Ces dernières reçoivent de la boisson mais ne sont pas figurées comme ayant un comportement agressif dans le rituel (alors que leur comportement dans la quotidienneté est le plus souvent un comportement agressif : chauve-souris, abeilles – qui sont aussi bien des proies que des prédateurs pour des raisons que nous n'avons pas la place d'évoquer ici – les fourmis, le jaguar, l'aigle harpie, les guêpes, etc., agressent effectivement les humains en forêt).

À l'opposé, les Maîtres des espèces qui peuvent potentiellement être du gibier revêtent un comportement agressif et tentent de copuler avec les humains (pour la plupart, ces espèces ne sont pas agressives vis-à-vis des humains dans leur nature – abstraction faite des cas d'agressivités de horde de pécaris et d'autres comportements imputés à des actes de sorcellerie)[3].

De plus, il existe plusieurs autres moyens d'obtenir du gibier chez les Miraña, dont un des plus fréquents est de demander que la grand-mère des animaux libère des espèces de son jardin qui se matérialisent sous une forme animale. Enfin, la chair des animaux chassés peut être reconstituée par des êtres invisibles qui recueillent le sang versé sur les feuilles mortes et qui, avec la tête du gibier décapité, reconstituent l'animal, alors que les humains sont en train d'en manger la chair.

Toutes ces raisons atténuent fortement la sensation que les humains prélèvent effectivement du gibier sous une forme purement prédatrice. Cependant, par ce comportement que les humains présentent dans le rituel, ils semblent indiquer

---

[3] Il faut toutefois nuancer ce propos puisque toutes ces espèces possèdent justement des odeurs qui sont les vecteurs des maladies et constituent de la sorte leur "défense". Cependant, ces "défenses" ne peuvent être effectives que si les espèces sont tuées et rapportées au sein de la *maloca* (Karadimas 1997, 1999c).

que les animaux reconnaissent bien le prélèvement comme une forme de prédation, sinon ils n'enverraient pas des maladies aux humains pour se venger des méfaits commis. S'il n'y avait pas de méfait, il n'y aurait pas de maladies. Or les Miraña affirment que les maladies sont en partie imputables aux animaux et que c'est un des moyens que ceux-ci utilisent pour se venger des prédations humaines.

En mettant en scène la copulation des Maîtres des Animaux avec les humains, les Miraña ne font rien d'autre que de transposer un comportement qu'ils ont réellement envers le gibier —l'acte de tuer— et qu'il pensent être compris par les Maîtres des Animaux sous son aspect métaphorique : la copulation (le cas de la guêpe que nous exposons ci-après est symptomatique de cette pensée).

Cependant, la légitimité de la prédation des humains sur le gibier n'est possible que si la tentative de reproduction des Maîtres des Animaux avec les hommes est couronnée de succès. Il faut donc que les humains fassent semblant de contenter cet acte. Les deux pratiques par lesquelles il est possible de se débarrasser de l'insistance des Maîtres des Animaux doivent être interprétées dans ce sens. Frapper du tranchant de la main le pénis tendu en un geste agressif, tout comme lui verser de la bière de parépou donne le même résultat : le Maître des Animaux gît au sol après avoir poussé un râle de contentement. Les humains font semblant de satisfaire les désirs des Maîtres des Animaux, ceux-ci gisent sur le sol dans des postures non équivoques : il devient alors légitime d'effectuer, en forêt et dans l'année à venir, un acte similaire à l'encontre du gibier.

DE LA GUÊPE PARASITE À SOLEIL-DU-MILIEU :
LES IDENTITÉS DE "SOUFFLEUR DE SARBACANE"

Dans le mythe qui accrédite les différentes phases du rituel, une première partie se déroule dans le ciel, l'autre dans le monde subaquatique des poissons (alors que la partie centrale du mythe prend place sur la "Terre du Milieu", opposée aux deux précédents mondes). Souffleur de Sarbacane père (son fils reprenant dans les épisodes suivant ce même nom, il nous faut ici préciser) est le héros de l'action qui se déroule au ciel ; il est alors identifié à l'astre lunaire. Après un différend avec ses beaux-frères, il périt décapité par ceux-ci alors qu'il passe la tête dans une cavité d'arbre pour voir où ils étaient partis se cacher. Son fils grandit orphelin de père et deviendra Soleil-du-Milieu après avoir vengé son père en tuant et en mangeant ses oncles maternels ainsi que sa mère qui les maintenait cachés aux yeux de son fils dans la *maloca* de son père.

Dans le mythe, le terme qui désigne les beaux-frères de Lune (Souffleur de Sarbacane) *té'mɨ* sert à dénommer deux espèces nocturnes fort différentes : en premier lieu l'araignée chasseresse[4] qui vit dans les poutres des maisons com-

---

4 Cette espèce, non-identifiée (nous n'avons pas pu rapporter un exemplaire pour identification), pourrait faire partie de la famille des Heteropodidae ou des Lycosidae. Par leur comportement nocturne, hétéropodides et lycoses partagent les mêmes caractéristiques ; toutefois, les hétéropodides semblent

munautaires et qui, de nuit, y chasse des blattes et, en second lieu, le singe nocturne ou douroucouli[5] qui, de jour, vit caché dans les cavités des troncs d'arbres
en forêt (mais aussi dans la *maloca* lorsqu'il est apprivoisé). Plusieurs caractères
sont partagés par ces deux espèces, leur permettant ainsi d'être désignées par le
même terme : en plus de posséder des mœurs nocturnes et de vivre dans des cavités et anfractuosités des arbres, elles possèdent toutes deux des yeux qui, dans
l'obscurité, brillent et reflètent fortement la lumière. Or j'avais montré par ailleurs (Karadimas 1997, 1999a) que l'épisode mythique qui décrivait le différend
entre les beaux-frères de Souffleur de Sarbacane – et rendu sous les identités
respectives de quatre Singes Nocturnes et de Lune – sont des descriptions faites
dans un langage mythologique d'un phénomène astronomique qui relie la lune et
la constellation d'Orion lors de sa phase déclinante (c'est-à-dire lorsqu'elle s'oc-
culte derrière les contreforts rocheux de Araracuara, à l'ouest du territoire miraña). Les contreforts rocheux laissent passer le Caqueta au fond d'un long couloir
formé, de chaque côté, par des hautes falaises qui jouent alors le même rôle que
la cavité dans laquelle se réfugient les singes ou les araignées du mythe. Les
quatre étoiles majeures du trapèze d'Orion sont les quatre singes nocturnes ou,
plus exactement, les étoiles sont comme leurs yeux qui brillent dans l'obscurité
d'un conduit. Or cette caractéristique est également partagée par les yeux des
araignées *té'mɨ* dont seuls quatre des huit yeux brillent dans l'obscurité mais,
alors que les yeux ternes sont alignés, ceux qui brillent forment un trapèze sur
l'avant du thorax de l'arachnide, à l'identique des étoiles de la constellation dans
le ciel nocturne. Il devient alors possible à la pensée classificatoire – mais aussi
mythologique – de procéder par assimilation de formes et de reconnaître
qu'Orion, désigné comme *té'mɨ mí:kɨrɨ* ("brillants – ou étoiles – d'araignées ou
de douroucoulis"), peut alternativement être présenté dans la mythologie comme
une araignée ou des singes nocturnes[6].

Passons maintenant à l'identité du héros culturel "Souffleur de Sarbacane" ou
Lune, puisque c'est lui qui est représenté dans la première phase du rituel sous
les traits d'un masque grimaçant et agressif portant sous sa jupe un grand pénis
sculpté avec lequel il tente de copuler avec les humains ; *djíhtšɨí'ò* terme qui sert
à le nommer (de *djíhtšɨ* "souffler", "projeter par le souffle" et -*í:'ò* (classificateur nominal "long et fin"), est le même que celui qui désigne la guêpe *Pepsis
heros*, ainsi que d'autres guêpes solitaires au comportement parasitoïde. Certaines de ces guêpes solitaires au corps à reflets métalliques (comme certaines espèces de la famille des Sphecidae et, plus particulièrement, du genre *Ampulex*)
sont, par leur aspect brillant, directement associées à une nature céleste par les
Miraña. Le dictionnaire Bora-Espagnol de Thiesen & Thiesen (1998 : 170) fait la

---

être de meilleures candidates que les lycoses car elles se dissimulent sous les écorces ou dans les anfractuosités des troncs durant la journée et ne pourchassent leurs proies que la nuit.

[5] *Aotus trivirgatus* (Humboldt) (Cebidae).

[6] Pour une analyse plus complète des phénomènes astronomiques liés à cette phase mythique, je renvoie le lecteur à Karadimas 1997 et 1999a. Voir également dans le *Fonds Guyot* pour les versions du
même mythe avec des araignées à la place des singes nocturnes.

L'HÔTE PARASITÉ CHEZ LES INSECTES COMME UN MODÈLE DE REPRODUCTION (AMAZONIE)
THE INSECT PARASITE HOST AS A REPRODUCTION MODEL (AMAZONIA)

495

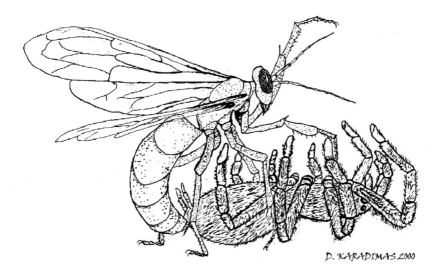

FIGURE 1. Pepsis heros *(Pompilidae) pond un œuf sur une mygale paralysée.*

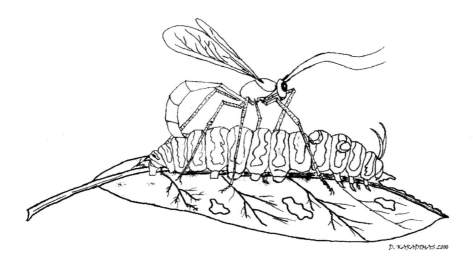

FIGURE 2. *Guêpe parasite (*Ichneumon *sp.) en train de pondre dans le corps d'une chenille. Dans une compréhension anthropomorphique du même acte, la chenille se fait inséminer par la guêpe.*

même association entre le protagoniste du mythe et l'hyménoptère :

> « *llíjchuííhyo / llíjchurɨ* : avispa tarántula (especie de avispa grande y negra que hace su nido en la tierra) & Nombre de un personaje de cuentos folklóricos. [guêpe tarentule (espèce de guêpe grande et noire qui fait son nid dans la terre) & Nom d'un personnage de contes folkloriques]. »

Or il s'agit bien du même personnage mythologique présenté dans le rituel : en d'autres termes, Souffleur de Sarbacane n'est autre qu'une guêpe pompile (*Pepsis heros*, le plus grand pompile connu) – parfois les scolies sont aussi désignées par ce terme mais elles pondent sur des larves de scarabées alors que les pompiles pondent sur des araignées (Figure 1), ce que sont les beaux-frères du mythe. Pour d'autres informateurs, le nom de l'un est prêté à l'autre, sans qu'il y ait d'identité entre les deux (l'un et l'autre sont des "Souffleurs" ou des grands guerriers solitaires).

La caractéristique principale prêtée aux héros mythiques (père et fils) est d'utiliser leur sarbacane (pour le fils, celle de son père) et d'en user contre l'ensemble des habitants de la terre. Or la sarbacane est perçue par les Miraña comme équivalente au membre viril masculin. L'aiguillon des guêpes est également décrit comme un pénis, ainsi que l'est la tarière ou l'ovipositeur chez d'autres insectes (il faut d'ailleurs faire remarquer que l'aiguillon des hyménoptères n'est qu'un ovipositeur modifié).

C'est suivant ce même principe que l'insecte arlequin *Acrocinus longimanus* est le "Maître" de l'arbre *juanzoco*[7] (en espagnol local) à partir de la sève duquel sont confectionnés les "visages" des masques du rituel. L'arlequin est attiré par les arbres blessés qui produisent une sève abondante : ce qui est le cas du *juanzoco* lorsqu'il est utilisé pour la préparation des masques. Certains informateurs lui donnent la paternité des dessins présents sur les masques. Tout insecte doté d'un important ovipositeur est potentiellement un représentant du Maître des animaux ; ainsi les bousiers qui entrent comme cimiers des masques dans la *maloca* lors du rituel sont emblématiques de ce type de comportement reconnu à *Pepsis heros* et aux guêpes solitaires, dans le mythe.

Pour certains informateurs miraña, c'est l'abdomen de la guêpe qui est comparé à une sarbacane, et l'aiguillon (*nɨ:ógwà*) à une fléchette de sarbacane (*á:mɨígwɨ*). Dans cette comparaison basée sur une analogie formelle et fonctionnelle, les informateurs estiment que l'abdomen est « comme la sarbacane de la guêpe et l'aiguillon sa fléchette ». Ce qui est ainsi prêté à la guêpe pompile – et, plus largement, à l'ensemble des guêpes –, est justement de posséder le même dard dont elle se sert comme d'un pénis. Le même verbe *bɨɨ: βè* désigne de la sorte, pour une fléchette ou pour le membre viril, l'action de pénétrer (utilisé au figuré et en transitif, ce terme évoque le plaisir sexuel et devient un équivalent "d'intromission") et renvoie proprement à la notion "d'insémination" (Figure 2).

---

[7] *Couma macrocarpa* Barb. Rodr. (Apocynaceae).

Pour certains Miraña toutefois, cette guêpe n'est pas vraiment classée parmi les guêpes (*mʉ́:mʉ̀kò*) parce qu'elle n'a pas de ruche et qu'elle "se retrouve un peu partout" (*Scolia peregrina* appartient aussi à cette catégorie). Ainsi, les guêpes solitaires ne sont pas classées dans cette catégorie parce qu'elles ne vivent pas en collectivité (caractéristique des guêpes sociales). Pourtant, affirment les Miraña,

> « elle possède un dard (pénis) pour tuer. Et les animaux qu'elle va tuer, elle va faire un tube dans la terre, qui va être la maison où elle va transformer sa proie en elle-même. Plus ou moins après quinze jours, elle a déjà transformé sa proie en elle-même : sa proie est n'importe quel insecte. ».

Or le fait que le héros du mythe mange d'abord ses oncles maternels puis sa mère pour venger son père lors d'un des épisodes du mythe serait une présentation anthropomorphe du comportement que réalise la larve de la guêpe lorsqu'elle consomme le corps de l'insecte qu'elle parasite et qui, de la sorte, devient une "mère"[8].

Pour décrire comment ce type d'association est possible, il nous faut maintenant nous tourner vers les conceptions miraña du processus de constitution de l'enfant.

UN MODE DE REPRODUCTION PARTAGÉ AVEC LES INSECTES

L'élément central du processus d'engendrement humain est lié, pour les Miraña, à la figure du "lombric" (*tó'hʉ̀*). Dans les conceptions miraña du processus d'engendrement, le lombric entre dans la matrice pour la "préparer" en vue de l'enfant à venir, et sa "bave" est du sperme. En ce sens, il est licite de retranscrire cette formulation en associant le lombric avec le pénis et le sperme du père. Parallèlement, ce "lombric" reste avec sa "bave" dans la matrice où il va "former" l'enfant. Pour les Miraña, les interdits sexuels concernant le chasseur qui vient de manger une pièce de gibier renvoient au fait que le sperme du père, comme sa sueur, est alors "chargé" de "l'odeur" de ce gibier. Le seul élément qui reste dans la matrice est du sperme; mais ce sperme contient l'âme, le *nà:ßénè*, "l'ombre", de ce gibier. Il semble donc que le "lombric" et sa bave soient en fait le spectre, le *nà:ßénè* de l'animal ingéré par le père qui cherche de la sorte à se

---

[8] Dans cette comparaison d'ailleurs, il est intéressant de faire remarquer que la "sœur" des singes douroucoulis – et mère du héros Soleil-du-Milieu– est un kinkajou (*Potos flavus* (Schreber); Carnivora : Procuonidae). Celui-ci est classé parmi les singes par les Miraña et désigné communément comme *macaco-de-noite* (singe de nuit) au Brésil. *Pepsis heros* s'attaque également aux mygales dans de spectaculaires combats dans lesquels le vainqueur n'est d'ailleurs pas connu d'avance. Il arrive que l'araignée ait le dessus sur la guêpe : à l'aide de ses chélicères, elle lui sectionne la tête lorsque l'hyménoptère s'avance près de l'ouverture du terrier – un conduit vertical –, ou qu'elle soulève l'opercule qui l'obstruait. L'araignée se nourrit des sucs et le corps sans tête est souvent retrouvé à l'entrée d'un terrier. La décapitation du père du héros (la guêpe ou Lune) par ses beaux-frères (l'araignée, les quatre singes douroucoulis, ou Orion) dans le mythe semble redevable de ce comportement. Pour les Miraña, les mygales (*pá:gwàhʉ̀*) sont avec les araignée chasseresses *té'mʉ̀* dans une relation similaire à celle du kinkajou et des douroucoulis : c'est-à-dire qu'ils sont des germains. En revanche, nous ne sommes pas en mesure d'affirmer si, sur le même modèle d'homonymie entre les araignées et les douroucoulis, les mygales peuvent être désignées comme des kinkajous (*gwátšà*) (ou inversement).

réincarner. C'est lui qui va former l'esprit, "l'ombre de l'enfant" (*tsíménè nà:ßénè*) et qui va le nourrir à partir du sang de la mère qu'il "suce". Le placenta est donc "l'ombre de l'enfant" mais, parallèlement, cette "ombre", ce "spectre", provient d'une qualité du sperme du père qui a mangé du gibier. Le placenta représente un double "animal" – ou du moins autre –, de la personne, un être qui s'est développé en même temps que lui dans le ventre de sa mère et que les Miraña perçoivent comme provenant d'une âme, d'une "odeur" contenue par le sperme du père. C'est donc suivant "l'odeur" du sperme du père, c'est-à-dire suivant l'espèce que celui-ci a mangé, que se constitue le double "animal" d'une personne à naître.

En ce sens, il est possible d'affirmer que Lombric, après avoir constitué le cordon ombilical et le placenta, les abandonne et poursuit son existence extra-utérine avec l'enfant, ce qui expliquerait qu'il soit aussi désigné, dans les discours des Miraña, comme un enfant et, ce, conjointement au pénis. Lombric est tout à la fois – mais successivement – le pénis, l'ensemble placenta / cordon ombilical et l'enfant qui naît. Autrement dit, Lombric est un être changeant qui se transforme et subit des mues.

Il semble ainsi que Lombric représente pour l'humanité ce qu'une larve représente pour les insectes.

Il existe chez les Miraña plusieurs catégories qui font partie de la classe des "vers". En premier lieu le lombric *tó'hù*, qui sert de prototype à la catégorie des "vers" comme générique et qui comprend également : les larves (*ùúbà*) et, dans certains cas, les chenilles comestibles (*nú'nè*). Lombric (*tó'hù*), chenilles comestibles (*nú'nè*) et larves (*ùúbà*) proprement dites, sont parfois désignés par la même catégorie de "vers".

Ce lombric mythique, responsable des naissances humaines, représente l'équivalent humain de la larve chez les insectes. Dans une proposition tout à fait perspectiviste, on peut donc affirmer avec les Miraña que le lombric est à l'homme ce que la larve est à l'insecte.

En effet, il est une question dans l'ordre de la classification des espèces à laquelle il est difficile de répondre : si tous les "vers" se transforment en un être après un processus de métamorphose, en quoi un lombric peut-il bien se transformer, puisqu'il est aussi un "ver"? Il est possible que la réponse à cette question soit donnée par la présence de "Lombric de Yurupari", puisque c'est lui qui permet à une descendance humaine d'exister.

Pour les Miraña, Lombric de Yurupari, larve et chenilles sont dans une position similaire. La nymphe dans laquelle la larve se transforme en insecte serait ainsi identique à la matrice – ou pour le moins elle est un "sac de gestation" – alors que ce qui restera de cette nymphe, l'exuvie (*mí'ò*) est comparable à la délivre humaine (ce qui reste après la naissance : membranes fœtales et placenta). Le spectre ou le "double" (*nà:ßénè*) est justement comparé à des peaux qui avaient mué, c'est-à-dire, aussi, à des mues d'insectes qui sont des *mí'ò*. Exprimé différemment, "l'ombre", le *nà:ßénè* d'un insecte est sa mue, l'exuvie ou "peau externe" (*mɨ'ò*), alors que, pour le nourrisson, c'est le placenta et ses membranes fœtales qui sont sa *mɨ'ò*.

Sur cet aspect du rapport entre spectre et larve pour le moins, la pensée mira-ña rejoint l'étymologie de "larve", qui vient du latin et signifie "masque (de théâtre)", mais surtout un ensemble de « génies malfaisants (âmes des méchants qui, sous des figures hideuses, passaient pour tourmenter les vivants); spectres, fantômes» (Quicherat & Daveluy 1899:750).

COMPARAISON AVEC LES GROUPES VOISINS (ANDOQUE & UITOTO)

Selon Jara (1996), les Andoque possèdent une conception similaire à celle des Miraña. Il faut faire remarquer que les Andoque et les Uitoto sont les voisins di-rects des Miraña et que les alliances entre les deux groupes sont légions. Le contexte mythique ainsi que les représentations du monde sont partagés; par ailleurs, les Andoque et les Miraña s'incluent avec les Uitoto et d'autres dans une seule et unique catégorie des "Gens de Dieux". Malgré une hétérogénéité lin-guistique, les conceptions du monde, la mythologie et les pratiques rituelles sont, en grande partie, partagées par les différents groupes ethniques qui forment cet ensemble.

Concernant les larves par exemple, l'ethnographe allemand du début du siècle Preuss (1921:75) note que, pour les Uitoto, celles-ci apparaissent comme réin-carnation des âmes des ennemis qui tentent par là de pénétrer le corps de leur agresseur pour le tuer. Ainsi, dans une variante Uitoto du mythe qui accrédite chez eux le rituel de la bière de parépou, l'âme du père du héros se venge en fai-sant pourrir la jambe de son meurtrier:

> «Arrivé chez les gens *Dyaroka* ("Substance magique") qui avaient tué et mangé son père, ils [Soleil comme entité gémellaire] se faufilèrent dans les rangs des joueurs de balle. «Pourquoi éloigne-t-on *Hitoma* (Soleil)?» dirent-ils en parlant de *Madyari Bu-neima* (fils du décapité): «Reste!». Lorsque celui-ci toucha la "balle d'eau" (la balle de caoutchouc) avec son genou comme c'est légion dans ce jeu, il la fit exploser et l'anéan-tit. Tous les gens se mirent à crier et moururent. *Monafuidakai* (le meurtrier du père) se cogna le genou contre une plante épineuse, l'âme de *Kudi Buneima* (père décapité) pé-nétra la plaie sous la forme d'une larve et la jambe tomba de pourriture.»

D'après Jara, les notions de reproduction des insectes sont exclusivement masculines pour les Andoques. Sur cet aspect, leurs conceptions diffèrent par-tiellement de celles des Miraña qui reconnaissent une reproduction sexuée à certains insectes. Ils ne font cette différence que pour une catégorie particulière d'insectes qui possèdent des ovipositeurs apparents, et sont identifiés au "Grand Guerrier" ainsi qu'à une classe particulière de personnes.

Je cite ici Jara (1996:247) en la traduisant:

> «Les éléments (andoques) les plus remarquables de la reproduction du point de vue masculin sont: l'intervention d'un instrument pénétrant (dard / pénis / membre du clan exogame / flèche de sarbacane); le transfert d'une substance surnaturelle [*sic*!] (sperme / semence / âme ancestrale / venin) au travers du premier et la réalisation d'un processus de transformation qui a lieu dans un récipient externe à Ego (ruche / utérus / femme af-

fine provenant d'un autre clan / corps d'un étranger ou ennemi). (…) Ces notions (indigènes) soutiennent que le sperme contient le fœtus en miniature; l'utérus maternel ne constitue qu'un réceptacle et le placenta un véhicule de l'alimentation. Le sperme est une matière (…) qui transporte le fœtus dans un état quasi incorporé: c'est la substance de l'esprit ou l'âme de la personne.»

Mis à part le fait que le transfert de semence d'un corps à un autre n'a rien de surnaturel (notion à laquelle nous n'adhérons en rien), le reste des constatations de Jara concordent avec celles que nous avons faites pour les Miraña (Karadimas 1997). Une différence notoire est que cette "âme" qui est transportée par le sperme paternel jusque dans le ventre maternel est en fait décrit, pour les Miraña, comme étant un "lombric".

Enfin, l'interprétation de Jara (1996:249) diffère très succinctement de la mienne sur la place sociologique à donner à l'hôte ainsi inséminé. En effet, elle ne semble pas tirer toutes les implications de la chaîne opératoire ovipositeur / œuf / insecte hôte avec celle de pénis / âme / réceptacle de reproduction puisqu'elle écrit que:

> «les guêpes représentent la reproduction masculine basée sur le modèle de la chasse. Les rejetons sont alimentés avec de la viande et en certaines occasions la proie même est transformée à travers le venin du dard en un nouveau père; en d'autres termes, les guêpes dépendent de la mort des autres pour se reproduire.»

Plutôt que voir dans l'hôte parasité un nouveau père (auquel cas il serait apte, à son tour, à transmettre cette âme), il faut bien plus y reconnaître un rôle de "gestateur" – propre à la mère – puisqu'il ne s'agit pas ici de sexe mais de genre. Dans ce cas-là, un "père porteur" ne peut-être compris que comme occupant la place sociologique d'une "mère" qui, sur le modèle du fœtus qui se nourrit du sang de celle-ci en la "vampirisant" par placenta interposé, finit par être dévoré.

Dans l'ensemble de ces combinaisons, le placenta humain occupe donc la même place que l'exuvie des chrysalides (ou, plus généralement, des nymphes) lors de la nymphose. Chez les Miraña pour le moins, le "lombric" est ainsi aux humains ce que la chenille (ou la larve) est aux insectes. Dans ce rapport particulier à la reproduction, l'ensemble des modes reproductifs n'en est plus réduit qu'à un seul: succession de l'état larvaire à la nymphose, puis émergence de l'imago (qui est l'enfant).

Lorsque cet état se réalise avec un contenant extraspécifique (comme avec le cas des insectes à ovipositeurs ou à aiguillons), c'est ce contenant qui fait office de lieu de gestation. Il existe toutefois une autre possibilité, celle de prendre cette fois-ci non pas un contenant "extraspécifique", mais intraspécifique qui, bien que de sexe identique, donnera tout de même une descendance. En effet, lors de la mise à mort du prisonnier, le rituel cannibale miraña semble reproduire les phases d'émergence de la larve de *Pepsis* qui se nourrit de l'insecte hôte, ou de celle du bousier qui le fait de sa boule d'excrément (autre façon, pour les Miraña, de dire que l'Autre n'est qu'un bout d'étron).

La tête décapitée du prisonnier était en effet comparée à un nouveau né (alors que le "masque", la peau de la tête, était retiré et tenait lieu de placenta (*cf.* Karadimas 1997). Ce sont par ailleurs des conceptions analogues (bien qu'elles ne le soient pas suivant une correspondance termes à termes) qui, selon Taylor (1994, 1998), se retrouvent chez les Ashuar (Jivaro) d'Équateur à propos de leurs têtes réduites (produites exclusivement avec la peau de la tête) qui l'évoque comme embryon à naître d'une femme du groupe des meurtriers.

UNE EXTENSION DE LA PRATIQUE
JUSQU'AU CANNIBALISME TUPINAMBA

Combès (1992) parvient à la description d'un même type de paradoxe pour les anciens Tupinamba du XVIe siècle, dans *La tragédie cannibale*. Elle arrive en effet à cette conclusion apparemment inconciliable que le prisonnier est *à la fois* un être efféminé, un inverti sexuel, *et* traité comme un enfant par les femmes. Alors que vis-à-vis de son "maître" il est soit un beau-frère inversé, soit un gendre inversé, et un fils. Ces contradictions en apparence insurmontables sembleraient ainsi redevables du fait de la présence au sein de ce prisonnier d'une descendance à venir, et du fait qu'en tant que vaincu, il soit devenu socialement l'équivalent d'un allié sans alliance possible (il devient lui-même l'objet de la transaction tout en devant en être un des termes : en tant que vaincu, il n'est plus en mesure d'occuper la place d'un partenaire avec lequel l'échange est possible). Combès (1992:194) tente toutefois de faire se réconcilier ces deux positions en affirmant que s'il est à la fois traité comme un perroquet et comme une femme, c'est que le perroquet −assimilé à un enfant−, appartient en fait au monde des femmes.

La solution semblerait se trouver ailleurs, comme avec le cas Miraña où le guerrier se sert du prisonnier comme le ferait la guêpe pour donner une descendance (*cf.* Karadimas 1997). Dans cet aspect de la complémentarité des sexes rendue ici impossible par leur apparente identité, le guerrier vaincu se trouve pris dans le jeu des genres où, ne pouvant plus donner l'élément féminin (une sœur, une fille) qui ferait de son rival un allié, il se voit dans l'obligation d'occuper lui-même cette place. La différence notoire avec la reproduction humaine est que l'enfant ne "mange" sa mère que par placenta interposé, alors que dans le cas de l'insecte, le corps de l'hôte parasité sert de repas au futur insecte adulte. Or c'est bien ce cas de figure qui nous est donné à voir dans le rituel anthropophage. Le corps de la victime est dévoré par le plus grand nombre −mais il ne l'est jamais par celui qui était son "maître" et supposé "inséminateur"; maître, mari et père en même temps. Chez les Miraña, la tête du prisonnier décapité est alors comprise comme une descendance et le visage décollé du crâne un simulacre de placenta: les femmes miraña récupèrent ce "crâne-nouveau-né" dans une bande de portage, dansent avec pendant le rituel du "chant du sang", et lui donnent le sein comme elles le feraient d'un nourrisson (Karadimas 1997).

Ainsi, sur une gravure de Th. de Bry (Figure 3) reproduisant les aventures du mercenaire allemand Hans Staden gardé plusieurs mois prisonnier chez les Tu-

FIGURE 3. *Gravure de Th. de Bry illustrant le récit de Hans Staden du rituel cannibale tupinamba (le mercenaire Staden fait prisonnier est représenté debout avec une barbe)*
(De Bry 1590; *America pars III*, d'après Duviols 1985)

FIGURE 4. *Pratiques de guerre des Indiens de Floride sur les vaincus, XVI* ^{e} *siècle*
(Le Moyne de Morgues 1591; Planche XV, d'après Duviols 1985)

Tupinamba, on aperçoit le corps d'un prisonnier mort qui se fait découper par les femmes pour le préparer comme plat du festin cannibale. Son corps est doté d'un bâton enfoncé dans l'anus « afin que rien ne s'échappe de son corps » fait remarquer Staden (1979) dans son récit.

Il semblerait qu'il faille également y voir la trace de la place attribuée par les bourreaux à la victime : c'est-à-dire celle d'un inverti. En effet, à la même époque, les Indiens de Floride marquèrent également les esprits par des pratiques singulières réalisées en même temps que la prise des bras et des jambes à des fins anthropophages[9] sur les ennemis vaincus lors d'expéditions guerrières (Figure 4). Alors que les membres étaient débités sur place et le scalp détaché du crâne, ils ne quittaient pas le champ de bataille sans avoir fiché profondément une flèche par l'anus dans le corps du guerrier vaincu.

Il semble donc que l'ensemble de ces pratiques visent à situer le vaincu dans une position sociologique particulière et qu'elles aient eu comme corollaire de permettre l'accession à la paternité par un travestissement de l'obtention d'une descendance – idéalement sans la nécessité d'un partenaire sexuel de sexe opposé. Surtout, ces pratiques autorisaient une alliance sans réciprocité (raison pour laquelle elle s'exprime par la prédation), bien qu'elle soit décrite comme ayant été initiée par un don (invitation, don de femme, …) auquel le partenaire se trouve dans l'incapacité de répondre et pour lequel il doit donc payer de sa personne.

Enfin, cette disparité de traitement entre ceux qui fournissent et ceux qui consomment de la chair du prisonnier permet aussi la création d'une distinction hiérarchique exprimée en terme de relation de parenté. Au même titre que la guêpe fournit le réceptacle (insecte hôte) à sa descendance – une "mère" (il faut ici rappeler que Souffleur de Sarbacane, tue et mange sa mère dans le mythe) –, le corps du prisonnier doit être consommé et permet de la sorte d'instituer un rapport père / enfants entre lui et le reste du groupe (il aurait fallu que ce soit la tête – l'âme en devenir – qui consomme ce corps). Or c'est justement cette pratique d'accumulation des noms qui était présente dans le rituel anthropophage tupinamba. Chaque naissance est prétexte à l'acquisition d'un nouveau nom pour le père, mais chaque prisonnier tué l'est également (qui, dans le modèle miraña, s'exprime par le fait que le prisonnier contient en fait le "fils" du meurtrier (le crâne), recouvert de sa peau (= le placenta). Le rituel cannibale tupinamba réaliserait également l'avènement d'un nouveau "père" pour le groupe (c'est lui qui donne à manger de la chair au reste du groupe).

Le comportement des Maîtres des Animaux montré dans le rituel de la fête de la bière de parépou renvoie ainsi à une compréhension particulière – transposée

---

[9] Il semble là encore que le comportement des guêpes pompiles donne une piste interprétative intéressante : une fois que le pompile a paralysé sa proie, il lui arrive de sectionner les membres de l'araignée afin qu'elle ne puisse plus retrouver sa mobilité et de ne garder que son corps pour le faire pénétrer dans la cellule ou la cavité prévue à cet effet. Épuisé par la bataille qu'il vient de mener, le pompile se nourrit parfois des sucs des membres sectionnés. Ce comportement offre un saisissant parallèle avec les pratiques des indiens de Floride, ainsi qu'avec celles du rituel anthropophage miraña où seuls les membres de la victime étaient ingérés.

dans le champ du social et des interactions avec les animaux – d'un acte interprété comme belliqueux entre certains insectes. Cette compréhension particulière de l'acte repose sur une forte propension de l'esprit à saisir des phénomènes par le biais de l'anthropomorphisme, pour en trouver, et en rendre le sens. Les conceptions de la personne chez l'ensemble des groupes de la région laissent entrevoir une idéologie patrilinéaire fortement marquée, dans laquelle les rapports entre sexes – du point de vue masculin – sont rendus en terme de domination. Dans cette perspective, les anciennes pratiques anthropophages n'échappent pas au modèle dominant puisque le prisonnier, incapable de remplir la place d'un protagoniste de l'échange, devient l'objet de cet échange mais, de ce fait, se féminise. Il permet à son maître qui l'a capturé sur le champ de bataille d'acquérir un statut différencié des autres membres de la communauté. Il s'agirait maintenant d'explorer plus avant les implications de ces constatations sur la structure sociale des groupes de la région, mais également d'approfondir notre connaissance des processus mentaux qui participent de la compréhension des non-humains par le biais de l'anthropomorphisme.

REMERCIEMENTS

Je remercie ici Anne-Christine Taylor et Eduardo Viveiros de Castro pour leur lecture, leurs remarques et les différents avis qu'ils ont bien voulu apporter au manuscrit ainsi que la Fondation Fyssen pour avoir financé une partie de mes recherches. Je remercie aussi Philippe Blanchot pour avoir réalisé la photo de la figure 3.

RÉFÉRENCES BIBLIOGRAPHIQUES

CARNEIRO DA CUNHA M. & VIVEIROS DE CASTRO E. B. – 1985, Vingança e temporalidade: os Tupinambás. *Journal de la Société des Américanistes* LXXI:191-217.

COMBÈS I. – 1992, *La tragédie cannibale chez les anciens Tupi-Guarani.* Paris, P.U.F., 276 p.

DUVIOLS J-P. – 1985. *L'Amérique espagnole vue et rêvée. Les livres de voyages de Christophe Colomb à Bougainville.* Paris, Promodis, 489 p.

FONDS GUYOT, Équipe de Recherche en Ethnologie Amérindienne (CNRS), 7 rue Guy Môquet 94801 Villejuif cedex.

JARA F. – 1996, La miel y el aguijón. Taxonomia zoológica y etnobiología como elementos en la definición de las nociones de género entre los Andoke (Amazonia colombiana). *Journal de la Société des Américanistes* 82:209-58.

KARADIMAS D. – 1997, *Le corps sauvage. Idéologie du corps et représentations de l'environnement chez les Miraña d'Amazonie colombienne.* Thèse de doctorat. Université de Paris X (Nanterre), 766 p.

– 1999a, La constellation des quatre singes. Interprétation ethno-archéologique des motifs de "El Carchi-Capulí" (Colombie, Équateur). *Journal de la Société des Américanistes* 85:115-45.

– 1999b, L'impossible quête d'un Kalos Thanatos chez les Miranha d'Amazonie colombienne. *Journal de la Société des Américanistes* 85:387-98.

– 1999c, Olor, Calor, Dolor, Noción de Salud y de enfermedad entre los Miraña del Caqueta. *Amazonia Peruana* 26:73-118.

– 2003, Le masque de la raie. Étude ethno-astronomique de l'iconographie d'un masque rituel miraña. *L'Homme "Esthétique et Anthropologie"* (C. Severi, dir.), 165:173-204.

PREUSS K. T. – 1921-23, *Religion und Mythologie der Uitoto. Textaufnahmen und Beobach-tungen bei einem Indianerstamm in Kolumbien, Südamerika.* Göttingen-Leipzig, Vandenhoeck & Ruppecht, J.C. Hinrichs'sche Buchuhandlung, 760 p.

QUICHERAT L. & A. DAVELUY – 1899, *Dictionnaire Latin-Français.* Paris, Hachette & Cie.

THIESEN W. & E. THIESEN – 1998, *Diccionario Bora-Catellano, Castellano-Bora.* Lima, Pérou, Instituto Lingüístico de Verano, 645 p.

STADEN H. – 1979, *Nus, féroces et anthropophages* (1557). Paris, Métailié, 230 p.

TAYLOR A.-C. – 1994, Les bons ennemis et les mauvais parents : le traitement symbolique de l'alliance dans les rituels de chasse aux têtes des Jivaros de l'Équateur. *Les Complexités de l'alliance, IV. Économie, politique et fondements symboliques de l'alliance* (E. Copet & F. Héritier-Augé, éds). Paris, Éditions des Archives Contemporaines, pp. 73–105.

– 1998, Corps immortel, devoir d'oubli : formes humaines et trajectoires de vie chez les Achuar. *La production du corps* (M. Godelier & M. Panoff, éds). Paris, Archives Contemporaines, pp. 317-38.

VIVEIROS DE CASTRO E. B. – 1986, *Araweté : os deuses canibais.* Rio de Janeiro, Jorge Zahar Editor / ANPOCS, 744 p.

WAVRIN, Marquis de – 1943, *A travers les forêts de l'Amazone, du Pacifique à l'Atlantique.* Paris, Payot, 243 p.

WHIFFEN T. – 1915, *The North-West Amazons. Notes of some months spent among cannibal tribes.* London, Constable & Company Ltd, 319 p.

PETIT PÉRIPLE EN "TRANSDANUBIE", AU PAYS DES ABEILLES

Marianne MESNIL

RÉSUMÉ

Petit périple en "Transdanubie", au pays des abeilles

Toute étude de mythologie met en scène le monde du vivant et implique nécessairement d'aborder la question préalable que C. Lévi-Strauss nous a appris à poser : en quoi telle ou telle espèce (zoologique ou botanique) est-elle "bonne à penser"? Lorsque l'espèce interrogée est l'abeille, un volume entier des "Mythologies" (*Du miel aux cendres*) nous offre déjà matière à réflexion sur ce sujet. Comme nous l'indique encore le grand ethnologue, il nous faut quitter le niveau des généralités, où se met en place cette "logique des qualités sensibles", pour examiner comment celle-ci s'articule, une fois mise en œuvre au sein d'une société concrète. À cet égard, l'Europe n'assigne pas partout à l'abeille la même place dans son "ordre du monde". Nous nous contenterons ici de donner un aperçu de la place spécifique qu'occupe l'abeille dans la mythologie roumaine. Nous verrons ainsi que cet insecte, seul à produire une nourriture consommable par l'homme, anime dès l'antiquité le paysage de la "Trans-Danubie", aux confins du monde connu, tout comme il apparaît dans l'historiographie médiévale, aux limites du récit mythique et de l'histoire. Nous verrons surtout comment l'abeille occupe une place centrale dans la cosmologie roumaine et se sacralise lorsque cette cosmologie se christianise. Au cœur d'une activité rythmée par les saisons, l'abeille produit aussi ses repères calendaires.

ABSTRACT

A small journey in "Transdanubia", country of bees

All mythological studies represent the world of the living and necessarily imply the initial question C. Lévi-Strauss taught us to ask : why is such and such a species (zoological or botanical) "right for thought"? And when the species under interrogation is the bee, an entire tome of "Mythologies" (*From honey to ashes*) already offers us food for thought on the subject. But, as indicated once more by the great ethnologist, we must leave the level of generalities where the "logic of sensitive qualities" is put in place, to examine how this logic is articulated, once it is set up within a concrete society. In this respect, Europe does not everywhere assign the same space to bees within its "world order". We will limit ourselves here to giving a glimpse of the specific space assigned to bees in Rumanian mythology. We will see that this insect, the only one to produce edible matter for humans, even in antiquity, animated the landscape of "Trans-Danubia", at the edge of the known world; just as it appears in medieval historiography, at the border between mythical narration and history. And above all we will see how the bee occupied a central space in the Rumanian cosmology, and became sacralized when the cosmology became christianized. At the heart of an activity regulated by the seasons, the bee also provides calendar landmarks.

Les insectes dans la tradition orale – Insects in oral literature and traditions
Élisabeth MOTTE-FLORAC & Jacqueline M. C. THOMAS, éds
2003, Paris, Peeters-Selaf (Ethnosciences)

L'ABEILLE ET SON MIEL

Tout récit mythologique met en scène le monde du vivant et nécessite d'aborder la question préalable que C. Lévi-Strauss nous a appris à poser : en quoi tel
ou tel animal, telle ou telle plante, etc., sont-ils "bons à penser"? La réponse est
loin d'être simple puisqu'elle appelle la prise en considération de deux types de
données : celles qui relèvent des savoirs naturalistes (savants, mais aussi, et surtout, populaires) et celles qui tiennent aux usages pratiques et symboliques que
font les sociétés concrètes de tels savoirs sur le monde. C'est qu'en effet, le travail d'élaboration du mythe s'effectue notamment à partir des matériaux que
fournit l'observation de l'environnement. Si l'on ne possède pas un minimum
d'informations sur ce "monde naturel" et les usages culturels qui en sont faits
dans un contexte sociétal précis, la recherche du sens des mythes risque de devenir une entreprise hasardeuse. Ainsi, pour aborder l'étude des insectes par le
biais de sa mythologie, l'ethnologue doit avoir accès aux "savoirs naturalistes"
de la société étudiée, et à la manière dont cette société agence ses observations
sur la nature, en catégories taxinomiques qui lui sont propres (*cf.* Lévi-Strauss
1962). De tels savoirs, les cultures de tradition orale en ont généralement une
grande maîtrise, exigée et fournie par une expérience quotidienne et des pratiques – agricoles, pastorales, voire de cueillette et de chasse ou d'exploitation du
sous-sol – qu'appelle une économie basée sur l'exploitation de l'environnement.
C'est donc à l'articulation de ces activités pratiques et symboliques que l'on peut
tenter de saisir ce que, à leur manière, les mythes veulent dire. "À leur manière",
en effet, car les anthropologues savent bien aujourd'hui que le sens d'un mythe
n'est pas réduit à l'histoire (parfois opaque) qui y est racontée : il se trouve aussi
dans la manière dont fonctionne une "logique des qualités sensibles", par le biais
des personnages et objets mis en scène dans le récit. La pensée mythique est
d'abord analogique ; elle procède par métaphore. Le domaine infini des "savoirs
naturalistes populaires" fait ici figure de grand réservoir de thèmes et motifs qui
vont pouvoir s'investir dans des récits pour raconter, en dernière analyse, ce
qu'est "l'ordre du monde" (cosmologie), comment il s'est mis en place (cosmogonie) et comment agir en conformité avec lui.

L'abeille, partout bonne à penser
Le miel, pas seulement bon à manger

Dans le cas qui nous occupe, un insecte "bon à penser", est celui qui, par ses
caractéristiques extérieures ou ses comportements spécifiques, fournit la possibilité de métaphores, qui, selon leur niveau de généralité, peuvent constituer de
grandes figures universelles ou relever d'une "vision du monde" spécifique à une
culture. L'abeille, quant à elle, offre une matière rêvée pour une telle activité
mythique. Figure universelle s'il en est, en tant que productrice de miel, partout
l'abeille apparaît en position de médiatrice entre nature et culture. Car le miel
constitue un aliment "premier", tout comme le lait. Considéré comme une sé-

crétion (donc substance naturelle) de cet insecte quelque peu sacré, le miel figure souvent comme nourriture des dieux et il est "donné" aux hommes sans qu'il soit nécessaire de le cuisiner (Lévi-Strauss 1965). Par ailleurs, de cette position médiane qu'occupe le miel, résulte aussi sa capacité de séduction et le risque de régression à l'état de nature que sa consommation peut entraîner. Que l'on pense à l'illustration qu'en donne Lévi-Strauss (1966:87 et suiv.) à partir des mythes de la *Fille folle de miel*.

Les quelques caractéristiques rappelées ici, parmi d'autres, trouvent chacune une articulation propre au sein de cultures particulières. Ainsi, dans ce mythe amérindien des Toba, cité par Lévi-Strauss (1966:81-M 208-M209) sous le titre de *Renard farci de miel*, il est question du personnage décepteur de Renard qui, ensorcelé par l'oiseau Carancho, constate:

> «que ses excréments sont pleins de miel, que sa salive à peine expectorée se change en miel, et que le miel lui sue par tous ses pores.»

Le miel considéré comme une "sécrétion naturelle" se retrouve également à l'autre bout du monde. C'est, par exemple, le cas des sociétés du sud-est de l'Europe où de nombreuses variantes de récits étiologiques concernant l'abeille font du miel les excréments de l'insecte. Ces sociétés (en particulier roumaines et bulgares) sont les seules en Europe à posséder des récits de Création du monde non bibliques. La Création y est conçue selon un schéma dualiste[1].

En Roumanie, c'est le Hérisson qui tient le rôle de décepteur: il connaît "la solution" pour achever le monde et voudrait empêcher Dieu de le terminer[2], et c'est l'abeille qui intervient en médiatrice entre les deux démiurges pour aider Dieu à achever sa tâche[3].

Voici un exemple d'un tel récit cosmogonique *Pourquoi l'abeille fait du miel?* (Cal. Min., 1902, 70 (Vîlcea?) *in* Brill 1981:197-98), parmi de très nombreuses variantes qui appartiennent à la mythologie roumaine dont il sera plus particulièrement question dans ce qui suit.

> «Au commencement, quand Dieu a construit le monde, il a d'abord fait le ciel et ensuite la terre. Mais quand il a fait la terre, il a été aidé par le hérisson. Dieu a déroulé le fil d'une pelote long comme la hauteur du ciel et il a ensuite donné la pelote au hérisson. Le hérisson, rusé, voulant induire Dieu en erreur, lorsqu'il vit que Dieu se rapprochait de lui en construisant la terre, défit un petit peu de fil de la pelote, de sorte que, à la fin, lorsque Dieu vit que la terre était plus grande que le ciel, il comprit que le hérisson lui avait embrouillé sa mesure. Alors le hérisson s'enfuit se tapir dans les herbes.
> Dieu, après avoir réfléchi encore et encore sans trouver aucun moyen pour que la terre ne fût pas plus grande que le ciel, envoie l'abeille chercher le hérisson pour l'interroger. L'abeille trouve le hérisson qui sait, mais ne veut rien dire. L'abeille, rusée elle aussi, fait semblant de s'en aller. Mais elle ne fait que s'éloigner un peu, et se cache dans une fleur. Le hérisson se croyant seul, dit: «Hé, comment Dieu ne comprend pas une

---

[1] Il existe également des explications étiologiques de type dualiste dans les traditions bretonnes mais celles-ci ne constituent pas de véritables récits cosmogoniques comme dans les mythologies balkaniques.

[2] Sur l'origine du motif du "hérisson démiurge", *cf.* Eliade (1970:81 et suiv.).

[3] Dans certaines variantes plus christianisées, le Hérisson, est remplacé par le Diable. C'est le cas des récits qui appartiennent à la tradition bogomile, hérésie dualiste apparue vers le Xe siècle en Bulgarie (Ivanov 1976).

telle chose! Il suffit de prendre la terre en main, de la presser aux extrémités, et de faire ainsi les montagnes, les vallées et les collines.»

Aussitôt qu'elle entend cela, l'abeille s'envole de la fleur, mais le hérisson l'entend et dit: «Eh! puisque tu as été une voleuse, que celui qui t'a envoyée mange ce qui ne se mange pas!» Et c'est depuis que l'abeille fait du miel au lieu d'autre chose[4]».

Selon d'autres variantes, le miel serait issu de la sueur de l'abeille laborieuse, et la cire proviendrait de son sang (*cf. infra*). Par ailleurs, il existe une croyance selon laquelle le miel serait né des larmes de la Vierge lorsqu'elle pleurait le Christ, ou de Jésus lui-même sur la croix[5] (Niculiṭa-Voronca 1998, II:497). Les "larmes" sont ici en position de sécrétions "nobles", s'opposant à la sueur et aux excréments caractéristiques de variantes sans doute plus proches des cosmogonies pré-chrétiennes.

Ainsi voyons-nous se dégager une série de motifs communs à une mythologie universelle évoquant le monde des abeilles. Cependant, au-delà des oppositions fondamentales qui correspondent à cette dimension universelle des mythes, ce sont les discours culturels particuliers qui vont retenir l'attention des ethnologues. Voyons donc comment ces motifs semblables se trouvent mis en œuvre au sein d'une société concrète.

DE L'ANCIEN MONDE AU CHRISTIANISME

Une nourriture des dieux

Tournons-nous maintenant vers le domaine plus spécifiquement européen. Les témoignages d'avant le christianisme nous indiquent déjà la place qu'occupe l'abeille comme médiatrice entre les dieux et les hommes. C'est elle, par exemple, qui fournit le miel qui va nourrir le petit Zeus durant son séjour dans la grotte du mont Ida où sa mère Rhéa l'a mis au monde[6].

Par ailleurs, on connaît l'usage sacré des boissons fermentées, confectionnées à base de miel, telles que l'hydromel ou autres ambroisies, susceptibles de conférer l'immortalité (Dumézil 1924). Le miel, conçu comme "nourriture sacrée" apparaît également dans ce passage de la Bible, de la "prédiction d'Esaïe" (Esaïe 7/14-15) à propos de l'enfant que la Vierge mettra au monde:

«Voici, la jeune fille deviendra enceinte,
Elle enfantera d'un fils,
Et elle lui donnera le nom d'Emmanuel.
Il mangera de la crème et du miel,
Jusqu'à ce qu'il sache rejeter
Le mal et choisir le bien.»

Cette association entre lait et miel, deux nourritures "naturelles" et parfaitement pures, va caractériser le régime alimentaire des "hommes du désert" du

---

[4] Sauf indication, les textes roumains sont donnés en traduction littérale par Marianne Mesnil.

[5] Certains auteurs donnent à ce motif une origine méditerranéenne et suggèrent un rapprochement avec le motif égyptien des larmes de Ra (Vulcanescu 1985:535).

[6] Le dieu est confié à Mélissa et à sa sœur Amalthée (filles de Mélissée, roi de Crète); ces noms marquent clairement le lien des personnages avec le miel.

christianisme primitif. On en retrouve trace dans divers courants d'érémitisme, tant à l'est qu'à l'ouest. Ainsi, dans le monde byzantin, les "anachorètes" avaient la réputation de se nourrir de miel, de lait et de fromage[7]. Rien d'étonnant, dès lors, que ce soit le personnage d'un vieil ermite apiculteur qui apparaisse dans l'un des premiers témoignages écrits concernant le Pays moldave. Passons donc "outre-Danube" à la recherche de nos abeilles roumaines.

En Transdanubie, au pays des abeilles

«Les Thraces disent que le territoire de l'autre côté de l'Istros est occupé par les abeilles et qu'à cause d'elles, on ne peut aller plus loin» (Hérodote, Source I:67 *in* Haşdeu 1970,I:197).

C'est en ces termes qu'Hérodote évoque les territoires de "Transdanubie" situés au nord de l'Istros inférieur (selon l'appellation des Grecs). De fait, les historiens de l'Antiquité nous ont laissé relativement peu de témoignages concernant ces régions d'"au-delà du Danube". Il est vrai que, pour la cartographie de l'Antiquité, ces territoires apparaissaient à la limite septentrionale des régions généralement parcourues (même Alexandre Le Grand n'a jamais passé cette limite "transdanubienne"!) (Mesnil & Popova 1998). De là, sans doute, la tendance particulièrement marquée de l'historiographie à mêler le mythe et l'histoire, et cela malgré une colonisation partielle de ces régions transformées un moment en une province romaine surnommée la *Dacia felix*. Le surnom indique bien que la région était prospère. L'on sait que, outre l'or des Daces, le pays regorgeait de miel et de cire d'abeille qui faisaient l'objet d'importants échanges commerciaux entre la Dacie et la Grèce[8]. Ainsi, cette représentation que se fait le monde antique de la "Transdanubie" n'est-elle pas sans évoquer celle d'un pays où règne encore l'âge d'or.

Dans le "désert" de Moldavie, un ermite apiculteur

L'image d'un Pays des abeilles, situé au nord du Danube, resurgit dans les premiers écrits qui racontent la Fondation de la Moldavie, au XIVᵉ siècle[9].

Des chasseurs d'aurochs venus du Maramures, qui couvrent les plateaux verdoyants à l'Est des Carpathes, y font la découverte d'un ermite apiculteur, maître

---

7 Sur l'Ermite, figure emblématique de la "marge" dans le Christianisme, *cf. Martor, Revue d'anthropologie du Musée du paysan roumain* 1996,1.
8 Au IIᵉ siècle av. J.C., Polibiu (Istorii, IV,38,4 cité par G. Bartos, Vechimea albinăritului la români. *in* Terra nostra, Bucureşti, 1969, II:161) écrit :
«Parmi les articles de luxe, (les Géto-daces) nous procurent du miel, de la cire et du poisson séché en abondance »
9 Ces manuscrits, parmi les premiers rédigés en roumain, datent du XVIIᵉ siècle, mais les faits auxquels ils font référence se situent au XIVᵉ siècle : la fondation du Pays de Moldavie, est appelée en roumain *descalecat* /descente de cheval/ (Mesnil & Popova 1993). Sur le thème de la "chasse rituelle" du prince Dragos, *cf.* Eliade (1970).

de ces lieux "sauvages" et "désertiques". Voici le passage évoquant cette rencontre[10] :

> …« Il est écrit dans l'introduction à la chronique moldave que les chasseurs, après avoir tué cet aurochs (baur) s'en retournant sur leurs pas, et enchantés par les lieux, ont pris à travers champs et sont arrivés à un endroit où se trouve maintenant le marché de Suceava. (…) Sentant une odeur de fumée, et vu qu'il y avait de l'eau à proximité et une grande forêt, ils sont descendus dans la direction de l'odeur du feu, où se trouve maintenant le monastère de Et(s)cani ; là, près de cet endroit, ils ont trouvé un rucher avec des ruches et un vieillard qui gardait les ruches – c'était un russe – et ils l'ont appelé Iat(s)c ; et lorsque les chasseurs lui ont demandé qui il était et de quel pays, il leur dit qu'il était de Pologne. »

L'histoire se poursuit ainsi[11] :

> « Et ils l'ont aussi interrogé sur le lieu, quel est-il et de quel maître il dépend. Et(s)co dit que c'était un endroit désert et sans maître, et que c'étaient les animaux sauvages et les oiseaux qui y règnent, et que le territoire va vers le bas jusqu'au Danube, et vers le haut jusqu'au Nistru (Dnieter) où il fait la frontière avec la Pologne, et que c'est un très bon endroit pour se nourrir (…) »

De tels témoignages, même empreints d'une dimension légendaire, indiquent l'ancienneté de l'activité apicole sur le territoire des Pays roumains. C'est également ce qui ressort du vocabulaire apicole dans la langue roumaine qui se distribue pour l'essentiel entre un lexique dérivé du latin, dont l'origine remonte à la colonisation romaine, et un lexique d'origine slave datant de l'installation massive de populations slaves au moyen âge[12].

Aussi loin que l'on remonte dans l'histoire, les sources historico-mythologiques nous livrent ainsi l'image d'une "Transdanubie" couverte de ruches et bourdonnante de l'activité des abeilles.

LA CIRE ET LE MIEL BÉNIS DE DIEU

Laissons pour l'instant notre ermite à la solitude de son rucher forestier pour pénétrer au cœur d'un "christianisme populaire" des Balkans.

D'une manière générale, dans le monde chrétien, l'abeille, tout en affirmant ses qualités universelles de "médiatrice", acquiert un caractère plus spécifique. Bénie de Dieu pour avoir aidé à la construction du monde, elle n'est plus seulement la pourvoyeuse d'une nourriture exceptionnelle offerte aux hommes, ce miel dont on attribue maintenant l'origine à des "larmes saintes" (*cf. supra*). L'abeille "chrétienne" va s'inscrire au sein d'une opposition sémantique qui articule les deux termes de sa "production" : cire et miel. C'est là un trait propre à cet univers mythologique du christianisme. Le miel qui était nourriture "reçue"

---

[10] Grigore Ureche Vornicul şi Simion Dascălul, Letopiseţul Ţarii Moldovei, ed. Const. C. Giurescu, Clasicii Români Comentaţi, Craiova, 1934 :4-12, cités par Bratianu (1980 :269), *O poveste din predoslovia letopiseţului cestui moldovenesc*.

[11] *Ibid.*

[12] Des termes tels que *miere* "miel", *ceară* "cire", *păstura* "cire vierge", *fagur* "rayon de miel", *stup* "ruche", sont d'origine latine ; tandis que *prisacă* "rucher", *matcă* "reine des abeilles", *trîntor* "bourdon" ont une racine slave.

des Dieux et partagée avec eux en offrande, perd quelque peu ce caractère sacré tandis que la cire, sous forme de cierges, acquiert une place privilégiée dans le culte, au point de devenir bientôt indispensable à la célébration de la sainte liturgie (Albert-Llorca 1988).

Cette croyance roumaine (Niculiţa-Voronca 1998) en témoigne :

> « L'abeille est la mouche de Dieu ; Dieu a béni l'abeille : qu'elle fasse de la cire, car on ne peut rien faire sans cierges à l'église. »

La conception populaire veut que ces deux produits parfaitement "purs", issus du labeur de l'abeille, se distribuent entre les sphères du profane et du sacré. Le texte qui suit (Ionescu, F., Legende 75 *in* Brill 1981 :692) nous donne l'illustration d'un tel partage :

> « Dieu demande à chaque être qu'il a créé de lui montrer ce qu'il a accompli comme travail. Tous défilent et reçoivent sa bénédiction. » Et :
> « Finalement arriva l'abeille, fatiguée et en sueur à cause de son travail et ses allées et venues, le corps griffé et plein d'épines et de ronces entre lesquelles elle a volé à la recherche de nourriture. Son ardeur au travail plut au Bon Dieu, et il la bénit, faisant que sa sueur et son sang se transforment en miel et en cire. Que le miel lui soit nourriture, pour elle et pour les autres, et que la cire brûle dans les cierges des saintes icônes. »

Haşdeu (1970 :194) cite encore à ce propos cette croyance :

> « L'abeille est considérée comme sainte, car c'est elle qui fait la cire destinée aux cierges de l'église. Le peuple croit que c'est un péché d'utiliser de la cire dans la maison pour le plancher ou pour cirer, comme certains boyards le font... »

La cire des morts

Les morts partagent cependant avec Dieu et les saints, le privilège des offrandes de lumières. Le cierge allumé au moment du trépas, est censé leur assurer un meilleur voyage jusque dans l'autre monde. C'est le rôle qu'assure, en Occident, le cierge béni à la Chandeleur et celui de Pâques dans la chrétienté orthodoxe.

Pour le monde orthodoxe, il n'y a pas de pire malheur que de "mourir sans cierge", car cela représente en effet le risque de ne pas trouver son chemin jusque dans l'au-delà, et d'être privé de lumière dans l'autre monde. Une invocation spéciale du prêtre est faite à ces "morts sans cierge", lors des rites de commémorations[13].

De même, dans toutes les offrandes aux morts (*pomana*), individuelles ou collectives, qui ponctuent le calendrier des commémorations, figure nécessairement un cierge.

Outre ce cierge béni réservé au moment du trépas, le rituel roumain prescrit l'usage d'un cierge appelé "cierge de la taille" (*statu*) ou encore "bâton" (*toiag*, en référence au bâton de pèlerin)[14]. Il s'agit d'un cierge fait d'un fil de lin enrobé

---

[13] Le nom du mort est prononcé, suivi de la formule *mort fără lumînare* "mort sans cierge".

[14] On trouve, en Occident, un cierge dont l'aspect est proche d'un tel *toiag* : c'est par exemple le cas du *trassin* qu'on trouve notamment en Pays basque et dont parle Albert-Llorca (1988). Pourtant, en dépit de leur ressemblance formelle (puisque le *trassin* se présente comme un long cierge enroulé sur lui-même en "raz-de-cave") l'usage le rapproche davantage du cierge allumé au trépas que du "cierge de la taille" : il est un objet familial que l'on ressort à l'occasion de chaque décès, tandis que le "cierge de la taille" du rituel roumain est l'exacte représentation du mort comme individu.

de cire d'abeille pure, qui a été mesuré pour correspondre exactement à la taille du mort. Le cierge est enroulé en une sorte de galette de cire et placé sur le corps du défunt pour être allumé tout au long de la période de veillée. Il se consume durant ce premier temps du deuil, tout comme s'est consumée sa vie. Cette flamme du "cierge de la taille" se fait ainsi métaphore de la vie qui vient de s'éteindre et en figure la "transsubstantiation" en lumière[15].

La juste place du miel

Nous venons de voir la place privilégiée qu'occupe l'abeille dans une "mythologie chrétienne" du sud-est de l'Europe. On pourrait s'étonner toutefois que le miel, lui-même "béni de Dieu" et issu de cet insecte béni, se soit désacralisé au point de devenir un simple aliment de la consommation quotidienne des hommes. À y regarder de plus près, les choses ne sont pas aussi simples. En effet, il subsiste encore des usages qui font du miel une nourriture d'offrande.

Le miel des morts

Il faut tout d'abord remarquer que miel et cierges figurent côte à côte dans les offrandes aux morts, les *pomane* dont la plus caractéristique est la *coliva*, bouillie de blé concassé saupoudrée de miel et de noix[16].

Cet usage du miel comme offrande est sans doute le seul à avoir passé le seuil de l'église.

Le miel des fées

À côté de ces offrandes effectuées dans l'espace du culte chrétien, il en subsiste d'autres qui interviennent dans l'espace domestique, voire dans l'espace sauvage, là où, selon la formule roumaine consacrée, "le prêtre ne frappe pas la simandre[17], le coq ne chante pas, la jeune fille ne tresse pas sa chevelure…" (Rădulescu-Codin 1986, I:575). C'est le cas, par exemple, du miel qui intervient dans les "repas" offerts aux fées du Destin (rite appelé littéralement "la table des fées"). On tente de les amadouer en les surnommant parfois les "miellées" (Pamfile 1997a:19):

> « Vous les Saintes,
> Vous les Bonnes,
> Que Dieu vous apporte pures,
> Et lumineuses,
> Soyez bonnes comme le pain
> Douces comme le miel
> Et pures comme l'eau! »

---

[15] Sur ces usages funéraires, il existe de très nombreuses références dans la littérature ethnographique roumaine. On en trouvera l'essentiel dans Andreesco & Bacou (1986).

[16] Le mot et l'usage existaient déjà dans la Grèce antique (Mesnil & Popova 1990).

[17] Simandre, (du grec *sêmantion* "signal") traduction du roumain *toaca* (du lat. signifant "frapper"). C'est encore la *hagia xila* "saint bois" des Grecs, instrument à percussion remplissant le rôle des cloches de l'Église romaine.

Ou encore, lorsqu'on s'éloigne de cet espace domestique, le miel intervient également dans l'offrande à la "mandragore", lors de son arrachage (Lorintz & Bernabé 1977:94):

> «Agenouillée près de la plante, comme pour lui rendre hommage, la femme dépose du pain et du sel par terre (parfois aussi du miel et de l'argent en monnaie), elle récite trois fois l'incantation, et ensuite, arrache la mandragore en se servant le moins possible d'un outil.»

Dans de telles offrandes, le miel peut figurer à côté d'autres nourritures telles que le pain, le vin et les noix, contrairement aux cierges qui n'y ont pas place.

Au nombre de ces usages qui rapprochent le miel de la sphère du sacré, on notera encore les nombreuses pratiques de magie incantatoire où le miel intervient dans la confection de divers onguents, potions magiques ou remèdes; dans ce cas, on se trouve à la limite d'un usage "sacrilège", comme le précise S. Fl. Marian −qui, rappelons-le, est prêtre− (cité par Pamfile 1997b:133), à propos des vols de miel qui peuvent se produire à l'occasion de la fête de la récolte (sur laquelle nous reviendrons plus loin):

> ...«Dieu ne va pas tolérer que soit utilisé le saint miel pour de tels sacrilèges.»

Le miel de partage

Enfin, en nous référant à son usage domestique, nous verrons bientôt que cette nourriture hors du commun doit être soustraite à l'économie monétaire. Nous reviendrons sur cet aspect en conclusion.

DU CHASSEUR D'ABEILLES À L'APICULTEUR

S'il est vrai que, dans l'Ancien Monde, la domestication des abeilles remonte à la plus haute antiquité comme en témoignent les civilisations égyptienne et gréco-romaine, la récolte du miel sauvage n'en a pas moins été pratiquée un peu partout et à toutes les époques (Marchenay 1979). On ne s'étonnera donc pas de voir coexister en Roumanie par exemple, deux pratiques de récolte du miel qui relèvent de deux démarches bien distinctes: l'une consiste à "dénicher" le miel des abeilles sauvages (ou ensauvagées) dans les arbres creux des forêts, en détruisant les ruches et leurs occupants. L'autre, au contraire, consiste à élever des essaims que l'on amène à la domestication et dont on prélève une part de miel, réservant l'autre à la survie du rucher durant la morte-saison. Et il existe également une pratique à mi-chemin de ces deux modes de récolte opposés: elle consiste à "sacrifier" une part des ruches dont on prélève le miel et la cire, tout en en conservant un certain nombre auquel on assure un bon hivernage, sans effectuer de tels prélèvements.

Passons rapidement en revue ces différents usages.

Le *bărcar*, chasseur d'abeilles

Dans le cas des "chasseurs d'abeilles", désignés en roumain par le terme de *bărcari* ou *bărcasi*[18], nous avons affaire à une pratique qui se situe entièrement dans l'espace forestier, autrement dit, dans un espace qui appartient à la "sauvagerie", loin du village habité par les paysans. On trouve des témoignages intéressants d'une telle pratique dans une étude ethnographique roumaine datant de 1945, portant sur des villages de la région de Năsăud (N-E de la Transylvanie). Voici comment est décrite l'activité saisonnière de tels "chasseurs d'abeilles"[19] (Onişor[20] 1945:98-102 *in* Butură 1978):

> « À proximité des forêts, {les chasseurs d'abeilles} cherchaient des colonies de fleurs tardives qui attiraient les abeilles. Ils restaient à proximité, attrapaient facilement les abeilles à la main et les introduisaient dans la "corne", par le couvercle prévu avec un bouchon de bois. »

Cette "corne" de chasse aux abeilles n'a rien à voir avec un instrument de musique. Il s'agit d'un véritable "piège à abeilles" destiné à les attirer grâce au miel qui y est déposé[21]. Une fois les abeilles capturées (leur nombre varie de 3-4 à une vingtaine), la deuxième étape de la "chasse" pouvait commencer (Onişor *in* Butură 1978:245-46):

> « Les *bărcaşii* s'en allaient alors avec elles {les abeilles} dans la forêt, mettaient la boîte sur un support stable et ouvraient le couvercle de la corne au-dessus du rayon de miel, de telle manière que les abeilles se chargent du plus de miel possible, et qu'ainsi, après quelques cercles autour du *bărcaş*, elles se dirigent vers l'arbre creux où se trouvait la ruche. Ce premier chemin n'était pas suivi avec grande attention par le *bărcar*, car les abeilles revenaient, accompagnées d'autres aides, pour transporter le miel dans la ruche. Les *bărcaşii* suivaient ensuite deux ou trois chemins, et établissaient ainsi la "ligne de vol" des abeilles vers la ruche. S'ils ne trouvaient pas la ruche, les *bărcaşii* se déplaçaient dans une autre clairière, où ils "dressaient la table" c'est-à-dire la boîte contenant les rayons de miel, et ils répétaient leur investigation pour établir la "ligne de vol". (..) Sur le territoire de Năsăud, jadis, certains chasseurs d'abeilles découvraient en un automne, jusqu'à 20 à 30 ruches. »

"Bărcaşii" et *"bigres"* du moyen âge

L'ethnobotaniste V. Butură qui reproduit ces données concernant les techniques de récolte du miel a sans doute raison de voir dans une telle chasse aux

---

[18] Le mot est rare et absent des dictionnaires courants. Son étymologie est incertaine. Il pourrait être dérivé d'un mot hongrois *berec* qui désigne une petite forêt, un bosquet. Je remercie Mihai Nasta pour son aide à éclaircir cette énigme.

[19] Cette activité de "chasse aux abeilles sauvages" *bărcuitul* a disparu à l'époque où sont recueillis ces témoignages.

[20] T. Onişor, Vînătoarea de albine sau bărcuitul, în regiunea Năsăudului, în Carpaţi, an XIII, nr7, Cluj.

[21] On dispose d'une description précise de cet instrument propre à cette "chasse aux abeilles" nous en donnons ici la traduction (Onişor 1945:98-102 *in* Butura 1978:245-46):

> « Sur le territoire de Năsăud, (..) le *"cor de bărcuit"* était confectionné d'une pointe de corne de bœuf, longue de 20-30 cm, vidée et nettoyée à l'intérieur, coupée convenablement aux deux extrémités, la partie étroite fermée avec un bouchon de bois, et la partie large ayant une entaille de fermeture, avec un petit couvercle mobile, arrondi suivant la corne, avec une petite poignée pour s'ouvrir et se fermer aisément. Les *bàrcasii* avaient également sur eux une boîte en bois (*lăcruţa*) dans laquelle ils mettaient les rayons de miel ; en pays d'Olt et de Tîrnave, on utilisait un bol de miel. Avec ces outils, les *bărcaşii* partaient à la recherche des ruches. »

abeilles, une pratique qui fut en honneur un peu partout dans l'Europe médiévale, et plus particulièrement en France, sous le nom de "bigrerie" (Marchenay 1979:69-74). On peut toutefois se demander si une telle "bigrerie" occidentale, qui s'insère dans le système de droits et devoirs du régime féodal recouvre parfaitement le *bărcuit* qui vient d'être décrit[22].

En effet, dans cette description pourtant précise du *bărcar* roumain, nous ne trouvons pas trace d'un aspect important de l'activité des "bigres", qui est de capturer des essaims en vue de leur élevage[23].

Là où, en France, le "bigre" au service d'un seigneur ou d'une institution ecclésiastique, avait pour rôle de faire prospérer ces ruches forestières, en installant des "bigreries" ou "hostals de mouches" (Du Cange[24]), il semble que le *bărcar* roumain se soit plus souvent contenté d'être un "dénicheur de miel".

Bigres de Bougres! Tous des "sauvages"!

Il n'en reste pas moins que, dénicheur de miel ou dénicheur d'abeilles, le *bărcaş* comme le "bigre" sont des "homme des bois", à la charnière de nature et culture, tout comme l'abeille elle-même, dont les mouvements oscillent entre la forêt et le rucher domestique. Ce statut de marginalité conféré au "dénicheur d'abeilles" explique aussi pourquoi, dans la langue française, s'est opéré un glissement de sens entre le terme "bigre" et celui de "bougre"[25]. On se souviendra en effet qu'à l'origine, le "bougre" est synonyme d'hérétique: il s'agit, plus précisément, des "bogomiles", adeptes d'une hérésie d'origine bulgare née au Xe siècle, et que les persécutions ont poussés vers l'occident où ils ont suscité le mouvement cathare. Si l'on pense que ces mouvements à caractère dualiste, observaient également un régime végétarien, il n'est pas exclu que, dans leurs errances en Occident, ils aient exercé pour une part ce métier de "dénicheurs de ruches".

---

[22] Nous traduisons Butură (1978:245):
> «La "chasse aux abeilles sauvages" (*bărcuitul*) s'est pratiquée dans le passé pratiquement dans toutes les zones forestières de chez nous. Durant le féodalisme, elle s'est pratiquée sur toute l'étendue de l'Europe forestière. Les chercheurs de ruches sauvages, qui parcouraient les forêts de France, sont mentionnés dans les anciens actes sous le nom de "bigres".»

[23] Ceci n'exclut cependant pas qu'il y ait eu, en pays roumains, des apiculteurs au service de boyards ou de monastères, assortis de certains droits d'affouage, comme on en a des témoignages dans les sources historiques.

[24] Du Cange (*in* Littré):
> «Histoire: XVe. Avons droit d'avoir et tenir en la dite forêt {de Conches} ung bigre, lequel peut prendre mousches, miel et cire pour le luminaire de notre dite église, mercher {marquer}, couper et abattre les arbres, où elles seront, sans aucun dangier ne reprinse, Du Cange, bigrus. Ai droit de trois ans en trois ans, quand on met les mouches en ladite forêt {de Breteuil}, d'envoyer mon bigre avec les bigres du roi, lequel doit estre juré devant le chastelain de Breteuil, de bien et fidelement querre les abeilles et le miel, pour en faire mon besoing, id.ib. Et dudit fief d'Auvergny dépend ung hostel appelé la Bigrerie ou l'hostel des mouches.»

Larousse Encycl.:
> «Les bigres avaient des droits forestiers, tels que celui d'abattre les arbres où se réfugiaient les essaims, et aussi de couper du bois à discrétion pour leur chauffage.»

[25] L'étymologie des deux mots est cependant distincte: "bigre" provient du bas lat. *bigarus*, de deux radicaux germaniques: *bi*, qui signifie abeille, et *gar*, qui marque l'idée de garder) (*in* encycl. Larousse). Tandis que "bougre" (d'abord "bogre"), est issu du lat. médiéval *bulgarus* (VIe siècle) lequel a donné bulgare par voie d'emprunt (Dictionnaire Rey).

Le glissement de sens ne serait donc pas fortuit. Que, par ailleurs, ces " bougres" aient été taxés de mœurs condamnables (notamment d'homosexualité), cadre parfaitement avec l'image de marginaux qui leur a été attribuée, "hommes sauvages" vivant dans les forêts.

Ainsi se trouve esquissée, des Balkans à l'Occident, une série continue de "dénicheurs d'abeilles"[26]. Aux historiens de confirmer ou non cette hypothèse.

Les pratiques de l'apiculture

Les trois âges de la ruche

La tradition apicole roumaine aligne une variété de ruches, des plus "naturelles" aux plus sophistiquées. Nous n'entrerons pas ici dans le détail d'une telle typologie. Ce qui nous intéresse, c'est d'y trouver des ruches qui s'apparentent à des modes distincts de récolte du miel, qui déterminent à leur tour un mode distinct de relation entre l'homme et l'insecte. Il existe essentiellement trois modèles de ruches répondant au nom générique de "stup" (du lat. *stypus*): outre la plus moderne, qualifiée de "ruche systématique", on distinguera deux autres types de ruches dites "paysannes" appelées respectivement *ştiubei* et *coşniţa*.

La ruche de type "sauvage": "ştiubei"

Ce modèle consiste en une section d'arbre creux. Elle rappelle ce qui a sans doute été la première forme de ruche domestique: il s'agissait de couper la section de l'arbre creux où l'essaim avait élu domicile en forêt. Cette ruche "naturelle" était alors ramenée dans l'espace domestique pour faire l'objet de surveillance et de soins jusqu'à la récolte[27]. Les ruches construites sur un tel modèle, demandent quelques aménagements[28]: on insère dans ces sections d'arbres creux, une croix de bois sur laquelle les abeilles construisent leurs alvéoles, et l'on y pratique un "trou de vol" (*urdiniş*)[29].

---

[26] Cette continuité s'exprime de manière significative dans cet autre passage de l'Encyclopédie Larousse:

«On remarquera que le mot "bigre" était très anciennement pris en mauvaise part et était synonyme de "bougre". Il est probable qu'il a, comme ce dernier, une origine orientale, pour désigner les vagabonds venus de l'Est, qui se livraient, entre autres professions nomades, à la récolte du miel, comme le font encore les Iroulas de l'Inde.»

[27] La même pratique est rapportée pour le moyen âge français (Marchenay 1979:70):

«Les essaims de forêt étaient, la plupart du temps, apportés au rucher dans l'arbre même qui les abritait et avait été scié.»

On a signalé, à la fin du XVIIIe s., l'existence, dans les forêts séculaires, de nombreux troncs d'arbres pourris en leur centre, dont on confectionnait de telles ruches (Iordache 1989:191-2).

[28] *Cf.* H.H. Stahl 1939, III:130. Une technique identique est signalée en France par Chevallier (1987:124).

[29] *Urdiniş*, forgé sur la racine du verbe *urdina* "aller et venir": ces deux termes renvoient très précisément à l'idée de "tramer", "ourdir", qui suggère aussi un rapprochement avec la figure de l'abeille de la cosmologie roumaine, qui aide Dieu à "ourdir" le monde, par ses allées et venues entre les deux démiurges (*cf. supra*). Voir aussi à ce propos l'interprétation que donne Greimas (1985) de ce mouvement de "tissage" chez l'abeille lithuanienne.

"Coşniţa": une ruche tressée comme un panier

La ruche désignée par ce terme renvoie à son étymologie (d'origine slave) de "petit panier": c'est une ruche de forme conique, confectionnée de paille, roseaux ou branchages tressés ou entrelacés, collés au moyen d'argile et de bouse (Photo 1). On trouve des témoignages de son utilisation dès le XVIe siècle (Iordache 1989:192).

La ruche "systématique"

C'est la ruche à rayons mobiles utilisée classiquement par les apiculteurs modernes (Marchenay 1979:56). Elle a le grand avantage de faciliter le prélèvement des rayons de miel sans entraîner la destruction des abeilles. L'usage en est aujourd'hui généralisé. En Roumanie, ce type de ruche n'a été introduit que dans l'entre-deux-guerres[30].

PHOTO 1. *Ruche de type* coşniţa
Cette ruche, de forme conique, est confectionnée de paille, roseaux ou branchages (tressés ou entrelacés), collés au moyen d'argile et de bouse (Photo José-Luis Denaeyer)

Ainsi, les *ştiubeie* "troncs d'arbres creux", rappellent l'activité du "dénicheur de miel" en forêt, les *coşniţe* "petits paniers" renvoient nécessairement à la construction de ruches et à l'organisation en ruchers domestiques, tandis que les "ruches systématiques" appartiennent à l'apiculture moderne.

---

[30] À cette époque, cette apiculture est le privilège des "intellectuels" (prêtre, instituteur, maire du village et "propriétaires"). Selon H. H. Stahl (1939:132), de telles "ruches systématiques" produisent beaucoup plus de miel que de cire, à l'inverse des ruches paysannes qui produisent plus de cire que de miel. Selon P. Marchenay (1979:28), pour une récolte de 1 kg de cire, l'abeille doit consommer 10 kg de miel.

L'abeille au rythme des saisons

Le rythme de vie de l'abeille comme de tout autre animal qui hiberne marque le calendrier paysan d'une série de dates repères, généralement placées sous la protection du saint correspondant à chacune de ces dates. Deux bornes situées aux alentours des équinoxes, divisent l'année en "saison du dedans" (hivernage) et "saison du dehors" (travaux des champs, élevage en alpage). Le "calendrier des abeilles" suit ce rythme qui correspond à la période d'hivernage des ruches, et à leur réveil. En outre, entre ces deux bornes, il existe un troisième temps fort, véritable acmé qui marque le cycle de vie des abeilles, mais aussi les rapports qu'établit la société paysanne avec l'apiculture. Ce temps fort correspond à deux événements qui se produisent à peu de distance : la récolte du miel et l'essaimage de la ruche[31].

Du réveil à l'hivernage de la ruche

Dans le calendrier paysan des régions carpatho-balkaniques[32], ces trois dates repère se présentent comme suit.

Le moment où, sous l'effet du réchauffement, les abeilles font leur première sortie printanière, oscille entre deux dates symboliques : le 9 mars, fête des "Quarante Martyrs" et le 17 mars, fête de saint Alexis[33]. Ces deux dates sont marquées par des pratiques de fertilité qui visent à favoriser l'ouverture du nouveau cycle, à l'occasion du réveil de la terre et des animaux endormis[34]. C'est généralement la date symbolique du 14 septembre, "Jour de la Croix" (Élévation de la Sainte-Croix ou Exaltation de la Croix) qui sert à fixer le début de la période d'hibernation.

Des croyances liées à ces deux moments, ainsi que les pratiques rituelles qui y prennent place indiquent bien leur valeur de "borne" saisonnière, à l'approche des deux équinoxes. Ainsi, par exemple, dit-on (Ghinoiu 1997:3) que :

> «Alexis réchauffe et ouvre la terre le 17 mars pour qu'en sortent les êtres qui y ont hiverné. Après six mois, à la Sainte Croix, Alexis referme la terre. »

Pamfile (1997b:173), pour sa part, rapporte que les fruits qui ont été portés à l'église pour être bénis le Jour de la Sainte-Croix, se conservent en partie jusqu'à la Saint-Alexis pour être utilisés ce jour-là contre l'invasion des insectes.

Ces deux bornes d'automne et de printemps ne concernent donc pas les abeilles en particulier mais le réveil du "grand sommeil" hivernal de tous les êtres jusque-là engourdis.

---

[31] Cependant, la récolte peut avoir lieu avant ou après l'hivernage. Selon la période choisie, la date coïncide alors avec la "borne de fermeture" ou celle "d'ouverture" du cycle.

[32] Sur le calendrier des abeilles, *cf.* Ghinoiu (1988:218-223), ainsi que Fochi et Bîrlea & Muşlea et les auteurs déjà cités: Haşdeu, Marian, Pamfile.

[33] Sur la date de saint Alexis, *cf.* aussi Gorovei (1995) et sur l'ermite saint Alexis *cf.* Niculescu (1996).

[34] De même la date du réveil peut parfois être repoussée jusqu'à l'Annonciation, le 25 mars (Mesnil & Popova 1990).

L'acmé du cycle apicole: récolte et essaimage

Si l'on peut décider du jour fixé pour la récolte, il n'en va de même, bien entendu, de l'essaimage qui dépend de la "décision" des abeilles. Cependant ces
deux événements sont eux-mêmes dépendants de facteurs qui les lient à une
même période : l'essaimage se produit notamment lorsqu'il y a une forte augmentation de la population de la ruche ; c'est aussi un moment où la ruche a produit du miel et de la cire en quantité suffisante pour être récoltée. En Roumanie,
récolte et essaimage ont généralement lieu à des dates voisines, qui marquent le
sommet des chaleurs de l'été[35]. L'une se situe à la Saint Élie (20 juillet): elle
marque la période caniculaire (lever héliaque de Sirius). L'autre correspond à la
fête de la "Transfiguration" (6 août) (en roumain *Schibarea la faţa* ou
Probejenie)[36].

Les techniques de récolte

L'expression roumaine qui désigne la récolte du miel peut se traduire littéralement par "taille des ruches"[37].

On peut distinguer schématiquement, deux types de techniques de récolte:
celle qui suppose le "sacrifice" de l'essaim et celle qui épargne la vie des
abeilles.

La récolte avec "sacrifice" de l'essaim

C'est sans doute la technique la plus archaïque liée à l'utilisation des ruches
"naturelles" prélevées telles quelles dans la forêt et ramenées avec leur contenu
dans l'espace domestique. Une fois la production de miel jugée suffisante (on
l'évalue au poids de la ruche[38]), les abeilles sont "sacrifiées" par un enfumage
qui leur est fatal et la ruche peut être ouverte sans danger de manière à procéder
à la récolte des rayons de miel.

L'enfumage toxique se fait en brûlant certaines substances végétales telles que
des feuilles de pêcher ou des fragments d'un champignon (*Amanita muscaria*
(L.:Fr) Hooker, Amanitaceae) bien connu pour ses propriétés toxiques ; c'est

---

[35] Ce cycle saisonnier de l'abeille diffère de celui de l'Europe occidentale où l'essaimage se produit le
plus souvent au printemps (mai, juin) et non lors de la "canicule".

[36] Parfois encore, la date de la récolte est repoussée à la Sainte-Croix (borne de l'hivernage), notamment lorsqu'il y a mise à mort de la ruche, ou bien à la Saint-Alexis, si l'on attend le retour du printemps (Iordache 1989:206).

[37] À côté de cette expression (*rătăzatul ştiubeilor*, on notera aussi celle de *tunsul stupilor* "tonte des
ruches". Le rapprochement avec l'image du troupeau de moutons est sans doute tardif (on la retrouve
cependant à propos du sifflement émis lors de l'essaimage (*cf. infra*). Selon Mihai Nasta, que nous re-
mercions pour cette information, cet usage linguistique vient sans doute du sens archaïque de la racine
latine *tundo*, dans le sens de "frapper, secouer" et renvoie bien aux gestes de cette opération de récolte
du miel.

[38] On retrouve une allusion à cette technique rudimentaire d'évaluation de la quantité de miel d'une
ruche, dans des contes tel que *Le Péché du prêtre* (*Pacostea Popii*). Il y est question d'une ourse "folle
de miel" qui vient voler les ruches du pope. Pour surprendre le voleur, le pope se dissimule dans une
ruche, et l'ourse gourmande, s'enfuit avec la ruche la plus lourde qui contient le pope. Le conte rejoint
alors le thème de *Jean de l'Ours*.

"l'amanite tue-mouche" ou "fausse oronge" appelée en roumain "champignon des mouches"[39]. Le champignon est réduit en miettes et jeté sur des braises au-dessus desquelles on place les ruches que l'on veut exterminer[40].

La récolte sans sacrifice

L'utilisation d'un type de ruches paysannes n'implique pas nécessairement une telle destruction des abeilles. Il existe aussi une méthode de prélèvement des produits de la ruche qui respecte l'essaim[41].

Les deux opérations de prélèvement du miel et de la cire ont lieu simultané-ment, au cours de la même journée.

Enfin, il existe une pratique intermédiaire qui consiste à sacrifier une partie des ruches (généralement les plus pleines ainsi que les moins productives) et à garder pour l'hivernage, quelques ruches saines qui seront productives à la sai-son suivante.

Les techniques de capture des essaims

Ces techniques se laissent répartir en deux catégories, selon qu'elles jouent sur le sens olfactif des abeilles ou sur leur sens auditif. C'est ce que résume joliment ce passage de Virgile (Les Géorgiques, IV:91 in Cordier 2000:8):

> « De Cybèle alentour fait retentir l'airain,
> Le bruit qui l'épouvante et l'odeur qui l'appelle
> L'avertissent d'entrer dans sa maison nouvelle. »

Ce texte, comme bien d'autres témoignages de l'Antiquité, indique l'ancien-neté et la permanence de ces deux types de techniques de captures, l'une qui vise à séduire par l'odeur, l'autre à effrayer par le bruit.

L'utilisation de plantes odorantes

C'est dans l'un des contes les plus célèbres de la littérature roumaine, que le grand écrivain Ion Creangă (1975:108-109) nous donne la description d'un es-saimage en forêt. L'auteur y fait figurer une série d'informations précises tirées de toute évidence de ses souvenirs d'enfance dans son pays. Outre la description qu'il nous fait de l'aménagement d'une ruche "naturelle", il attire aussi notre at-tention sur une série de plantes odorantes que les paysans utilisent pour la cap-

---

[39] En roumain *ciuperca muștelor* et en parler moldave, *purhagiț* (Iordache 1989:201).

[40] Un moyen plus moderne pour exterminer un essaim est d'avoir recours au soufre. La technique de mise à mort de l'essaim a été appliquée un peu partout sur le territoire roumain, aux différentes ruches de type "paysan".

[41] Le grand folkloriste S. F. Marian (Insectele *in* Pamfile 1997b:132) nous en donne une description détaillée dans son chapitre consacré à la "taille des ruches", à la fois acte technique et fête de convi-vialité. Nous y reviendrons en conclusion. Dans une deuxième partie de la description de cette "taille des ruches", Marian nous explique également comment on procède à la récolte et au traitement de la cire.

ture des essaims. Ce sont pour l'essentiel : la mélisse officinale[42], la menthe des chats[43], le mélilot[44], la camomille[45] et le lierre terrestre[46-47].

Une appellation populaire domine cet herbier apicole : la "jupe de sainte Marie" (*Poala-sîntă-Mariei*) est en effet un terme qui s'applique simultanément à plusieurs de ces espèces botaniques et marque, par là, le lien privilégié de l'abeille avec la Vierge : sont aussi bien nommées sous ce terme, la petite camomille, l'herbe aux chats ou encore la mélisse officinale, voire l'origan (*Origanum vulgare* L., Lamiaceae). Par ailleurs, la mélisse officinale et le lierre terrestre reçoivent des appellations populaires qui en indiquent clairement l'usage apicole ; les deux plantes prennent le nom de *roiniţa* ("roi", l'essaim) ; tandis que la première se nomme encore *iarba stupilor* "l'herbe des ruches", la seconde porte aussi le nom de *busuiocul stupilor* "basilic des ruches".

Les paysans apiculteurs se servent de ces plantes, soit en procédant à un léger enfumage, soit en frottant l'intérieur de la nouvelle ruche qui doit accueillir l'essaim capturé, soit encore comme "arrosoir" pour asperger l'essaim et le dissuader de poursuivre sa fuite[48].

On peut ainsi opposer une catégorie de plantes odorantes "positives" servant à la capture des essaims, à une autre série "négative" qui sert au contraire à leur mise à mort (généralement par fumigation) au moment de la récolte[49].

Les conduites sonores

La seconde catégorie de techniques de capture est cette fois d'ordre auditif : elle concerne le bruit mais aussi le sifflement, la parole, la musique[50].

---

[42] En roumain *mătuciune* ou *mătăcină* : *Melissa officinalis* L. (Lamiaceae) mais aussi *Dracocephalum moldavica* L., Lamiaceae (apparenté au "lierre terrestre" *Glechoma hederacea* L., Lamiaceae). Pour le vocabulaire de la botanique populaire, *cf.* Borza (1968), Butură (1979) et Tătăru (1993).

[43] En roumain *cătuşnică* : *Nepeta cataria* L. (Lamiaceae) ; ce nom est également donné à trois autres espèces de la même famille : *Mentha arvensis* L. (ou "menthe des champs"), *M. spicata* L. (ou "menthe en épi"), *Melissa officinalis* L. (ou "mélisse officinale").

[44] En roumain *sulcină* ou *sulfină* : *Melilotus officinalis* Lam. (Leguminosae-Papilionoideae) ou "mélilot officinal".

[45] En roumain *Poala-sîntă-Mariei* : *Matricaria recutita* L., Asteraceae (ou "camomille vraie", "petite camomille"), mais aussi *Nepeta nuda* L. subsp. *nuda*, Lamiaceae (ou "herbe-aux-chats").

[46] En roumain *mătuciune* ou *mătăcină* : *Glechoma hederacea* L. (Lamiaceae).

[47] Dans le conte de Creangă, les cirses (ici, *Cirsium rivulare* (Jacq.) All., Asteraceae), "herbes-aux-chapeaux" (en roumain *căptălani*), sont utilisés comme protection de la ruche contre les intempéries.

[48] Pour l'arrosage de l'essaim, on utilise le lierre terrestre. Stahl (1939,II :130) qui rappelle cette pratique, ne mentionne pas le binôme correspondant, mais traduit ici le nom populaire de *Poala-sîntă-Mariei* par "lierre terrestre".
Pour l'enfumage destiné à la capture, on utilise un champignon appelé "dédalée du chêne", en roumain *burete de gorun* (*Daedalea quercina* (L.:Fr) Pers., Fomitopsidaceae), préalablement séché, ainsi que des plantes mentionnées sous leur dénomination populaire, telles "basilic rouge", "menthe des abeilles", "jupe de sainte Marie" ("lierre terrestre") (Haşdeu 1970 :462).

[49] D'autres prescriptions relèvent de ce même registre olfactif : par exemple, la recommandation faite à l'apiculteur de ne pas manger d'ail, car l'odeur est censée déplaire à l'abeille.

[50] Sur la discussion autour des conduites sonores en apiculture, on se référera à l'article de Cordier (2000) qui traite tout particulièrement ce sujet.

- Le bruit tout d'abord

On ne peut qu'être frappé de la similitude des descriptions qui concernent la capture des essaims à travers l' Europe et cela, depuis l'antiquité. Partout, il y est question de faire du bruit en tapant sur des objets métalliques. La pratique est encore signalée par D. Chevallier (1987), lors de ses enquêtes en Châtillonnais à la fin des années 70 :

> « Pour que l'essaim se pose, différents procédés sont utilisés. Le plus ancien que certains vieux agriculteurs utilisent encore, consiste à faire du bruit en tapant contre un chaudron ou une faux. » [51]

Pourtant, toute tentative de trouver à ces pratiques une justification basée sur un quelconque "savoir naturaliste", est aujourd'hui battue en brèche par les dernières découvertes scientifiques en la matière. En effet, ce que nous apprenons à ce sujet, c'est que les abeilles sont sourdes ; "ou du moins elles ont un monde sensoriel différent des humains" (Wintson *in* Cordier 2000 : 12). Ce qui incite d'autant plus à se tourner vers le domaine de la culture et du social, pour comprendre ce qui justifie, dans les traditions d'Europe, le recours à des conduites sonores pour capturer un essaim.

- Charivari ou simple tintamarre ?

On se souviendra ici de la réflexion menée par C. Lévi-Strauss dans les *Mythologiques*, à propos des conduites sonores. Sans entrer dans le détail de son analyse complexe qui concerne les sociétés amérindiennes, rappelons néanmoins que le propos de l'auteur vise des conduites universelles et envisage, à l'appui de ces considérations, une comparaison avec certains rituels européens (il faudrait préciser "d'Europe occidentale"). Il est question, plus précisément, de deux rituels où le tapage est requis : ce sont, sur le plan cosmique, l'éclipse, et sur le plan social, certains types de remariage condamnés par la société. Dans ce dernier cas, il s'agit d'une pratique limitée à l'Europe (occidentale), connue sous le nom de "charivari". Ce caractère limité du "charivari" comme expression d'une sanction sociale s'oppose à la pratique universelle du tapage rituel produit à l'occasion de phénomènes cosmiques (Lévi-Strauss 1964 : 206) [52].

Pour Lévi-Strauss, le véritable sens de tels tapages est de signaler la "rupture d'un ordre", une "dérégulation". Cette idée, l'auteur des *Mythologiques* va la reprendre et la développer dans son deuxième volume (1966 : 353 et suiv.) en tâchant de préciser le "code sonore" de son corpus amérindien et, en particulier, le motif de "l'entrechoc bruyant des sandales par le collecteur de miel" (Mythe

---

[51] Et l'auteur cite E. Rolland (1967 : 267 *in* Chevallier 1987 : 130) qui rapporte également cet usage :
> « C'est un usage très répandu, lorsqu'un essaim prend son essor, de s'armer de pelles, poêles et chaudrons et de crier à pleine voix en frappant dessus : ah cybèle, ah cybèle! Jusqu'à ce que cet essaim réuni en peloton se soit fixé dans un arbre... »

On notera au passage que la formule faisant allusion à la déesse latine indique par là l'origine savante de cette pratique, tout au moins pour la France.

[52] Cette restriction s'applique déjà au domaine culturel balkanique, qui connaît, comme partout ailleurs, le tapage produit lors d'éclipses, mais ignore le "charivari" comme sanction collective contre la conclusion d'un mariage hors norme.

M24). Il fait, ici, appel au mécanisme logique de la "conjonction disjonctive". Il (1966:354, 1964:292-5) indique par là comment, par la conjonction avec l'objet de sa quête (le miel totalement "naturel" puisque non cuisiné), le chercheur de miel du mythe se trouve en position d'être disjoint totalement de la culture, donc de la société. "L'appel cogné" provoqué par le choc des sandales (qui peut être assimilé à un "instrument des ténèbres"), serait alors une expression acoustique d'une "captation d'un terme par un autre aux dépens d'un tiers". Lévi-Strauss décèle une équivalence entre "l'appel cogné" et l'utilisation des "engins des ténèbres", parmi lesquels figurent tant les objets usuels du "charivari" (chaudrons, casseroles, etc.) que les sifflets.

Toute cette réflexion, trop riche pour être correctement résumée ici, nous ramène néanmoins à nos abeilles en fuite.

L'essaimage: une "disjonction pleine de risque"

En nous situant dans le contexte européen, il faut tout d'abord marquer une différence importante par rapport aux sociétés dont il est question dans les *Mythologiques*. Ici, les figures qui évoquent la médiation "entre nature et culture" de l'abeille et de son miel s'expriment plus précisément à travers l'apiculture en tant que technique de domestication. Nous avons vu comment l'essaim a pu passer de l'espace sauvage des forêts au monde civilisé d'un rucher qu'on installe dans l'espace domestique. Un tel processus de domestication est sans cesse menacé d'un retour à l'état sauvage lors de l'essaimage. C'est là que réside, nous semble-t-il, l'une des figures centrales qui peuvent donner lieu à développement métaphorique dans les sociétés où existe la pratique de l'apiculture. Cette pratique donne à l'abeille une place spécifique et fortement "marquée": inclue dans l'espace domestique, elle fait partie de la famille et en symbolise la cohésion et la prospérité. Un rituel roumain met admirablement en évidence cette place réservée à la ruche. Nous en reproduisons intégralement la description (Pamfile 1997b:284-85):

> «La veille de Noël, après le passage du prêtre avec l'icône, la famille de l'apiculteur doit s'asseoir à table et ne pas se lever avant d'avoir mangé jusqu'à satiété. Mais avant de se mettre à table, on vérifie que tout ce qui est nécessaire soit à portée de main, afin d'éviter que quelqu'un doive se lever de table pour aller chercher le sel, le poivre, une cuillère, etc. Lorsque le repas est achevé, toute la famille se lève en même temps, fait le signe de croix et remercie Dieu. Ensuite, la maîtresse de maison – s'il y en a plusieurs, la plus âgée – ramasse toutes les cuillères et fourchettes et les lie toutes en en faisant une botte, et se rend ainsi jusqu'à l'endroit où les abeilles passent l'été ou à proximité; là, entourant un arbre qui pourrait être à portée de main pour secouer un essaim, elle dit: «De même que j'entoure cet arbre, que mes essaims et mes reines l'entourent de même cet été. (...), de même que je ne me rends pas avec mes cuillères et fourchettes dans d'autres jardins et vergers, de même, que mes essaims et mes reines ne se rendent pas dans d'autres jardins et vergers, mais seulement chez moi!» Et après avoir prononcé ces paroles, elle s'en retourne à la maison avec les cuillères et fourchettes.»

On ne pourrait exprimer plus clairement le lien établi entre la famille et l'essaim et la volonté de préserver la prospérité qui en découle: tous les gestes du rituel sont parfaitement solidaires comme ceux d'un essaim; chaque couvert symbolise une personne de la famille. De plus, les figures choisies privilégient l'image de la convivialité familiale : réunion autour de la table et couverts "liés en botte", le tout symboliquement transporté au lieu de séjour estival des abeilles, homologue de la table familiale de Noël. C'est donc là que se déroule la seconde partie de ce rite où se trouve conjuré le risque de perte de l'essaim.

Cet exemple suffit à indiquer, en termes lévi-straussiens, que l'essaimage est "une disjonction pleine de risque" (Lévi-Strauss, 1964 :293) et, qu'à ce titre, l'événement suscite des comportements qui visent à empêcher la fuite de l'essaim. Après ce qui vient d'être rappelé concernant le "code sonore" mis en œuvre contre de tels risques, faudra-t-il s'étonner de voir figurer parmi ces comportements, saint Elie, les abeilles et l'orage ?

Saint Elie, les abeilles et l'orage

La réflexion de Lévi-Strauss sur les "codes sonores" des mythes offre une clé de lecture pour comprendre pourquoi le "tapage rituel" à l'aide d'instruments des ténèbres lors d'un essaimage, se trouve aussi fréquemment pratiqué d'un bout à l'autre de l'Europe. Il en est de même d'autres conduites également recommandées, comme celle qui consiste à arrêter la fuite de l'essaim en projetant sur lui de la terre et de l'eau. D'autres auteurs mentionnent également cet usage ; ainsi, l'étude déjà citée de D. Chevallier (1987 :130) :

> « {Outre la production de bruit} Les apiculteurs du Haut-Diois utilisent d'autres procédés : certains jettent de la terre fine en direction de l'essaim, d'autres simulent l'arrivée de l'orage en faisant miroiter une glace ; certains enfin tirent des coups de fusil. »

En Roumanie, tout comme en Châtillonnais, on donne généralement une même explication à la production de bruit et à ces projections de poussière et d'eau : il s'agit d'imiter les effets de l'orage et du tonnerre pour arrêter la fuite d'un essaim. Dans ce cas, asperger les abeilles (avec du lierre terrestre par exemple, comme nous l'avons vu) équivaut à faire tomber la pluie. Or, nous savons que les apiculteurs établissent un lien entre l'approche de l'orage et le risque d'essaimage. En nous référant à la "logique" des *Mythologiques*, nous sommes en présence d'un cas de conjonction entre ciel et terre, par le biais d'un phénomène météorologique.

Quittons alors le plan des généralités pour revenir à notre contexte balkanique. Rappelons-nous la figure qui domine ce moment de l'acmé du cycle apicole : il s'agit bien du maître de l'orage et du tonnerre, saint Elie le violent que Dieu doit tempérer en lui "desséchant un bras", disent les croyances populaires[53]. Tout cet imaginaire d'inspiration biblique incite la tradition populaire à

---

[53] C'est à la tradition biblique qu'il faut se référer pour trouver le lien qui unit les deux dates de la Saint-Elie et de la Transfiguration dans un même champ sémantique où l'abeille trouve indirectement sa place. C'est le prophète lui-même qui constitue ce lien, tout d'abord par sa présence lors des deux commémorations : lors de la Transfiguration, il est (avec le prophète Moïse) aux côtés de Jésus, au moment où se produit la vision des apôtres. Le motif tel qu'il est traité par les icônes orthodoxes, indique une véritable scène de "foudroiement" des apôtres devant cette vision "solaire" du Christ ; elle est souvent figurée par trois traits brillants reliant un dieu céleste aux apôtres jetés face contre terre. Par ailleurs, c'est toute la vie d'Elie qui est marquée par le "feu du ciel".

placer les deux fêtes sous le même signe : celui du foudroiement, du tonnerre et de l'orage. Si l'on met cette lecture "en clé de feu" (et d'eau) en rapport avec la période caniculaire déterminée par le lever héliaque de Sirius (constellation du Chien) qui correspond à ce jour, si l'on sait que les apiculteurs considèrent les conditions météorologiques orageuses, la foudre et le tonnerre, comme l'un des facteurs propices à l'essaimage, on peut voir combien ce complexe liturgico-saisonnier est cohérent.

Pour conclure cet aperçu des pratiques de capture d'un essaim, il faut peut-être noter que, parmi les conduites adoptées, la place occupée par la production de tels vacarmes rituels ne semble pas prépondérante, face à l'abondance d'informations recueillies à propos de l'utilisation des plantes odorantes. Faut-il en déduire que le paysan roumain a privilégié les réelles aptitudes olfactives de l'abeille au détriment de ses prétendues capacités auditives ?

De plus, l'utilisation du code sonore dans la "communication" avec les abeilles, se décline sur d'autres modes que celui du tapage : outre qu'on les "siffle" comme le berger siffle ses moutons, on s'adresse aussi à elles selon un registre beaucoup plus "civilisé" par des prières, incantations ou exhortations comme l'indique ce témoignage (Haşdeu 1970 : 462) :

> « Lorsque se produit un essaimage, celui qui capture l'essaim, s'adresse à lui en sifflant et en lui disant :
> "Mes petits, mes petits, installez-vous."
> Après qu'il est fixé sur une branche, il lui met la ruche et lui dit :
> "Entrez dans votre maison, car elle est bien entretenue et belle, mes petits !..." »

On croit les abeilles également sensibles à la musique. Lorsqu'on invite un orchestre à jouer toute la nuit comme dans le cas de la "fête de la taille" (*cf. infra*), on dit que c'est "pour la prospérité des ruches".

L'essaimage ou le risque d'ensauvagement

Nous avons vu que ce moment essentiel du cycle apicole où l'essaim "prend la fuite" porte en lui la menace d'une perte de l'unité familiale. C'est que, d'un point de vue pratique, un essaim envolé sans avoir pu être capturé, est un essaim perdu et, avec lui, c'est la figure métonymique d'abondance et de prospérité de la ruche, qui s'éloigne de la maison des hommes. On pourrait citer à l'appui d'une telle conception, nombre de prescriptions et surtout d'interdits qui concernent l'acte de prêter ou d'emprunter, autrement dit, ce qui touche à la circulation des biens. De telles règles indiquent cette relation métonymique qui lie la ruche à son espace domestique. Ainsi (Pamfile 1997b : 282) :

> « La veille de Noël, il ne faut rien prêter, sinon on fait sortir la chance de la maison. On pense que c'est bien d'emprunter quelque chose ce jour-là, à une autre maison, pour porter chance en apiculture. »

Une législation éloquente

Étant donné la source de biens que représente la ruche et pour pallier la perte que peut constituer la fuite d'un essaim, les règles juridiques en la matière ont prévu une réglementation précise que l'on retrouve aussi à travers toute l'Europe. Elle est basée sur cette particularité propre aux abeilles domestiquées : le risque de leur fuite qui signifie souvent le retour en forêt. Ainsi existait-il pour chacun, un droit à s'approprier tout essaim ou ruche trouvé en forêt. Au moyen âge où les espaces forestiers étaient abondants, il s'agissait d'essaims sauvages. On a vu comment les chasseurs d'abeilles agissaient pour repérer ces ruches sauvages (*cf.* *supra*, le "bărcar").

Avec le développement de l'activité apicole, apparaissent les abeilles domestiquées. Un droit de propriété va dès lors s'exercer sur ces essaims qui appartiennent au maître de maison. Lorsque la ruche se met à essaimer, voici la règle précise qui est appliquée en matière de droit d'appropriation (Iordache 1989:200) :

> « L'essaim évadé d'une ruche domestique ne peut être capturé que par le maître de la ruche qui doit le suivre de près. Dès l'instant où il est perdu de vue et que s'arrête la poursuite, l'essaim en fuite acquiert le régime juridique de l'essaim sauvage, c'est-à-dire qu'il peut être capturé par n'importe qui sans aucune réserve. »[54]

Poursuivre son essaim jusqu'à "perte de vue", et même au-delà, c'est prendre le risque de quitter l'espace de la culture pour répondre avec les abeilles, à l'appel de la forêt. Une telle fuite fait surgir sur sa route l'image de l'homme "ensauvagé". Dans le contexte roumain, cet homme peut prendre les contours de deux personnages en tête-bêche : celui de l'ermite, figure ensauvagée d'un saint homme du désert qui veille sur ses ruches en bon apiculteur, ou celui de notre "bougre de bigre", ce *bărcar*, homme des bois et dénicheur de miel. Tous deux vivent à la lisière de nature et culture et tous deux nous incitent à considérer que l'essaimage, comme événement naturel du cycle de vie des abeilles, est "bon à penser" le risque social de la perte et de l'ensauvagement .

ENTRE ERMITE ET DÉNICHEUR DE MIEL

Nous voici arrivés au terme de ce petit périple en "Transdanubie". Des rares témoignages que l'Antiquité nous a transmis sur cette région, nous avons retenu l'image d'un pays bourdonnant de ruches sauvages sans doute abritées par les immenses étendues de forêts et nourries par une flore mellifère abondante.

Puis, à la lisière du mythe et de l'histoire, surgissent de ces contrées deux figures qui vont marquer une période "moyenâgeuse", au voisinage de l'Empire byzantin. L'une est "païenne" : c'est celle du dénicheur de miel ; l'autre est religieuse : c'est celle de l'ermite apiculteur, doublement étranger puisqu'il vient d'ailleurs et qu'il est aussi l'un de ces "étrangers intérieurs" que sa proximité avec Dieu a éloigné du monde des hommes. Ces deux personnages bornent en quelque sorte l'espace symbolique qu'occupent le miel, la cire et les abeilles dans l'Europe chrétienne. Nous voyons en effet que, dans tout l'espace de la chrétien-

---

[54] Chevallier (1987:130) signale à ce sujet une loi française datant de 1791 et toujours en vigueur : elle stipule que le propriétaire d'un essaim a le droit de le réclamer et de s'en ressaisir tant qu'il n'a pas cessé de le suivre.

té, l'abeille est "bénie de Dieu". Les produits de son labeur participent de cette sacralité; ils sont "donnés" aux hommes pour en faire bon usage: la cire à l'église et aux morts, le miel à partager entre les hommes.

Du côté de l'ermite et de l'apiculteur
Sous le signe du partage

Il nous faut alors revenir sur cette obligation de partage. Car il s'agit bien d'une véritable obligation. De nombreux témoignages, de provenances diverses, font du miel domestique un bien qui ne peut être ni vendu, ni acheté, ni totalement gardé pour soi. Il ne peut entrer dans l'économie monétaire pour être commercialisé: on ne négocie pas un bien reçu de Dieu et qui appartient à tous! La même règle prévalait dans toute l'Europe. Ainsi Greimas (1985:200) nous apprend qu'en Lithuanie[55]:

> «(...) Ni les abeilles, ni leur miel, ne font partie du système d'échanges généralisés, fondé sur la circulation monétaire qui caractérise le capitalisme commercial. Jusqu'au début du XXe siècle, ni les abeilles, ni leur miel ne sont considérés, dans la société lithuanienne, comme objets de vente ou d'achat. Si le surplus du miel est ordinairement distribué aux "amis", aux voisins, aux accouchées (...) ou aux mendiants la veille de Noël, l'achat et la vente des abeilles étaient, selon les croyances populaires, inévitablement sanctionnés par une malchance dans l'apiculture.»

Plus près de nous, en France, Chevallier (1987:132) fait cette constatation:

> «(...) Dans l'apiculture fixiste {contrairement à l'apiculture moderne où ont lieu des ventes d'essaims} de telles transactions étaient inexistantes mais les abeilles ne manquaient pas car les ruches-troncs produisaient beaucoup d'essaims. Il se peut aussi qu'une croyance ancienne ait empêché les apiculteurs d'acheter ou de vendre des abeilles; on pensait en effet, dans la Drôme, comme dans de nombreuses régions de France, qu'acheter ou vendre des abeilles les faisaient périr.»

L'auteur cite également E. Rolland qui précise:

> «On ne doit jamais acheter ni vendre les abeilles, sous peine de les faire périr. On peut les échanger contre un objet de même valeur.»

En Roumanie, l'obligation de partage du miel s'exprime en particulier à l'occasion de cette "fête de la taille des ruches" à laquelle nous avons déjà fait référence. Tournons-nous à nouveau vers la description que nous en donne S. F. Marian (*in* Pamfile 1997b:133):

> «D'habitude, on invite ce jour-là les voisins, les connaissances et les parents, étant donné que l'on considère qu'il est obligatoire de les inviter et de partager avec eux le miel des ruches que l'on possède; car c'est pour cela qu'on en a reçues de Dieu; et si l'on n'en donnait pas à d'autres également, alors les ruches pourraient facilement péricliter (...). Les rayons les plus beaux et les plus pleins de miel sont choisis et déposés sur des plateaux propres, et on les offre aux invités, pour qu'ils les mangent.»

Il s'ensuit un repas en commun durant lequel on consomme un alcool de prune additionné de miel. La fête peut se poursuivre toute la nuit, avec force musique, tout cela, précise-t-on, "pour que les abeilles soient productives" (Marian *in* Pamfile 1997b:132-33).

---

[55] Il est évident qu'il s'agit ici des ruchers domestiques dont la production échappe à la commercialisation qui a existé par ailleurs sur une large échelle depuis l'antiquité (nous l'avons signalé plus haut).

Ce qui frappe dans ce passage, c'est le caractère de convivialité de ce moment de la récolte : la fête s'y avère à la fois rituel de récolte et de partage du miel.

Tous ces témoignages indiquent clairement le statut spécifique du miel et des abeilles et, nous l'avons vu, il en est de même de la cire, plus proche encore, par sa destination, de la sphère du sacré. Voici encore une histoire rapportée à ce sujet par E. Niculița-Voronca (1998) qui circulait dans la région de Moldavie du Nord au début du XXe siècle :

> « À Botoșani, on raconte que, le père de Mihalache Holban étant mort, toutes les abeilles de ses propriétés sont venues et les essaims l'ont fêté dans les airs jusqu'à la propriété de Mogoșeștii, où on l'a enterré. Une foule entière a vu comment les abeilles le fêtaient. Et cela s'est produit parce que lui, durant toute sa vie, n'avait jamais vendu la cire, pour pouvoir la donner seulement à l'église. »

Du côté du "dénicheur de miel" et des ruchers sauvages
Sous le signe du larcin

À l'autre borne de l'espace symbolique occupé par les abeilles roumaines, nous avons vu comment s'insinue, au cœur du monde sacralisé de l'apiculture, et à l'acmé du cycle saisonnier, l'image forte de "l'essaim en fuite". Elle incarne le risque de dérégulation sociale, de régression à l'état sauvage; elle fait surgir la menace de dislocation de l'unité familiale, l'angoisse de la perte. Quelques informations nous suggèrent encore une dernière image qui s'apparente à ce pôle de la "dérégulation sociale" : c'est celle du vol des ruches et du miel. Nous trouvons en effet dans la littérature ethnographique de Roumanie et d'ailleurs, des indications telles que celles-ci (Hașdeu 1970 : 462) :

> « Pour la reproduction, les ruches volées sont bonnes. »

Ou, en France (Rolland *in* Albert-Llorca 1988 : 27) :

> « On dit qu'il faut voler la première ruche. »

On peut se demander comment cet acte anti-social, hors-la-loi qu'est l'appropriation par le vol, peut être recommandé lorsqu'il est question des "saintes abeilles". Sans doute, est-ce parce que nous nous trouvons, à un pas de quitter la "culture", au seuil de la nature sauvage dont l'abeille, bien qu'intégrée à l'espace domestique, n'est jamais très éloignée. L'appel de la forêt exercé sur l'essaim en fuite est là pour en témoigner.

Par ailleurs, D. Chevallier (1987 : 142) a raison de rapprocher la récolte du miel d'un acte de "vol" que les hommes commettent à l'égard de la ruche. Il souligne, à cet égard, le statut bien spécifique de l'abeille dans l'espace domestique : d'une part, elle est la seule à ne pas requérir de soins quotidiens et, d'autre part, on lui "vole" son miel (acte auquel elle résisterait si on ne l'endormait pas avec la fumée).

Ainsi, aux deux moments forts du cycle (récolte et essaimage), en "volant" le miel aux abeilles comme en "volant" une première ruche ou un essaim, l'apiculteur se met dans cette position "d'entre-deux" où sauvagerie et civilisation se côtoient. Encore une fois, la figure de "l'essaim en fuite" résume à elle seule le risque d'un tel moment de passage[56].

RÉFÉRENCES BIBLIOGRAPHIQUES

ALBERT-LLORCA M. – 1988, Les "servantes du Seigneur", *Des hommes et des bêtes. Terrain* 10:23-36.

ANDREESCO I. & M. BACOU – 1986, *Mourir à l'ombre des Carpathes*. Paris, Payot, 237 p.

BÎRLEA O. – 1976, *Mică enciclopedie a poveştilor româneşti*. Bucureşti, Ed. ştiintifică şi enciclopedică, 473 p.

BIRLEA O. & I. MUSLEA – 1970, *Tipologia folclorului din răspunsurile la chestionarele lui* (Petite encyclopédie des contes roumains) *B.P.HAŞDEU*. Bucureşti, Minerva, 634 p.

BORZA A. – 1968, *Dicţionar etnobotanic*. Bucureşti, Ed. ARSR, 320 p.

BRăTIANU G. I. – [1945] 1980, *Tradiţia istorică despre întemeierea statelor româneşti* (Tradition historique sur la fondation des États roumains). Bucureşti, Ed. Eminescu, 297 p.

BRATULESCU M. – 1981, *Colinda românească. The român colinda (Winter-solstice songs).* Bucureşti, Minerva, 351 p.

BRILL T. – 1981, *Legende populare româneşti. I.* Bucureşti, Minerva, 742 p.

BUTURă V. – 1978, *Etnografia poporului român*. Cluj-Napoca, Dacia, 439 p.

– 1979, *Enciclopedie de etnobotanică românească*. Bucureşti, Ed. ştiintifică şi enciclopedică, 283 p.

CARTOJAN N. – [1940-45] 1980, *Istoria literaturii române vechi* (Histoire de la littérature roumaine ancienne). Bucureşti, Minerva, 590 p.

CHEVALLIER D. – 1987, *L'homme, le porc, l'abeille et le chien. La relation homme-animal dans le Haut-Diois*. Paris, Institut d'Ethnologie, Musée de l'Homme, 341 p.

COMAN M. – 1988, *Mitologie populară românească. II. Vieţuitoarele văzduhului*. Bucureşti, Minerva, 196 p.

CORDIER E. – 2000, Comment parler aux animaux? L'exemple de l'abeille. *Mandragore* 6:7-28.

CREANGà I. – 1975, *Põvesti, amintiri, poveştiri*. Bucureşti, Minerva, 352 p.

DUMÉZIL G. – 1924, *Le festin d'immortalité*. Paris, Librairie Orientaliste Paul Geuthner, 322 p.

ELIADE M. – 1970, *De Zalmoxis à Gengis Khan. Études comparatives sur les religions et le folkolore de la Dacie et de l'Europe Orientale*. Paris, Payot, 252 p.

FOCHI A. – 1976, *Datini şi eresuri populare de la sfîrşitul secolului al XIX-lea. : Răspunsurile la chestionarele lui Nicolae Densuşianu*(Traditions et coutumes populaires de la fin du XIXe s: Réponses au questionnaire de Nicolae Densusianu). Bucureşti, Minerva, 392 p.

GHINOIU I. – 1988, *Vîrstele timpului* (Les âges du temps). Bucureşti, Meridiane, 309 p.

– 1997, *Obiceiuri populare de peste an. Dicţionar* (Traditions liées au calendrier populaire). Bucureşti, Fundaţia culturala române, 286 p.

GOROVEI A. – 1995, *Credinti şi supertiţii ale poporului român* (Croyances et superstitions du peuple roumain). Bucureşti, Grai şi suflet, Cultura naţională, 336 p.

GREIMAS A. J. – 1985, *Des dieux et des hommes*. Paris, PUF, 233 p.

HAŞDEU B. P. – 1970, *Etymologicum magnum romaniae*, vol.1. Bucureşti, Minerva, 187-99.

---

[56] On a vu qu'en Roumanie l'on procède plus couramment, pour la récolte, à un "sacrifice" des abeilles. Ceci pose d'ailleurs une question: comment se fait-il que le moment d'un tel "sacrifice" de ces insectes sacrés, qui a lieu lors de la récolte du miel et de la cire – ces substances marquées, elles aussi, d'un statut particulier – ne fasse l'objet d'aucun rituel? Est-ce là une négligence de la part des ethnographes (qui pourtant ont travaillé avec minutie sur ce sujet)? La question reste ouverte.

IORDACHE G. – 1989, *Ocupaţii tradiţionale pe teritoriul României. Studiu etnologic* (Occupations traditionnelles en pays roumain). *vol. II.* Craiova, Scrisul românesc, 353 p.

IVANOV J. – 1976, *Livres et légendes bogomiles. (Aux sources du Catharisme).* Paris, Maisonneuve et Larose, 399 p.

LÉVI-STRAUSS C. – 1962, *La pensée sauvage.* Paris, Plon, 397 p.

– 1964, *Mythologiques *. Le cru et le cuit.* Paris, Plon, 403 p.

– 1965, Le triangle culinaire. *L'Arc (Paris),* 26:19-29.

– 1966, *Mythologiques **. Du miel aux cendres.* Paris, Plon, 451 p.

LORINTZ F. E. & J. BERNABÉ – 1977, *La sorcellerie paysanne.* Bruxelles, A. De Boeck, 208 p.

MAIER R. – 1973, Lumînăritul, *Etnografia văii Bistritei*(La fabrication des cierges. *Ethnographie de la vallée de Bistrita*).. *Zona Bicaz.* Piatra Neamţ. ARSR et Comitetul de cultură şi educaţie socialistă al judeţului Neamţ, pp. 568-572.

MANOLIU V. – 1999, *Mic dicţionar de astronomie şi meteorologie ţaranească* (Petit dictionnaire d'astronomie et de météorologie paysanne). Bucureşti, Mentor, 272 p.

MARCHENAY P. – 1979, *L'homme et l'abeille.* Paris, Berger-Levrault, 211 p.

MARTOR – 1996, "L'étranger autochtone", numéro de la revue Martor, Revue d'anthropologie du Musée du paysan Roumain, I.

MESNIL M. & A. POPOVA – 1990, Des ancêtres aux nouveau-nés: les pains de la Saint-Quarante. *L'Uomo* III(1):39-79.

– 1993, Étrangers de tout poil ou comment on désigne l'autre? *Civilisations* XLII.2:179-198.

– 1998, Les eaux delà du Danube, *Incontri di etnologia europea, a cura di Cristina Papa* (G. Pizza & F. M. Zerilli, eds). Perugia, Edizioni Scientifiche Italiane, pp. 229-257.

NICULESCU C. – 1996, Le saint: un étranger partout et toujours chez soi. *"L'étranger autochtone", Martor, Revue d'anthropologie du Musée du paysan Roumain* I:10-23.

NICULIŢÀ-VORONCA E. – 1998, *Datinele si credintele popōrului român. Adunate şi aşezate în ordine mitologică*(Coutumes et croyances du peuple roumain. Rassemblées et organisées d'un point de vue mythologique), *vol. 1.* Iaşi, Polirom, 504 p.

PAMFILE T. – 1997a, *Mitologie românească* (Mythologie roumaine). Bucureşti, ALLFA, 498 p.

– 1997b, *Sărbătorile la Români* (Les fêtes chez les Roumains). Bucureşti, Saeculum I.O., 432 p.

PAPAHAGI T. – 1979, *Mic dicţionar folkloric.* Bucureşti, Minerva, 546 p.

POPESCU A. – 1986, *Tradiţii de muncă româneşti în obiciuri, folclor, artă populară* (Traditions de travail roumaines dans les coutumes, le folklore, l'art populaire).. Bucureşti, Ed. ştiitifică şi enciclopedică, 320 p.

RÀDULESCU-CODIN C. – 1986, *Literatură populară, vol. 1. Cîntece şi descîntece ale poporului.* Bucureşti, Minerva, 666 p.

RÀUTU R. – 1998, *Antologia descântecelor populare româneşti* (Anthologie d'incantations populaires roumaines). Bucureşti, "Grai si suflet" - Cultură naţională, 270 p.

ŞAINEANU L. – 1978, *Basmele române în comparatiune cu legendele antice şi în legătură cu basmele popoarelor învecinate şi ale tuturor popoarelor romanice* (Contes roumains comparés avec les légendes antiques et en relation avec les contes des peuples voisins et de tous les peuples de langue romane). Bucureşti, Minerva, 769 p.

STAHL H. H. – 1939, *Nerej, un village d'une région archaïque, vol. II et III.* Bucarest, Institut des sciences sociales de Roumanie, 323 p. + 403 p.

TÀTARU T. B. – 1993, *Terminologia botanica creştină la poporul român.* Augsbourg, Missionsdruckeri, 262 p.

VULCANESCU R. – 1985, *Mitologie română.* Bucureşti, Ed. A.R.S.R., 712 p.

LES INSECTES DANS LE CORAN
ET DANS LA SOCIÉTÉ ISLAMIQUE (MAROC)

Souâd BENHALIMA, Mohamed DAKKI et Mohamed MOUNA

RÉSUMÉ

Les insectes dans le Coran et dans la société islamique (Maroc)

Comme beaucoup d'autres animaux, plusieurs espèces d'insectes occupent une place particulière dans la société islamique. En effet, les insectes sont mentionnés dans le Coran pour leurs effets bénéfiques et pour leurs nuisances par rapport à l'Homme. On trouve aussi dans le Coran, les enseignements sur les rapports que doit entretenir le musulman avec ces êtres vivants.

Dans cette présentation, nous essayerons en premier lieu d'inventorier les versets du Coran qui traitent des insectes. Aussi, nous essayerons de relater les exemples les plus significatifs de citations de ces petites créatures dans le Coran et d'interpréter les versets qui les concernent en se basant sur les explications antérieures et les connaissances scientifiques actuelles. Les recommandations fournies par l'Islam, qui incitent l'Homme à respecter les insectes à cause du rôle qu'ils accomplissent sur terre, seront analysées.

D'autre part, les utilisations culinaires, thérapeutiques ou autres, de certains insectes dans un pays musulman tel que le Maroc, seront prises en considération. Ces utilisations émanent d'expériences et/ou de croyances dont plusieurs n'ont pas encore d'explication scientifique bien qu'elles témoignent d'un savoir-faire traditionnel très poussé.

ABSTRACT

Insects in the Koran and in Islamic society (Morocco)

Several species of insects, like many other animals, occupy a particular place in Islamic society. The Koran mentions insects for their virtues and harmful effects on Man, as well as lessons on the relationships which the Muslim must maintain with these creatures.

In this paper, we will try to make an inventory of the Koran verses which have to do with insects. We will also try to relate the most significant examples of quotations concerning these small creatures in the Koran and to interpret the verses which relate to them in the light of the former explanations and current scientific knowledge. The recommendations provided by Islam, which encourage Man to respect insects because of the role they play on Earth, will be analysed.

The culinary, therapeutic or different uses of some insects in Muslim society (for example: Morocco) will be taken into account. These uses emanate from experiments and/or beliefs of which several do not have scientific explanations yet although they testify to very thorough traditional knowledge.

Plusieurs groupes d'insectes ont des relations directes ou indirectes avec l'homme ; ces relations sont généralement évoquées en termes d'utilité ou de nuisance. Les autres insectes demeurent ignorés et leurs rôles dans la nature ne sont connus que par des spécialistes et de façon partielle.

Le Coran, livre sacré des musulmans et parole de Dieu communiquée au prophète Mahomet par l'ange Gabriel, mentionne à plusieurs reprises les insectes. Toutefois, malgré la très grande diversité de ce groupe, il n'est évoqué qu'à travers quelques exemples choisis parmi les insectes les plus connus de l'homme.

Pour le musulman, il n'est pas de verset coranique qui ne comporte de message dont le but ultime est de consolider sa foi en Dieu et de le guider dans le choix des rapports à entretenir avec les autres créatures. Des efforts considérables sont déployés actuellement dans le monde islamique pour "moderniser" et approfondir l'interprétation du Coran, en se basant sur les vérités scientifiques récemment établies.

Les traductions françaises des textes coraniques étant sensiblement différentes dans certains détails, il convient de signaler que nous avons adopté la traduction la plus diffusée actuellement, à savoir celle qui a été officialisée en Arabie Saoudite par "La Présidence Générale des Divisions de Recherche Islamique d'Al-Madina".

Par ailleurs, nous nous sommes volontairement limités à rechercher et citer les versets du Coran mentionnant les insectes sans entrer dans les débats concernant la signification donnée aux versets par les anciens interprètes du Coran.

LES VERSETS CORANIQUES ÉVOQUANT LES INSECTES

Parmi les 114 Sourates qui composent le Coran, quarante évoquent les animaux lesquels sont mentionnés dans 136 versets (Kharchaf 1989). Neuf versets, appartenant à six Sourates, parlent plus spécifiquement des insectes.

Sourate		Insectes	
AN NAHL	"Les abeilles"		abeilles
AN NAML	"Les fourmis"		fourmis
AL A'RAF	"Les limbes"		sauterelles et calandres
AL QAMAR	"La lune"		sauterelles
AL HAJ	"Le pèlerinage"		mouche
AL BAQARA	"La génisse"		moucheron

Le nom de certains d'entre eux a même été attribué à des Sourates comme c'est le cas des Sourates *AN NAML* "Les fourmis" et *AN NAHL* "Les abeilles". On peut y voir la grande considération que la religion islamique porte à ces petites créatures.

Sans chercher à approfondir la réflexion comme pourrait le faire un savant musulman, notre apport se limitera à quelques remarques d'ordre scientifique et ethnologique qui méritent réflexion.

ANALYSE ET INTERPRÉTATION

Les neuf versets évoquent six groupes d'insectes parmi les plus connus par l'homme, voire les plus proches de lui; il s'agit des abeilles, des fourmis, des sauterelles, des calandres (ravageurs des denrées stockées), des mouches et des moucherons.

Les insectes sociaux

Les seuls groupes pour lesquels sont évoqués à la fois la communication et la demeure sont les abeilles et les fourmis. Ces deux groupes sont effectivement à la fois sociaux (notion de communication) et sédentaires (notion de demeure).

Les abeilles

> « Ton Seigneur révéla aux abeilles : prenez des demeures dans les montagnes, dans les arbres et dans les treillages que (les hommes) font. » (Sourate *AN NAHL* "Les abeilles", verset 68)

> « Puis mangez de toute espèce de fruits et suivez les sentiers de votre Seigneur, rendus faciles pour vous. De leur ventre sort une liqueur aux couleurs variées, dans laquelle il y a une guérison pour les gens. Il y a vraiment là une preuve pour des gens qui réfléchissent. » (Sourate *AN NAHL* "Les abeilles", verset 69)

Les abeilles sont citées aussi parmi une liste d'êtres et de phénomènes mis gracieusement au service de l'homme et pour lesquels celui-ci doit une reconnaissance à Dieu.

Dans ce verset, le miel est considéré non seulement comme aliment de valeur, mais surtout comme moyen de guérison. Aussi, partant de ces paroles sacrées, la médecine traditionnelle dans le monde islamique utilisait-elle le miel dans la préparation d'un grand nombre de médicaments (Ben Habib Bari 1994) alors que sa consommation n'est déconseillée dans aucun cas de maladie.

Les fourmis

> « Quand ils arrivèrent à la vallée des fourmis, une fourmi dit : "Ô fourmis, entrez dans vos demeures, (de peur) que Salomon et ses armées ne vous écrasent (sous leurs pieds) sans s'en rendre compte. » (Sourate *AN NAML* "Les fourmis", verset 18)

Salomon, unique prophète à qui a été donné le pouvoir de communiquer avec les animaux, a compris les paroles de la fourmi (Sourate *AN NAML*) qui conseillait à ses semblables de regagner leur demeure. Le Coran évoque ici l'existence d'une communication entre les fourmis, insectes sociaux. Ce type de communication n'a été découvert que récemment (Kharchaf 1989).

Les insectes non sociaux

Tous les groupes d'insectes non sociaux cités par le Coran ont comme caractère commun d'être ravageurs et/ou répugnants.

Les sauterelles et les calandres

> « Et nous avons alors envoyé sur eux l'inondation, les sauterelles, les calandres, les grenouilles et le sang, comme signes explicites. Mais ils s'enflèrent d'orgueil et demeurèrent un peuple criminel. » (Sourate AL A'RAF "Les limbes", verset 133)

Dans la Sourate AL A'RAF, les sauterelles sont évoquées (en même temps que les calandres) comme punition envoyée aux hommes du pharaon parce que ceux-ci avaient rejeté Moïse après avoir vu les miracles qu'il accomplissait.

Ce fléau arrive dans une succession de quatre autres châtiments, qui avaient pour but de démontrer à ces hommes, d'une part, qu'il ne s'agissait pas d'événements dus au hasard sachant que les inondations et les invasions des criquets étaient fréquentes, mais d'actions provoquées par un auteur puissant, et d'autre part que leur Seigneur (le pharaon) demeurait faible et impuissant contre toutes ces punitions.

> « Les regards baissés, ils sortiront de leurs tombes comme des sauterelles éparpillées. » (Sourate AL QAMAR "La lune", verset 7)

Dans la Sourate AL QAMAR, les sauterelles sont simplement prises comme exemple pour décrire le très grand nombre et la désorientation qui sera celle des hommes lors du jour de la résurrection.

Mouche et moucheron

> « Ô hommes! Une parabole vous est proposée, écoutez-la : ceux que vous invoquez en dehors d'Allah ne sauraient même pas créer une mouche, même si tous s'unissaient… Et si la mouche les dépouillait de quelque chose, ils ne sauraient le lui reprendre. Le solliciteur et le sollicité sont faibles! » (Sourate AL HAJ " Le pèlerinage", verset 73)

> « Certes, Allah ne se gêne point de citer en exemple un moucheron ou quelque autre être supérieur à lui. Quant aux croyants, ils savent bien qu'il s'agit de la vérité venant de la part de leur Seigneur, alors que les infidèles se demandent : "Qu'a voulu dire Allah par cet exemple ?" Par cela, nombreux sont ceux qu'il guide ; mais il n'égare par cela que les pervers. » (Sourate AL BAQARA " La génisse", verset 26)

La mouche et le moucheron sont donnés en exemple aux hommes pour attirer leur attention sur la faiblesse des divinités qu'ils vénèrent.

Autres insectes

D'autres versets concernent les insectes de manière indirecte (en tant que bêtes). Nous accorderons toutefois une attention particulière à deux versets qui pourraient avoir une signification scientifique :

> « Il n'y a pas une bête sur terre dont Allah n'aurait assuré des ressources et dont il ne connaît la demeure et la destinée. » (Sourate HOUD "Hud", verset 6)

Ce verset n'évoque-t-il pas la fonction des êtres vivants dans les écosystèmes?

> «Il n'y a point de bête sur terre ou volant avec ses ailes qui ne soient des nations semblables à vous.» (Sourate *AL AN'AM* "Les bestiaux", verset 38)

N'y a-t-il pas là des indications qui évoquent, d'une part, l'organisation de tous les êtres vivants en populations et, d'autre part, une considération de tous les êtres vivants et un message à l'homme pour les respecter?

Conclusions

La plupart des enseignements tirés de ces versets ne sont pas propres aux insectes, mais se retrouvent dans plusieurs autres sourates, mais chaque exemple comporte un message particulier qu'il faut analyser dans le contexte où il est cité. Il y a toutefois un message important qui se répète souvent à travers le Coran et qui apparaît de manière indirecte dans les versets précités: il s'agit de l'incitation de l'homme à acquérir les connaissances de ce monde, en utilisant la raison que Dieu lui a procurée, tout en l'appelant à fonder sa foi sur l'observation de la création, en lui et autour de lui. Citons à ce propos l'un des versets qu'apprennent la plupart des musulmans dès leur jeune âge:

> «Ne regardent-ils pas comment les chameaux ont été créés, le ciel comme il est élevé, les montagnes comme elles sont dressées et la terre comme elle est nivelée." (Sourate *AL GHACHIA* "L'enveloppant", versets 17 à 20).

Notre contribution à expliquer les aspects inhérents aux insectes dans le Coran reste très modeste mais s'inscrit dans le courant actuel. En effet, les efforts actuels d'interprétation du Coran sont de plus en plus basés sur les connaissances scientifiques; des disciplines aussi éloignées que l'astrologie et la génétique des populations sont mises en jeu. Le parallélisme établi entre des vérités scientifiques récemment acquises et des versets coraniques révélés il y a quatorze siècles, contribue en particulier à enraciner la foi de nombreux chercheurs dans ces domaines, en application du verset:

> «Ne craignent Dieu, parmi ses serviteurs, que les savants." (Sourate *FÂTEER* "Le Créateur", verset 28)

LES UTILISATIONS TRADITIONNELLES DES INSECTES DANS UN PAYS MUSULMAN À TRAVERS L'EXEMPLE DU MAROC

L'alimentation

Les insectes mangés par certains Marocains le sont soit par nécessité, soit par goût (comme épice), soit encore par curiosité (comme amuse-gueule). Dans le monde rural, certains insectes et/ou larves d'insectes ont été consommés pendant les années de disette, conséquente à une sécheresse prononcée et prolongée. C'est le cas des criquets, des larves de Cerambycidae, etc.

Les usages et savoir-faire traditionnels de la société marocaine sont très imprégnés de la religion islamique. En effet, bien qu'ils soient présents au Maroc, de nombreux insectes comestibles ne sont pas utilisés, contrairement à ce que l'on peut observer dans d'autres pays tropicaux.

• Le "criquet pèlerin" *(Schistocerca gregaria)*

Lors de ses invasions périodiques au Maroc, le criquet pèlerin provoque des ravages aux cultures ce qui pousse les agriculteurs à le chasser. Ils en tirent parti en le mangeant ou en le vendant (on le surnomme la crevette du pauvre). Lors de ces périodes, certains nécessiteux l'utilisent comme aliment de base et les plus nantis l'utilisent comme amuse-gueule. Les invasions de criquet pèlerin et le parti qui en est tiré par les populations locales a donné lieu à de nombreux récits comme, par exemple, celui de Jackson (1811 :104) :

> « The Arabs of Morocco esteem locusts a great delicacy; and, during the summer of 1799 and the spring of 1800, after the plague had almost depopulated Barbary, dishes of them were served up at the principal repasts. Their usual way of dressing these insects, was to boil them in water half an hour, then sprinkle them with salt and pepper, and fry them, adding a little vinegar. The body of the insect is only eaten, and resembles, according to this gentleman, the taste of prawns. For their stimulating qualities, the Moors prefer them to pigeons. A person may eat a plateful of them containing two or three hundred without any ill effects. »

Le criquet pèlerin est toujours très apprécié par les uns et les autres en raison de son goût délicieux résultant de sa grande richesse en vitellus (œufs).

Sa préparation diffère selon que l'on se trouve en ville ou à la campagne. Dans le milieu rural, les populations le font griller sur le feu comme des brochettes. Dans le milieu urbain, les populations le font sauter dans le sable et le sel, à feu doux, comme des cacahouètes ou des amandes.

• Le "grand Capricorne" *(Cerambyx cerdo)*

En raison du long temps de développement de cette espèce de *Cerambycidae* (cinq ans environ), la taille des larves du Grand Capricorne peut atteindre plus de dix centimètres. Ces larves sont activement recherchées (au prix de la cassure des branches) par les riverains des subéraies du sud de la ville de Rabat. Les populations de cette subéraie les consomment en brochettes (Al Antry 1992).

• La "*khorta hlima*" *(Cyrtognathus forficatus)*

Le *Cyrtognathus forficatus* est une sorte de longicorne dont les larves s'attaquent aux radicelles du palmier nain (*Chamaerops humilis* L., Arecaceae) avant de remonter ensuite les racines puis le cœur de la plante. Le nom de *"khorta hlima"* "perforatrice rêveuse" a été donné à la larve à cause des dégâts qu'elle inflige au palmier nain.

Les habitants de la région de Sidi Allal Tazi (Nord Ouest du Maroc) s'en servaient comme aliment pendant les années de sécheresse. Ils le faisaient frire dans de l'huile d'olive (Rotrou 1936).

♦ La "mouche d'Inde" *(Alosimus tenuicornis)*

Dans le monde citadin, un plat très apprécié des Marocains est à base de viande et préparé à partir d'une sauce sucrée. Parmi les condiments utilisés pour le préparer, on trouve un méloé *(Alosimus tenuicornis)*[1].

Selon les marchands d'épices, l'utilisation de cet insecte dans ce plat est très ancienne. Elle date du temps où les épices venaient de l'Inde à dos de droma-daire et traversaient tout le désert de l'Afrique. D'où le nom vernaculaire de "mouche hindoue" donné à l'insecte.

♦ La "cochenille rouge" *(Dactylopius coccus)*

La cochenille qui vit sur les figuiers de Barbarie *(Opuntia ficus-barbarica* Berger, Cactaceae) provient de plusieurs régions du Maroc. Le colorant rouge vif issu de ces cochenilles est actuellement utilisé dans l'industrie agro-alimen-taire, en particulier pour les produits laitiers.

♦ Le miel

Utilisé par de nombreuses familles à des fins culinaires (plats et gâteaux), le miel est considéré par les Marocains comme un aliment de valeur, un aliment sacré puisqu'il a été conseillé dans le Coran (sourate AN NAHL "les Abeilles", verset 69) et par le Prophète Mahomet (Ben Habib El Andaloussi Al Bari 1994) depuis 14 siècles.

Médecine

♦ La "mouche d'Inde" *(Alosimus tenuicornis)*

Selon un grand nombre de femmes interrogées, l'insecte est utilisé dans ce plat de viande *(cf. supra)* à des fins thérapeutiques et, surtout, aphrodisiaques. Les substances naturelles contenues dans l'insecte activeraient et "chaufferaient" vivement les conduits urinaires chez l'homme.

♦ La "cantharide" *(Lytta vesicatoria)*

Son emploi dans le *"rass el-hanout"* (épice utilisée pour la préparation du *ma'joun)* a beaucoup diminué en raison des dangers du produit (plusieurs in-toxications graves ont été enregistrées) (Belakhdar 1978).

La cantharide est prescrite à faible dose pour le traitement de la rage, des li-thiases, de la stérilité. On la trouve également mentionnée pour ses propriétés abortives, comme antidote de tous les venins et pour soigner diverses maladies de peau (Belakhdar 1978).

---

[1] Selon Belakhdar (1978), le nom de "mouche d'Inde" *debbanat l-hend, debbân hendïya* est donné à la cantharide *Lytta vesicatoria*.

♦ Les fourmis

Les fourmis font partie des remèdes utilisés au Maroc. Elles étaient adminis-
trées par voie orale aux malades atteints de léthargie (Frazer 1911-15,8).

♦ Le miel

Le miel est utilisé en médecine traditionnelle pour soigner de nombreux
maux : rhume, asthme, maux de gorge, ulcères d'estomac, douleurs néphrétiques,
ainsi que soins de la peau (blessures, nettoyage…). Pour les soins du cuir che-
velu, il entre dans la composition de préparations contre la pelade et les boutons
(Amal 1991).

Notons qu'il est de coutume chez les habitants de la campagne marocaine
d'offrir gratuitement le miel aux personnes demandeuses pour des fins thérapeutiques. Selon ces habitants, celui qui fraude le miel sera puni par Dieu et la
"baraka" de son rucher disparaîtra.

Textiles

♦ Le "ver à soie" *(Bombyx mori)*

Il est de coutume chez la plupart des femmes marocaines de confectionner
leur costumes traditionnels (le "caftan") à partir d'étoffe très fine : la soie. Jadis,
ce tissu de soie venait de Chine et était produit par les vers à soie. Cette tradition
remonte au temps du Prophète et Messager Mahomet qui n'autorisa le port de la
soie qu'aux femmes, les hommes, par souci de leur virilité, n'y étant pas
autorisés.

RÉFÉRENCES BIBLIOGRAPHIQUES

AL ANTRY S. – 1992, Insectes xylophages. *La faune du chêne liège*. Paris, Actes Éditions.
    pp. 129-156.

AMAL A. – 1992, *Traitement traditionnel de la chevelure au Maroc* (Thèse de Pharmacie).
    Université de Montpellier 1, 241 p.

BELAKHDAR J., – 1978, *Médecine traditionnelle et toxicologie ouest-saharienne*. Rabat, Éd.
    Techniques nord-africaines, 357 p.

BEN HABIB EL ANDALOUSSI AL BARI, A. M. – 1994, *Médecine du Prophète* (Explication et
    commentaire de Dr. Mohammed Ali El Barr). Beyrouth, Édition Dar Chäamia, Dar El
    Kalam, Dimachk, 387 p.

FRAZER J.-G. – 1911-15, *The golden bough, a study in Magic and Religion (12 vol.)*. London,
    MacMillan.

JACKSON J. G. – 1811[2], *An account of Empire of Marocco, and Districts of Suse and Tafilelt*.
    London, W. Bulmer, 288 p.

KHARCHAF I. – 1989, *Lexique des Versets coraniques scientifiques*. Casablanca (Maroc), Édi-
    tion Datapress, pp. 1-132.

ROTROU P. 1936, Le *Cyrtognathus forficatus* et ses mœurs. *Bulletin de la Société des Sciences
    Naturelles du Maroc* XVI(3):246-256.

VI

Contes et mythes

Tales and myths

INSECTS IN ABORIGINAL MYTHOLOGIES AROUND THE WORLD

Ron H. CHERRY

ABSTRACT

Insects in Aboriginal Mythologies Around the World

Insects are frequently found in the mythologies of aboriginal people around the world. The roles of insects in these myths range from trivial to important.
There are several different types of insect myths. For example, the creation of the Milky Way by a beetle is explained in a creation myth of the Cochiti of North America. The Negritos of the Malay peninsula have a diving myth in which a beetle dives into mud and brings up earth which becomes land. The Navajo of North America have an emergence myth in which the origin of the Navajo from the earth is explained in a myth involving several insects. In a fire theft myth, the San of Africa say that fire was stolen by the praying mantis, an insect widely regarded by Africans as sacred. Both bees and ants are totems as the Honey Ancestor and Honey Ant Ancestor respectively in the mythology of Australian aborigines. Many insects also occur in myths as symbols to represent qualities other than the insect itself. Undoubtedly, insect myths provide much insight into how aboriginal people view themselves and their universe.

RÉSUMÉ

Les insectes dans les mythologies des populations aborigènes du monde entier

Les insectes se retrouvent dans la mythologie de nombreuse populations indigènes du monde entier. Le rôle des insectes dans ces mythes est variable et va du plus insignifiant au plus important.
Il existe différentes sortes de mythes où interviennent des insectes. Par exemple, la création de la voie lactée par un coléoptère est expliquée dans un "mythe de la création" des Cochiti d'Amérique du Nord. Chez les Noirs de Malaisie on trouve un "mythe du plongeon" où un coléoptère plonge dans la boue et rapporte à la surface de la boue qui se transforme en terre. Un "mythe d'émergence" des Navajo d'Amérique du Nord explique l'origine du peuple Navajo sur la terre grâce à l'intervention de plusieurs insectes. Dans un "mythe du feu volé", les San d'Afrique racontent que le feu a été volé par la mante religieuse, un insecte considéré comme sacré par les Africains. Les abeilles et les fourmis sont les totems des ancêtres du miel des abeilles et du miel des fourmis dans la mythologie des aborigènes d'Australie. De nombreux insectes apparaissent ainsi dans les mythes comme symboles, représentant des qualités autres que les leurs propres. Sans aucun doute, les insectes donnent un aperçu de la façon dont les indigènes se voient et voient l'univers.

The importance of mythology to people both in the past and in contemporary societies has been elegantly described by J. Campbell (1988) in his popular book

Les insectes dans la tradition orale – Insects in oral literature and traditions
Élisabeth MOTTE-FLORAC & Jacqueline M. C. THOMAS, éds
2003, Paris-Louvain, Peeters-SELAF (Ethnosciences)

The Power of Myth. More specifically, aboriginal cultures are rich in mythology including numerous examples of animals as mythological figures. Powerful animal gods such as the plumed serpent, Quetzalcoatl, of Central America, the Thunderbird of the North American plains, and the Rainbow Serpent of Australia are prime examples. Large mammals such as the bear, buffalo, elephant, lion, and wolf also frequently are assigned mythological properties by various aboriginal cultures. However, although lesser known, insects also occur frequently in aboriginal mythologies in roles varying from trivial to cosmogony. This is especially true of aboriginal groups inhabiting tropical areas, probably because of the richness of insects in their surroundings (Hogue 1987). The following is a list of general types of myths and how insects occur in these myths in aboriginal mythologies around the world.

CREATION MYTHS

A creation myth is a narrative that describes the original ordering of the universe (Leeming & Leeming 1994). In essence, like most myths, a creation myth explains how things came to be. How did the leopard get its spots? where did the mountain come from? where did my people come from?, etc. A great many myths fall into this category of myth and an interesting example of an insect in a creation myth occurs in African mythology.

The Bushmen who live in the Kalahari Desert of southwest Africa believe in a creator god who takes the form of the praying mantis and whose name sounds like "*kaggen*"[1], with a typical clicking sound before it. In fact the term means "praying mantis" and that insect is sacred to the Bushmen. Many stories are told of the creator in those days long ago. It is said that Mantis could become any animal he wanted, but most of all he liked becoming an eland bull. The elands are still his favorite and only they know where he is. Mantis, as we can call him, was the creator of almost everything and in the old days lived with mankind until he left in disgust (Leeming & Leeming 1994).

EARTH DIVER

This is one of the common forms of creation. A Supreme Being typically sends an animal – a duck, turtle, etc. – into the primal waters to form the earth. These myths are particularly common among Native Americans, but are found elsewhere as well (Leeming & Leeming 1994). An insect involved in this type of myth occurs in the mythology of the Negritos of the Malay peninsula. The Negritos are Far Eastern pygmies, living in isolated areas of the Malay peninsula who maintain themselves through primitive methods of food gathering, hunting, and fishing. Their creation myth envisages a chaotic watery beginning brought to order by the dung

---

[1] Sometimes written as *cagn.*

beetle who made the earth by pulling it out of mud. The sun dried it and made it firm. Then the divine couple Pedn and Manoid descended to earth and created children by a kind of mental generative formation from a tree (phallus) and a fruit (seed) (Sproul 1991).

Analogously, according to a myth of the Cherokee of the southeastern United States, a diving beetle of the family Dytiscidae played an important role in the creation of the world by bringing up the first earth when the world was entirely covered with water. According to this myth, in the beginning all was water. The diving beetle, Dayuni si dove to the bottom to see what he could learn. When he touched bottom he scooped up some soft mud in his claws and brought it to the surface. As soon as this mud reached the surface it spread and grew on every side. And so it is that to this beetle the Cherokees give the credit of bringing up the first earth in the creation of the world (Clausen 1954).

EMERGENCE MYTH

Among many American Indian tribes of the southwestern and southeastern United States and among the Huron-Iroquois of the Great Lakes region, the first human beings are believed to have emerged from an underworld from a hole in the ground (southwest and southeast U.S.) or from a cave (Huron-Iroquois). The myths relating their experiences during and after the emergence into the upper world are often long and detailed (Leach 1984). An excellent example of insects in an emergence myth is found in the mythology of the Navajo of the southwestern United States. The Navajo story of emergence is long and complex and involves several insects such as ants, dragonflies (Figure 1), beetles, and locusts (Long 1963). In the Navajo emergence myth, lower worlds are worlds of one color peopled by animals including insects such as ant people, beetle people, etc. These lower worlds also represent the loci of human evil. Various locusts are important as couriers and explorers during the passage through these worlds. In the last or fourth world the wanderers hold a council and resolve to mend their ways and the First Man and First Woman are born (Long 1963).

Grasshoppers and ants are also found in the emergence mythology of the Choctaw of North America. Nanih Waya is the Choctaw name for a mound in Mississippi that is said to be the end of the tunnel from which the Choctaw emerged from their original home in the underworld in the company of Grasshopper. However, Grasshopper mother who stayed behind was killed by those Choctaw who had yet to emerge. Those who had already made their home on earth prayed to Aba, the Great Spirit, to close the entrance to the tunnel so that her murderers would be trapped in the underworld where they were transformed into ants (Dixon-Kennedy 1996).

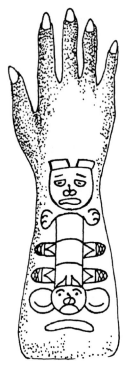

FIGURE 1. *A North American Haidu arm tattoo representing* mammathlona, *the dragon fly, a mythic insect* (Drawing from Mallery 1972)

FIRE THEFT

A common theme in general mythology is fire theft in which fire is obtained by an animal, person, or god stealing fire from another animal, person, or god. One of the best known myths of this type is that of Prometheus in Classical mythology. In that myth Prometheus steals fire from the gods to give to man and is punished by being chained to a rock and tortured by an eagle. Fire appeared to be a magical event to many aboriginal people and the origin of fire has also been explained in numerous ways in aboriginal mythology including fire theft. In Africa, animals are often credited with the acquisition of fire.

The San (Bushmen) in a myth say that fire was stolen by the praying mantis, a creature widely regarded as sacred by Africans. In the myth, one day Mantis noticed something strange: the place where Ostrich ate his food always smelled good.

Mantis crept close to Ostrich while he was eating and saw that he was roasting food on a fire. When he had finished eating, Ostrich carefully tucked the fire under his wing.

Then Mantis thought of a trick by which he could get fire for himself. He went to Ostrich and told him:

« I have found a wonderful tree with delicious fruit. Follow me and I will show it to you! »

Ostrich followed Mantis to a tree that was covered with delicious plums. As Ostrich began to eat Mantis told him:

« Reach up, the best fruit is at the top! »

As Ostrich stood on tip-toe, opening his wings wide to balance himself as he tried to get the fruit, Mantis stole the fire from under his wing. From that time Ostrich never attempted to fly again but always kept his wings close to his body. Later in the myth, the mantis is destroyed by the fire, but like the mythological phoenix, the mantis arises from the ashes (Willis 1993).

IMITATIVE MAGIC

This type of magic is based on the assumption that look alikes act alike, or more significantly, that like influences produce like. Thus, if one imitates a man or animal, one can induce a like or desired action in the imitated being or object (Noss 1974). The most famous and most elaborate example of this imitative magic is probably that formerly found among the Asunta of Australia. An insect there, the witchetty grub, is the subject of various myths and is also a highly prized food source. In order to insure the increase of this insect for the use of the community, the men would sit inside a structure of branches shaped roughly like its chrysalis. They then shuffled out, squatting, and sang of the grubs emergence from the chrysalis (Cavendish 1985).

MORAL BEHAVIOR

In many aboriginal myths, insects are used to show moral behavior and inappropriate behavior. A Native American myth tells the fate of two tribes of people who lived near each other. The difference was that one tribe looked for food and conserved it wisely while the other tribe played and danced all day. Eventually, the Great Spirit reacted by making the industrious tribe into bees (Figure 2) and the lazy tribe into flies (Clausen 1954). Hence bees fly from flower to flower eating honey while flies eat food that has been thrown out, apparently a justified fate for lazy people.

The fate of one's soul has also been explained through insect myths. Solomon islanders have a myth that in the afterworld, common and idle people become white ants (termites) nests and serve as food for the more vigorous souls of influential men (Poignant 1967).

Insects also may occur in myths as "enforcers" to guarantee virtuous behavior. The Montagnais of eastern Canada believed that the overlord of fish, particularly salmon and cod, was Big Biter (= *Tabanus affinis*). This fly appeared whenever fish were being taken from the water and hovered over the fisherman to see how his subjects were being treated. Occasionally Big Biter would bite the fisherman to remind him that the fish were in his custody and to warn him against wastefulness (Speck 1935).

FIGURE 2. *Rock painting depicting honey gathering discovered in the Cuevas de La Araña near Bicorp in Valencia, Spain. Honey producing bees occur frequently in myths and are generally associated with positive traits such as industriousness* (Drawing from Smith *et al.* 1973)

PARALLEL MYTHS

The great historical encounters between Europeans and the various peoples of Africa, Asia, and the Americas had many wide-reaching consequences. Perhaps the most interesting – and, to the early explorers, astounding – result was the recognition that cultures vastly separated from them by time and geography had religious practices and myths strikingly similar to their own (Bierlein 1994). By the mid-1800s, the universality of the basic themes and motifs of mythology was generally conceded. For example, fire-theft, deluge, land of the dead, virgin birth and resurrected hero are common themes found in many mythologies (Campbell 1991). Data presented by G. Kritsky & R. Cherry (2000) show that Diptera and Lepidoptera are clearly examples of parallel mythology. Myths in which Diptera play a negative role (evil, harassment, pestilence, etc.) occur frequently and are widespread around the world. A horrific example of this type of myth is noted by the great mythologist J. Campbell (1991). In the myth from east Africa, death appears personified as a man, the Great Chief Death. One side of him is beautiful, but the other side is rotten with maggots dropping to the ground which are picked up by attendants. In a larger sense in the myth, the maggot infested side is also associated with misfortunes for mankind in general.

Also, myths in which Lepidoptera play a role associated with metamorphosis (birth, death, regeneration, and spirits) occur frequently and are widespread around the world. Born out of the caterpillar in the chrysalis, butterflies were a symbol of rebirth, regeneration, happiness, and joy to Native Americans in Mexico. In one legend, the powerful plumed serpent god Qualzalcoatl first enters the world in the shape of a chrysalis out of which the god painfully emerges into the full light of perfection symbolized by the butterfly. To the Goajiro of Columbia, if a particular large white moth is found in a bedroom, it must not be mistreated for it is the spirit of an ancestor come to visit. If the moth becomes troublesome it can only be removed with the greatest of care or the spirit may take vengeance. And among the Aymara of Bolivia, a certain rare nocturnal moth was thought to be an omen of death (Kritsky & Cherry 2000).

Parallel myths are some of the most important and basic myths found among people around the world. The Diptera and Lepidoptera were shown to be in that select group.

RESURRECTED HERO

A common theme in mythology is that of a resurrected hero who comes back to life after death. The deification of Hercules after his death is a good example from Classical mythology. G. Kritsky (1993) presents an intriguing possibility of an insect associated with this type of myth in ancient Egypt. In Egyptian mythology, the myth of Osiris is one that developed and changed over the centuries as the god increased in importance and popularity. In one version of the murder of Osiris, the god is enclosed in a tree and is later released and revived by the goddess Isis. According to G. Kristky (1993), a buprestid beetle may have gained religious significance for Egyptians because of its association with the Osiris myth. This is because of the wood-boring characteristic of the beetle which was possibly identified with the Osiris myth. The adult beetle emerges from the tamarisk via small holes bored by its larval stage, in much the same way the imprisoned Osiris was freed from the tamarisk tree by his sister/wife, Isis. As Egyptian woodworkers split tamarisk logs and discovered the buprestid larvae within, they may have been reminded of Osiris's release from the same tree. Thus, ancient Egyptian buprestid amulets which have been found could have symbolized the rebirth of the lord of the afterlife.

SYMBOLS IN MYTHS

A symbol is something that stands for or represents another thing; especially an object used to represent something abstract (Guralnik 1970). The use of an insect image to suggest or denote something else than itself, an idea, or quality, often abstract is to be recognized as true symbolism and distinguished from purely linguistic, artistic, or pragmatic representation or veneration of the insect (Hogue 1975). Symbols are also closely related to mythology. Mythologies, especially the more complex mythologies, are littered with symbolic references and objects. They are a kind of shorthand which, if you can interpret it, gives you a clue to some deeper meaning behind the myth (Jay 1996).

There are numerous examples of insects used as symbols in aboriginal myths. Bees are probably the most symbolic of insects; objects of admiration, veneration and fear and subjects of cults, rituals, and various myths. The bee is considered to be a rich symbol as an example of ethical virtues. Among qualities attributed to the bee are diligence, organization and technical skills, sociability, purity, chastity, cleanliness, and spirituality. Ants (Figure 3) as symbols of industry, butterflies as symbols of rebirth, and flies as symbols of death or demons, are common themes in aboriginal mythology. A general discussion of insects as symbols may be found in the recent review of G. Kritsky & R. Cherry (2000).

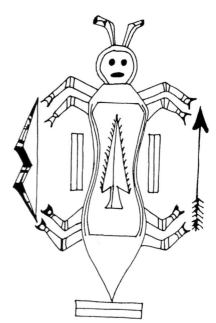

FIGURE 3. *Representation of Ant in North American Navaho sandpaintings. Ants are important in a number of Navaho myths* (Drawing from Wyman & Bailey 1964)

TOTEMS

In several of the North American dialects the term totem[2] refers to the animal associated with a clan or gens group, who is either regarded as the mythical ancestor of the group, or a protector and friend of the group (Leach 1984). Totemic identity is extremely important to the Australian aborigine and the best examples of insect totems are found among these people. In Australian Aranda myths, a primal ancestor of the witchetty grub totemic group produced humans which metamorphosed back and forth between humans and witchetty grubs (Poignant 1967). This primal ancestor of the witchetty grub totemic group is said to have rested, without moving, in a state between sleeping and waking for countless ages at the foot of a witchetty tree. While he lay there the grubs swarmed over his body and bored into him. Time passed. Then one night something fell from his armpit and taking human shape grew rapidly. The father woke to see his first born son. Later other sons would be born the same way. These sons had the ability to change into grubs and back to men again. Interestingly, the attribution of the procreative act to man without the assistance of a woman is a recurring theme in Aranda myths.

Both bees and ants are totems as the Honey Ancestor and Honey Ant Ancestor respectively in several Australian aboriginal clans (Caruana 1993) and the Wutnimmera or Green Cicada totem is found in the Urbunna tribe of southern Australia (Cowan 1992). These insect based totems provide social cohesion by offering group identity and may even dictate social restrictions between members of different totems.

TRICKSTER

Tricksters are found in the mythology of peoples over all the world, and usually many tales or cycles are devoted to their exploits. They vary with the fauna of the area in which they are found. Psychologically the role of the trickster seems to be that of projecting the insufficiencies of man in his universe onto a small creature who in besting his larger adversaries, permits the satisfactions of an obvious identification to those who recount or listen to these tales. The trickster is frequently a character in the sacred mythology of a people and is often regarded as the culture hero who has brought the arts of living to mankind (Leach 1984). There are no outstanding examples of an insect in a trickster role. However, relatives of insects, the spiders, have two mythological figures as tricksters. The first is the spider Anansi who is one of the most famous trickster spirits of West Africa. The spider-man Anansi could trick even the gods (Wilkinson 1998). The other figure is the trickster, Iktome, the spider man. This mythological figure occurs frequently in stories of the

---

[2] The term totem is derived from the North American native term *ototeman* of the Ojibwa "his sibling kin", Algonquian *nto'te-m* "my kin", Cree *ototema* "his kin", and so forth in other Algonquian dialects.

Sioux of the United States. Iktome is a loafer who lies and steals and tried to seduce women (Erdoes & Ortiz 1984).

CONCLUSION

As noted in previous examples, insects played several different roles in aboriginal mythology. At one extreme, some insects were considered the revenge of demons (Figure 4) upon mankind. At the other extreme, a butterfly spirit could gently bring sleep and dreams to a child. Insects in myths taught morality lessons, explained the physical environment, and on a grand scale, even gave understanding to the origins of the earth itself. Unquestionably, insect mythology provides much insight into how aboriginal cultures viewed themselves and their universe.

FIGURE 4. *As pests, parasites, and destroyers of crops, insects in myths may be identified with destruction and evil; ancient Peruvian painting depicting a demon in the form of an insect capturing a bird* (Drawing from Cavendish 1985)

REFERENCES

BIERLEIN J. F. – 1994, *Parallel myths*. New York, Ballentine Books, 354 p.

CAMPBELL J. – 1988, *The power of myth*. New York, Doubleday, 235 p.

– 1991, *The masks of god: primitive mythology*. New York, Penguin Books, 504 p.

CARUANA W. – 1993, *Aboriginal art*. New York, Thames and Hudson, 216 p.

CAVENDISH R. – 1985, *Man, myth, and magic - an illustrated encyclopedia of mythology, religion, and the unknown*. New York, Marshall Cavendish Limited, 12 Volumes.

CLAUSEN L.W. – 1954, *Insect fact and folklore.* New York, MacMillan Company, 194 p.

COWAN J. G. – 1992, *The elements of the aborigine tradition.* Rockport (Mass.), Element Inc., 138 p.

DIXON-KENNEDY M. – 1996, *Native american myth and legend.* London, Blandford, 288 p.

ERDOES R. & A. ORTIZ – 1984, *American Indian myths and legends.* New York, Pantheon Books, 527 p.

GURALNIK D. B. – 1970, *Webster's new world dictionary of the American language.* New York, Simon and Schuster, 1692 p.

HOGUE C. L. – 1975, The insect in human symbolism. *Terra* 13(3):3-9.

    – 1987, Cultural entomology. *Ann. Rev. Entomol.* 32:181-199.

JAY R. – 1996, *Mythology.* Chicago, NTC Publishing Group, 140 p.

KRITSKY G. – 1993, Beetle gods, king bees, and other insects of ancient Egypt. *KMT* 4(1):32-39.

KRITSKY G. & R. CHERRY – 2000, *Insect mythology.* New York, Writers Club Press, 140 p.

LEACH M. – 1984, *Funk and Wagnalls standard dictionary of folklore, mythology, and legend.* San Francisco, Harper, 1236 p.

LEEMING D. & M. LEEMING – 1994, *A dictionary of creation myths.* New York, Oxford University Press, 330 p.

LONG C. – 1963, *Alpha - the myths of creation.* Atlanta, Georgia Scholars Press, 264 p.

MALLERY, G. – 1972, *Picture-writing of the American Indians.* Vol. 1. New York, Dover Publications Inc., 460 p.

NOSS J. – 1974, *Man's Religions.* New York, Macmillan Publishing Co. Inc., 589 p.

POIGNANT R. – 1967, *Oceanic mythology.* London, Paul Hamlyn Limited, 141 p.

SMITH R., T. MITTLER & C. SMITH – 1973, *History of entomology.* Palo Alto (California), Annual Reviews Inc., 497 p.

SPECK F.G. – 1935, *Naskapi: the savage hunters of the Labrador Peninsula.* Norman (Oklahoma), University of Oklahoma Press, 248 p.

SPROUL B. – 1991, *Primal myths: creation myths around the world.* San Francisco, Harper, 373 p.

WILKINSON P. – 1998, *Illustrated dictionary of mythology.* New York, DK Publishing Inc., 128 p.

WILLIS R. – 1993, *Mythology - an illustrated guide.* New York, Barnes and Noble, 320 p.

WYMAN L. C. & F. L. BAILEY – 1964, *Navaho Indian ethnoentomology.* Albuquerque (New Mexico), University of New Mexico Press, 158 p.

L'ARAIGNÉE, PRINCIPE DE VIE ET DÉMIURGE

Luc BOUQUIAUX

RÉSUMÉ

L'araignée, principe de vie et démiurge

Du Ghana, jusqu'au Nord-Est du Congo-Zaïre se retrouve le cycle de l'Araignée, démiurge et héros civilisateur, à la morphologie, aux manifestations et aux dénominations multiples. Véritable araignée, filant sa toile depuis les cieux, pour les uns, personnage totalement humanisé, pour d'autres, ou participant à la fois dans son être de la nature animale et de la nature humaine, mais toujours esprit premier, le personnage figure dans une mythologie élaborée dans laquelle il est le principe fondateur de l'humanité. Nulle part cependant il n'est le Créateur de l'univers, mais la première de ses créatures, le Créateur lui-même se distançant plus ou moins de sa création.
Les araignées ne font généralement pas l'objet de nombreuses différenciations dans leurs appellations. Pour la plupart des populations concernées par cette mythologie, on distingue surtout entre l'araignée qui file et tisse une toile aérienne et l'araignée vivant en terre, la mygale. Cette grande distinction binaire peut parfois connaître quelques subdivisions, mais il est fait peu de cas de l'immense variété des espèces scientifiquement distinguées.
Chez les Birom du Nigeria septentrional, dont la mythologie ne comporte pas le cycle de l'Araignée, celle-ci joue cependant un rôle considérable dans la vie spirituelle en tant que principe vital de l'individu.
Comment cet animal insignifiant a-t-il pu engendrer un si riche imaginaire est une question que l'on peut se poser. Quelques hypothèses peuvent être proposées.

ABSTRACT

The spider, life principle and demiurge

From Ghana up to the northeastern part of Congo-Zaire, occurs the cycle of Spider, demiurge and civilizing hero, with multiple shapes and names. The spider spinning his web from the heavens for some, totally humanized figure for others, or having at one and the same time in his being some of the characteristics of the animal and human nature, but always a head spirit, this persona belongs to an elaborated mythology where he is the fundamental principle of mankind. Nowhere however, he is Creator of the universe, but rather the first of his creatures, the Creator distancing himself more or less from his creation.
Generally, the names of spiders are not very different. For most of the populations as far as this mythology is, the main distinction is between the spinning spider, weaving an aerial web and the spider living in the ground, the trap-door spider. Some subdivisions are found in this unique binary distinction, but the huge variety of the scientifically marked species is not taken in account.
Among the Birom of northern Nigeria, who have no traces of the Spider cycle in their mythology, it nevertheless plays a prominent part in the spiritual life as a vital principle of the individual.
How is it possible that this trivial animal has been able to generate such a rich imaginary world is a debatable question. Some hypothesis can be put forward.

Les insectes dans la tradition orale – Insects in oral literature and traditions
Élisabeth MOTTE-FLORAC & Jacqueline M. C. THOMAS, éds
2003, Paris-Louvain, Peeters-SELAF (Ethnosciences)

Du Ghana, jusqu'au nord-est du Congo-Zaïre[1] se retrouve le cycle de l'Araignée, démiurge et héros civilisateur[2]. Sa présence semble même attestée depuis la Sierra Leone, dans toute la zone forestière le long de la côte occidentale. Les populations de langues bantoues et bantoïdes qui s'insèrent comme un coin entre les familles linguistiques Niger-Congo occidentales et les familles orientales ne connaissent pas ce cycle forestier, mais celui du Lièvre (ou de la Tortue), qu'on peut considérer comme savanicole[3]. L'Araignée reprend ses droits avec les populations de langues gbaya-manza et tout le long de la bordure forestière du Sud du Cameroun, de la Centrafrique et du Nord du Zaïre, jusque chez les Pygmées mbuti, dans la région des Grands Lacs. Bien que gens de savane et même de sahel, les Mbay-Sara ont aussi un cycle de l'Araignée.

Le personnage se présente sous une morphologie et des traits de caractère variables selon les populations chez lesquelles il est représenté. Véritable araignée, filant sa toile depuis les cieux, pour les uns, personnage totalement humanisé, pour d'autres, ou participant à la fois dans son être de la nature animale et de la nature humaine, mais toujours esprit premier, il figure dans une mythologie élaborée dans laquelle il est le principe fondateur de l'humanité. Pourtant, son aspect de figure mythologique n'est plus, chez certains, qu'un substrat qui ne reste identifiable que grâce à ses avatars, rencontrés chez d'autres populations où il a conservé son polymorphisme et sa personnalité plurielle.

Quant à ses dénominations, elles aussi sont multiples. Cependant, outre ses divers points communs de comportement et de caractère, quelles que soient les langues, il porte le nom ou l'un des noms de l'araignée. L'insecte n'est pas toujours le même, tantôt araignée de maison, tantôt araignée indéterminée, il peut même être personnalisé par une mygale. Disons que son trait commun est d'être un Arachnide et de produire un fil ou une toile. En effet, les araignées ne font généralement pas l'objet de nombreuses différenciations dans leurs appellations. Pour la plupart des populations concernées par cette mythologie, on distingue surtout entre l'araignée qui file et tisse une toile aérienne et l'araignée vivant en terre, la mygale (Photos 1 et 2). Cette grande distinction binaire peut parfois connaître quelques subdivisions, mais il est fait peu de cas de l'immense variété des espèces scientifiquement distinguées.

En tant que personnage mythologique, nulle part il n'est le Créateur de l'univers, mais la première de ses créatures, le Créateur lui-même se distanciant plus ou moins de sa création.

Nous passerons maintenant en revue ses différentes manifestations selon sa répartition géographique.

---

[1] Bien que *Zaïre* ne soit plus le nom donné aujourd'hui à la République Démocratique du Congo, l'emploi du terme permet d'éviter la confusion avec le *Congo* dit République Populaire du Congo.

[2] Le point extrême de notre enquête a volontairement été limitée au Sud du Soudan et l'Afrique orientale n'y a pas été prise en compte.

[3] Il couvre toute la zone de savane et de sahel de l'Afrique de l'Ouest, depuis la Côte atlantique.

PHOTO 1. *Mygale. Famille des Avicularidae.*
Maboké, RCA, 08.1966 (Photo R. Pujol)

PHOTO 2. *Mygale. Famille des Avicularidae (en état de défense).*
Maboké, RCA, 08.1966 (Photo R. Pujol)

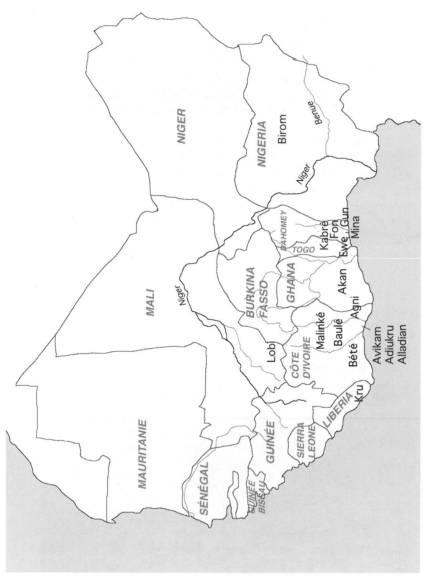

CARTE 1. *Populations d'Afrique occidentale où se trouve le cycle de l'Araignée. Au Nigeria, les Birom.*

L'ARAIGNÉE EN AFRIQUE OCCIDENTALE

Répartition du personnage

Le cycle de l'Araignée se trouve dans toute la forêt de l'Ouest africain, Guinée, Sierra Leone, Libéria, Côte d'Ivoire, Togo, Ghana, Nigeria[4] (Carte 1). Son nom y est variable selon les langues : *mina, ewe, gun, agni* (langues kwa) = (kaku) anązɛ; *ewe* (kwa) = yevi; *baulé, agni* (kwa) = kɛndɛba, kɛndɛwa; *baulé* (kwa) = nd̦a-d̦a; *adiukru* (kwa) = o-d̦amfi; *tchamba* (voltaïque) = nata; *lobi* (voltaïque) = sida; *kotokoli, kabrè* (voltaïque) = (kaku) anązɛ; *bété* (kru) = jakole; *bwaba* (mandé?) = zanka. La variété des termes le désignant reflète la variété des langues parlées par les ethnies possédant ce héros. En effet, il ne s'agit pas seulement de langues différentes, mais de langues relevant de familles linguistiques différentes. Le fait que les langues voltaïques, kabrè et kotokoli, lui donnent le même nom que les langues kwa, mina, ewe, gun, agni, signifie sans doute qu'il s'agit d'un emprunt des premiers aux seconds.

Habitat

Cependant, quel que soit le nom qu'on lui donne, il désigne toujours l'"*insecte araignée*", personnage masculin ayant femme et enfants. La femme d'Araignée est nommée simplement "Madame Araignée" ou bien d'un nom propre, akolu, chez les Kwa.

C'est en tant qu'insecte que l'Araignée produit un fil et tisse une toile, comme tel aussi qu'il vit dans les recoins sombres et cachés des murs, dans les trous des troncs d'arbres et dans des creux sous les rochers. En tant que personnage humanoïde, il habite un village ou un campement, généralement petit, où il vit dans une case avec sa famille. Ce village est toujours situé dans la forêt ou en bordure forestière. Plus les ethnies qui connaissent Araignée sont situées au Sud, plus la forêt est profonde. Avec femme et enfants, il y cultive son champ de produits forestiers. Ce qui caractérise le plus cet habitat "humain" est son isolement dans un milieu hostile où il est nécessaire de se protéger de tout et de tous, ce qu'Araignée réalise au moyen de sa toile et grâce à sa petite taille, avec l'aide des murs, des troncs d'arbres et des creux de rochers.

Dans la plupart des contes, c'est l'humanoïde qui vient en premier et son statut animal résulte des fautes qu'il a commises.

Apparence physique

Sous sa double personnalité homme-araignée, il est d'une laideur repoussante : un corps petit et bossu, des yeux exorbités, de longs membres démesurés, cassés et grêles, une voix désagréable, nasillarde, c'est ainsi qu'on le décrit. Cependant, selon ses dires, avant toutes ses mésaventures qui l'on rendu

---

[4] Le personnage a parfois été emprunté en savane, mais avec d'autres caractères, en place du Lièvre.

ainsi, il était un homme très beau, riche grand seigneur, chéri de toutes les femmes qui se disputaient ses faveurs.

Caractère

Malheureusement, ses qualités morales et intellectuelles sont à la hauteur du physique qu'on lui prête et non assorties à l'aspect qu'il prétend avoir possédé avant sa déchéance. Selon lui, son intelligence n'a pas d'égale; supérieur à tous, il est invincible et même Dieu lui est inférieur. Or, ses aventures le montrent comme un individu doté de tous les défauts : menteur, vantard et fat, orgueilleux jusqu'à la démesure, hypocrite, bassement flatteur, traître à ses "amis", gourmand et goinfre, voleur et assassin, rusé certes, mais peu intelligent, car il se retrouve, dans la plupart des cas, victime de ses propres malices. Il est l'incarnation du Mal, sadique et pervers. Ses agissements sont ceux d'un sorcier, notamment lorsqu'il s'introduit dans les entrailles de sa victime qu'il mange de l'intérieur.

De ce fait, il n'attire sur lui que mépris et haine. Loin de séduire toutes les femmes, il en est vite détesté et repoussé. Tous se méfient de lui à juste titre, puisque chacune de ses actions n'a pour but que de tromper le partenaire, pour lui dérober ses biens, lui faire endosser les conséquences de ses propres fautes, le faire rosser ou le tuer.

Cet être odieux a une famille à son image, mais qui est elle-même victime de ses méchants tours et qui, dans la mesure du possible, les lui rend bien.

Circonstances

Un des points frappants de l'ensemble des contes est la constante situation de "famine" et d'une façon plus générale encore de "manque". Le mobile principal des méfaits d'Araignée est la faim ou le dénuement. Qu'il se révèle par la suite comme un effroyable égoïste se goinfrant jusqu'à l'évanouissement, pour ne pas partager ses trouvailles, même avec sa femme et ses enfants, le caractérise comme profondément asocial. Il n'en demeure pas moins que sa quête perpétuelle de moyens, généralement malhonnêtes, pour obtenir des biens détenus par d'autres est au départ justifiée. La faim décime le village ; lui-même et les siens sont affamés, presque morts.

Cette situation est étonnante en forêt, sauf s'il s'agit de gens de savane, ignorants des ressources du milieu forestier, qui y pénètrent pour échapper à quelque autre fléau – peut-être même la famine, fréquente en savane –, mais sont incapables de trouver par eux-mêmes les moyens de subsistance qui ne manquent pas dans cet environnement. D'où la nécessité d'avoir recours au vol ou à la rouerie pour obtenir des premiers occupants de la forêt qui, eux, en connaissent parfaitement les ressources et l'usage, ce dont les nouveaux arrivants manquent vitalement.

Ces premiers occupants sont plus ou moins surnaturels : des animaux qui possèdent des pouvoirs spéciaux ou se métamorphosent, l'"Inconnu", le "Chasseur" qui se transforme de diverses façons, le "monstre", les "nains", les "génies" et Dieu lui-même. Outre ces personnages fabuleux, on trouve aussi une situation récurrente, la recherche de parenté par alliance (avec de simples humains, des seigneurs ou Dieu). Ces nouveaux alliés sont, eux aussi, détenteurs de biens – surtout des nourritures – convoités par le nouveau venu, Araignée.

Type du héros

Le personnage des contes du cycle de l'Araignée en Afrique occidentale n'a rien d'un héros civilisateur. Tout ce qu'il apporte à l'humanité est le Mal sous toutes ses formes. Il est le modèle de ce qu'il ne faut pas être ni faire. Plus grave encore, son aspect négatif veut que toutes ses entreprises échouent. Lorsqu'il s'agit du Mal, la morale est respectée, mais s'il s'agit d'innover, de faire preuve de qualités artistiques (comme par le tissage d'une toile, modèle d'harmonie et de beauté), d'introduire parmi les siens quelque richesse inconnue, ses qualités sont attribuées à sa nature de sorcier et l'échec de ses entreprises voue son humanité à la stagnation.

L'ARAIGNÉE EN AFRIQUE CENTRALE

L'Afrique centrale évoquée ici commence, à l'Ouest, au Sud du Cameroun, englobe le Nord du Congo, toute la Centrafrique, le Sud du Tchad, le Soudan méridional, et le Nord-Est du Zaïre (carte 2).

Répartition du personnage

C'est dans cette vaste zone que se rencontre le cycle de l'Araignée. Le nom du héros varie peu d'une langue à l'autre et même d'une famille linguistique à l'autre : tómbḗrḗ, tumbele (Oubanguien sud-oriental, *mundu, bangba*) ; tiri (Oubanguien nord-oriental, *ndogo*) ; tèrè, è.tèrè, tòrò, tèrè (Oubanguien centre-septentrional, *banda, mbi, langbasi-dakpa, togbo*) ; *wàn.tò (Proto-Gbaya, Oubanguien septentrional, sè.tò, *manza-ngbaka*, wàn.tò, *gbaya-Nord*, nàá.tò, tò, *gbaya-Sud*, wà.tò, *gbanu*, gbà.tò, *ali*, ná.tò, *bangando*) ; tòlò, tèrè (Oubanguien centre-méridional, *ngbandi, sango*) ; túlē, tùlḛ̀ (Oubanguien centre-oriental, *zandé, nzakara*) ; à.tòmbì (Oubanguien méridional, *mba*) ; tò/tòlè, tùlè, wà.ì.tò[5] (Oubanguien occidental, *ngbaka-monzombo, gbanzili, baka*) ; túlē, ā.zāpāné (Nilo-Saharien méridional, *logo, mangbetu*) ; sú, sūū (Nilo-Saharien septentrional, *sara (mbay, ngambay, majingay...), day*). En logo, le personnage est

---

5 Nous devons à R. PUJOL, à propos de l'araignée "Tô", l'identification suivante : *Heteropoda regia*, araignée largement répandue en Afrique tropicale du Sénégal au Zaïre (Photo 3).

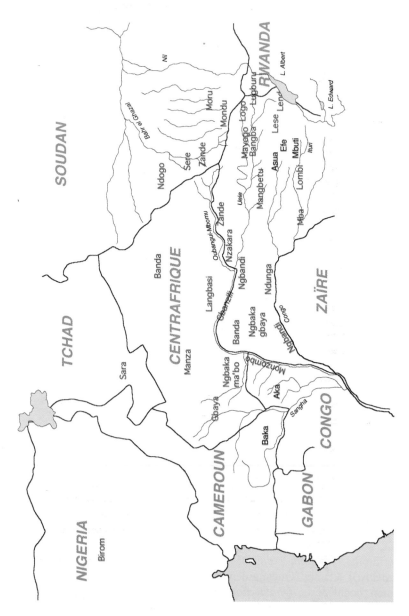

CARTE 2. *Populations d'Afrique centrale où se trouve le mythe de l'Araignée.*
(En rouge) Populations pygmées. Au Nigeria, les Birom.

considéré comme emprunté au zandé, tenant le rôle du Lièvre, kìtō. Pour le mangbetu, il s'agit bien du héros civilisateur, mais son nom désigne la "toile d'araignée". Dans la plupart des langues, le terme recouvre à la fois l'araignée et le héros; cependant, quelques langues, comme le mundu, le ngbandi, le ngbaka-ma'bo, le baka, le logo et le day ont des termes différents pour le héros et l'araignée. Dans quelques cas, l'araignée est la mygale, comme en mbay, mais il s'agit le plus souvent de la grosse araignée de maison.

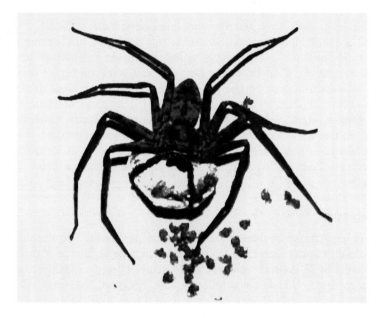

PHOTO 3. *Araignée de maison* (Heteropoda regia)
Maboké, RCA, 17.04.1971 (Photo R. Pujol)

Apparence physique

À la différence du héros ouest-africain, ici on a un homme normal dont on ne commente généralement pas les caractères physiques. Il n'est ni beau ni laid; c'est le plus souvent un individu dans la force de l'âge, plutôt jeune et avenant, parfois séduisant. Cependant, il peut être aussi bien vieillard chenu que jouven-ceau, courtisant les belles, car son personnage est atemporel. Le seul trait animal qu'il conserve lorsqu'il est à la fois homme et araignée est le fil qu'il produit, joignant ainsi le ciel à la terre. Cet épisode rencontré de façon peu fréquente (majingay, nzakara et gbanzili), fait souvent appel à d'autres moyens plus en rapport avec le personnage humanisé; il s'agit alors d'une liane, d'une corde végétale ou animale, des racines d'un arbre du ciel se déroulant jusqu'à terre, ou encore d'une plante magique qui croît indéfiniment, poussant ses branches dans le ciel[6].

Caractère

Lorsqu'on parle de ce personnage ambigu, on a tendance à séparer le civilisateur du héros des contes drolatiques qui font les délices des veillées. En fait, c'est surtout le chercheur qui étudie cette littérature orale plutôt que ses utilisateurs qui en ont cette vision dissociée. S'il fallait donner une définition de l'Araignée, dans cette zone géographique, on pourrait dire qu'il est le symbole même de la nature humaine, quel que soit le rôle qu'il joue, civilisateur ou héros de conte. Ses qualités et ses défauts se balancent, ses réussites et ses échecs aussi. Bien entendu, il est beaucoup plus amusant sous son aspect de mauvais garçon, souvent trompeur trompé qui fait rire. On est certes tenté de ne retenir que ses vices car c'est d'eux que l'on se divertit le plus : menteur, tricheur, voleur, goinfre, ingrat, étourdi, paresseux, envieux, incestueux, voire meurtrier, il se met ou met les autres dans des situations comiques ; cependant, il est aussi souvent bon père, bon époux, généreux, séduisant, sauveur et lorsqu'il agit en trompeur et voleur, ce n'est pas à son seul profit, mais à celui de toute l'humanité.

Circonstances

Comme en Afrique occidentale, peut-être un peu moins fréquemment, mais assez pour être remarquable, on trouve les thèmes de la famine et de la limite savane/forêt. Si le contexte géographique actuel pourrait expliquer, pour les populations septentrionales, une telle situation (gens du Sud du Soudan et du Tchad ou du Nord de la Centrafrique), il n'y a pas de vraisemblance d'une telle pénurie chez les gens de forêt, à moins comme on l'a déjà envisagé pour l'Afrique occidentale qu'il s'agisse de populations de savane obligées de se réfugier en forêt où elles rencontrent des sociétés autochtones ou précédemment installées, avec lesquelles elles doivent composer.

Les premiers occupants du territoire où l'Araignée vient pour s'établir sont évoqués, non comme des génies, mais comme des humains différents : petits hommes clairs, vêtus d'écorce tapée, filet sur l'épaule, lance à la main, ils chassent l'éléphant dont ils conservent les "pointes" (défenses), bien qu'ils n'en aient pas l'usage ; Araignée se présente alors comme intermédiaire entre eux et des acquéreurs de défenses, en échange desquelles, si lui reçoit des biens appréciables, il se contente de fournir en sel et en savon ces petits hommes qui l'approvisionnent en ivoire (nzakara). Cet exemple est particulièrement précis, mais de nombreux autres cas font état de l'échange (ou du vol) de miel,

---

[6] L'euphorbe cactiforme protectrice, plantée auprès de chaque habitation lors de sa fondation, chez les Oubanguiens occidentaux, notamment.

d'ignames et de viande de chasse auprès des chasseurs-cueilleurs forestiers, que l'on peut aisément identifier comme des populations pygmées.

Type du héros

En Afrique centrale, notre Araignée est un véritable civilisateur. C'est à lui que l'humanité doit son existence. C'est lui qui, par divers moyens plus ou moins réguliers, procure aux hommes les vivres, l'eau, les plantes sauvages et cultivées, les graines, le feu, les animaux sauvages et domestiques, les instruments de musique… seulement c'est également par lui qu'ils connaissent les serpents, les fauves, les intempéries, les maladies… et la mort. Il est à la fois initiateur et initié aux cultes et à la connaissance des rapports avec le surnaturel. Il est mage-devin, mais parfois aussi sorcier.

Toutefois, cette personnalité multiple ne peut se comprendre si l'on ignore sa place dans la mythologie et la cosmogonie des sociétés où elle figure. Araignée n'est pas isolé. Il fait partie d'un ensemble plus ou moins complexe qui comprend un Créateur, sans origine et sans matérialité, qui, à partir de rien, a fondé l'Univers et créé deux personnages principaux, puis s'est définitivement retiré dans un Inaccessible, se désintéressant complètement de sa création. De ses deux créatures initiales, l'Organisateur-Façonneur et le Civilisateur, dépend tout ce qui EST. L'Organisateur-Façonneur a aménagé, au ciel, la création initiale, mais à son unique profit. Le Civilisateur (avec sa jumelle généralement), a engendré l'humanité et c'est pour celle-ci qu'il a dû ravir à son frère égoïste tous les biens qu'il détenait et dont lui et sa descendance manquaient cruellement, afin de les leur amener, sur terre.

L'ARAIGNÉE ET LES PYGMÉES

Permanence de la présence des Pygmées
même en Afrique Occidentale

Dans tous les récits où figure l'Araignée, de l'Afrique occidentale à l'Afrique équatoriale, on note, plus ou moins clairement exprimée, la présence de personnages forestiers initiaux, antérieurs à toute pénétration humaine historique ou "contemporaine". Nous verrons par la suite ce qu'il en est pour l'Afrique centrale où les Pygmées sont de nos jours bien réels et partenaires socio-économiques des Grands Noirs.

En Afrique de l'Ouest, il ne semble pas y avoir de présence historique ou pré-historique signalée de populations pygmées. Cependant, dans les contes de l'Araignée, on trouve celui-ci cherchant à dérober les ignames des "génies" ou recevant du bon miel en cadeau d'un "génie". Or, le Pygmée passé dans l'imaginaire devient, partout –même chez les Grands Noirs les côtoyant encore actuellement– un génie, plus ou moins bienveillant ou malveillant, selon les situations de rencontre. D'autre part, quels sont les vivres obtenus d'eux, par don ou par vol? Justement deux denrées dont ils sont les maîtres incontestés: l'*igname,* féculent sauvage de forêt, ressource naturelle qui s'obtient sans culture, et le *miel*, dont les Pygmées sont collecteurs "patentés".

Qui plus est, Araignée, au cours de ses pérégrinations, rencontre "Le Chasseur", curieux personnage aux multiples métamorphoses, avec lequel il se trouve en compétition d'alliance, et aussi les "nains" dont il cherche à imiter *les chants et les danses* malgré leur interdiction formelle. Par coïncidence peut-être (mais que de coïncidences!), les Pygmées sont le modèle-même du chasseur-cueilleur, considérés partout comme des êtres aux pouvoirs surnaturels (dont la métamorphose, l'ubiquité et la possibilité de se rendre invisible) et, surtout, comme chanteurs et danseurs émérites, sans même parler de leur physique caractéristique.

Dans ses affrontements avec le "Dieu" forestier (mais aussi roi ou grand seigneur), il recherche plusieurs fois une alliance avec ce personnage tout puissant, celle-ci ne pouvant que lui être bénéfique. Il se pose donc comme candidat au mariage dans sa famille et, par ruse évidemment, obtient d'épouser *ses deux filles.* Si les Pygmées sont traditionnellement monogames, c'est sans tenir compte de la pratique usuelle du sororat et du lévirat. L'alliance avec le Maître de la forêt s'effectue donc selon un modèle de société de population pygmée.

C'est à ces personnages surnaturels, Dieu, génies, chasseur et nains, qu'Araignée, dans un premier temps du moins, doit les éléments de survie en milieu forestier. Toutefois, comme il ne se procure ces biens vitaux que par rapine et par tromperie, c'est à eux aussi qu'il doit sa déchéance. D'être humain beau, bien fait, séduisant, grand seigneur – avant son entrée en forêt et son contact avec ses occupants primitifs –, il se retrouve petit insecte insignifiant, contrefait et repoussant.

Désignation primaire de l'Araignée en Afrique Centrale

Si l'on considère la dénomination du personnage mythique du "Civilisateur" dans cette région, on lui trouve un dénominateur commun *tò et un rapport direct ou indirect avec l'Araignée. D'autre part, il se trouve toujours[7] inséré dans une hypostase trinitaire, dont les variantes signifiantes sont beaucoup plus importantes que pour le Civilisateur, mais dont le contenu signifié est constant "Créateur" et "Façonneur".

Nous avons déjà vu que la présence de populations pygmées dans les zones forestières d'Afrique occidentale paraît vraisemblable. En Afrique centrale, elle est une réalité contemporaine et remonte à plusieurs dizaines de milliers d'années. Sans aller aussi loin dans le temps, par divers critères ethnolinguistiques, anthropologiques, biologiques, archéologiques…, on a pu envisager l'arrivée des Grands Noirs dans les zones forestières à une époque relativement récente (entre 1000 et 3000 ans, selon les cas). La rencontre entre

---

[7] Dans la mesure de la documentation disponible.

les premiers habitants et ces nouveaux arrivants s'est inscrite dans l'imaginaire des uns et des autres, même lorsqu'ils sont encore de nos jours en contact.

À une époque qu'on a grossièrement estimée aux alentours de la fin du premier millénaire ap. J.-C. d'importants mouvements de populations ont eu lieu dans le Sud-Est de l'actuel Soudan, dans la région du Bahr-el-Ghazal. Sous la poussée de sociétés de langues nilotiques et para-nilotiques[8], que les rencontres fussent armées ou pacifiques, les groupes installés dans cette zone se sont mis en mouvement. Deux familles linguistiques s'y trouvaient représentées : d'une part des Nilo-Sahariens qui se trouvèrent scindés en deux branches principales, l'une aujourd'hui septentrionale, vers le Nord-Ouest, l'autre méridionale, vers le Sud. Il se pourrait qu'une branche centrale ait fusionné, vers l'Est, avec les populations oubanguiennes voisines (banda, zandé, nzakara)[9] ; d'autre part des Oubanguiens, dont quelques petites communautés demeurèrent en place, les autres s'enfonçant dans la forêt vers le Sud. Parmi ceux-ci, il en fut qui s'installèrent dans cette région (extrême Sud du Soudan oriental - extrême Nord du Zaïre oriental actuels), tandis que certains continuaient leur progression vers le Sud et l'Ouest, au Nord de la boucle du fleuve Congo. La bordure septentrionale de la forêt pouvant se situer au Sud du Mbomou, c'est donc dans cette région que la rencontre durable avec les Pygmées peut aussi être évaluée.

Notre hypothèse est que les mythes de l'Araignée sont plus ou moins liés à la rencontre entre Grands Noirs et Pygmées. Si l'on considère isolément l'Araignée, on ne peut que constater la présence d'un "cycle" commun à la majorité des populations d'Afrique centrale, communauté transcendant les familles linguistiques et qui ne peut donc être que de contact. Cependant, il reste à savoir dans quelles conditions ont pu s'effectuer ces contacts sur une si vaste étendue et comment le personnage central de ce cycle s'insère dans une triade cosmogonique généralisée.

On envisagera d'abord cette triade par groupe linguistique et par localisation géographique savane / forêt. Dans l'Oubanguien central, lui-même subdivisé en deux ensembles (manza / gbaya), l'Araignée Civilisateur a comme partenaires le Créateur gàlè (manza), *sò (gbaya commun) et le Façonneur-Organisateur *gbà.sò (Proto-gbaya), formant un ensemble homogène. Dans le groupe Oubanguien centre-septentrional (banda), l'Araignée civilisateur se situe par rapport à un "Être suprême"-Créateur, ere, complètement détaché de sa création et un "Maître des âmes" Façonneur-Organisateur, yi.lingu[10]. L'Oubanguien centre-

---

[8] Celles-ci peut-être elles-mêmes poussées par l'intensification de la traite esclavagiste venant du Nord, au détriment de leur population.

[9] Ces langues oubanguiennes présentent des systèmes vocaliques complexes, ce qui (si l'on se réfère à l'opinion d'André-Georges Haudricourt sur la question) serait le fait de contacts durables, voire de coexistence de populations de langues de familles linguistiques différentes (cf. évolution du système vocalique français, par rapport à ceux de l'italien et de l'espagnol, à partir du latin, par suite des invasions germaniques) (cf. également France Cloarec-Heiss, pour le banda).

[10] Faute d'une documentation plus approfondie sur ce sujet, il n'est pas possible d'accéder à une cosmologie élaborée, notamment pour y situer le culte très important de Ngakola, dont l'identité reste à définir.

oriental (zande, nzakara), présente son Araignée Civilisateur avec comme Créateur, mbori ~ zàgì, et comme Façonneur-Organisateur gumba[11], partenaire privilégié de l'Araignée. Pour l'Oubanguien centre-méridional (ngbandi, yakoma) la situation est nettement moins claire, le Civilisateur n'est pas l'Araignée[12]; le Créateur est nzàpā, le Façonneur yìngɔ̄ ~ ɲìngɔ̄[13]. Le Nilo-Saharien septentrional (sara-mbay, day, gula) présente lui aussi un système trinitaire structuré où l'Araignée Civilisateur, sú[14], a comme partenaire un Façonneur-Organisateur (lóā ~ lúā, lúbā, lǐvā, núbā[15]), le Créateur étant kádà, également détaché de sa création.

Pour les zones de forêt et de bordure forestière, la famille Nilo-Saharienne méridionale (moru, mangbetu) possède également un Civilisateur, ā.zāpāné[16] et désigne le Créateur par des noms variés lu, a.ḍonga, ori, a.ngeli, gindi ~ ḍa, selon les sous-groupes, mais qui toujours s'est coupé de sa création[17].

Vocabulaire religieux

En ce qui concerne les différents sous-groupes de la famille Oubanguienne, liés à la forêt et aux populations pygmées, avec lesquelles ils ont un long passé commun et dont ils sont encore partenaires de nos jours, nous envisagerons la question au-delà du seul cadre de la triade, y incluant aussi des données du rapport général avec le surnaturel. De plus, ici il faut aussi faire intervenir les groupes pygmées concernés qui relèvent de plusieurs familles linguistiques: les Mbuti de l'Ituri (Nilo-Saharien méridional efe, asua et Bantu), les Aka de Centrafrique-Congo septentrional (Bantu C10), les Baka du Cameroun (Oubanguien occidental).

Le Civilisateur, présent partout, n'y est que rarement Araignée, bien qu'il porte un nom qui, dans beaucoup de langues, y est assimilé. Chez les trois groupes pygmées, il s'agit d'un démiurge anthropomorphe, de même que chez la plupart des Oubanguiens de forêt (sauf en ndogo, tiri, en mba, à.tɔ̀mbì, en monzombo, tòlè, et en gbanzili, tùlè; parmi ceux-ci, les Ndogo, les Mba et les Gbanzili ne sont plus en contact direct avec les Pygmées).

Le Façonneur-Organisateur porte des noms variables, mais un terme sous différentes variantes se retrouve sur une aire très vaste: à.cúmbá (mba, Oubanguien méridional), gumba (zandé, nzakara, Oubanguien centre-oriental), kōmbā (pygmée-baka, Oubanguien occidental) et kómbá "ciel" (pygmée-aka, Bantu C10).

---

[11] Ce dernier représente aussi le Tonnerre, la Foudre.

[12] Celle-ci est (dà).mvènè et les "fables" sont dites pà-mvènè "conte de l'Araignée".

[13] Ces deux termes signifient aussi "principe vital" "mâne".

[14] Su est une Mygale et non l'araignée de maison *tò.

[15] Signifiant aussi "nuit, ciel", le créateur *kádà étant aussi "soleil, esprit vital".

[16] Ce n'est pas l'Araignée, mais la toile d'araignée, ce qui situe plus ou moins ce groupe dans le Cycle de l'Araignée.

[17] L'insuffisance de la documentation sur ce groupe de langues justifie peut-être le fait que nous n'ayons pas trouvé de Façonneur-Organisateur.

Le Créateur est désigné sous diverses appellations, mais celles-ci peuvent avoir, dans certaines langues, une acception différente, bien que relevant du vocabulaire religieux: múngú (pygmée-mbuti), múngū (mba, Oubanguien méridional), múngó[18] (ngbaka, Oubanguien occidental), múngó (pygmée-aka, Bantu C10) et enfin mūngō (pygmée-baka, Oubanguien occidental) qui désigne l'espace réservé aux non initiés pour la cérémonie du jēngì "Esprit de la forêt, pouvoir de Komba[19]". Un autre nom du Créateur, qui, en Oubanguien occidental (ngbaka-monzombo) notamment en a plusieurs, sans doute par le fait de nombreux contacts au fil des migrations, se trouve dans des lieux très éloignés les uns des autres: á.yòmbé (ma, Oubanguien méridional), yúmbǐ (ngbaka, Oubanguien occidental), yòmbò (monzombo, Oubanguien occidental). Une autre forme désignant le Créateur, mέē (en mundu, Oubanguien sud-oriental), se retrouve en pygmée-baka (Oubanguien occidental), mē, signifiant "esprit, mâne", aux deux extrêmes de l'aire oubanguienne forestière.

De même en est-il pour des termes qui désignent l'"âme": d'une part, lǐlǐ (ndogo, bai, Oubanguien nord-oriental), mó.lǐlǐ (pygmée-baka, Oubanguien occidental); d'autre part, kūnū (togoyo, Oubanguien septentrional), kūrū (mundu, Oubanguien sud-oriental), kù (mba, Oubanguien méridional), kūlū (ngbaka, Oubanguien occidental), kūnū (gbanzili, Oubanguien occidental), kū (monzombo, Oubanguien occidental), kúlú (pygmée-aka, Bantu C10)[20], auxquels il faut ajouter des termes désignant la "corde-ceinture", symbole de la vie, du principe vital de l'individu: kō (mba, Oubanguien méridional), kú, kú.tú (ngbaka, Oubanguien occidental), kú, kú.dú (monzombo, Oubanguien occidental), kú, kù.lù (gbanzili, Oubanguien occidental), kū, kùlù (pygmée-baka, Oubanguien occidental), kùdù, kùlù, kúlú (pygmée-aka, Bantu C10).

Cet examen du vocabulaire religieux qui relie les Pygmées orientaux et occidentaux entre eux et avec les Oubanguiens forestiers va dans le sens des travaux déjà effectués sur cette hypothèse (Arom-Thomas, Bouquiaux-Thomas, Thomas-Bahuchet, Bahuchet).

Proximité des Pygmées et hominisation de l'Araignée

Pour en revenir à l'Araignée, nous avons vu, aussi bien dans son cycle d'Afrique occidentale que dans son cycle d'Afrique centrale, que plus le personnage est proche des Pygmées, moins il est animalisé, et plus il en est éloigné, plus il est animal. En Afrique occidentale, il est aussi un personnage totalement négatif, moins civilisateur que prototype de l'humain et de ses défauts et vices. Les rapports avec les Pygmées y sont indiqués sous des formes transposées.

---

18 On trouve encore actuellement un culte dédié aux múngó.sè (.sè suffixe d'humanité), représentants terrestres de l'Esprit initial múngó.

19 On pourra constater, dans ce paragraphe, que de nombreux glissements de sens ont eu lieu pour plusieurs de ces termes. Ainsi, le .zéngì pygmée-aka est la projection spirituelle de tòlè, le Civilisateur.

20 Coïncidence ou phénomène de contact, on a aussi kūdū.kūdū, en mangbetu (NS-s.).

En Afrique Centrale, on observe une nette différence entre le héros tel qu'il est représenté chez les populations de savane, éloignées des Pygmées – où son caractère d'araignée est dominant – et le héros des populations forestières toujours alliées aux Pygmées. Là, non seulement le personnage est humanisé, mais son aspect ambivalent de Civilisateur et de représentant de l'Humain est étroitement intriqué. De plus, il supporte une vision "historique" des rapports Pygmées / Grands Noirs. Dans un premier temps, le Civilisateur est le Grand Noir, obligé de subtiliser au Façonneur-Organisateur, le Pygmée, tous les biens forestiers dont il est totalement dépourvu à son arrivée en forêt. Dans un second temps, le Pygmée se retrouve Civilisateur, obligé de composer avec le Grand Noir, Façonneur, pour obtenir de lui les biens, cultivés et manufacturés, que celui-ci a amenés avec lui. Cette double identité rend compte de différents aspects, apparemment contradictoires, des deux partenaires. Chez les Pygmées eux-mêmes, où le Civilisateur n'est en aucun cas l'Araignée, se superpose cette vision du Pygmée, Maître de la forêt, détenteur de tous les biens, que présente le Façonneur, et du Grand Noir, "sauvage", ignorant de tout, qui cherche par tous les moyens à s'emparer de la maîtrise des Pygmées, puis au retournement de la situation.

En Afrique occidentale, la situation du Civilisateur correspond à la seconde phase du rapport Pygmées/Grands-Noirs, comme c'est le cas en Afrique centrale, chez les populations de savane.

L'ARAIGNÉE CHEZ LES BIROM

Venons-en maintenant à un autre cas d'araignée, insérée dans un contexte religieux. Chez les Birom du Nigéria septentrional, dont la mythologie ne comporte pas le cycle de l'Araignée, celle-ci joue cependant un rôle considérable dans la vie spirituelle en tant que principe vital de l'individu.

Les Birom, population d'agriculteurs, vivent sur les Hauts-Plateaux du Centre-Nord du Nigeria. Ils font linguistiquement partie du groupe Plateau de la branche Niger-Congo[21]. S'ils furent jadis gens de forêt ou de limite forestière, comme peuvent le laisser croire certains indices ethnolinguistiques, cette situation remonte à des temps immémoriaux.

L'araignée yùú qui comporte la forte charge symbolique de principe vital n'est pas un animal quelconque, mais une espèce bien définie[22], petite, brune ou noirâtre, vivant dans des trous de rochers, peu fréquente. Si l'on en voit une sur quelqu'un, on ne peut la tuer parce qu'elle représente l'"énergie vitale" de l'individu. Quand quelqu'un meurt, on dit yùú-me à ku "son araignée (ou sa personnalité) est morte"; yùú représente l'énergie vitale, la personnalité de

---

[21] Dans laquelle figurent aussi toutes les familles de langues d'Afrique occidentale et celles du groupe Oubanguien d'Afrique centrale, ainsi que les langues Bantu. Le Nilo-Saharien constitue une autre branche.
[22] Son identification scientifique n'a malheureusement pas pu être faite.

l'individu. À la mort, celle-ci disparaît avec lui, mais son "âme personnelle", son "double", kapik, subsiste et s'intègre aux esprits du monde inférieur, les bi.vuù-vwel. Avant l'imposition du nom, l'enfant n'existe pas encore comme personne sociale; il est alors appelé kwenèt "étranger, hôte". C'est au cours du rituel d'imposition du nom, tɔ́ɔ̀ŋ-yú / ramassage + | (de) | araignées sp. /, que lui est donnée cette personnalité qu'il conservera jusqu'à sa mort. C'est une cérémonie très importante et assez spectaculaire dont le point culminant est l'imposition des araignées, mises dans de l'huile, sur la tête de l'enfant. La cérémonie tout entière comporte trois phases, une première phase collective dans le cadre de la concession familiale; une deuxième phase où seuls assistent l'officiant, son assistant, le bébé et sa mère, au cours de laquelle se situe l'imposition de l'araignée; une troisième phase de retour dans la concession familiale. Le tout est accompagné de sacrifices de poulets et de libations de bière, puis se termine par une fête de la bière. Elle est exécutée une première fois avec la mère, puis une seconde fois avec le père[23]. L'enfant est alors totalement socialisé et reconnu comme un membre du groupe.

Tout au long de la vie, chaque fois que l'individu sera considéré comme ayant reçu une atteinte à son énergie vitale, la cérémonie du yùú sera renouvelée.

Le parallèle que l'on peut établir entre ce rite et le cycle de l'Araignée est que dans les deux cas ce petit animal symbolise un principe vital essentiel qui, pour l'Araignée de la triade, est à l'origine de l'humanité et, pour les Birom, représente à la fois l'énergie vitale de l'individu birom et son existence en tant que personne sociale du groupe.

POURQUOI L'ARAIGNÉE?

Comment cet animal insignifiant a-t-il pu engendrer un si riche imaginaire est une question que l'on peut se poser. Quelques hypothèses peuvent être proposées.

Dans les diverses cosmogonies envisagées, à l'Origine, il n'y avait pas de séparation nette entre le ciel et la terre. Les premiers démiurges circulaient librement de l'une à l'autre, bien que le ciel et le Façonneur aient disposé de toutes les richesses et que la terre et le Civilisateur en fussent totalement dépourvus.

Or, l'animal-araignée qui descend de n'importe où, voire du ciel, sur son fil, peut aisément devenir dans l'imaginaire le lien devant nécessairement exister entre le lieu où se trouvent les biens nécessaires à la vie et la terre où réside l'humanité, quelle qu'elle soit. De plus cette élégante araignée de maison que l'on peut admirer dans toute résidence humaine de quelque durée[24] est fréquemment rencontrée porteuse de son cocon qui, lorsqu'il s'ouvre, laisse

---

23 Lors de la cérémonie où le père figure, le sacrifice d'un bouc peut être requis.
24 Surgie de n'importe où, elle hante les lieux abrités en très peu de temps. Quelques jours de stabilité d'un endroit couvert lui suffisent pour s'installer. Inoffensive, elle ne gêne pas les autres habitants.

s'échapper une myriade de minuscules répliques de l'araignée adulte. De là, à y voir un symbole de l'expansion des humains sur la terre, il pourrait n'y avoir qu'un pas.

Araignée, filant son fil entre le ciel et la terre, premier esprit créé, premier ancêtre des hommes, premier souffle de vie. Serait-ce là un symbole si étonnant?

RÉFÉRENCES BIBLIOGRAPHIQUES

Les ouvrages cités ci-dessous sont ceux qui ont été consultés pour la rédaction de l'article (indépendamment des documents personnels). Pour en alléger la présentation, il n'a pas été fait mention de chacun d'eux dans le corps du texte étant donné le nombre important de langues et d'ethnies concerné.

AROM S. & J. M. C. THOMAS – 1974, *Les Mimbo génies du piégeage et le monde surnaturel des Ngbaka-Ma'bo (République centrafricaine)*. Paris, SELAF (Bibliothèque de la SELAF 44-45), 153 p.

BAHUCHET S. – 1992, *Dans la forêt d'Afrique centrale. Les Pygmées aka et baka. Histoire d'une civilisation forestière* I. Paris, Peeters-SELAF (Ethnosciences 8), 425 p.

– 1993, *La rencontre des agriculteurs. Les pygmées parmi les peuples d'Afrique centrale. Histoire d'une civilisation forestière* II. Paris, Peeters-SELAF (Ehnosciences 9), 173 p.

BAXTER P. T. W. & A. BUTT – 1953, *The Azande, and related Peoples of the Anglo-Egyptian Sudan and Belgian Congo*. Londres, International African Institute (Ethnographic Survey of Africa, East Central Africa Part IX), 152 p.

BOUQUIAUX L. – 1978[2] — *Contes de Tolé ou les avatars de l'Aragne (République centrafricaine)*. Paris, Edicef-CILF (Coll. Fleuve et Flamme), 126 p.

– *Dictionnaire monzombo* (inédit).

– 2001, *Dictionnaire birom (Nigeria septentrional)*. Paris, Peeters-SELAF (Langues et Cultures Africaines 28-29-30), 3 vol., 986 p.

BOUQUIAUX L., avec la collaboration de J. M. KOBOZO & M. DIKI-KIDIRI – 1978, *Dictionnaire sango-français et Lexique français-sango*. Paris, SELAF (TO 29), 667 p.

BOUQUIAUX L. & J. M. C. THOMAS – 1980, Le peuplement oubanguien. Hypothèse de reconstruction des mouvements migratoires dans la région oubanguienne d'après des données linguistiques, ethnolinguistiques et de tradition orale. *L'expansion bantoue*. (Actes du Colloque International du CNRS, Viviers (France) 4-16 avril 1977). Paris, SELAF (NS 9), pp. 807-824.

BRISSON R. – 1981-1984, *Contes des Pygmées baka du Sud-Cameroun. 1. Histoires et contes d'enfants. 2. Contes d'enfants. 3. Contes des anciens. 4. Contes des anciens*. Douala, Collège Libermann – Paris, Peeters-SELAF (D 3), 4 tomes, 188 + 200 + 228 + 236 p.

– 1984, *Lexique français-baka*. Douala et Paris, Peeters-SELAF (D 2), 396 p.

– 1999, *Mythologie des Pygmées baka (Sud-Cameroun), I. Mythologie et Contes, II*. Paris, Peeters-SELAF (D 13 - Études pygmées X), 2 vol., 416 p.

BRISSON R. & D. BOURSIER – 1979, *Petit dictionnaire baka-français*. Douala et Peeters-SELAF (Divers 1), 505 p.

COLARDELLE-DIARRASSOUBA M. – 1975, *Le lièvre et l'araignée dans les contes de l'ouest africain*. Paris, Union Générale d'Éditions (Coll. 10/18), 308 p.

DAMPIERRE E. DE – 1963, *Poètes nzakara*. Paris, Julliard (Classiques africains), 221 p.

DE BOECK L.B. – 1952, *Grammaire du mondunga (Lisala, Congo Belge)*. Bruxelles, IRCB (Mémoires de l'Institut Royal Colonial Belge, Section des Sciences morales et politiques, Tome XXIV, Fasc. 2), 60 p.

DUPONT M. – 1912, *Vocabulaire français-amadi et amadi-français*. Bruxelles, Monnom, 29 p.

FORTIER J. – 1962, *Dictionnaire mbay-français*. Caluire & Cuire, Abbaye de la Rochette, 25 + 192 p.

– 1967, *Le mythe et les contes de Sou en pays mbaï-moïssala*. Paris, Julliard (Classiques africains 6), 334 p.

HALLAIRE J. & J. ROBINNE – 1959, *Dictionnaire sara-français*, Fourvière, 398 p.

LAFAGE S. & L. DUPONCHEL – 1977², *Murmures des lagunes et des savanes*. Paris, Edicef-CILF (Coll. Fleuve et Flamme), 154 p.

LAROCHETTE J. – 1958, *Grammaire des dialectes mangbetu et medje suivis d'un manuel de conversation et d'un lexique*. Tervuren, MRCB (Annales du Musée Royal du Congo Belge, Sciences de l'Homme, Linguistique 18), 232 p.

LEKENS B. – 1952, *Dictionnaire ngbandi (Ubangi-Congo Belge), français-ngbandi, ngbandi-français*. Anvers, De Sikkel (Annales du Musée du Congo Belge, Sciences de l'Homme, Linguistique 1), 348 p.

MAES V. – 1959, *Dictionnaire ngbaka-français-néerlandais précédé d'un aperçu grammatical*. Tervuren, MRCB (Annales du Musée Royal du Congo Belge, Sciences de l'Homme, Linguistique 25), 200 p.

– 1968, *Vocabulaire français-ngbaka*. Tervuren, MRAC (Annales du Musée Royal de l'Afrique Centrale, Sciences humaines 62), 90 p.

MOÑINO Y. (Collectif édité par) – 1988, *Lexique comparatif des langues oubanguiennes*. Paris, P. Geuthner, 149 p.

– 1995, *Le proto-gbaya, Essai de linguistique comparative sur vingt et une langues d'Afrique centrale*. Paris, Peeters-SELAF (Langues et Cultures Africaines 20), 725 p.

NOUGAYROL P. – 1979, *Le day de Bouna (Tchad), Phonologie, Syntagmatique nominale, synthématique*. Paris, SELAF (Bibliothèque de la SELAF 71-72), 174 p.

– 1980, *Le day de Bouna (Tchad), Lexique day-français, Index français-day*. Paris, SELAF (Bibliothèque de la SELAF 77-78), 179 p.

– 1999, *Les parlers gula, Centrafrique, Soudan, Tchad, Grammaire et lexique*. Paris, CNRS Éditions (Coll. Sciences du langage), 382 p.

PASCH H. – 1984, *Die Nominalklassensysteme der Mba-Sprachen*. (Thèse de doctorat de l'Université de Cologne), 325 p.

RETEL-LAURENTIN A. – 1986, *Contes du pays nzakara (Centrafrique)*. Paris, Karthala, 310 p.

ROULON P. – 1977, *Wanto... et l'origine des choses. Contes d'origine et autres contes gbaya-kara (Centrafrique)*. Paris, Edicef-CILF (Coll. Fleuve et Flamme), 142 p.

SANTANDREA S. – 1950, *Indri-Togoyo-Ndogo-Feroge-Mangaya-Mondu Comparative Linguistics*. Vérone, Istituto Missioni Africane (Museum Combonianum 4), 55 p.

– 1961, *Comparative Outline-Grammar of Ndogo-Sere-Tagbu-Bai-Bviri*. Bologne, Editrice Nigrizia (Museum Combonianum 13), 179 p.

– 1965, *Languages of the Banda and Zande groups. A contribution to a comparative study*. Naples, Istituto Universitario Orientale, 254 p.

– 1969, *Note grammaticali e lessicali sul gruppo Feroge e sul Mundu (Sudàn)*. Naples, Istituto Universitario Orientale, 325 p.

THOMAS J.M.C. & S. BAHUCHET – 1986, Linguistique et histoire des Pygmées de l'ouest du Bassin congolais (Actes du Colloque "Chasseurs-cueilleurs d'Afrique", St Augustin, 2-6 janvier 1985), *SUGIA* 7(2):73-103.

– 1988, La littérature orale pour l'histoire de l'Afrique Centrale forestière. *La littérature orale en Afrique comme source pour la découverte des cultures traditionnelles* (Table Ronde franco-allemande, St Augustin, 18-20 février 1985, W. J. G. MÖHLIG, H. JUNGRAITHMAYR, J.F. THIEL, éds). Berlin, Dietrich Reimer (*Anthropos* 36), pp. 301-327.

THOMAS J. M. C. – *Dictionnaire gbanzili.* (inédit).

TIMYAN J. & N. KOUADIO – 1981, *Mes mensonges du soir, Contes baoulé de Côte d'Ivoire.* Paris, Edicef-CILF (Coll. Fleuve et Flamme), 215 p.

TISSERANT C. – 1931, *Dictionnaire banda-français.* Paris, Institut d'Ethnologie (Travaux et Mémoires de l'Institut d'Ethnologie XIV), 617 p.

VALLAEYS A. – 1986, *Dictionnaire logo-français suivi d'un index français-logo.* Tervuren, MRAC (Archives d'Anthropologie du Musée Royal d'Afrique Centrale 29), 396 p.

VEKENS A. – 1928, *La langue des Makere, des Medje et des Mangbetu.* Gand, Éditions Dominicaines «VERITAS» (Bibliothèque Congo XXV), 223 p.

VERGIAT A. M. – 1951[2], *Les rites secrets des primitifs de l'Oubangui.* Paris, Payot, 160 p.

LES TERMITES DANS LA VIE QUOTIDIENNE
D'UN VILLAGE AU BURKINA FASO

Liana NISSIM, Moussa OUEDRAOGO et Ettore TIBALDI

RÉSUMÉ

Les termites dans la vie quotidienne d'un village au Burkina Faso

Au Burkina Faso, dans le village de Tanlili (siège de l'Union Namanzanga des Groupes de village), on gère les systèmes agro-sylvi-pastoraux avec une très grande attention et une connaissance profonde des ressources naturelles. Parmi les insectes, les Mossi connaissent très bien les termites et en distinguent trois catégories : les *yaore* (à termitière de dimensions considérables), les *tambeoko* (à termitière de moins de 30 cm de haut environ) et les *mogdo* (à termitière hypogée ou placée sur les arbres). Parmi les *tambeoko*, quatre catégories peuvent être distinguées; trois d'entre elles constituent un complément alimentaire pour les poussins mais la quatrième catégorie, appelée *foodre* "poison", ne doit jamais être utilisée dans ce but. Nous présentons les modes d'emploi et la classification traditionnelle des différentes espèces (seize) de termites localement reconnues. La présence des termites est à mettre en relation avec celle (jusqu'à une date récente) d'un Mammifère Tubulidenté, *Orycteropus afer*, qui est un de leurs prédateurs. L'importance considérable des termites dans le quotidien des communautés locales se manifeste à travers la tradition orale comme en atteste un conte recueilli à Tanlili.

ABSTRACT

Termites in daily life in a village of Burkina Faso

This study was conducted in the village of Tanlili, situated in the Oubritenga District, Zitenga Province, Burkina Faso, with the friendly collaboration of the Namanzanga Union of Village Groups. Here the agrisylvicultural and pastoral systems are managed with great care, through deep knowledge of the natural resources as well as of the wildlife. The Mossi are well informed on termites and distinguish three categories : *yaore* (with large and prominent mounds), *tambeoko* (with small mounds, less than 30 cm high) and *mogdo* (that do not build a mound above the surface, but live underground or in trees). Among the *tambeoko*, four categories may be distinguished; three of which are used as a dietary supplement for chicks, the fourth, called *mogdo* (meaning "poison" in Mooré), must not be used for that purpose. We present the uses and traditional classification of the (sixteen) different species locally recognized. We link the presence of termites to that of the tubulidented mammal *Orycteropus afer*, which was one of their predators (until recently). The considerable importance of termites in the daily life of the local communities is made manifest through their oral traditions, as attested by a tale recorded in Tanlili village.

Depuis 1991, un groupe de travail, coordonné par le Département de Biologie de l'Université de Milan, mène des recherches pour faciliter la durabilité des productions agricoles et zootechniques en milieu paysan. La zone choisie est un ensemble de villages dans la Province de Zitenga, autour du village de Tanlili au Burkina Faso. Dans ce village, l'UNGVT (Union Namanzanga des Groupements Villageois de Tanlili) a collaboré avec un grand dynamisme et beaucoup d'efficacité à toutes les recherches orientées vers une meilleure compréhension des modalités de production des ressources naturelles.

Les caractéristiques structurelles et fonctionnelles des systèmes agro-sylvi-pastoraux locaux ont été identifiées à Tanlili en 1991 et 1992. Grâce à la collaboration d'Adama Ouedraogo qui nous a permis de suivre son unité de production (UP), il a été possible d'évaluer la production des céréales et des légumineuses obtenues par agriculture pluviale[1], et de mettre en évidence la durabilité des processus productifs dans une série de pratiques d'autosuffisance alimentaire.

À l'occasion d'une série de recherches effectuées avec la collaboration de l'Université Polytechnique de Bobo-Dioulasso (qui a envoyé à Tanlili des étudiants pour leur stage de 3ᵉ année), on a reconnu par photo-interprétation, et toujours avec l'aide de l'UNGVT, l'occupation du sol et la topographie des terroirs villageois de Tanlili et de Tanguin-Kossodo, au nord de Tanlili. Ce dernier village est caractérisé par une zone pastorale plus étendue et par une densité de population plus faible. Le long d'un axe Nord-Sud (Tanguin-Kossodo - Tanlili), ont été relevées les données relatives à la nature du sol, à la structure de la végétation et à la présence d'éventuels indicateurs biologiques de la qualité du milieu. Des recherches ont également été entreprises pour mieux comprendre les relations bio-culturelles que les communautés locales entretiennent avec leurs ressources naturelles car le savoir populaire est un important facteur de développement pour résoudre les problèmes liés à la gestion de l'environnement en zone aride.

Le contexte agro-sylvi-pastoral dans lequel vivent les communautés paysannes de Tanlili et de Tanguin-Kossodo (dont tous les habitants sont des Mossi parlant le môré) est très caractéristique : les céréales qui sont à la base de l'alimentation (sorgho[2] et petit mil[3]) sont d'origine africaine et issues de variétés locales, de même que les légumineuses cultivées (niébé[4] et voandzou[5]). Le karité[6], arbre d'origine locale, est important dans le contexte des Unités de Productions; il permet d'obtenir, à partir de ses noix, la plupart des graisses pour l'alimentation et pour la préparation du savon. Le maïs — dont la culture se fait non loin des concessions— et l'arachide sont des espèces introduites dont la présence

---

[1] **Année**   **Précipitations Rendements**
     1990   636 mm   840 kg/ha par an
     1991   596 mm   919 kg/ha par an

[2] *Sorghum bicolor* L. (Poaceae).

[3] Pennisetum typhoideum L. (Poaceae).

[4] *Vigna unguiculata* (L.) Walp. (Leguminosae-Papilionoideae).

[5] *Voandzeia subterranea* L. (Leguminosae-Papilionoideae).

[6] *Butyrospermum parkii* G. Don (Sapotaceae).

est encore très limitée. En ce qui concerne les animaux, le petit cheptel des paysans de Tanguin-Kossodo et de Tanlili est constitué par des races locales pour les ovins et caprins ainsi que pour les bovins et les ânes.

L'analyse du peuplement animal, effectuée le long d'un axe Nord-Sud, de Tanguin-Kossodo à Tanlili, a confirmé que les systèmes agro-sylvi-pastoraux gérés par les Communautés locales sont tout à fait typiques, malgré la mondialisation de l'agriculture.

Des réseaux de terriers, creusés par l'oryctérope[7] à la base des collines, ont été localisés et leurs coordonnées ont été reportées sur les cartes topographiques produites par photo-interprétation, avec un système GPS (Global Positioning System). Ces réseaux étaient peuplés, jusqu'en 1998 par les oryctéropes qui les avaient creusés et par des hôtes secondaires tels que la hyène[8] et le chacal[9]; la présence d'un python[10] et d'un naja[11] a été également constatée en repérant les exuvies à l'entrée des terriers.

En 1996 le long du même axe ont été effectués des prélèvements d'insectes pour évaluer la disponibilité en aliments pour l'oryctérope, bien connu comme insectivore. Les coléoptères ont fait l'objet d'une étude effectuée en parallèle, tandis que les fourmis[12] (Formicidae spp.) capturées ont été dénombrées et déterminées. Puis, en 1998, les termitières ont été recensées et la présence des espèces à termitière hypogée a également été comptabilisée.

C'est à partir de cette recherche sur le système agro-sylvi-pastoral de quelques villages mossi que des informations concernant les termites ont été recueillies. Elles ont permis de mettre en évidence un savoir traditionnel très particulier.

DÉNOMINATION DES TERMITES

Les Mossi n'ont aucun terme qui regroupe de façon univoque le groupe des termites mais, par contre, ils ont un système vernaculaire d'identification et de connaissance des espèces de ces insectes beaucoup plus riche que celui qui est utilisé actuellement par les entomologistes. Nous avons pu le vérifier auprès du spécialiste Han Sun Heat (Université de Paris XII, Val de Marne) qui a fait l'identification des espèces recueillies dans la zone d'étude. Le système traditionnel de classification des termites est complexe. Il a été étudié et vérifié en diverses occasions entre 1996 et 1999.

Les paysans mossi de l'UNGVT distinguent trois catégories de termites à partir de l'observation des termitières: soit grandes, soit petites, soit absentes c'est-à-

---

[7] *Orycteropus afer* Pallas, (Tubulidentata : Orycteropidae). *Cf.* Pinto (1998-99).

[8] *Crocuta crocuta* Erxleben (Carnivora :Hyaenidae).

[9] *Canis aureus* L. (Carnivora :Canidae).

[10] *Python sebae* (Gmelin) (Squamata :Boidae).

[11] *Naja nigricollis* Reinhardt (Squamata :Elapidae).

[12] En ce qui concerne les fourmis (déterminées par F. Rigato du Musée Zoologique de l'Université de Milan), on a conclu que l'espèce la plus abondante est *Pachycondyla sennaarensis*, dont la présence est très influencée par la culture céréalière.

dire au-dessous du niveau du sol (hypogées) ou sur les arbres. Ces trois groupes sont respectivement appelés en môré *yaore* (termites dont les termitières atteignent des hauteurs considérables), *tambeoko* (termites dont les termitières ont moins de 30 cm de hauteur) et *mogdo* (termites dont les termitières sont hypogées ou construites dans les arbres). Chaque catégorie comprend plusieurs espèces vernaculaires, sept pour les *yaore*, quatre pour les *tambeoko*, cinq pour les *mogdo*. La détermination scientifique des termites a permis de se rendre compte que six des sept espèces vernaculaires de la catégorie *yaore* correspondent à la même espèce, *Macrotermes subhyalinus*, que les quatre espèces vernaculaires de la catégorie *tambeoko* correspondent à l'espèce *Trinervitermes sp.* et que, parmi les cinq espèces vernaculaires de la catégorie *mogdo*, une correspond à *Odontotermes nilensis*, une autre à *Amitermes evuncifer*, une autre à *Odontotermes sp.* et deux à *Microtermes sp.*

Les critères utilisés par les paysans pour définir "leurs" espèces des termites sont, en général, plus subtils que ceux qui sont actuellement utilisés dans la taxonomie zoologique classique.

Contrairement au terme français "termite" qui met l'accent sur une notion de destruction[13], les termes môré ne mettent pas l'accent sur l'aspect négatif de ces insectes[14] (sauf le terme *mogdo* "danger"). En effet, dans les savoirs locaux, les termites ou leurs productions sont, avant tout, très utiles : ils sont consommés (*Macrotermes* sp.), donnés comme complément alimentaire aux poussins (*Trinervitermes* sp.), la terre des termitières est utilisée comme matériau pour la construction des greniers en *banco* et, enfin, ils sont recherchés pour leur action pédogénétique positive.

Dans la catégorie *yaore*, termites qui construisent de grandes termitières, les paysans distinguent les espèces vernaculaires suivantes :
 – *yao peelga* dont l'essaimage se fait au crépuscule ;
 – *yao lenga* pour lesquels la chambre de la reine est très difficile à localiser ;
 – *yao zeongo* dont l'essaimage se fait tard dans la nuit, vers 23 heures ;
 – *bimbiliga* dont la termitière est en forme de mosquée ;
 – *baolen boaga* dont la termitière est en forme de cheminée ;
 – *yao saadga* qui n'ont jamais pu être observés en train d'essaimer.

Dans la catégorie des *tambeoko*, les paysans distinguent :
 – *foodre* "poison" qui est un termite venimeux à aiguillon, qu'il ne faut jamais donner à manger aux poussins ;
 – *tambeg sablega* dont la termitière a une forme de chapeau ;
 – *tambeg yaanga*, termite considéré comme femelle ;
 – *tambeg raaga* dont tous les individus sont très petits.

Dans la catégorie *mogdo*, les paysans font la différence entre :
 – *mog zaalga* dont la termitière est construite sur les arbres ;
 – *keenem beele* dont les ouvrières n'apportent rien ;
 – *mog peelga* dont les individus sont blancs ;
 – *mog toaga* dont les individus sont noirs.

---

13 "Termite" vient du latin *tàrmitem,* accusatif de *tàrmes* "ver rongeur".
14 *Cf.* Wood (1991) et Velderrain (1991).

Les termites dans la vie quotidienne d'un village au Burkina Faso
Termites in daily life in a village of the Burkina Faso

579

Il est évident que les caractères considérés pour distinguer les différentes catégories de termites sont à la fois fondés sur la forme de la termitière, sur le comportement de la société des insectes (essaimage) ou sur le comportement des individus, leur dimension, leur couleur, leur caractère dangereux. En Afrique subsaharienne les termitières sont un signe important du paysage de la brousse à cause de leur distribution en zone tropicale et subtropicale.

Le regroupement de certains termites à partir des types de termitières qu'ils construisent est, effectivement, un trait pertinent. Les grandes termitières (*yaore*) renferment des sociétés de termites qui ont en commun d'avoir une alimentation constituée par de l'herbe, du bois, des déjections animales et des détritus d'origine végétale. Les termitières de dimension moyenne (*tambeoko*) abritent surtout des termites "moissonneurs". Les termites de la catégorie *mogdo* (dont les termitières sont hypogées ou localisées dans les arbres) sont souvent des destructeurs de bois.

LES TERMITES DANS LA TRADITION ORALE

La présence des termites dans l'environnement du village et leur importance dans la vie quotidienne sont tels qu'on les retrouve dans la tradition orale des paysans de Tanlili. Un conte, qui nous a été transmis par Moussa Ouedraogo, paysan né en 1937, concerne les rapports que l'homme entretient avec les animaux. Les termites sont bien présents dans la vie quotidienne qui y est évoquée.

« L'intelligence de l'homme dépasse celle de tous les animaux et donc, un jour, les animaux de la brousse se sont organisés pour faire une réunion afin de décider comment se comporter avec l'homme, qui, tout en ayant moins de force, réussit toujours à tout dominer. Pendant la réunion, le lion dit :

« L'homme, même s'il est intelligent, n'est pas aussi fort que moi. Donc, si j'arrive à parler avec l'homme, je vais le convaincre de rester à sa place. »

Un jour, l'homme se dirigeait vers la brousse avec un panier et une petite pioche pour chercher des termites pour les donner à ses poussins. Quand il arriva en brousse, tout d'un coup, il vit le lion. Ce dernier lui demanda :

« C'est toi l'Homme ? »

Et l'homme répondit :

« Oui, c'est moi l'Homme. »

« Nous pensons que tu es trop intelligent, mais aujourd'hui c'est ma force qui l'emporte. Homme, aujourd'hui, avec ma force, je te tuerai ! »

L'homme répondit :

« Mais moi je n'étais pas au courant de ça. Je ne me suis pas préparé et je n'ai rien apporté avec moi ! Certes, si on m'avait prévenu, j'aurais pu me préparer, mais comme ça.... »

« Bon, dit le lion, je suis d'accord. Il faut aller te préparer et puis revenir. Aujourd'hui je suis bien décidé à te terrasser. »

L'homme ne sait pas quoi faire. Et voilà que le lion l'encourage :

« Allez, allez. Va te préparer et reviens ! Je t'attends. »

L'homme dit alors au lion :

« Mais moi j'ai peur de revenir jusqu'ici et de ne plus te trouver. »

Le lion riposta :

« Pars donc à la maison, prépare-toi et reviens ici me trouver. »

Et l'homme :

« Ah non! Je n'ai aucune confiance en toi. Je crains vraiment de ne pas te retrouver à mon retour. »

Il avait avec lui une corde et lui dit alors :

« Si tu acceptais, je t'attacherais avec ça de manière à être sûr de te retrouver. »

« Comme je veux que tu me retrouves, je suis d'accord pour que tu m'attaches. »

L'homme l'attache solidement à un arbre. Quand il a fini de l'attacher, le lion dit :

« Il faut partir et puis revenir. »

Et l'homme :

« Ce n'est pas la peine maintenant que j'aille à la maison pour me préparer. »

Il prend la pioche qu'il allait employer pour les termites et frappe le lion sur la tête. Le lion n'a plus aucun espoir de se sauver : il est attaché.

Une fois le lion évanoui, l'homme détache les cordes et monte sur un arbre. Alors le lion se réveille, cherche l'homme et ne le voit pas. Pendant que l'homme est en haut, il rompt une branche, et fait du bruit en la cassant. Le lion a peur et prend la fuite dans la brousse.

À partir de ce jour-là, les animaux ont été convaincus que l'homme est plus rusé qu'eux. Et depuis ce jour, quand un animal voit un homme, il se met à fuir. »

Nous sommes en présence d'un conte de structure traditionnelle qui met en scène la rivalité entre l'homme et les animaux. Ce genre de conte est très fréquent en Afrique subsaharienne ; il se situe à une époque atemporelle, quand hommes et bêtes n'étaient pas vraiment séparés et parlaient le même langage ; le but du conte est de donner une explication plausible de la séparation qui existe désormais entre le monde animal et la société des humains, séparation qui, dans la littérature traditionnelle, est encore ressentie comme anti-naturelle et qu'il convient de justifier.

Dans le cas du conte recueilli à Tanlili, la justification de la séparation s'accompagne d'autres éléments structuraux, à fonction moralisante : d'une part, les enjeux de la dialectique du pouvoir, d'autre part, la supériorité de l'intelligence sur la force. Dans un pareil cas, il est nécessaire de mettre en scène l'animal qui représente la force par antonomase. Le lion, représentant de tous les animaux, engage et perd la lutte pour la suprématie que l'homme conquiert à tout jamais.

Il est surtout important de s'intéresser au lieu dans lequel le conte se déroule. S'agissant d'un différend entre l'homme et les animaux, l'action doit avoir lieu dans la "brousse" qui est évoquée avec ses arbres et sa solitude ; rien ni personne ne dérange l'entretien entre le lion et l'homme. Ce dernier se comporte comme dans la vie quotidienne : il part à la recherche de termites pour les donner à ses poussins. Le conteur a placé l'histoire dans un contexte quotidien fait de tâches et de gestes familiers. Comble d'ironie, c'est grâce à un petit objet du quotidien, la petite pioche à termites, que l'homme finira par terrasser le lion.

REMERCIEMENTS

Les Auteurs désirent exprimer toute leur gratitude à Giuliano Soncini, qui leur a signalé le haut niveau de culture "termitologique" des paysans de Tanlili, et, surtout, aux paysannes et paysans de l'UNGVT, pour leur aide amicale et leur grande disponibilité. Notre gratitude va aussi à deux entomologistes, Han Sun Heat (Université de Paris XII) et Fabrizio Rigato (Musée Zoologique de l'Université de Milan) pour la détermination des échantillons récoltés.

RÉFÉRENCES BIBLIOGRAPHIQUES

PINTO, A. – 1998-99, *Relazioni bioculturali tra comunità contadine, insetti (Imenotteri e Isotteri) e Orychteropus afer (Mammiferi, Tubulidentati) in due villaggi del Burkina Faso, Africa Occidentale*. Milan, Università di Milano, (Mémoire de fin d'études), 86 p.

VELDERRAIN C. – 1991, *Danger! Termites*. Paris, GRET, 154 p.

WOOD T. G. – 1991, Termites in Ethiopia: the environmental impact of their damage and resultant control measures. *Ambio* 20 (3-4):136-138.

L'ABEILLE, SAINTE VIERGE
DANS LA TRADITION ORALE SLAVE

Aleksandr V. GURA

RÉSUMÉ

L'abeille, Sainte Vierge dans la tradition orale slave

La tradition orale slave attribue à l'abeille la sainteté, la virginité et le célibat. Dans les devinettes russes et les croyances serbes concernant l'abeille, on retrouve le thème de l'Immaculée Conception. Dans une légende serbe qui explique l'origine de l'abeille à partir des larmes de la mère pleurant la mort de son fils, l'image de la mère est clairement identifiée à celle de la Mère de Dieu. Le culte de l'abeille caractérise également les rituels des apiculteurs qui considèrent la Sainte Vierge comme la patronne des abeilles et on lui attribue les activités de l'apicultrice. Le même symbolisme de l'abeille est attesté dans la tradition occidentale où les abeilles et les ruches symbolisent la Sainte Vierge, source de tous types de douceur.

ABSTRACT

The Bee as Our Lady in Slavonic Folk Tradition

Folk tradition endows the bee with holiness, virginity and celibacy. In Serbian legends and Russian riddles about the bee one may come across the theme of the Immaculate Conception. In the Serbian legend describing how bees appeared from a Mother's tears when she was crying over her killed son, an analogy can be drawn between the mother's image and that of Our Lady. The cult of Our Lady is noticeable in bee-keeping rites, she is regarded as the protectress of bees. The West European tradition has a similar symbolism of the bee, bees and beehives symbolize the Virgin Mary as the source of every kind of sweetness.

La taxonomie populaire place les insectes dans la classe des *gady* ("vermine" ou "reptiles"), animaux chthoniens impurs, d'après un certain nombre de caractéristiques et noms communs. Parmi ces *gady*, considérés souvent comme des créatures diaboliques, on trouve, en premier lieu, des serpents, des grenouilles, d'autres reptiles et amphibiens, mais aussi des insectes, des souris, des poissons serpentins, des vers et des chenilles. La parenté de l'abeille avec les reptiles apparaît dans une croyance polonaise, selon laquelle il existe un serpent mythique *roinica* qui propulse des essaims d'abeilles. Sa présence près des ruchers garantit une bonne reproduction aux abeilles (Région de Tarnów, Cichoń : *folio* 8-v.).

Les insectes dans la tradition orale – Insects in oral literature and traditions
Élisabeth MOTTE-FLORAC & Jacqueline M. C. THOMAS, éds
2003, Paris-Louvain, Peeters-SELAF (Ethnosciences)

L'idée de multitude joue un rôle important dans la symbolique des insectes, en l'occurrence de l'abeille. Cette caractéristique met les abeilles en relation avec les étoiles, la neige, les gouttes de pluie, les larmes, les étincelles, le sable, etc. Une nuit de Noël étoilée présage beaucoup d'abeilles en été. Dans les devinettes, les étoiles sont codées par les abeilles; les abeilles essaimant autour d'une ruche signifient la tempête de neige. Rêver d'un essaim d'abeilles annonce la neige, la pluie ou les larmes; dans les divinations qui se font le jour des Trois Rois (Épiphanie), les étincelles symbolisent les abeilles: la direction où elles tombent préfigure celle d'où les abeilles apparaîtront au printemps. Lors du premier orage de l'année, on répand du sable devant les ruches pour qu'elles s'emplissent d'abeilles, etc. Cette relation à la pluie est commune aux êtres chthoniens, tout particulièrement aux morts qui, selon les Slaves, commandent le temps et sont capables d'envoyer la pluie ou la sécheresse. On retrouve logiquement les reptiles et les insectes dans les invocations de la pluie chez les Slaves.

LE SYMBOLISME CHTONIEN ET DIVIN DE L'ABEILLE

La nature chthonienne de l'abeille se révèle à travers un des motifs de l'origine des abeilles: dans une incantation, les apiculteurs biélorusses s'adressent à la reine des mers et des rochers qui vit dans une caverne d'où, jour et nuit, sortent les abeilles (Romanov 1891:157). Ils lui demandent de créer une "reine des abeilles" (*devica-pčelica*, littéralement "fille-abeille") et de leur envoyer des abeilles. Les Slaves croient que l'âme revêt la forme d'une abeille. Le jour de la Pentecôte, en Bulgarie, pendant les prières, on écoute le bourdonnement des abeilles et des mouches en pensant qu'il s'agit des âmes des parents défunts (Georgieva 1983:127). Les Slaves orientaux disent que rêver des abeilles présage la mort.

En même temps, l'abeille se distingue des autres insectes par sa nature divine et céleste. Seuls la coccinelle et le ver à soie lui ressemblent de ce point de vue. Dans les étiologies, les abeilles créées par Dieu s'opposent aux frelons, bourdons, guêpes ou mouches, œuvres du diable, l'adversaire de Dieu. Dans les légendes bulgares, l'abeille s'érige en médiatrice entre Dieu et le Malin. Un conte polonais, «Un serviteur futé», fait la lumière sur la nature céleste de l'abeille et son rôle de messagère entre ici-bas et l'au-delà: le serviteur arrache le dard d'une abeille de la gueule du loup et en fait une échelle à laquelle il grimpe ensuite pour monter au ciel (région de Katowice, Udziela 1903:178-179).

Dans le monde slave, l'abeille est adulée comme une création pure et divine. Les Polonais l'appellent *boży robak* ("insecte divin") (Moszynski 1967:550), les Ukrainiens du Poles'e *boža mudrost'* ("sagesse divine")[1], les Russes *bož'ja ugodnica* ("servante de Dieu") (Dahl 1957:948). Les Ruthènes de Bucovine et les Serbes la vénèrent comme une sainte (Anonyme 1899:165, Đorđević

---

[1] Noté par l'auteur.

1958:216). Tuer une abeille est un grand péché, car elle produit la cire pour les cierges qu'on allume devant les icônes à l'église (Dahl 1957:948, Kolberg 1962:150, Đorđević 1958:216). Les Slaves de l'Est sont persuadés que l'abeille ne pique que les pécheurs (Dahl 1957:948, Afanas'ev 1994:385, Dmitriev 1869:259) et que la foudre ne tombe jamais sur la ruche habitée par les créatures divines (Afanas'ev 1994:385). Les Polonais disent qu'il est impossible de jeter un sort aux abeilles (Szyfer 1975:162).

Un certain nombre de thèmes développés dans les croyances, la littérature orale et les rituels d'apiculture slaves met l'abeille en rapport avec la Sainte Vierge. La tradition populaire attribue à l'abeille la pureté et la sainteté, la virginité et le célibat. Dans les incantations biélorusses, on l'appelle "jeune fille abeille" (*djavica-pčalica*) (Romanov 1891:157-158) ; dans une chanson interprétée lors des moissons, elle symbolise "la belle jeune fille" (Zemcovskij 1975:36) car, d'après une légende biélorusse, l'abeille tire son origine des larmes d'une jeune fille, assise sur un rocher au milieu de la mer (Šejn 1893:353). Dans les devinettes russes, les abeilles apparaissent comme jeunes filles ou religieuses :

« Les jeunes filles dans une geôle sombre tricotent des filets sans aiguille, sans fil. »

« Une jeune religieuse tricote un filet. »

« Les moniales sont dans un cachot obscur. » (Sadovnikov 1901:149, 151, 148)

Dans les contes ukrainiens et biélorusses, l'abeille évite, par ruse, le mariage avec le bourdon : elle repousse la noce à l'automne où le bourdon, diminué, meurt (Barag *et al.* 1979:98, AT −282**).

Dans les croyances serbes, on retrouve le thème de la Naissance Virginale. C'est le Seigneur en personne qui fait en sorte que les abeilles se multiplient sans s'accoupler : la reine pond des œufs qui deviennent abeilles (Đorđević 1958:211). Le même thème apparaît dans les devinettes sur l'abeille :

« Elle n'est pas une fille, ni une veuve, ni une femme mariée, mais elle élève ses enfants. »

« Il ne s'agit ni d'une jeune fille, ni d'une femme, ni de la femme d'un soldat, ni d'une veuve, ni d'une femme mariée ; elle n'a pas de mari, elle ne pèche pas, mais elle a beaucoup d'enfants. » (Sadovnikov 1901:151)

Parmi les fêtes célébrées par les apiculteurs, celle de la Conception de Sainte Anne tient une place à part : ce jour-là, les apiculteurs de Kuban' prononçaient une prière visant la conception d'essaims, en évoquant la conception de Sainte Anne, la mère de la Sainte Vierge (Toporov 1975:22) :

« Comme Anna conçut la Sainte Mère de Dieu, et vous, mes abeilles, faites de même, concevez au nom de Dieu des essaims denses, produisez du miel épais. »

Les apiculteurs fêtaient aussi le jour de saint Ignace (20 décembre/2 janvier) qui, dans la tradition chrétienne, marque le début des contractions de la Sainte Vierge : au sud de la Bulgarie, les hommes tirent des coups de fusil pour que les abeilles essaiment mieux, pendant que, dans les maisons, on allume une bougie qui reste allumée toute la journée pour que les abeilles aillent bien (Rodopi 1994:86). Dans le même but, les Polonais de la région de Kielce apportent à l'église, lors de la messe de Noël, un dévidoir et des fils dont ils ceignent les ruches tout comme on attache de la paille aux arbres fruitiers en vue d'une bonne récolte (Kolberg 1963:211).

LE CULTE MARIAL DE L'ABEILLE

Dans une légende serbe, l'image de la mère, aïeule des abeilles, est clairement identifiée à celle de la Mère de Dieu. Une mère pleurait la mort de son fils, noyé par le diable devant un moulin. Lorsque Dieu eut pitié d'elle et lui rendit son fils sain et sauf, les larmes de la mère se transformèrent en abeilles (Đorđević 1958:209-210). Toujours en rapport avec la résurrection, il faut noter la coutume ukrainienne de saluer les abeilles le jour de Pâques en disant (Kylymnyk 1962:307):

> « Le Christ est ressuscité. »

Le rapport de la reine des abeilles avec la Sainte Vierge apparaît dans les termes *matka, mater'* "mère". Le symbolisme impérial de la reine des abeilles se révèle aussi bien dans la langue que dans la littérature orale, la "tsarine" (*carica*) étant une de ses appellations russes (Dahl 1980:571). Dans une prière ukrainienne, on s'adresse à la reine des abeilles en disant (Kylymnyk 1962:298):

> « Bonjour à toi, reine-mère. »

Dans une légende russe, le Seigneur transforme la reine des hommes cornus en reine des abeilles et son peuple guerrier, ignorant la foi, en abeilles (Zelenin 1914:134). Dans les invocations ukrainiennes et biélorusses, la reine des abeilles est désignée comme la Sainte Vierge, Marie (*Marija, Mar'jaska*) (Romanov 1891:158). Dans les chansons de printemps russes, l'abeille et la Mère de Dieu apparaissent dans des contextes similaires: elles apportent les clés, ferment l'hiver et ouvrent l'été (Zemcovskij 1970:283-284).

Enfin, le culte de la Sainte Vierge dans les rituels d'apiculture est essentiel pour l'analyse du symbolisme marial de l'abeille. Les Bulgares du sud considèrent la Sainte Vierge comme la patronne des abeilles et des apiculteurs, on lui attribue les activités de l'apicultrice. Le jour de l'Assomption, dans les églises, on distribue du miel béni en cherchant ainsi à favoriser l'essaimage (Popov 1993:66). Dans la région de Haskovo, ce jour-là on donne à manger du miel à sa famille et à ses voisins en honorant ainsi la Sainte Vierge qui, dit-on, avait cultivé les abeilles et introduit le carême d'Assomption afin de vendre le miel (Rodopi 1994:111-113). En Biélorussie, les apiculteurs prient pour les abeilles la veille de l'Ascension et allument un cierge devant l'image de la Sainte Vierge (Romanov 1891:157-158). En Masovie, le jour de Noël ou à Pâques, au retour de l'église, on visite les ruches en disant une prière adressée à la Vierge (Kolberg 1970:404).

LES MÉCANISMES DE LA SYMBOLISATION
DANS LA TRADITION SLAVE

La teneur symbolique d'un signe culturel, en l'occurrence de l'abeille en tant que personnage mythologique, se compose de plusieurs éléments sémantiques. Ce sont les noms propres et les épithètes de l'abeille dans les textes de littérature orale, ses caractéristiques (pureté, sainteté, féminité) y compris physiques (la reproduction par la Naissance Virginale) et sociales (célibat) qui portent sur son nombre (multitude), sa spécialisation hiérarchique (la reine des abeilles), son statut parmi d'autres personnages mythologiques (la Mère de Dieu ou les saints patrons), son origine (création divine ou bien à partir des larmes, hommes cornus transformés), ses attributs (clés avec lesquelles on ouvre l'été), sa localisation (une caverne du rocher), ses fonctions (piquer un pécheur) et d'autres particularités attribuées à l'abeille dans le contexte culturel, qui acquièrent une dimension symbolique. La reconstitution du symbolisme du personnage représente la reconstitution sémantique à partir de diverses formes et genres de la culture orale : lexique, croyances, actes rituels, motifs et sujets folkloriques qui, à l'issue de la procédure, finissent par former, tel un puzzle, une image cohérente.

L'exemple de l'abeille montre les mécanismes de la symbolisation. Plusieurs codes peuvent exprimer la même signification symbolique.

– Le symbolisme marial de l'abeille apparaît dans le nom de Marie donné à la reine des abeilles (il s'agit donc du code verbal), dans le motif de la Naissance Virginale qu'on retrouve dans les croyances et les devinettes (code mental), dans la coutume pratiquée par les apiculteurs d'allumer un cierge devant l'image de la Sainte Vierge pendant la prière (code actionnel et matériel), etc.

– La nature divine de l'abeille transparaît à travers ses épithètes, les légendes étiologiques, les croyances et les interdits qui la concernent.

– Pour mettre en évidence le symbolisme maternel, nous avons eu recours à une étiologie serbe et aux noms donnés à la reine des abeilles.

– Ses autres noms utilisés dans la langue et la littérature orale, ainsi que le motif de sa genèse royale relevé dans une légende russe, témoignent du symbolisme royal de l'abeille.

– Le motif du fils ressuscité en rapport avec l'abeille apparaît dans la légende serbe de la mère dont le fils avait été assassiné, ainsi que dans la coutume de saluer les abeilles à Pâques.

Un symbolisme fort similaire à la tradition slave est attesté dans d'autres traditions (Toporov 1975 : 23, 34-35), notamment en Occident où les abeilles et les ruches symbolisent la Sainte Vierge, la source de toutes les douceurs (Lurker 1989 : 188).

Chez les Slaves, les motifs mariaux caractérisent également le symbolisme de certains autres animaux, y compris des insectes. Ainsi, en polonais, macédonien, bulgare, cachoube, on trouve des appellations de la coccinelle du type "Vierge Marie", "Marie", "Mère de Dieu" ou encore "la petite vache de la Mère de

Dieu" (Gura 1997:499). Les Slaves du Sud considèrent le ver à soie comme le ver de la Sainte Vierge : selon une légende macédonienne, il a été craché par la Mère de Dieu (Gura 1997:377). Selon les Serbes, l'escargot a la même genèse (Gura 1997:397). La Sainte Vierge protège la bergeronnette qui a arraché des épines des chairs du Christ crucifié, la grenouille, l'alouette et le rossignol qui réconfortaient la Vierge plongée dans son chagrin et le merle qui chantait lors de l'Assomption (Gura 1997:80, 633, 640-641, 644, 725). Dans des chansons, l'hirondelle est comparée à la Sainte Vierge ; le chat apparaît d'un gant jeté par la Vierge ; sur la tête de la carpe est représentée l'image de la Vierge avec l'Enfant Jésus (Gura 1997:618, 756), etc.

La symbolique chrétienne de l'abeille tient au fait qu'elle s'accorde bien avec l'image de l'abeille en tant que travailleuse infatigable, être bon et utile pour les hommes. Cette symbolique ne contredisant pas la symbolique populaire, elle l'a modifiée et l'a complétée. On peut supposer que la Vierge a remplacé un personnage pré-chrétien. Pourtant, retrouver cette couche culturelle plus ancienne pose un problème qu'on ne pourrait résoudre par l'analyse sémantique ; il est nécessaire d'avoir recours à la reconstitution mythologique, en faisant appel aux éléments comparatifs, extérieurs à la tradition slave.

Les apiculteurs constituant le groupe le plus instruit de la paysannerie slave ont servi de dépositaires de la tradition chrétienne écrite, ce qui peut expliquer la prédominance de la symbolique chrétienne de l'abeille.

REMERCIEMENTS

À Galina Kabakova pour la traduction de mon texte en français.

RÉFÉRENCES BIBLIOGRAPHIQUES

AFANAS'EV A. N. – 1994, *Poètičeskie vozzrenija slavjan na prirodu*, vol. 1. Moscou, Indrik, 800 p. [reprint].

ANONYME – 1899, *Die Bukowina*. Černovcy, 344 p.

BARAG L. G., I. P. BEREZOVSKIJ, I. P. KABAŠNIKOV & N. V. NOVIKOV – 1979, *Sravnitel'nyj ukazatel' sjužetov. Vostočnoslavjanskaja skazka*. Leningrad, Nauka, 440 p.

CICHOŃ J. – Materiały etnograficzne y Borzęcina pow. Brzesko. Ze zbiorów ks. dr. Janoty. Manuscrit conservé dans les Archives du Musée ethnographique (Cracovie), n° I/147, sygn. II/116, 11 fol.

DAHL V. – 1957, *Poslovicy russkogo naroda*. Moscou, Gosudarstvennoe izdatel'stvo xudožestvennoj literatury, 992 p.

– 1980, *Tolkovyj slovar' živogo velikorusskogo jazyka*, T.4. Moscou, Russkij jazyk, 683 p.

DMITRIEV M. A. – 1869, *Sobranie pesen, skazok, obrjadov i obyčaev krest'jan Severo-Zapadnogo kraja*. Wilno.

ĐORĐEVIĆ T. R. – 1958, *Priroda u verovanu i predanu našega naroda*, vol. 2. Belgrad, Naučno delo, 280 p.

GEORGIEVA I. – 1983, *Bălgarska narodna mitologija*. Sofia, Nauka i izkustvo, 210 p.

GURA A. V. – 1997, *Simvolika životnyx v slavjanskoj narodnoj tradicii.* Moscou, Indrik, 912 p.

KOLBERG O. – 1962, *Dzieła wszystkie.* T. 17: *Lubelskie.* Part. 2. Wroctaw, Poznań, Polskie wydawnictwo muzyczne, Ludowa spółdzielnia wydawnicza, X + 244 p.

– 1963, *Dzieła wszystkie.* T. 19: *Kieleckie.* Part. 2. Wroctaw, Poznań, Polskie wydawnictwo muzyczne, Ludowa spółdzielnia wydawnicza, X + 266 p.

– 1970, *Dzieła wszystkie.* T. 42: *Mazowsze.* Part. 7. Wroctaw, Poznań, Polskie wydawnictwo muzyczne, Ludowa spółdzielnia wydawnicza, 864 p.

KYLYMNYK S. – 1962, *Ukrajins'kyj rik u narodnyx zvyčajax v istoryčnomu osvitlenni.* T. 3: *Vesnjanyj cykl.* Winnipeg, Toronto, Trident Press Ltd., 369 s.

LURKER, M. – 1989, *Słownik obrazow i symboli biblijnych.* trad. B. K. Romaniuk. Poznań, Pallottinum, 308 p.

MOSZYŃSKI K. – 1967, *Kultura ludowa Słowian,* T. 2: *Kultura duchowa,* part. 1. Varsovie, Książka i Wiedza, 827 p.

POPOV R. – 1993, *Kratăk prazničen naroden kalendar.* Sofia, Etnografski institut s muzej pri BAN, 100 p.

RODOPI – 1994, *Rodopi. Tradicionna narodna duxovna i socialnonormativna kultura.* Sofia, Etnografski institut s muzej pri BAN, 294 p.

ROMANOV E. R. – 1891, *Belorusskij sbornik,* vol. 5. Vitebsk.

SADOVNIKOV D. – 1901, *Zagadki russkogo naroda. Sbornik zagadok, voprosov, pritč i zadač.* Saint-Pétersbourg, A. S. Suvorin, X + 295 p.

ŠEJN P. V. – 1893, *Materialy dlja izučenija byta i jazyka russkogo naselenija Severo-Zapadnogo kraja,* t. 2. Saint-Pétersbourg, XXII + 715 p.

SZYFER A. – 1975, *Zwyczaje, obrzędy i wierzenia Mazurów i Warmiaków.* Olsztyn, Pojezierze, 178 p.

TOPOROV V. N. – 1975, K objasneniju nekotoryx slavjanskix slov mifologičeskogo xaraktera v svjazi s vozmožnymi drevnimi bližnevostočnymi paralleljami, *Slavjanskoe i balkanskoe jazykoznanie. Problemy interferencii i jazykovyx kontaktov.* Moscou, Nauka, pp. 3-49.

UDZIELA S. – 1903, Dwie bajki ze Sławkowa w Królestwie Polskiem, *Lud,* vol. 9, n° 2, Lvov, pp. 178-193.

ZELENIN D. K. – 1914, *Opisanie rukopisej Učenogo arxiva Imperatorskogo Russkogo geografičeskogo obščestva,* Vol. 1. Petrograd, Orlov.

ZEMCOVSKIJ I. I. (éd.) – 1970, *Poezija krest'janskix prazdnikov.* Leningrad, Moscou, Sovetskij pisatel', 639 p.

– 1975, *Russkie narodnye pesni, napetye A. A. Stepanovoj.* Leningrad, Moscou, Sovetskij kompozitor, 41 p.

LES INSECTES DANS LES LÉGENDES
ÉTIOLOGIQUES DES SLAVES DE L'EST

Galina KABAKOVA

RÉSUMÉ

Les insectes dans les légendes étiologiques des Slaves de l'Est

Nous proposons une typologie des opérations causales qui, dans le corpus de textes étiologiques, expliquent l'apparition de diverses espèces d'insectes ou l'acquisition de certaines caractéristiques : 1. La création – La création est, pour l'essentiel divine. L'intentionnalité est pourtant diverse : certaines espèces sont créées pour le bien des humains (abeilles), tandis que les autres apparaissent en punition (œstre, puce), mais d'autres espèces n'obtiennent la véritable existence que par le fait d'être nommées. La création peut être parallèle, dualiste : Dieu crée des insectes "utiles" (abeille) et le diable des insectes nuisibles (guêpe). 2. La transformation – Les personnages se métamorphosent en insectes de leur vivant ou après leur décès; parfois il ne s'agit que d'une partie de leur corps. 3. La modification du comportement – L'intervention divine modifie le comportement d'une espèce déjà existante en limitant sa nocivité ou, au contraire, en amplifiant ses caractéristiques négatives.

ABSTRACT

Insects in East Slavonic etiological myths

We propose a classification of the causal operations which explain, in the etiological corpus, the appearance of various insect species and the acquisition of new features : 1. Creation – Creation is most commonly of divine origin. The purposes are various however, and some species are created for the good of mankind (bees), others are invented as punishment (gadflies, fleas). Other species only attain true existence by being named. Creation may be parallel, dualistic: God creates useful insects (bees), the devil creates harmful insects (wasps). 2. Transformation – Characters are metamorphosed into insects during their lifetime or after death, sometimes only part of their body is concerned. 3. Changes in behavior – Divine intervention affects the behavior of existing species by reducing their ill effects or, on the contrary, by aggravating their adverse effects.

Dans la classification zoologique des Slaves, les insectes occupent une place bien particulière, car ils appartiennent à deux catégories : les insectes volants font partie de la classe des êtres nuisibles (*gady*), tandis que l'abeille est considérée comme une espèce à part. Je voudrais aborder cette problématique à travers l'analyse du corpus de légendes étiologiques ukrainiennes et biélorusses.

Les insectes dans la tradition orale – Insects in oral literature and traditions
Élisabeth MOTTE-FLORAC & Jacqueline M. C. THOMAS, éds
2003, Paris-Louvain, Peeters-SELAF (Ethnosciences)

Ce corpus se construit comme un développement apocryphe de l'Histoire Sainte, comme l'avait déjà démontré O. Dänhardt dans son anthologie en quatre volumes *Natursagen* (1907-1912). Cette cosmogonie, dans sa version populaire, relate l'origine du monde telle qu'elle est racontée par la Genèse, ne serait-ce que dans les grandes lignes. La création du monde, la chute d'Adam, le Déluge, mais aussi la Nativité, la fuite en Égypte, la crucifixion sont les situations les plus courantes reprises par ces légendes. Plus souvent que dans les épisodes de l'Histoire Sainte proprement dite, on rencontre ses protagonistes qui deviennent, bon gré, mal gré, les créateurs de toutes sortes d'espèces.

Mon objectif sera d'élaborer une typologie des opérations causales qui expliquent l'apparition de la catégorie des insectes ou de certaines espèces, ou encore l'acquisition par les insectes de certaines caractéristiques.

Si l'on compare ce corpus avec celui qui concerne les animaux ou seulement les oiseaux, il paraîtra tout à fait modeste. En effet, le nombre de textes est restreint et peu d'espèces font l'objet d'explications étiologiques.

CRÉATION INTENTIONNELLE DE CERTAINS INSECTES

Le premier groupe de textes concerne la création intentionnelle de certains insectes. La création est, pour l'essentiel, divine ou bien dualiste. En principe, si le Créateur produit de nouvelles espèces, c'est pour le bien des humains. Dans la classe qui nous intéresse cela concerne en premier lieu l'abeille et, fait marquant, le récit de cet acte créatif, est pauvre en détail:

«Dieu créa les abeilles et leur ordonna de produire le miel.» (Kabakova 1999:142)

«Dieu donna l'abeille aux hommes en disant qu'elle serait la meilleure bestiole pour les hommes, aimée et respectée par tous.» (Legendy i padanni 1983:71)

«Au début Dieu ne créa que des abeilles utiles.» (*Ibid.*:72)

Ici, la création de l'insecte n'apparaît pas comme le point final d'une histoire, comme c'est souvent le cas dans ce corpus, mais, au contraire, sert de point de départ pour raconter ensuite les modifications apportées à cette créature.

D'autres espèces n'accèdent à la véritable existence que par le fait d'être nommées et jugées par le Créateur. À la différence de la Genèse où le choix de noms est arbitraire, les légendes apocryphes proposent souvent une explication étymologique du nom d'un animal. Dans la légende contant l'origine parallèle de l'abeille et de l'œstre, les deux insectes sont présentés au début comme simples mouches. L'une pique un bœuf et est maudite par Dieu, l'autre ne touche pas à un autre bœuf et reçoit la bénédiction divine. Mais les deux tirent leur appellation des noms des bœufs respectifs (l'un s'appelait Œstre, *gedz*, et le second Abeille, *bdžola*) (Kabakova 1999:143). La mouche sert ainsi de prototype, de modèle de base et, par la suite, devient une autre espèce[1]. Sur le plan linguisti-

---

[1] On constate la même situation dans le folklore français (Kabakova 1998:99):

«Le Maître s'amusait à créer différentes espèces de mouches. Le diable y passa par hasard, et, s'étant arrêté à regarder ce que faisait Jésus, il dit qu'il ferait des mouches aussi belles que les

que, *muxa* (mouche) apparaît dans les dialectes comme l'appellation générale des insectes volants.

Pour revenir à la légende citée, notons que l'attribution du nom accompagnée par un jugement évoque un début de classification. Cette fonction d'attribution des noms aux espèces peut également incomber à Adam, conformément au récit de la Genèse, à ce détail près que l'Histoire Sainte ne dit pas un mot sur les insectes (Kabakova 2000:21-22):

> «Dieu créa des sauvages, des hommes pareils au singe, ce sont des hommes, ces sauvages. Avez-vous déjà vu des sauvages sur une image? Ils sont créés à l'image du singe. Et puis, quand les peuples apparurent, ils se mélangèrent avec les sauvages et tous les autres. Voilà, Dieu créa tout cela et ensuite il les greffa –quand il créa l'homme–, il les greffa et fit venir l'homme. [...] Et l'homme donna les noms reçus de Dieu. Dieu lui dit: «Quels noms donneras-tu?» Il dit: «Des poissons se produiront dans les mers et des insectes bons à manger.» Et l'homme appela tout à sa façon humaine. Tout vient de l'homme.»

Ce passage du texte est tout à fait intéressant car en réalité les Slaves ne consomment pas d'insectes.

Modes de création des insectes

Dans une version populaire russe de la Genèse, on trouve des détails intéressants concernant le mode de "fabrication" des créatures et la position particulière de l'abeille par rapport à la catégorie des insectes (Zavarickij 1916:69):

> «Dieu prit une poignée de poussière et la jeta dans l'air, dans l'eau et sur la terre. Tout d'un coup divers oiseaux utiles et beaux, des insectes utiles et des abeilles s'envolèrent dans le ciel.»

Fait révélateur, dans la version orale de la Genèse, pour former les créatures, Dieu n'opère plus par la parole, mais recourt au même moyen qu'il utilise pour créer l'homme. Ce mode de création impliquant la métamorphose de la matière première apparaît fréquemment dans les légendes sur les insectes. Ainsi, l'histoire des puces et des poux est très populaire dans toute l'Europe (conte AT-2005[2], Dähnhardt 1909:111-116, 283-284); le catalogue du conte populaire français en recense six variantes en France (Tenèze 1985:283-285); cette histoire met en scène une femme oisive qui sollicite Dieu (ou Jésus) pour qu'il lui donne un amusement. Celui-ci jette, sur la poitrine de la femme, des grains de sable qui deviennent des poux et des puces (Kabakova 1999:145, 212).

Comme de très nombreuses légendes racontant l'origine de mammifères, les insectes peuvent apparaître en tant qu'humains métamorphosés. Ici, c'est tout un peuple mythique de guerriers cornus, aux dents de fer, osant envahir le pays orthodoxe, qui est transformé par le Seigneur en abeilles (Gura 1997:452-453).

---

siennes. Jésus accepta le défi. Le diable chercha assez longtemps, fit et défit plusieurs fois son ouvrage, puis, enfin, finit par créer les guêpes. Jésus aussitôt créa les abeilles et dit que, pour juger de la valeur des unes et des autres, il ne fallait pas les examiner sous un seul aspect, mais qu'il fallait les considérer sous tous leurs aspects. Après un long et minutieux examen, on reconnut que pour les couleurs et la taille, les guêpes pouvaient lutter avec les abeilles; mais pour le caractère et le savoir-faire, les abeilles l'emportaient d'emblée.»

[2] Classification internationale d'Aarne & Thompson.

Ce motif de la transformation apparaît également dans deux légendes ukrainiennes assez originales sur l'origine de l'abeille à partir du corps humain. Dans la première, une vieille femme agresse saint Paul (ou saint Pierre) en lui frappant la tête. La blessure suppure. Dieu après l'avoir nettoyée met des vers dans le creux d'un vieil arbre et le lendemain, le blessé y découvre des mouches qui se révèlent être des abeilles, et la douceur encore inconnue qu'elles ont fabriquée, c'est-à-dire le miel (Gura 1997:452). Dans la seconde légende, saint Pierre qui accompagne Jésus dans ses pérégrinations se plaint d'avoir faim; le Christ qui ne mange rien, lui enlève les tripes et les met sur un poirier. Lorsque, le lendemain, saint Pierre découvre sur l'arbre un essaim d'abeilles, Jésus-Christ lui dit la vérité (Kabakova 1999:142). Si cette légende semble bien curieuse (car rarement la punition aboutit à la création d'une chose utile), le motif de la transformation d'une partie du corps en abeille ou plutôt, dans le produit le plus précieux qu'elle fabrique, à savoir le miel, apparaît également dans d'autres légendes. Ainsi, dans un des contes, une goutte de sang du Christ tombe sur un bout de pain sec; au lieu de devenir vin et hostie, cette combinaison sacrée donne du miel, la "nourriture la plus douce pour les hommes". Ce n'est qu'après cet épisode que Jésus crée l'abeille. La logique de la légende veut que le miel, de nature divine, soit plus valorisé que l'abeille qui le produit, car il lui préexiste (Kabakova 1999:142).

La transformation peut également toucher les insectes créés et expliquer la filiation entre les insectes utiles et insectes nocifs (Legendy i padanni 1983:72):

> «Au commencement, Dieu ne créa que des abeilles utiles pour l'homme.»

Mais le diable, jaloux de ses créatures, supplia Dieu de lui en donner quelques-unes. Agacé, le Seigneur lui en jeta une poignée au visage. Au contact du Malin, les abeilles devinrent grandes et noires et partirent aux quatre coins du monde. C'étaient des frelons.

Création par Dieu et par Satan

De manière générale, la version slave de la Genèse prend souvent la forme d'un mythe dualiste qui raconte la création grâce aux efforts conjoints de Dieu et de Satan. Mais à la différence du Tout-Puissant, le diable n'atteint jamais les objectifs qu'il se propose. Cet apprenti sorcier n'est pas un génie, sa principale motivation est la jalousie ou l'instinct d'imitation. En voyant Dieu à l'œuvre, Satan saisit aussi une poignée de sable ou de poussière et la jette (Zavarickij 1916:69):

> «Les frelons se répandirent dans le ciel et se mirent à piquer les abeilles; des mouches, des puces et toute la vermine apparurent.»

L'expression utilisée dans le texte *nasekomaja gad'* correspond à la forme plus ancienne où *nasekomoe* est encore participe (littéralement "entaillé" en référence à l'aspect de son corps) employé avec le substantif *gad'* (forme archaïque, aujourd'hui supplantée par *gad* et *gadina*) "ensemble des êtres nocifs".

Dans cette légende russe le lien avec d'autres classes d'animaux est tout à fait explicite (*Ibid.* :69) :

> «Les serpents et les grenouilles se mirent à ramper sur la terre ainsi que d'autres bêtes méchantes et toute la racaille nuisible (*vrednaja gadost'*). Dans l'eau firent leur apparition des monstres affreux. Ainsi se déclara la guerre entre animaux qui se mirent à se dévorer.»

Gad et *gadost'* signifient donc les insectes parasites, les reptiles, les vers mais aussi les rongeurs comme les souris et les rats. Ce champ sémantique se retrouve également dans un autre terme en rapport avec les insectes nuisibles : *gnus*, qui, selon les dialectes, englobe également les reptiles, les vers, les rongeurs et les oiseaux rapaces.

La défaite du diable vient souvent de ce qu'il ignore la formule accompagnant l'acte créatif et au lieu de donner naissance à l'abeille, la plus douce des créatures divines, il produit le frelon (Gura 1997:449), les moucherons, les moustiques, les œstres et autres vermines (*gnjus*) qui, à peine créés, se retournent contre leur créateur (Legendy i padanni 1983:72). Un autre résultat de cette création "parallèle" est la guêpe. Agacé par son échec, le diable cherche à détruire son œuvre mais finit par lui trouver une raison d'être. Il recolle alors la guêpe, coupée en deux, pour qu'elle pique les hommes. Cette légende explique par la même occasion, l'origine de cette espèce nuisible et son trait caractéristique, la célèbre "taille de guêpe".

Notons que dans ce corpus étiologique relatant la création proprement dite, c'est l'abeille qui sert d'animal de référence, l'insecte idéal; les autres sont – pour la plupart – ses dérivés, à une exception près. C'est en cherchant à refaire l'homme, la création suprême, que les anges, en passe de devenir diables, se mettent à troubler les fleuves et les lacs; il en résulte "des insectes, des reptiles et des rampants", mais ils ne parviennent pas à recréer l'homme (Legendy i padanni 1983:42).

Ce schéma narratif de la compétition entre deux principes créateurs peut être inversé. Il se peut que le Malin réussisse à former le bon insecte de même qu'il lui arrive d'inventer des objets et des techniques fort utiles, pourtant il n'arrive jamais à mener à bien son projet car il lui manque la vision d'ensemble. Dans une légende biélorusse, Dieu crée le frelon, tandis que la paternité de l'abeille revient au diable. Dieu use de ruse, s'empare d'une abeille, souffle dessus et il en sort la reine qui emmène l'essaim en privant le diable du miel et de la cire (Kabakova 1999:142). Ainsi, une fois de plus le diable se retrouve dépossédé de son invention comme c'est le cas de certains objets utiles tels que la maison, le chariot ou encore le violon.

MÉTAMORPHOSES SPONTANÉES

À côté des transformations faisant partie du projet mis en place par Dieu ou un autre créateur, on peut distinguer des métamorphoses pour ainsi dire spontanées lorsque l'espèce apparaît à la suite de la transformation d'un autre corps. Ainsi, les insectes nuisibles doivent leur vie à la mort d'un personnage encore plus nocif et c'est le principe du moindre mal qui, selon Albert-Llorca (1991:221), l'emporte. Cette étiologie est élaborée dans les différentes versions de la légende de Côme et Damien, deux saints vénérés qui, chez les Slaves, interviennent en tant que forgerons qui combattent un dragon. Ce dragon-serpent se met à boire tout son saoul et finit par crever. Toutes sortes de vermines sortent de son corps, dont "les mouches, les moustiques et autres bestioles dégoûtantes" (Petrov 1930:198). Le dragon (en fait il s'agit d'une sorcière qui a pris la forme d'un dragon) peut aussi trouver sa mort dans le feu, ce sont alors ses cendres qui se transforment en :

> «poux, qui piquent l'homme, en hannetons, petites bêtes, vers, vipères et tous les in-sectes qui rongent et vivent sur la terre» (Petrov 1930:202)

ou tout simplement en insectes nuisibles (Kabakova 1999:148). Les petites bêtes qui surgissent du corps du dragon et de la sorcière sont certes plus nombreuses mais moins nocives que leur aïeul. En même temps le constat est plutôt pessimiste : le mal peut être atténué, réduit, mais il ne peut disparaître complètement.

INTRODUCTION D'UNE ESPÈCE PRÉEXISTANTE

Une autre version de l'origine des insectes est l'introduction, dans le monde, d'une espèce préexistante et sa diffusion. Cela concerne essentiellement les espèces nuisibles. Si la création d'un animal utile, comme on l'a vu, ne nécessite pas d'arguments, l'apparition d'une bestiole nuisible appelle une explication. Ainsi, dans une variante de la légende des poux, au lieu de jeter du sable, Dieu jette une poignée de poux sur la femme et satisfait ainsi sa demande. On peut citer encore une autre version de cette même légende, la seule, à ma connaissance, où l'objet de punition est un homme. Voici la version en provenance du Poles'e Volhynien (Trusevič 1865:450) :

> «Poux. Voilà ce qu'on raconte sur leur origine. Un jour de fête, au matin, les hommes s'apprêtèrent pour aller à l'église. En attendant le prêtre qui tardait à sortir de chez lui, les hommes au lieu de lire des prières, se couchèrent au pied de l'église et se mirent à se chercher dans la tête. Les poux n'existaient pas à l'époque, mais l'épouillage était une sorte de plaisir. Afin de les punir, Dieu jeta sur eux une poignée de poux qui se disper-sèrent par la suite dans le monde entier. C'est pourquoi dorénavant, lors de chaque fête, dans chaque maison, sans exception, vous voyez des femmes, aux cheveux ébouriffés, ou des paysans couchés à qui les femmes cherchent dans la tête.»

Ce texte est d'autant plus intéressant qu'il explicite les connotations sexuelles des insectes dans la tradition slave. Ici l'épouillage – au début imaginaire – est présenté comme un plaisir homosexuel. L'introduction des vrais poux fait basculer ce jeu en acte hétérosexuel. On peut aller même plus loin dans cette interprétation et suggérer qu'au fond, ce ne sont pas que les poux qui font leur apparition mais aussi les femmes.

Le contact de l'insecte peut aussi prendre l'apparence d'un plaisir solitaire. Ainsi, la vieille femme oisive à qui le Seigneur a donné des puces est ravie (Kabakova 1999:145):

«Seigneur! Quel bonheur! Ça pique, ça saute et ça sautille!»

Comme le montre A. Gura (1997:447, 461) dans son étude consacrée au symbolisme des animaux dans la culture slave, la piqûre d'un insecte, qu'il s'agisse d'un moustique, d'une mouche ou d'une abeille, évoque dans les chansons populaires un acte sexuel.

Dans la même catégorie on trouve le récit d'une tentative malheureuse de faire disparaître les insectes. Dieu confie à l'Archange Michel un sac qu'il doit jeter dans une rivière. Curieux de savoir ce qu'il y a dedans, l'Archange viole l'interdit d'ouvrir le sac et, à cet instant, les moustiques et les mouches récoltés par le Seigneur s'envolent et envahissent le monde. La variante la plus connue de cette légende est celle où un homme chargé de jeter un sac avec des insectes et des reptiles devient, en châtiment, la cigogne (Legendy i padanni 1983:73, Kabakova 1999:112-113).

MODIFICATION DE L'ESPÈCE

Enfin la dernière catégorie concerne non plus l'origine proprement dite de l'espèce mais sa modification. Le Créateur limite la nocivité d'une espèce nuisible ou pose des limites aux prétentions démesurées d'une espèce privilégiée, à savoir l'abeille. Ainsi cette dernière demande à Dieu que les hommes meurent de ses piqûres et au lieu de satisfaire sa demande, Dieu fait en sorte que l'abeille meure après avoir piqué (Kabakova 1999:143, Legendy i padanni 1983:71). Soucieux de préserver l'équilibre dans le monde – à défaut de créer l'harmonie –, le Seigneur fait en sorte que les moustiques disparaissent avant le 6 août, fête de la Transfiguration du Sauveur, et que les œstres ne puissent voler et nuire au bétail pendant la pluie (Legendy i padanni 1983:73).

Ainsi, la littérature orale parle moins des espèces créées que des usages sociaux de celles-ci. Les étiologies apparaissent *post hoc* afin de justifier l'ordre des choses et expliquer l'existence de bonnes et de mauvaises espèces. En même temps les insectes servent de métaphores pour parler du monde des humains où l'on retrouve les mêmes comportements et les mêmes conflits. Dans ce cas-là, les légendes peuvent être perçues comme des paraboles qui ne fournissent pas uniquement des explications mais aussi des exemples à suivre ou à éviter.

RÉFÉRENCES BIBLIOGRAPHIQUES

ALBERT-LLORCA M. – 1991, *L'ordre des choses: Les récits d'origine des animaux et des plantes en Europe*. Paris, CTHS., 314 p.

DÄHNHARDT O. – 1909, *Natursagen*, Vol. 2: *Sagen zum Neuen Testament*. Leipzig, Berlin, Verlag von B. G. Teubner, 316 p.

GURA A. V. – 1997, *Simvolika životnyx v slavjanskoj narodnoj tradicii*. Moscou, Indrik, 910 p.

KABAKOVA G. – 1998, *Contes et légendes de France*. Paris, Flies France (Aux origines du monde), 220 p.

– 1999, *Contes et légendes d'Ukraine*. Paris, Flies France (Aux origines du monde), 222 p.

– 2000, *Anthropologie du corps féminin dans le monde slave*. Paris-Montréal, L'Harmattan (Connaissance des hommes), 319 p.

LEGENDY I PADANNI – 1983, *Legendy i padanni*. Minsk, Navuka i texnika, 543 p.

PETROV V. – 1929, Kuz'ma-Dem'jan v ukrajins'komu fol'klori. *Etnograficnyj visnyk* 8:197-238.

TENÈZE M.-L. – 1985, *Le conte populaire français*, t. 4, vol. 1. Paris, Maisonneuve et Larose, 314 p.

TRUSEVIČ I. – 1865, Pover'ja i predrassudki, *Kievl'janin* 111:450.

ZAVARICKIJ G. K. – 1916, O tom svete i ob etom: rasskazy Saratovskogo Povolž'ja, *Etnograficeskoe obozrenie* 28:67-76.

INDEX DES NOMS VERNACULAIRES FRANÇAIS
FRENCH VERNACULAR NAMES INDEX

ENGLISH VERNACULAR NAMES INDEX
INDEX DES NOMS VERNACULAIRES ANGLAIS

INDEX DES NOMS SCIENTIFIQUES (INVERTEBRA)
INDEX OF SCIENTIFIC NAMES (INVERTEBRA)

Species / Taxon	Family	Order	Class	References
	Agelenidae sp.	Araneae	Arachnida	58, 60
Agonoscelis haroldi Bgr.	Pentatomidae	Heteroptera	Insecta	49, 51
Agonoscelis versicolor (Fabr.) (= *Agonoscellis pubescens* (Thunb.))	Pentatomidae	Heteroptera	Insecta	337, 376
Agrypnus notodonta Latreille	Elateridae	Coleoptera	Insecta	165
Allomyrina dichotomus L.	Scarabaeidae: Dynastinae	Coleoptera	Insecta	101
Alopecosa asivak Emerton	Lycosidae	Araneae	Arachnida	453, 458
Alosimus temuicornis Escalera	Meloidae	Coleoptera	Insecta	539
Amara	Pterostichidae	Coleoptera	Insecta	452
Amara sp.	Pterostichidae	Coleoptera	Insecta	453
Amitermes evuncifer Silvestri	Termitidae	Isoptera	Insecta	578
Ammophila sp.	Sphecidae	Hymenoptera	Insecta	65, 67
Ampulex	Sphecidae	Hymenoptera	Insecta	494
Anacridium melanorhodon Walker	Acrididae: Cyrtacanthacridinae	Orthoptera	Insecta	89
Anacridium wernerellum (Karny)	Acrididae: Cyrtacanthacridinae	Orthoptera	Insecta	54
Anaphe panda (Boisduval)	Notodontidae	Lepidoptera	Insecta	282
Anaphe reticulata Walker	Notodontidae	Lepidoptera	Insecta	282
Anaphe sp.	Notodontidae	Lepidoptera	Insecta	36
Anaphe spp.	Notodontidae	Lepidoptera	Insecta	36
Anaphe venata Butler	Notodontidae	Lepidoptera	Insecta	282
Anarta sp.	Noctuidae	Lepidoptera	Insecta	453
Androctonus (= *Buthus*) *australis* Hector	Buthidae	Scorpiones	Arachnida	410
Anobium punctatum DeGeer	Anobiidae	Coleoptera	Insecta	416
Anomala sp.	Scarabaeidae: Scarabaeinae	Coleoptera	Insecta	65
Anomma sp.	Formicidae: Dorylinae	Hymenoptera	Insecta	385, 390, 391
Anoplocnemis curvipes Fabr.	Coreidae	Heteroptera	Insecta	48, 56, 111, 112, 113
Antheraea pernyi Guérin-Méneville	Saturniidae	Lepidoptera	Insecta	144, 363
Antheraea yamamai Guérin-Méneville	Saturniidae	Lepidoptera	Insecta	363
Antheua insignata Gaede	Notodontidae	Lepidoptera	Insecta	282
Aphaenogaster boulderensis Smith	Formicidae	Hymenoptera	Insecta	191
Aphaenogaster cockerelli André	Formicidae	Hymenoptera	Insecta	191
Aphis chenopodii glauci	Aphididae	Hemiptera	Insecta	410
	Apidae	Hymenoptera	Insecta	11
	Apidae sp.	Hymenoptera	Insecta	112, 113
	Apidae: Xylopini sp.	Hymenoptera	Insecta	37
Apis	Apidae	Hymenoptera	Insecta	37, 42
Apis mellifera L.	Apidae	Hymenoptera	Insecta	*voir Apis mellifica*

Name	Family	Order	Class	Pages
Azteca sp.	Formicidae	Hymenoptera	Insecta	224
Azteca spp.	Formicidae	Hymenoptera	Insecta	203
Banasa	Pentatomidae	Hemiptera	Insecta	329
Banasa sp.	Pentatomidae	Hemiptera	Insecta	327, 330
Banasa subrufescens (Walker)	Pentatomidae	Hemiptera	Insecta	327
Basicryptus sp.	Phyllocephalidae	Heteroptera	Insecta	50, 53, 56, 111-113
Batocera lineolata Chevrolat	Cerambycidae	Coleoptera	Insecta	364
Belanogaster junceus Fabr.	Vespidae	Hymenoptera	Insecta	112, 113
Belanogaster sp.	Vespidae	Hymenoptera	Insecta	50
Bellicositermes sp.	Termitidae	Isoptera	Insecta	83, 385, 388, 392
Bellicositermes spp.	Termitidae	Isoptera	Insecta	37, 114
Belostoma cordopanum Mayr	Belostomatidae	Heteroptera	Insecta	49, 56
Blapharodes parumspinosus (Beier)	Empusidae	Orthoptera	Insecta	48
Blaps mortisaga L.	Tenebrionidae	Coleoptera	Insecta	409
Blatta orientalis L.	Blattidae	Dictyoptera: Blattodea	Insecta	375, 410
Blatella germanica L.	Blatellidae	Blattaria	Insecta	66, 67, 466
	Blattidae sp.	Dictyoptera: Blattodea	Insecta	50, 60
	Blattidae: Ectobiinae sp.	Dictyoptera: Blattodea	Insecta	38
		Blattodea	Insecta	*voir* Dictyoptera: Blattodea
Boloria sp.	Nymphalidae	Lepidoptera	Insecta	453
	Bombicidae	Lepidoptera	Insecta	288
Bombus sp.	Apidae	Hymenoptera	Insecta	65, 453, 459
Bombycomorpha pallida Distant	Lasiocampidae	Lepidoptera	Insecta	288
Bombyx mori (L.)	Bombycidae	Lepidoptera	Insecta	141-143, 164, 177, 179, 181, 191, 362, 540
	Bostrychidae sp.	Coleoptera	Insecta	39, 112, 113
Brachygastra (= *Nectarinia*)	Vespidae	Hymenoptera	Insecta	223
Brachygastra (= *Nectarinia*) *lecheguana* (Latreille)	Vespidae	Hymenoptera	Insecta	99, 100, 102
Brachytrupes (= *Brachytrypes*) *membranaceus* (Drury)	Gryllidae: Brachytrupinae	Orthoptera: Ensifera	Insecta	52, 116
		Brachyura sp.	Malacostrata	*voir Decapoda: Brachyura*
	Brahmaeidae	Lepidoptera	Insecta	279, 288, 287
Brochymena	Pentatomidae	Hemiptera	Insecta	329
Brochymena (*Arcana*) *tenebrosa* M.	Pentatomidae	Hemiptera	Insecta	327
Brochymena sp.	Pentatomidae	Hemiptera	Insecta	327
Bunaea alcinoe (Stoll)	Saturniidae	Lepidoptera	Insecta	39, 282, 284, 303

Cetonia aurata L.	Scarabaeidae	Coleoptera	Insecta	410
	Cetoniinae sp.	Coleoptera	Insecta	*voir* Scarabaeidae: Cetoniinae
Cheilomenes sulphurea Olivier	Coccinellidae	Coleoptera	Insecta	38
Chenopodii glauci aphis	Aphididae	Hemiptera	Insecta	*voir Aphis Chenopodii glauci*
Chlorocoris	Pentatomidae	Hemiptera	Insecta	329
Chlorocoris distinctus Signoret	Pentatomidae	Hemiptera	Insecta	327
Chlorocoris irroratus	Pentatomidae	Hemiptera	Insecta	327
Chlorocoris rubescens Walker	Pentatomidae	Hemiptera	Insecta	327
Chlorocoris sp.	Pentatomidae	Hemiptera	Insecta	327
Chrotogonus senegalensis brevipennis (Krauss.)	Pyrgomorphidae	Orthoptera: Caelifera	Insecta	54
Chrysis sp.	Chrysididae	Hymenoptera	Insecta	112, 113
Chrysochroa attenuata	Buprestidae	Coleoptera	Insecta	171
Chrysochroa bivittata	Buprestidae	Coleoptera	Insecta	171
Chrysochroa ocellata Fabr.	Buprestidae	Coleoptera	Insecta	171
Chrysophora chrysoclora Latreille	Scarabaeidae: Rutelinae	Coleoptera	Insecta	173
Chrysopoycte ladburyi Bkr.	Lasiocampidae	Lepidoptera	Insecta	289
Chrysops silaceus Austen	Tabanidae	Diptera	Insecta	391
	Cicadellidae sp.	Hemiptera	Insecta	329
	Cicadidae sp.	Homoptera	Insecta	112, 113, 130
	Cicadidae spp.	Homoptera	Insecta	144, 391
Cicindela	Cicindelidae	Coleoptera	Insecta	410
	Cicindelidae sp.	Coleoptera	Insecta	38, 59
	Cicindelidae spp.	Coleoptera	Insecta	37, 40
Cimex (Clinocoris) lectularius L.	Cimicidae	Heteroptera	Insecta	387, 391, 410
Cinabra hyperbius (Westwood)	Saturniidae	Lepidoptera	Insecta	282, 289
Cirina forda (Westwood)	Saturniidae	Lepidoptera	Insecta	282, 290
Cirina forda butyrospermi Vuillet	Saturniidae	Lepidoptera	Insecta	282
Clopophora guitati (Vill.)	Reduviidae	Heteroptera	Insecta	59
Coccinella septem-punctata L.	Coccinellidae	Coleoptera	Insecta	410
	Coccinellidae sp.	Coleoptera	Insecta	66, 70
	Coccinellidae spp.	Coleoptera	Insecta	329
	Coccoidae sp.	Hemiptera	insecta	385, 389
Coccus	Coccidae	Homoptera	Insecta	368
Coccus cacti L.	Coccidae	Homoptera	Insecta	*voir Dactylopius coccus*
	Cochlidiidae	Lepidoptera	Insecta	392
Coeliades libeon Druce	Hesperidae	Lepidoptera	Insecta	288

614

Euschistus crenator orbiculator Rolston	Pentatomidae	Insecta	Hemiptera	327, 336, 337, 341
Euschistus egglestoni Rolston	Pentatomidae	Insecta	Hemiptera	327, 337-339
Euschistus integer Stål	Pentatomidae	Insecta	Hemiptera	327
Euschistus lineatus Walker	Pentatomidae	Insecta	Hemiptera	327
Euschistus rugifer Stål	Pentatomidae	Insecta	Hemiptera	327
Euschistus schaffneri	Pentatomidae	Insecta	Hemiptera	327
Euschistus sp.	Pentatomidae	Insecta	Hemiptera	327
Euschistus spurculus Stål	Pentatomidae	Insecta	Hemiptera	327
Euschistus stali Distant	Pentatomidae	Insecta	Hemiptera	327
Euschistus stremuus Distant (= *E. zopilotensis* Distant)	Pentatomidae	Insecta	Hemiptera	329, 327, 330, 336-339, 341, 349
Euschistus (= *Atizies*) *sufultus* Smith	Pentatomidae	Insecta	Hemiptera	327
Euschistus sulcacitus Rolston	Pentatomidae	Insecta	Hemiptera	327, 330, 330, 331, 334, 336, 349, 350
Euschistus (= *Atizies*) *taxcoensis* Ancona	Pentatomidae	Insecta	Hemiptera	327, 337-339, 341
Euscorpio europaeus	Chactidae	Arachnida	Scorpiones	410
Eutermes sp.	Termitidae	Insecta	Isoptera	385, 390
	Forficulidae sp.	Insecta	Dermaptera	59, 386, 392
Formica nigra L.	Formicidae	Insecta	Hymenoptera	410
Formica rufa L.	Formicidae	Insecta	Hymenoptera	410
	Formicidae sp.	Insecta	Hymenoptera	65, 76, 222
	Formicidae spp.	Insecta	Hymenoptera	386, 391, 393
	Formicidae: Castniinae sp.	Insecta	Hymenoptera	66, 386, 391, 577
	Formicidae: Dorylinae sp.	Insecta	Hymenoptera	288
	Formicidae: Myrmecinae sp.	Insecta	Hymenoptera	77, 83
	Apidae: Meliponinae	Insecta	Hymenoptera	38, 40
Friesella schrottkyi (Friese)	Meliponidae	Insecta	Hymenoptera	99
Frieseomelitta silvestri (Friese)	Meliponidae	Insecta	Hymenoptera	99
Frieseomelitta varia Lepeletier	Meliponidae	Insecta	Hymenoptera	99
Fulgora	Fulgoridae	Insecta	Homoptera	226
	Fulgoridae	Insecta	Homoptera	226
Gammarus locusta (L.) Forum.	Gammaridae	Amphipoda	Crustacea	453
Gampsocleis gratiosa Brunner	Tettigoniidae	Insecta	Orthoptera	147
Gastrimargus africanus (de Saussure)	Acrididae: Oedipodinae	Insecta	Orthoptera	54, 56, 90
	Gelechiidae sp.	Insecta	Lepidoptera	392
	Geometridae	Insecta	Lepidoptera	288
Gnitis alexis (Klug)	Geotrupidae sp.	Insecta	Coleoptera	112, 113
	Anthophagidae	Insecta	Coleoptera	51

616

Species	Family	Order	Class	Pages
Herse convolvuli (L.)	Sphingidae	Lepidoptera	Insecta	282
	Hesperiidae	Lepidoptera	Insecta	279, 288, 293, 294
Heteroligus sp.	Scarabaeidae: Dynastinae	Coleoptera	Insecta	263
Heteropoda (Venatoria) regia Erhorn	Heteropodidae	Araneae	Arachnida	561, 563
	Heteropodidae	Araneae	Arachnida	493
	Heteropodidae sp.	Araneae	Arachnida	60
Hieroglyphus daganensis Krauss	Acrididae: Hemiacridinae	Orthoptera	Insecta	90, 116
Hippotion eson (Cramer)	Sphingidae	Lepidoptera	Insecta	282
		Hirudinea	Clitellata	393
Hirudo officinalis Savigny	Arhynchobdellidae	Hirudinea	Clitellata	410
Homeogryllus japonicus De Haan	Gryllidae	Orthoptera	Insecta	146, 148, 152, 158, 159
Homorocoryphus amplus Walker	Tettigoniidae: Conocephalinae	Orthoptera: Ensifera	Insecta	116
Homorocoryphus nitidulus	Tettigoniidae: Conocephalinae	Orthoptera: Ensifera	Insecta	voir *Ruspolia nitidula*
Homorocoryphus nitidulus vicinus (Walker)	Tettigoniidae: Conocephalinae	Orthoptera: Ensifera	Insecta	53
Homoxyrrhepes punctipennis (Walker)	Catantopidae	Orthoptera: Caelifera	Insecta	54, 90
Hoplocorypha garuana Giglios-Tos	Mantidae	Dictyoptera: Mantodea	Insecta	116
Horastophaga sp.	Tettigoniidae: Phaneropterinae	Orthoptera: Ensifera	Insecta	53
Hotea sp.	Scutelleridae	Hemiptera	Insecta	38
Hyalomma aegyptium L. (= *Hyalomma syriacum* Koch)	Ixodidae	Acari	Arachnida	50
Hyalophora euryalus (Boisduval)	Saturniidae	Lepidoptera	Insecta	178
Hydrophilus senegalensis Percheron	Hydrophilidae	Coleoptera	Insecta	112, 113, 119
Hydropsycheodes brevilineata Iwata	Hydropsychidae	Trichoptera	Insecta	361
	Hydropsichidae sp.	Trichoptera	Insecta	37
Hyles lineata (Fab.) (= *Celerio lineata* (Fabr.))	Sphingidae	Lepidoptera	Insecta	315-320, 321, 323
		Hymenoptera	Insecta	65, 68, 98, 102, 226
		Hymenoptera sp.	Insecta	112, 113
Ichneumon sp.	Vespidae	Hymenoptera	Insecta	495
Imbrasia (Nudaurelia) anthina Karsch	Saturniidae	Lepidoptera	Insecta	282
Imbrasia belina (Westwood)	Saturniidae	Lepidoptera	Insecta	282, 295
Imbrasia (Nudaurelia) dione Fabr.	Saturniidae	Lepidoptera	Insecta	39
Imbrasia ertli Rebel	Saturniidae	Lepidoptera	Insecta	282
Imbrasia macrothyris (Rothschild)	Saturniidae	Lepidoptera	Insecta	282
Imbrasia melanops Bouvier	Saturniidae	Lepidoptera	Insecta	282
Imbrasia obscura (Butler)	Saturniidae	Lepidoptera	Insecta	282, 285, 286
Imbrasia (Nudaurelia) oyemensis Rougeot	Saturniidae	Lepidoptera	Insecta	36
Imbrasia petiveri (Guérin-Méneville)	Saturniidae	Lepidoptera	Insecta	282, 289

INDEX DES NOMS SCIENTIFIQUES
SCIENTIFIC NAMES INDEX

Nezara viridula (L.)	Pentatomidae	Heteroptera	Insecta	53, 56, 327
	Noctuidae	Lepidoptera	Insecta	279, 282
	Noctuidae sp.	Lepidoptera	Insecta	35, 38
Nomadacris japonica (Bolivar)	Acrididae	Orthoptera: Ensifera	Insecta	159
	Notodontidae	Lepidoptera	Insecta	279, 282, 288, 290, 293, 294
Nudaurelia richelmanni Weymer	Saturniidae	Lepidoptera	Insecta	282
	Nycteolidae	Lepidoptera	Insecta	288
	Nymphalidae	Lepidoptera	Insecta	288, 392
		Odonata	Insecta	112, 113, 188, 360
	Odontoceridae	Trichoptera	Insecta	181
Odontopus sexpunctatus (Laporte)	Pyrrhocoridae	Hemiptera	Insecta	65
Odontotermes nilensis (Emerson)	Termitidae: Macrotermitinae	Isoptera	Insecta	578
Odontotermes sp.	Termitidae: Macrotermitinae	Isoptera	Insecta	578
Oebalus (Solubea)	Pentatomidae	Hemiptera	Insecta	329
Oebalus (Solubea) mexicana Sailer	Pentatomidae	Hemiptera	Insecta	327
Oebalus pugnax (Fabr.)	Pentatomidae	Hemiptera	Insecta	327, 330
Oecophylla	Formicidae	Hymenoptera	Insecta	377
Oecophylla longinoda (Latreille)	Formicidae	Hymenoptera	Insecta	243, 375, 391
Oedaleus senegalensis Krauss	Acrididae	Orthoptera	Insecta	91, 116
Oedemagena tarandi L.	Oestridae	Diptera	Insecta	453, 454
	Oestridae sp.	Diptera	Insecta	391
Oncotympana maculaticollis Motschulsky	Cicadidae	Homoptera	Insecta	364
Oniscus asellus L.	Oniscidae	Isopoda	Crustacea	410
		Opiliones	Arachnida	187
Opisthacanthus lecomtei (Lucas)	Scorpionidae	Chilopoda	Arachnida	243
Ornithacris sp.	Acrididae: Cyrtacanthacridinae	Orthoptera	Insecta	81
Ornithacris turbida (Walker)	Acrididae: Cyrtacanthacridinae	Orthoptera	Insecta	54, 91
Ornithodoros moubata (Murray)	Argasidae	Acari	Arachnida	373
Orthacanthacris humilicrus Karsch	Acrididae	Orthoptera	Insecta	116
Orthochtha venosa Ramme	Acrididae	Orthoptera	Insecta	116
		Orthoptera sp.	Insecta	150
		Orthoptera spp.	Insecta	392
Oryctes	Scarabaeidae: Dynastinae	Coleoptera	Insecta	386, 392
Oryctes monoceros Olivier	Scarabaeidae: Dynastinae	Coleoptera	Insecta	261, 263, 265, 269, 271, 273
Oryctes nasicornis L.	Scarabaeidae: Dynastinae	Coleoptera	Insecta	262, 262
Oryctes owariensis Beauv.	Scarabaeidae: Dynastinae	Coleoptera	Insecta	39, 392

Periplaneta orientalis	Blattidae	Dictyoptera: Blattodea	Insecta	*voir Blatta orientalis*
	Phalaenidae	Lepidoptera	Insecta	223
Phalangium opilio L.	Phalangiidae	Opilionida	Arachnida	419
Phalera	Notodontidae	Lepidoptera	Insecta	269
	Phaneroptidae	Orthoptera	Insecta	*voir* Tettigoniidae: Phaneroptinae
Pharypia	Pentatomidae	Hemiptera	Insecta	329
Pharypia (Ptilarmus) fasciata Haglund	Pentatomidae	Hemiptera	Insecta	327
	Phasmatidae spp.	Phasmida	Insecta	65
Pheidole	Formicidae	Hymenoptera	Insecta	380
Pheidole rhea Wheeler	Formicidae	Hymenoptera	Insecta	191
Pheidole sp.	Formicidae	Hymenoptera	Insecta	65, 119
Philanthus sp.	Philanthidae	Hymenoptera	Insecta	66, 68
Phthirius pubis (L.)	Phthiridae	Anoplura	Insecta	385, 387, 390
	Phylliidae spp.	Phasmatodea	Insecta	190
Phyllophaga sp.	Scarabaeidae: Melolonthinae	Coleoptera	Insecta	65
Phyllotrox	Curculionidae	Coleoptera	Insecta	260
Phymateus saxosus Coquerel	Pyrgomorphidae	Orthoptera: Caelifera	Insecta	375
Physopelta festiva Fabr.	Largidae	Hemiptera	Insecta	38
Pimelephila ghesquierii Tams.	Pyralidae	Lepidoptera	Insecta	269
Placosternus erythropus Chevrolat	Cerambycidae	Coleoptera	Insecta	66
Platygenia barbata (Afzelius)	Scarabaeidae: Trichiinae	Coleoptera	Insecta	35, 38, 263
Platysphinx	Sphingidae	Lepidoptera	Insecta	282
Platysphinx stigmatica (Mabille)	Sphingidae	Lepidoptera	Insecta	282
Plebeia mosquito (Smith)	Lycaenidae	Lepidoptera	Insecta	99
Plebeia sp.	Lycaenidae	Lepidoptera	Insecta	99
Plocaederus spinicornis Fabr.	Cerambycidae	Coleoptera	Insecta	360
Pogonomyrmex sp.	Formicidae	Hymenoptera	Insecta	263
Polistes	Vespidae	Hymenoptera	Insecta	66, 69
Polistes canadensis canadensis (L.)	Vespidae	Hymenoptera	Insecta	99
Polistes major Palisot de Beauvois	Vespidae	Hymenoptera	Insecta	99
Polistes mexicanus Beguaert	Vespidae	Hymenoptera	Insecta	66, 69
Polybia ignobilis (Haliday)	Vespidae	Hymenoptera	Insecta	66, 69
Polybia liliacea (Fabr.)	Vespidae	Hymenoptera	Insecta	99
Polybia occidentalis (Olivier)	Vespidae	Hymenoptera	Insecta	228
Polybia paulista (Thering)	Vespidae	Hymenoptera	Insecta	99
Polybia sericea (Olivier)	Vespidae	Hymenoptera	Insecta	99

624

Rhabdotis sobrina Gory & Percheron	Reduviidae spp.	Hemiptera	329
Rhynchophorus	Scarabaeidae: Cetoniinae	Insecta	53
Rhynchophorus bilineatus (Montr.)	Curculionidae	Insecta	260, 263, 267, 269, 273, 274
Rhynchophorus cruentatus (Fabr.)	Curculionidae	Insecta	260
Rhynchophorus ferrugineus (Olivier)	Curculionidae	Insecta	260
Rhynchophorus (= Calandra) palmarum (L.)	Curculionidae	Insecta	131, 260
Rhynchophorus phoenicis (Fabr.)	Curculionidae	Insecta	260, 265
Rhynchophorus quadrangulus Quedenfeldt	Curculionidae	Insecta	245, 257, 260, 260, 261, 272, 392
Rhynchophorus spp.	Curculionidae	Insecta	260
Rhynchophorus vulneratus Panzer	Curculionidae	Insecta	398
Rhynostomus afzellii (Rhina nigra) Fahr.	Curculionidae	Insecta	260
Rhypopteryx poecilanthes Colenette	Curculionidae	Insecta	391
Rothschildia cincta Tepper	Lymantriidae	Lepidoptera	288
Ruspolia (= Homorocoryphus) nitidula Scopoli	Saturniidae	Lepidoptera	178
	Tettigoniidae	Orthoptera: Ensifera	159
	Salticidae sp.	Araneae	52, 60
	Saturniidae	Lepidoptera	279, 282-286, 288, 293, 294
	Saturniidae spp.	Lepidoptera	66
Scapsipedus marginatus (Afz. & Br.)	Gryllidae	Orthoptera: Ensifera	386, 391
	Scarabaeidae	Coleoptera	223
	Scarabaeidae spp.	Coleoptera	35
	Scarabaeidae: Cetoniinae	Coleoptera	173, 190
	Scarabaeidae: Coprinae sp.	Coleoptera	112, 113
	Scarabaeidae: Dynastinae	Coleoptera	227
	Scarabaeidae: Rutelinae	Coleoptera	163, 166
	Scarabaeidae: Sabrinae	Coleoptera	163, 166
	Scarabaeidae: Scarabaeinae	Coleoptera	163, 166
Scarabaeus aegyptiorum Latr.	Scarabaeidae: Scarabaeinae	Coleoptera	165
Schistocerca gregaria Forskål	Acrididae	Orthoptera	87, 88, 91, 538
Schistocerca sp.	Acrididadae	Orthoptera	65, 66, 69
Scolia peregrina Fabr.	Scoliidae	Hymenoptera	497
	Scolopendra sp.	Chilopoda	143
	Scolopendra spp.	Chilopoda	145
	Scolopendrida sp.	Chilopoda	118
Scorpio europaeus	Chactidae	Scorpiones	*voir Euscorpio europaeus*
Scorpio palmatus	Chactidae	Scorpiones	410

Name	Family	Order	Class	References
Syntermes	Termitidae	Isoptera	Insecta	398
Syntermes sp.	Termitidae	Isoptera	Insecta	245
	Syrphidae	Diptera	Insecta	452
	Syrphidae sp.	Diptera	Insecta	65, 67, 71, 453
	Tabanidae sp.	Diptera	Insecta	60, 112, 113, 453, 452
Tabanus	Tabanidae	Diptera	Insecta	229
Tabanus affinis Kirby	Tabanidae	Diptera	Insecta	548
	Tachinidae spp.	Diptera	Insecta	65
Taeniopoda sp.	Acrididadae	Orthoptera	Insecta	65, 66, 69
Tagoropsis flavinata (Walker)	Saturniidae	Lepidoptera	Insecta	282
Teflus megerlei	Carabidae	Coleoptera	Insecta	40
Tegenaria domestica (Clerck)	Agelenidae	Araneae	Arachnida	181
Teleogryllus sp.	Gryllidae: Gryllinae	Orthoptera: Ensifera	Insecta	52, 57
Tetragona angustula	Meliponidae	Hymenoptera	Insecta	voir *Trigona angustula*
Tetralobus mabellicornis L.	Elateridae	Coleoptera	Insecta	50
Tetramorium (Macromischoides) aculeatum (Mayr)	Formicidae	Hymenoptera	Insecta	391
Tettigonia orientalis Uvarov	Tettigoniidae	Orthoptera: Ensifera	Insecta	159
	Tettigoniidae	Orthoptera: Ensifera	Insecta	150
	Tettigoniidae sp.	Orthoptera: Ensifera	Insecta	66, 392
	Tettigoniidae: Conocephalinae	Orthoptera: Ensifera	Insecta	53, 54
	Tettigoniidae: Phaneropterinae	Orthoptera: Ensifera	Insecta	53, 54
Thaumetopoea processionea L.	Thaumetopoeidae	Lepidoptera	Insecta	410
	Theraphosidae	Araneae	Arachnida	557
	Theraphosidae spp.	Araneae	Arachnida	190, 385, 390, 393
		Thysanura	Insecta	177
	Tipulidae sp.	Diptera	Insecta	453, 458
Triatoma sp.	Reduviidae	Hemiptera	Insecta	66
		Trichoptera	Insecta	164, 178, 361
Trigona	Apidae	Hymenoptera	Insecta	259
Trigona (= Tetragona) angustula Illiger	Meliponidae	Hymenoptera	Insecta	99
Trigona spinipes (Fabr.)	Apidae	Hymenoptera	Insecta	98, 99
Trigona spp.	Apidae	Hymenoptera	Insecta	372
Trimerotropis pallidipennis (Burmeister)	Acrididadae	Orthoptera	Insecta	65, 66, 69
Trinervitermes sp.	Termididae	Isoptera	Insecta	578
Trinervitermes trinervoides (Sjöstedt)	Termididae	Isoptera	Insecta	248
Trochosa sp.	Lycosidae	Araneae	Arachnida	38

TABLE DES TABLEAUX ET ILLUSTRATIONS
TABLES AND ILLUSTRATIONS

PRINTED ON PERMANENT PAPER • IMPRIME SUR PAPIER PERMANENT • GEDRUKT OP DUURZAAM PAPIER - ISO 9706

N.V. PEETERS S.A., WAROTSTRAAT 50, B-3020 HERENT